高清视频

零起点韩版创意DIY教程

# 最亲切的手工家居布艺

（韩）金高云 著
边铀铀 译

河南科学技术出版社
·郑州·

著作权合同登记号：图字16—2011—178

**图书在版编目（CIP）数据**

最亲切的手工家居布艺 / (韩) 金高云著；边铀铀译. —郑州：河南科学技术出版社，2012.8

（零起点韩版创意DIY教程）

ISBN 978-7-5349-5666-9

Ⅰ. ①最… Ⅱ. ①金… ②边… Ⅲ. ①布料–手工艺品–制作 Ⅳ. ①TS973.5

中国版本图书馆CIP数据核字(2012)第095142号

出版发行：河南科学技术出版社
地址：郑州市经五路66号　邮编：450002
电话：(0371) 65737028　65788633
网址：www.hnstp.cn
责任编辑：冯　英
责任校对：李淑华
封面设计：张　伟
责任印制：张艳芳
印　　刷：北京盛通印刷股份有限公司
经　　销：全国新华书店
幅面尺寸：215 mm×265 mm　印张：17.5　字数：250千字
版　　次：2012年8月第1版　2012年8月第1次印刷
定　　价：78.00元

如发现印、装质量问题，影响阅读，请与出版社联系。

Handmade

Homemade

de dekking

# made goneG!

在学习缝纫的时候遇到了亚麻，被亚麻那种纯朴简洁的魅力所吸引，从那时开始了亚麻作品的制作。随着喜欢亚麻的人越来越多，增强了我制作更好作品的愿望。

在制作过程中，渐渐出现了一些关于如何制作的疑问。在解答这些问题的同时我个人的制作也变得更加充实了，也产生了一种希望能够教得更好的愿望。因此，我开始思索怎样才能使制作变得更轻松，希望大家都能够轻松地掌握亚麻饰品的缝制。

这本书中盛满了我的这份心情。书中收录了关于亚麻的故事及可用亚麻制作的各种小物品，尽全力使大家能够详细、轻松地学会亚麻饰品的制作。希望能给想学亚麻制作又不知道该怎样学的各位带来更多的帮助。

终于感觉到了出书真的是一项非常辛苦又得努力的工作。虽然有很多不足，但希望各位把这看做是一种进步。我还需要再学习、再努力、再钻研，我想用更好的作品来报答那些帮助我出书的人。

感谢总是用关爱带给我勇气的亲人，这期间一直激励我的朋友，经常用精彩的留言支持我的博客朋友，使我能与亚麻相遇的老师布赖恩先生，在物质和精神上给予我帮助的“简易缝制”的朋友，与我一起完成所有制作的“转折点”的朋友。也希望正在看这篇文章的人能够永远幸福。谢谢。

金高云

2009 年夏

# Contents

# 目 录

## 第 1 部分 亚麻故事

亚麻基础之一 20
亚麻基础之二 22

## 第 2 部分 亚麻，基本技法

针线活的基础 30
了解名称 39
使用图样 41
剪裁 43
连接布头 44
粘衬布和黏合棉 45
翻面 46
制作底面 47
制作滚边条 48
滚边 50
粘转印纸 52
制作包扣 53
刺绣 54

## 第 3 部分 亚麻，生活小物品


三块布头卡袋 58
天然瓦夫洗脸头套 70
格子硬币钱包 74
弧形拉链小袋 80
皮质提手大包 86
五孔钥匙包 94
弹条袋 100
棉拉绳袋 106


## 第 4 部分 亚麻，包包


圆点 MP3 袋 112
黑条纹手机袋 116
游戏机袋 120
复古相机包 126
按扣袋 132
纯亚麻纸巾袋 136
笔记本电脑包 140
补丁花纹水桶袋 146
纯亚麻花纹褶皱包 152

# 目录

## 第 5 部分 亚麻，日常用品


系带枕套 162
条纹室内鞋 166
蕾丝手册套 170
亚麻双色靠垫 174
法式风格存折袋 178
电脑用品三件套 184
　蓝点鼠标垫 185
　蓝点手腕垫 187
　蓝点键盘罩 190


## 第 6 部分 亚麻，饭桌上


亚麻杯垫 194
亚麻桌垫 197
亚麻茶壶套 200
格子厨房手套 204
长方形亚麻围裙 208

## 第 7 部分 亚麻，孩子


亚麻围嘴 214

猪头蜡笔小新枕头 218

亚麻飞行员帽子 222

保龄球瓶玩偶 & 球 226

儿童挎包 234

亚麻幼儿鞋 240


## 第 8 部分 亚麻，外出


条纹两面帽 246

松紧带喇叭裙 250

系带短裤 254

格子坎肩 258

花纹亚麻连衣裙 262

头花 & 胸花 266

手制亚麻遮阳伞 272

纱布围巾 278

# 100% 充分利用 DVD 影像

为了使大家能够更轻松地用亚麻来制作包、袋子、厨房用品、衣服等各种作品，本书还提供了DVD 影像授课内容。在看书的过程中有不懂的地方，参考一下 DVD 影像，这样自己也可以制作出各种亚麻缝制作品。

## DVD 影像授课窗使用方法

**1 亚麻故事**
介绍亚麻及亚麻缝制需要准备的物品。

**2 亚麻基本技法**
介绍亚麻缝制的基本技法。可选择希望观看的授课内容。

**3 亚麻作品跟学**
介绍第 3 部分出现的作品的制作方法。可选择希望观看的授课内容。

# 观看 DVD 影像

选择此键回到主页面。

## 亚麻故事

**1 介绍亚麻 DIY：** 介绍亚麻缝制。亚麻可以制作各种实用的作品。

**2 亚麻的种类：** 介绍亚麻的种类及相关特点。

**3 介绍材料和工具：** 介绍亚麻缝制中需要准备的物品。

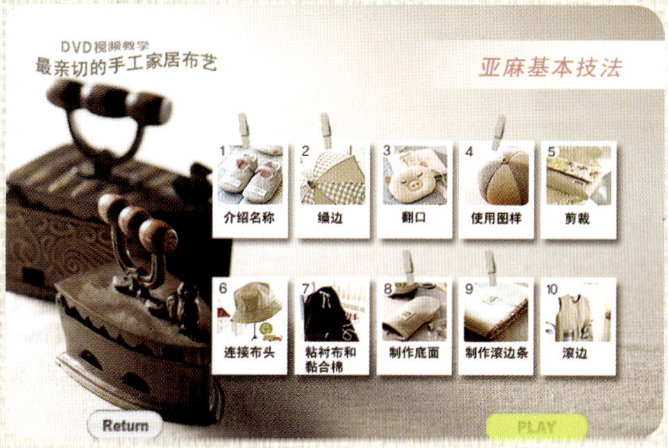


## 亚麻基本技法

**1 介绍名称**
**2 缲边**
**3 翻口**
**4 使用图样**
**5 剪裁**
**6 连接布头**
**7 粘衬布和黏合棉**
**8 制作底面**
**9 制作滚边条**
**10 滚边**

## 亚麻作品跟学

**1 三块布头卡袋**
**2 天然瓦夫洗脸头套**
**3 格子硬币钱包**
**4 弧形拉链小袋**
**5 皮质提手大包**
**6 五孔钥匙包**
**7 弹条袋**
**8 棉拉绳袋**
**9 四方形拉链袋**

# 100% 充分利用 DVD 影像

1. **DIY 作品：** 本书中作品的成品图片。

2. **DVD 影像授课：** 本书提供的 DVD 含有 4h 的影像授课内容。DVD 既可用电脑 DVD 播放器看，也可用连接在 TV 上的播放器看。有 DVD 标记的作品参考影像则可使制作变得更简单。

3. **准备物：** 介绍制作作品时所需的材料、辅助材料、缝制用品。

4. **预计材料费：** 为了给读者提供方便，介绍了各个作品制作时所需的布料和辅助材料合计的预算费用。因此在实际制作过程中费用可能会有所变化，仅作参考。

5. **预计制作时间：** 除去布料的提前洗涤、干燥时间以外的预计制作时间。

6. **成品预计价格：** 购买成品时的预计价格。

7. **各阶段制作过程：** 从整体制作过程到局部制作过程的标题。

8. **亲切的跟学过程：** 详细亲切地介绍了制作过程。

9. **Tip：** 介绍在长期的作品制作过程中所积累的个人小窍门。

10. **Application：** 介绍除本书以外的其他更丰富的作品和简单的制作方法。

# 第1部分
# 亚麻故事


亚麻基础之一 01
亚麻基础之二 02

01

# 亚麻基础之一

## 请听一听亚麻的故事

沉默的、冰冷的、温暖的、富有情感的、简单的、硬硬的、柔软的、洁净的……

亚麻朴素的色彩仿佛可以将所有的作品都做得很柔软，无论何时何地都相得益彰。

第一次与亚麻的相遇来自妈妈每个季节更换的枕套。拥有灰白牛奶光泽的枕套柔软凉爽，总是能使我心情愉快。亚麻表面上看起来好像不太光滑，但将它贴在脸上会使你感觉温暖得想睡觉。

亚麻多用于制作小物品，但由于其通气性好，所以也适于做床上用品。再加上它是天然纤维，所以优点更是不言而喻了。纯亚麻（pure linen）比较硬，不太好使用，而且还容易起褶皱，所以现在多用与棉花混纺的棉麻。

越摸，越觉得魅力无穷，让我们一起来分享各种亚麻的故事吧。

## 提前洗涤很重要

亚麻在使用前需要提前进行洗涤。这是为了除去布料上的灰尘，减少收缩、掉色等。不仅是亚麻，其他布料也最好进行提前洗涤。

提前洗涤的方法是在温水中加入中性洗涤剂，然后用手轻轻地搓一搓，漂洗两三遍后放在阴凉处晾干。在未完全干燥时用熨斗熨烫，这样可以尽量减少褶皱。洒一点亚麻水（linen water）进行熨烫还能闻到一股淡淡的香味。经过提前洗涤的亚麻可除去一些刚开始摸到时的硬硬的感觉。

# 02 亚麻基础之二

## 布料的种类

**亚麻**　纯亚麻是做床上用品或衣服的好布料。

**棉麻**　为了弥补纯亚麻的使用不便，加入棉花混纺的布料。

**线织布**　用线织的布料。

**无缝制编织亚麻**　上下、左右都有弹性，是 种多用于 T 恤的布料。由于其质地柔软，所以在新生儿、幼儿服装的制作中也经常使用。

**4 盎司 * 黏合棉**　纫缝包、坎肩、较硬的小物品时使用的黏合棉。数字越大就越厚。

**2 盎司黏合棉**　制作袋子、小物品等时使用的黏合棉。由于这种黏合棉在熨斗的熨烫下会熔化，所以熨烫时必须在布料面进行。

**软黏合衬**　在棉布料的一面粘有黏着胶的黏合衬。粘在布料上可使布料变得更坚挺，所以多用于包装盒等小物品的制作。

**真丝黏合衬**　虽然布料上下、左右都有弹性，但由于太软，所以主要粘在无缝制编织亚麻或纯亚麻等的上面，以便于使用。

* 盎司是非法定计量单位，1 盎司≈ 28 克。

整体 1 幅 *

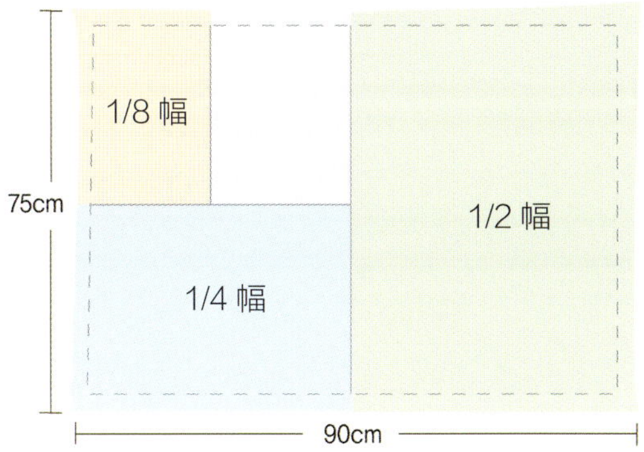


* 本书用“幅”来表示布块的面积。宽75cm、长90cm的一块布为1幅。

**印染** 将各种图案印染在布料上。

**格子** 格子布料。

**圆点** 圆点布料。

**条纹** 条纹布料。

**花朵** 花朵布料。

**皮革** 经加工后可进行缝制的皮革。也使用人造皮革。

# 剪裁及缝制用品

**剪裁剪刀**

用于剪裁布料的剪刀。为了不伤刀刃，此剪刀只能用于剪裁布料，刀刃上应套上套进行保护

**剪纸剪刀**

用于剪无纺布或图样纸等

**线剪**

用于剪线头或小东西

**旋切机**

将布料放置在裁切板上，推动刀刃即可随意进行剪裁

**裁切板**

防止用旋切机剪裁时伤及桌面

**铅笔**

将图案画在纸张或无纺布图样纸上时使用

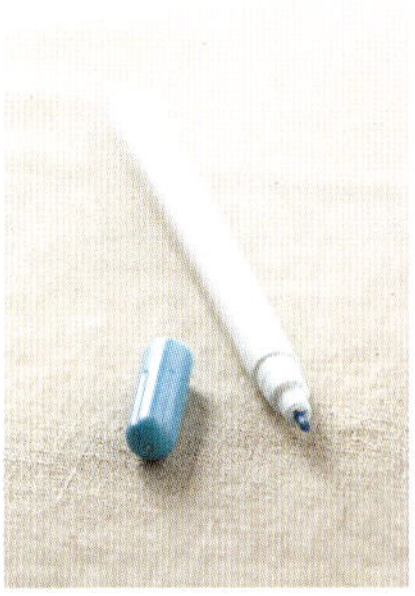

**水笔**

在布料作标记时使用的工具，遇水消失，简称水笔

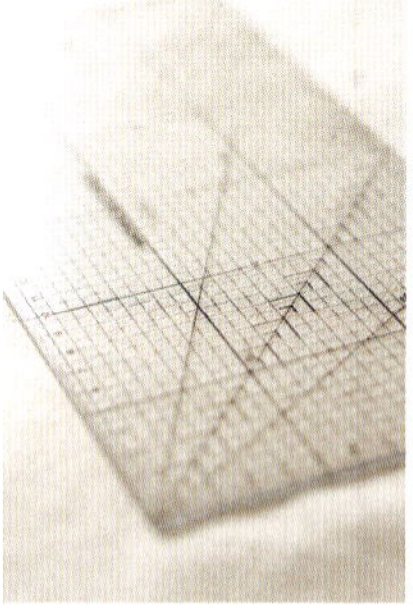

**方眼尺**

使用透明的方眼尺便于剪裁。同时由于标有角度所以也可在裁剪边沿时使用

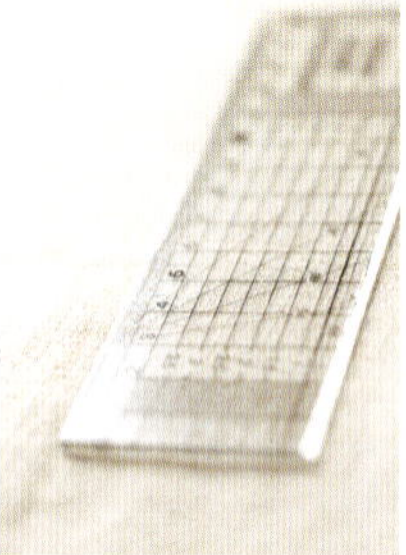

**缝份尺**

用于画缝份线

**文镇**

画图样或用旋切机剪裁时用于固定布料保证其不移动的工具

**纸张**

用于画图样

**无纺布图样纸**

用于画图样。半透明，由于带有刻度，所以使用起来更方便

**锁边线**

用于锁边机

**机缝线**

由于缝纫机针的粗细不同，所以线的粗细也有很多种。最好提前准备好亚麻色或象牙色的缝纫线

**手缝线**

手工缝制时使用的线。由于已经处理过了所以不易打结，使用起来很方便。多用于缝制开口的边缘部分，最好提前准备一些亚麻色的线

**刺绣线**

用于刺绣的线。比普通的线要粗，也可用于钉扣子

**绷线**

用于固定布料的线。易断，线的颜色不易染在布料上

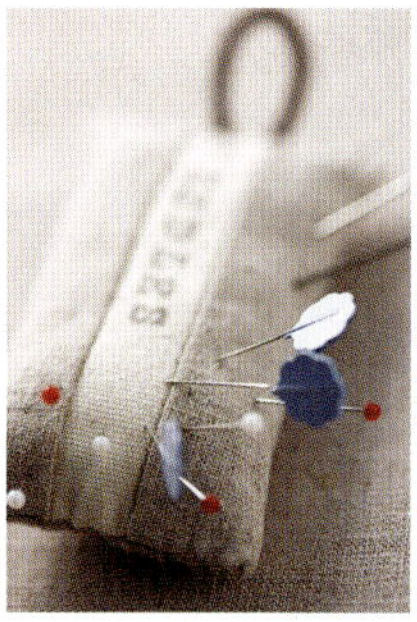

**珠针**

开始缝制之前，用来固定布料，防止布料移动

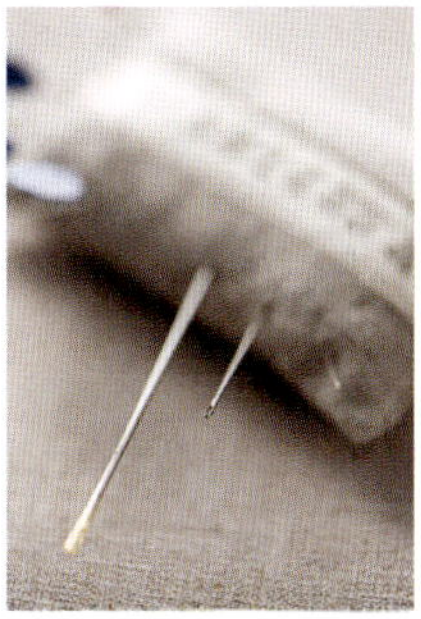

**刺绣针 & 玩偶针**

刺绣针的针眼比普通针要大，由于玩偶针较长，所以多用于填好棉花后的玩偶的最后缝制

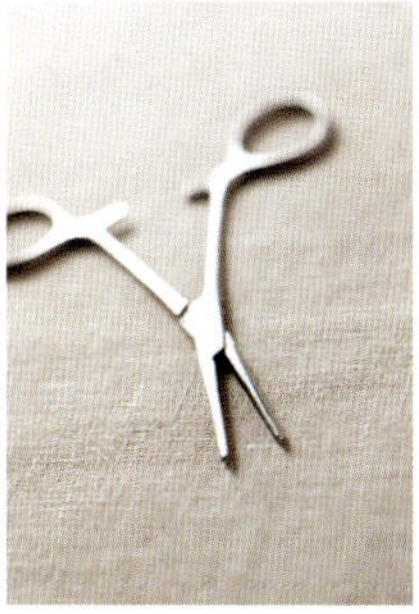

**钳子**

用于填棉花

**挑针**

用于挑线

**塞皮筋夹**

用于塞皮筋、带子等

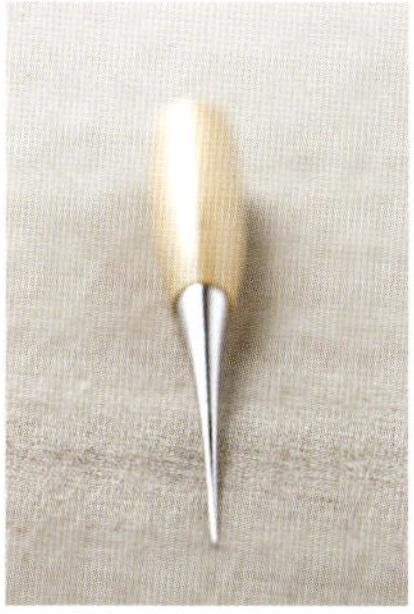

**锥子**

用于在布料上打孔或挑边角

**布料黏合胶**

用于布料的胶

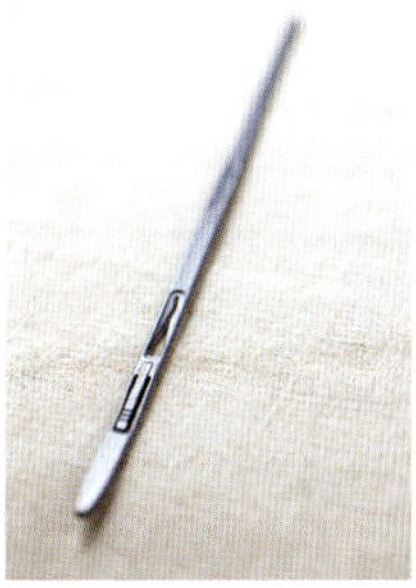

**翻转棒**

用于翻转较小的布料

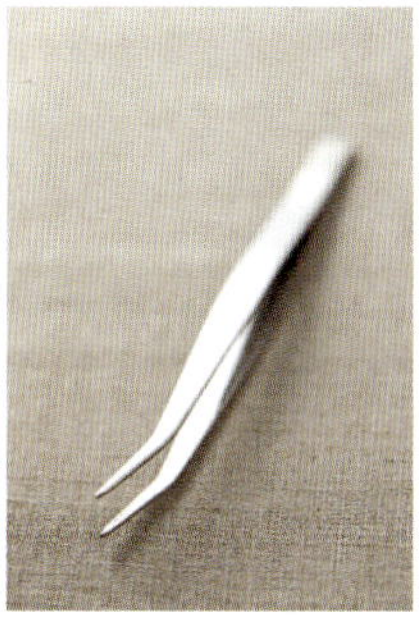

**镊子**

用于做出褶皱

**刺绣布**

用于在布料上按一定间隔缝制时使用

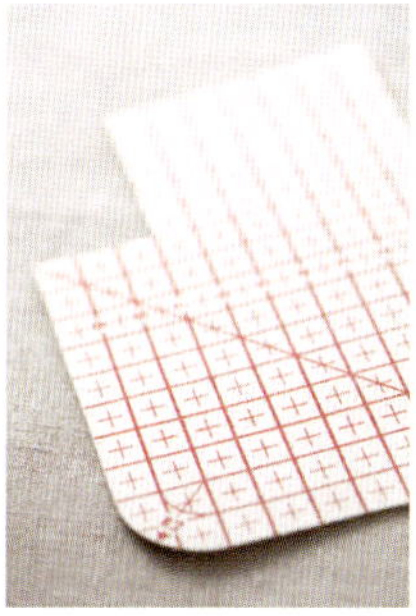

**熨烫标尺布**

便于将缝份折好进行熨烫的工具

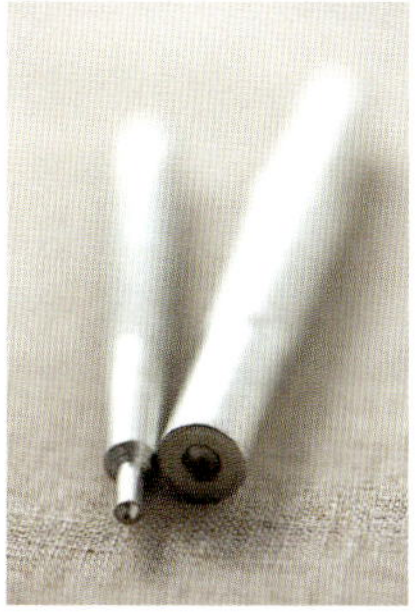

**圆扣、双面钉工具**

用于钉圆扣或双面钉

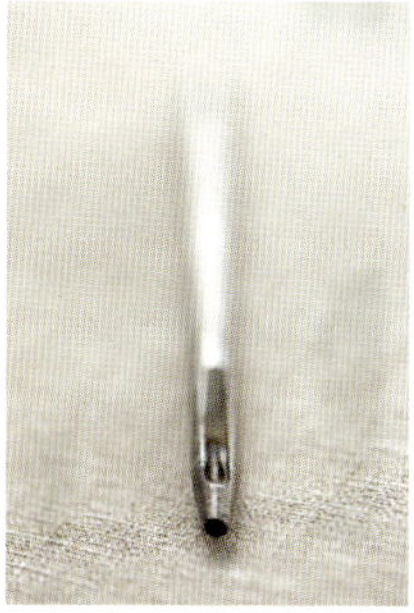

**打孔器**

在布料或皮革上打孔的工具

**皮革用插孔器**

以一定的间隔给皮革打孔时使用的工具

**魔术胶带**

双面胶带，遇水溶化

**橡皮锤**

用于敲打双面钉、打孔工具等

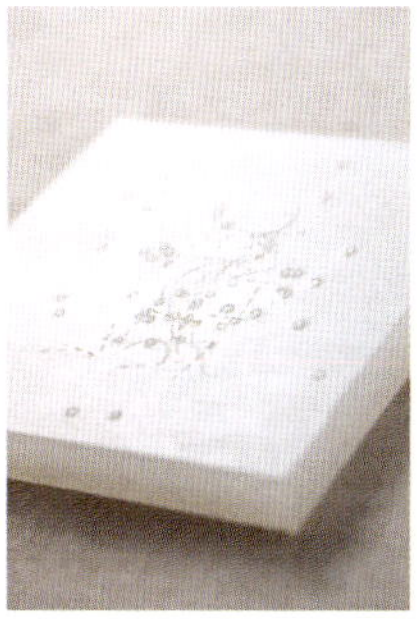

**打孔板**

用锥子、打孔机等在布料上打孔时，为了防止损坏下面的桌面而垫的板

**绷子**

为了使刺绣更方便而将布料拉平的工具

# 辅助材料用品

**拉锁**

封口处的辅助材料

**框架**

钱包、包等包口处的辅助材料

**弹条**

用于眼镜盒或小袋子袋口处的辅助材料

**包扣**

**贝扣**

**木扣**

**磁铁扣**

**按扣**

**圆扣**

**钥匙挂、双面钉**

带有挂钩可以用来挂钥匙

**滚边条**

用于布料边缘部分的缝制，可使边缘处变得整齐

**蕾丝**

用于装饰

**亚麻条**

装饰时折起来使用或用来制作挂钩

**毛料包边带**

用于衣服或小物品边缘部分的缝制，可将接口处变得整齐

**棉拉绳**

多用于衣服或包的带子

**棉包带**

多在做包时使用

**带子**

做衣服时用于腰带

**皮带**

做包时用于手提带

**衣用松紧带**

做衣服时用于腰部的松紧带

**粘布（乔其纱）**

粘贴辅助材料。成对使用，粘贴、撕开都很方便

**梅花模具**

可使梅花的制作更简便

**小装饰物**

金属或木制、塑料制的小装饰品

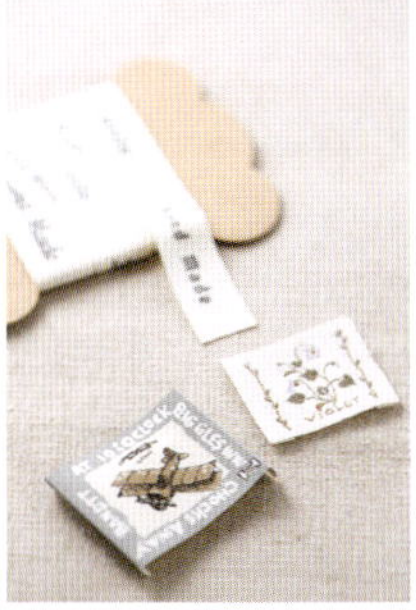

**标牌**

用于商标或装饰

**纹章**

用于装饰。放在布料上面，然后用熨斗熨烫后便会粘在上面

**转印纸**

用于装饰。放在布料上面，然后用熨斗熨烫后便会粘在上面

**印章**

用于在布料上盖英文字母或装饰等

**布料专用印泥**

用印章蘸上印泥后盖在布料上，然后用熨斗熨烫后，即使水洗也不易脱落

**蕾丝花**

用于装饰

**水滴棉**

塞进玩偶、靠垫等中，不易成团，较坚挺

**云棉**

塞进玩偶、靠垫等中，不易成团，很松软

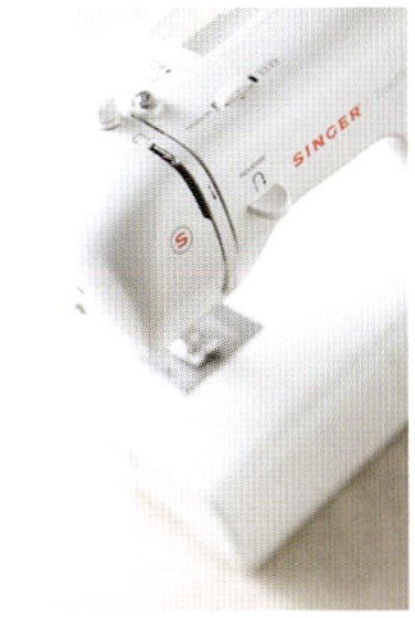


**缝纫机**

将布或者皮革等用线进行缝制的机器

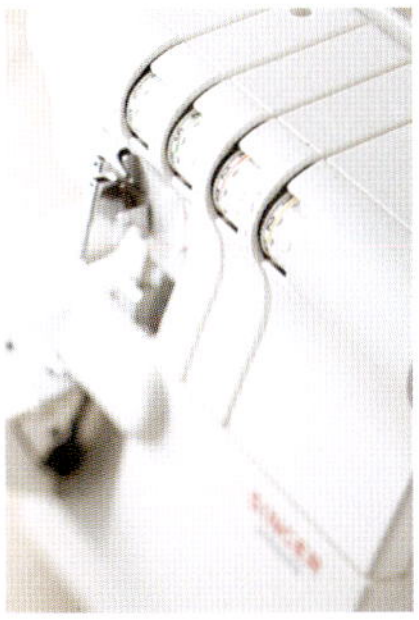

**锁边机**

为了保证布料边缘的线不散开，而用类似卷缝法所进行的一种锁边加工机器

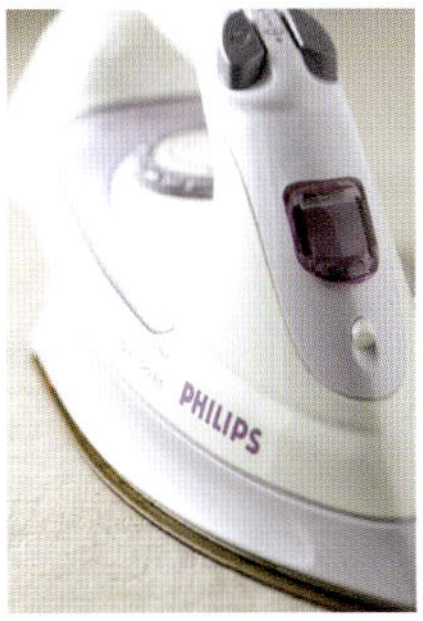


**熨斗**

用热和压力来平展衣服褶皱的工具。亚麻的适宜温度是 200℃以上，在所有布料中熨烫温度最高

# 第2部分

# 亚麻，基本技法

针线活的基础 01
了解名称 02
使用图样 03
剪裁 04
连接布头 05
粘衬布和黏合棉 06
翻面 07
制作底面 08
制作滚边条 09
滚边 10
粘转印纸 11
制作包扣 12
刺绣 13

01

# 针线活的基础

DVD 技法

## 穿线（单股、双股）

针线活的第一步就是穿线。将线穿在针上后，根据打的结不同，来决定是用单股缝制还是用双股缝制。

1 将线单股穿入针眼。

2 拉成一头短、一头长后，将长头的末端打结便是单股。主要用于缲边或刺绣等简单的缝制。

3 将线穿过来后将两头线的长度调整一致，把末端系在一起便是双股。缝制时更结实。

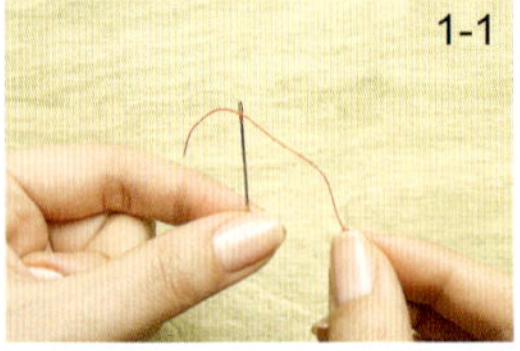

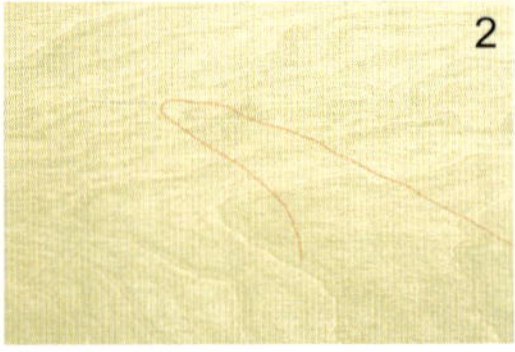

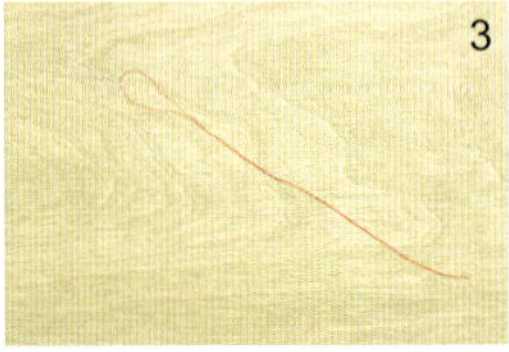

# 打结 1

缝制时，必须将线的末端打结，线才不会拉出来，缝得才结实。

**1** 用左手捏着线的末端从右手的食指上绕过去。

**2** 将用左手捏着的线的末端缠在右手食指上，这样右手的食指上便出现一个环。

**3** 将线的末端从环的中间穿过去。

**4** 拉紧两端的线，这样结就打好了。

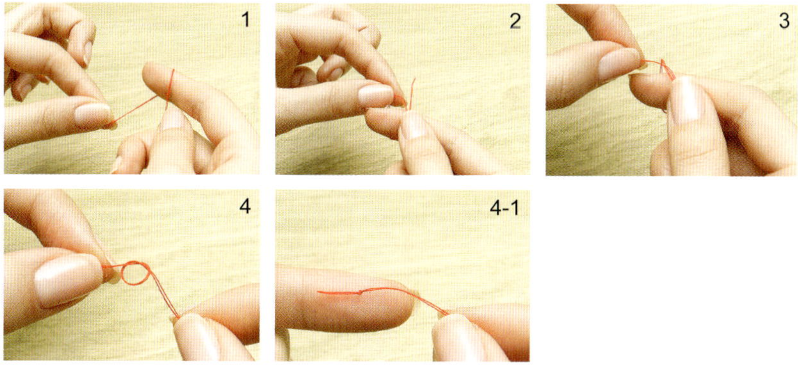


# 打结 2

**1** 将线按在针上。

**2** 用右手按住线防止其滑落，用左手将线在针上缠 2~3 圈。

**3** 用右手将缠在针上的线捏好防止其散开。

**4** 用左手捏住针的末端，只将针拔出。将右手捏着的线环向下拉。

**5** 将线环一直拉到线的末端结就打好了。

# 隐藏打结线头

将打结线头隐藏到里面不被看到的技法。

1 缲边最后完工时应在旁边打上结。
2 打完结后不要将线剪掉而是将其长长地抽出来。
3 将针插在离打结处尽可能近的地方。
4 将针从离打结处尽可能远的地方抽出。
5 拉线直到听到打结处进到里面的声音。
6 将线拉得布料起皱后用线剪剪断，便可将打结的线头隐藏在内部不被看到了。

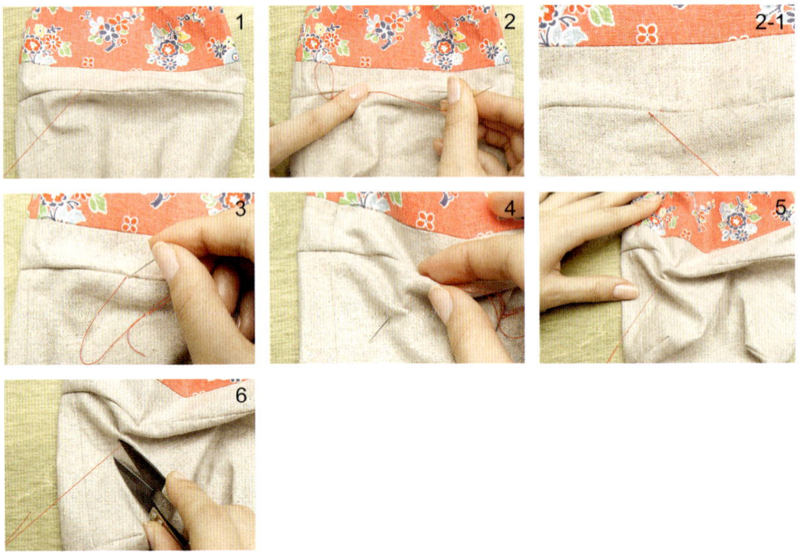

# 平缝

将蕾丝之类的辅助材料进行装饰或临时固定时使用的一种缝制方法。

**1** 用水笔在布料上画出缝制的图样。

**2** 将穿好线的针从缝制部分的下部穿上来抽出。

**3** 将针向左从一针脚处从上插进去，从下穿出来。一针脚以 3~5mm 为宜。

**4** 然后再向左从一针脚处穿上来。

**5** 然后再向左从一针脚处穿下去。

**6** 重复相同的动作，按水笔线全部缝好。

**7** 用针像捏褶皱一样以相同的间隔穿针，然后一次将线抽出来，这样可以更节省时间。

**8** 平缝法多用于装饰性的缝合。

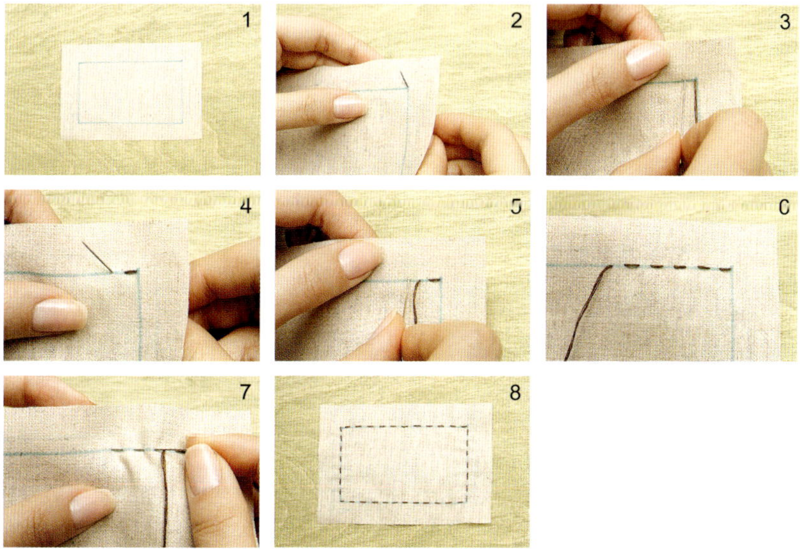

# 缉边

需要将碎布连接起来或将布料缝制得较牢固时使用的缝制法。是一种常用的缝制法，本书中提到的缝制均指这种缝制法。

**1** 先用水笔将要缝制的线画好。然后从起点左边约 3mm 处将针从下面穿上来。

**2** 然后将针从第一个针脚右边 3mm 处的水笔线起点处穿下去。

**3** 然后将针从左边 6mm 处穿上来。

**4** 然后从右边 3mm 处穿下去。

**5** 用同样的方法沿水笔线进行缝制。缝制好后正面是一道线，背面是双道线。

**6** 针脚密密地缝正，这样才能保证缝得结实不会斜。缉边缝制法比平缝法更牢固。

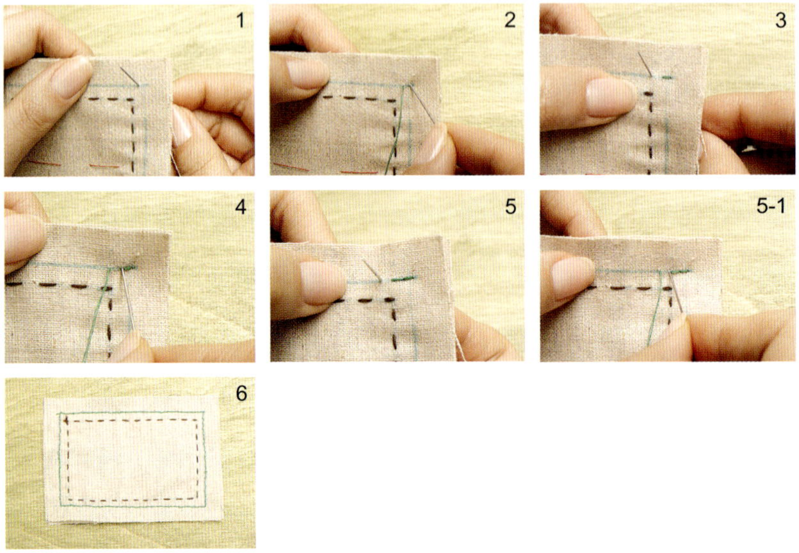

# 疏缝

为了防止布料的移动或歪斜，在缝制前将布料重叠放好，稀稀地缝制进行固定的一种方法（代替珠针）。

**1** 将没打结的线穿一股然后将针从叠放好的布料下穿上来。

**2** 不要将线全部抽出，留下 10cm 左右。

**3** 在左边 3~4cm 处将针穿下去。

**4** 以相同的间隔从下面将针穿上来。

**5** 缝好后同样将线末端留下 10cm 左右。

**6** 待所有的缝制都完成后将线剪掉或抽出。

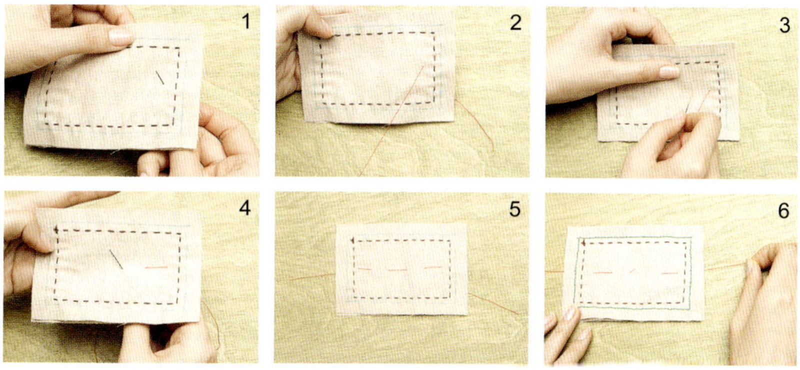


# 压边（上针）

缝制结束后为了防止内外分离或起到装饰效果，在外面将内外层缝在一起的方法。

**1** 待所有缝制都结束后在外面将边缘处缝制好。

**2** 为了起到装饰的效果，也用连接或缉边法来缝制。

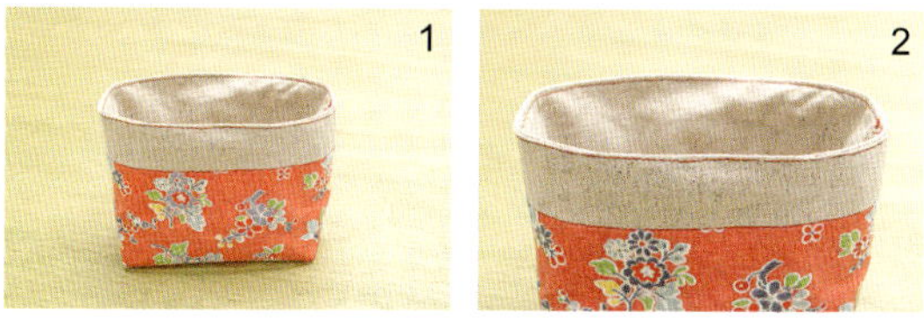

# 锁边

为了防止布料边缘部分线松脱的一种方法。

1 将需要进行锁边的布料准备好。
2 将布料放在锁边机上进行锁边。
3 锁边是一种防止布料剪口处线松脱的一种处理法。

# 缭缝

在没有锁边机时，用手工进行的一种锁边法。缺点就是费时。

1 将针从布料剪口边缘的下方抽上来。
2 将针与线一起转到布料下面，然后插入距离第一个针眼 2~3mm 处从上面抽出来。
3 用同样的方法将针插在背面，使线包裹住布料的边缘进行缝制。
4 将针脚缝得密一些。

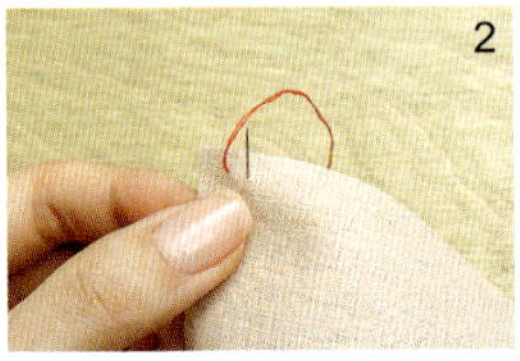
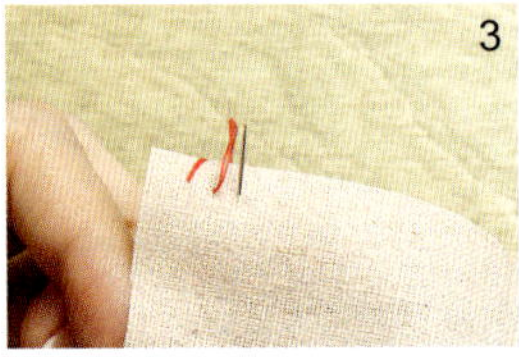

# 缲边

主要用于缝合或滚边的一种方法，其特点是完成后看不到针脚。

**1** 将缝边对着折好。
**2** 将针从内部重叠处穿出来。
**3** 从上面穿出来的针再插入下面的缝边。
**4** 在内部重叠处将针移向左边 3~5mm 处后抽出来。
**5** 将抽出来的针再插入上部缝边移动 3~5mm 后将针抽出。
**6** 用相同的方法完成缝制。将布左右轻拉以防产生褶皱。
**7** 缲边由于针脚小，几乎看不到线，所以主要用于缝合。

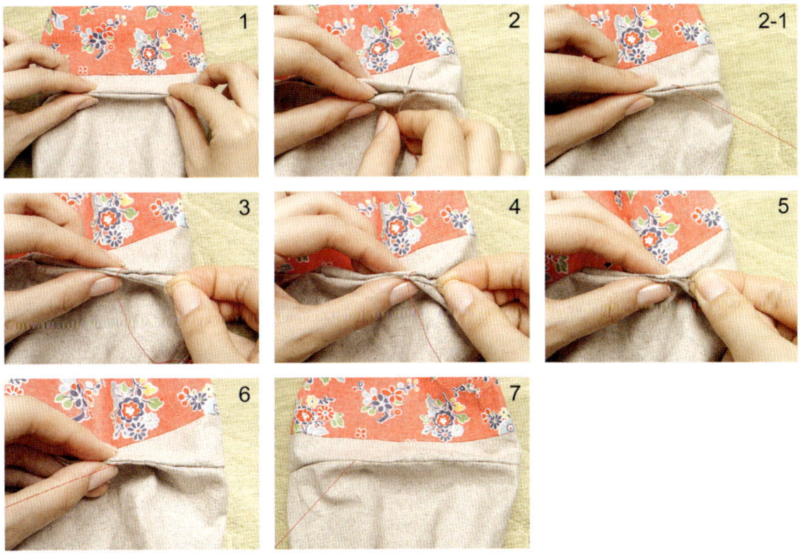

# 做扣眼

先用缝纫机将扣眼的轮廓做好，然后用线剪或挑针将中间挖空。

**1** 根据扣子的大小，用水笔先画出扣眼。扣眼要画得比扣子的直径大 2~3mm。

**2** 准备好扣眼器（缝纫机型号不同，扣眼器的形状也有可能不同）。

**3** 将扣眼器安装在缝纫机上后在用水笔画出的地方挖出扣眼（没有缝纫机时也可用缭缝法来挖）。

**4** 将珠针从扣眼内部的末端进行横穿。根据扣眼的大小来插珠针很重要。

**5** 用挑针从扣眼的下部开始挖。

**6** 用珠针固定好后，用挑针挖扣眼时就不至于挖大了，有了珠针的阻挡，可以挖得更整齐。

**7** 也可以简单地用线剪剪出扣眼。

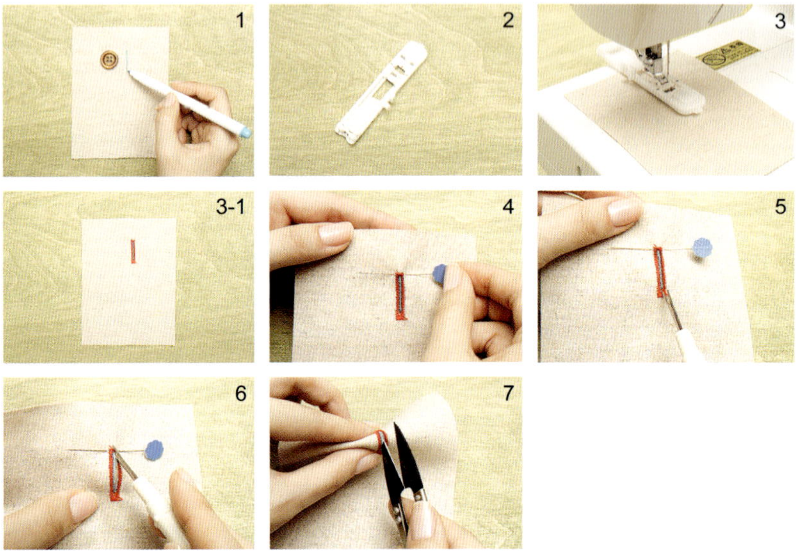

# 02 了解名称

DVD 技法

## 布料的正面和背面

1 布料的正面：印有花纹的一面是正面，也叫上面。

2 布料的背面：印有花纹面的反面是背面。

3 布料的正面，背面。

## 布头

用于连接的每个小块叫布头。

## 缝份

1 布头和布头连接时留下的布的剩余部分叫缝份。缝份约 1cm。

2 用缝份尺和水笔来画出缝份线。

# 分缝

**1** 缝好的缝份朝两边分开的样子叫分缝。

**2** 将缝份分开，用熨斗熨平。

# 翻口

翻口是为了能将缝制过的布料的背面翻到正面。多在内衬的底面或侧边上先用水笔标记出来，不进行缝制，预留下来。以 5~10cm 为宜，翻口多用缲边法进行缝制。

# 03 使用图样

DVD 技法

将图样画在纸上，可多次重复使用。这样避免了图样原本只能使用一次的弊端。画的时候需要将中心线及扣子的位置等都标记出来，由于图样无法包括所有的缝份，所以在布料上画好后，应隔 1cm 再画一条缝份线。

1 准备好无纺布和图样。

2 将图样放在无纺布上，然后压上文镇以防移动。

3 用铅笔在无纺布上画出图样。这时需将图样上表示出来的中心线、翻口以及图样上标记的所有指示线都画上。

4 沿着铅笔画的线用剪纸剪刀将无纺布剪好。

5 为了能够多次使用，所以在剪裁图样前，应先将其用胶水粘在厚纸上。

6 按照画出的线剪裁好。

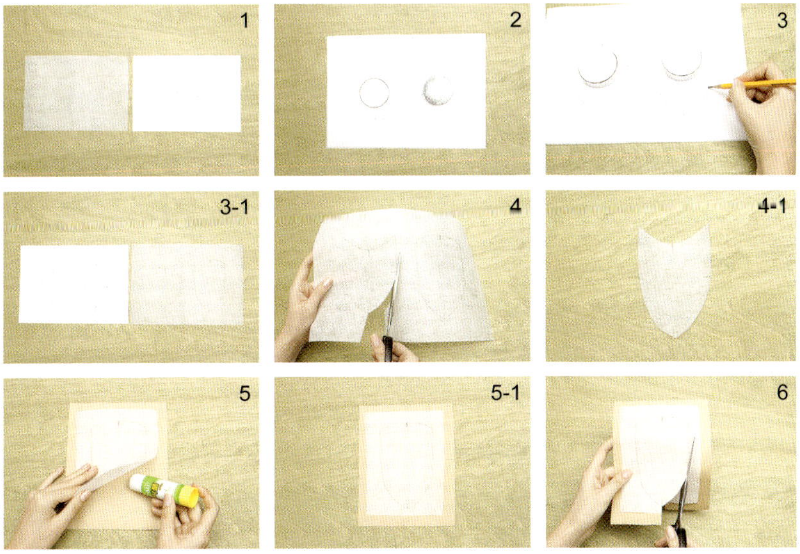

7 像右边那样粘在厚纸上可以多次使用，比只画在无纺布上好一些。

8 将剪好的图样放在布料的背面上（将图样画在布料的背面进行缝制）。

9 用文镇将布料固定好以防移动，用水笔画出图样。

10 将图样的中心线及翻口等的所有指示线都表示出来。

11 由于图样中不包含缝份，所以应该在周围再画一个 1cm 的缝份线。

12 用缝份尺和水笔在 1cm 处画上缝份线。

13 弧线部分先画出短线，然后再一点点连在一起。

14 在周围画上缝份线。

15 也可以不用尺子，用缝份器来画。放上图样用文镇固定后，将缝份器放在图样的边缘处（10mm）。

16 将水笔插入缝份器的孔中，然后沿着图样开始画。

17 沿着图样画好。

18 同样也要标出中心线、翻口等的指示线。

# 04 剪裁

DVD 技法

利用剪裁剪刀沿水笔画出来的缝份线准确地裁剪。

1 用剪裁剪刀按图样准确地裁剪。

2 注意不要将缝份剪掉。

3 用旋切机进行剪裁时，将布料放在裁切板上，然后拉动旋切机的拉手以便能够看到刀刃。

4 以 45° 的角度握住旋切机手柄，从里向外推着进行裁剪。小心刀刃伤手。

5 沿着画好的线准确地进行剪裁。

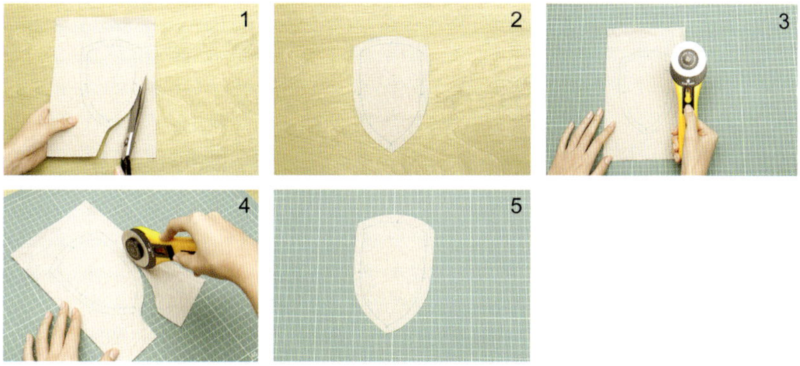

# 05 连接布头

DVD 技法

布头的连接需将两块布的正面相对进行缝制。连接布头时，在起始端和末端将针的方向朝回转，用缉边法再缝制7mm 左右，这样线就不会散开了，会缝得比较结实。

**1** 准备好要连接的布头。

**2** 将布头的正面相对。

**3** 用缝份尺和水笔画出 1cm 的缝份线。

**4** 用珠针将布头固定好。

**5** 沿着缝份线用缉边法密密地缝好。

**6** 一直缝到最末端然后打结。

**7** 缝制好后将缝份熨平，布头就连接在一起了。

# 06 粘衬布和黏合棉

DVD 技法

粘上衬布和黏合棉是为了使作品更松软更牢固。无需留缝份将衬布和黏合棉剪裁好。可在真丝衬和软黏合棉面进行熨烫，但由于黏合棉不耐熨斗的高温，所以需在布料面进行熨烫将其黏合在上面。

**1** 为了防止缝份变厚，在缝份处不粘衬布，所以衬布的尺寸比布料上下、左右要小 1cm。

**2** 将真丝衬和软黏合衬的黏合面粘在布料的背面，然后在衬布面进行熨烫。

**3** 为了防止缝份变厚，黏合棉的尺寸也要比布料的尺寸上下、左右小 1cm。

**4** 将黏合面粘在布料的背面，然后在布料的正面进行熨烫。因为黏合棉在高温下会熔化。

**5** 熨烫时为了防止黏合棉和衬布的移动，一定要紧紧地按着进行熨烫。

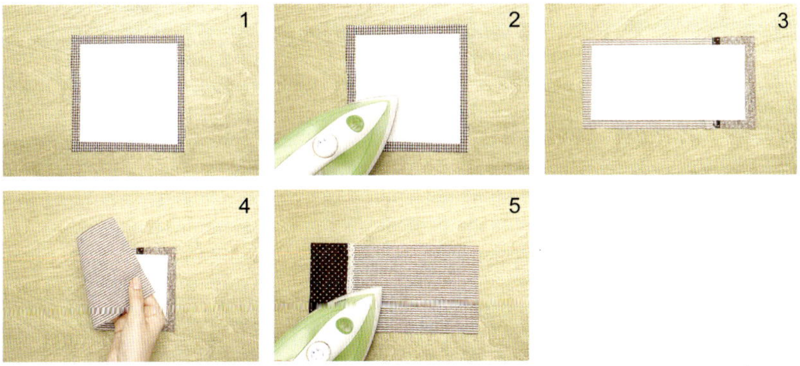


### Tip 熨斗的温度

熨斗的温度由其熨烫接触面的布料来决定。一般衬布都是用棉织品，所以熨斗的温度要调节到熨烫棉的适宜温度。像遇到黏合棉，一般是在布料面进行熨烫，所以调节到适宜布料熨烫的温度即可。衬布也同样，例如真丝衬就要调节到真丝适宜的熨烫温度才不至于熔化，才能很好地粘在布料上。

07

# 翻面

DVD 技法

通过翻口将布的里面翻出来。从离翻口最远的地方开始向外翻，这样可以更轻松一些。

**1** 将手塞进翻口内，把里面翻出来。

**2** 从离翻口最远的地方开始向外翻，这样才可以轻松地翻出来。

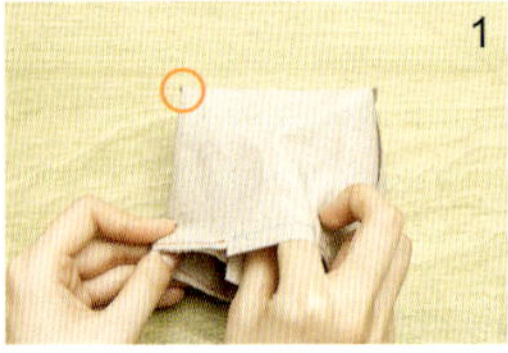


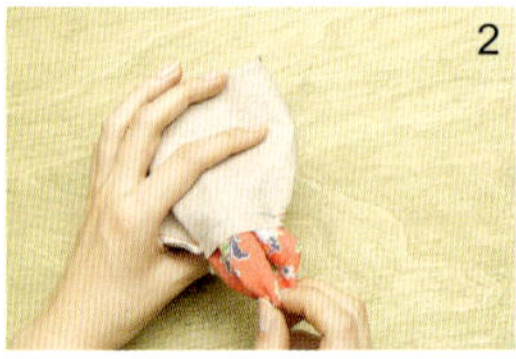

# 08 制作底面

DVD 技法

前后面都做好后，将底部的两个角折叠缝制后，做出平展的四角底面，这样可以轻松地制作出包或者篮子。

1 将两边缝好后，用剪刀将折在一起的缝份剪开。

2 将两边的缝份分开。

3 用熨斗将缝份熨平。

4 以缝线为中心，将两边对称进行折叠。如果想做 5cm 宽的底面，则需要用尺子在两边分别量出 2.5cm，然后用水笔画出来。

5 沿着水笔画线进行缝制。

6 将缝制线附近部分剪掉，注意不要剪掉缝制线。

7 用同样的方法在两边进行缝制便可做出底面。

# 制作滚边条

DVD 技法

不用翻面进行缝制，而是将在外面缝制的缝份处滚边的一种缝制方法。滚边条正对着毛边，可向四周拉伸。

**1** 准备一块横竖规则的布料用来做滚边条。
**2** 用方眼尺量出 45° 角。
**3** 用旋切机沿尺子进行裁切。
**4** 沿 45° 角裁切成的布料。
**5** 以裁切线为基准，裁切出 4~5cm 的宽条。
**6** 可将滚边条裁切成需要的宽度。
**7** 拉伸滚边条时可看出其伸展性。
**8** 裁切两条滚边条，以便将其连接起来做得长一些。

9 将滚边条的正面相对，末端相对放好。考虑到缝份，所以不应该放在布料的最末端，而应该使里面重合 1cm 进行放置。

10 用珠针固定好。

11 将末端连接好用水笔画出来。

12 沿着水笔线进行缝制。

13 缝制好后将多出部分剪掉。

14 将缝好后的缝份用熨斗熨平。

15 在滚边条的内部粘上魔术胶带（10mm），只粘一边。

16 将魔术胶带的粘纸揭掉。

17 将粘好魔术胶带的一边朝里折叠固定好。

18 滚边条就做好了。

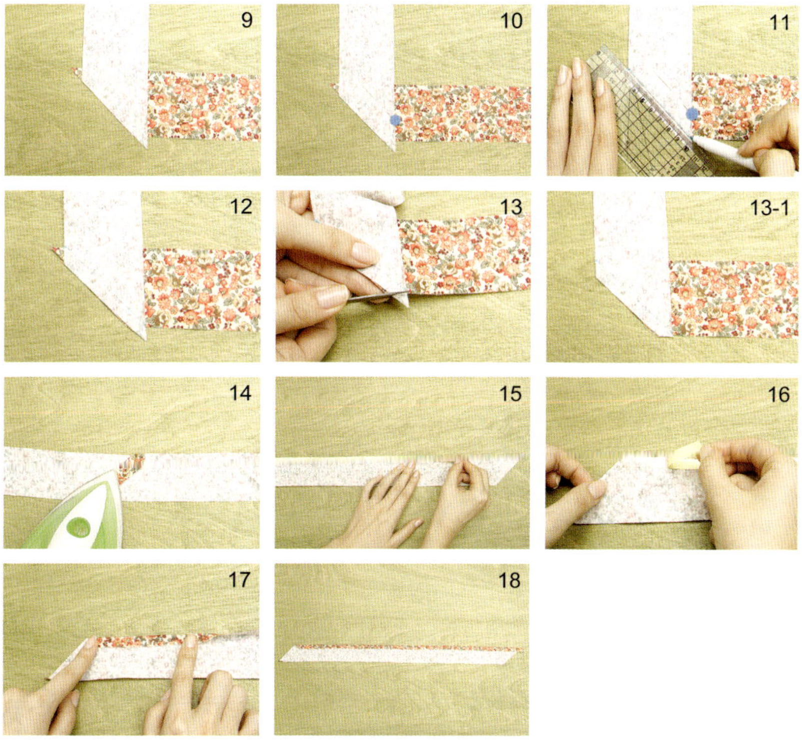

10

# 滚边

DVD 技法

缝制缝份部分的技法有两种，一种是用手将边缲得看不到针脚的方法，另一种是用缝纫机在包缝份的滚边条上缝制的方法。

## 滚边 1

**1** 将滚边条的正面和筐的正面相对，这时将缝份的折叠部分朝下。
**2** 在口上用珠针固定一圈。
**3** 将起点和终点处重合 2~3cm。
**4** 在距离最上端 1cm 处缝制一圈。
**5** 缝好后将滚边条折向里面。
**6** 将滚边条的末端折进去 5~6cm。
**7** 将滚边条的末端如图包着折进去的话，线头就不会散开了，也比较整齐。
**8** 将滚边条全部折进去。

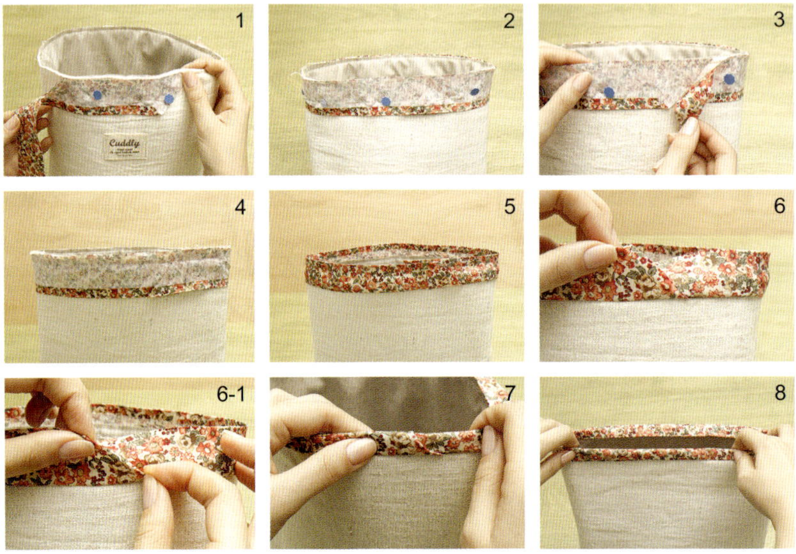

9 在里面用缲边法将滚边条固定好。

10 将整个滚边条都缝好后，看不到针脚的滚边就做好了。

9

9-1

10

# 滚边 2

市面上卖的滚边条为了使用的方便两边都折进去了。

1 将滚边条的缝份都折向里面后粘上布料黏合胶或魔术胶带。

2 将粘有布料黏合胶的部分环绕着筐的内部开口处粘一圈，然后将剩余的滚边条的另一边向外包在筐口上。

3 将筐口包一圈。

4 将末端向一边折叠后粘好。

5 沿着筐口在滚边条的边缘部分缝制一圈。

6 虽然是一种简单的滚边法，但可以看得到缝制线，而且滚边条前后的位置可能会不一致。

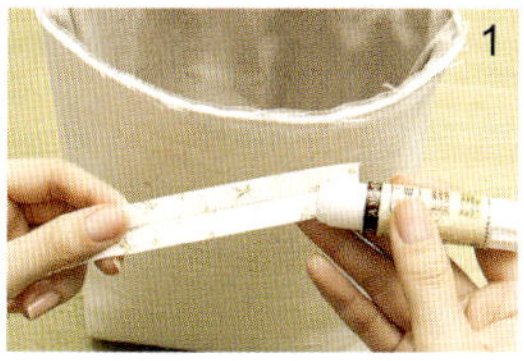
1

2

2-1

3

4

4-1

5

6

# 11 粘转印纸

有必要了解的辅助材料的使用方法

将转印纸上的花纹扣在布料上后用熨斗熨烫，这样转印纸上的花纹便会印到布料上了。需要加装饰时可用转印纸进行修饰。

**1** 将转印纸剪成要粘的大小。

**2** 将转印纸的粘贴面粘到布料的正面上。

**3** 在转印纸上盖上一块布头。

**4** 用熨斗熨烫使其粘连好，移动熨斗时转印纸有可能会移动，所以一定要按紧。

**5** 将转印纸上的粘纸揭掉。在变凉之前揭才能揭干净。

# 12 制作包扣

有必要了解的辅助材料的使用方法

用布包裹的扣子叫包扣。按照个人喜好制作包扣时可借助包扣模具。

1 将布料剪裁成比扣子上下、左右大 2cm 的尺寸。

2 将布料的正面对着包扣模具内部的底面放好。

3 然后将扣子鼓出的一面对着布料的背面放好。

4 用手将扣子按到模具里。

5 沿着模具将布料的边缘处剪好。

6 将剩余的布料折到模具的里面。

7 将扣子后盖上的扣眼环朝上盖在模具上。

8 将模具按盖扣在扣子后盖上，注意不要让布料滑落。

9 用两只手按压模具按盖直至听到按进去的响声。

10 然后将按盖取下。

11 按压模具的背面将扣子按出就完成制作了。

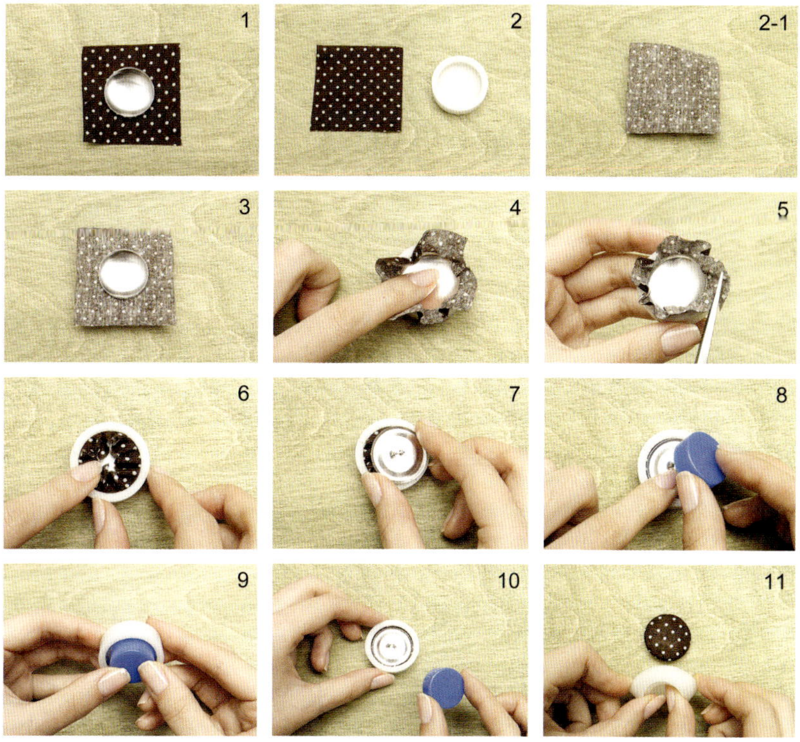

# 13 刺绣

有必要了解的辅助材料的使用方法

刺绣，过去是用于缝布的实用性目的，现在多用于装饰的目的，是装饰制品的一种很有用的缝制法。

**1** 准备一块比刺绣绷子稍大一些的布料。
**2** 将刺绣绷子的螺丝拧松，将布料固定到没有螺丝的绷子上。
**3** 将松开螺丝的绷子夹在布料上面，然后将螺丝拧紧并将布料拉紧。
**4** 将刺绣布剪好放在刺绣的位置上。
**5** 在刺绣布的四个角都缝上一针固定好。
**6** 画上图案。
**7** 从布料的下端将针穿上来按照图案进行刺绣。

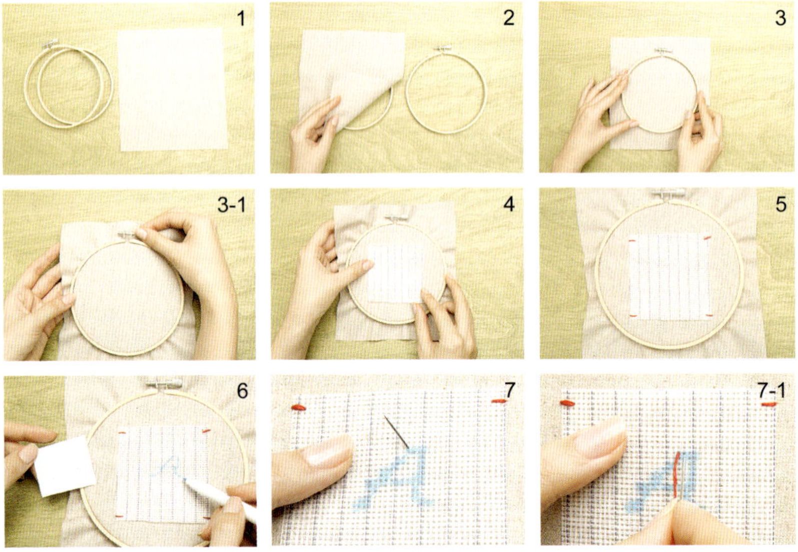

**8** 在布料的背面打结。

**9** 打完结后将固定在刺绣布四个角上的线拆掉。

**10** 沿着刺绣图案轮廓将刺绣布剪掉。

**11** 用镊子将剩余刺绣布上的线一根一根地拆掉。

**12** 将刺绣布都去掉后将绷子上的螺丝松开取出布料。

**13** 用熨斗熨烫平整。

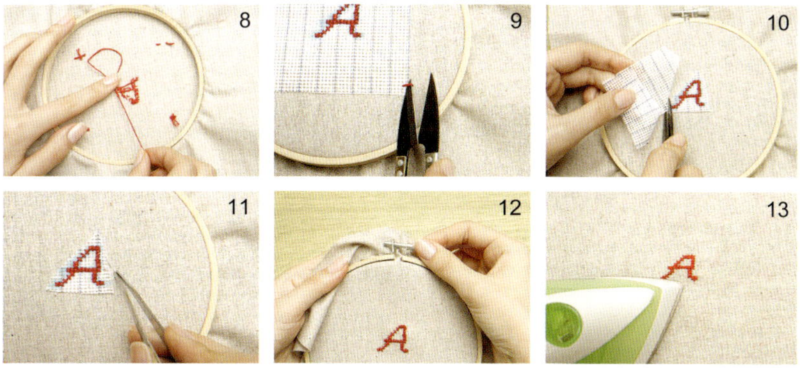

# 第3部分

# 亚麻，生活小物品


三块布头卡袋 01
天然瓦夫洗脸头套 02
格子硬币钱包 03
弧形拉链小袋 04
皮质提手大包 05
五孔钥匙包 06
弹条袋 07
棉拉绳袋 08

# 01 与日俱增的卡就拜托了，三块布头卡袋

DVD作品

即使没有缝纫机也可以挑战亚麻制品！
在这个作品中将介绍用手缝制的方法。请大家睁大眼睛跟我学。
只要将现在讲的基本的缝制法学会，就能够轻松制作本书中介绍的所有作品了。
为了便于大家理解，在图片中我们使用了红线。
实际制作过程中请使用与布料颜色协调的线。

**准备物**　预计材料费 15 000 元韩币 | 预计制作时间 2h | 成品预计价格 30 000 元韩币

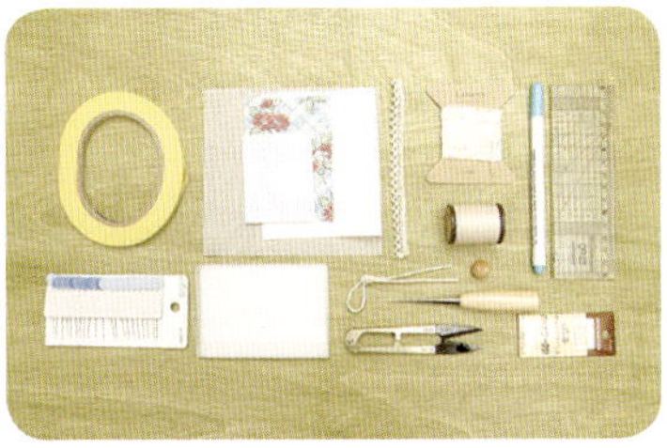

**布　　料**　□花布亚麻 1/8 幅 □条纹布 1/8 幅 □单色 1/4 幅 □黏合衬 1/4 幅
**辅助材料**　□装饰用蕾丝 13cm □ 12mm 扣子 1 个 □棉带 25cm
□卡袋内芯 1 个
**缝制用品**　□针 □刺绣针 □机缝线 □手缝线 □珠针 □魔术胶带
□线剪 □水笔 □缝份尺 □锥子 □刺绣线

**剪裁**　剪裁的尺寸均包含 1cm 的缝份。

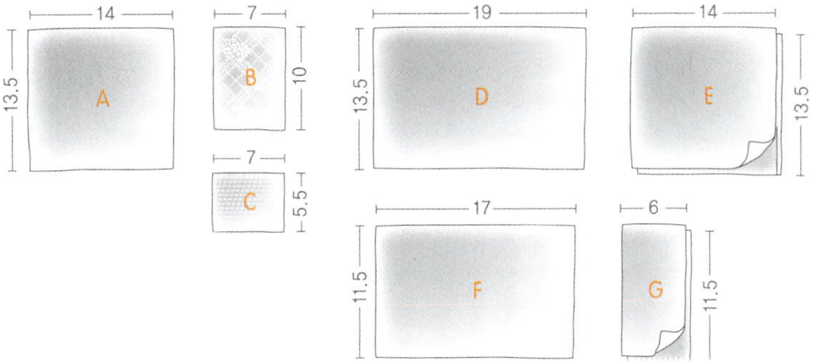


A 外皮布 14cm × 13.5cm　1 块
B 外皮布（花布）7cm × 10cm　1 块
C 外皮布（条纹布）7cm × 5.5cm　1 块
D 内里 19cm × 13.5cm　1 块
E 插袋里 14cm × 13.5cm　2 块
F 袋身用黏合衬 17cm × 11.5cm　1 块
G 插袋用黏合衬 6cm × 11.5cm　2 块

## 连接布块 1

将布块连接在一起的缝制方法叫连接布头。将外皮布 A、B、C 连接起来缝成一块外皮。

1 准备好花纹亚麻布 B 和条纹亚麻布 C。

2 将外皮布 B 和 C 的下端正面相对，用珠针固定好。

*Tip*
连接布头时，需将两块布头的正面相对进行缝制才能正确地将布头连接好。

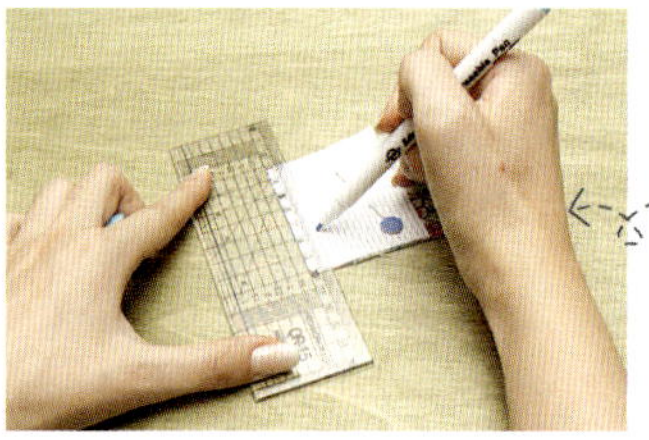

3 用缝份尺和水笔在正面画出1cm 的缝份线。

**Tip**

**缝份是什么?**

是指将布和布缝制在一起时所需的宽余部分。制作亚麻制品时一般留 1cm 的缝份。

## 缉边缝制法

连接布头时用一种叫缉边的方法进行缝制。

首先从布料末端的 7mm 处开始一直缝到头，然后反方向再缝一遍。再反方向重叠缝制 7mm 左右，这样缝制首尾部分就会很结实，不易散脱。

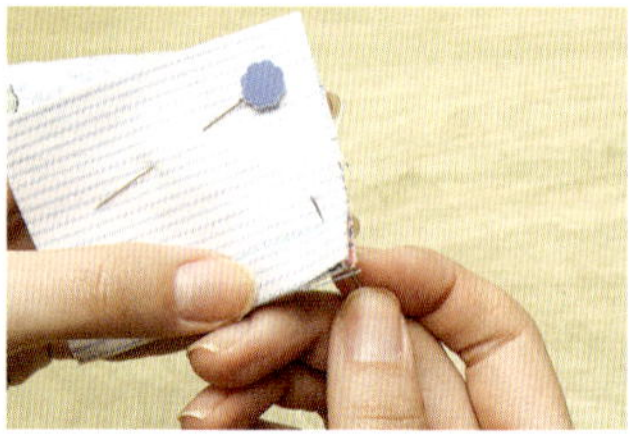

4 从离末端约 7mm 处开始缝制，一直缝到布的头部。先将针从背面穿上来。

5 从左边一个针脚处将针穿下去。

**Tip**

**何时使用缉边法?**

这是一种在连接布头或缝制时经常使用的缝制法。在“连接布头”影像中可以看到缉边法的详细介绍。

6 将针从起点右边的一个针脚处穿上来。

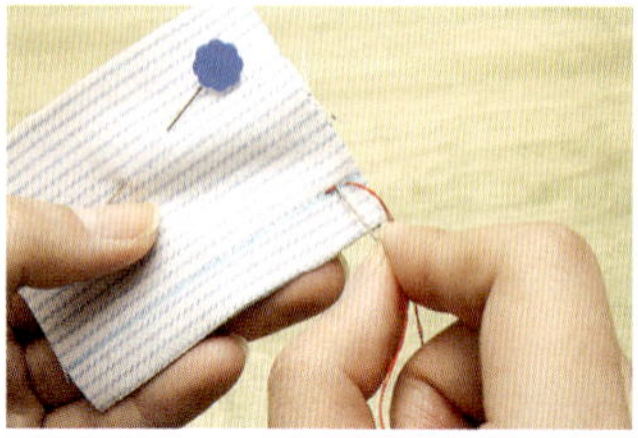

7 将针从起点的针脚处穿下去。

**Tip**

**针脚是什么?**

针脚指用针线缝布时扎的痕迹。一个针脚的距离保持在 2~3mm 比较适当。

8 将针从最后一个针脚右边的一针脚处穿到上面。

9 从左边一针脚处将针穿下去，将布上的空白处填满。现在将缝制的方向转向左边。

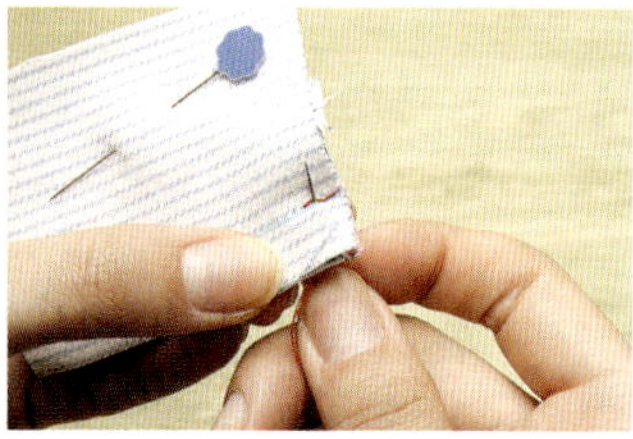

10 将针从下面穿出来与第一个针脚重合。

11 将针从右边一针脚处穿下去。

12 将针从左边两个针脚处穿上来。

13 将针从右边一针脚处穿下去。

14 将针从左边两个针脚处穿上来。

15 将针从右边一针脚处再穿下去。

16 用相同的方法一直缝到最后。现在再变换一次方向稍微进行缝制。

*Tip*

将布头的两头部分反方向缝制的话会比较结实，不易散开。

17 从离末端 7mm 处将针穿上来。

18 再将针从右边一针脚处穿下去。重复两遍。

## 线打结

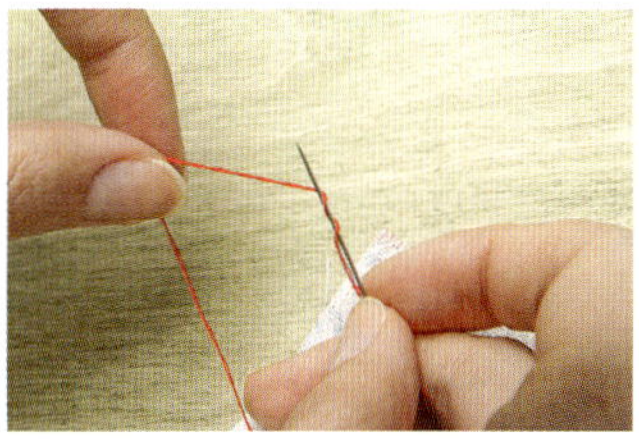

19 将线在针上缠 2~3 圈。

20 用左手捏着缠好的线，右手拉针，这样就会拉出一个圈。轻拉线圈和针部分的线使缠绕部分的线朝打结方向移动。

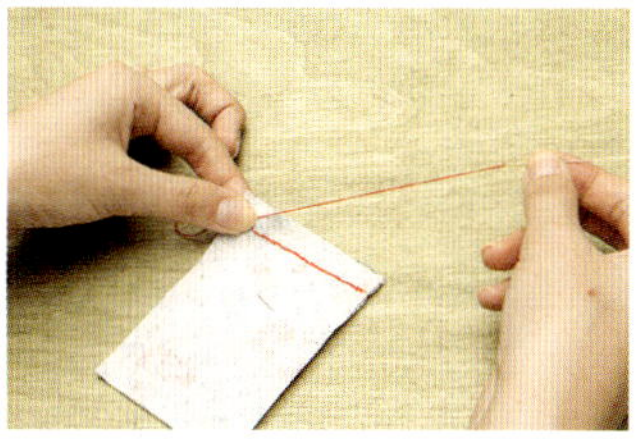

21 轻轻地捏着打结部分，将线拉到底，这样结就打好了。

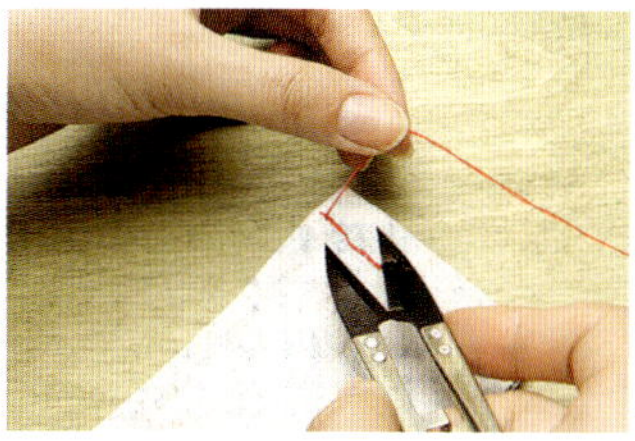

22 打好结后将剩余部分用线剪剪掉。

## 分缝

展向两边的缝份叫分缝。

23 将缝好的缝份用熨斗熨烫后便可将缝制处熨平。

24 外皮布 B 和 C 背面朝上放好后，将缝份展向两边。

25 用熨斗将展开的缝份熨好。

## 连接布块 2

26 将连接好的外皮布 B、C 以及外皮布 A 准备好。

27 将外皮布 A 正面向上与连接好的外皮布 B、C 右边对齐，然后将布翻过来，正面朝下。

28 用珠针固定好后，用水笔在重叠部分画出 1cm 的缝份线。

29 从末端 7mm 处开始缝制。

30 像连接外皮布 B、C 时一样，反方向重复进行缝制，直到完成。

31 沿水笔线进行缝制，将布料连接在一起。

32 将缝好的缝份用熨斗熨平。

33 将缝份向两边展开做出分缝。

34 用熨斗将缝份熨平，外皮就完成了。

## 粘衬布

在布料上粘上衬布是为了使布料变得坚挺，以便做出来的成品更有型。

35 将外皮可以看到缝份的反面和卡袋黏合衬 F 的黏合面相对。为了防止缝份处变厚，衬布需比布料上下、左右小 1cm。

36 用熨斗将衬布用力按压熨烫使其粘好。粘衬布时熨斗的温度以棉料温度为宜。

37 将插袋里 E 长边折半，使其反面相对。

38 沿着折半线，将插袋衬布 G 的黏合面和插袋里的反面相对放好。

39 然后再按刚才那样对折后用熨斗熨压好。将 2 个插袋里用同样的方法做好。

*Tip*

**插袋里是什么？**

是指做袋子时的辅助材料或用来插东西的部分。

## 装饰

在这个过程中我们要学习上蕾丝边及打扣结的方法。

40 准备好蕾丝，再准备一条蕾丝长度的魔术胶带。

41 将魔术胶带粘到蕾丝上。

42 将魔术胶带的粘纸揭掉。

43 将蕾丝粘到外皮正面的布头连接线上。

## 上蕾丝边

44 将针从距离末端约 7mm 处穿出来。

45 将穿出来的针从左边 2~3mm 处穿下去。

46 再从左边 2~3mm 处穿出来。

47 将针从左边一针脚处穿下去。

48 用同样的方法将蕾丝固定好。

49 缝制好后将多余的蕾丝沿着边缘处剪掉。

## 打扣结

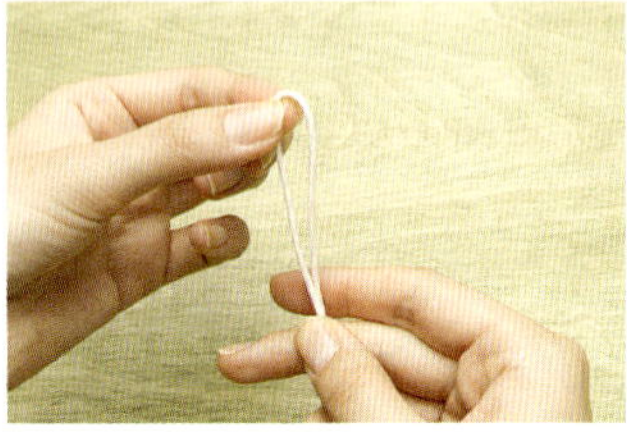

50 将棉拉绳对折。

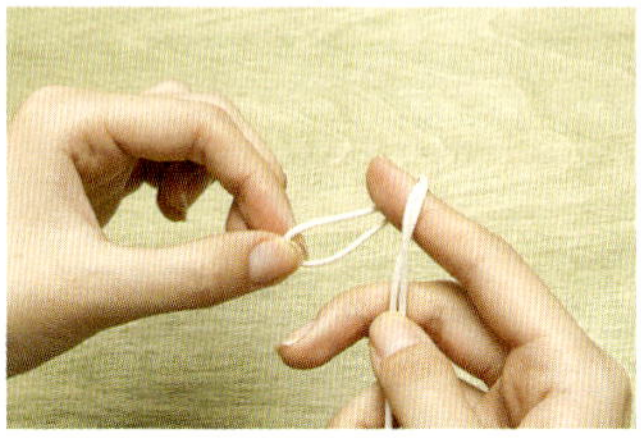

51 将棉拉绳带圈的一头挂在右手的食指上。

52 将左手的圈拉到右手食指上挂着的棉拉绳下面，在右手食指上拉出一个圈。

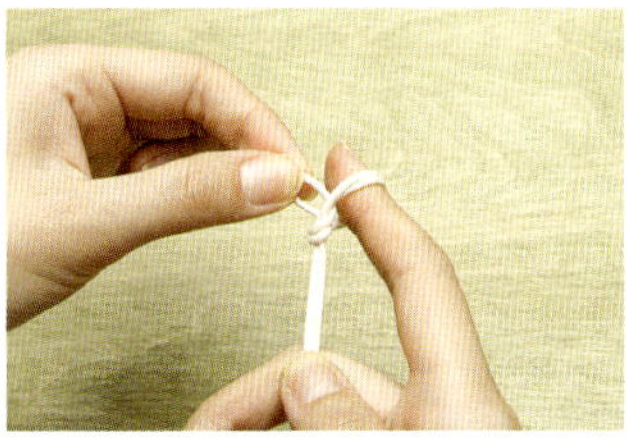

53 将左手捏着的圈从右手食指上的圈中穿过。

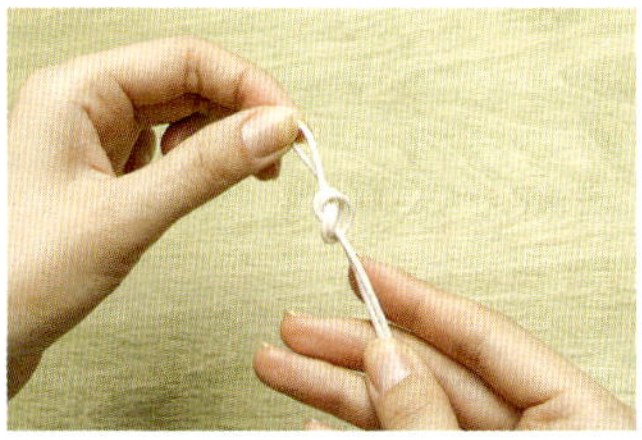

54 留下扣子大小的空间，拉着圈打出扣结。

## 上扣结

55 将做好的外皮的左边折半，用水笔画出中心线。

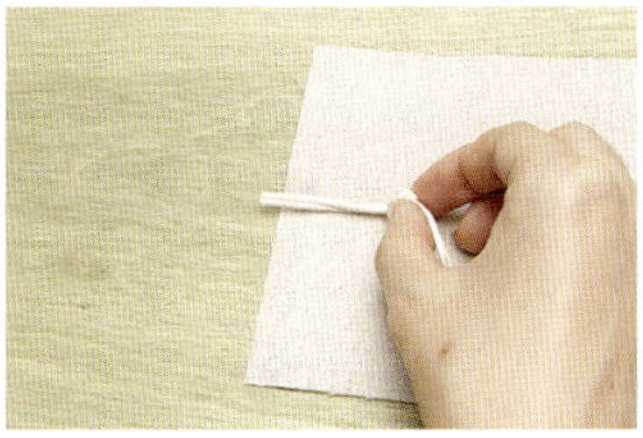

56 将扣结放在水笔画出的线上。

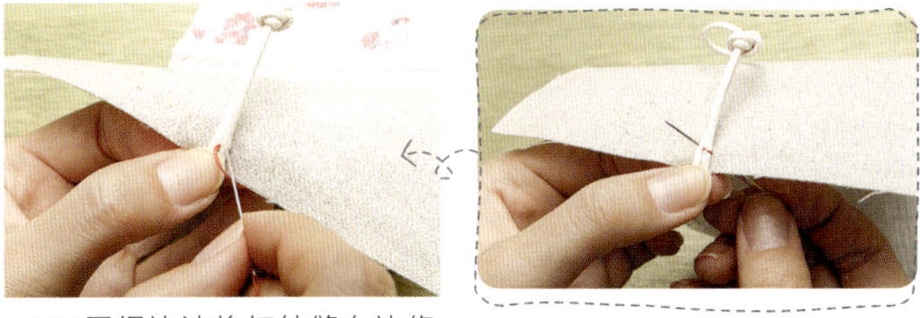

57 用缉边法将扣结缝在边缘处。

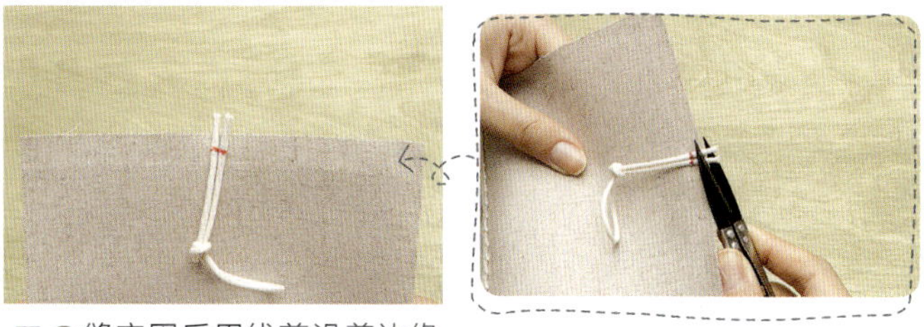

58 缝牢固后用线剪沿着边缘处将多余部分棉拉绳剪掉。

## 合缝

将做好的外皮和里子、插袋等合在一起叫合缝。

59 将外皮正面朝上放好。

60 将插袋里如图沿两边的线放在外皮的正面上。

61 放的时候应使插袋的开口处朝外。

62 将内里 D 的背面朝上盖在插袋里上面。

63用珠针将外皮、插袋里、内里固定在一起。

64用水笔在下面画出一个5cm左右的翻口。剩余部分的上下、左右均用水笔画出1cm的缝份线。

65除了留下的5cm翻口部分外，其余部分都沿缝份线密密地缝好。

66沿着缝制线将多余的布剪掉。注意不要剪到缝制线。

67将翻口处的缝份留下。

## 翻面

68打开翻口，翻出正面。

69翻好后的正面。

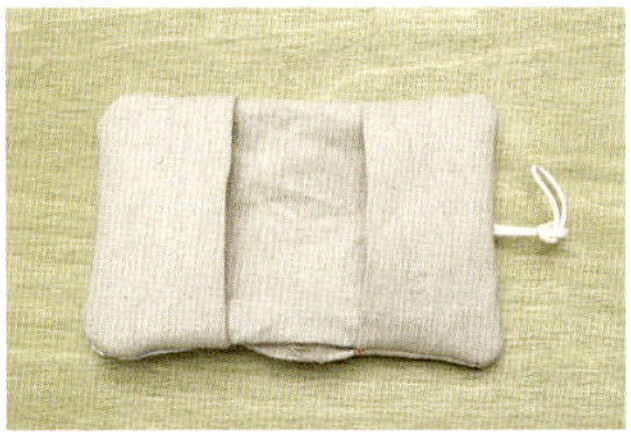

70将插袋里整理成朝向内里的方向。

71用锥子将边角整理好。

## 用缲边法将翻口缝好

通过翻口将正面翻出来后，用缲边法将翻口缝好。用缲边法就看不出与其他地方缝制的差别，可使作品看起来更整齐。

72 从翻口上面的缝份内部将针穿出。

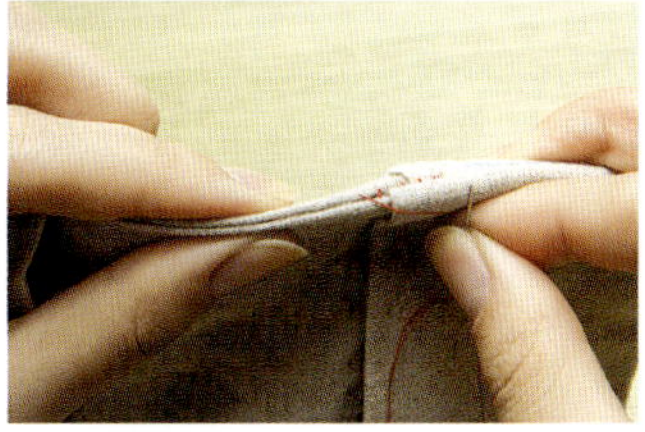

73 使翻口的缝份相对。

74 将针插入翻口下方的缝份内，然后从左边 5~7mm 处将针抽出。

75 用同样的方法在上面的缝份上也插入针，然后从左边 5~7mm 处将针抽出。将翻口的上下缝份用缲边法缝制好。

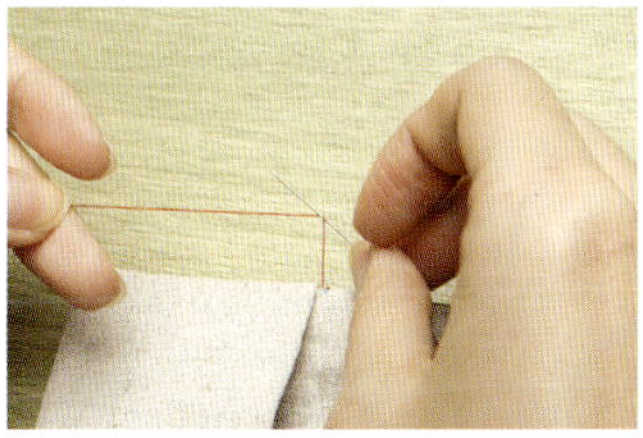

76 缝好后将线在针上缠 2~3 圈。

77 用左手按着缠绕的线，右手拉针进行打结。

78 打完结后剩余的线不要马上剪掉。将针从打结处附近穿出来。

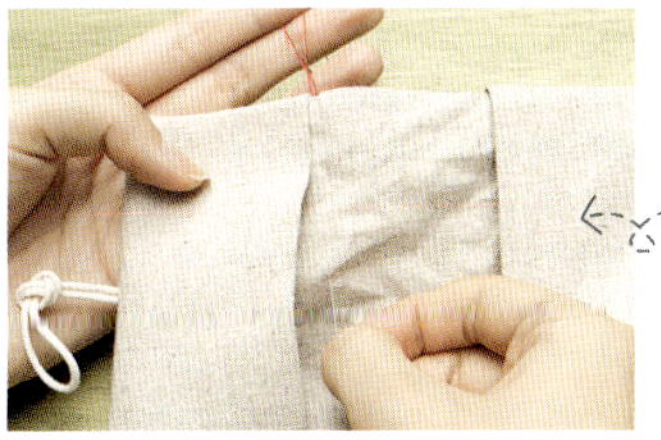

79 然后将针从离打结处较远的内里处穿出来。

80 尽量使劲拉线，然后用线剪将线剪断。打的结就藏在里面了，结和线的末端就被隐藏起来了。

81 缲好后用熨斗熨平整。

*Tip*

**缲边是什么?**

主要用于缝制翻口，是一种看不到针脚的缝制法。

## 缝扣子

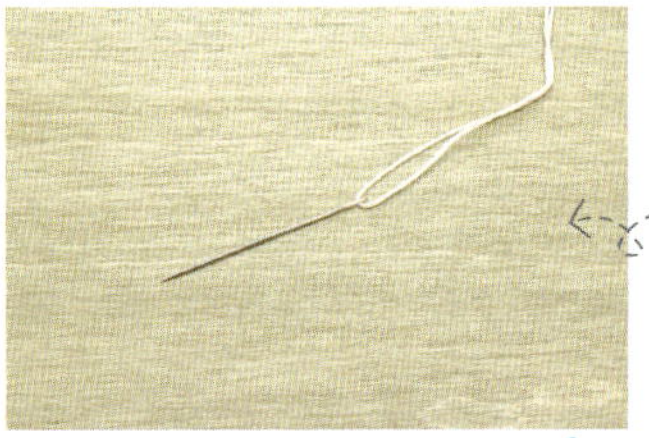

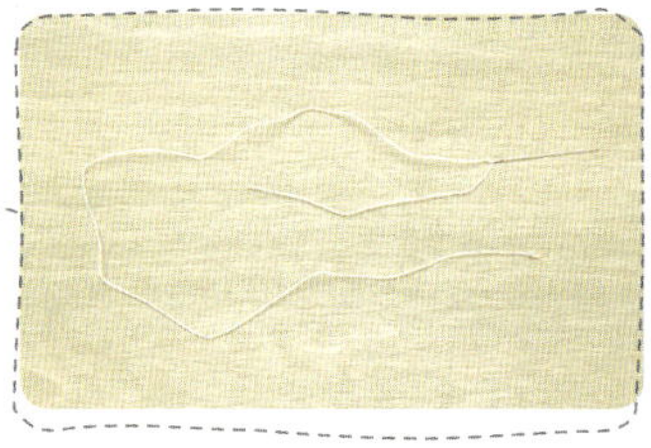

82 将刺绣线穿在刺绣针上。

83 将卡袋对折。

84 将用棉拉绳做好的扣结翻上来，用水笔画出扣子的位置。

85 将穿有刺绣线的刺绣针从水笔标示处穿出来。这时需从内里穿出来，这样打的结才能隐藏在内里中不被看到。

86 将针从扣眼中穿出来。

*Tip*

钉扣子时不要缝到插袋上，只与外皮和内里缝在一起。

87 然后在一针脚处将针穿进去，再从扣眼中穿出来，这样反复两三次。

88 将线缠 2~3 圈，将扣子固定好。

89 将针穿下去。

90 将针抽出来，注意不要将插袋缝在一起。

91 将线在针上缠 2~3 圈。

92 用左手按着缠绕的线，右手拉线，进行打结。

93 打完结后将其余的线剪掉。

94 扣子就钉好了。

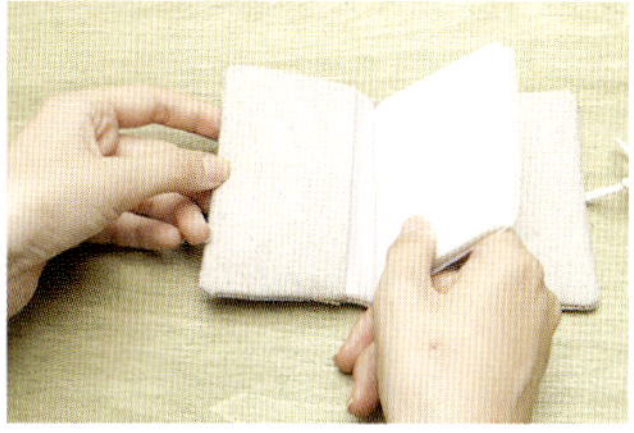

95 将卡袋内芯固定到插袋里面。

96 可以很好地规整与日俱增的卡，三块布头卡袋就做好了。

Application

## 也可换用别的布料来制作

即使不换卡袋的布料形状，只更换一下布料花型及蕾丝，也可做出富有个性的作品。将优惠卡等与日俱增的卡及名片整齐地收纳到自己设计的卡袋中，打开包将成为一种愉悦。

02 脸部触感柔软的，**天然瓦夫洗脸头套**

DVD作品

在这个作品中将向大家介绍滚边条和粘布的使用方法。
学习手工滚边的方法。
如果同时也能够熟练掌握利用图案的最简单最基本的剪裁方法就更好了。

**准备物** 预计材料费 15 000 元韩币 | 预计制作时间 1h | 成品预计价格 30 000 元韩币

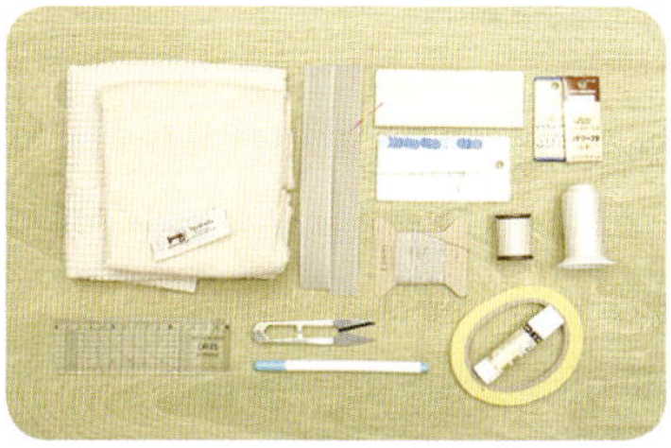

**布　　料** □瓦夫布 1/4 幅 □头套布 1/4 幅 □滚边条 2m
**辅助材料** □装饰用标牌 1 个 □粘布 10cm
**缝制用品** □刺绣针 □手缝线 □缝份尺 □针 □线剪
□水笔 □珠针 □魔术胶带 □刺绣线

**剪裁** 剪裁的尺寸均包含 1cm 的缝份

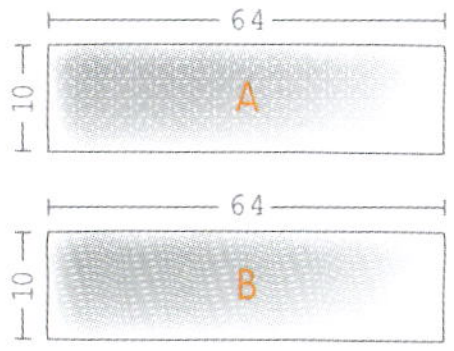


A 正面（瓦夫布）64cm × 10cm　1 块
B 反面（头套布）64cm × 10cm　1 块

## 装饰

1 将标牌的两端向里折 5mm 左右。标牌的长度会稍有不同。

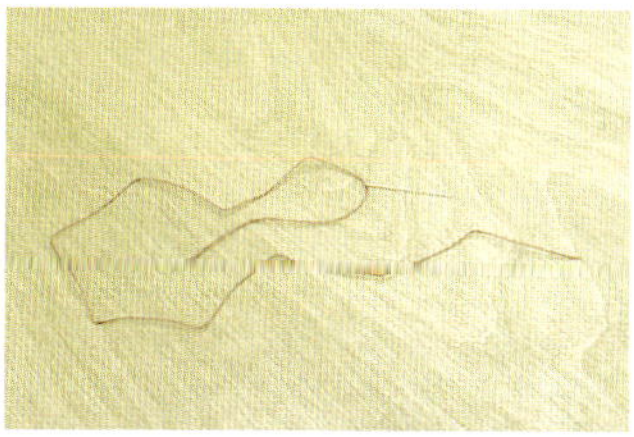

2 将刺绣线单股穿在刺绣针上。

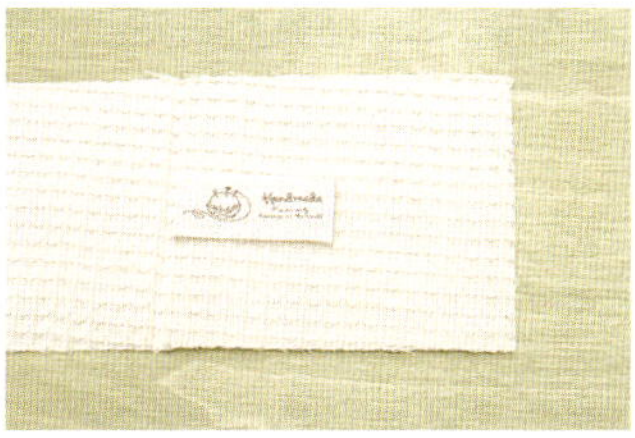

3 将标牌放在瓦夫布 A 的正面。

4 将针从瓦夫布的背面穿出来，将标牌的边角缝好。

*Tip*

**亚麻缝制中使用的装饰用辅助材料有哪些?**

在亚麻缝制中，带花纹或字的标牌、胶带、蕾丝、扣子、贝壳类装饰、挂件等不分布料均可用作装饰。

5 将一个角缝好后在背面打结固定。

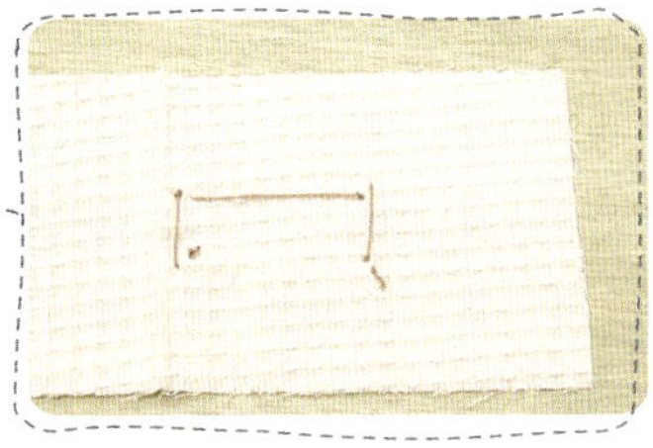

6 将四个角都缝好后在背面打结。

## 缝粘布

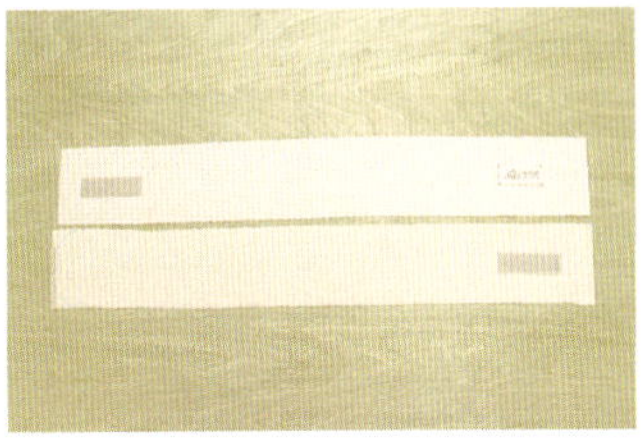

7 将瓦夫布 A 的正面左边和头套布 B 的正面右边缝上粘布。

8 将粘布的边缘处缝好。

9 将瓦夫布和头套布的背面相对。

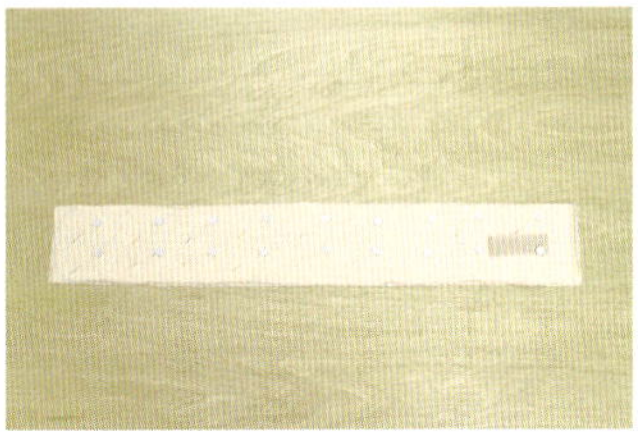

10 用珠针固定好。

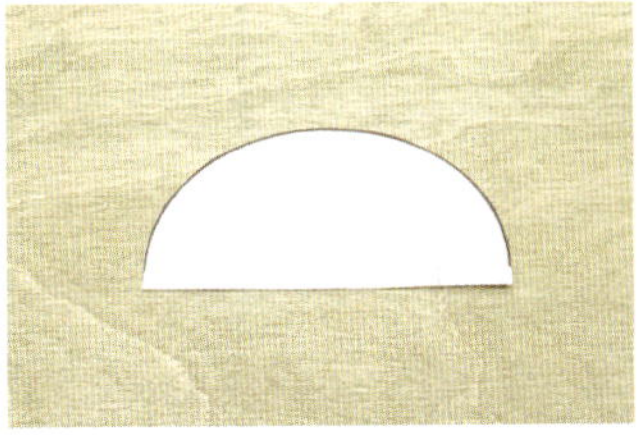

11 准备好实物样本。

12 将样本沿布的两端放好，用水笔画出弧线。

13 用剪刀沿水笔线剪好。

14 两头用同样的方法剪好。

## 滚边

15 将滚边条的正面相对瓦夫布的正面放置。

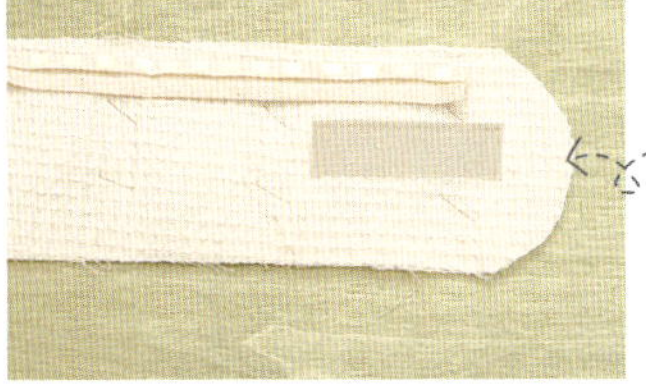

16 在滚边条的缝份处粘上魔术胶带。

Tip

**滚边是什么？**

滚边是指用做好的边包裹着缝份进行的缝制。滚边条是将布料沿 45° 角裁成的。具有伸展性，也可用在边角或弧线部分的缝份处。

17 将魔术胶带的粘纸揭掉后，将滚边条的缝份展开粘到瓦夫布的缝份处。

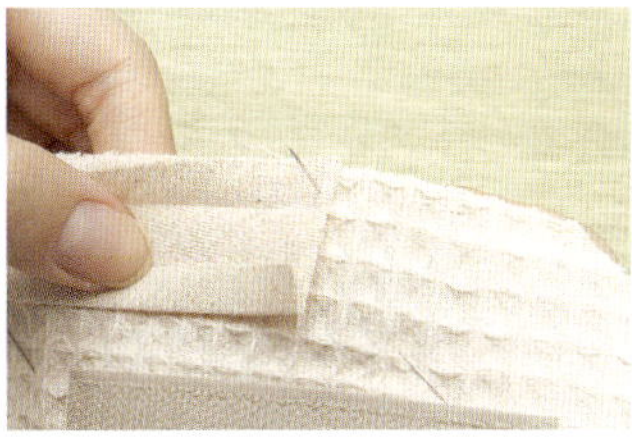

18 沿着滚边条的缝份缝制好。

19 缝制好后，将最后接口处进行重叠缝制。

20 将缝好的滚边条的另一边折向头套布。

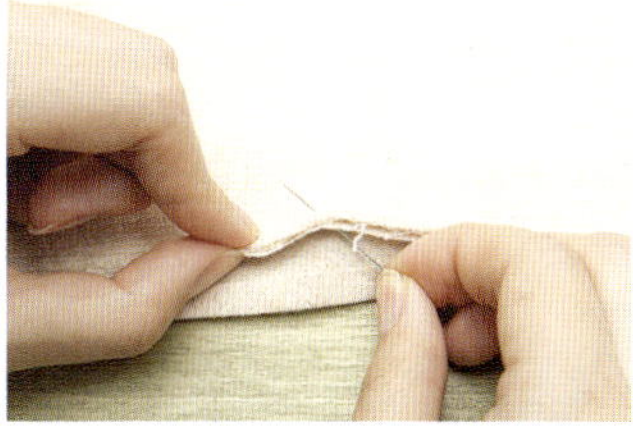

21 将头套布的滚边条用缲边法缝好。首先从里面开始穿针。

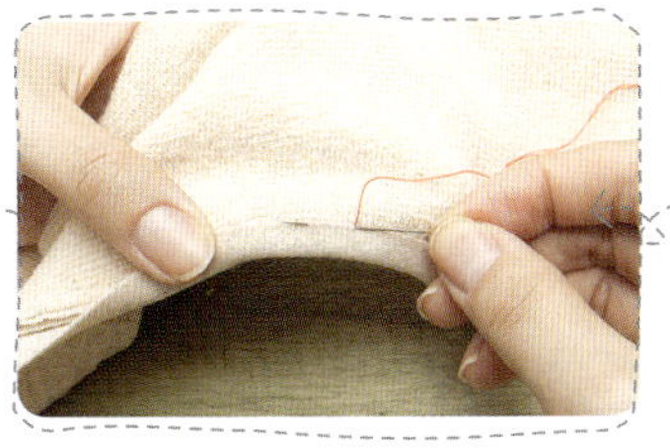

22 用滚边条将瓦夫布和头套布包在一起进行缲边缝制。

23 注意弧线部分要将滚边条放长进行缝制，以免歪斜。

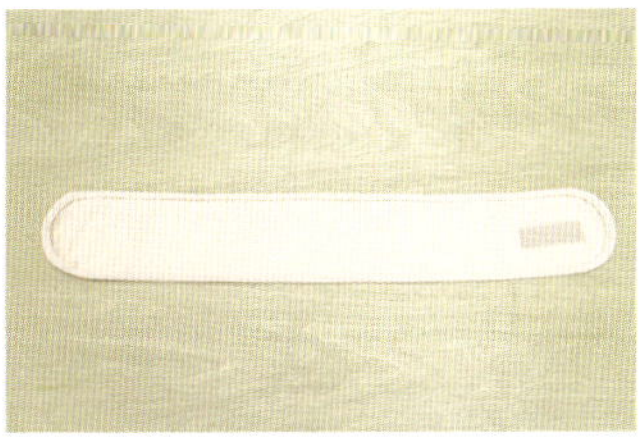

24 用滚边条将四周都包起来。

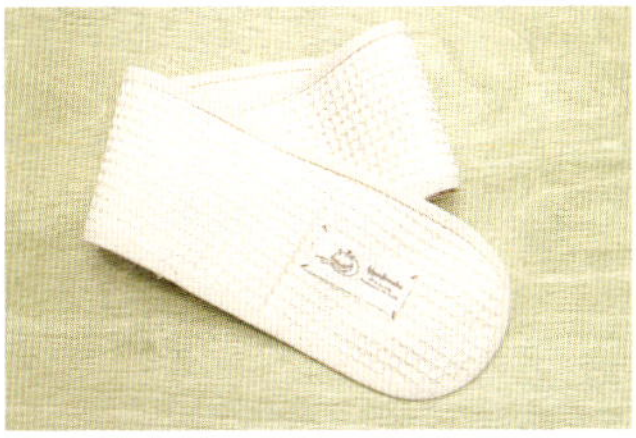

25 脸部触感柔软的天然瓦夫洗脸头套就完成了。

# 03 包内小巧的收纳空间，格子硬币钱包

DVD作品

通过制作简单的硬币钱包来学习上框架的方法。

用简单的布头做好外皮后，比照按实物样本剪裁好的衬布剪裁外皮。这种方法很实用。

**准备物** 预计材料费 15 000 元韩币 | 预计制作时间 2.5h | 预计价格 30 000 元韩币

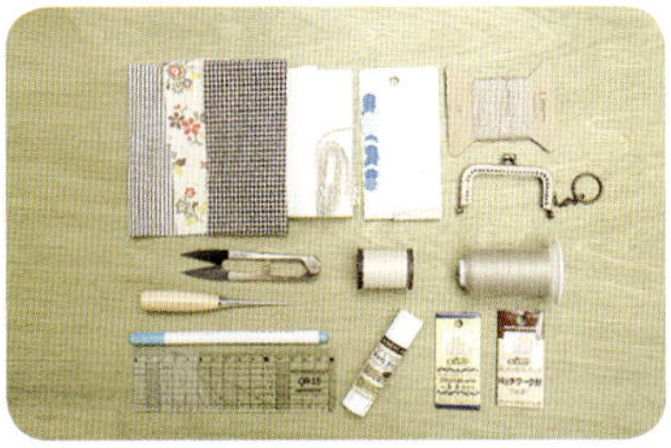

**布　　料** □格子亚麻 1/8 幅 □花纹布 1/8 幅 □条纹布 1/4 幅 □ 2 盎司黏合棉 1/4 幅 □黏合衬 1/4 幅

**辅助材料** □装饰用蕾丝 40cm □ 7~8cm 框架 1 个

**缝制用品** □机缝线 □手缝线 □刺绣针 □缝份尺 □针 □线剪 □水笔 □锥子 □布料黏合胶 □珠针 □刺绣线

**剪裁** 剪裁的尺寸均包含 1cm 的缝份。

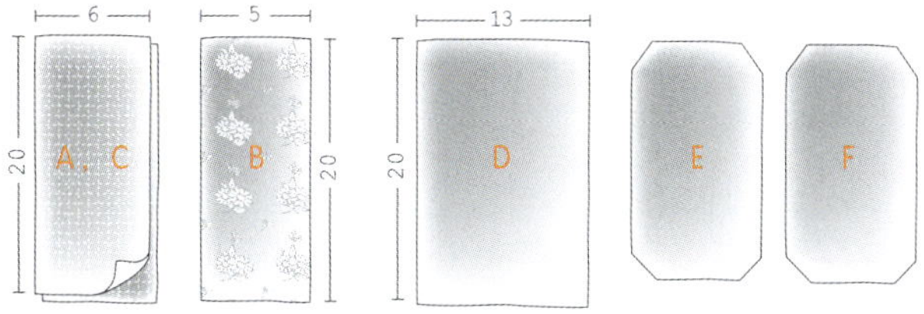


A、C 外皮布（格子）6cm×20cm　2 块

B 外皮布（花纹）5cm×20cm　1 块

D 内里 13cm×20cm　1 块

E 外皮用 2 盎司黏合棉：利用实物样本剪裁 1 块

F 内里用黏合衬：利用实物样本剪裁 1 块

## 连接布块

以花纹布为中心两边连接上格子布用作外皮。

1 将外皮布（格子）A 和外皮布（花纹）B 的正面相对后用珠针固定。

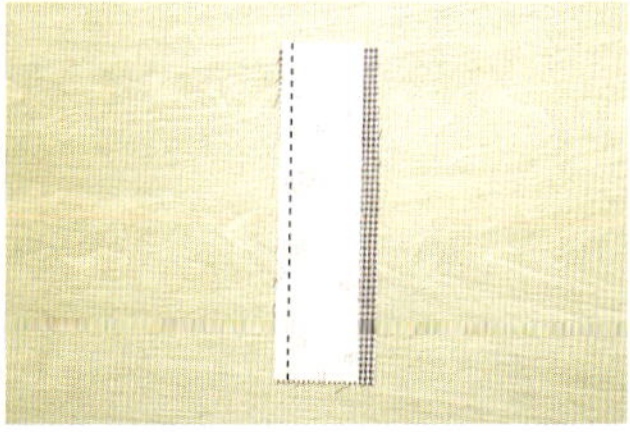

2 将重叠的竖边线缝制成 1cm 的缝份。

3 将缝好的缝份熨出分缝。

4 将外皮布（格子）C 也与花纹布 B 的另一边相对放置，然后用珠针固定。

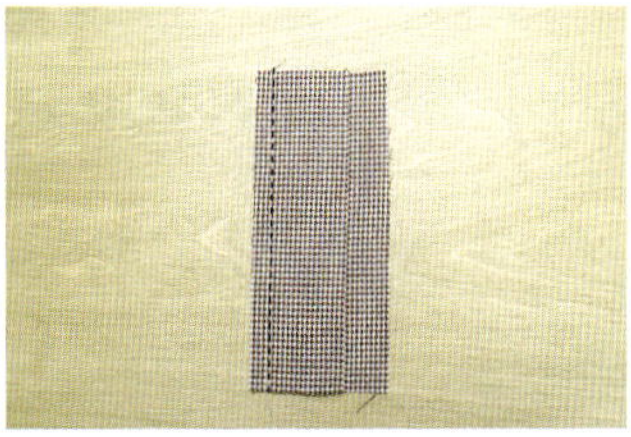

5 将重叠的竖边线缝制成 1cm 的缝份。

6 将缝好的缝份熨出分缝，外皮就做好了。

## 粘黏合棉、衬布

在外皮上粘上黏合棉，内里粘上黏合衬，将钱包做得松软牢固。

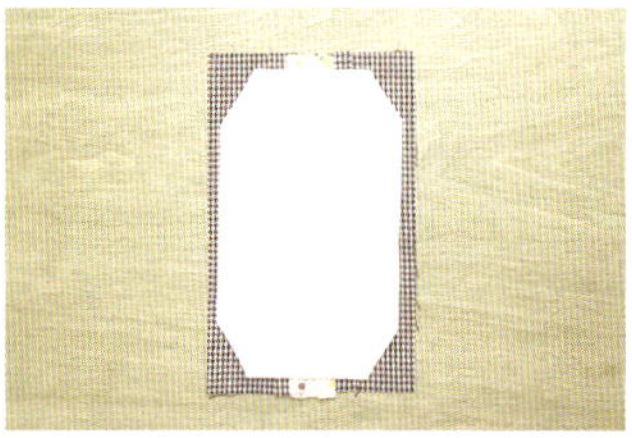

7 将外皮用 2 盎司黏合棉 E 的黏合面和外皮的背面相对放好，用熨斗熨在一起。

8 黏合棉遇熨斗会熔化，所以熨的时候一定要在布料面熨。

Tip

**熨黏合棉的温度是多少？**

由于熨的时候是将黏合棉放在下面，布料放在上面，所以根据布料的种类来调节温度即可。

9 将内里用黏合衬和内里 D 的背面相对，用熨斗熨烫使其粘在一起。衬布与黏合棉不一样，可以在衬布面进行熨烫。

Tip

为了保证硬币钱包的形状需要粘上黏合衬，为了做出松软的效果还需要粘上黏合棉。

## 装饰

10 用布料黏合胶将装饰用蕾丝临时固定在外皮面上的接缝处，然后再将其缝制好。

11 缝制好后剩余的蕾丝沿着布料边剪掉。

Tip

如果想装饰扣子或标牌等也可在这个步骤中进行。

## 制作外皮、内里

12 将粘有黏合棉的外皮的四个角留下 1cm 的缝份，其他部分用剪刀剪掉。

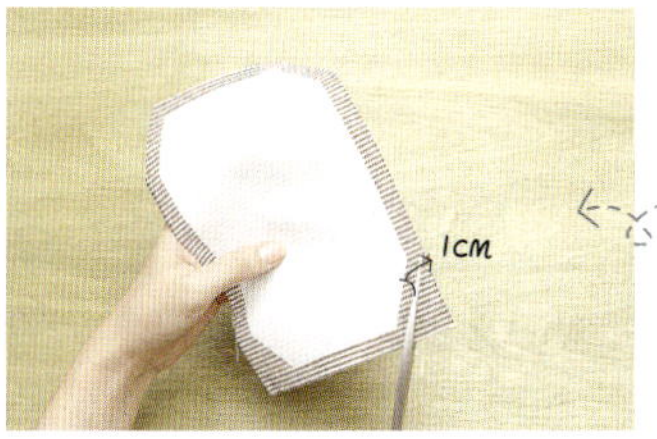

13 内里的四个角也一样，留下 1cm 的缝份，其他部分用剪刀剪掉。

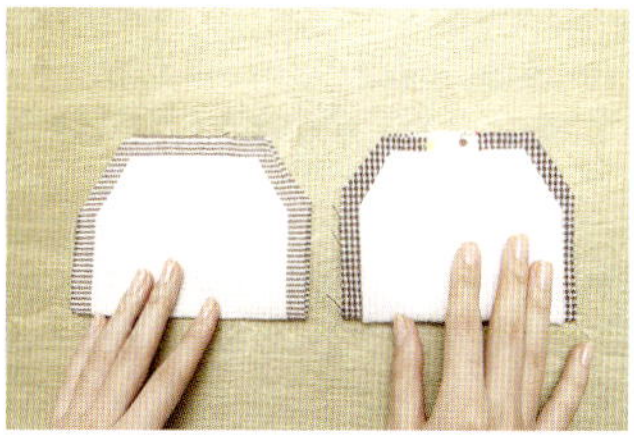

14 将外皮和内里的正面相对折半。

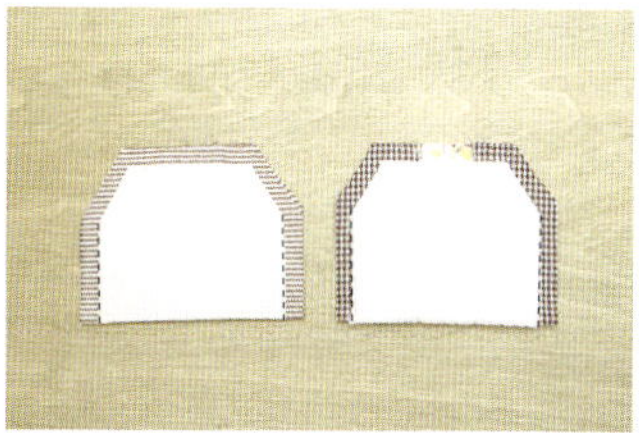

15 在外皮和内里两侧边 1cm 处缝出缝份。

## 制作底面

通过制作内里和外皮的底面，做出钱包的形状。

16 将缝制后对折的缝份剪开。

17 将缝份处熨出分缝。

Tip

画底面线时，与其努力将长度控制在 3cm，还不如以中间为准向两边各量 1.5cm，然后用水笔画出线来，这样会更简单些。

18 用缝份尺在分缝处比出直角后，用水笔把以分缝的缝制线为准向两边各 1.5cm 共 3cm 的长度画出来。

19 沿着水笔的画线进行缝制便可做出底面。将外皮和内里的两边用同样的方法进行缝制。

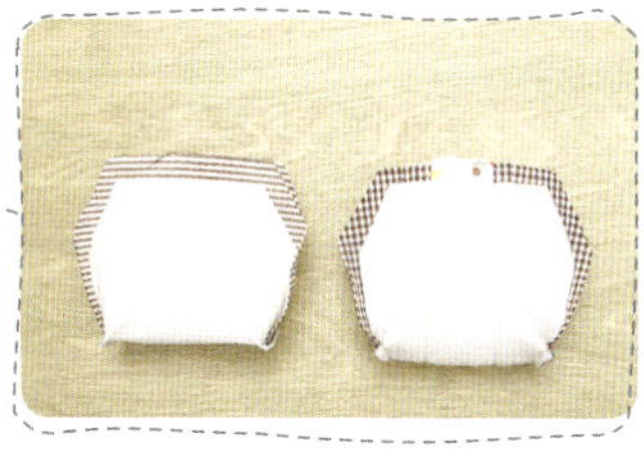

20 缝制好后，将角上留下的三角形部分沿着缝制线剪掉。

## 合缝

将外皮和内里缝制在一起，做成钱包。

21 将外皮的正面翻出来。

22 将内里塞进外皮中使外皮的反面和内里的反面相对。

23 整理好外皮和内里的开口处，使中央线和侧线一致。

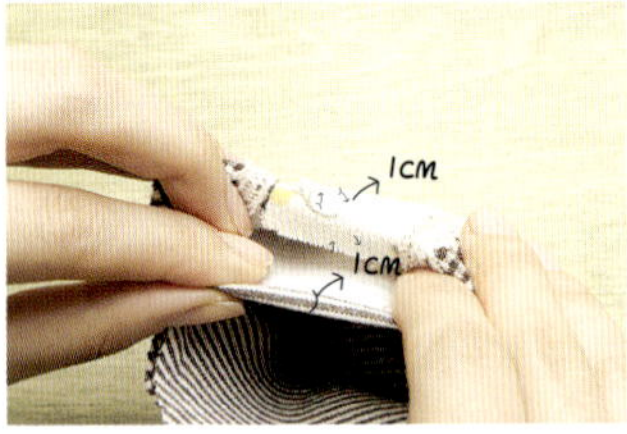


24 将外皮和内里的缝份均向布料之间的内部折入1cm。

25 用缲边法将外皮和内里的开口处缝制好。

## 上框架

框架是一种小至硬币钱包、大至大包均使用的辅助材料。上框架的方法是先从中间开始一直缝到一边的头部，然后再从中间开始缝另一半。

26 用水笔画出开口处的中心。

27 将框架的中心和用水笔画的中心保持一致。

*Tip*

不一次将框架缝上去的原因是因为如果从一边一直缝到另一边的话左右容易歪斜。从中间开始分别向两边缝制的话，就能够保持左右的一致了。

28 将穿有刺绣线的针从开口处的内部中间穿进去，穿到外面。然后将穿出来的针穿过框架中心孔，使框架与钱包的中心保持一致，然后继续缝制。

29 用锥子将钱包边缘处塞入框架中进行缝制。

30 用针将框架与钱包缝制在一起。最好是在里面将针脚缝得小小的，这样就看不到针脚了。

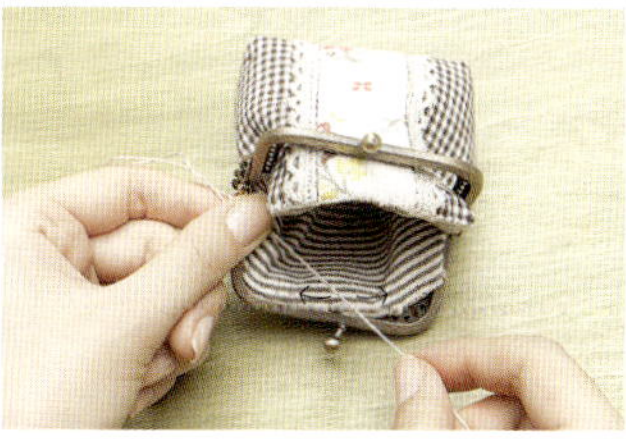

31 从中间向一边缝制后打结，然后再从中间向另一边缝制后再打结。

32 鼓鼓的可爱的框架硬币钱包就完成了。

# 04 整洁梳妆台的秘密，弧形拉链小袋

DVD作品

在这个作品中将向大家介绍拉链的缝制方法。

拉链作为一种在开口处经常使用的辅助材料，学会了它的缝制方法在很多地方都能用到。再学习一种利用图案剪裁布料进行缝制的方法。

**准备物** 预计材料费 15 000 元韩币 | 预计制作时间 2h | 成品预计价格 30 000 元韩币

**布　　料** □印花亚麻 1/4 幅 □纯色布 1/4 幅 □黏合衬 1/4 幅

**辅助材料** □拉链 20cm □装饰用标牌 1 个

**缝制用品** □机缝线 □手缝线 □缝份尺 □针 □线剪
□水笔 □锥子 □布料黏合胶 □珠针

**剪裁**

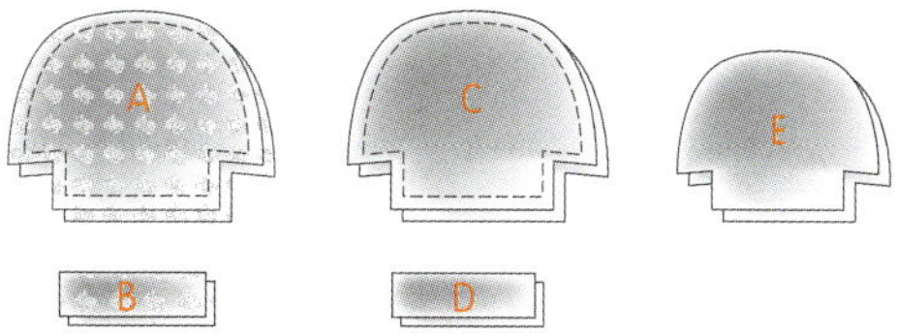


A 袋身外皮（印花）：用实物样本剪裁 2 块

B 拉链连接外皮（印花）：用实物样本剪裁 2 块

C 袋身内里：用实物样本剪裁 2 块

D 拉链连接内里：用实物样本剪裁 2 块

E 袋身黏合衬：用实物样本剪裁 2 块

* 将实物样本中标出的拉链连接线、底面、中心线等全部用水笔在布料反面画出。在袋身上下、左右 1cm 处再各画一条缝份线，拉链连接布不需要留缝份，可直接剪裁。
* 由于黏合衬不需缝份，所以可完全依照图样进行剪裁。

## 粘衬布、连拉链

1 将外皮 A 的反面和黏合衬 E 的黏合面相对，然后用熨斗熨烫使其黏合在一起。

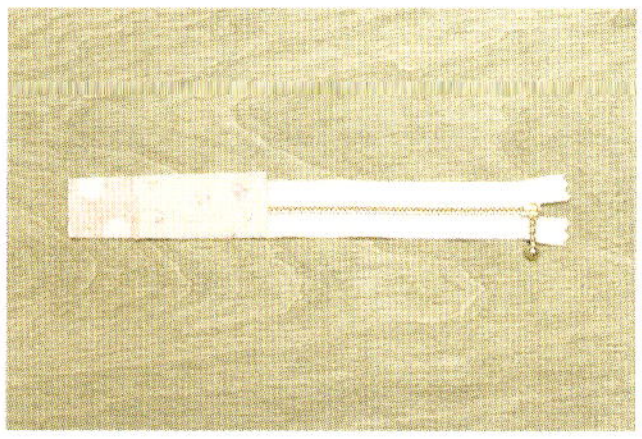

2 将拉链连接布 B 的正面和拉链的正面相对重叠着放在拉链头上。

3 用布料黏合胶将缝份部分临时固定起来。

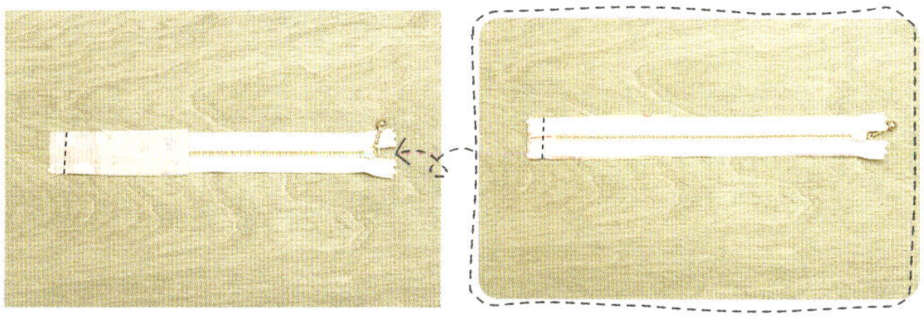

4 按照标记线缝制出 1cm 的缝份，将拉链连接布和拉链连接起来。

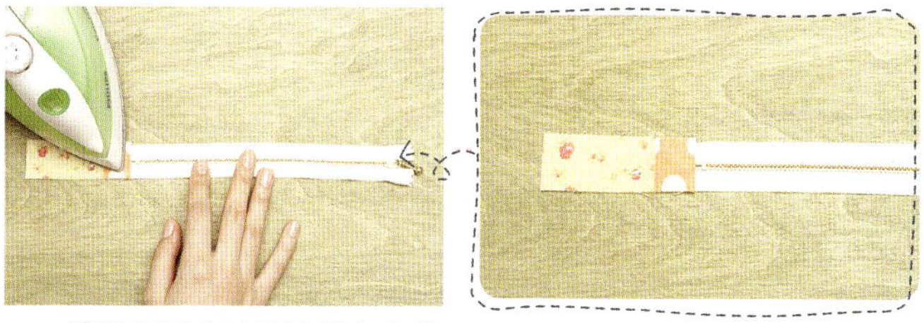

5 缝制好后将拉链连接布向外翻开进行熨烫。

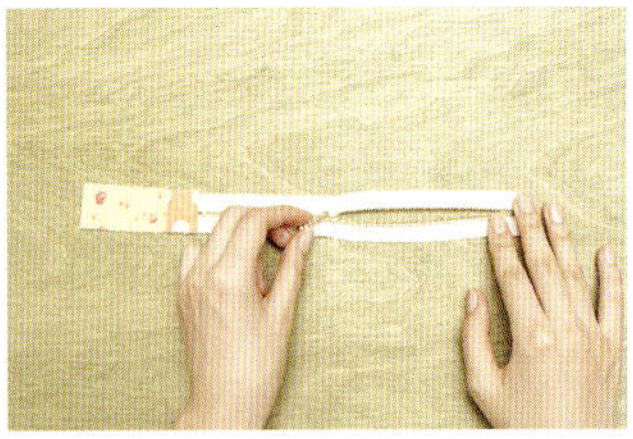

6 将拉链拉开。

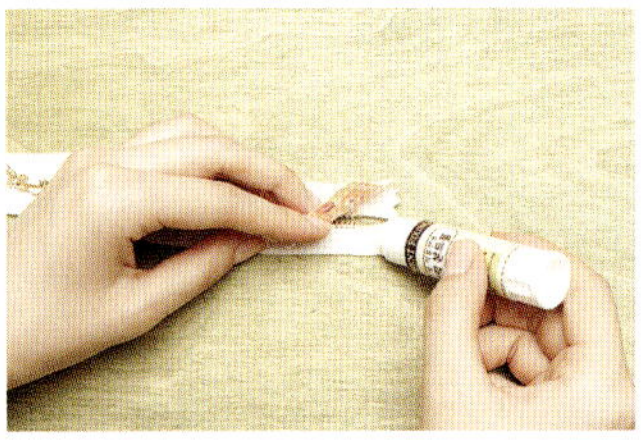

7 用与上述相同的方法，将拉链的另外一头的正面也和拉链连接布的正面相对重叠在一起，然后用布料黏合胶将其临时固定起来。

Tip
事先将拉链拉开是因为如果不拉开拉链，缝制另一端时拉链的拉手处容易挂着针。

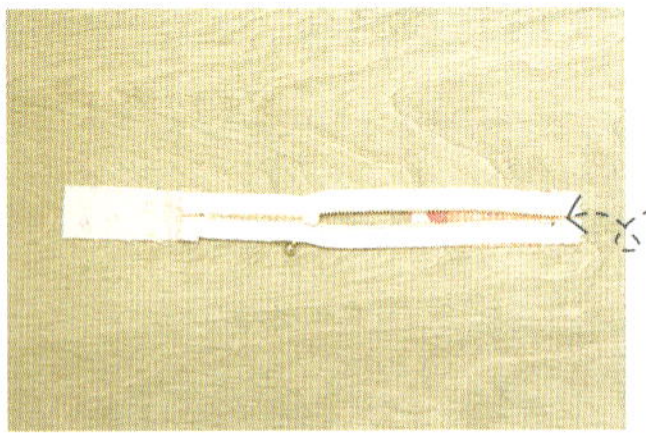

8 用与另一边相同的方法缝制出 1cm 的缝份。

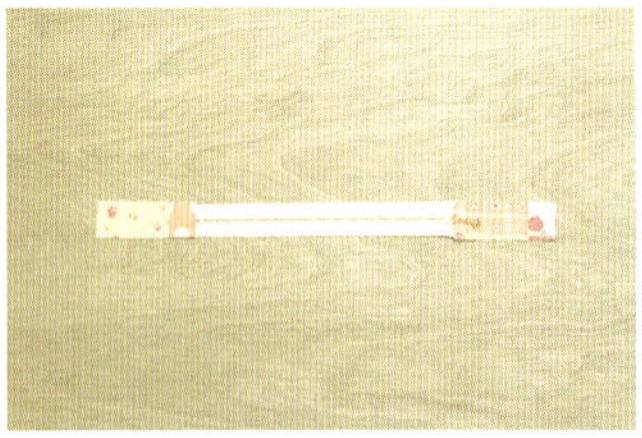

9 将缝好的拉链连接布向外翻开熨烫后袋子的开口处就完成了。拉动拉链确认是否松动。

## 装饰

10 用布料黏合胶将标牌临时固定在外皮你喜欢的位置上。

11 将标牌的两边缝在外皮上。

## 上拉链

12 为了将拉链和袋身连接起来需将拉链先拉开。

13 将拉链的正面和外皮的正面相对，缝份部分用布料黏合胶临时粘在一起。

Tip

剪裁时的缝份是 1cm，为什么缝制时的缝份是 5mm 呢？这是为了防止拉链的厚度和衬布的厚度合在一起变得更厚，才留下空余的。

14 将开口处全都固定好后，将拉链和外皮缝制出 5mm 的缝份。

15 缝制的时候要注意拉链的缝份是 5mm，不要弄错。

16 另一边也同样用布料黏合胶先临时固定在袋身上。

17 同样将边缘处缝制出 5mm 的缝份。

## 制作底面

18 用珠针将相对的外皮袋身的底面固定好后缝出 1cm 的缝份。

19 将缝好的缝份熨出分缝。

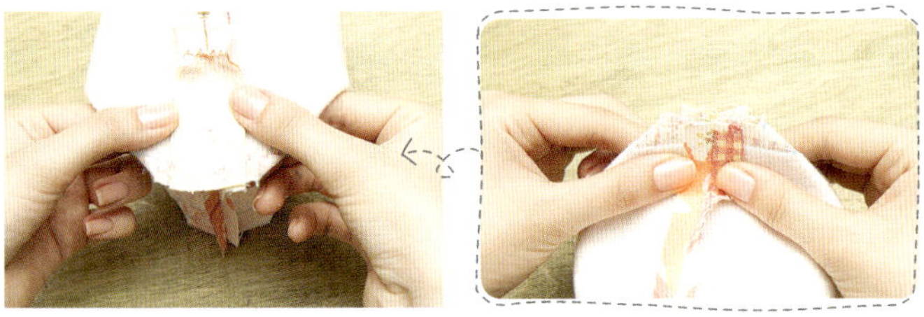

20 将实物样本中标出的底部线相对折好。将熨好的袋身底面分缝的中心线和侧线的中心相对。

21 将相对折好的底面中心线缝出 1cm 的缝份。

22 将两边用同样的方法缝好，做出底面。

23 将正面翻出来。

## 缝制内里

24 将内里准备好。拉链连接布 D 和袋身布 C 各 2 块。

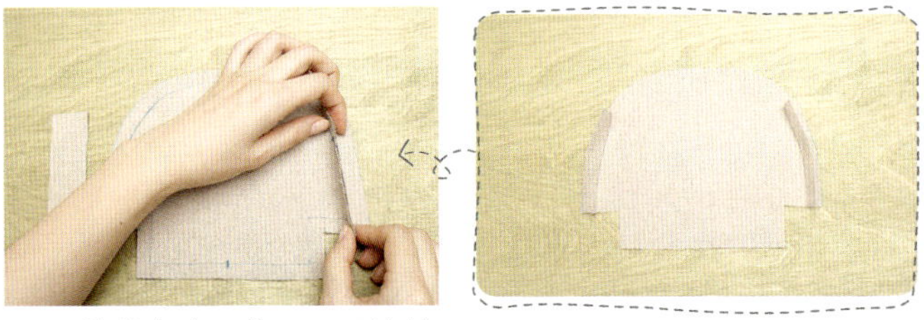

25 将袋身内里的正面两边的侧线与内里拉链连接布的正面相对。这时用布料黏合胶将其临时固定好。

26 两边均缝出 1cm 的缝份。

27 将另一边的袋身内里也用相同的方法连接起来。

28 这就是连接好的内里。

29 将内里的正面相对，用珠针固定好。注意防止底面线歪斜。

30 沿着 1cm 缝份将底面缝好。

31 将缝好的缝份用熨斗熨出分缝。

32 将实物样本中标记的底面线对折，这样被熨成袋身底面分缝的中心线与侧线的中心就相对了。

33 像外皮一样将两边都缝出 1cm 的缝份做出底面。

## 合缝

34 将内里塞入外皮中使外皮的反面和内里的反面相对。

35 将外皮和内里的拉链连接布部分相对。

36 将外皮和内里用珠针固定后，将内里的缝份向拉链内部折进去 1cm，用缲边法将外皮和内里连接起来。

37 弧形拉链小袋就完成了。

05 适合所有风格的

# 皮质提手大包

DVD作品

这个作品将向大家介绍最基本的也是女性使用最多的大包的制作方法。
学会了包和口袋的基本做法及在皮带上打孔做提手的方法，
也可以用于制作其他的小物品。

**准备物** 预计材料费 30 000 元韩币 | 预计制作时间 2.5h | 成品预计价格 60 000 元韩币

布　　料　□纯色亚麻 1 幅 □格子布 1/2 幅□ 4 盎司黏合棉 1/2 幅
辅助材料　□ 25mm 厚 40cm 长的皮带（提手）2 根 □装饰用标牌 1 个
缝制用品　□机缝线 □手缝线 □针 □刺绣针 □缝份尺 □线剪
　　　　　□布料黏合胶 □珠针 □熨烫标尺布 □打孔器 □皮革用插孔器
　　　　　□水笔 □锥子 □刺绣线 □橡皮锤 □打孔板

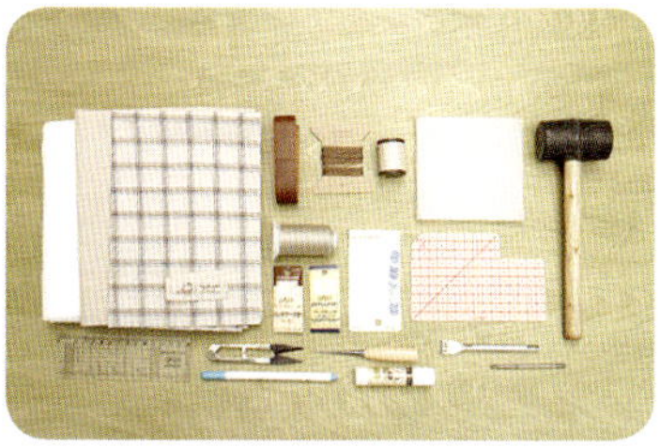

**剪裁** 剪裁的尺寸均包含 1cm 的缝份。影像中有比本作品尺寸小的作品。

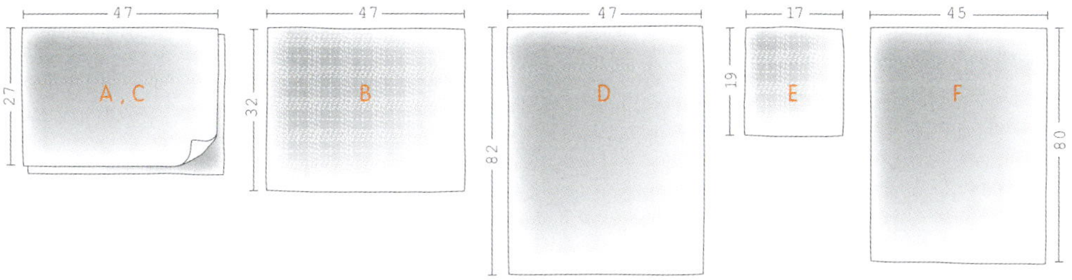


A、C 外皮布 47cm × 27cm　2 块
B 外皮布（格子）47cm × 32cm　1 块
D 内里 47cm × 82cm　1 块
E 口袋布（格子）17cm × 19cm　1 块
F 4 盎司黏合棉 45cm × 80cm　1 块

## 连接布块

将外皮 A、B、C 连接起来做成包的外皮。

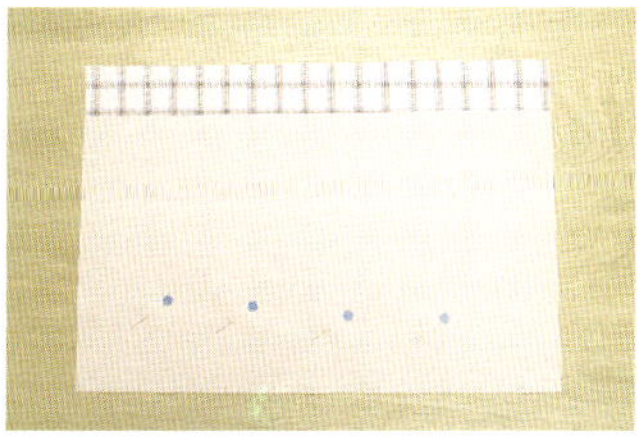

1 将外皮布 A 的正面与外皮布（格子）B 的正面下方相对放置好后用珠针固定起来。

2 在下端缝出 1cm 的缝份。

3 缝好后熨出分缝。

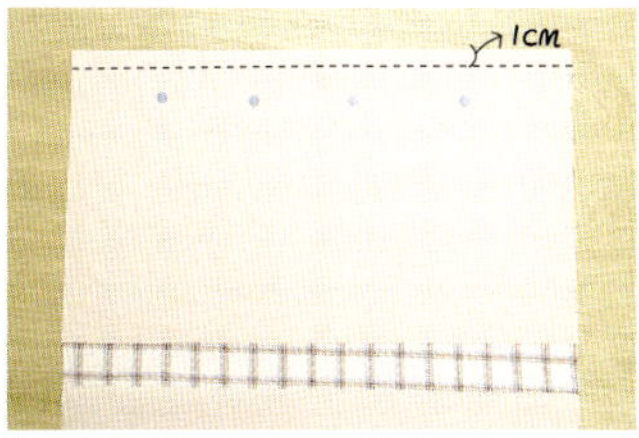


4 用同样的方法将外皮布（格子）B 的正面和上方与外皮布 C 的正面相对放好后缝出 1cm 的缝份。

5 缝好后熨出分缝，这样一个整块的外皮就连接好了。

## 粘黏合棉

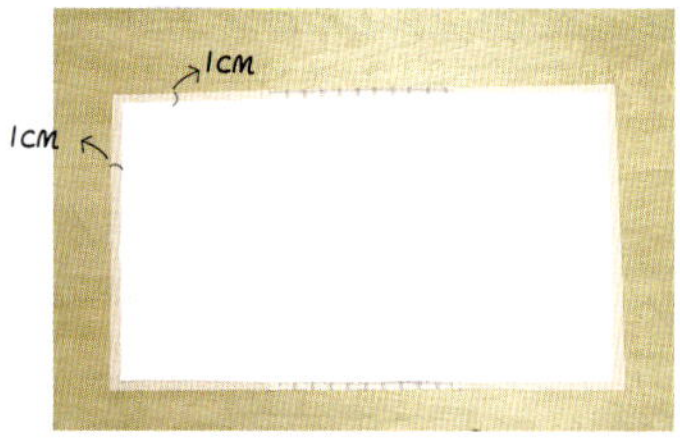


6 将做好的外皮的反面与 4 盎司黏合棉 F 的黏合面相对。为了防止缝份部分变厚，需将黏合棉准备得比外皮四方均小 1cm。

7 由于黏合棉遇熨斗会熔化，所以粘黏合棉时一定要在布料面进行熨烫。

*Tip*

为了防止缝份部分变厚，黏合棉需比外皮小出缝份大小。

## 装饰

8 粘上黏合棉后，将标牌粘到外皮你喜欢的位置上。

9 将标牌的两边缝好。如要对外皮进行装饰可在此环节进行。

*Tip*

虽然标牌较小，但不先临时固定就直接缝的话也容易歪斜。用布料黏合胶临时固定一下则可轻松地进行缝制。

## 制作口袋

在包的内里上缝上口袋。口袋最重要的就是保证边缘不脱线。

10 将口袋布 E 的四周都锁上边。

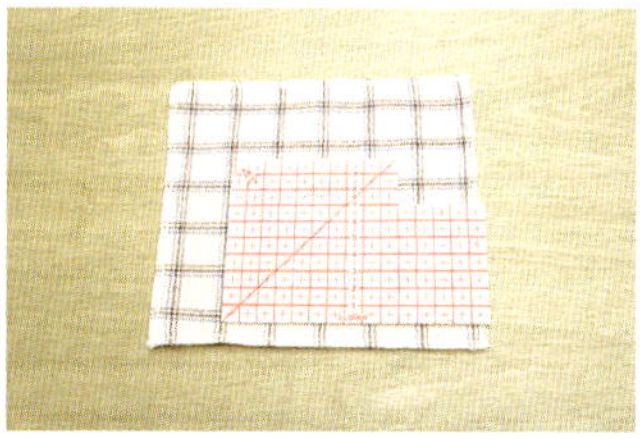

11 将口袋布的反面朝上，将熨烫标尺布放在距下端 1cm 处。

*Tip*

没有锁边机的，可用卷针缝或手工锁边缝制法来防止脱线。也可以拿到缝纫店去锁边。

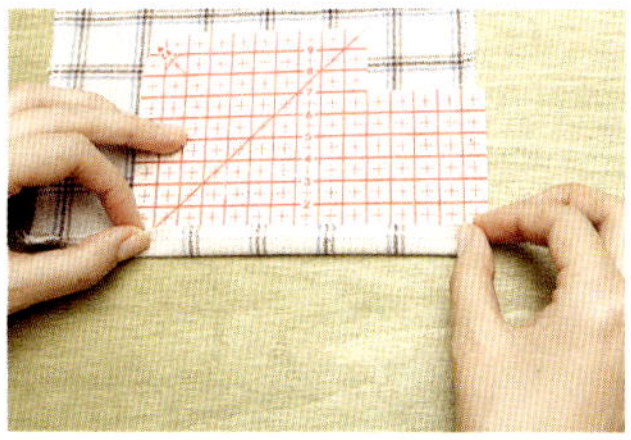

12 将口袋布的下端缝份朝熨烫标尺布折上 1cm。

13 将折上去的口袋布用熨斗熨好后锁边部分就折到反面了。

*Tip*

**熨烫标尺布是什么？**

是一种能够轻松地折出正确尺寸的辅助工具，有刻度，不需要尺子，是一种可直接在上面熨烫的无纺布。

14 用与上述相同的方法将反面和两边的侧面各折 1cm 用熨斗熨烫平整。

15 将口袋布的上端用上述方法折 2cm 进行熨烫。

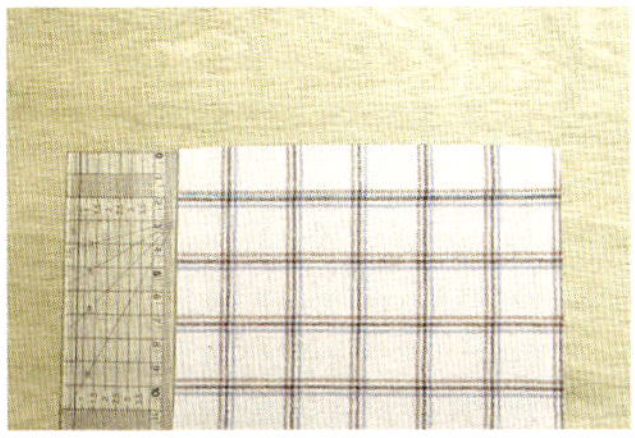

16 将口袋布 E 的正面朝上放好，在距离上端 1.8cm 处画上水笔线。

17 沿着画线缝好。这部分是口袋的开口处。

18 将内里 D 的正面和口袋的内里相对，用珠针固定好。

19 除了开口处，其余的 3 面都沿着边缘缝好。

*Tip*

固定口袋时最好将其位置确定在离上面约 10cm 的中间。

## 制作外皮、内里和包身

将外皮和内里的侧边缝好，在内里上开一个口。

20 将外皮相对折半，然后将两个侧边缝出 1cm 缝份。

21 将内里也相对折半。

22 在内里侧线距上端 10cm 处画出一个开口，然后将侧边除开口外的其余部分缝制出 1cm 的缝份。

## 制作底面

通过制作外皮和内里的底面来做出包身的形状。

23 外皮缝好后，将折叠在一起的缝份部分用线剪剪开。

24 内里也同样将折叠在一起的缝份部分用线剪剪开。

25 将缝好的缝份仔细地熨出分缝。

26 内里也同样，将包括开口处在内的缝份都熨出分缝。

27 以分缝的中央缝制线为中心，将缝份尺以直角放在距离两边各 5cm（共 10cm）的地方，然后用水笔画出线。

28 内里也同样按照中心线用水笔画出 10cm 的线。

29 沿着水笔线进行缝制。

30 沿着缝制线将下面缝出的角剪掉。注意不要剪到缝制线。

31 将外皮和内里的两边同样进行剪裁。

## 合缝

将外皮和内里缝合在一起做成包身。考虑包前后的形状，将标牌和口袋缝在适当的位置很重要。

32 将外皮的正面翻出来。

33 将外皮塞到内里中使外皮的正面和内里的正面相对。此时有标牌的面是包的前面，所以需将内里口袋的一边与之相对。

34 将外皮和内里的底面对齐。

35 两边的侧线也同样，将外皮和内里相对，把握好其位置。

36 用珠针将外皮和内里固定好。将上端开口处缝一圈1cm 的缝口，将外皮和内里合在一起。

37 将缝好的缝份折进外皮里并熨好。

Tip

处理缝份的另一个方法是不将缝份翻过去也不熨烫，而是沿着缝制线将缝份剪掉。

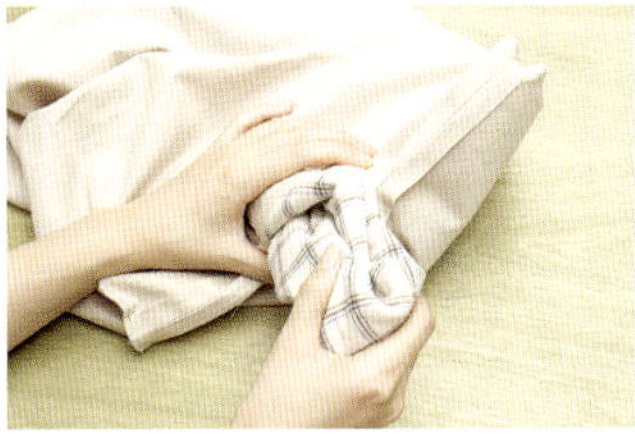

38 通过内里上的开口将外皮翻出来。

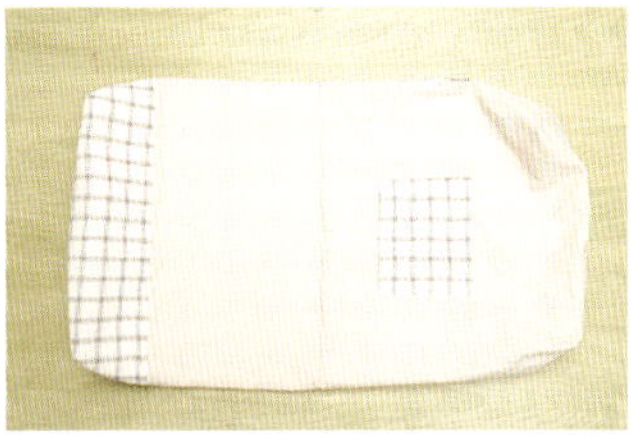

39 通过开口将外皮完全翻出后的形状。

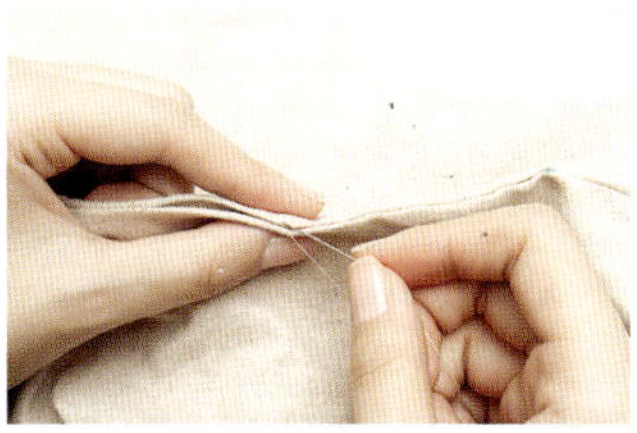

40 用缲边法将内里上的开口缝合好。

41 将内里塞进外皮里面。

42 用熨斗将外皮和内里的上端开口处熨好以免歪斜。

43 将熨烫好的开口处边缘再缝一圈，这样外皮和内里就不易分开了。

# 上提手

在皮带上打上孔后，用刺绣线将皮带孔和包身连接起来做出提手。

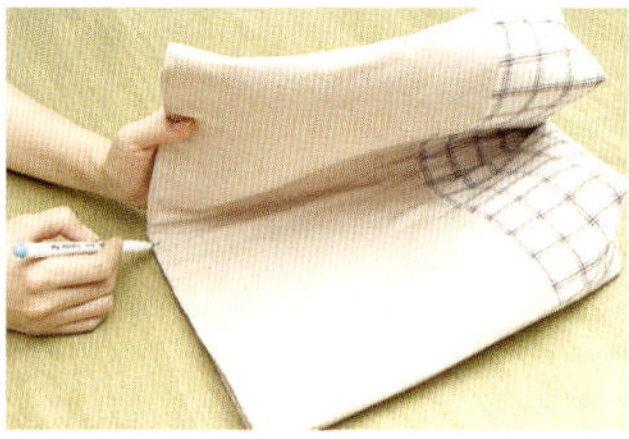

44 将外皮的开口处折半，用水笔画出中心线。

45 在中心线两边 8~10cm 处画出上提手的位置。

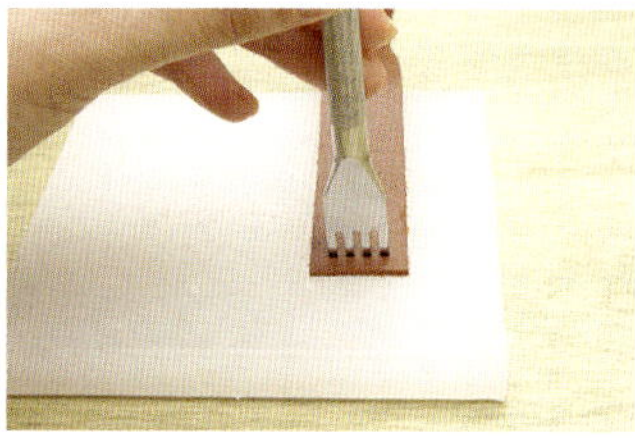

46 准备两根40cm长的皮带。将皮带放在打孔板上，用插孔器标示出打孔的位置。

47 用橡皮锤敲打插孔器 3~4 次，敲出孔。

48 按照第一次打孔的位置打出一个正方形。

49 在皮带的另一端也进行同样的处理。

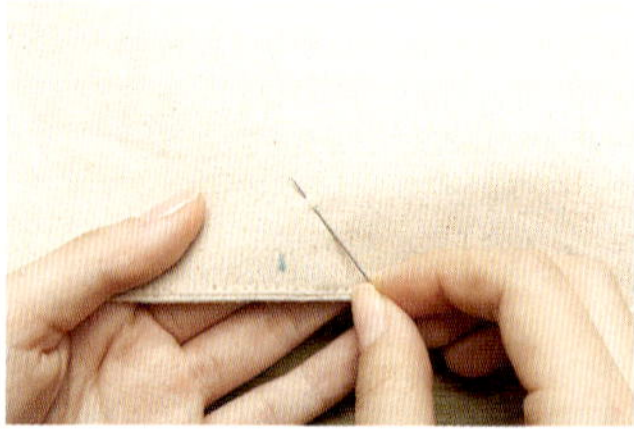

50 为了连接皮带，在水笔线的位置穿一针连有刺绣线的针。

Tip

这样在外皮上挑缝一针可以保证在皮带上看不到打结处。

51 用刺绣线将皮带上的孔和包身连接起来。

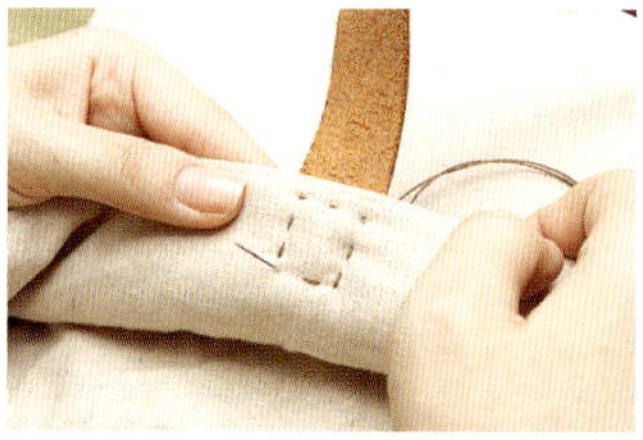

52 将最后一个针脚穿到后面。

53 在里面打结。

54 将包的前后面用相同的方法缝上皮带。

55 适合所有风格的皮质提手大包就完成了。

# 06 从此向钥匙链说拜拜，五孔钥匙包

DVD作品

在这个作品中将介绍钉钥匙环和圆弹扣的方法。
掌握了打孔器和按锁等的使用方法，还可以用于其他作品的制作。

**准备物** 预计材料费 30 000 元韩币 | 预计制作时间 1h | 成品预计价格 30 000 元韩币

布　　料　□圆点亚麻 1/8 幅 □纯色亚麻 1/8 幅 □ 4 盎司黏合棉 1/8 幅
辅助材料　□装饰用蕾丝 20cm □五孔钥匙环 1 个 □圆弹扣 1 个
□双面钉 2 个
缝制用品　□打孔板□打孔器□圆扣用按锁□双面钉用按锁
□橡皮锤□布料黏合胶 □机缝线□手缝线 □缝份尺
□针 □线剪 □水笔 □锥子 □珠针

**剪裁** 剪裁的尺寸均包含 1cm 的缝份。

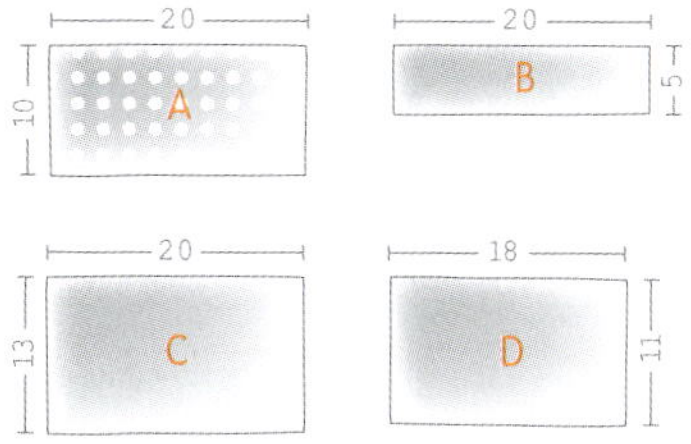


A 外皮布（圆点）20cm × 10cm　1 块
B 外皮布 20cm × 5cm　1 块
C 内里 20cm × 13cm　1 块
D 4 盎司黏合棉 18cm × 11cm　1 块

## 连接布块

将 2 块布上下连接起来做出外皮。

1 准备好外皮布 A 和 B。

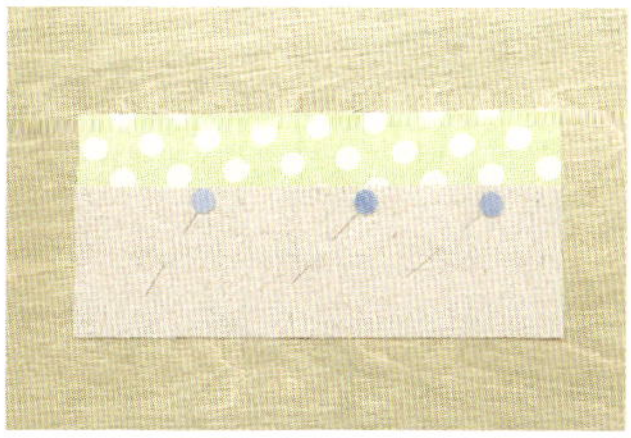

2 外皮布 B 沿外皮布 A 的下端放置并保持两块布正面相对。

3 在下端缝出 1cm 的缝份。

4 将缝好的缝份熨出分缝，外皮就完成了。

## 粘黏合棉

5 将外皮的反面和4盎司黏合棉D的黏合面相对放好。为了防止缝份处变厚，黏合棉需比外皮的四边各小1cm，注意要四面保持均匀。

6 在布料面熨烫将黏合棉粘好。由于黏合棉不耐热所以一定要在布料面进行熨烫。

## 装饰

7 用布料黏合胶将装饰用蕾丝临时固定于外皮正面两块布的连接处。

8 缝制后将多余的蕾丝沿布料用线剪剪掉。

## 连接

9 将外皮的正面和内里C的正面相对。

10 用珠针固定好后，在下端的缝份线上画出5cm左右的翻口。

11 除了翻口处其余部分均缝出1cm的缝份。

12 除了翻口处，其余部分均沿缝份线将边缘的布剪掉。

## 翻面

13 通过翻口将正面翻出来。

14 用锥子将边角处挑整齐。

15 用熨斗在正面再熨一遍。

16 在翻口处的缝份部分涂上布料黏合胶，然后塞到外皮和内里中间的内部。

17 将周边再缝制一圈，边缘处就不会鼓起来了。这时翻口处也一并被缝起来，所以无需另外用缲边的方法去缝翻口。

## 上钥匙环

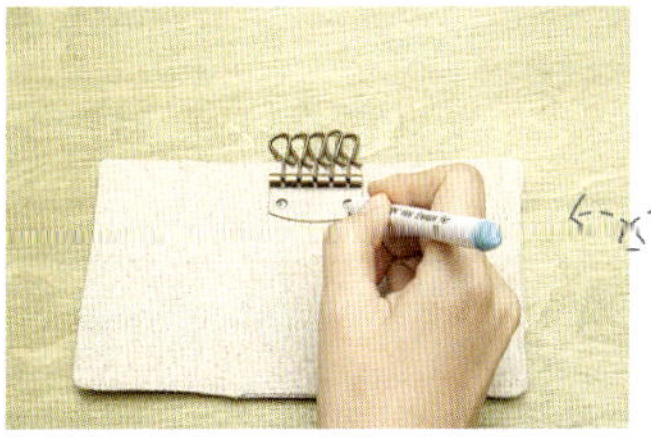

18 将钥匙环放在反面中间的上部。用水笔画出钥匙环的孔。

19 将钥匙包放到打孔板上，在用水笔画出的孔处插入打孔器，用橡皮锤敲 3~4 下打出孔。

20 将锥子穿入孔中，将孔扩大。

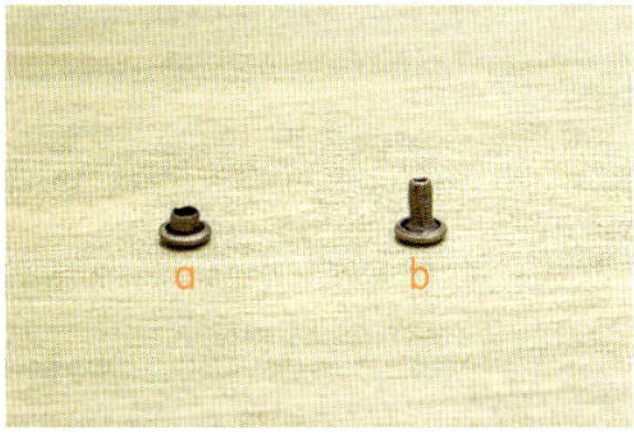


21 准备两对双面钉 a、b。

22 如图将双面钉 b 从钥匙包身正面的孔中穿进来。

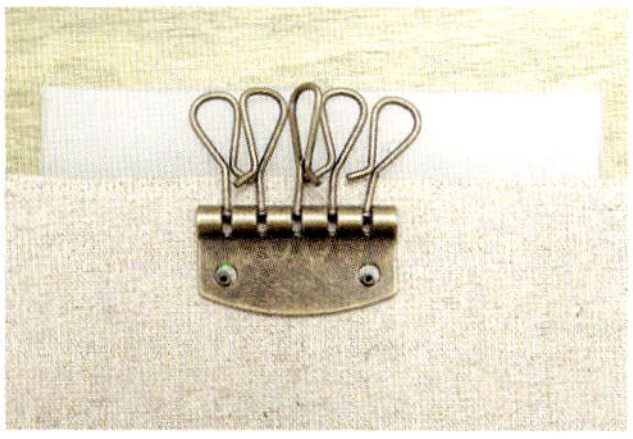

23 将钥匙环的孔对准穿出的双面钉 b 放上去。

24 将双面钉 a 扣到双面钉 b 上。

25 将按锁扣在上面用橡皮锤敲 3~4 下将其固定好。所有这些过程都必须在打孔板上操作才不会伤及桌面。

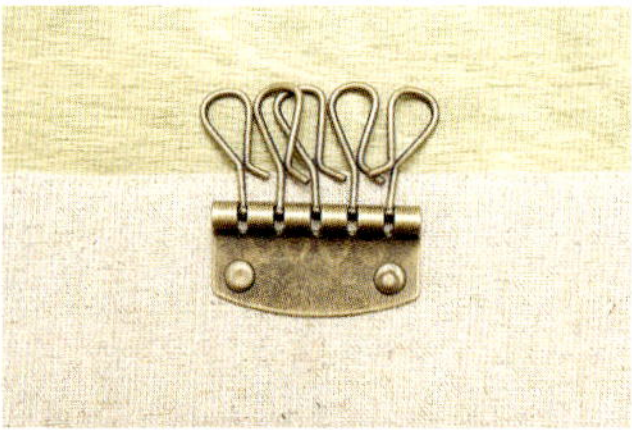

26 另一边也用相同的方法进行固定。

## 钉圆弹扣

用类似于双面钉的方法用工具将扣子钉好。

27 将包身的左右折叠起来。

28 在外面一层长边的中间距离右边 1.5cm 处用水笔作标记。这是圆弹扣 a 和 b 的位置。

29 按照外层的位置在相对应的内层也标出来。这是圆弹扣 c 和 d 的位置。

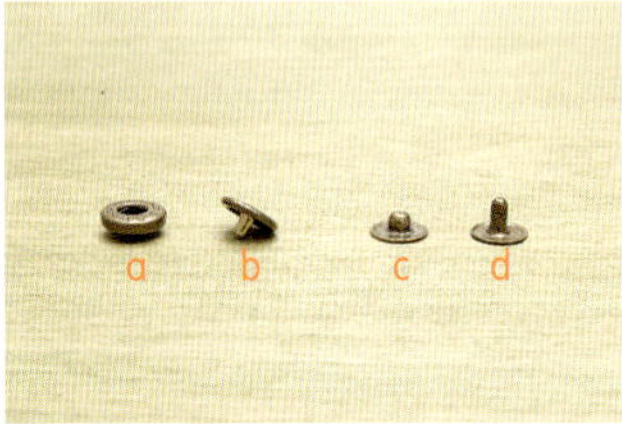


30 将圆弹扣a、b、c、d准备好。

31 将包身放到打孔板上，先用打孔器在左边标记的水笔点上打孔。

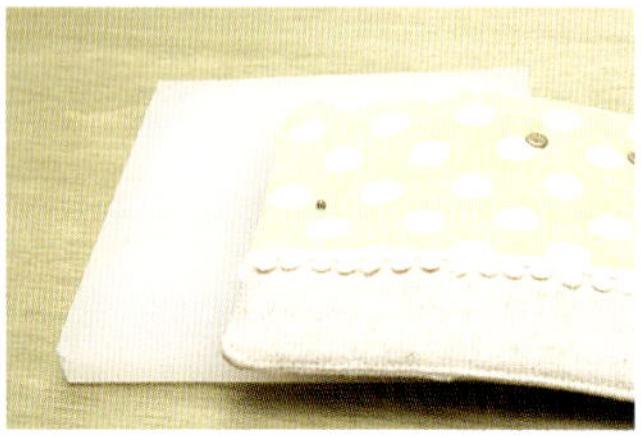

32 将圆弹扣d从反面穿上来。

**Tip**

双面钉和圆弹扣需要多次练习才能钉好，所以一定要先在别的布料上练习后再钉双面钉或圆弹扣。

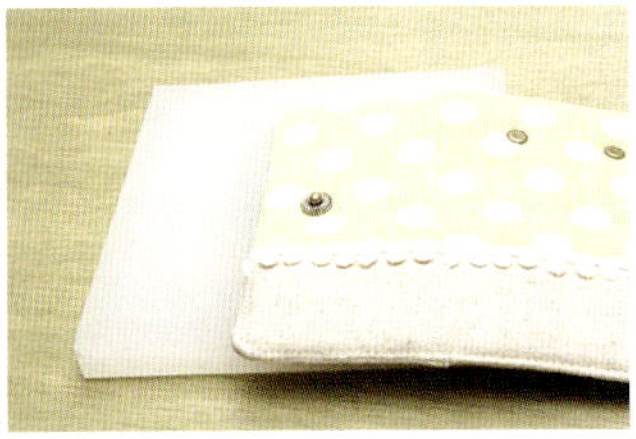

33 将圆弹扣c如图扣在上面。

34 将里扣扣锁的孔和 c 鼓出部分相对插上去。

35 用橡皮锤敲里扣扣锁 3~4 下，这样 c 和 d 就牢固地固定在一起了。

36用打孔器在水笔标出的右边点上打孔。

37将圆弹扣b从正面穿上来。

38将圆弹扣 a 扣到 b 上面。

39将外扣扣锁的尖头插到 a 的孔中。

40用橡皮锤敲 3~4 下扣锁，将其固定牢固。

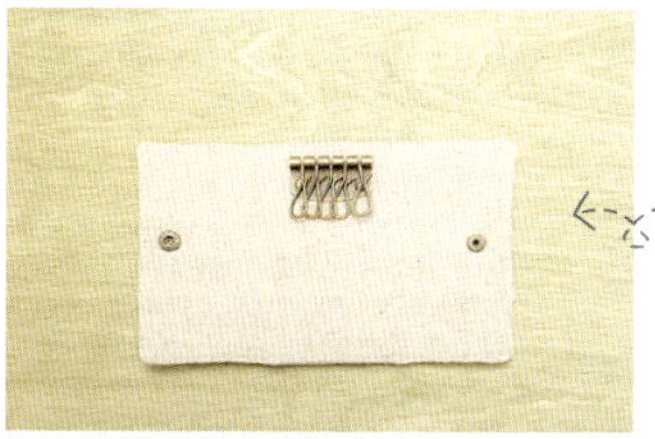

41这就是上好钥匙环辅助材料及圆弹扣的钥匙包正反面。留意圆弹扣的形状，选择适宜的配件固定上去。

42代替钥匙链的五孔钥匙包就完成了。

## Application

### 充分利用剩余的布头

比起其他作品，钥匙包用小块布就可以制作。你是不是有很多剩余的布头呢？那么选几块比较搭的布做一个钥匙包送给朋友做礼物吧。稍微辛苦一下花一点时间就能给对方一个感动。

# 07 无需缲边儿的 弹条袋

DVD作品

在这个作品中我们将比外皮大一些的内里翻出来进行缝制，并做一个能插进去辅助材料的孔。不另外将布块缝在一起，也能使内里自然地翻到外皮上，做出好像将布块缝制在一起的效果。

**准备物** 预计材料费 15 000 元韩币 | 预计制作时间 1h | 成品预计价格 25 000 元韩币

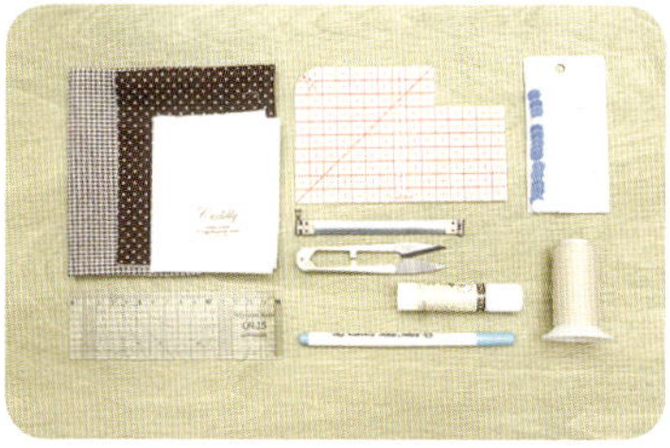

布　　料　□圆点亚麻 1/4 幅 □格子亚麻 1/8 幅 □黏合衬 1/8 幅

辅助材料　□装饰用标牌 1 个 □ 10cm 弹条 1 个

缝制用品　□机缝线□刺绣针□缝份尺□线剪 □水笔

□锥子□珠针□布料黏合胶□熨烫标尺布

**剪裁** 剪裁的尺寸均包含 1cm 的缝份。

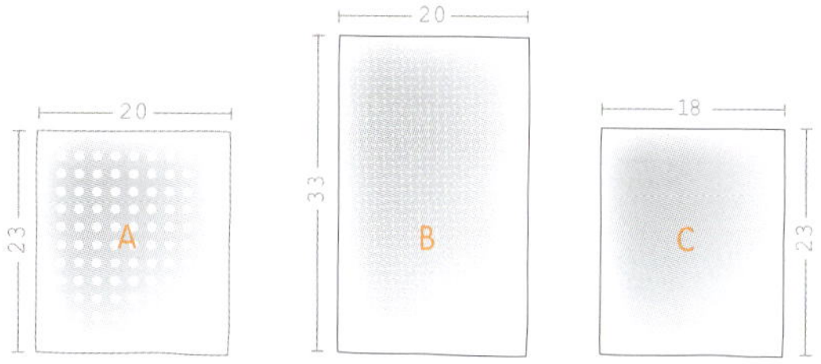


A 外皮（圆点）20cm×23cm　1 块

B 内里（格子）20cm×33cm　1 块

C 黏合衬 18cm×23cm　1 块

## 粘衬布进行装饰

1 将外皮 A 的反面和黏合衬 C 的黏合面相对，用熨斗熨烫将其粘在一起。只在外皮竖着的左右两边留下 1cm 的空余。

2 用布料黏合胶将装饰用标牌临时固定在外皮正面你喜欢的位置上。

3 将标牌的两边缝好固定住。

## 制作内里的翻口处

4 将内里竖着的两边 5cm 处画上水笔标记。

5 将内里的上下端用熨烫标尺布各折进去 1cm 熨烫好。

6 用布料黏合胶将熨好的缝份临时固定好。

7 下端的缝份也用布料黏合胶临时固定好。

## 制作外皮、内里袋身

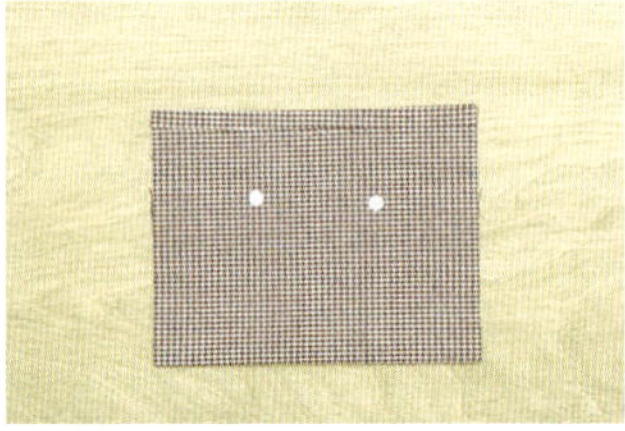

8 将内里的正面相对对折后用珠针固定好。

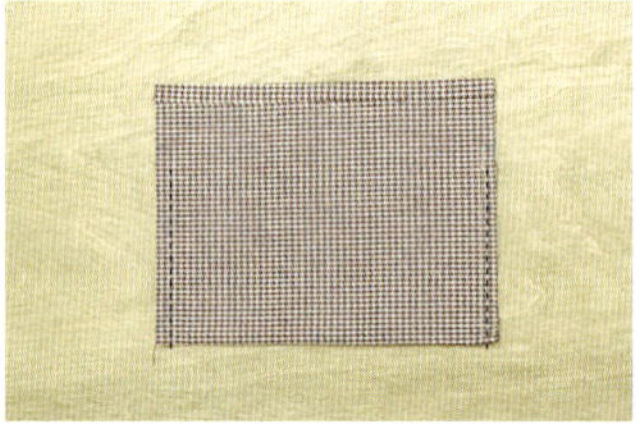

9 将两边缝制出 1cm 的缝份，一直缝到步骤 4 中水笔标记的地方。

10 将外皮的正面相对对折，然后用珠针固定。

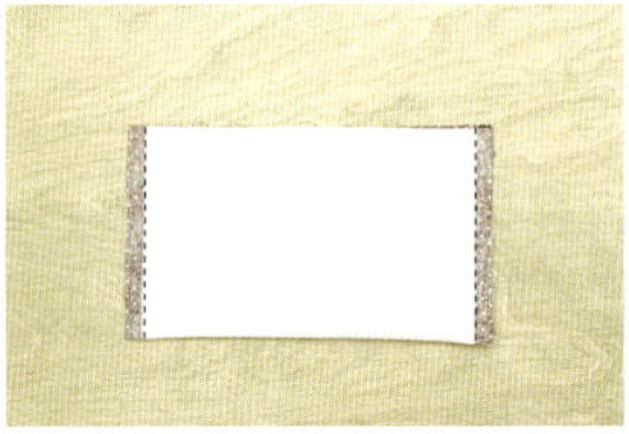

11 将两边缝出 1cm 的缝份。

## 制作底面

12 将两边缝好后，把两边折在一起的缝份部分剪开。

13 外皮也同样将对折在一起的两边缝份部分剪开。

14 将缝份熨出分缝。

15 以缝制线为中心，各向两边 1.5cm 共 3cm 的长度，用水笔标出来。

16 沿水笔画线进行缝制。将内里和外皮的两边都用同样的方法处理。

17 沿着缝制线用线剪将角剪掉。

## 合缝

18 将外皮翻出来。

19 将内里塞到外皮中使外皮的反面和内里的反面相对。

20 将内里上水笔标记线与外皮的顶端相对。

21 用珠针将外皮和内里固定好。

22 将内里折向外部。这时如图将 1cm 的内里缝份翻到外皮上。

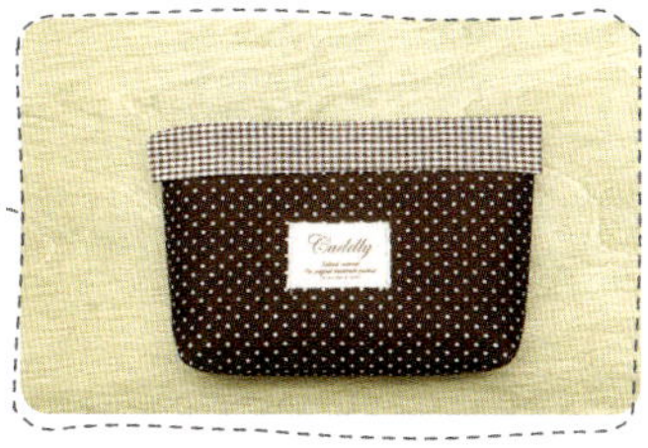

23 将袋口一圈都折好。

24 用布料黏合胶将袋口一圈临时固定住。

25 在临时固定住的袋口边缘末端 1~2mm 处进行缝制。

## 塞弹条

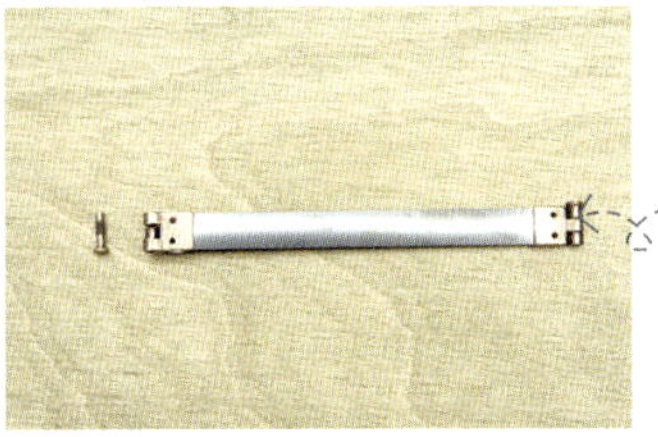

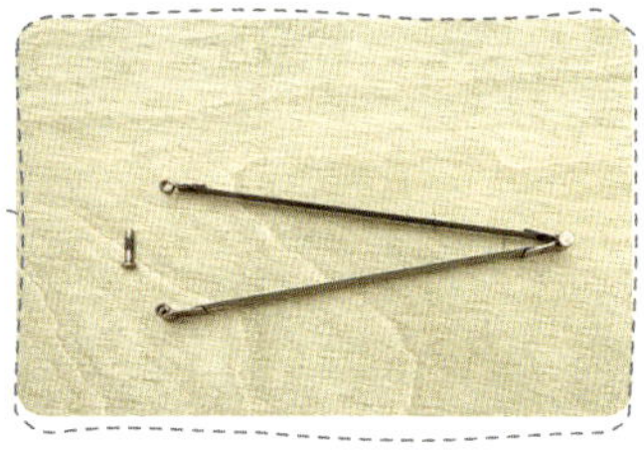

26 准备 10cm 的弹条。弹条如图所示，一端是固定好的，另一端是张开的，与固定用钉子一起出售。

27 打开弹条，将左右两边同时插入袋口做好的孔中。

28 将袋口捏在一起使弹条从另一端穿出来。

29 将弹条拉到另一端的出口处。

30 将弹条合起来，使弹条孔的凹凸相吻合。

31 将钉子插入吻合好的弹条上端的孔中。

32 将钉子按下去固定好。小心地将褶皱拉展。

33 无需缲边的弹条袋就完成了。

Tip

如果钉子插不进弹条，也可用锤子轻轻地敲进去。

Application

## 试着挑战各种弹条袋

弹条中还有带圈可以挂带子的，而且大小也不尽相同。可以试着用弹条来制作存放小刻章的刻章袋，还有眼镜袋、包之类的各种小物品。

## 08 30分钟轻松搞定，**棉拉绳袋**

DVD作品

这个作品将向大家介绍利用一块布制作的最简单形状的袋子。
无需内里，只需要一块外皮就够了。

**准备物** 预计材料费 10000 元韩币 | 预计制作时间 30min | 成品预计价格 20000 元韩币

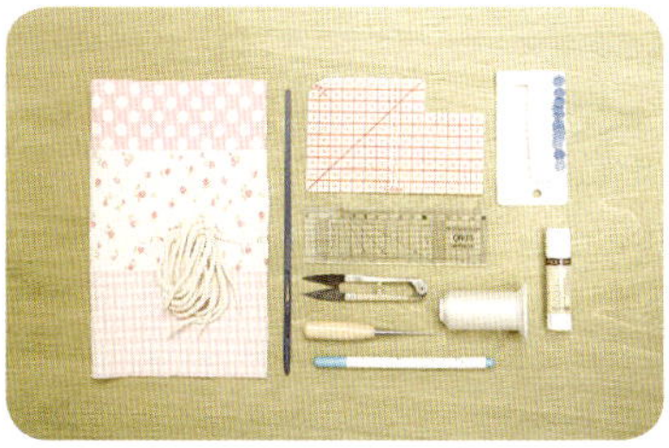

布　　料 □印花亚麻 1/4 幅

辅助材料 □棉绳 40cm

缝制用品 □塞夹 □机缝线 □缝份尺 □线剪 □水笔
□锥子 □珠针 □熨烫标尺布□布料黏合胶□塞皮筋夹

**剪裁** 剪裁的尺寸均包含 1cm 的缝份。

袋身布（印花）35cm × 30cm　1 块

## 锁边
## 制作袋身

1 给剪裁好的袋身四周锁边。如果没有锁边机，就用手工锁边缝制法或卷缝法缝制，以免边缘处脱线。

2 在袋身反面的侧边放上缝份尺，在距离上端 10cm 处用水笔进行标记。

3 将袋身的正面相对对折，然后用珠针固定。

4 沿标记线将两边和底边缝出 1cm 的缝份，但用水笔标记的 10cm 处和上端面不缝。

5 缝好后将对折在一起的缝份剪开。

6 将缝份熨出分缝。

## 制作开口

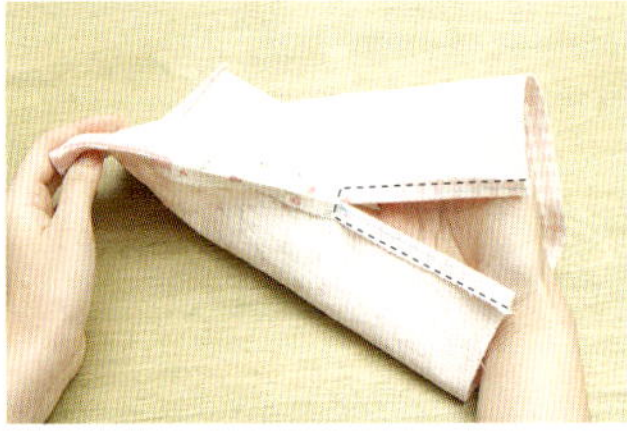

7 将没有缝在一起的缝份如图缝制，并将缝份缝好以免与袋身分离。

8 用水笔在距离上端 7cm 处作标记。

9 将开口对折至步骤 8 中的水笔标记线。

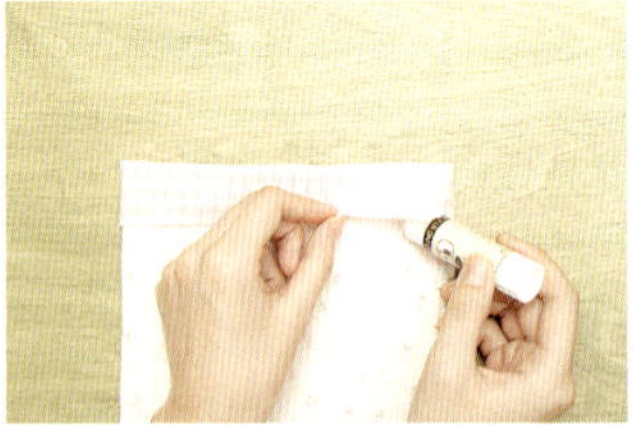

10 用布料黏合胶将缝份部分临时固定起来。

11 沿着临时固定好的缝份边缘 1 ~ 2mm 处将开口缝好。这样就做出穿带子的孔了。

*Tip*

为了使开口处易分开，旁边的缝制处和穿带子部分之间最好留一些空余。与弹条袋不同，棉拉绳袋中先在缝制部分之间留下 3cm 的空余后再做穿绳子的孔。

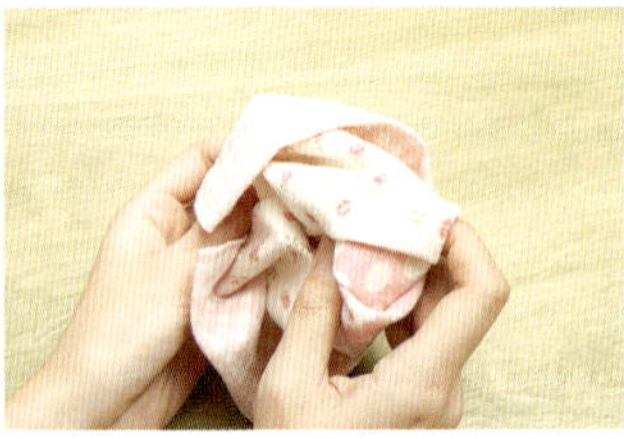

12 将正面翻出来。

13 用锥子将边角处整理好。

## 穿绳

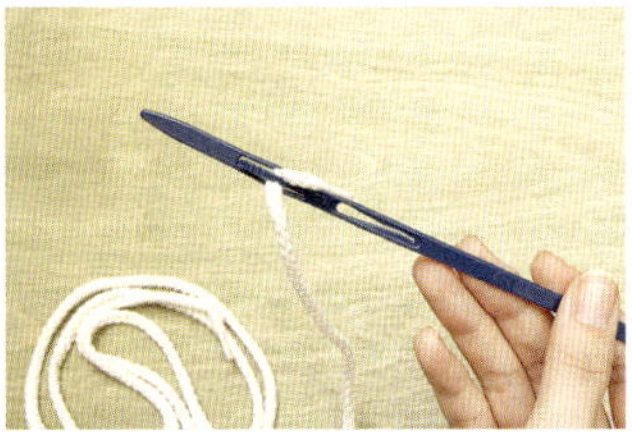

14 将棉绳穿在塞皮筋夹中。

15 将塞皮筋夹插入开口处的孔中。

*Tip*

**塞皮筋夹是什么?**

制作衣服或小物品时，使橡皮筋或棉绳轻松穿入窄小孔中的一种工具。也可以用别针等代替。

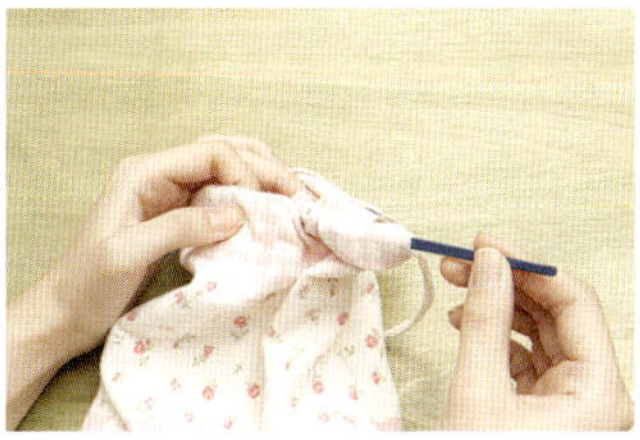

16 用塞皮筋夹将绳子穿入孔中。

17 将塞皮筋夹从另一端抽出，这样棉绳就穿好了。

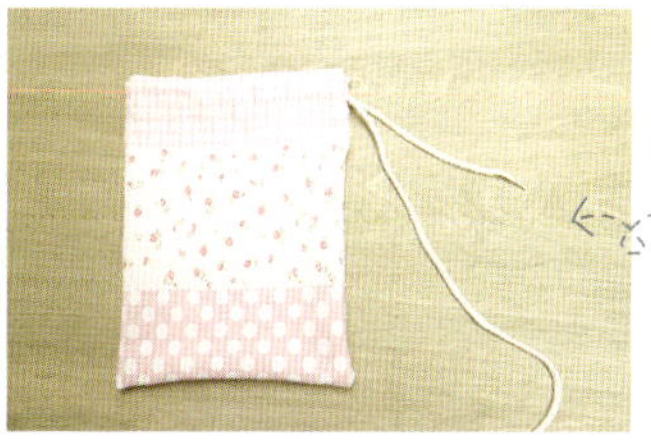

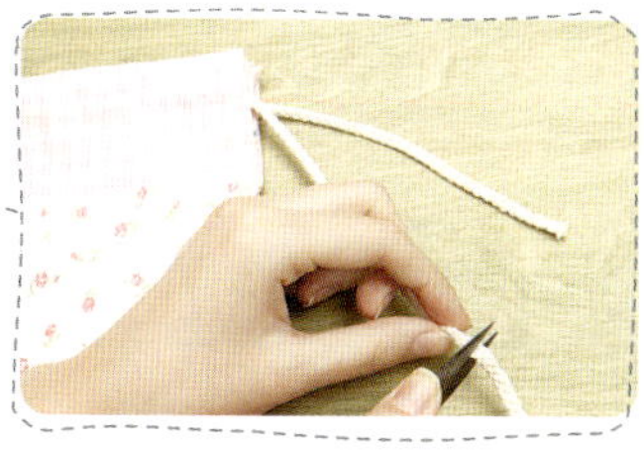

18 将塞皮筋夹从棉绳上去下来，将棉绳两端各留下10cm 的剩余后，其余部分剪掉。

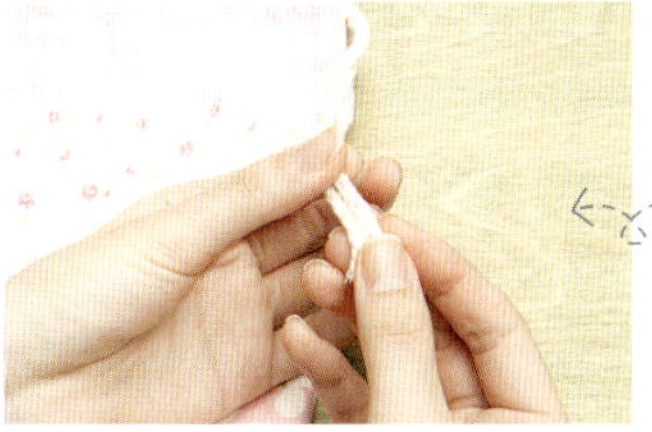

19 将棉绳的两头系在一起。

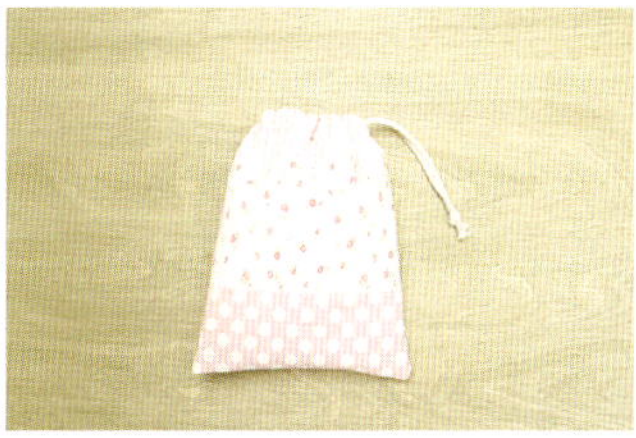

20 30min 足够了，棉拉绳袋就完成了。

Tip

根据个人爱好用木珠或其他辅助材料穿在棉绳上进行装饰也很漂亮。

AT 10 O'CLOCK
BANDIT
AWAY

# 第4部分

# 亚麻，包包


圆点MP3袋 01
黑条纹手机袋 02
游戏机袋 03
复古相机包 04
按扣袋 05
纯亚麻纸巾袋 06
笔记本电脑包 07
补丁花纹水桶袋 08
纯亚麻花纹褶皱包 09

## 01 你也会非常喜欢的 圆点MP3袋

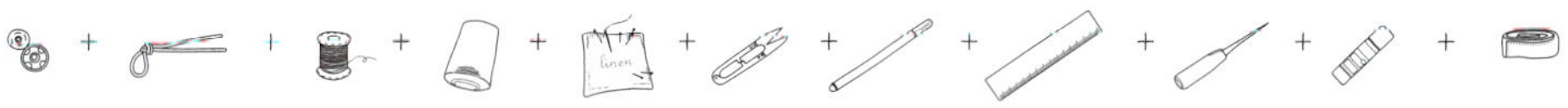

**准备物** 预计材料费 10 000 元韩币 | 预计制作时间 1h | 成品预计价格 20 000 元韩币

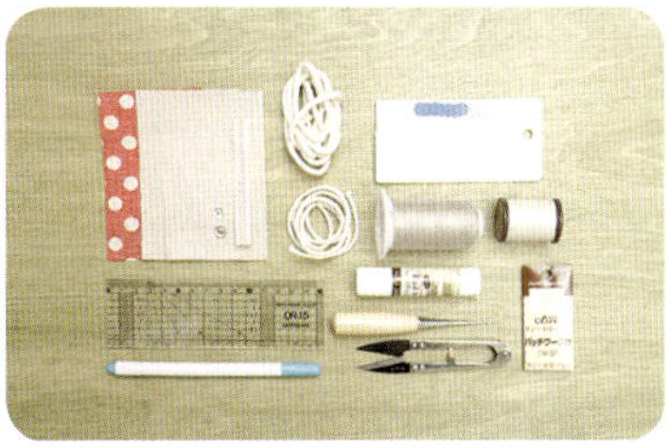

布　　料　□圆点亚麻 1/8 幅 □纯色亚麻 1/8 幅

辅助材料　□ 10mm 按扣 □ 2mm 棉拉绳 10cm

　　　　　□ 4mm 棉拉绳 90cm □亚麻条 5~6cm

缝制用品　□机缝线 □手缝线 □缝份尺 □针□线剪

　　　　　□水笔□锥子 □布料黏合胶 □珠针

**剪裁** 剪裁的尺寸均包含 1cm 的缝份。

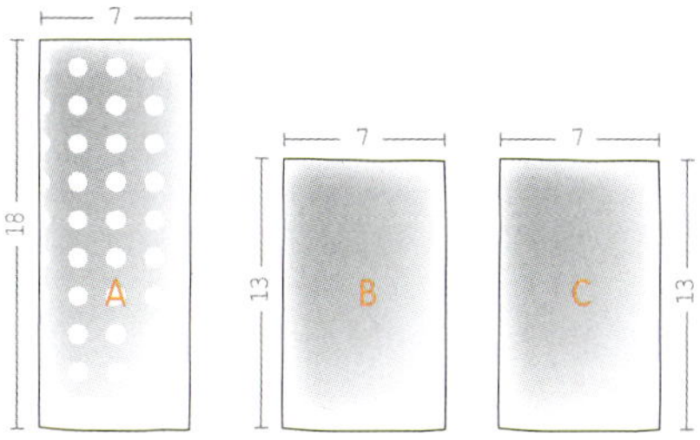


A 插袋布（圆点）7cm × 18cm　1 块

B 袋前身 7cm × 13cm　1 块

C 袋后身 7cm × 13cm　1 块

## 制作插袋
## 缝扣带装饰

1 将插袋布 A 的背面相对折半，然后用熨斗熨好。

2 在后身 C 的正面横着 1cm、竖着 2cm 处用水笔在两边分别标出。

3 将 2mm 粗的棉拉绳剪 2 个 5cm 的长度后对折，然后固定于水笔标记点上。

*Tip*

步骤 4 中的缝制是因为在合缝插袋和袋身时棉拉绳也一起被缝制出 1cm 的缝份，因此为了保证棉拉绳的位置不移动而进行的临时固定。

4 将棉拉绳均以 5mm 的缝份固定好。

5 用水笔在正面标出中心。

6 将亚麻条缝出 5mm 的缝份。

## 连接插袋

7 将插袋布 A 放到前身 B 的正面，下部对齐，用珠针固定好。

8 将缝好扣带装饰的后身 C 正面和固定好珠针的前身 B 上的插袋 A 的正面相对，如图放置。

9 在下端标出一个 4cm 左右长的翻口。

10 将除翻口外的其他周边缝出 1cm 的缝份。

11 将翻口处的缝份留下，其余的缝份都用剪刀剪掉。

## 翻面

12 通过翻口翻面。

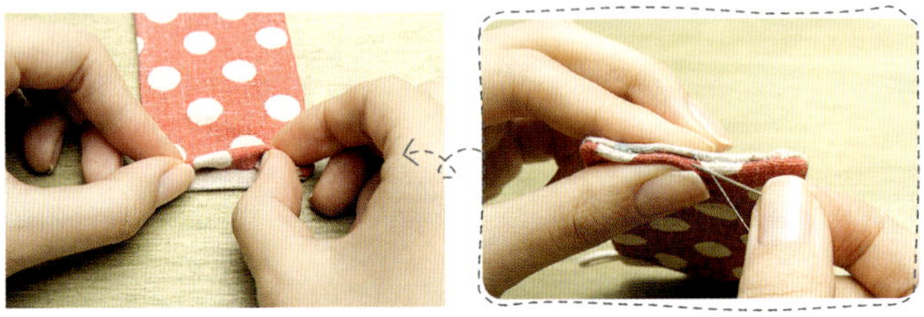

13 将翻口处的缝份折向里面，用缲边法进行缝制。

## 上按扣

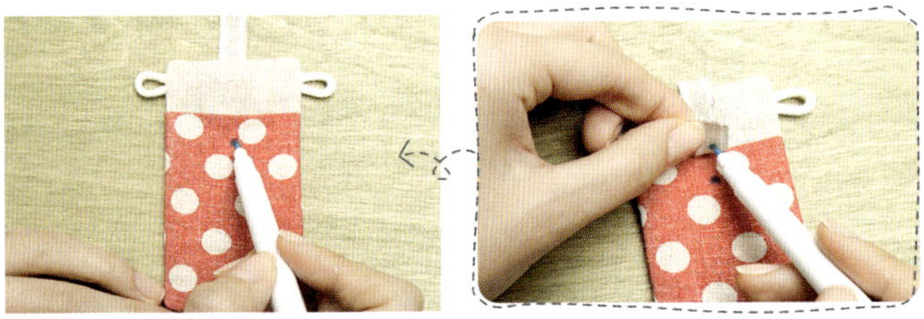

14 将亚麻条折下来，用水笔标出与插袋相对的点。

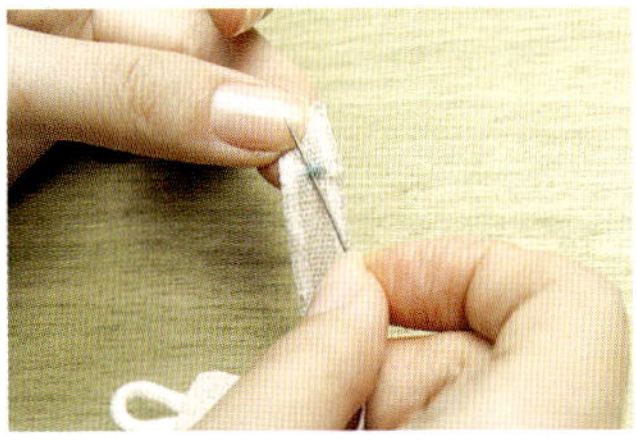

15 用针在标记处缝一针。

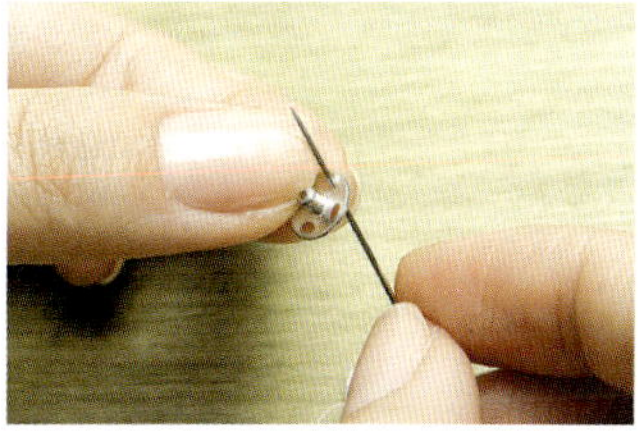

16 将针穿进按扣的孔中。

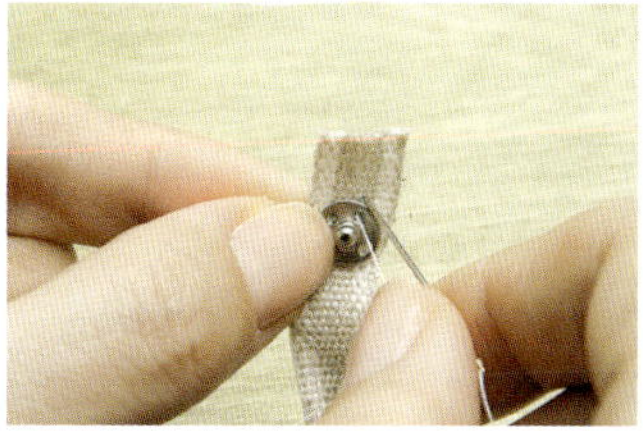

17 将按扣固定好位置后，将针穿过亚麻条。

18 反复穿 3 ~ 4 针将孔固定好。将按扣的其他孔均固定好。

19 用同样的方法也在下面的插袋上缝上按扣。

## 缝带子

20 将 4mm 粗的棉拉绳穿到两边的孔中。

21 将棉拉绳的末端打结。

22 所有人都喜欢的 MP3 袋就完成了。

Application

## 制作各种样式的 MP3 袋

变换布料或装饰，来制作符合自己风格的作品。

即使没有 *MP3*，只需要变换一下尺寸也可以制作出自己所拥有物品的袋子。

## 02 再也无须担心划痕了，黑条纹手机袋

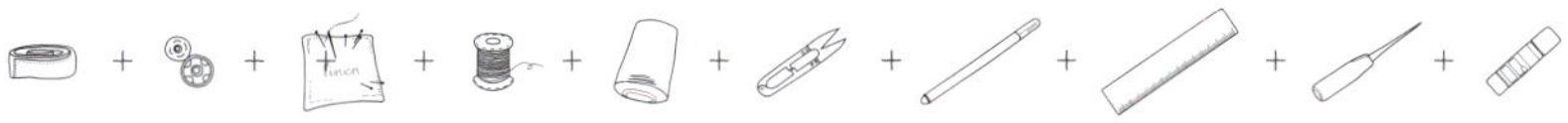

**准备物** 预计材料费 10 000 元韩币 | 预计制作时间 1h | 成品预计价格 20 000 元韩币

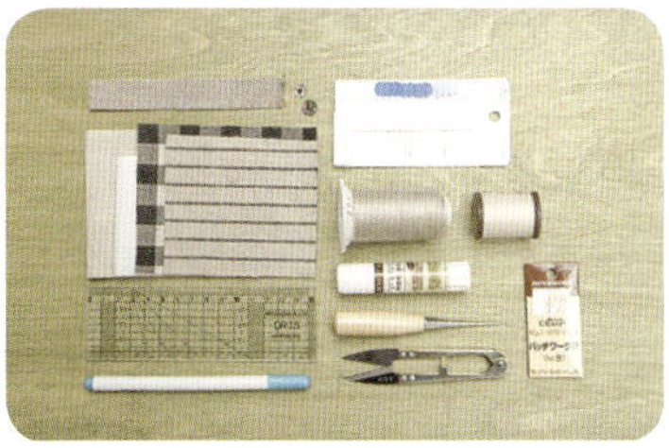

布　　料　□格子亚麻 1/8 幅 □条纹亚麻 1/8 幅 □纯色亚麻 1/8 幅
　　　　　□黏合衬 1/8 幅
辅助材料　□ 20mm 亚麻条 10cm □ 10mm 按扣 1 个
缝制用品　□机缝线 □手缝线 □缝份尺 □针 □线剪
　　　　　□水笔 □锥子 □珠针□布料黏合胶

**剪裁** 剪裁的尺寸均包含 1cm 的缝份。

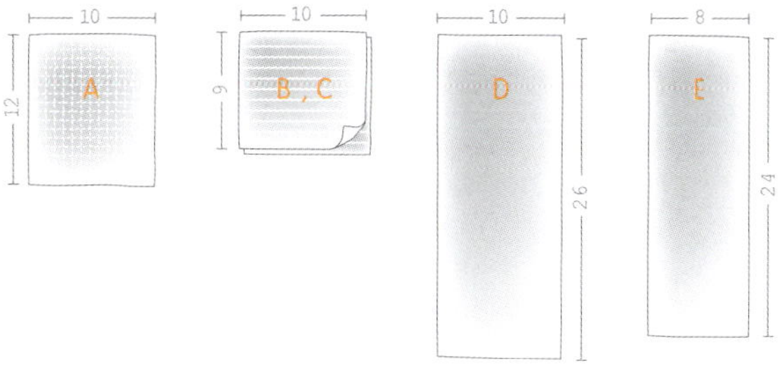


A　外皮布（格子）10cm × 12cm　1 块
B、C　外皮布（条纹）10cm × 9cm　2 块
D　内里 10cm × 26cm　1 块
E　黏合衬 8cm × 24cm　1 块

## 连接布块

1 将外皮布（格子）A 和外皮布（条纹）B 的正面相对，用珠针固定好。

2 横着缝出 1cm 的缝份。

3 将缝好的缝份熨出分缝。

4 将剩余的条纹布 C 的正面如图所示放置在缝好的布块上面，然后用珠针固定。

5 缝出 1cm 的缝份。

6 将缝好的缝份熨出分缝，外皮就完成了。

## 粘衬布
## 缝带子

7 将黏合衬 E 的黏合面与外皮的反面相对，用熨斗粘上去。

8 用珠针将亚麻条固定在外皮正面上端开口处的中间，缝出 5mm 缝份。

*Tip*

为了防止缝份处变厚，需将黏合衬的尺寸调整为四面小 1cm 的大小，所以粘的时候要注意不要粘歪。

## 制作外皮、内里

9 将外皮的正面相对对折，然后用珠针固定。

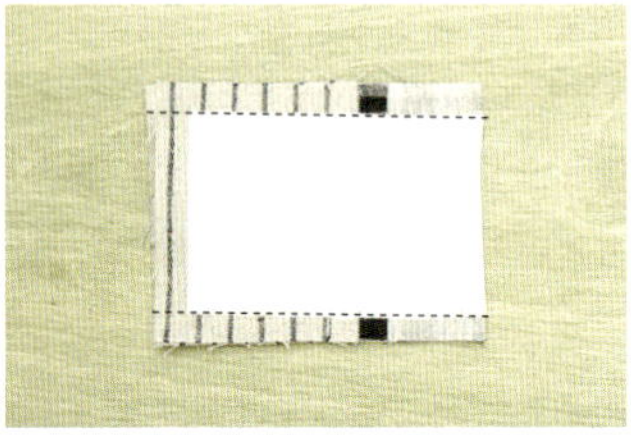

10 将两个侧边缝出 1cm 的缝份。

11 将内里 D 正面相对对折，用珠针固定。

12 将两个侧边缝出 1cm 的缝份。

## 制作底面

13 将外皮和内里折在一起的缝份部分剪开。

14 将缝好的缝份熨出分缝。

15 以分缝为中心两边各 1cm 共 2cm 长，用水笔画出来。

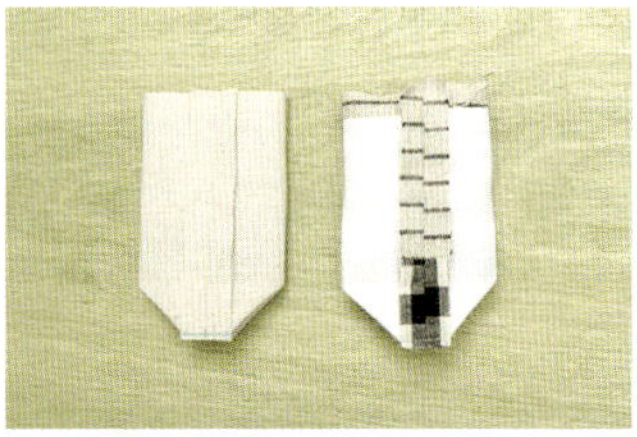

16 将外皮和内里沿缝线缝好后将缝份部分剪掉。

## 合缝

17 将外皮的正面翻出来。

18 将内里塞入外皮使外皮的反面和内里的反面相对。

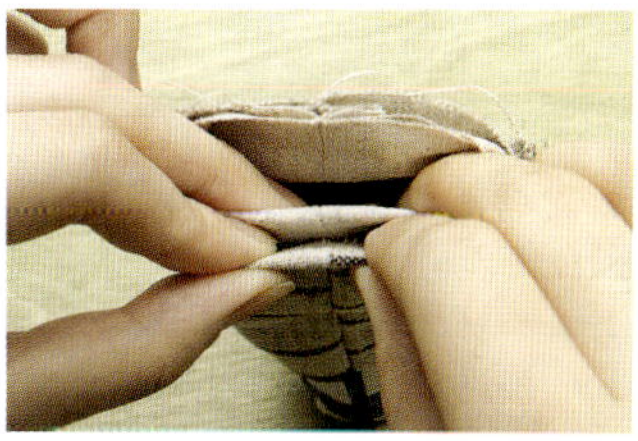

19 将外皮和内里分别向外皮内里之间折进去 1cm，使外皮和内里开口处的缝份相对。

20 将外皮和内里对齐后，用布料黏合胶将缝份临时固定起来。

21 用珠针将开口和缝份再固定一次。

22 用缲边法将开口及缝份缝合。

## 钉按扣

23 将带子折到前面，用水笔标出钉扣子的位置。

24 将按扣钉在水笔标记处。

25 再也无须担心划痕的手机袋就完成了。

# 03 鼓鼓的安全的 游戏机袋

**准备物** 预计材料费 20 000 元韩币 | 预计制作时间 2h | 成品预计价格 40 000 元韩币

布　　料　□圆点亚麻 1/8 幅 □花纹亚麻 1/8 幅 □条纹亚麻 1/8 幅
　　　　　□纯色亚麻 1/4 幅 □ 4 盎司黏合棉 1/4 幅
辅助材料　□ 10mm 按扣 2 个 □装饰用标牌 1 个
缝制用品　□机缝线 □手缝线 □缝份尺 □针 □线剪
　　　　　□锥子 □布料黏合胶 □珠针□水笔

**剪裁** 剪裁的尺寸均包含 1cm 的缝份。

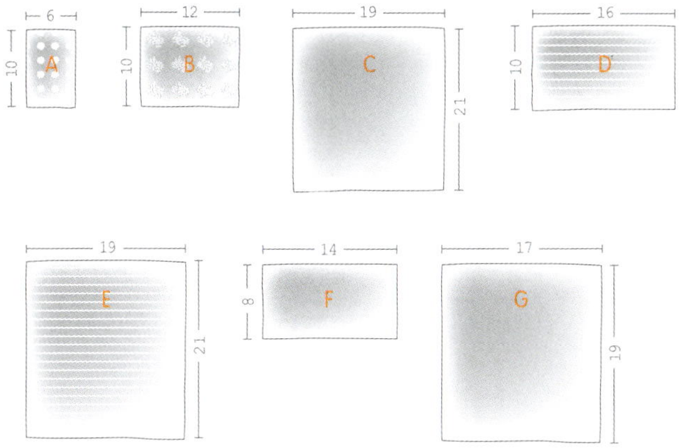


A　盖子外皮布（圆点）6cm × 10cm　1 块
B　盖子外皮布（花纹）12cm × 10cm　1 块
C　袋身外皮 19cm × 21cm　1 块
D　盖子内里（条纹）16cm × 10cm　1 块
E　袋身内里（条纹）19cm × 21cm　1 块
F　盖子黏合棉 14cm × 8cm　1 块
G　袋身黏合棉 17cm × 19cm　1 块

## 制作盖子

1 准备好盖子外皮布 A 和 B。

2 将盖子外皮布 A 和 B 的正面相对放置，缝出 1cm 的缝份。

3 将缝好的缝份熨出分缝。

4 将盖子黏合棉 F 的黏合面和盖子外皮的反面相对，用熨斗将其粘在一起。

5 由于黏合棉遇熨斗高温会熔化，所以要在布料面进行熨烫。

6 将盖子外皮的正面和盖子内里 D 的正面相对放置，用珠针固定。

7 按照标示线只将其中的 3 边缝出 1cm 的缝份。

8 将缝好的缝份沿缝制线剪掉。

9 通过未缝制的一面将正面翻出来。

10 用锥子将边角处整理整齐。

11 用熨斗熨烫后盖子就做好了。

## 制作外皮

12 将袋身黏合棉 G 的黏合面和袋身外皮 C 的反面相对放置。注意不要使黏合棉向一边倾斜。

13 用熨斗在布料面熨烫使其黏合。

## 装饰

14 在袋身外皮的正面距右边 4cm、距上面 6cm 处用水笔标记出来。

15 用布料黏合胶将装饰用标牌临时固定于水笔标记处。

16 将装饰用标牌的两边缝好固定。

## 上盖子

17 将袋身外皮 C 竖着对折，用水笔画出中点。使标牌端朝上。

18 将盖子竖着对折后用水笔标出中点。

19 将正面水笔标记处相对放置，然后用珠针固定后缝出 5mm 缝份。

## 制作外皮、内里

20 将袋身外皮对折后用珠针固定。

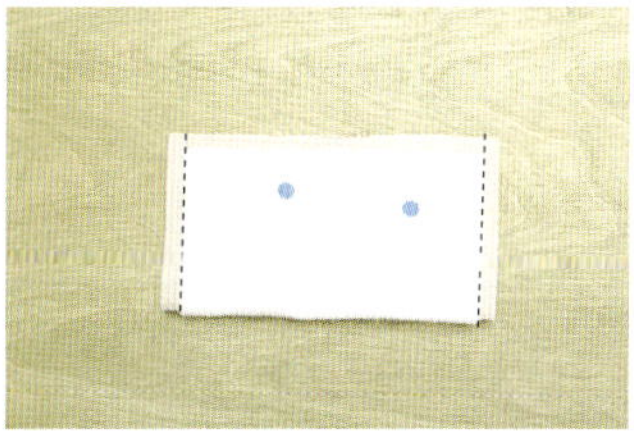

21 将两个侧边缝出 1cm 缝份。

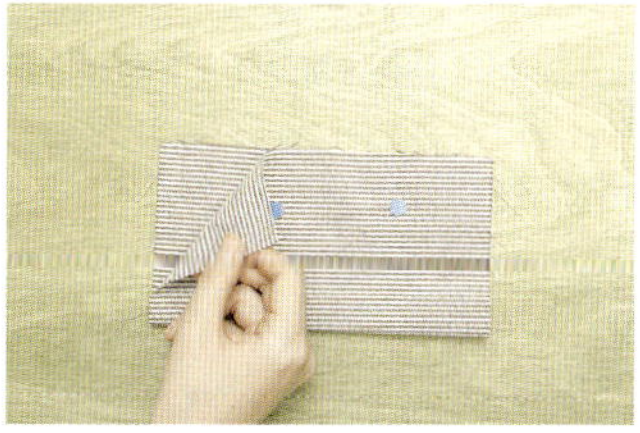

22 袋身的内里也将正面相对横着对折，用珠针固定。

23 在内里的边上标出 5cm 长的翻口。

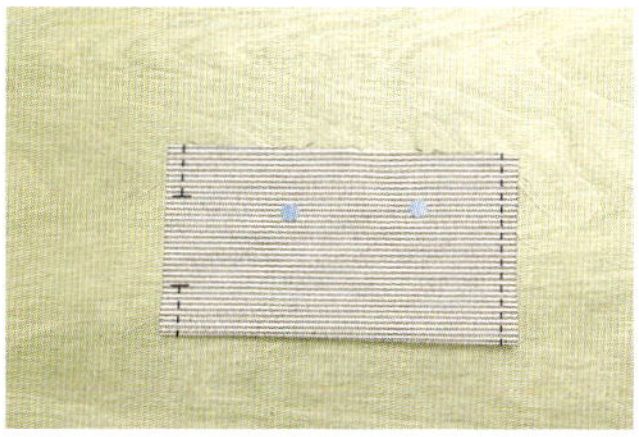

24 将除翻口外的其余部分缝出 1cm 的缝份。

## 制作底面

25 将外皮和内里折在一起的缝份部分剪开。

26 将外皮和内里的缝份都熨出分缝。

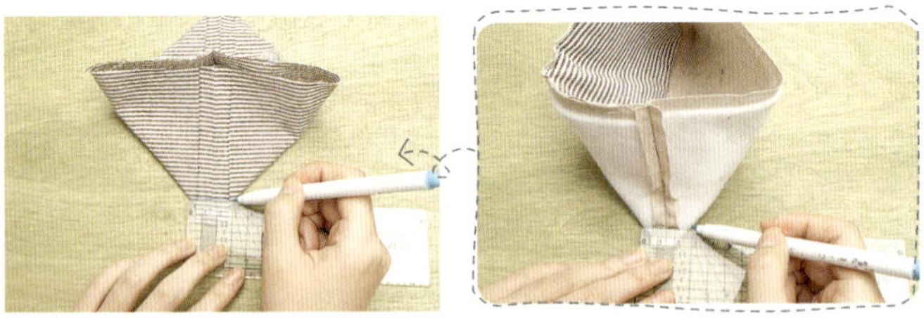

27 外皮和内里均以分缝为中心两边各 1.5cm 共 3cm 的长度用水笔画出来后，进行缝制。

28 沿缝制线将缝出的缝份剪掉。

## 合缝

29 将内里的正面翻出来。

30 将内里塞进去使外皮的正面和内里的正面相对。

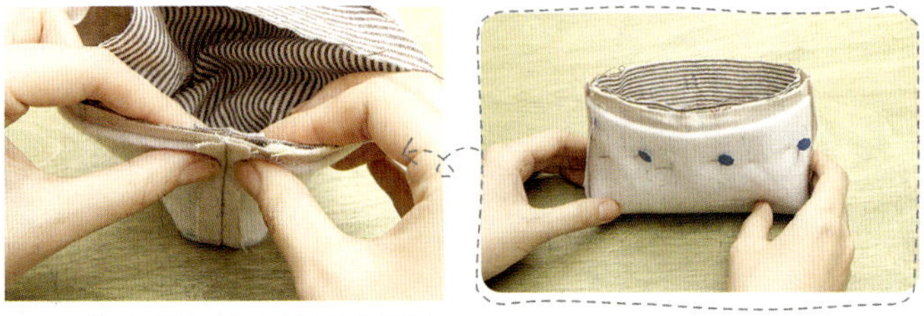

31 将内里和外皮的两个侧边对齐，用珠针将翻口处固定好。

32 将翻口一周缝出 1cm 的缝份。

33 通过内里的翻口将外皮翻出来。

34 将内里的翻口用缲边法缝上。

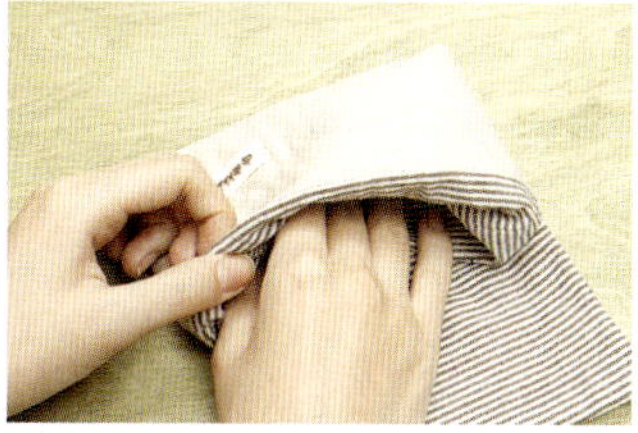

35 将内里塞入外皮内。

36 将翻口处熨好。

## 钉按扣

37 在盖子内侧两边距离下方 2cm、距离边缘 2cm 处分别用水笔标记出来。

38 将按扣中间凸出的那部分缝到水笔标记处。

39 将盖子盖上，用水笔标出扣子的位置，然后将按扣中间凹进去的那部分缝在上面。

40 鼓鼓的安全的游戏机袋就完成了。

# 04 不要丢掉一丝回忆，复古相机包

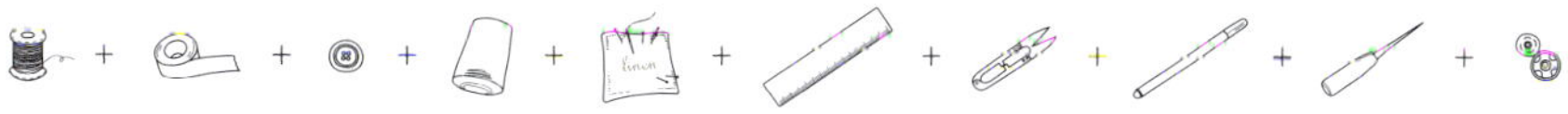

**准备物** 预计材料费 30 000 元韩币 | 预计制作时间 2h | 成品预计价格 70 000 元韩币

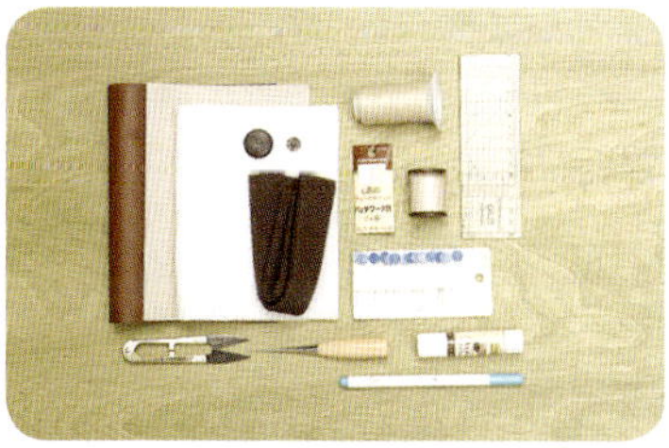

布　　料 □纯色亚麻 $1^1/_2$ 幅 □皮革 1/8 幅 □ 4 盎司黏合棉 1 幅

辅助材料 □ 25mm 宽的包带 55mm □ 30mm 装饰扣 1 个 □ 14mm 按扣 1 个

缝制用品 □机缝线 □手缝线 □缝份尺 □缝针 □线剪 □水笔 □锥子□珠针

**剪裁** 剪裁的尺寸均包含 1cm 的缝份。

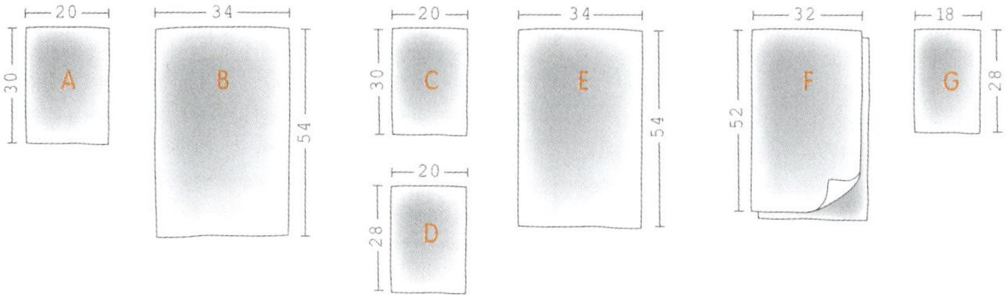


A 盖子外皮（皮革）20cm × 30cm　1 块

B 袋身外皮 34cm × 54cm　1 块

C 盖子内里 20cm × 30cm　1 块

D 罩布 20cm × 28cm　1 块

E 袋身内里 34cm × 54cm　1 块

F 袋身黏合棉 32cm × 52cm　2 块

G 袋身黏合棉 18cm × 28cm　1 块

## 粘黏合棉

1 将袋身黏合棉 F 的黏合面与袋身外皮 B 和袋身内里 E 的背面相对。为了防止缝份部分过厚，需将黏合棉的四周裁剪得小 1cm。

2 将正面翻上来，在布料面上进行熨烫，使其黏合。

3 将盖子黏合棉 G 的黏合面与盖子内里 C 的反面相对。

4 翻过来在布料面熨烫使其黏合。由于黏合棉在熨斗的高温下会熔化，所以一定要在布料面进行熨烫。

*Tip*

在外皮和内里上都粘上黏合棉以保护相机。

## 制作盖子

5 将盖子内里 C 的正面和盖子外皮 A 的正面相对。

6 由于皮革面料上可以打孔，所以不用珠针。

7 按标示线将其中的三边均缝出 1cm 的缝份。

8 沿缝制线将缝出的缝份剪掉。

9 通过未缝制的部分将正面翻出来。

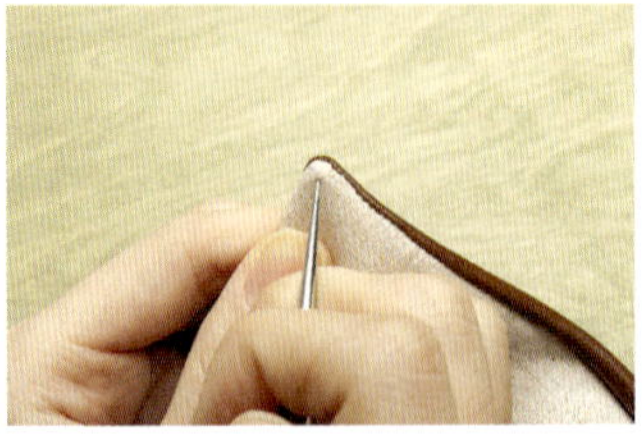

10 用锥子将边角挑出。这时需将边角从盖子内里中挑出来，这样皮革才不会受影响。

11 用熨斗熨烫好后盖子就完成了。熨烫盖子时不要在皮革面进行熨烫，而应在内里面进行熨烫。

## 制作包内罩

12 将罩布 D 横着正面对折后熨烫。

13 对折后用珠针固定，然后将两侧缝出 1cm 缝份。

14 沿缝制线将缝份剪掉。

15 通过未缝制的地方将正面翻出来。

16 用锥子将边角挑出来。

17 用熨斗熨烫做好的包内罩。

## 缝盖子、内罩

18 将盖子竖着对折，用水笔在盖子反面的中间作标记。

19 将袋身外皮 B 竖着对折后用水笔在正面标出中心。

20 对齐标记处，将盖子放在袋身的中间。这时需将盖子未缝制部分朝外。

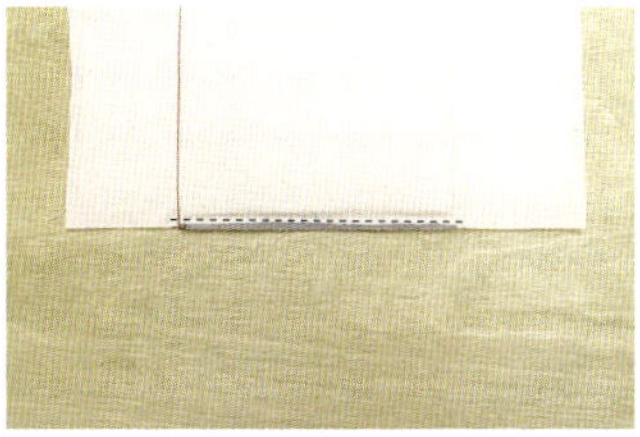

21 如图缝制出 5mm 的缝口，将盖子固定在袋身外皮上。

22 将内罩竖着对折后用水笔标出中心。

23 将内罩放在缝有盖子的袋身外皮的对面的中间。

24 将内罩用珠针固定好，缝出 5mm 缝份。

## 制作袋身

25 将袋身外皮横着对折。

26 将袋身外皮和袋身内里 E 分别正面相对对折后用珠针固定。

27 在内里的侧边上标出 10cm 长的翻口。

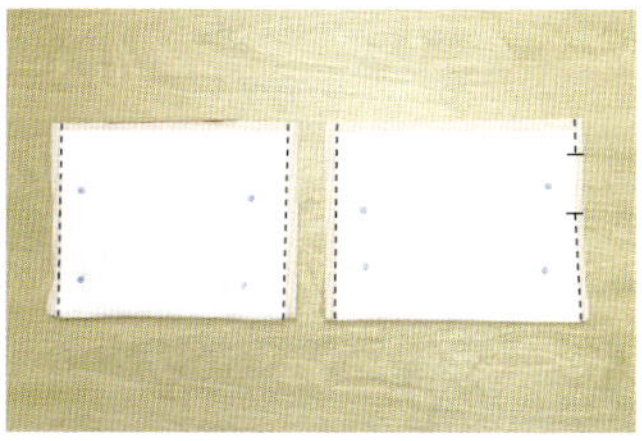

28 将袋身的两侧缝出 1cm 长的缝份。内里除了翻口外其他两侧也缝出 1cm 缝份。

## 制作底面

29 将缝制后折在一起的缝份剪开。

30 将缝份都熨出分缝。

31 以分缝为中心两边各 7cm 共 14cm 的长度用水笔画出来。然后沿水笔线缝制做出底面。

32 沿缝制线将缝制后的部分剪掉。

## 缝包带

33 将外皮 B 的正面翻出来。

34 用珠针将包带固定于外皮正面的侧边上。

35 将包带缝出 5mm 的缝份。

36 注意不要使包带扭转，将包带缝在外皮的两侧。

## 合缝

37 将外皮塞进内里中使外皮 B 的正面和内里 E 的正面相对。将包带也全部塞进内里中。

38 将内里和外皮的两边侧线对齐。

39 用珠针将袋口的周围固定好后将外皮和内里以 1cm 的缝份缝在一起。

40 沿缝制线将缝好的开口处缝份剪掉。

## 翻面

41 通过内里的翻口处将正面、盖子、包带全部翻出来。

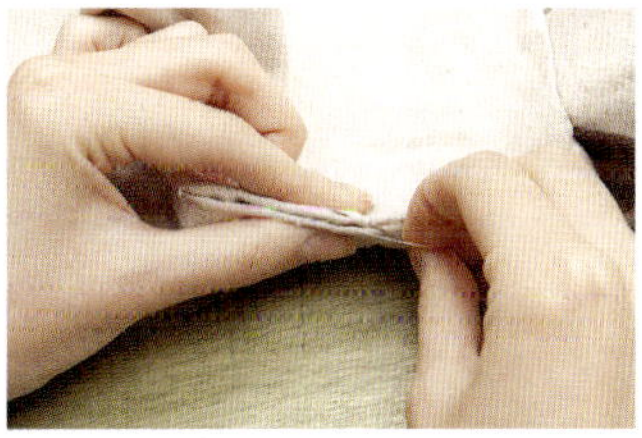

42 用缲边法将内里的翻口处缝好。

43 将内里塞进外皮的里面。

44 用熨斗将翻口处熨烫好。

## 钉扣子

45 将盖子盖下来确定扣子的位置。

46 用水笔在盖子的内面标出扣子的位置。与扣子对应的袋身上也标出扣子的位置。

47 将按扣钉在水笔标记处。

48 将装饰用扣子钉在包盖的外部。

49 复古相机包就完成了。

# 05 与漂亮的小物品相得益彰，按扣袋

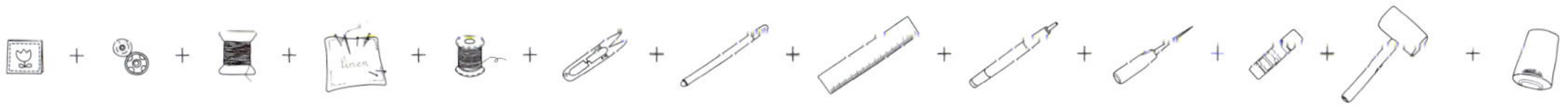

**准备物**　预计材料费 15 000 元韩币 | 预计制作时间 1.5h | 成品预计价格 30 000 元韩币

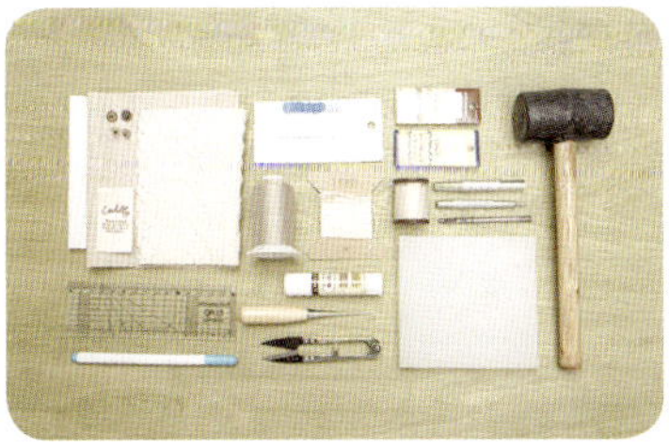

布　　料　□纯色亚麻 1/4 幅 □编织布 1/8 幅 □黏合衬 1/4 幅

辅助材料　□装饰用标牌 1 个 □圆弹扣 1 对

缝制用品　□机缝线 □手缝线 □刺绣针 □缝份尺 □针 □线剪
□水笔□锥子 □布料黏合胶 □珠针□圆弹扣工具
□橡皮锤 □打孔板 □刺绣线

**剪裁**　剪裁的尺寸均包含 1cm 的缝份。

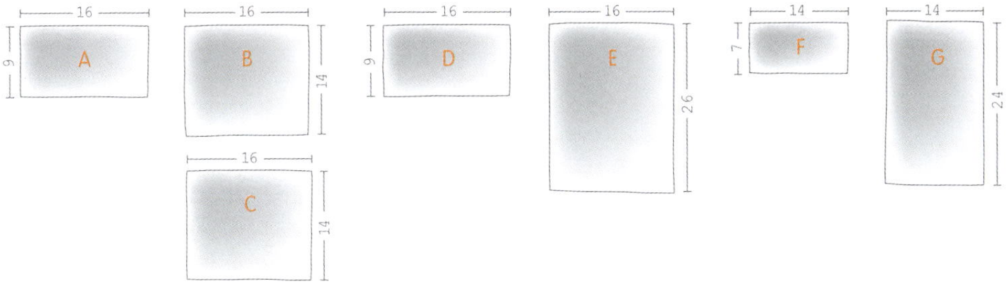


A 盖子外皮 16cm × 9cm　1 块
B 前部外皮（编织布）16cm × 14cm　1 块
C 后部外皮 16cm × 14cm　1 块
D 盖子内里 16cm × 9cm　1 块
E 袋身内里 16cm × 26cm　1 块
F 盖子黏合衬 14cm × 7cm　1 块
G 袋身黏合衬 14cm × 24cm　1 块

## 制作盖子

1 将盖子黏合衬 F 的黏合面对着盖子外皮 A 的反面放置，用熨斗熨烫使其黏合在一起。

2 将盖子外皮 A 的正面和盖子内里 D 的正面相对放置。

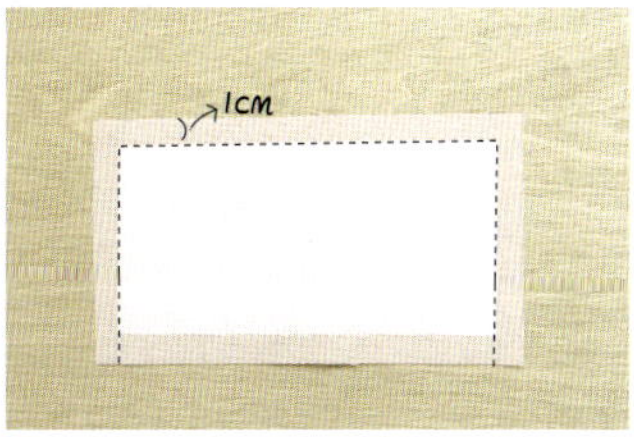


3 按照标示线将其中的三边缝出 1cm 的缝份。

*Tip*

为了防止缝份处过厚，黏合衬需比布料的四周小 1cm。

4 沿缝制线将三边缝出的缝份用剪刀剪掉。

5 通过未缝制的一边将正面翻出来。

6 翻出来用熨斗熨烫后盖子就做好了。

## 制作袋身外皮

7 将外皮前部的编织布 B 的正面和外皮后部的纯色布料 C 的正面相对，然后在下端缝出 1cm 的缝份。

8 将缝好的缝份熨出分缝。

9 将外皮的反面和袋身黏合衬 G 的黏合面相对，用熨斗将其熨烫在一起。袋身外皮就完成了。

## 装饰

10 将装饰用标牌缝在外皮后部的纯色布料正面你喜欢的位置上。

11 用刺绣线将装饰用标牌的四个角各缝上一针。

12 缝好标牌后，将盖子的正面中心对齐相对放在上端开口处，用珠针固定后缝出 5mm 缝份。

## 制作内里

13 将袋身的正面相对对折。

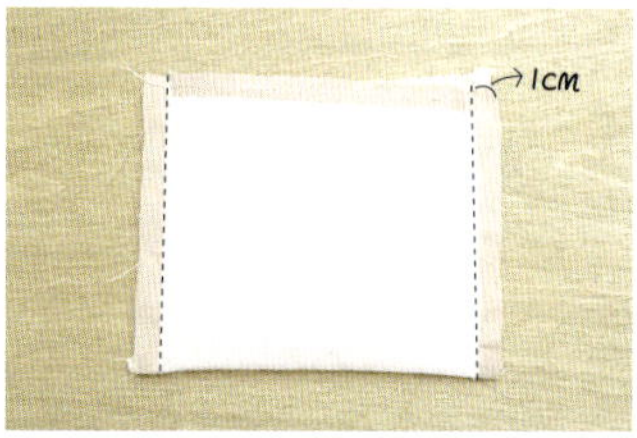


14 将两边缝出 1cm 的缝份。

15 内里 E 也同样将正面相对对折。

16 在内里的侧边上画出 5cm 长的翻口后，将两边除翻口之外的其余部分缝出 1cm 的缝份。

17 外皮和内里均沿缝制线将缝份剪掉。

18 内里上翻口处的缝份不要剪掉。

19 将内里的正面翻出来。

## 合缝后翻面

20 将内里塞入外皮中使外皮的正面和内里的正面相对。

21 用珠针将翻口周围固定好。

22 将重叠的外皮和内里的侧边对齐。

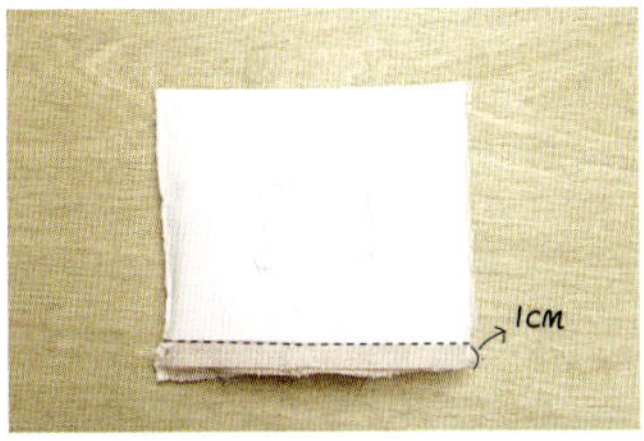


23 将翻口处周围缝出 1cm 的缝份。

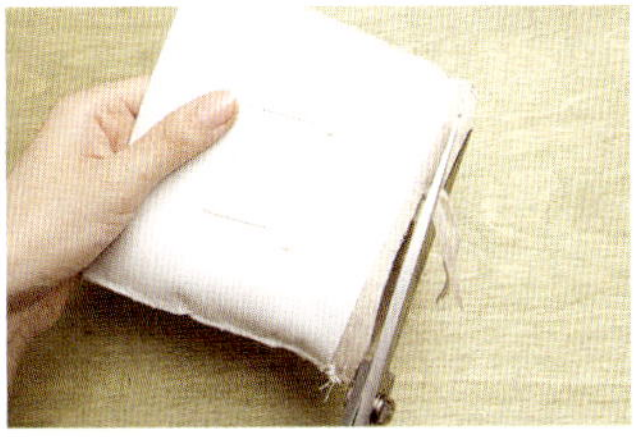

24 沿着缝制线将缝份剪掉。

25 将内里翻出来。

26 通过内里上的翻口将正面翻出来。

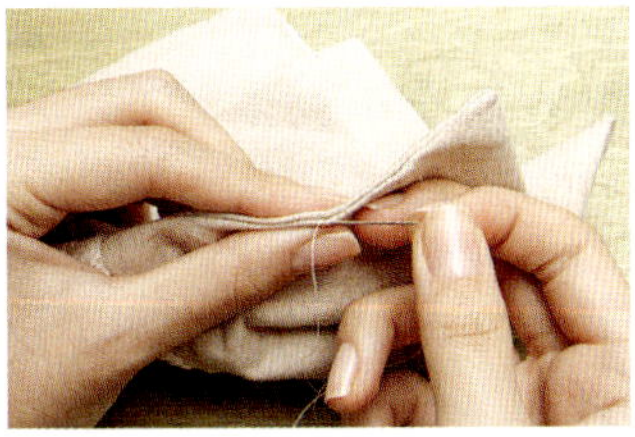

27 用缲边法将内里上的翻口缝上。

28 将内里塞进外皮中。

## 钉圆弹扣

29 用水笔在盖子正面的中心标出钉扣子的位置。

30 将盖子盖下来，用水笔在下面的编织布 B 上标示出钉扣子的位置。

31 在水笔标记处钉上圆弹扣就完成了（请参考第 98 页的圆弹扣钉扣法）。

32 与漂亮小物品相得益彰的按扣袋就完成了。

# 06 欲成为散发着玫瑰香的女人，纯亚麻纸巾袋

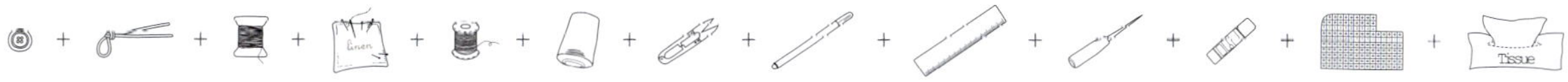


**准备物** 预计材料费 10 000 元韩币 | 预计制作时间 1h | 成品预计价格 20 000 元韩币

布　　料 □亚麻 1/8 幅

辅助材料 □扣子 1 个 □棉拉绳 10cm □旅行用纸巾 1 包

缝制用品 □机缝线 □手缝线 □针 □刺绣针 □缝份尺

□水笔 □锥子 □珠针□布料黏合胶

□熨烫标尺布 □刺绣线 □线剪

**剪裁** 剪裁的尺寸均包含 1cm 的缝份。

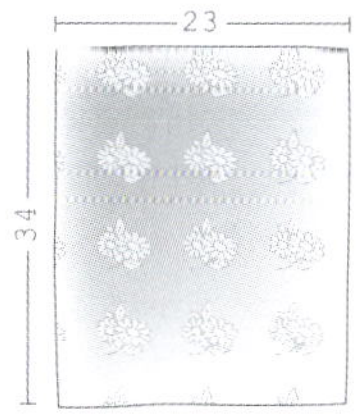


袋身 23cm × 34cm　1 块

## 锁边
## 制作开口

1 将袋身的四周全部锁边。也可用锁边法或卷缝法进行缝制。

2 竖着对折，用水笔画出中心点。

3 以中心点为中心两边各 5cm 共 10cm 的长度用水笔标记出来。这是抽纸的开口处。

4 用熨烫标尺布将横边的缝份向里折 1cm 后熨烫好。只将一边这样进行缝制。

5 将熨烫好的横边对折，用水笔标出中点。

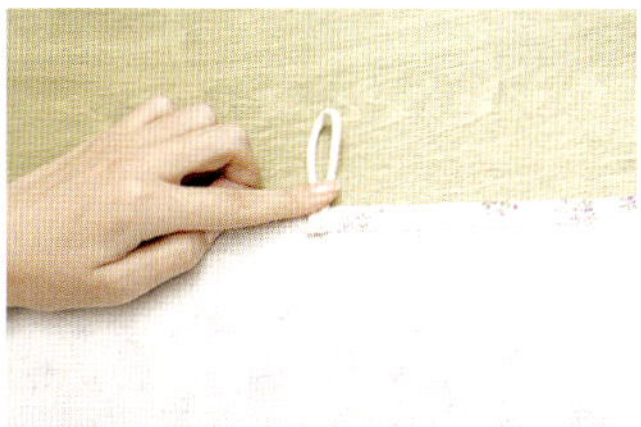

6 将棉拉绳对折后放到水笔标示线上。

7 将放好的棉拉绳缝在边缘处。

8 将袋身正面相对对折，将侧边缝出 1cm 缝份。

9 缝好后在水笔标记处各剪开一个 1cm 的口。

10 将缝份熨出分缝。

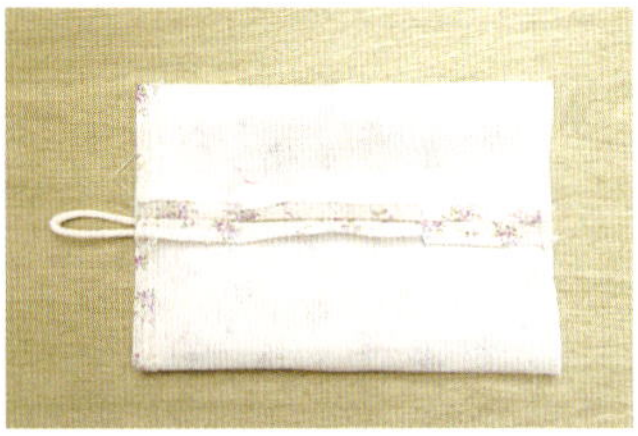

11 将棉拉绳缝制的位置和分缝的中心对齐。

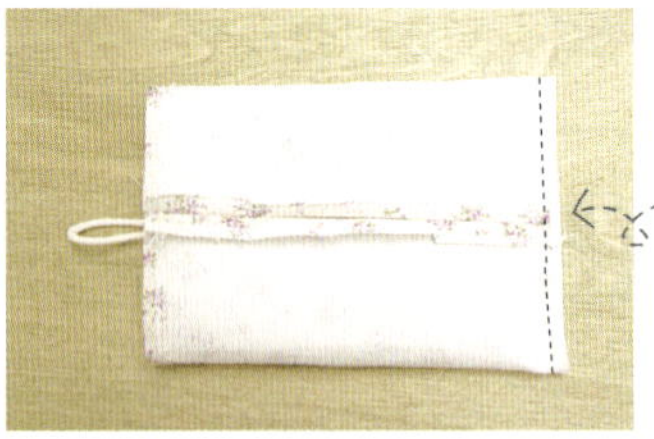

12 按照标示线将底面缝制出 1cm 的缝份。

13 通过未缝制的一侧将正面翻出来。

14 将抽纸处缝合起来。针脚从缝份的内部开始以免露出打结头。

15 以 1cm 的间隔将抽纸处缝合起来。缝合除了装饰效果以外还起到固定内部未固定的缝份的作用。

16 缝合好的开口处。

## 钉扣子

17 将用棉拉绳做的圈弯到正面，用水笔标出钉扣子的位置。

18 在水笔标记处钉上扣子。

19 打开开口将纸巾塞进去。

20 将扣子扣上，从抽纸处将纸抽出。

21 与玫瑰香相得益彰的纯亚麻纸巾袋就完成了。

Application

## 给旅行用纸巾穿上衣服

做一个质感很好的纯亚麻袋子将纸巾装起来，比直接拿着塑料包装的纸巾更舒服，同时可以感到廉价的旅行用纸巾瞬间变得高级了。

# 07 新潮人士的选择，笔记本电脑包

**准备物** 预计材料费 20 000 元韩币 | 预计制作时间 2.5h | 成品预计价格 50 000 元韩币

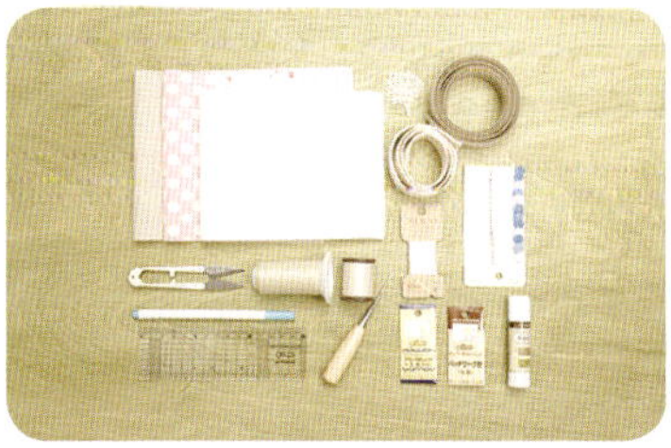

布　　料 □印花亚麻 1/4 幅 □纯色亚麻 1 幅 □ 4 盎司黏合棉 1/2 幅
辅助材料 □粘布 32cm □包带 45cm □装饰用蕾丝花 1 个
缝制用品 □机缝线 □手缝线 □针 □刺绣针 □缝份尺 □线剪
□水笔 □锥子 □布料黏合胶 □珠针□刺绣线

**剪裁** 剪裁的尺寸均包含 1cm 的缝份。

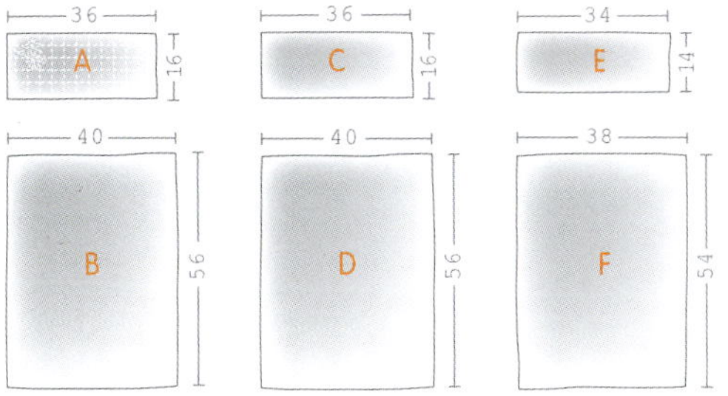


A 盖子（印花）外皮 36cm × 16cm　1 块
B 袋身外皮 40cm × 56cm　1 块
C 盖子内里 36cm × 16cm　1 块
D 袋身内里 40cm × 56cm　1 块
E 盖子黏合棉 34cm × 14cm　1 块
F 袋身黏合棉 38cm × 54cm　1 块

＊本作品中的笔记本电脑为 14in*。

## 制作盖子

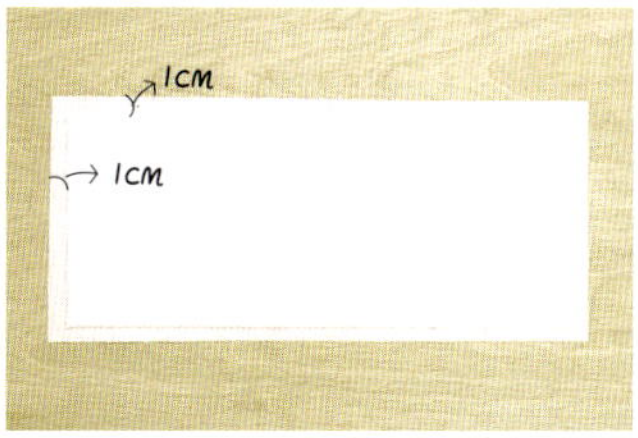


1 将盖子外皮 A 的反面和盖子黏合棉 E 的黏合面相对放好。由于黏合棉四周要小 1cm，所以放置时注意不要放斜。

2 用熨斗将黏合棉熨烫好。黏合棉不经热，所以需在布料面进行熨烫。

3 用水笔在盖子内里 C 正面距下端 2.5cm 处作标记。将粘布的柔软面放在中央用珠针固定好。

4 按标示线将粘布边缘缝好固定。

5 将粘有黏合棉的盖子外皮 A 和缝有粘布的盖子内里 C 的正面相对，用珠针固定好。使粘布朝下。

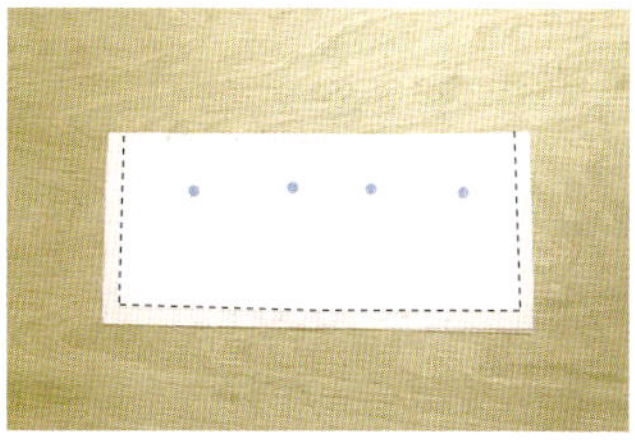

6 按标示将三边缝出 1cm 缝份。

* in 是非法定计量单位，1in=2.54cm。

7 将缝好的三边缝份用剪刀剪掉。

8 通过未缝制端将正面翻出来。

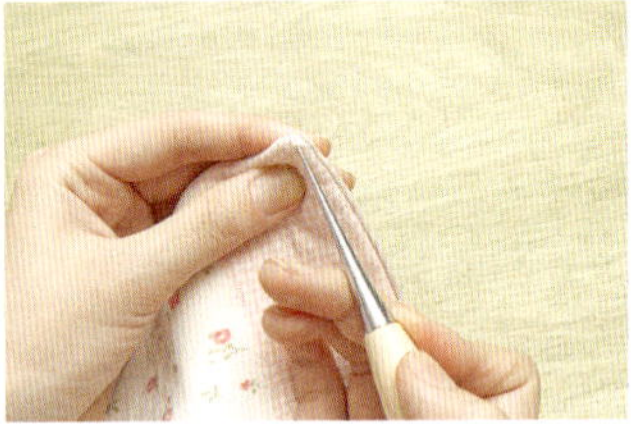

9 用锥子将边角挑出来。

10 用熨斗熨烫后盖子就完成了。

## 制作袋身

11 将袋身黏合棉 F 的黏合面对着袋身外皮 B 的反面放好。由于黏合面四周要小 1cm，所以注意不要使其歪斜。

12 在布料面用熨斗将黏合棉粘上。

13 用水笔在袋身外皮 B 的正面距顶端 7cm 处作标记。

14 将粘布的刺面放在水笔标记处，用珠针固定好。

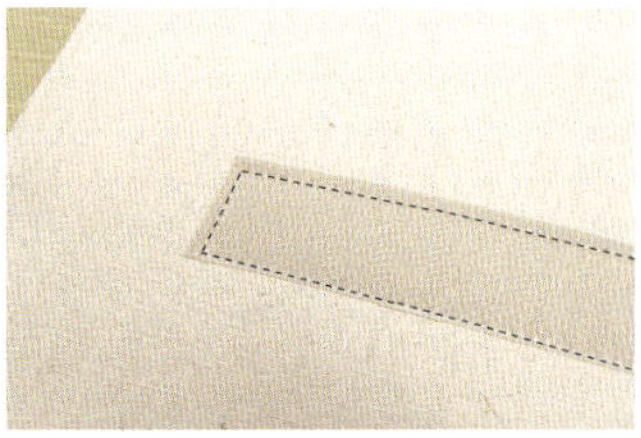

15 按标示线将粘布的边缘缝好。

## 装饰

16 在袋身外皮 B 正面距上端 18cm、距右端 12cm 处用水笔作标示。

17 将装饰用蕾丝花放在水笔标示处。

18 用与蕾丝花相似颜色的线将花和布缝在一起。

19 用水笔在蕾丝花下端写上字。

20 用刺绣线将字用连接或缉边法缝好。

21 缝好后用喷雾器喷上水除去水笔痕迹，这样装饰就整理好了。

## 上盖子

22 将袋身外皮 B 竖着对折，用水笔标出中心。

23 将盖子竖着对折，用水笔标出中心。

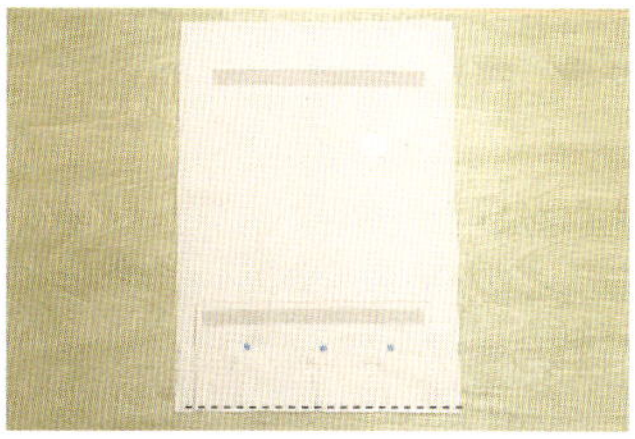

24 将袋身外皮和盖子外皮上水笔线相对放好后，用珠针固定。按照标示线缝出 5mm 的缝份。

## 制作外皮、内里

25 将袋身外皮正面横着对折。

26 将两边缝出 1cm 缝份。

27 袋身的内里 D 也正面相对横着对折，在侧边上用水笔标出 1cm 长的翻口。

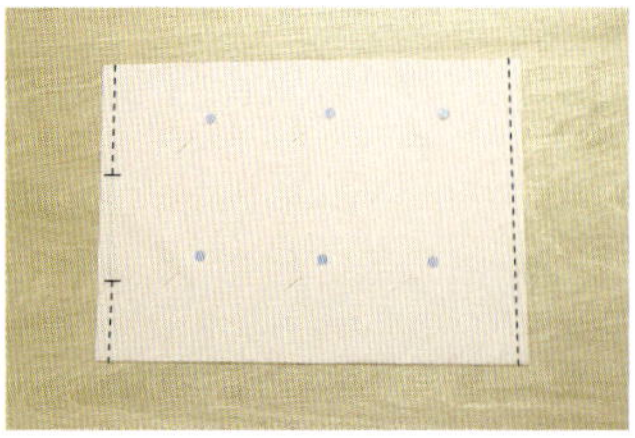

28 用珠针固定后将除翻口外的两个侧边缝出 1cm 的缝份。

## 制作底面

29 将外皮和内里的侧边都缝好后，将折在一起的缝份部分剪开。

30 将缝份熨出分缝。

31 以分缝为中心左右各 2cm 共 4cm 的长度用水笔画出来。将外皮和内里的两边用同样的方法处理。

32 按照水笔线缝制好后，将剩余部分用剪刀剪掉。

33 将正面翻出来。

## 上包带

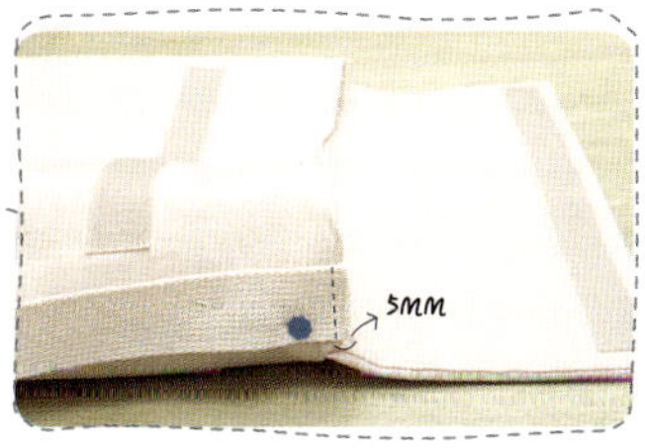


34 将包带用珠针固定在袋身外皮 B 的两侧后缝出 5mm 的缝份。

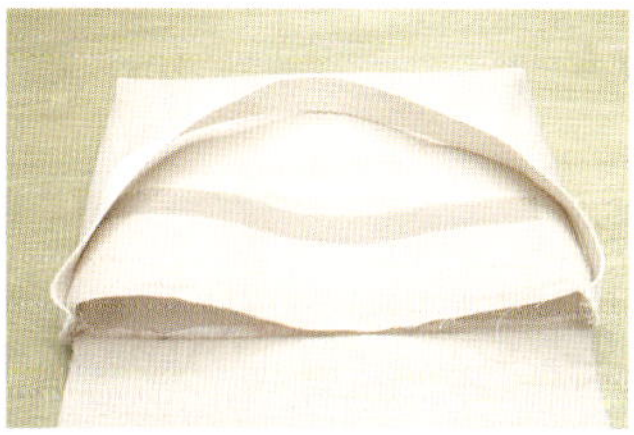

35 注意缝包带的时候不要使包带扭转。

## 合缝

36 将外皮塞进内里使内里 D 的正面和外皮 B 的正面相对。

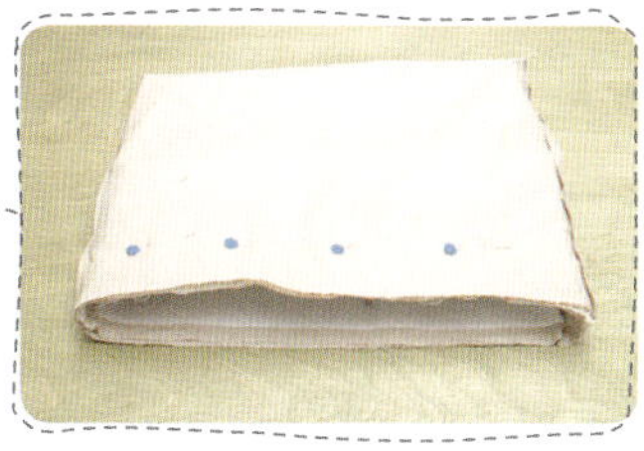

37 将两边的侧线对齐，用珠针将开口处固定好。

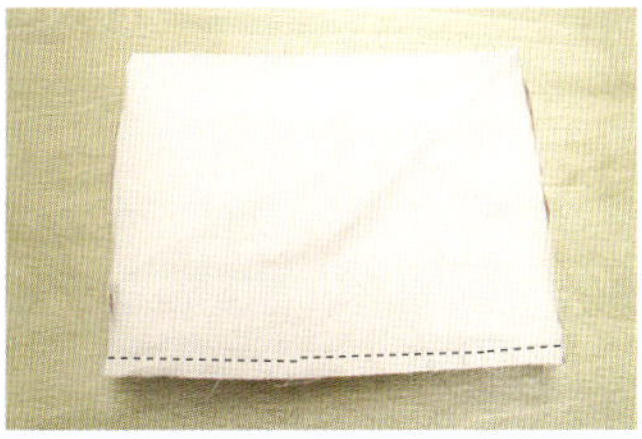

38 将开口四周缝出 1cm 缝份。

39 沿缝制线将缝制后的缝份剪掉。

## 翻面

40 通过有翻口的内里将正面翻出来。

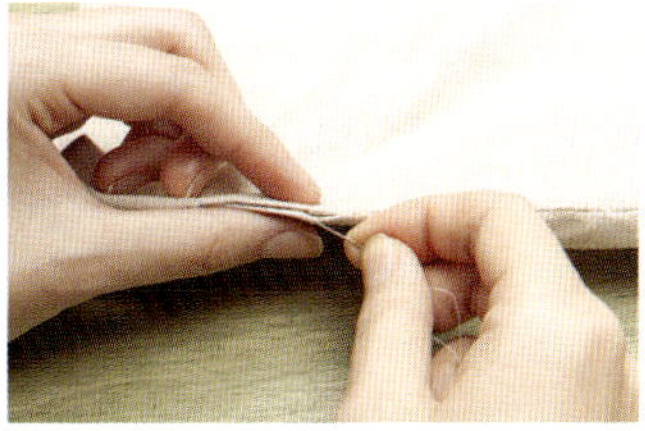

41 用缲边法将内里上的翻口缝合起来。

42 将内里塞进外皮里面后，用熨斗将开口处熨烫好。

43 新潮人士的选择，笔记本电脑包就做好了。

# 08 守护你体内水分的 补丁花纹水桶袋

**准备物** 预计材料费 15 000 元韩币 | 预计制作时间 1.5h | 成品预计价格 30 000 元韩币

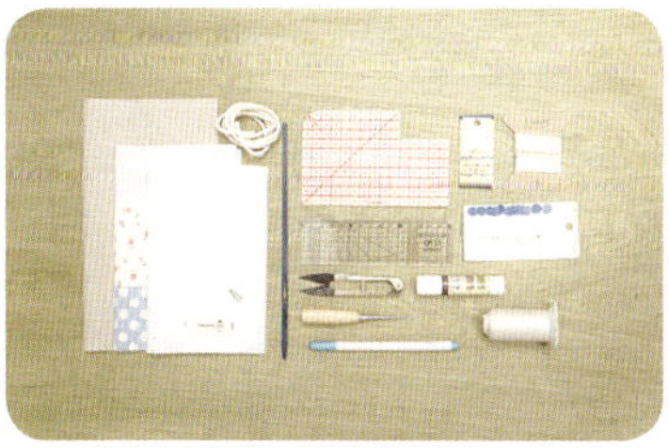

布　　料 □印花亚麻 1/8 幅 □纯色亚麻 1/8 幅 □ 2 盎司黏合棉 1/8 幅
辅助材料 □装饰用标牌 1 个 □小装饰物 1 个 □棉拉绳 30cm
缝制用品 □绳子塞夹□机缝线□手缝线 □刺绣针 □缝份尺 □针 □线剪 □水笔 □锥子 □珠针□布料黏合胶 □熨烫标尺布 □刺绣线

**剪裁** 剪裁的尺寸均包含 1cm 的缝份。

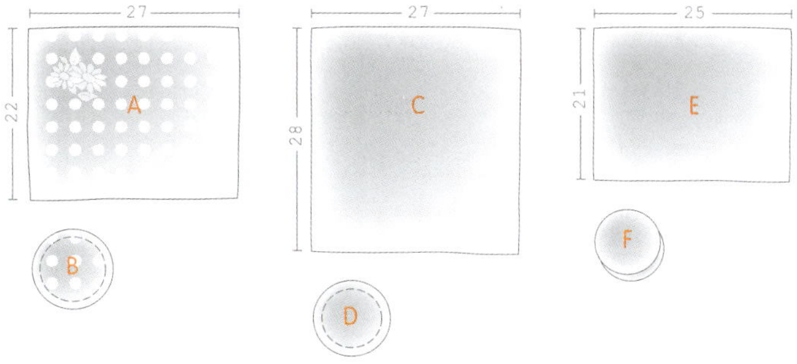


A 袋身外皮（印花）27cm×22cm　1 块
B 底面外皮（印花）：用实物样本剪裁　1 块
C 袋身内里 27cm×28cm　1 块
D 底面内里：用实物样本剪裁　1 块
E 袋身黏合棉 25cm×21cm　1 块
F 底面黏合棉：用实物样本剪裁　2 块

*由于实物样本中不包含缝份，所以应画出比实物样本大 1cm 的缝份线后再进行剪裁。
*由于黏合棉不需缝份线，所以可以完全按照样本进行绘制剪裁。

# 粘黏合棉

1 将袋身外皮 A 的反面和袋身黏合棉 E 的黏合面相对放好后在布料面用熨斗将两者熨烫在一起。

2 粘的时候要注意只有袋身外皮的上端没有缝份。

*Tip*

在底面的外皮和内里上都粘上黏合棉的原因是为了将底面做得更结实，同时使缝制更方便。

3 用与袋身同样的方法将底面外皮 B 和底面内里 D 的反面都粘上黏合棉。

## 装饰

4 用布料黏合胶将标牌粘到袋身外皮 A 的正面。

5 用刺绣线将标牌的四个角各缝上一针固定起来。

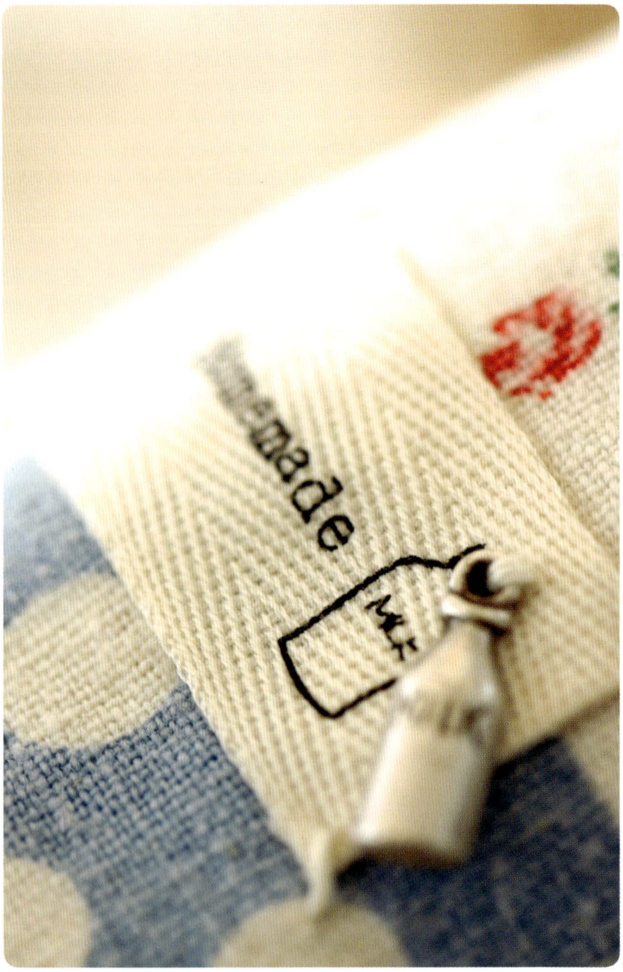

6 将小装饰物从标牌的里面缝好。缝上与标牌图案相似或相称的小饰物。

7 上好标牌装饰后，将结打在外皮的背面。

8 缝上标牌和小饰物，完成外皮的装饰。

## 制作外皮、内里

9 用熨烫标尺布将袋身内里 C 的上端缝份向里折 1cm，然后熨烫好。

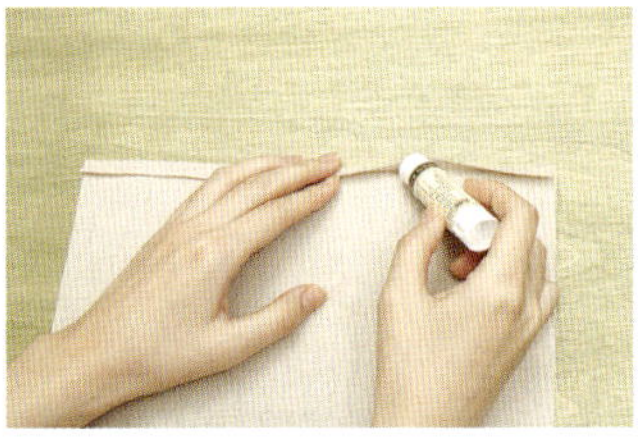

10 用布料黏合胶将熨好的缝份临时固定，以免其移动。

11 将袋身内里的正面竖着对折后用珠针固定。

12 在距上端 5cm 处用水笔标出。

13 将侧边缝出 1cm 的缝份直至标记线处。

14 将袋身外皮 A 的正面相对竖着对折，然后用珠针固定。

15 将外皮的侧边全部缝出 1cm 的缝份。

16 将外皮和内里缝制出的缝份熨出分缝。

17 将内里上未缝制的 5cm 部分的边缘缝成朝右开口的形状。注意防止缝份脱线。

## 上底面

18 将袋身外皮 A 的正面下端与底面外皮B的正面相对。

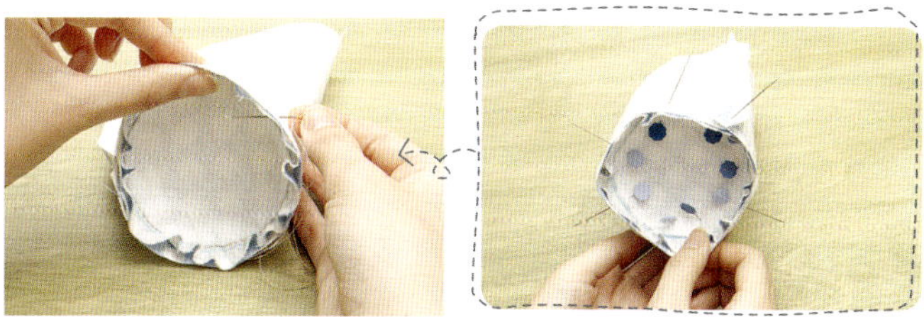

19 用珠针将底面固定到袋身上。

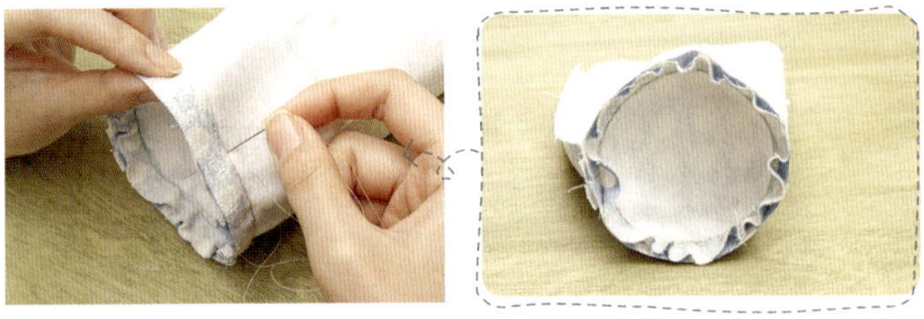

20将底面以 1cm 的缝份密密地缝好使其与袋身连接起来。

21沿着缝制线将缝好的缝份用剪刀剪掉。

22用同样的方法将底面内里D 缝到袋身内里 C 上。

## 合缝

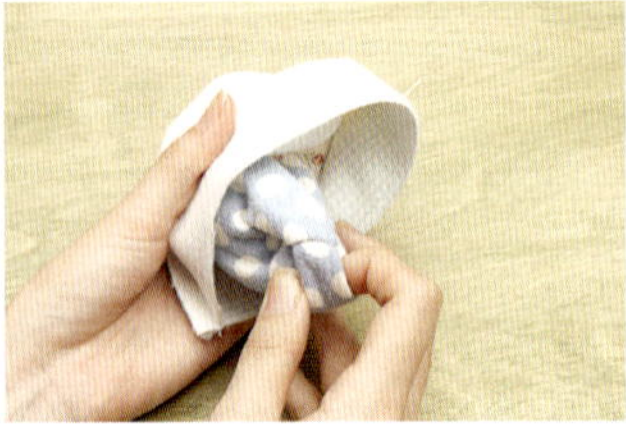

23将正面翻出来。

24将缝制好的外皮底面整理好以保证没有折叠处。

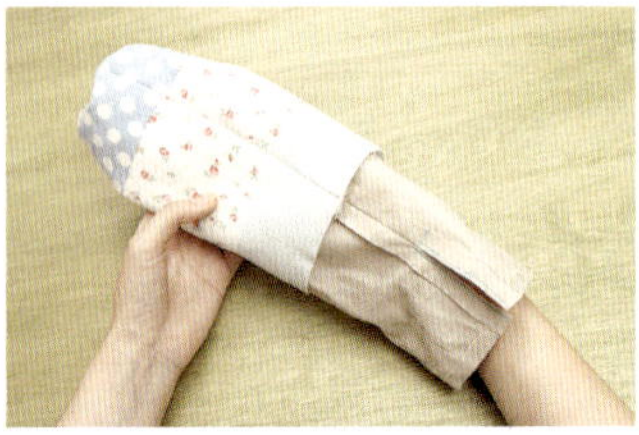

25将内里塞进外皮中使外皮的反面和内里的反面相对。

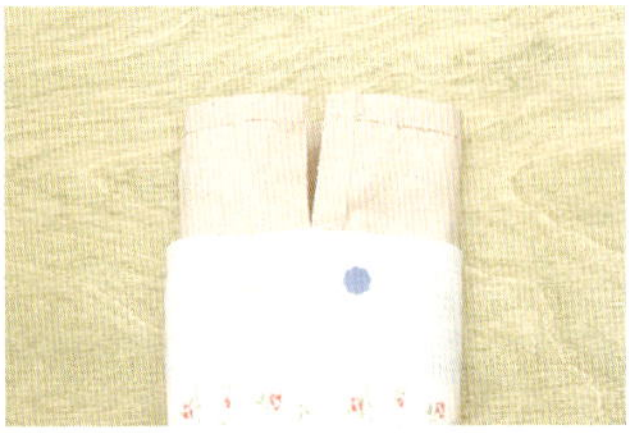

26将内里和外皮的侧边对齐后用珠针将袋口处固定好。

27将内里上标出的线与外皮的边缘对齐。

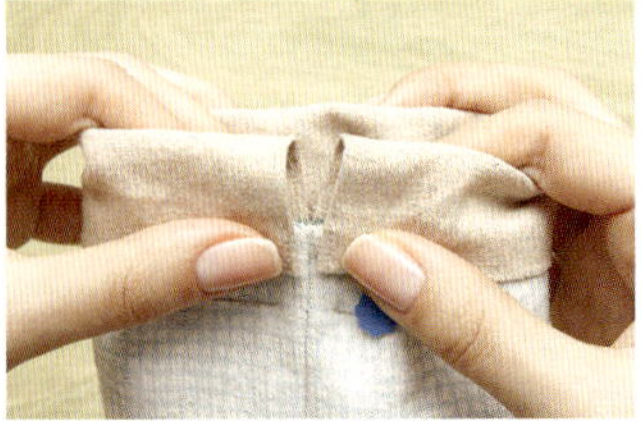

28将高出的内里的袋口部分折下来与外皮的袋口重叠在一起。

29用布料黏合胶将折到外面的内里临时固定好。

30沿着临时固定的袋口周围的边缘处缝出穿绳子的孔。

## 穿绳子

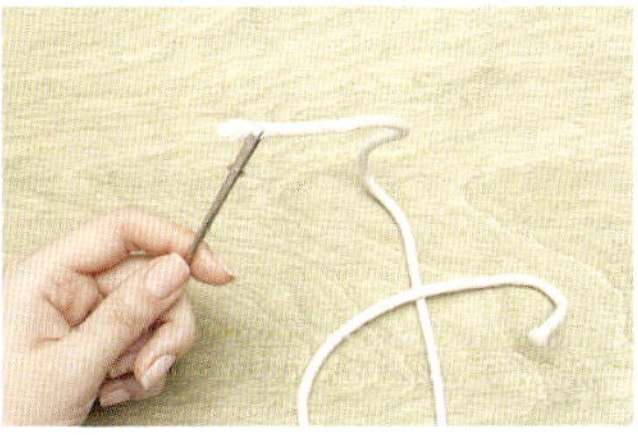

31 将棉拉绳穿在绳子塞夹上。

32 将棉拉绳塞入穿绳子的孔中。

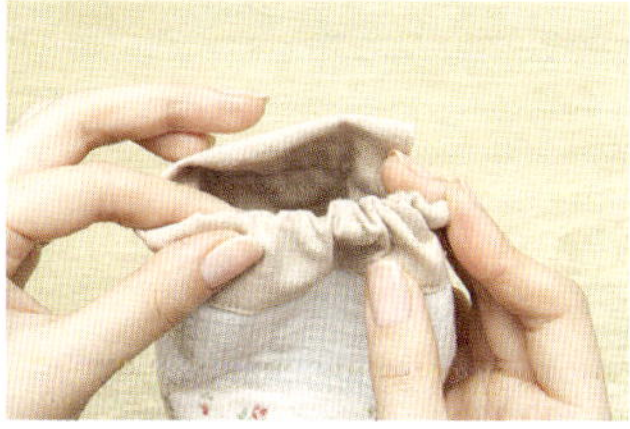

33 将袋口处捏出褶皱，将绳子穿向相反方向的出口处。

34 将绳子拉出来后，两边各留 10cm 左右，其余部分剪掉。

35 在棉拉绳上打结。

36 守护你体内水分的水桶袋就完成了。

Application

## 用水桶袋来演绎一下郊游的氛围吧

在长满绿草的公园铺上席子，和恋人、朋友、家人一起享受郊游吧。制作精致的水桶袋会增加郊游的乐趣。

# 09 符合少女感性的 纯亚麻花纹褶皱包

**准备物** 预计材料费 25 000 元韩币 | 预计制作时间 2h | 成品预计价格 60 000 元韩币

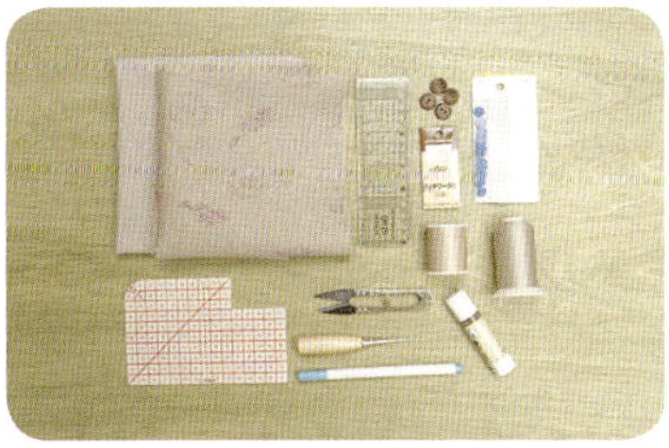

布　　料 □印花亚麻 1 幅 □纯色亚麻 1 幅

辅助材料 □装饰用扣子 8 个

缝制用品 □机缝线 □手缝线 □缝份尺 □针 □水笔

□锥子 □珠针 □布料黏合胶 □熨烫标尺布 □线剪

**剪裁**

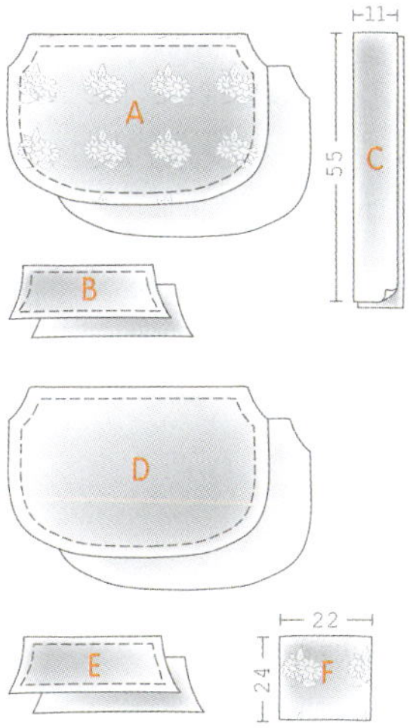


A 袋身外皮（印花）：用实物样本剪裁 2 块

B 袋口面外皮：用实物样本剪裁 2 块

C 包带布：11cm × 55cm 2 块

D 袋身内里：用实物样本剪裁 2 块

E 袋口面内里：用实物样本剪裁 2 块

F 口袋布（印花）：22cm × 24cm 1 块

* 将实物样本中标记的褶皱线和钉扣子的位置、包带缝的位置也用水笔在布料上标出来。
* 由于实物样本中不包含缝份，所以应画出比实物样本大 1cm 的缝份线后再进行剪裁。

## 制作口袋

1 将口袋布 F 的四周锁边，也可以用卷缝或手缝锁边法锁边。

2 用熨烫标尺布，将除开口外的三边均向内折 1cm 后熨好。

3 用布料黏合胶将熨好的缝份临时固定起来。

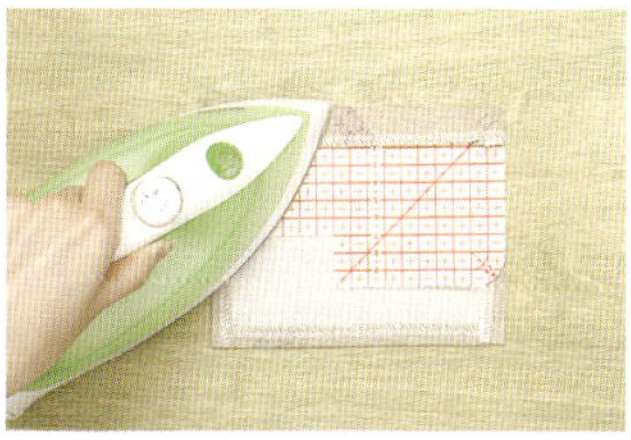

4 将开口处的缝份折 2cm 进行熨烫。

5 用布料黏合胶将折熨好的2cm 缝份临时固定起来。

6 将开口端的 2cm 缝份边缘进行缝制。

7 将口袋的反面对着袋身内里 D 正面上标出的口袋位置，然后用珠针固定好。在除开口外的其他三边的边缘进行缝制。

## 制作褶皱

8 将反面标有褶皱线的袋身外皮 A 和袋身内里 D 准备好。

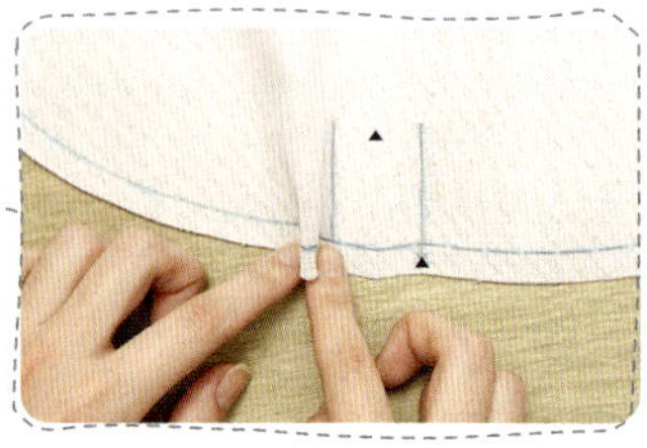

9 将褶皱按标记相对放好。

10 沿着对折的线缝出褶皱。将样本中标出的中心线作为顶点，缝制成三角形。

11 将标记相对放好，做出 4 个褶皱。

12 缝制的时候注意不要在外部看到针脚或形状歪斜。

13 将外皮 A 和内里 D 用同样的方法缝出褶皱。

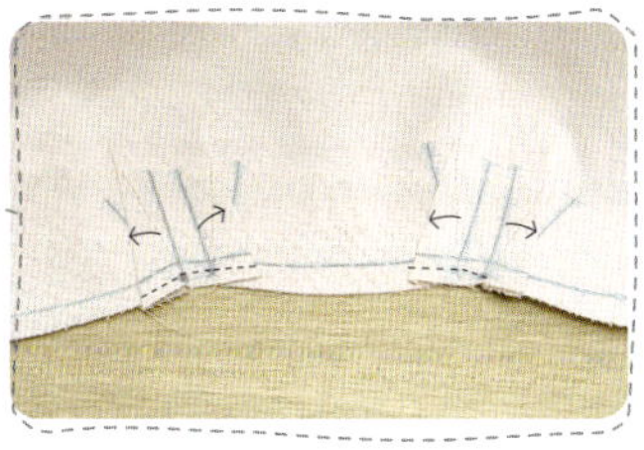

14 将褶皱的缝份向两边展开后，按照标示线缝出 5mm 的缝份进行固定。

Tip

**褶皱是什么?**

是将平面的布料打褶时所必须的，即是一种固定整齐的皱纹。不固定的褶皱一般就用捏出皱纹来表述。

## 制作袋身

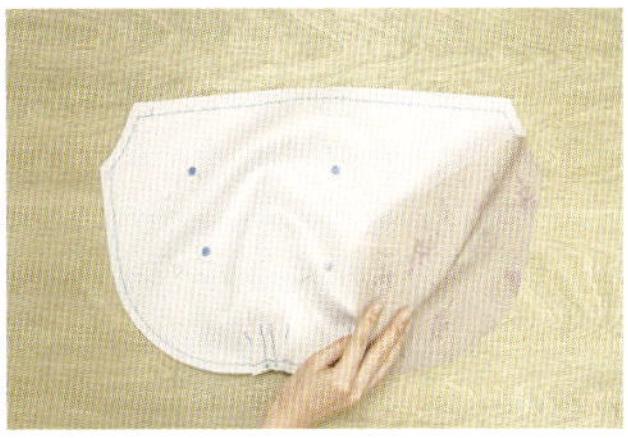

15 将外皮 A 的正面相对，用珠针固定。

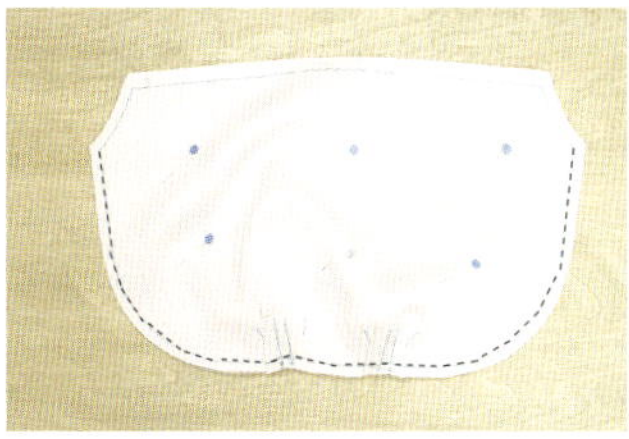

16 按照标示线只将圆底部分缝出 1cm 的缝份。

17 将内里 D 的正面相对，用珠针固定。

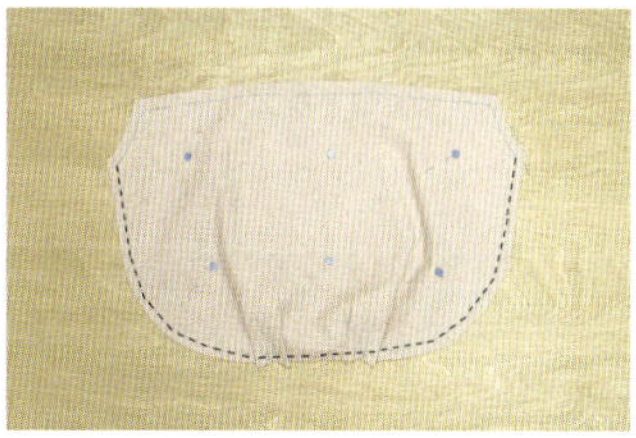

18 按照标示线只将圆底部分缝出 1cm 的缝份。

19 将外皮的正面翻出来。

20 将外皮塞进内里中使内里和外皮的正面相对。

21 将内里和外皮的开口部分对齐后用珠针将两边的侧线固定起来。

22 将两边的侧边缝出 1cm 的缝份，在缝份处以 1cm 的间隔剪开。

## 合缝

23 通过未缝在一起的开口处将外皮翻出来后将内里塞入外皮中。

24 将外皮和内里的袋口边缘处进行缝制固定。

## 制作褶皱

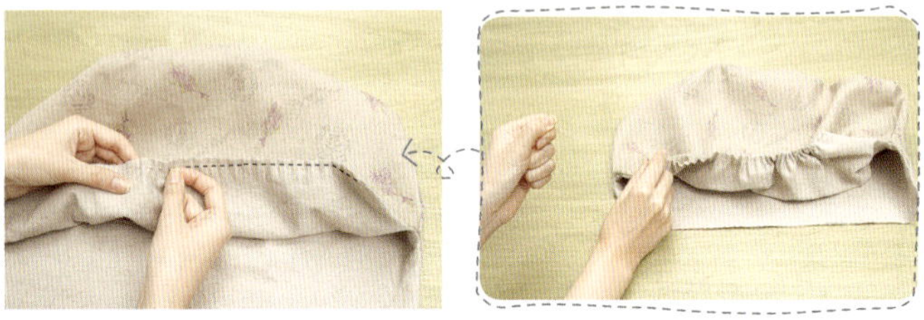

25 用手将袋口处平缝好后，将线拉紧，拉出褶皱。

26 拉线将袋口的长度调节到与袋底的长度一致，然后将线打结。

## 制作袋口面

27 将装饰用扣子缝在袋口面外皮 B 的扣子处的正面。

28 将 2 块没缝扣子的袋口面内里 E 的下端均朝里折 1cm，然后熨好。

# 制作包带

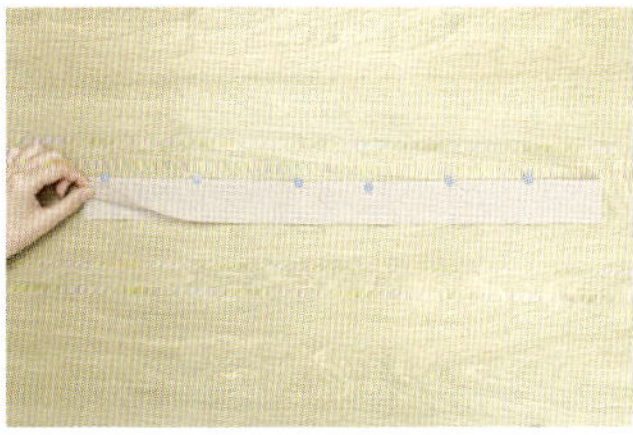

29将包带布C正面相对折成长条，用珠针将其固定好。

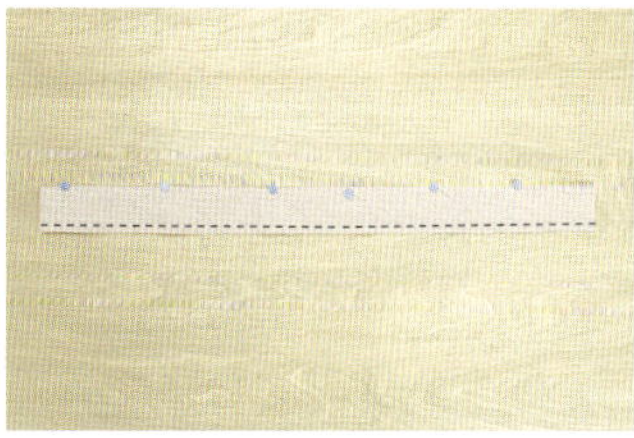

30沿标示线缝出1cm缝份。

31将缝好的缝份熨出分缝。

32将包带的正面翻出来。

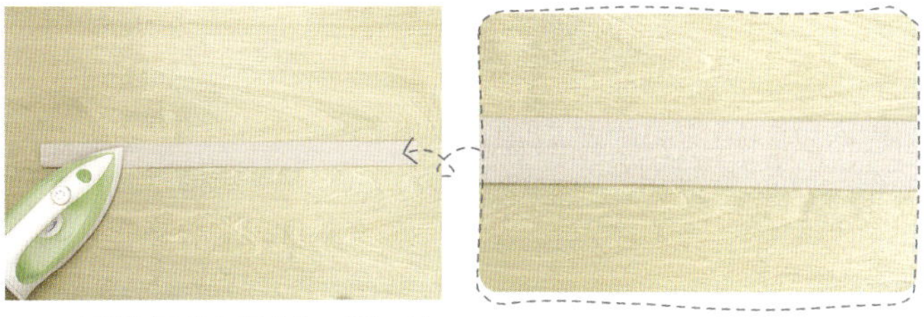

33再将包带正面熨一遍，这样包带就做好了。另外一条包带也用同样的方法做成。

34如图将包带放在袋口面外皮B的缝包带位置上，然后用珠针固定好。

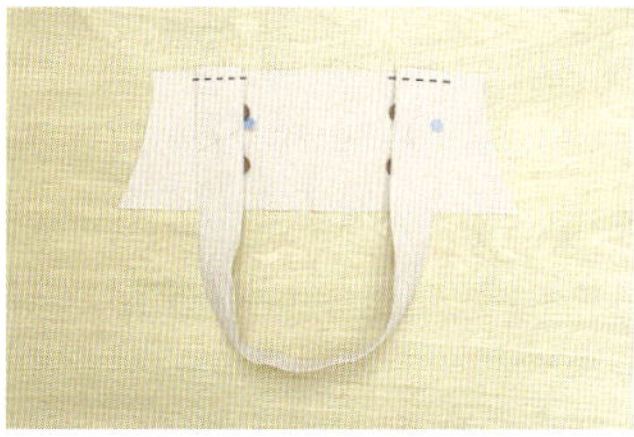

35将包带缝出5mm的缝份。用同样的方法将包带缝在2块袋口面上。

36将袋口面外皮B的正面和熨折好的袋口面内里E的正面相对放好后用珠针固定后缝制。

37 沿缝制线将缝好的缝份用剪刀剪掉。

38 将袋口面的正面翻出来。

39 用锥子将袋口处的边角整理好，然后熨烫。

40 在正面用熨斗熨好。另一边的袋口面也用同样的方法做好，这样包的袋口部分就完成了。

## 连接包带

41 将带有褶皱的包身外皮的袋口与袋口面外皮的正面相对放好。

42 用珠针固定好后，将未折好熨烫的不平整外皮一边的缝份与包身袋口处缝出 1cm 的缝份。

43 注意不要将折好熨烫过的内里面的缝份与包身缝在一起。

44 缝制好后将袋口面内里折好，熨烫过的缝份对着包身内里的上面放置好。

45 用缲边法将袋口面内里折烫好的缝份和包身内里连接在一起。

46 符合少女感性的纯亚麻花纹褶皱包就完成了。

# 用剩余的布料可以做的东西

在作品的制作过程中会产生很多哪儿也用不上的布头。
扔了很可惜，用又不知道能用在哪儿。
将这些小布头充分利用起来吧。

在剩余的亚麻布背面粘上双面胶，便成为漂亮的黏合布了。

用包扣工具制作出属于我个人的包扣，搭配在作品上。

将亚麻布块粘在小标签上用印章来进行装饰，富有个性的商标牌小物品就完成了。

CRETACOLOR

# 第5部分

# 亚麻，日常用品


系带枕套 01

条纹室内鞋 02

蕾丝手册套 03

亚麻双色靠垫 04

法式风格存折袋 05

电脑用品三件套

蓝点鼠标垫 06

蓝点手腕垫 07

蓝点键盘罩 08

# 01 柔软的天然布料，系带枕套

**准备物** 预计材料费 20 000 元韩币 | 预计制作时间 1h | 成品预计价格 40 000 元韩币

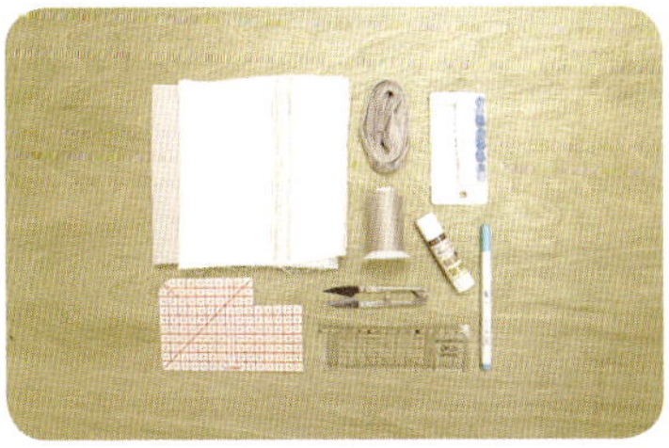

布　　料　□条纹亚麻 1/2 幅 □纯色亚麻 1/2 幅
辅助材料　□ 4 根 10mm 宽、30cm 长的亚麻条
缝制用品　□机缝线□缝份尺 □线剪 □水笔 □布料黏合胶
□珠针 □熨烫标尺布

**剪裁** 剪裁的尺寸均包含 1cm 的缝份。

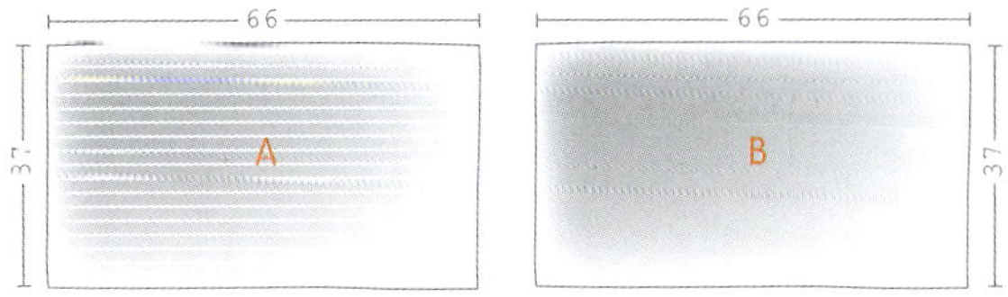


A 枕套前身布（条纹）66cm × 37cm　1 块
B 枕套后身布 66cm × 37cm　1 块

## 锁边

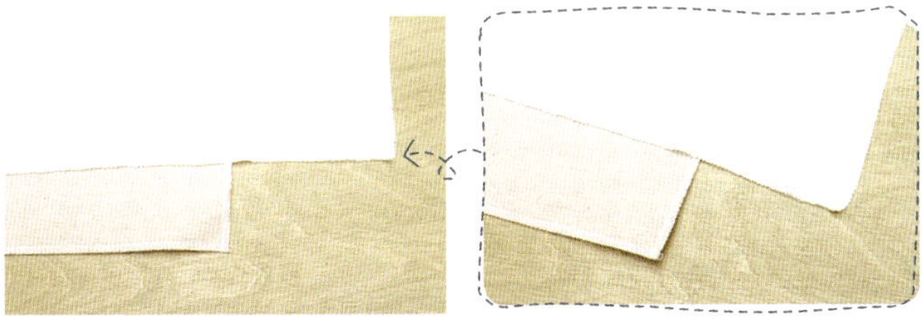

1 将前身布 A 和后身布 B 的四周全部锁边。也可用卷缝法或手工锁边法缝制。

## 缝带子

2 将前身和后身竖着的一边用熨烫标尺布朝里折 3cm 熨烫好。

3 将折进去的缝份用布料黏合胶临时固定住以免移动。

4 将折进去的缝份的边缘部分缝制好，再将缝份固定好使其不移动。

5 以固定好的缝份为基准，在其下方 7cm 处用水笔作标记。

6 以固定好的缝份为基准，在其上方 7cm 处也用水笔作标记。

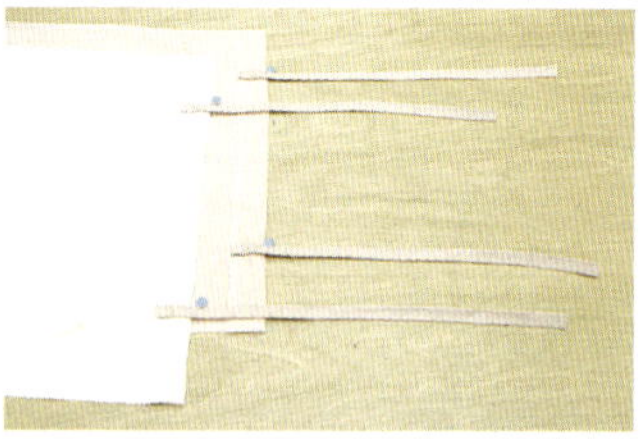

7 在前身和后身上水笔的标记处用珠针将亚麻条固定好。

8 如图将 4 个亚麻条缝上。

## 连接

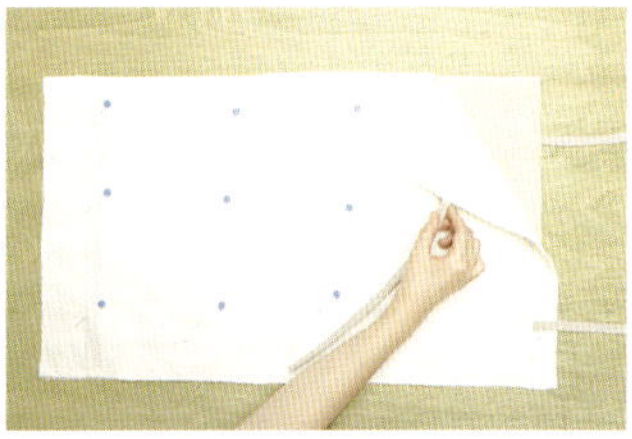

9 将前身的正面和后身的正面相对放置，然后用珠针将其固定好。

10 将除了缝有带子的开口外的其余三边均缝制出 1cm 的缝份。

11 通过开口将正面翻出来。

12 用手将开口处的亚麻条系好。

13 柔软的天然布料系带枕套就完成了。

Application

## 贴着脸的枕头是每天晚上接触的重要寝具

由于紧贴脸部，所以枕套需要经常清洗。这里特向大家推荐亚麻枕套。由于每天紧贴着脸部，所以使用的面料也要比其他东西更好。

# 02 使脚感受到柔软的 条纹室内鞋

**准备物** 预计材料费 20 000 元韩币 | 预计制作时间 2h | 成品预计价格 50 000 元韩币

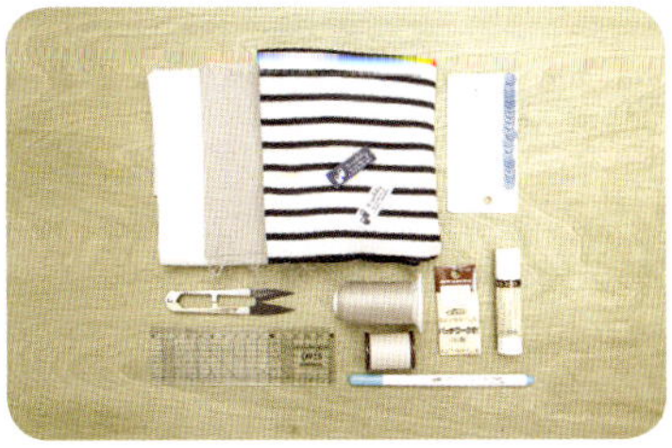

布　　料 □条纹亚麻 1/4 幅 □纯色亚麻 1/2 幅 □ 4 盎司黏合棉 1/4 幅

辅助材料 □装饰用标牌 2 个

缝制用品 □机缝线□手缝线 □缝份尺 □针 □线剪 □水笔

□锥子 □布料黏合胶 □珠针

**剪裁**

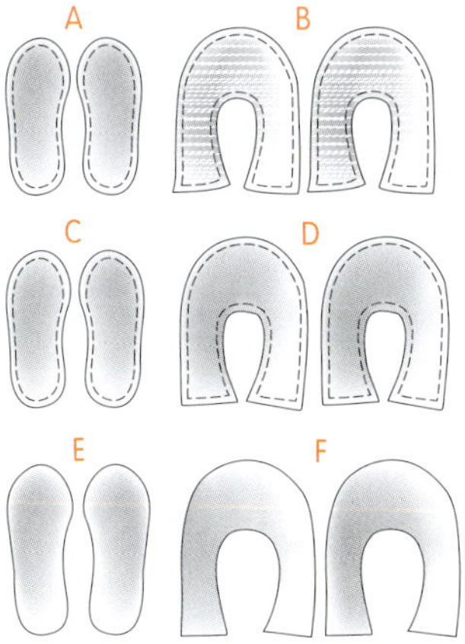


A 底面外皮：用实物样本对称各剪裁 1 块，共 2 块

B 鞋身外皮（条纹）：用实物样本剪裁 2 块

C 底面内里：用实物样本对称各剪裁 1 块，共 2 块

D 鞋身内里：用实物样本剪裁 2 块

E 底面黏合棉：用实物样本对称各剪裁 1 块，共 2 块

F 鞋身黏合棉：用实物样本剪裁 2 块

* 画出比实物样本大 1cm 的缝份线后再进行剪裁。
* 由于黏合棉没有缝份，所以可以直接按照样本绘图剪裁。
* 一定要在布料上标出实物的中心线、开口标记线及鞋的左右。

## 粘黏合棉

1 将底面黏合棉 E 的黏合面对着底面外皮 A 的反面放置。

2 将鞋身外皮 B 和鞋身黏合棉 F 的黏合面相对。

3 用熨斗在布料面熨烫使黏合棉粘到布料上。

## 制作鞋身

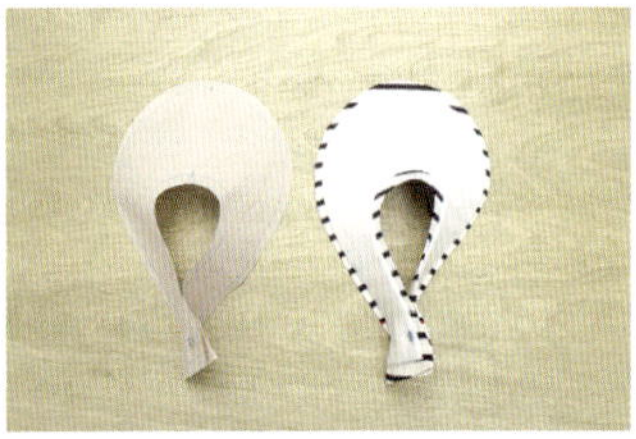

4 分别将鞋身外皮 B 和内里 D 的后端正面相对竖起来后用珠针固定住。

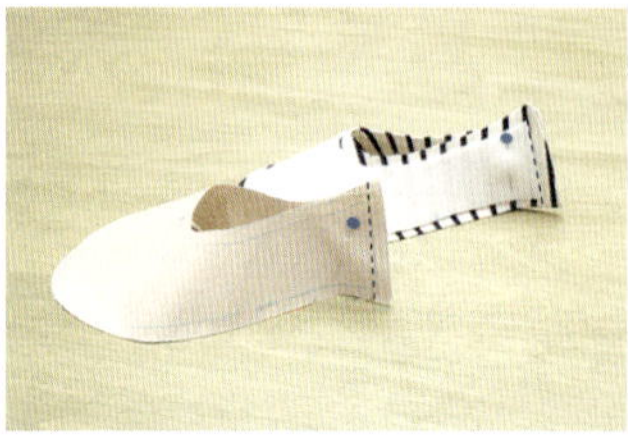

5 将脚后跟部分缝出 1cm 的缝份。

6 将缝份熨出分缝。

7 将鞋身外皮 B 的正面和内里 D 的正面相对重叠在一起，用珠针固定。

8 按照标示线将鞋口四周缝出 1cm 的缝份。

9 将缝好的缝份以 1cm 的间隔剪开。

10 将鞋身的正面翻出来，然后用熨斗将缝制好的鞋口熨烫好。

11 用珠针将鞋身的外皮和内里固定在一起，将下端边缘处缝一圈。

12 将外皮和内里固定在一起后，这样穿脱鞋时内里就不会移动了。

# 连接底面

13 将底面外皮 A 的正面相对鞋身外皮 B 的正面，放好后用珠针固定。

14 左右确认后将鞋身和底面固定起来，一定要将实物样本中标记的中心线对齐。

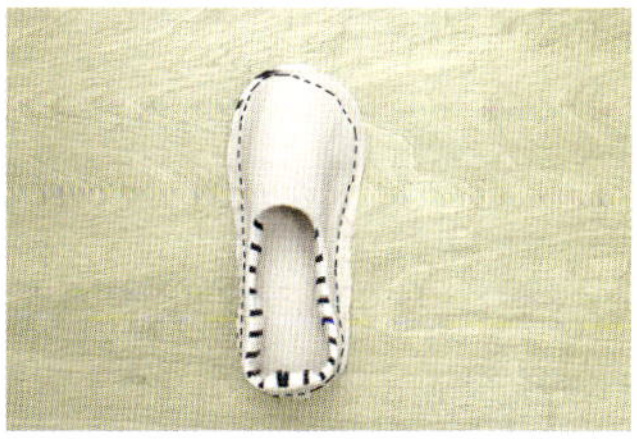

15 按照标记线缝出 1cm 的缝份。

16 用布料黏合胶将装饰用标牌临时固定在底面内里 C 的正面，然后将两边缝在上面。

17 为了与底面内里 C 缝在一起，需将鞋身布按扁。

18 将底面的正面对着按压下去的鞋身放置好。

19 将除实物样本上标出的翻口以外的周围其他地方缝制出 1cm 的缝份。

*Tip*

制作室内鞋时要确认左右没有反向。

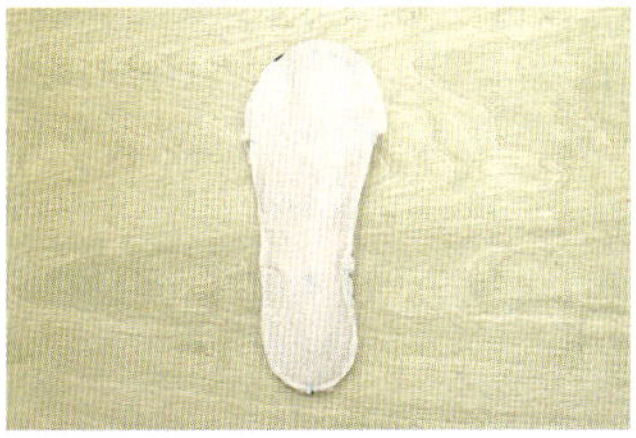

20 除了翻口处外，其余部分的缝份全部沿缝制线剪掉。

21 通过翻口将室内鞋翻出来。

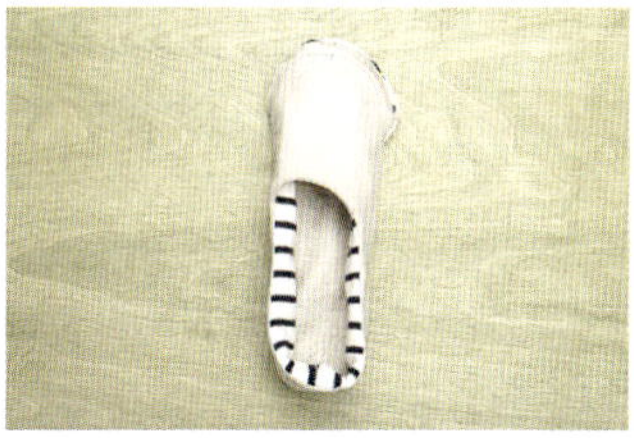

22 露出内里是正常的，不要吃惊。

23 将内里上翻口处的缝份折向里面，然后用缲边法缝合起来，然后再将外皮翻出来。

24 使脚感受到柔软的条纹室内鞋就完成了。

03 虽然一眼看不出里面是什么但却可以替换使用，

# 蕾丝手册套

**准备物**　预计材料费 15 000 元韩币 | 预计制作时间 1.5h | 成品预计价格 30 000 元韩币

布　　料　□纯色亚麻 1/2 幅 □大格亚麻 1/8 幅 □小格亚麻 1/8 幅 □花纹亚麻 1/8 幅 □黏合衬 1/4 幅

辅助材料　□装饰用蕾丝花 1 个 □装饰用标牌 1 个 □印章 □布料专用印泥 □手册

缝制用品　□机缝线□手缝线 □褐色线 □刺绣针 □缝份尺 □手工针 □线剪 □水笔 □锥子 □布料黏合胶 □珠针

**剪裁**　剪裁的尺寸均包含 1cm 的缝份。

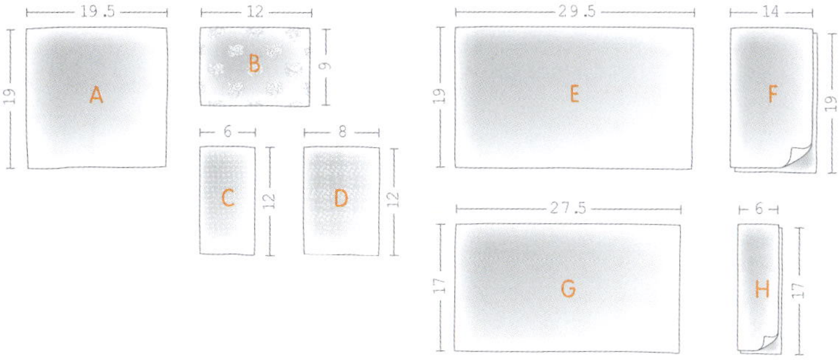


A 外皮布 19.5cm × 19cm　1 块
B 外皮布（花纹）12cm × 9cm　1 块
C 外皮布（小格）6cm × 12cm　1 块
D 外皮布（大格）8cm × 12cm　1 块
E 内里 29.5cm × 19cm　1 块
F 插袋布 14cm × 19cm　2 块
G 外皮黏合衬 27.5cm × 17cm　1 块
H 插袋衬布 6cm × 17cm　2 块

* 本作品中手册的大小为 13cm × 16cm × 1.5cm。

## 连接布块

1　将外皮布 C 和外皮布 D 正面相对重叠放好后用珠针固定，然后缝出 1cm 的缝份。

2　将缝好的缝份熨出分缝。

3　将连接在一起的外皮布和外皮布 B 正面相对，横边重叠后缝出 1cm 的缝份。

4　将缝好的缝份熨出分缝。

5　将连接在一起的外皮布和外皮布 A 正面相对，竖边重叠后缝出 1cm 的缝份。

6　将缝好的缝份熨出分缝，外皮就完成了。

## 粘衬布，进行装饰

7 将外皮黏合衬 G 的黏合面与做好的外皮的可看到缝份的反面相对放好，然后用熨斗熨烫在一起。

8 将装饰用蕾丝花和装饰用标牌缝在外皮正面的左下端。用与蕾丝花相似的褐色线缝制。

9 将缝好的蕾丝花沿着外皮的边缘剪整齐。

*Tip*

如果想装饰一些装饰用扣子或标牌，可在这个过程进行。

## 制作插袋

10 将插袋 F 的反面相对对折后，将插袋衬布 H 插入折好的插袋布中。2 块均用相同的方法做好后，用熨斗将衬布粘好。

11 在印章上蘸上布料专用印泥。

*Tip*

黏合衬比布料小出缝份的 1cm，为了防止插袋布过厚，只在对折面的其中一面粘上黏合衬。

12 在粘有黏合衬的 2 块插袋中的其中一张的正面，用印章盖上图案。

13 这时需注意不要移动位置。

14 将熨斗温度调高后，在图案处进行按压熨烫。

*Tip*

用印章盖上的布料专用印泥经过熨斗的高温熨烫后，即使洗涤也不易掉色。

## 连接

15 将外皮的正面朝上放置好，将 2 块插袋布分别与两个侧边对齐后放在上面。盖有印章的面与外皮正面相对放在上面。将插袋的缝份均朝外放置。

16 将内里 E 的正面朝下盖在插袋布上后，用珠针固定。

17 在内里的下端用水笔画出 5~6cm 的翻口。

18 将除标记出的翻口以外的其他地方均缝出 1cm 的缝份。

19 将除翻口处以外的其他部分的缝份均用剪刀剪掉。

## 翻面
## 缲边

20 通过下部的翻口将正面翻出来。

21 翻好后用熨斗将布料和边角熨烫好。

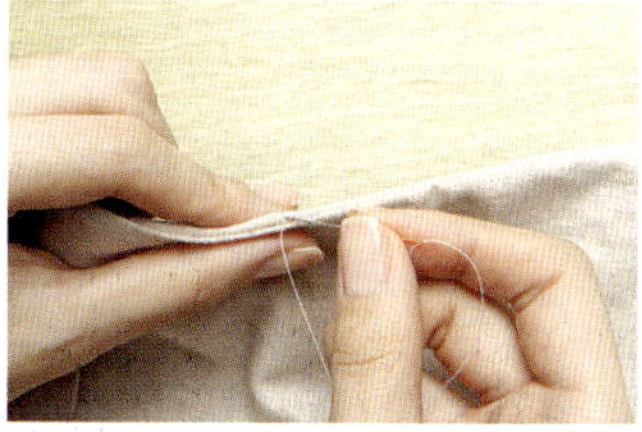

22 将翻口处用缲边法缝合。

23 将手册插入插袋中就完成了。

24 手册还可以换成其他的书本。

## 04 自然的家庭氛围，亚麻双色靠垫

**准备物** 预计材料费 20 000 元韩币 | 预计制作时间 1h | 成品预计价格 40 000 元韩币

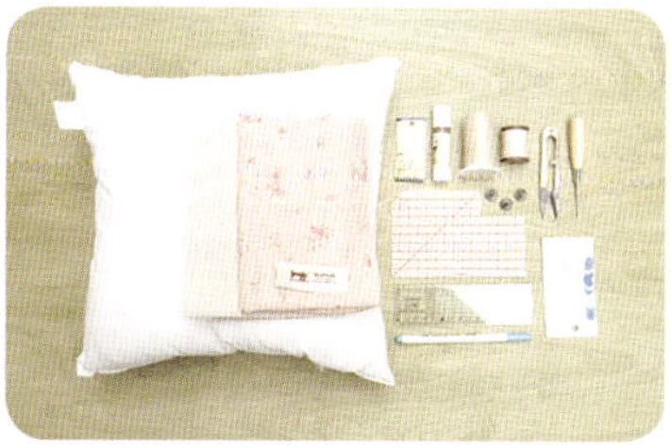

布　　料 □花纹亚麻 1/4 幅 □纯色亚麻 1/2 幅

辅助材料 □装饰用标牌 1 个 □ 14mm 按扣 3 个

□靠垫芯 35cm×35cm 1 块

缝制用品 □机缝线□手缝线 □缝份尺 □针 □线剪

□水笔 □锥子 □珠针 □熨烫标尺布

□布料黏合胶

**剪裁** 剪裁的尺寸均包含 1cm 的缝份。

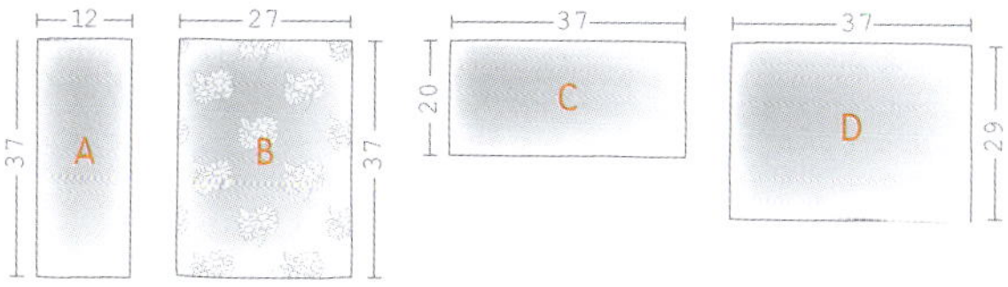


A 前身布 12cm×37cm　1 块

B 前身布（花纹）27cm×37cm　1 块

C 后身布 37cm×20cm　1 块

D 后身布 37cm×29cm　1 块

## 连接布块进行装饰

1 将前身布 A 和 B 正面相对，将一端的侧边缝出 1cm 的缝份。

2 将缝好的缝份熨出分缝，这样前身就完成了。

3 用布料黏合胶将装饰用标牌粘在前身正面你喜欢的位置。

4 将标牌的两边缝在前身上固定好。

## 制作后身

5 将后身布 C 和 D 横边的缝份锁边。

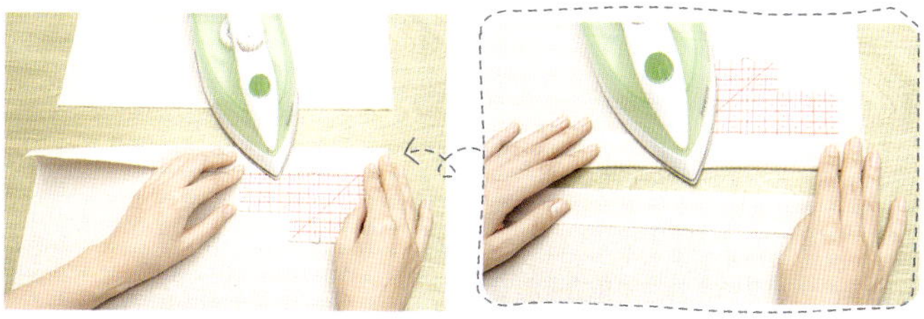

6 用熨烫标尺布将后身布 C 和 D 锁边后的横边缝份朝里折进去 3cm，然后熨烫好。

7 将熨好的缝份沿着缝份边缘进行缝制，将其固定好。

## 连接布块

8 将前身的正面和后身布 C 的正面相对，上端对齐放好。这时将折好的缝份朝向中央。

9 将后身布 D 正面朝下放在前身和后身布 C 重叠处上面，并保持下端对齐。同样也要将折好的缝份朝向中央。

*Tip*

后身布 C 和 D 的重叠部分是塞棉花的开口。

10 用珠针将重叠的 3 块布料都固定在一起。

11 将四周均缝出 1cm 的缝份。

12 打开后身的开口，将正面翻出来。

13 用锥子将四角挑出并熨烫好。

## 钉按扣

14 用水笔标记出后身布 D 的开口中心。同时将两边各 6~7cm 处也标出记号。

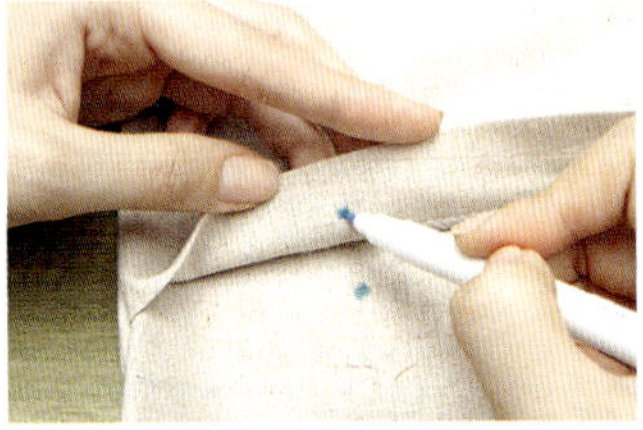

15 将前身布 B 盖到后身布 D 上，在前身布 B 上也标出和后身布 D 上的水笔重合的点。

16 在用水笔标记出的地方钉上按扣。

## 塞靠垫芯

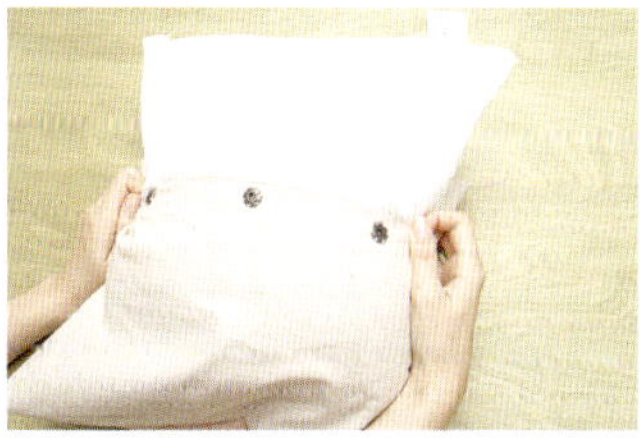

17 通过开口将靠垫芯塞进去。

18 塞进靠垫芯后扣上扣子。

19 自然家庭氛围的亚麻双色靠垫就完成了。

Application

## 制作一套靠垫

比起一个靠垫放在那里，大大小小的靠垫放在一起是不是更漂亮呢?

相似的布块只需要变换一下布料的花型，就可以做出相似风格的一套靠垫。试着给客厅营造出自然的氛围吧。

# 05 你现在也是贤内助，法式风格存折袋

**准备物** 预计材料费 15 000 元韩币 | 预计制作时间 1h | 成品预计价格 30 000 元韩币

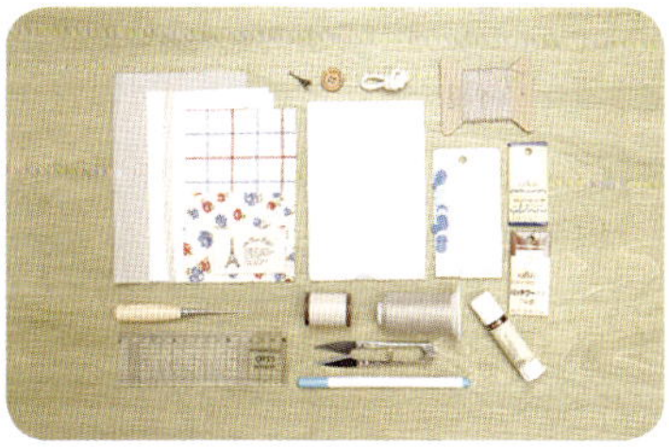

布　　料　□格子亚麻 1/8 幅 □花纹亚麻 1/8 幅 □纯色亚麻 1/4 幅 □黏合衬 1/8 幅

辅助材料　□装饰用标牌 1 个 □装饰用蕾丝 1 条 □ 23mm 扣子 1 个 □棉拉绳 15cm □存折内芯 1 个

缝制用品　□刺绣针□针□机缝线 □手缝线□珠针 □布料黏合胶□线剪□水笔 □缝份尺□锥子 □刺绣线

**剪裁** 剪裁的尺寸均包含 1cm 的缝份。

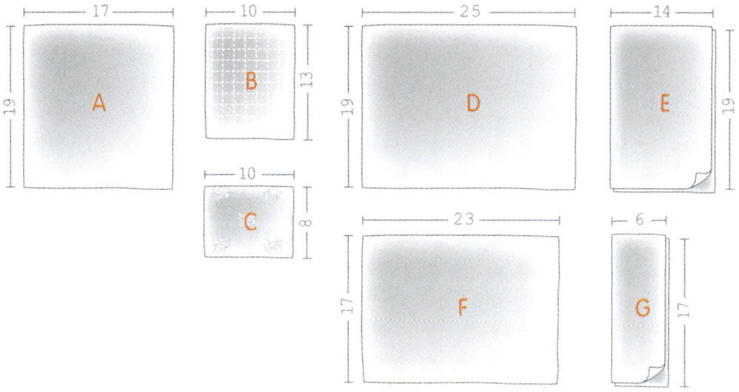


A 外皮布 17cm × 19cm　1 块

B 外皮布（格子）10cm × 13cm　1 块

C 外皮布（花纹）10cm × 8cm　1 块

D 内里 25cm × 19cm　1 块

E 插袋布 14cm × 19cm　2 块

F 袋身黏合衬 23cm × 17cm　1 块

G 插袋黏合衬 6cm × 17cm　2 块

## 连接布块

1 将外皮布 B 和 C 准备好。

2 将外皮布 B 和 C 的横边正面相对放好后用珠针固定。

3 在下端缝出 1cm 的缝份。

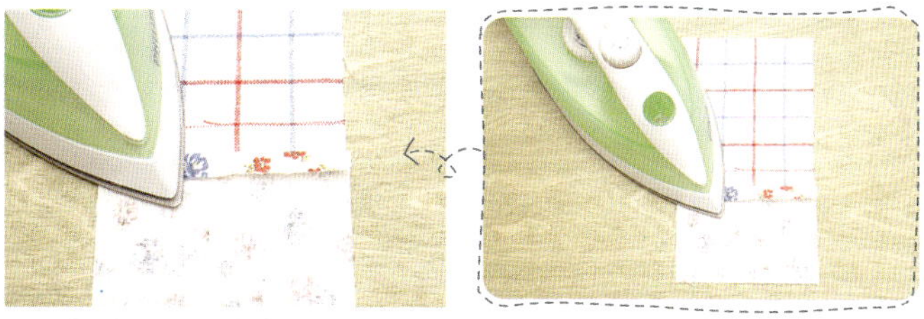

4 将缝份熨出分缝。

5 将外皮布 A 和连接好的布块的竖边对齐，正面相对重叠放好。

6 将侧边缝出 1cm 的缝份。

7 将缝好的缝份熨出分缝，外皮就完成了。

## 粘黏合衬

8 将袋身黏合衬 F 的黏合面与外皮的反面相对放在上面。为了防止缝份变厚，黏合衬的大小需比布料四周小 1cm。

9 用熨斗将其粘在一起。

## 装饰

10 用布料黏合胶将装饰用蕾丝临时固定于外皮正面的布块连接线上。

11 将装饰用标牌也临时固定于外皮正面的左下角。

12 标牌用缉边法、蕾丝用平缝法缝制在外皮上。

13 缝制后将蕾丝的剩余部分沿外皮边缘用线剪剪掉。

14 用刺绣线将标牌的四个角各缝一针。先从里向外插针。

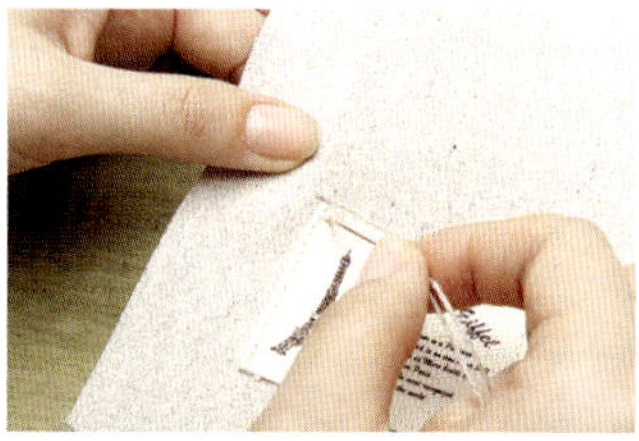

15 将针插在标牌上与外皮缝在一起。

16 挑一针后在外皮的反面打结。

17 用同样的方法将其余的三个角也各缝一针。

18 在最后一个角上再将针从里面穿上来。

19 将装饰物穿在线上后，将针在标牌的上端穿进去。

20 在外皮的反面打结。

21 标牌装饰好了。

22 将外皮左边的竖边对折后，用水笔画出中心点。

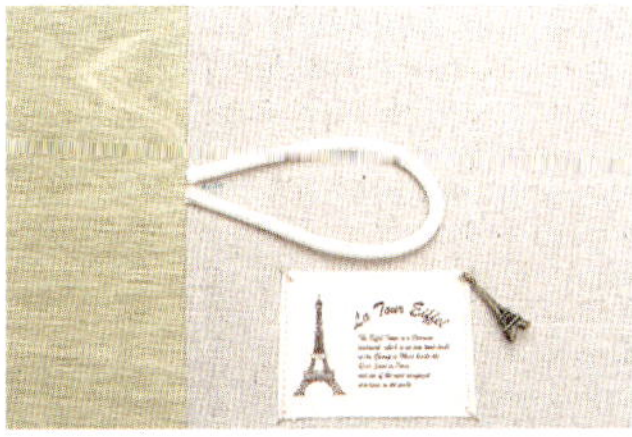

23 为了缝扣扣子的带子，将棉拉绳对折后放在水笔标示点上。

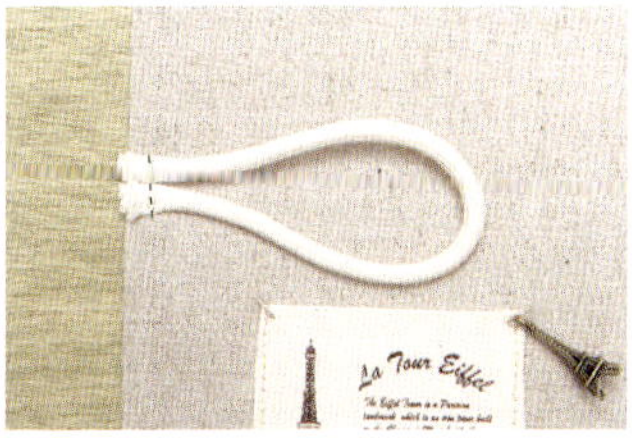

24 将棉拉绳缝出 5mm 的缝份固定。

25 将外皮的右边竖边对折，用水笔画出中心点。

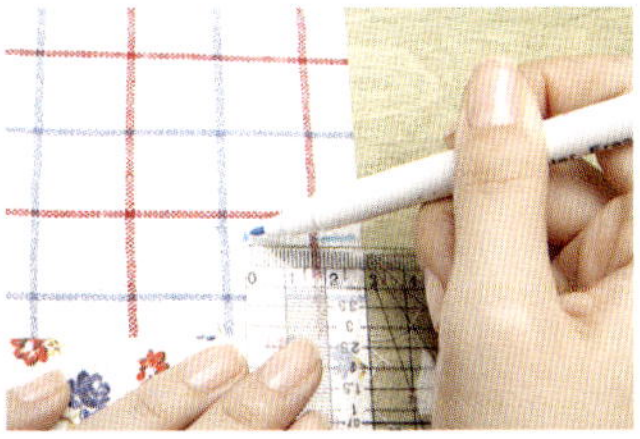

26 在距中心点左侧 3cm 处用水笔作标记。

27 把针从水笔标记处的里面穿出来，将扣子缝上。

*Tip*

卡袋是在内里都合缝好后钉的扣子，本作品在这个步骤就缝扣子的原因是这里用的扣子与卡袋不同，是扁扣，所以在衬布过程中将扣子缝上去也不会使布料变形或损坏。

28将线以 X 形从扣眼中穿过去将扣子钉好。

29反复两次使扣子钉得更结实。

30在外皮的反面打结，完成钉扣。

31外皮上所需的所有装饰就缝好了。

## 制作插袋

32准备好插袋布 E。

33将插袋竖边的反面相对对折后熨好。

34将剪好的插袋黏合衬 G 对齐插袋对折线塞进去，用熨斗将其粘在一起。

35将 2 块插袋用同样的方法粘上黏合衬。

36将粘有黏合衬的插袋再对折后用熨斗熨好。

## 连接翻面

37 将插袋放在外皮正面的两边，使插袋的缝份朝外。

38 将内里放在外皮上插袋的上面，内里的正面和插袋相对放置。

39 将重叠在一起的外皮、插袋、内里均用珠针固定在一起。

40 在内里的下端标出 6cm 的翻口。

41 将除翻口外的其余四周均缝出 1cm 的缝份。

42 将翻口两边的缝份剪开。

43 将翻口处的上端缝份折向里面。

44 将翻口处的下端缝份也折向里面。

45 只留下翻口处的缝份，其余部分的缝份均剪掉。注意不要剪着缝制线。

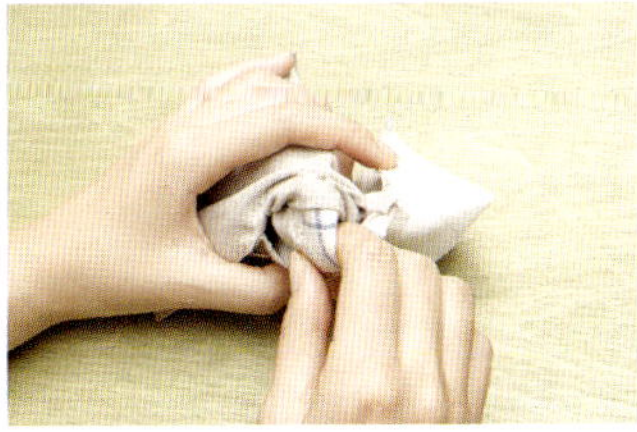

46 通过翻口将外皮翻出来。

47 将外皮翻出来以后，用锥子将边角整理整齐。

48 将外皮和内里熨好。

49 用缲边法将翻口处缝合。

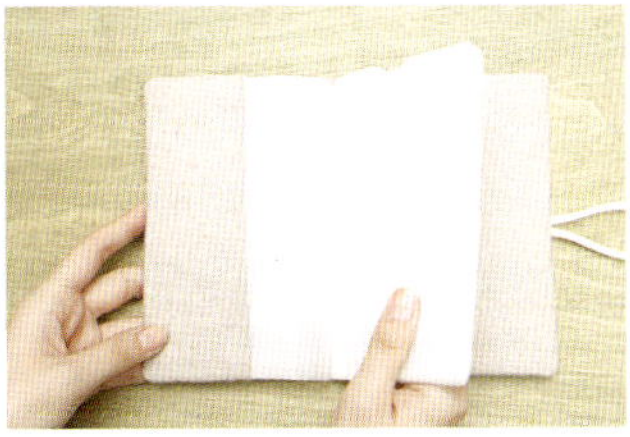

50 将存折内芯插入插袋中。

51 持家能手的必备品——法式风格的存折袋就完成了。

疲惫烟消云散，

# 电脑用品三件套

# 06 蓝点鼠标垫

**准备物** 预计材料费 9,000 元韩币 | 预计制作时间 30min | 成品预计价格 20 000 元韩币

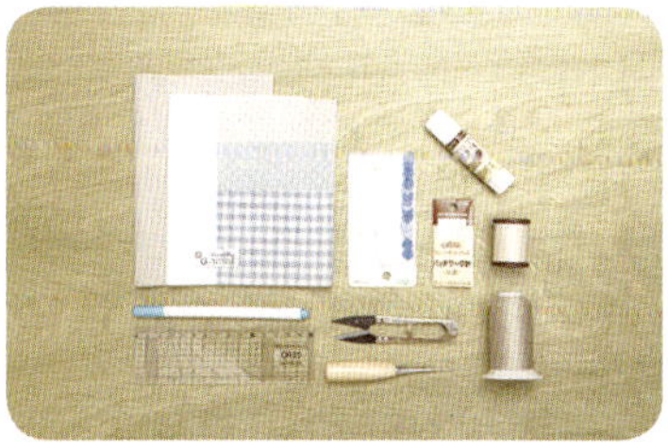

布　　料 □格子亚麻 1/8 幅 □圆点亚麻（深）1/8 幅 □圆点亚麻（浅）1/8 幅
□纯色亚麻 1/8 幅
□黏合衬 1/4 幅

辅助材料 □装饰用标牌 1 个

缝制用品 □机缝线 □手缝线 □缝份尺 □针 □线剪 □水笔 □锥子 □珠针 □布料黏合胶

**剪裁** 剪裁的尺寸均包含 1cm 的缝份。

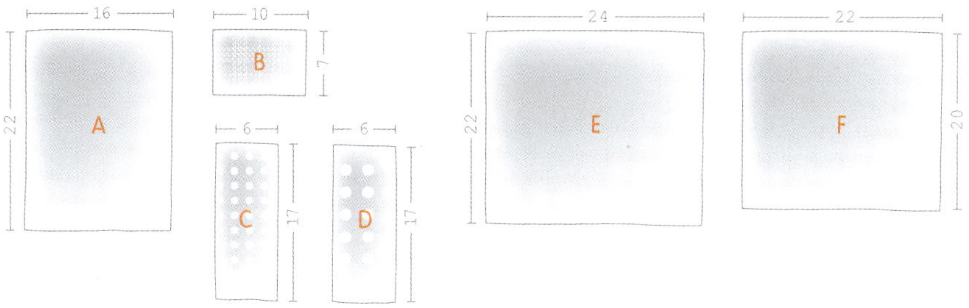


A 前身布 16cm × 22cm　1 块
B 前身布（格子）10cm × 7cm　1 块
C 前身布（圆点深）6cm × 17cm　1 块
D 前身布（圆点浅）6cm × 17cm　1 块
E 后身 24cm × 22cm　1 块
F 黏合衬 22cm × 20cm　1 块

## 连接布块

1 将前身布 C 和 D 准备好。

2 将 C 和 D 正面相对用珠针固定好。

3 将一边的侧边缝出 1cm 的缝份。

4 将缝好的缝份熨出分缝。

5 将连接好的布块和前身布 B 准备好。

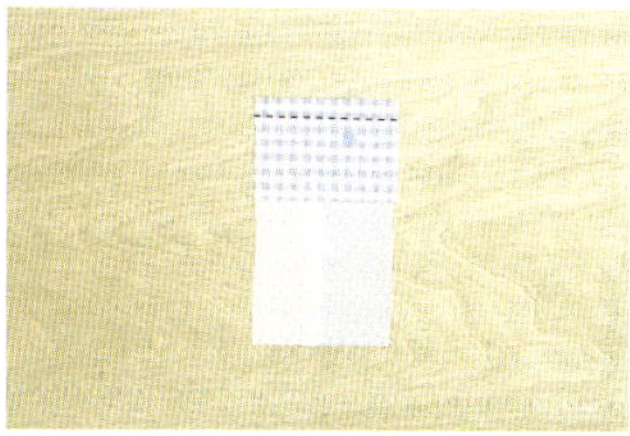

6 将布块的正面相对用珠针固定后用 1cm 缝份连接在一起。

7 将缝好的缝份熨出分缝。

8 将连接好的布块和前身布 A 准备好。

9 正面相对在右侧边缝出 1cm 的缝份。

10 将缝好的缝份熨出分缝，前身就完成了。

## 粘黏合衬进行装饰

11 将黏合衬的黏合面放在前身的反面，用熨斗将其粘在一起。

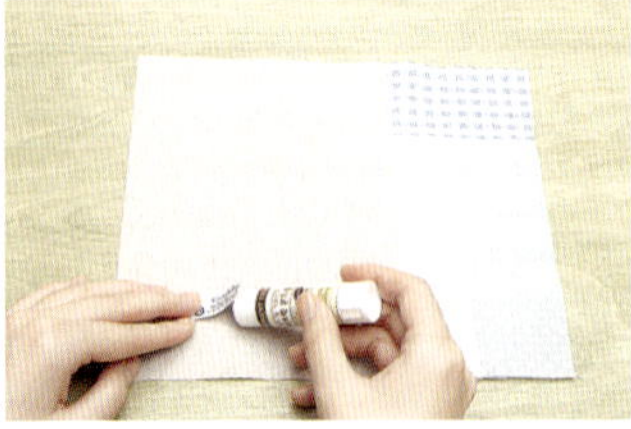

12 将标牌用布料黏合胶临时固定在前身正面你喜欢的位置上再缝好。

## 合缝

13 将前身的正面和后身的正面相对重叠放置后用珠针固定。

14 在一边的侧边上画出 10cm 左右的翻口。

15 将除翻口外的其余地方都缝出 1cm 的缝份。

16 只留下翻口处的缝份，其余缝好的缝份都沿缝制线剪掉。

## 翻面

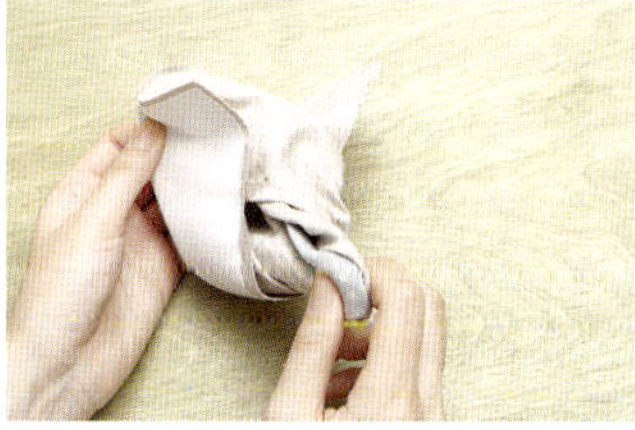

17 通过翻口将正面翻出来。

18 用锥子将四个角挑出来，整理好。

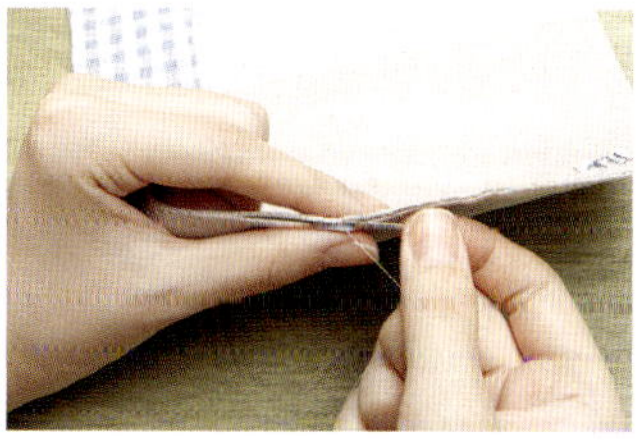

19 用缲边法将翻口处缝合。

20 再用熨斗熨一次。

21 蓝点鼠标垫就完成了。

# 07 蓝点手腕垫

**准备物** 预计材料费 10 000 元韩币 | 预计制作时间 30min | 成品预计价格 20 000 元韩币

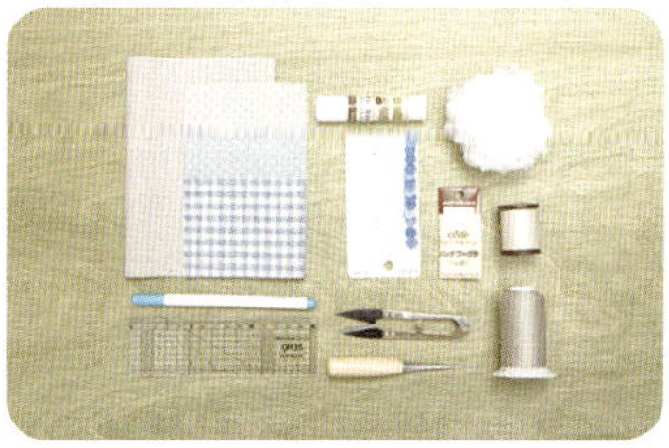

布　　料 □格子亚麻 1/8 幅 □圆点亚麻（1）1/8 幅 □圆点亚麻（2）1/8 幅

□纯色亚麻 1/8 幅　□黏合衬 1/8 幅

辅助材料 □水滴棉

缝制用品 □机缝线□手缝线 □缝份尺 □针 □线剪 □水笔

□锥子□珠针 □布料黏合胶

**剪裁** 剪裁的尺寸均包含 1cm 的缝份。

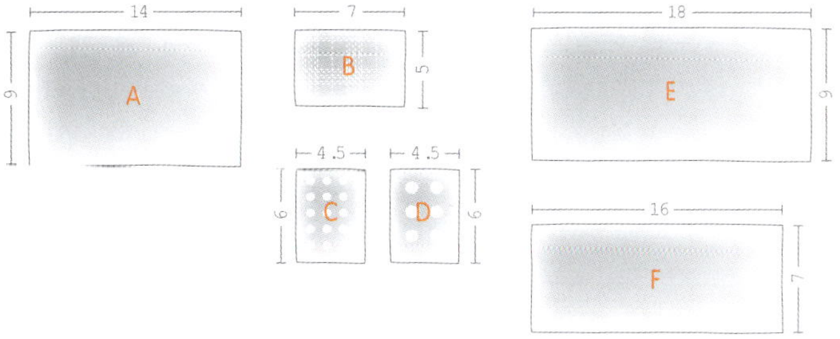


A 外皮布 14cm × 9cm　1 块

B 外皮布（格子）7cm × 5cm　1 块

C 外皮布（圆点 1）4.5cm × 6cm　1 块

D 外皮布（圆点 2）4.5cm × 6cm　1 块

E 后身 18cm × 9cm　1 块

F 黏合衬 16cm × 7cm　1 块

## 连接布块

1 将外皮布 C 和 D 准备好。

2 将其正面相对用珠针固定好。

3 将侧边中的一边缝出 1cm 的缝份。

4 将缝好的缝份熨出分缝。

5 将连接在一起的布块和外皮布 B 准备好。

6 将布块的正面相对放好用珠针固定，然后将上端缝出 1cm 的缝份。

7 将缝好的缝份熨出分缝。

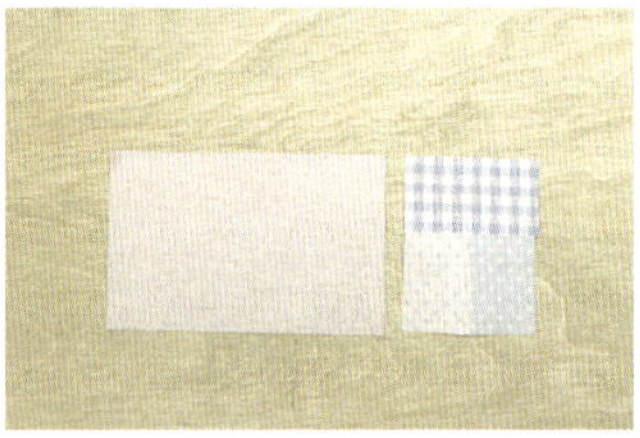

8 将连接好的布块和外皮布 A 准备好。

9 将正面相对后在右边的侧边缝出 1cm 的缝份。

10 将缝好的缝份熨出分缝，这样前身就完成了。

## 粘黏合衬
## 合缝

11 将黏合衬 F 的黏合面放在前身的反面，用熨斗将其粘在一起。

12 将前身的正面和后身的正面相对放好后用珠针固定。

13 在一边的侧边上画出 4cm 左右的翻口。

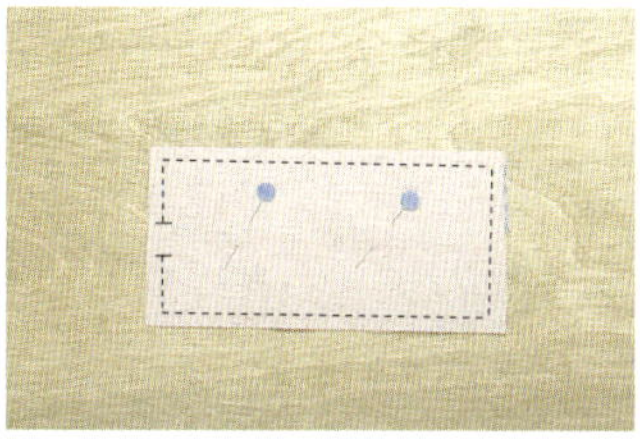

14 将除翻口外的其余四周都缝出 1cm 的缝份。

15 只留下翻口处的缝份，将其余缝好的缝份沿缝制线用剪刀剪掉。

## 翻面，
## 塞水滴棉

16 通过翻口将正面翻出来。

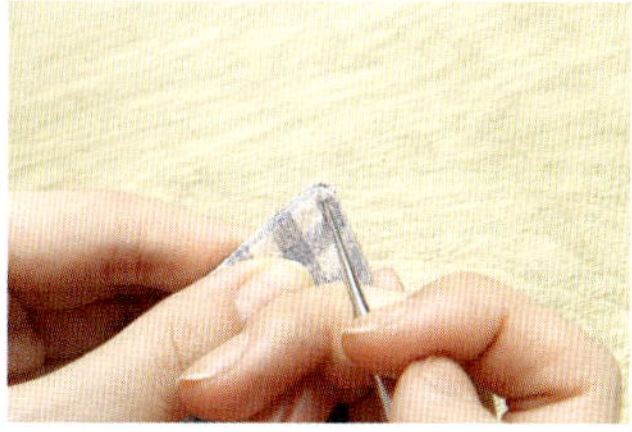

17 用锥子将边角整理好。

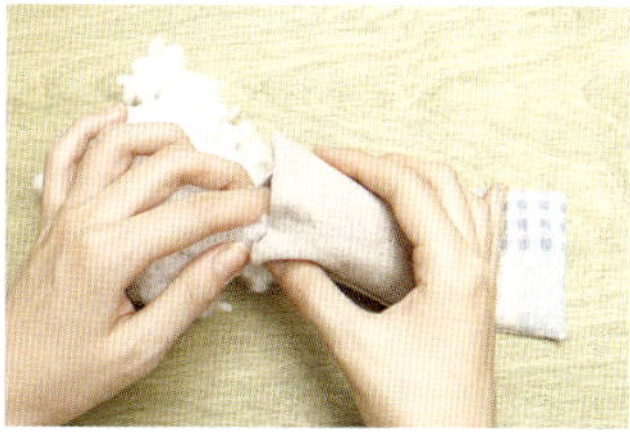

18 将水滴棉从翻口处塞进去。

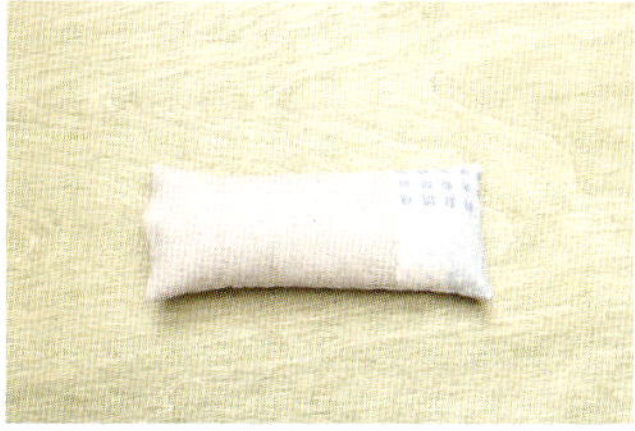

19 将水滴棉塞得满满的。

20 塞好后用缲边法将翻口处缝合。

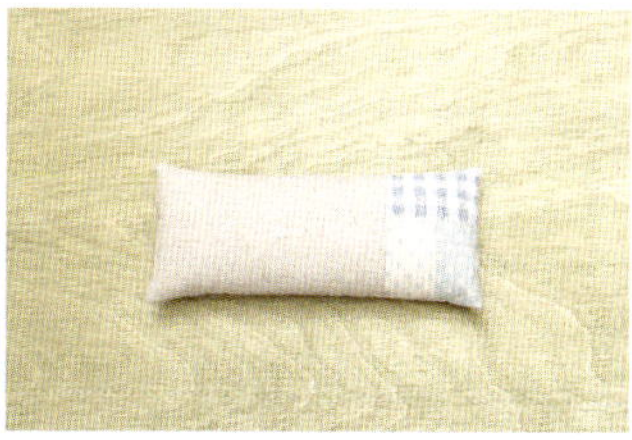

21 蓝点手腕垫就做好了。

# 08 蓝点键盘罩

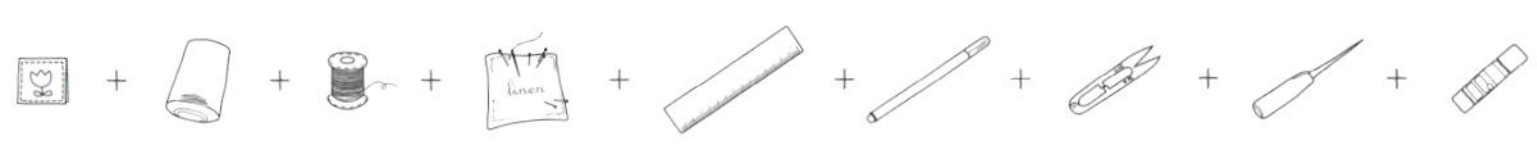

**准备物** 预计材料费 10 000 元韩币 | 预计制作时间 30min | 成品预计价格 20 000 元韩币

布　　料 □格子亚麻 1/8 幅 □圆点亚麻（1）1/8 幅 □圆点亚麻（2）1/8 幅
□纯色亚麻 1/2 幅 □黏合衬 1/2 幅

辅助材料 □装饰用标牌 1 个

缝制用品 □机缝线□手缝线 □缝份尺 □针 □线剪 □水笔
□锥子□珠针 □布料黏合胶

**剪裁** 剪裁的尺寸均包含 1cm 的缝份。

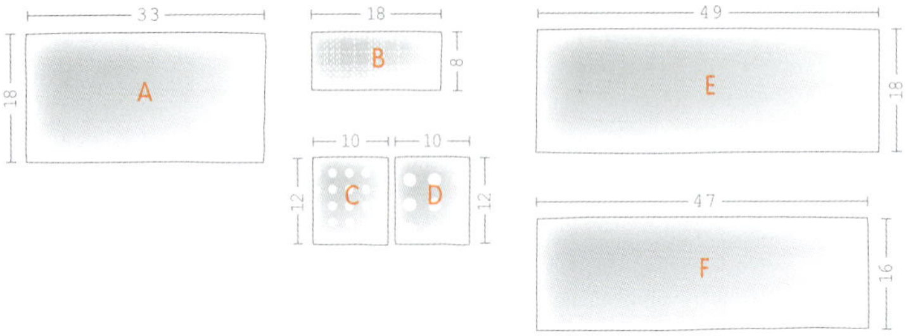


A 前身布 33cm × 18cm　1 块
B 前身布（格子）18cm × 8cm　1 块
C 前身布（圆点 1）10cm × 12cm　1 块
D 前身布（圆点 2）10cm × 12cm　1 块
E 后身 49cm × 18cm　1 块
F 黏合衬 47cm × 16cm　1 块

## 连接布块

1 将前身布 C 和 D 的正面相对放好后用珠针固定。

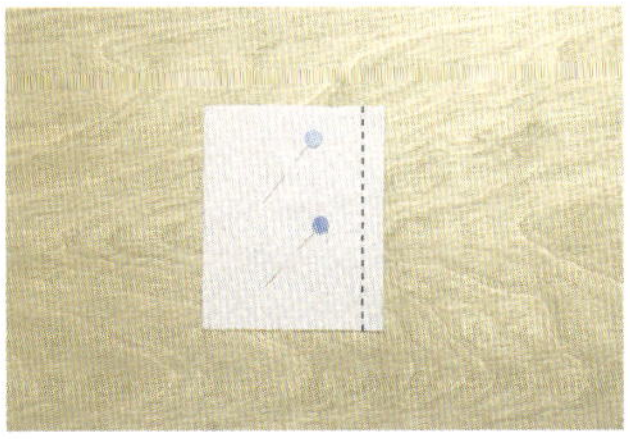

2 将两个侧边中的其中一边缝出 1cm 的缝份后熨出分缝。

3 将连接在一起的布块和前身布块 B 准备好。

4 将布块的正面相对用珠针固定，然后将上端缝出 1cm 的缝份。

5 将缝好的缝份熨出分缝。

6 将连接在一起的布块和前身布 A 准备好。

7 将正面相对放好后在右边缝出 1cm 的缝份。

8 将缝好的缝份熨出分缝，这样前身就完成了。

## 粘黏合衬装饰

9 将黏合衬的黏合面放在前身的反面，用熨斗粘在一起。粘的时候四周要留出 1cm 的缝份。

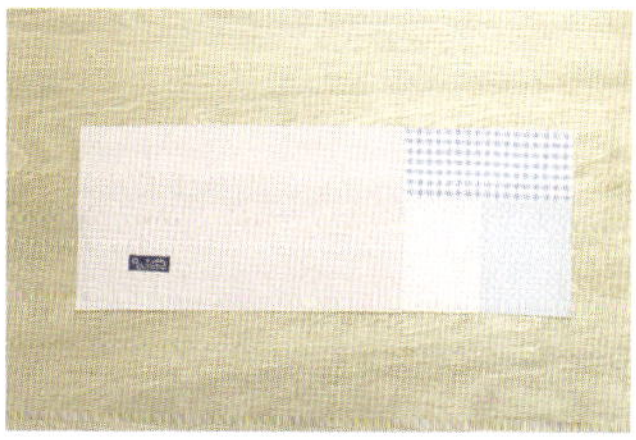

10 用布料黏合胶将标牌临时固定在前身正面你喜欢的位置上，然后将标牌的两边缝上去。

## 合缝翻面

11 将前身的正面和后身的正面相对重叠放好后用珠针固定。

12 在一侧的侧边上画出 10cm 左右的翻口。

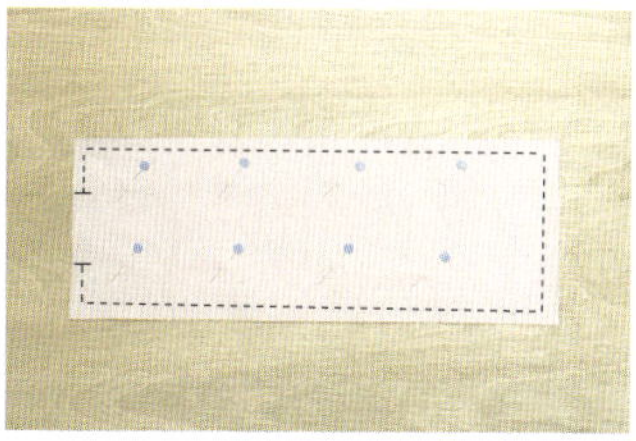

13 将除翻口外的其余四周均缝出 1cm 的缝份。

14 留下翻口处的缝份，将其余缝好的缝份沿缝制线用剪刀剪掉。

15 通过翻口将正面翻出来。

16 用锥子将边角整理整齐。

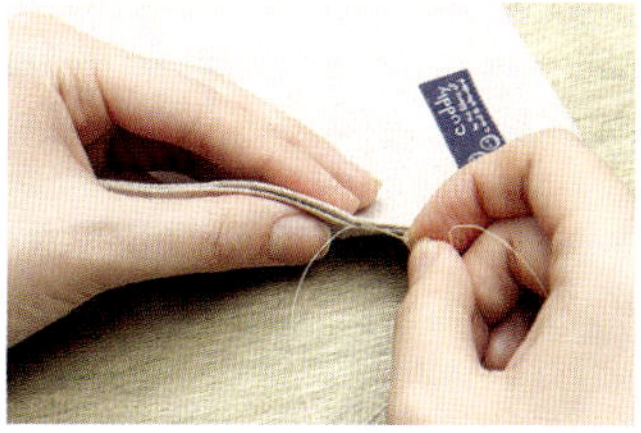

17 用缲边法将翻口处缝合。

18 用熨斗再熨一遍将角熨出。

19 蓝点键盘罩就完成了。

# 第6部分

# 亚麻，饭桌上


亚麻杯垫 01
亚麻桌垫 02
亚麻茶壶套 03
格子厨房手套 04
长方形亚麻围裙 05

## 01 扑鼻的茶香，亚麻杯垫

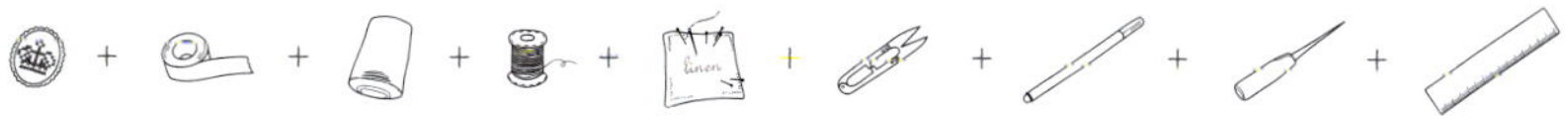

**准备物**　预计材料费 5 000 元韩币 | 预计制作时间 30min | 成品预计价格 10 000 元韩币

布　　料　□格子亚麻 1/8 幅 □纯色亚麻 1/8 幅 □黏合衬 1/8 幅

辅助材料　□亚麻条 5cm □黏合式纹章 1 个

缝制用品　□机缝线□手缝线 □缝份尺 □针 □线剪

□水笔 □锥子□珠针

**剪裁**　剪裁的尺寸均包含 1cm 的缝份。

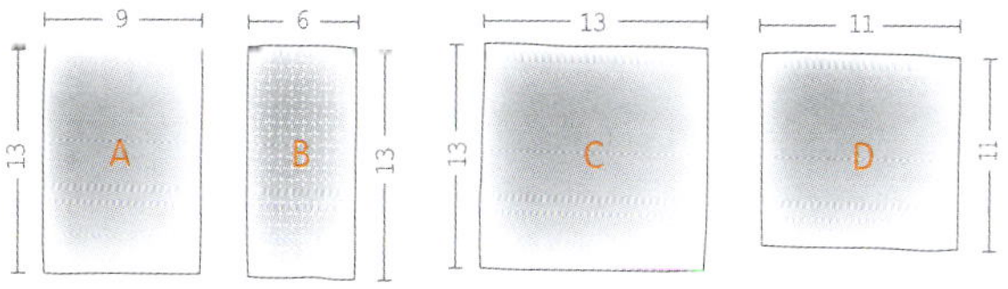


A 前身布 9cm × 13cm　1 块

B 前身布（格子）6cm × 13cm　1 块

C 后身 13cm × 13cm　1 块

D 黏合衬 11cm × 11cm　1 块

## 连接布块

1 将前身布 A 和 B 准备好。

2 前身布 A 和 B 正面相对重叠放好后将一侧的竖边缝出 1cm 的缝份。

3 将缝好的缝份熨出分缝。

## 粘黏合衬，进行装饰

4 将黏合衬 D 的黏合面对着前身的反面放置，然后用熨斗将其粘上去。

5 将黏合式纹章放在前身正面你喜欢的位置上。

6 用熨斗在纹章上熨烫使其黏合。粘纹章时熨斗的温度以棉布温度为宜。

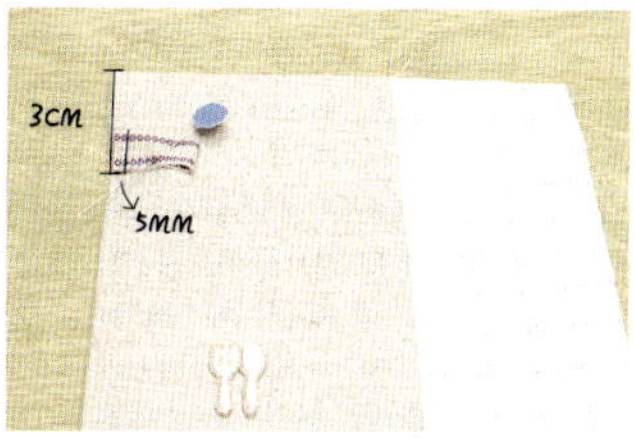


7 将亚麻条对折后固定在前身正面距上端 3cm 处后缝出 5mm 的缝份。

## 合缝

8 将后身的正面和前身的正面相对放置后，用珠针将其固定好。

9 在内里的侧边上画出 5cm 左右的翻口后，将除翻口外其他四周均缝出 1cm 的缝份。

10 只留下翻口处的缝份，其余部分的缝份均用剪刀剪掉。

## 翻面

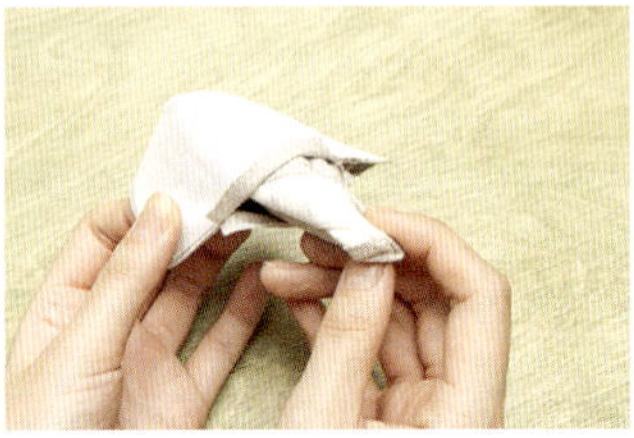

11 通过翻口处将正面翻出来。

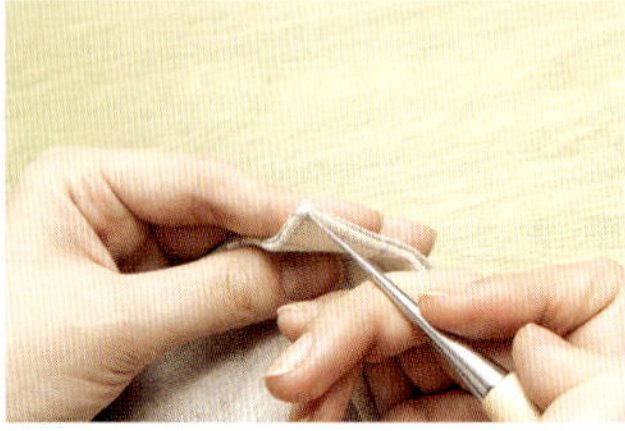

12 用锥子将四个角整理好。

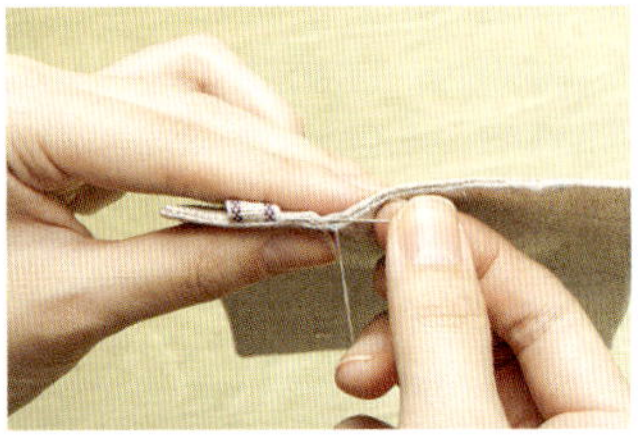

13 用缲边法将翻口处缝合。

14 用熨斗将做好的杯垫熨平。

15 好像带来扑鼻茶香的亚麻杯垫就完成了。

# 02 香喷喷的饭菜，亚麻桌垫

**准备物** 预计材料费 9 000 元韩币 | 预计制作时间 30min | 成品预计价格 15 000 元韩币

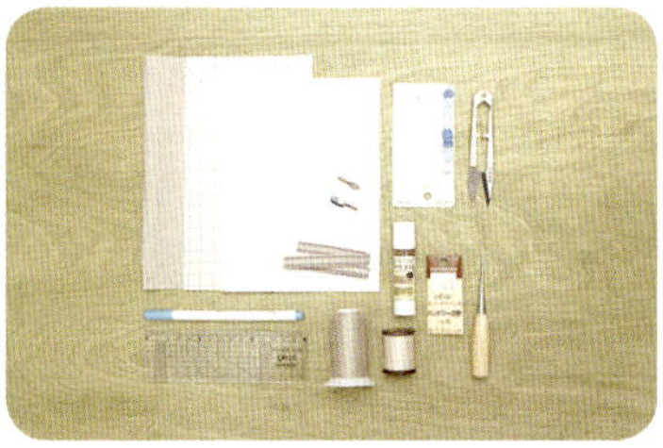

布　　料　□格子亚麻 1/8 幅 □纯色亚麻 1/4 幅 □黏合衬 1/4 幅

辅助材料　□亚麻条 5cm □黏合式纹章 1 个

缝制用品　□机缝线□手缝线 □缝份尺 □针 □线剪 □水笔 □锥子□珠针

**剪裁** 剪裁的尺寸均包含 1cm 的缝份。

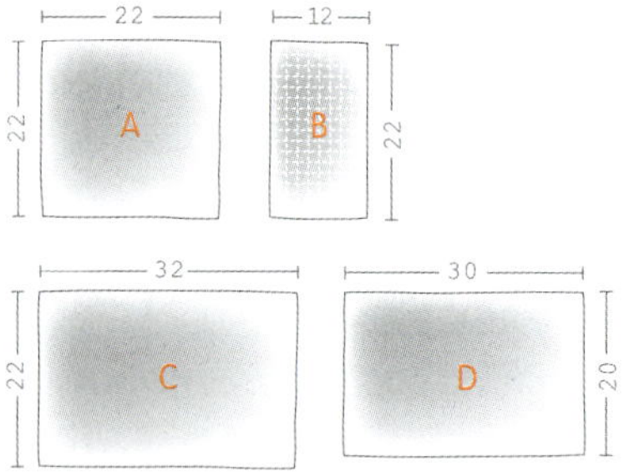


A 前身布 22cm × 22cm　1 块

B 前身布（格子）12cm × 22cm　1 块

C 后身 32cm × 22cm　1 块

D 黏合衬 30cm × 20cm　1 块

## 连接布块 粘衬布

1 将前身布 A 和 B 正面相对放好后用珠针将其固定，然后将重叠的竖边缝出 1cm 的缝份。

2 将缝好的缝份展开熨出分缝。

3 将黏合衬 D 的黏合面对着前身的反面放好后，在正面用熨斗熨烫将其粘上去。

## 装饰

4 将黏合式纹章放在前身正面你喜欢的位置上。

5 用熨斗在纹章上面熨烫使其粘在外皮上。

6 将亚麻条对折后固定在距离上端 3cm 处的边缘，然后缝出 5mm 的缝份。

## 合缝

7 将前身的正面和后身 C 的正面相对放置好后，用珠针固定。

8 在内里一侧的侧边上画出 10cm 左右的翻口。

9 将除翻口外的其余四周均缝出 1cm 的缝份。

10 只留下翻口处的缝份，其余缝好的缝份均用剪刀剪掉。

## 翻面

11 通过翻口将正面翻出。

12 用锥子将四个角整理好。

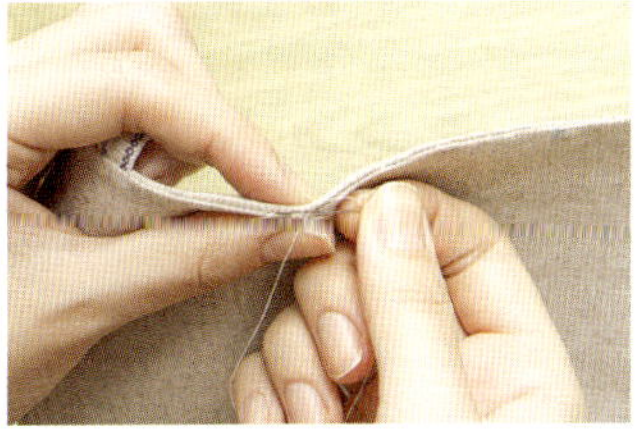

13 用缲边法将翻口处缝合。

14 用熨斗将做好的桌垫熨平。

15 放上香喷喷的饭菜吧，亚麻桌垫完成了。

# 03 持久保持茶温，亚麻茶壶套

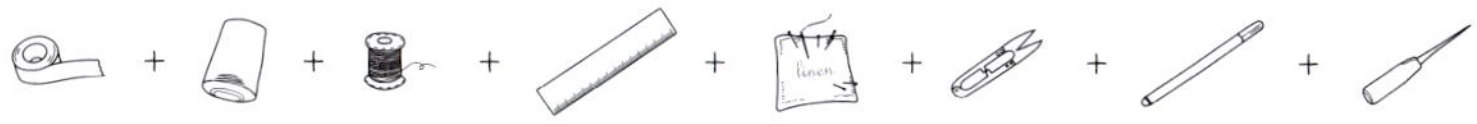

**准备物** 预计材料费 15 000 元韩币 | 预计制作时间 30min | 成品预计价格 30 000 元韩币

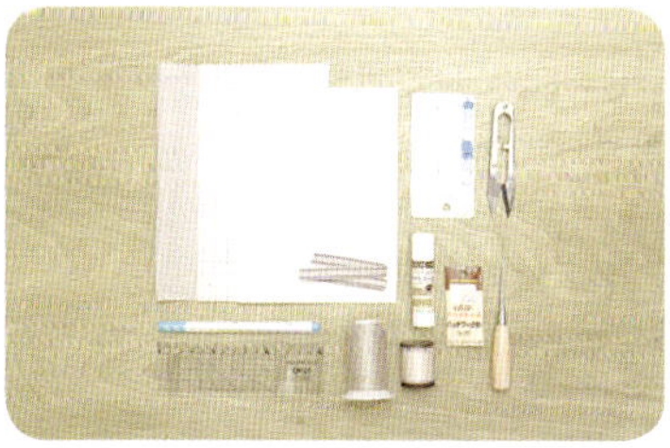

布　　料 □格子亚麻 1/8 幅 □纯色亚麻 1/4 幅 □ 4 盎司黏合棉 1/4 幅
辅助材料 □亚麻条 5cm
缝制用品 □机缝线□手缝线 □缝份尺 □针 □线剪 □水笔
□锥子□珠针

**剪裁**

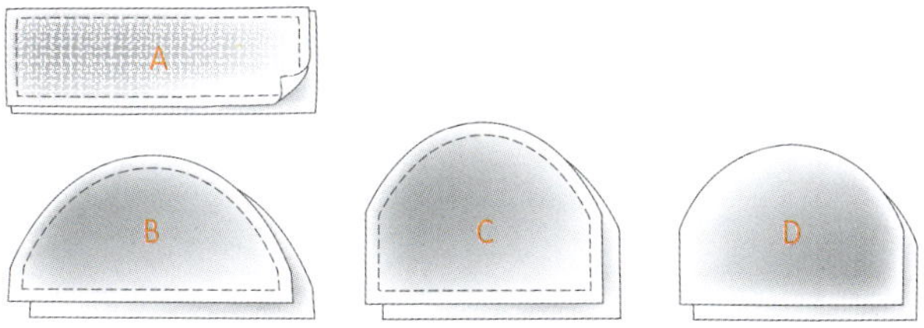


A 外皮布（格子）：用实物样本剪裁　2 块
B 外皮布：用实物样本剪裁　2 块
C 内里：用实物样本剪裁　2 块
D 4 盎司黏合棉：用实物样本剪裁　2 块

* 由于实物样本中不包含缝份，所以画的时候应该多画出 1cm 的缝份再进行剪裁。
* 由于黏合棉没有缝份，所以可完全按样本剪裁。

## 连接布块

1 将外皮布 A 和 B 准备好。

2 将外皮布 A 和 B 正面相对，并使 A 的下端和 B 的上端对齐，用珠针固定好后横着缝出 1cm 的缝份。

3 将缝好的缝份熨出 1cm 的分缝。

## 粘黏合棉进行装饰

4 将 4 盎司黏合棉 D 的黏合面和布块外皮的反面相对放好。

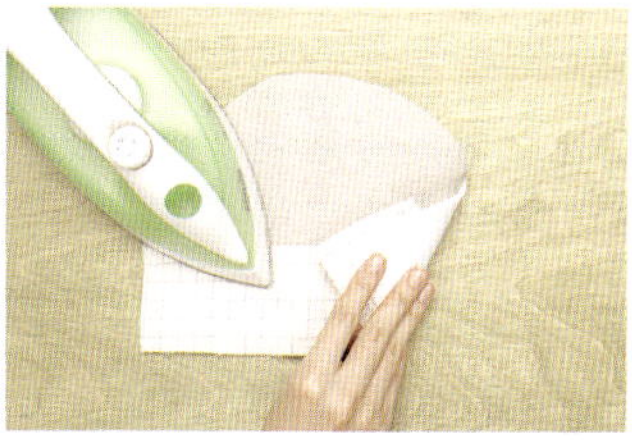

5 由于黏合棉易熔于熨斗的高温，所以需在布料面进行熨烫。

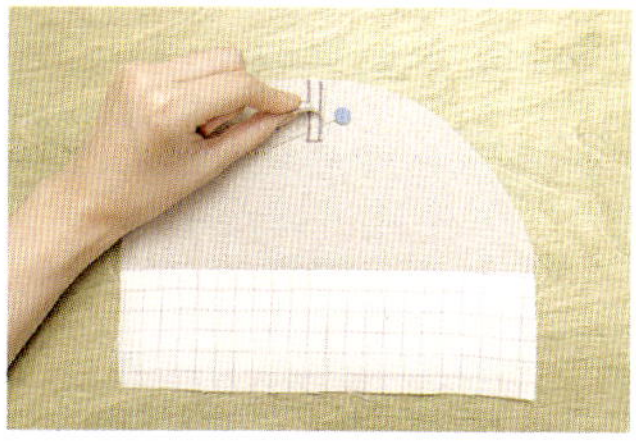

6 将亚麻条对折后固定于外皮正面中心，然后缝出 5mm 的缝份。

## 制作外皮、内里

7 用与步骤 1~6 相同的方法再做一块外皮后，将两块外皮正面相对重叠放好。

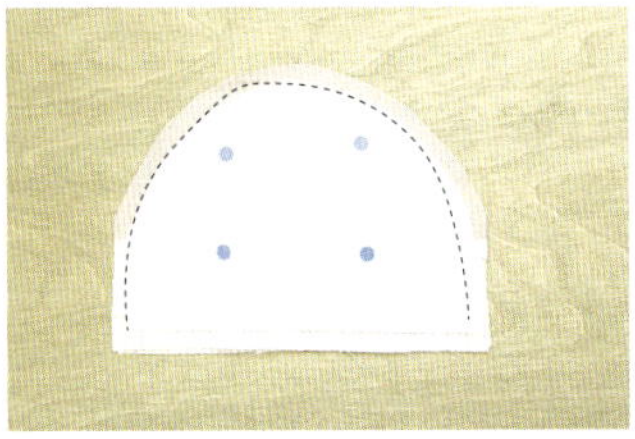

8 将除下端以外的其余圆边均缝出 1cm 的缝份。

9 内里 C 也同样，将内里的正面相对放好后用珠针固定。

10 将除下端以外的其余圆边均缝出 1cm 的缝份。

11 将外皮和内里上缝制的缝份均沿缝制线用剪刀剪掉。

## 合缝

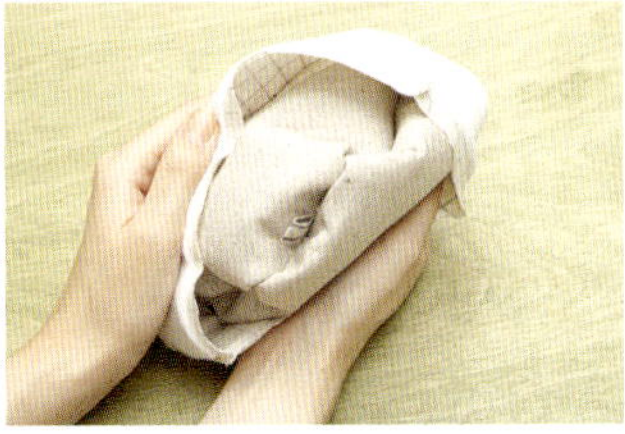

12 将外皮的正面翻出来。

13 在内里的下端画出 6cm 左右的翻口。

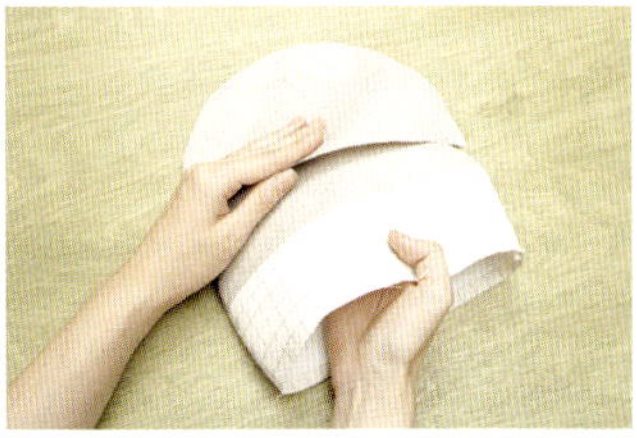

14 将外皮塞进内里中使外皮的正面和内里的正面相对。

15 用珠针沿着翻口处的缝制线固定好，然后将下端除翻口外的其余部分缝出 1cm 的缝份。

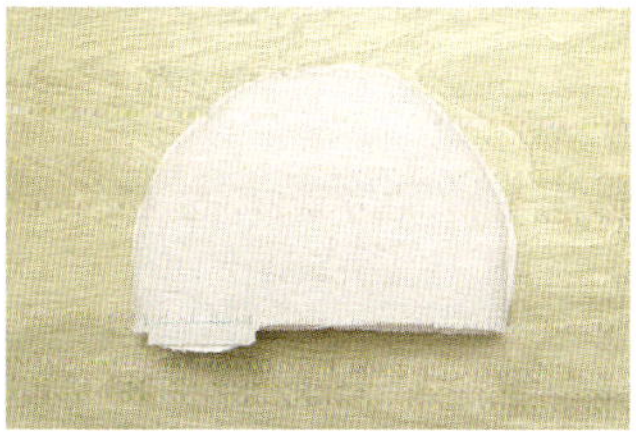

16 只留下翻口处的缝份，其余缝好的缝份均用剪刀剪掉。

## 翻面

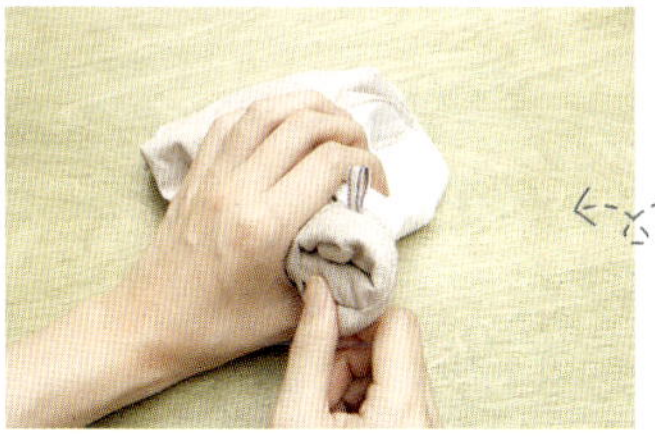

17 通过翻口将正面翻出来。

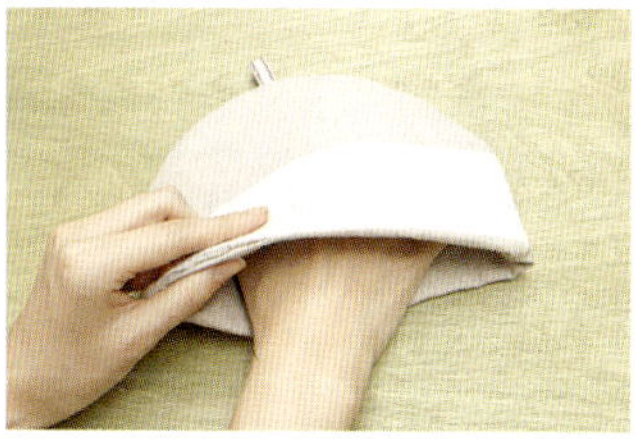

18 将内里塞进外皮中。

19 用缲边法将翻口缝合。

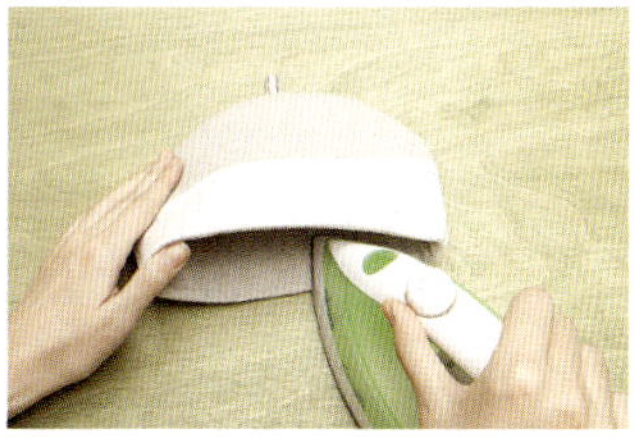

20 用熨斗将翻口处熨好。

21 持久保持茶温的亚麻茶壶套就完成了。

# 04 现在再烫的食物也不怕了，格子厨房手套

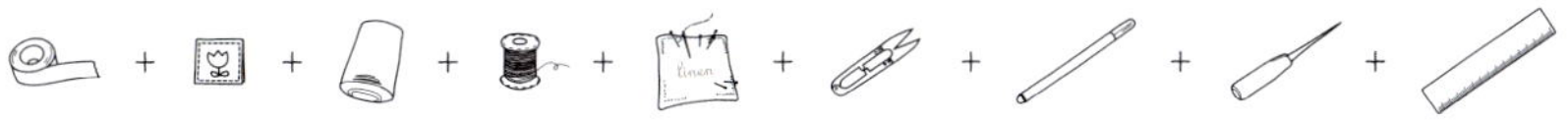

**准备物**　预计材料费 15 000 元韩币 | 预计制作时间 30min | 成品预计价格 30 000 元韩币

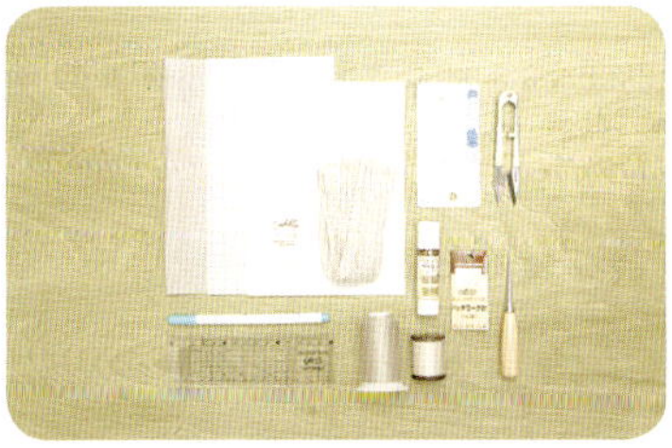

布　　料　□纯色亚麻 1/4 幅 □格子亚麻 1/8 幅 □ 4 盎司黏合棉 1/4 幅
辅助材料　□ 30mm 宽的亚麻条 30cm □装饰用标牌 1 个
缝制用品　□机缝线□手缝线 □缝份尺 □针 □线剪
　　　　　□锥子□珠针□水笔

**剪裁**

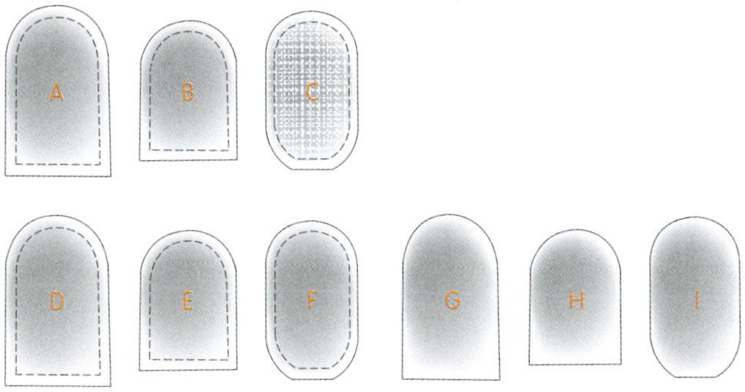


A 套身上面外皮：用实物样本剪裁　1 块
B 套身下面外皮：用实物样本剪裁　1 块
C 夹口外皮（格子）：用实物样本剪裁　1 块
D 套身上面内里：用实物样本剪裁　1 块
E 套身下面内里：用实物样本剪裁　1 块
F 夹口内里：用实物样本剪裁　1 块
G 套身上面黏合棉：用实物样本剪裁　1 块
H 套身下面黏合棉：用实物样本剪裁　1 块
I 夹口黏合棉：用实物样本剪裁　1 块

* 由于实物样本中不包含缝份，所以画的时候应该多画出 1cm 的缝份再进行剪裁。
* 由于黏合棉没有缝份，所以可完全按样本剪裁。

## 粘黏合棉进行装饰

1 将 4 盎司黏合棉 G、H、I 的黏合面分别对着外皮 A、B、C 的反面放置。

2 在套身外皮 A 和 B 的正面距下端 10cm 处用水笔作标记。

3 在套身的内里 D 和 E 的正面也在距离下端 10cm 处用水笔作标记。

4 将标牌临时固定在套身外皮 A 正面你喜欢的位置上。

5 将标牌的上下边缝在外皮上。

# 制作外皮、内里

6 将套身外皮 A 和套身外皮 B 的正面相对用珠针固定好。

7 缝出 1cm 的缝份，直到水笔标记处。

*Tip*

将水笔标记处相对放置。

8 将套身外皮 B 的圆边翻下来露出正面。

9 将夹口外皮 C 的正面与套身外皮 B 翻开部分相对放置。

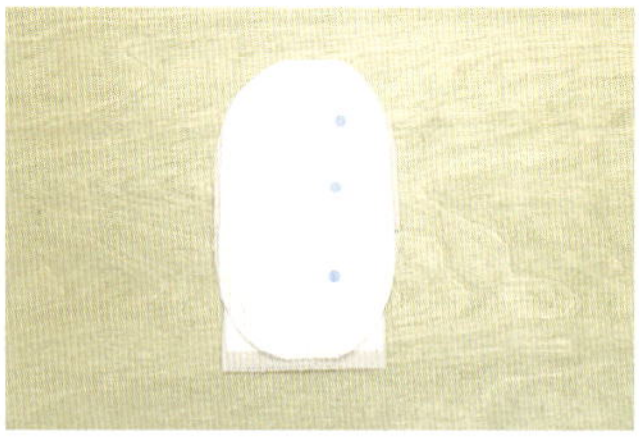

10 用珠针固定好以免移动。

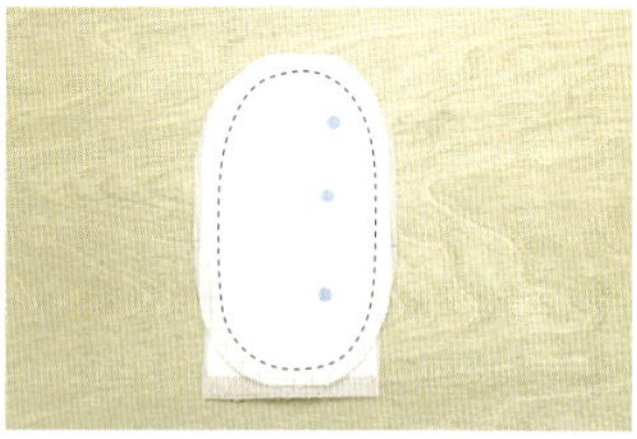

11 将夹口外皮的四周均缝出 1cm 的缝份。

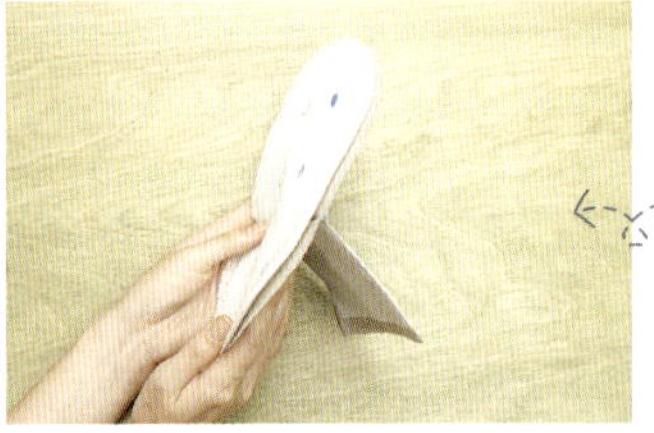

12 注意缝制的时候不要将套身的开口处缝在一起。

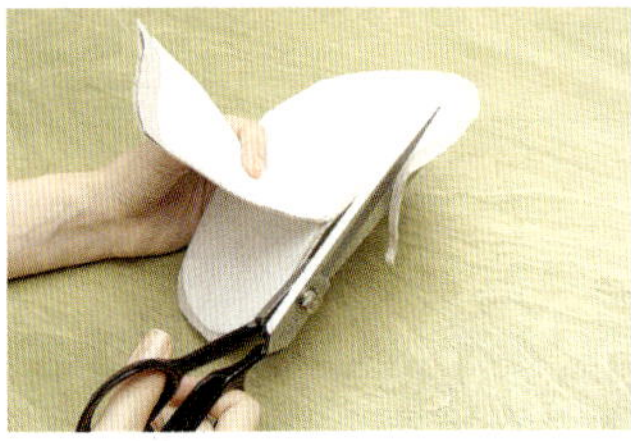

13 将缝好的缝份沿缝制线用剪刀剪掉。

14 外皮就完成了。用同样的方法做出内里。

## 合缝

15 将正面翻出来。

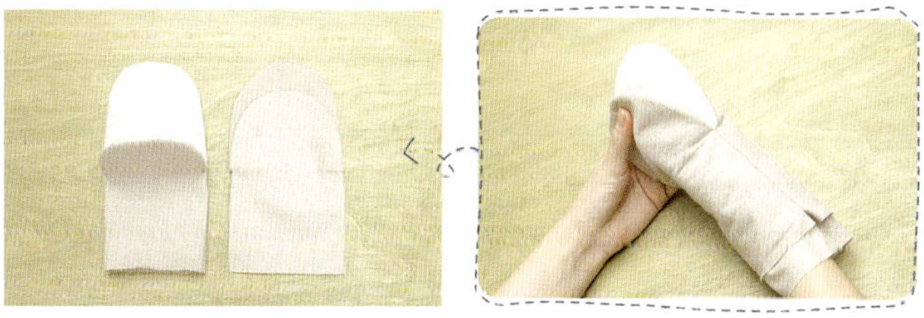

16 将内里塞进外皮中使外皮的反面和内里的反面相对。

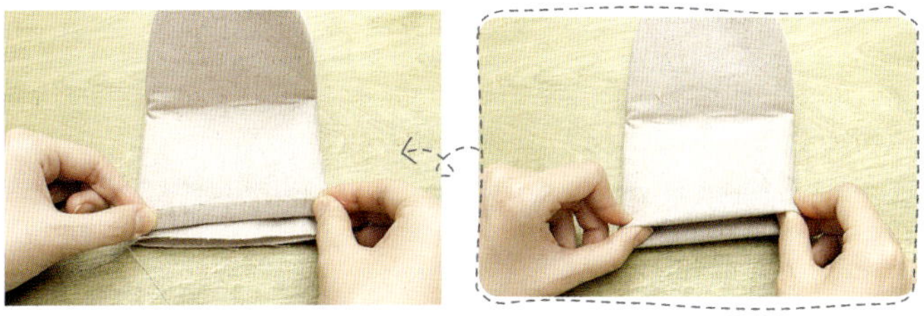

17 为了将开口处做厚一点，将外皮和内里的开口缝份一起折向外面。

## 缝开口处

18 将亚麻条对折后包在开口处。

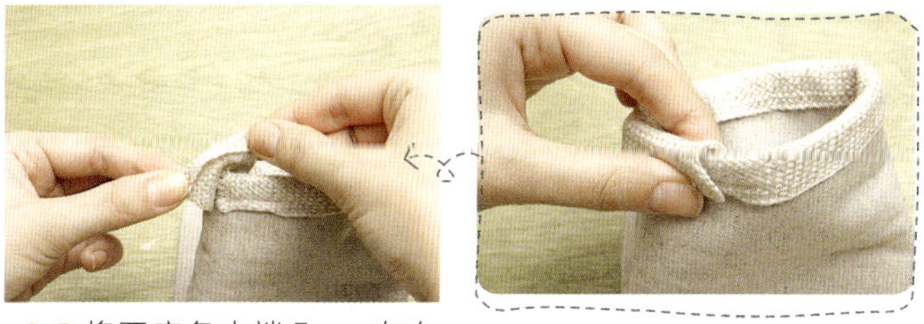

19 将亚麻条末端 5mm 左右折向里面。

20 将亚麻条的边缘缝好，将折向里面的亚麻条部分也缝在一起。

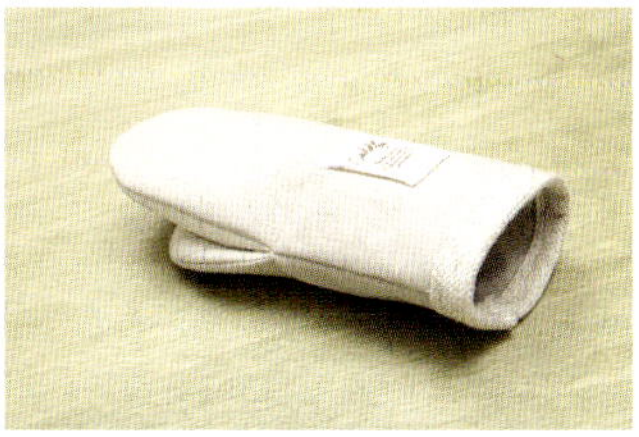

21 现在再烫的食物也不怕了，格子厨房手套就完成了。

# 05 挡住油渍，长方形亚麻围裙

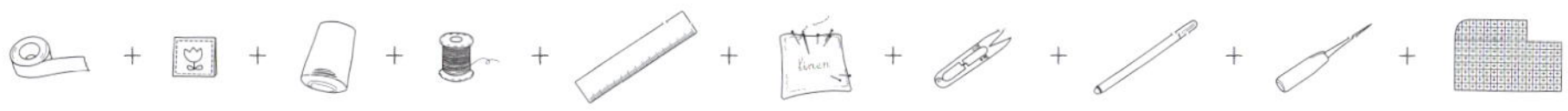

**准备物** 预计材料费 15000 元韩币 | 预计制作时间 1h | 成品预计价格 30000 元韩币

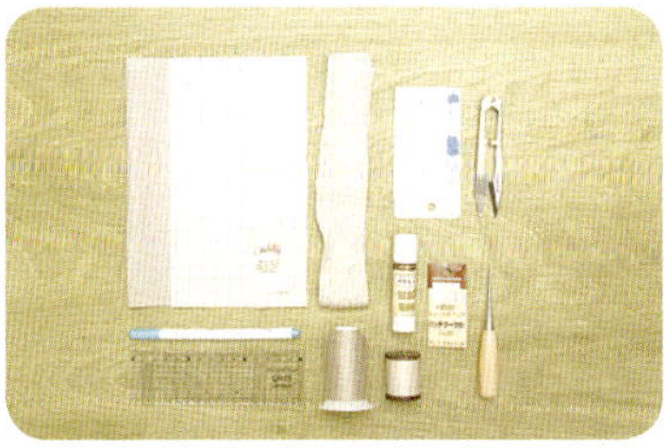

布　　料 □纯色亚麻 1/2 幅 □格子亚麻 1/4 幅
辅助材料 □ 30mm 宽的亚麻条 90cm □装饰用标牌 1 个
缝制用品 □机缝线□手缝线 □缝份尺 □针 □线剪
□水笔 □锥子□珠针□熨烫标尺布

**剪裁** 剪裁的尺寸均包含 1cm 的缝份。

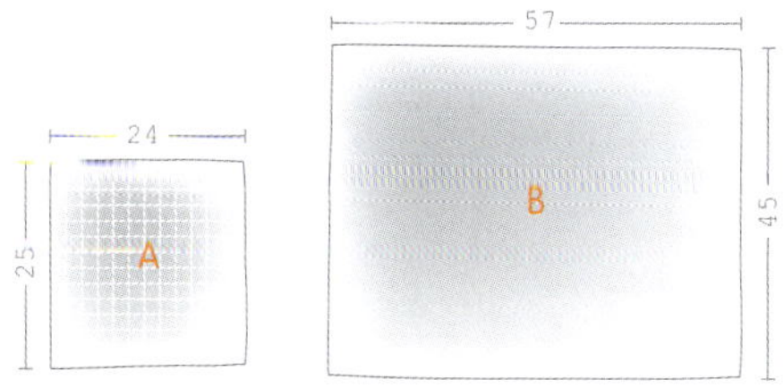


A 口袋布（格子）24cm × 25cm　1 块
B 裙身布 57cm × 45cm　1 块

## 锁边后制作口袋

1 将裙身布 B 和口袋布 A 的四周均作锁边处理。也可用卷缝或手工锁边法锁边。

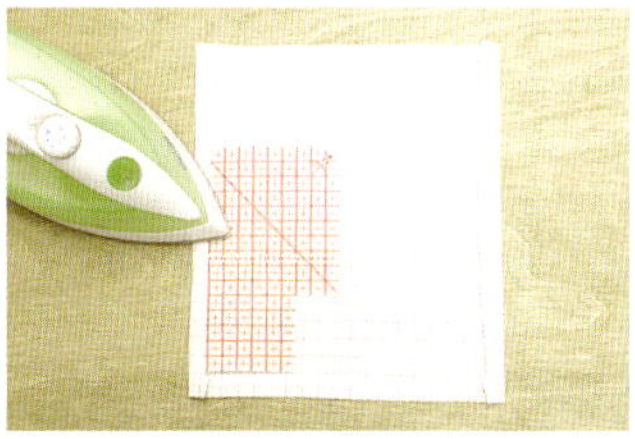

2 用熨烫标尺布将除口袋布 A 上端的其余三边均向里折出 1cm 的缝份。

3 将用作开口的口袋上端折进去 3cm 熨好。

4 对熨折进去的开口处缝份下边缘进行缝制，以免缝份移动。

5 用布料黏合胶将装饰用标牌临时固定在口袋布正面你喜欢的位置上后进行缝制。

6 将口袋放在裙身 B 正面中央下面 10cm 处，然后将除开口外的其余三边的边缘处缝好。

## 制作裙身

7 用熨烫标尺布将裙身下端的缝份向里折 1cm 熨好。

8 将折进去的缝份沿边缘部分缝好。

9 裙身的两个侧边也用熨烫标尺布各向里折熨 1cm 后沿缝份的边缘部分进行缝制。

## 缝带子

10用水笔在裙身距离上端3cm处作标记。

11将亚麻条剪成40cm的长度后用珠针固定在标记线上。

12将亚麻条固定在裙身上部的两端后，沿缝份进行缝制。

13用熨烫标尺布将裙身的上部向里折3cm熨好。

14用裙身上端将亚麻条包起来，注意不要歪斜。

15沿着缝份边缘对折好的缝份进行缝制。

16阻挡油渍的长方形亚麻围裙就完成了。

Application

## 厨房的氛围用围裙改变

将围裙系在腰间的那一刻可以感受到平凡的厨房氛围，自己的内心也变得不同了。

羡慕那些很有情调的西餐厅或咖啡屋吗？那就做一款你喜欢的围裙吧。用一款别致的围裙去改变一下无聊的日常生活中的小角落吧。

# 用剩余的布料可以做的东西

在作品的制作过程中会产生很多哪儿也用不上的布头。
扔了很可惜，用又不知道能用在哪儿。
将这些小布头充分利用起来吧。

将亚麻布作为贴花贴在衣服上也可以使单调的T恤大变身。

充分利用制作中剩余的蕾丝或扣子、亚麻等，将这些缝在衣服上毫不逊色于昂贵的胸花。

# 第7部分

# 亚麻，孩子


亚麻围嘴 01
猪头蜡笔小新枕头 02
亚麻飞行员帽子 03
保龄球瓶玩偶&球 04
儿童挎包 05
亚麻幼儿鞋 06

01

一定要用柔软的布来做，

# 亚麻围嘴

**准备物** 预计材料费 10 000 元韩币 | 预计制作时间 1h | 成品预计价格 20 000 元韩币

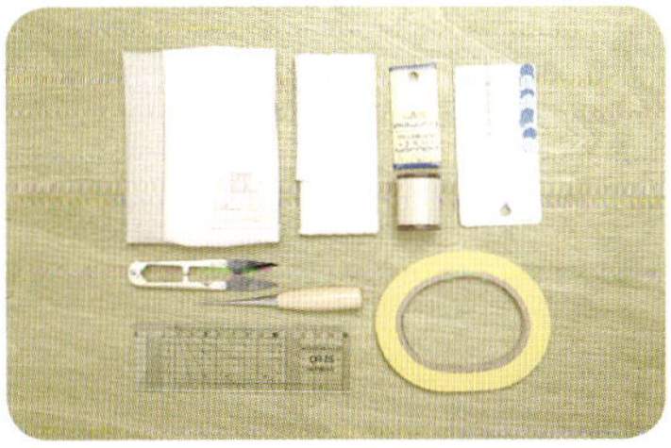

布　　料 □纯色亚麻 1/4 幅 □粉色无缝制编织亚麻 1/4 幅

辅助材料 □滚边条 1.5m □装饰用标牌 1 个

缝制用品 □机缝线□缝份尺 □针 □线剪 □水笔

□锥子□珠针□魔术胶带

**剪裁**

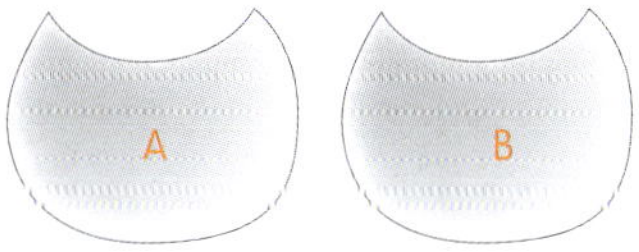


A 前身：用实物样本剪裁 1 块

B 后身（无缝制编织亚麻）：用实物样本剪裁 1 块

* 本作品无需缝份。请完全按样本剪裁。

## 缝标牌

1 将装饰用标牌放在前身 A 的正面中心后将标牌的两个侧边缝好。

2 将前身 A 的反面和后身 B 的反面相对重叠放置。

## 滚边

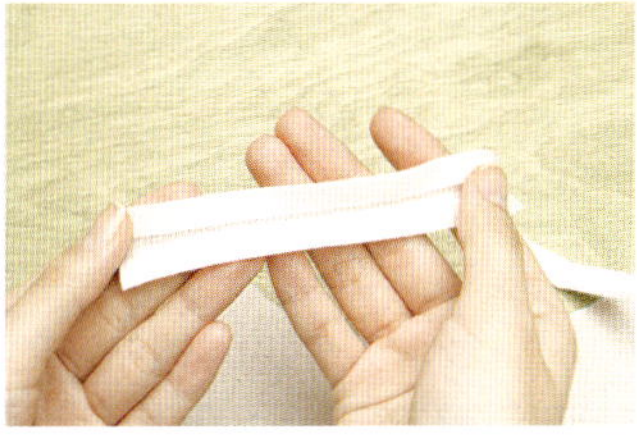

3 将滚边条准备好。

4 和上端包在一起。

5 将魔术胶带粘在滚边条上，这样更便于制作。

6 将上端都包好后沿着滚边条的边缘缝制。

Tip

粘魔术胶带时最好先粘滚边条的正面，再粘反面。

7 缝制好后沿着边缘将多余的滚边条剪掉。

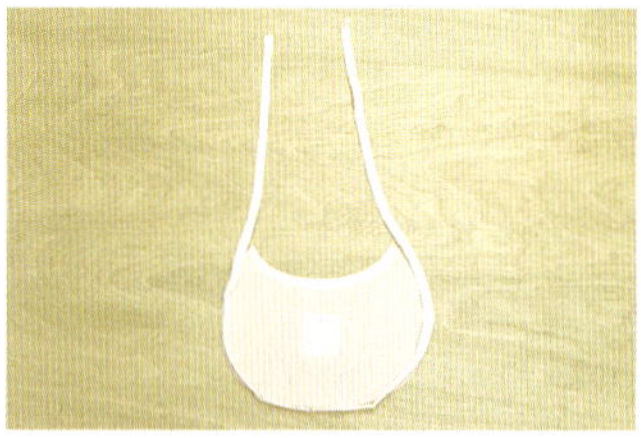

8 将滚边条从下端比上去，然后剪出所需长度。围嘴上端的滚边条是用来系在孩子脖子上的带子，所以以各 25cm 的长度为宜。

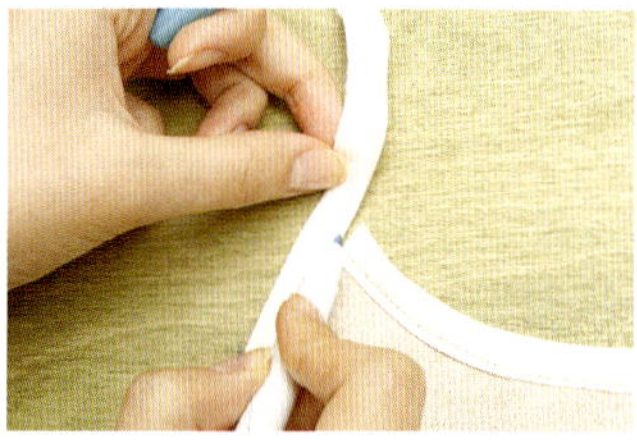

9 用水笔在与上端的滚边条重合处作标记。

10 先粘上魔术胶带再将滚边条包在围嘴底端的周围。

11 按照标示线将滚边条的边缘缝好。

12 为了使滚边条的两端更柔软，需将其横着折进去一点。

13 然后再竖着对折后将滚边条的边缘缝好。

14 将其余部分的滚边条边缘也缝好。

15 柔软的适宜于孩子使用的亚麻围嘴就完成了。

## Application

### 只给孩子最好的

接触孩子皮肤的部分用抗菌、防虫处理过的无缝制编织亚麻，易脏的部分用易洗涤、不怕起皱的亚麻布料来制作围嘴。

根据孩子的性别不同可变换无缝制编织亚麻的颜色或装饰用标牌的颜色。

02

现在别再让趴着睡了

# 猪头蜡笔小新枕头

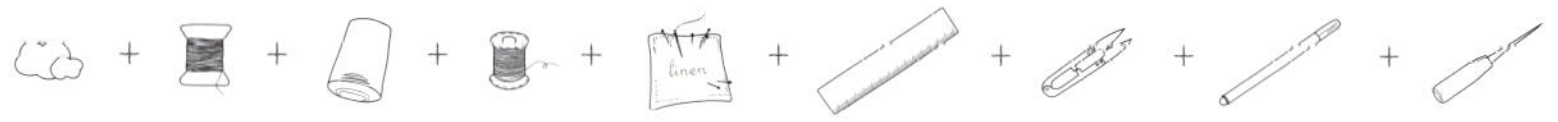

**准备物** 预计材料费 10 000 元韩币 | 预计制作时间 1h | 成品预计价格 30 000 元韩币

布　　料　□圆点亚麻 1/4 幅 □纯色亚麻 1/4 幅

辅助材料　□水滴棉

缝制用品　□机缝线□手缝线 □刺绣针 □缝份尺 □针
　　　　　□线剪 □水笔 □锥子□珠针 □刺绣线

**剪裁**

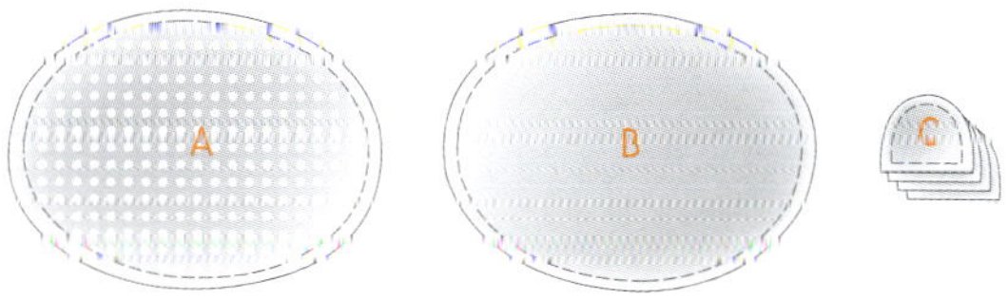


A 前身（圆点）：用实物样本剪裁　1 块

B 后身（无缝制编织亚麻）：用实物样本剪裁　1 块

C 耳朵：用实物样本剪裁　4 块

* 由于实物样本中不包含缝份，所以画的时候应该多画出 1cm 的缝份再进行剪裁。
* 应将开口和重要的标示线都标记出来。

## 缝制猪脸

1 用水笔在前身 A 的正面画出耳朵的位置和脸的缝制线。

2 用刺绣线沿着画在前身 A 正面的脸部缝制线进行缝制。

3 先缝出眼睛和鼻孔。

## 制作耳朵

4 将 2 块耳朵 C 正面相对放置后按照标示线将弧线部分缝制好。

5 沿着缝制线将圆弧端的缝份剪掉。

6 用同样的方法做 2 个耳朵。

7 通过未缝制的下端将正面翻出来。

8 将耳朵的边缘整理好。

9 将做好的耳朵圆弧部分朝下放在前身 A 画好的耳朵位置上，然后用珠针固定好。

10 用水笔在耳朵根部画出 5mm 的缝份。

11 沿着水笔线进行缝制。

12 用同样的方法将两边的耳朵缝在前身上。

## 连接

13 将前身 A 的正面和后身 B 的正面相对放置。

14 只留下样本上标出的翻口，将四周其余部分均缝出 1cm 的缝份。

15 通过翻口处将正面翻出来。

## 塞水滴棉

16 在猪鼻子下部画出一个 4cm 左右长的翻口。

17 将针从里向外穿出缝出鼻子的形状。将前身和后身缝在一起。

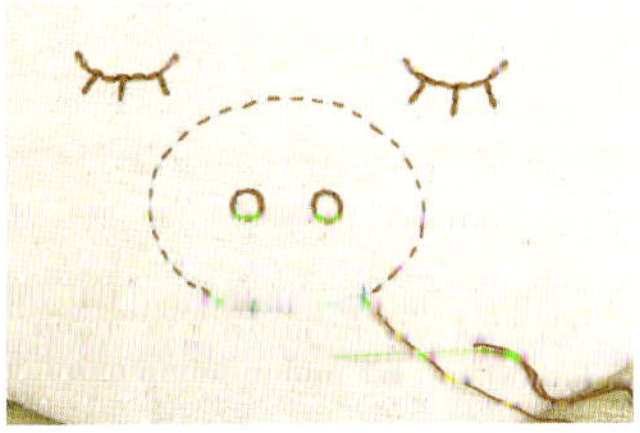

18 只留下翻口，沿着标示线缝好，将前身和后身连接在一起。

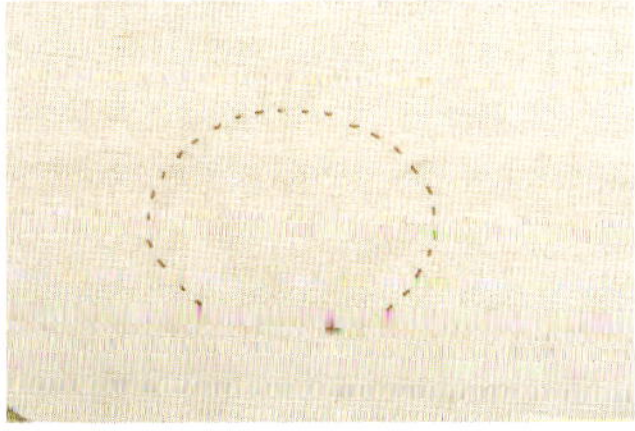

19 后身的样子。

20 通过翻口处将水滴棉塞进去。

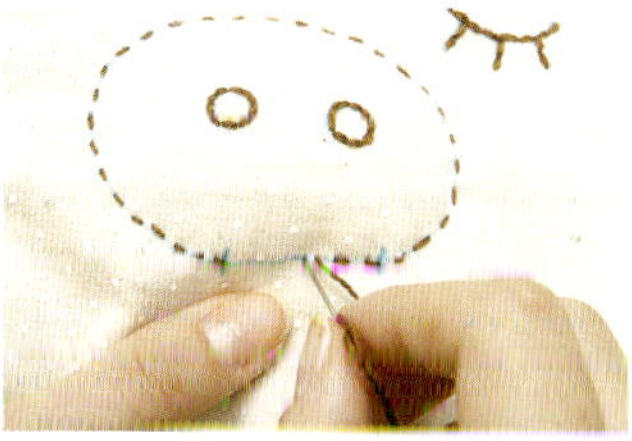

21 通过鼻孔的翻口塞进去一些水滴棉使鼻子鼓起来，然后再将翻口处缝合。

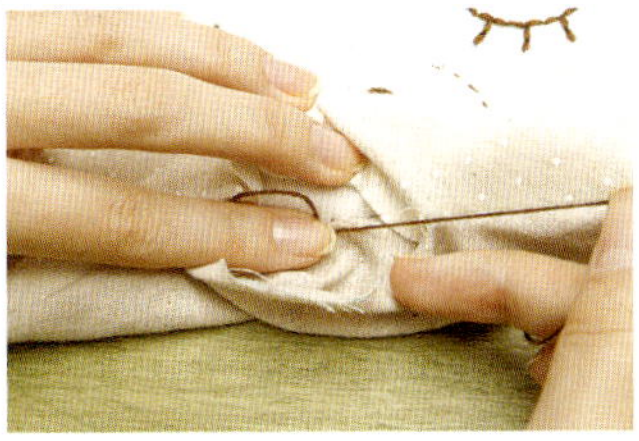

22 将刺绣线最后的结打在里面。

23 这就是鼻子部分鼓起来的蜡笔小新枕头。

24 通过翻口将脸部也塞进去水滴棉。

25 将脸塞圆、塞鼓。

26 塞好后用绕边法将下端的翻口缝合。

27 软软的托着孩子头部的猪头蜡笔小新枕头就完成了。

03 看起来更可爱的

# 亚麻飞行员帽子

**准备物** 预计材料费 10 000 元韩币 | 预计制作时间 1h | 成品预计价格 30 000 元韩币

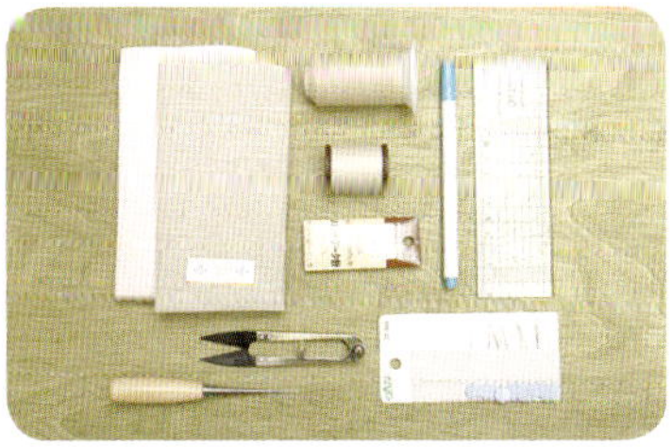

布　　料 □纯色亚麻 1/2 幅 □粉色无缝制编织亚麻 1/2 幅
辅助材料 □装饰用标牌 1 个
缝制用品 □机缝线□手缝线 □缝份尺 □针 □线剪
□水笔 □锥子□珠针

**剪裁**

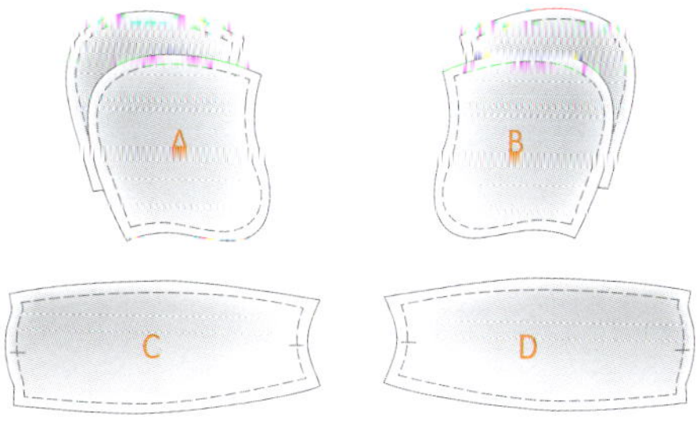


A 侧身外皮：用实物样本对称各剪裁 1 块，共 2 块
B 侧身内里（无缝制编织亚麻）：用实物样本对称各剪裁 1 块，共 2 块
C 帽身外皮：用实物样本剪裁 1 块
D 帽身内里（无缝制编织亚麻）：用实物样本剪裁 1 块
* 由于实物样本中不包含缝份，所以画的时候应该多画出 1cm 的缝份再进行剪裁。

## 缝标牌，连接侧身、帽身

1 将标牌放在侧身外皮 A 正面你喜欢的位置上。

2 将标牌的两个侧边缝制好，

3 将帽身外皮 C 和侧身外皮 A 准备好，将标示线连在一起。

4 将正面相对缝出 1cm 的缝份。

5 在缝好的缝份上以 1cm 间隔剪开。

6 将另一边侧身外皮也用同样的方法连接到帽身上。

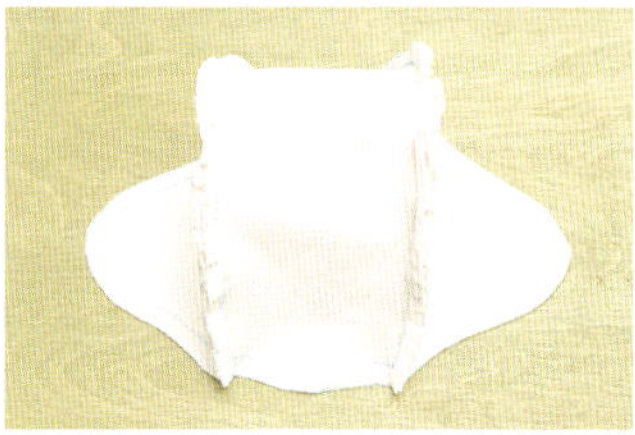

7 内里也用与外皮相同的方法缝制好。

## 合缝

8 将正面翻出来。

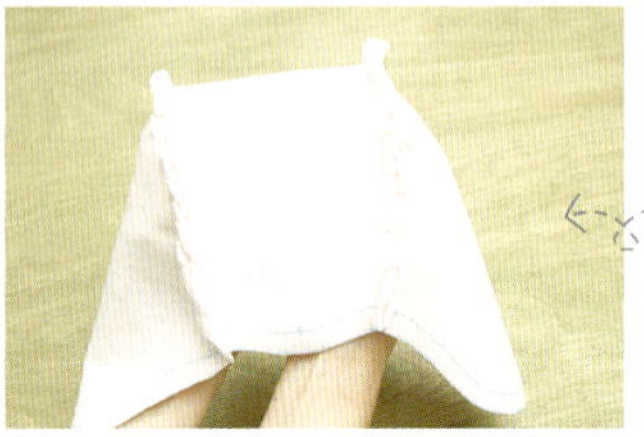

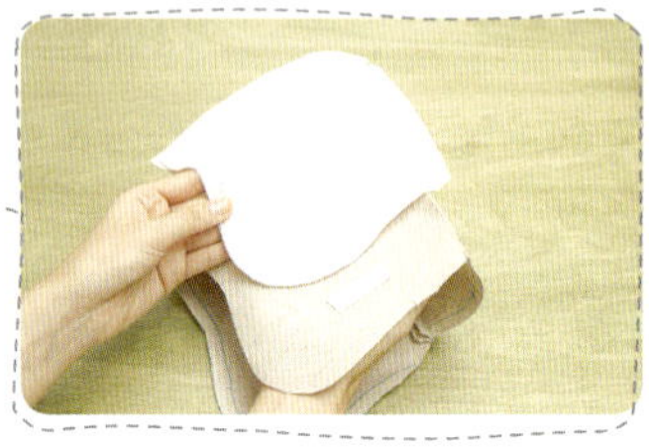

9 将内里的正面和外皮的正面相对重叠起来。

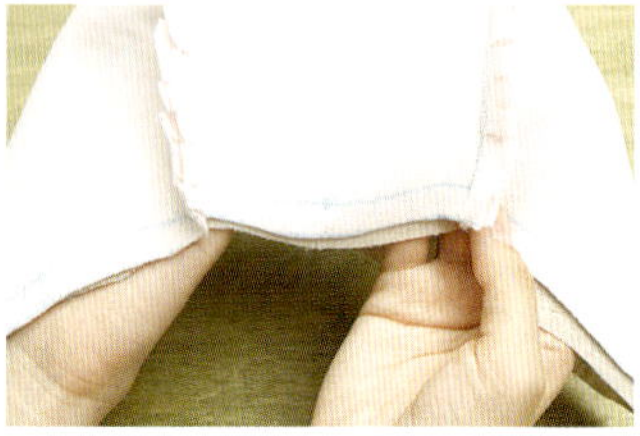

10 将连接部分对齐。

11 将除帽子后部脖子部分的开口以外的其余四周均缝出 1cm 的缝份。

12 将缝好的缝份以 1cm 的间隔剪开。

## 翻面

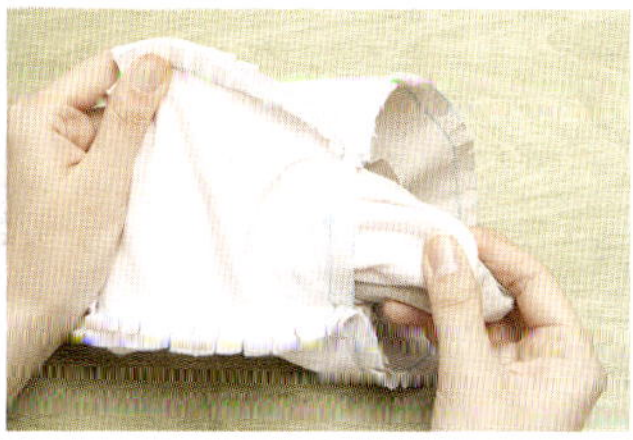

13 通过未缝合在一起的脖子部分的开口将正面翻出来。

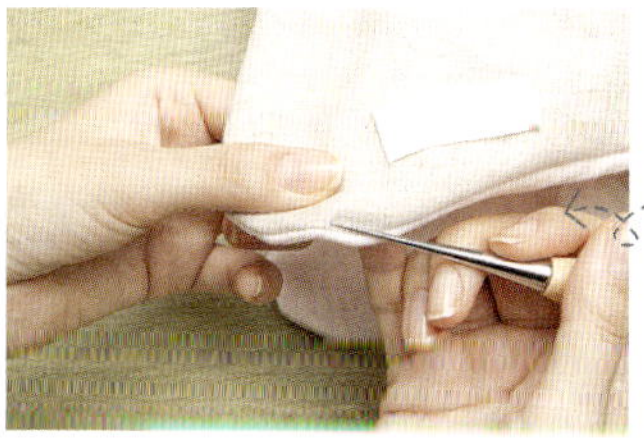

14 用锥子将边角整理好。

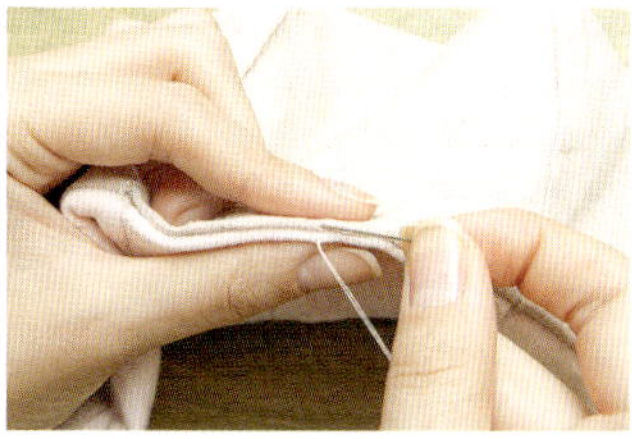

15 将后部脖子部分的缝份相对折进去后用绿边法将其缝好。

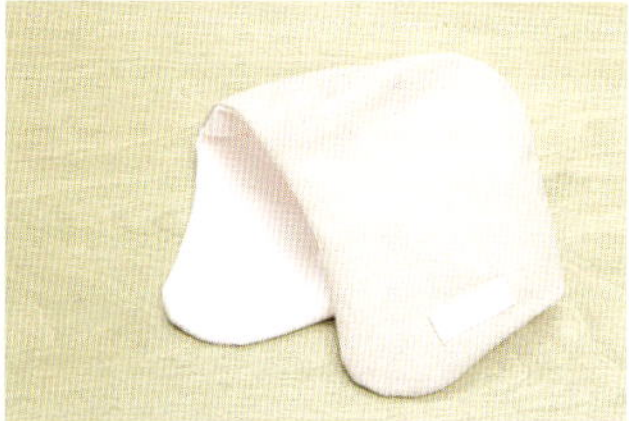

16 看起来更可爱的亚麻飞行员帽子就完成了。

Application

## 飞行员帽子，培养个性孩子的妈妈们的智慧

用条纹状布料将外皮做好后，在帽子两侧缝上毛球，稍作改变就能做出更漂亮更个性四溢的飞行员帽子。

用精心制作的漂亮的飞行员帽子来尽情展现孩子的魅力吧。

# 04 妈妈亲手做的更安全的
# 保龄球瓶玩偶 & 球

# 制作球瓶玩偶

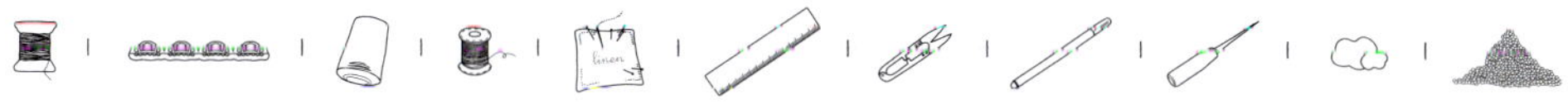

**准备物** 预计材料费 15 000 元韩币 | 预计制作时间 1.5h | 成品预计价格 30 000 元韩币

布　　料 □格子亚麻 1/4 幅 □纯色亚麻 1/4 幅
辅助材料 □湿法再生沙（或 PP 球）□装饰用蕾丝或布头若干 □水滴棉
缝制用品 □机缝线□手缝线 □刺绣针 □玩偶针 □缝份尺 □针
□线剪 □水笔 □锥子□珠针 □刺绣线

**剪裁**

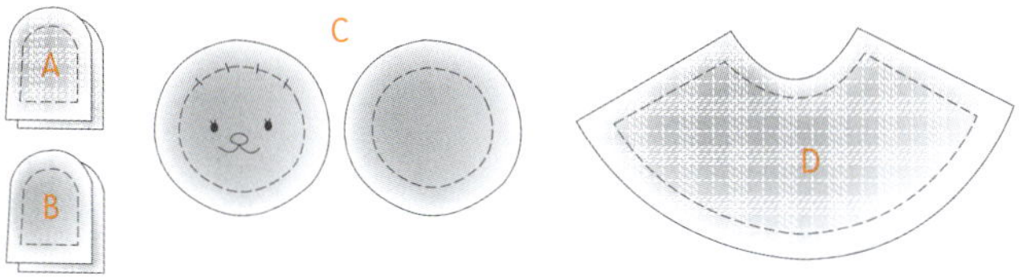


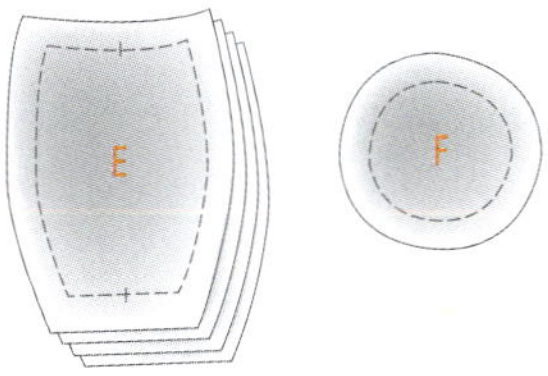


A 耳朵前身（格子）：用实物样本剪裁 2 块
B 耳朵后身：用实物样本剪裁 2 块
C 脸：用实物样本剪裁 2 块
D 胸部（格子）：用实物样本剪裁 1 块
E 玩偶身：用实物样本剪裁 4 块
F 底面：用实物样本剪裁 1 块

* 由于实物样本中不包含缝份，所以画的时候应该多画出 1cm 的缝份再进行剪裁。
* 样本中标出的耳朵的位置、脸、中心线、开口都用水笔画出来。
* 本作品的材料仅为 1 个玩偶的材料。

## 制作脸部

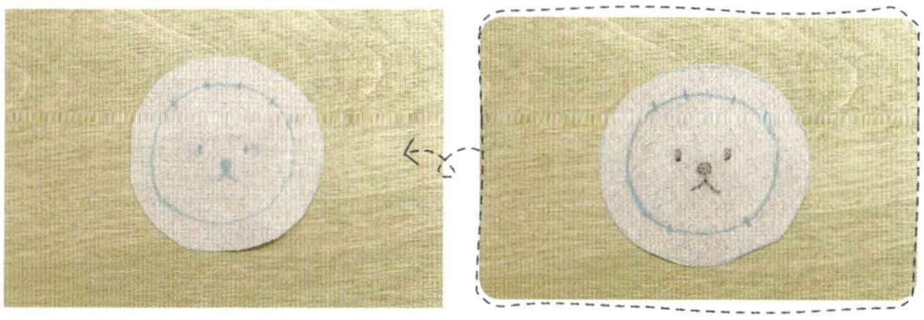

1 在脸部 C 的正面用水笔画上眼睛、鼻子、嘴巴。

2 将耳朵的前身 A 和后身 B 正面相对重叠放好。

3 沿标示线缝出 1cm 的缝份。

4 沿缝制线用剪刀将缝好的缝份剪掉。

5 用相同的方法做出另一只耳朵。

6 通过未缝制处将耳朵的正面翻出来后用锥子将边角整理好。

7 将耳朵下端的两边朝中间折起，使两端相接。

8 缝出 5mm 的缝份。

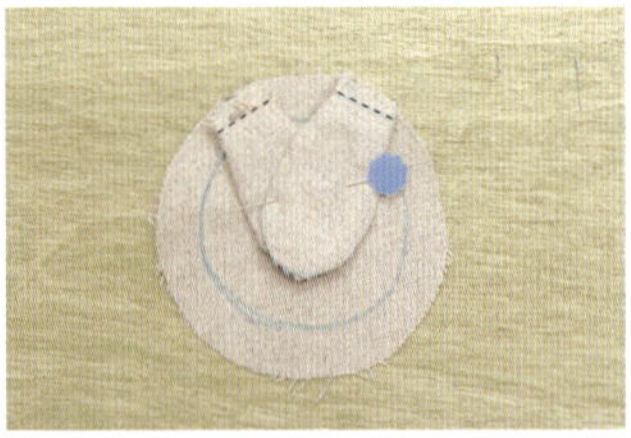

9 将两只耳朵相对放在连接好的脸部正面耳朵的位置上。

10 将脸部后身的正面朝下盖在耳朵上。

11 留下翻口处，其余地方用 1cm 的缝份缝好。

12 沿缝制线将缝好的缝份剪掉。

13 通过翻口将正面翻出来。

14 将水滴棉从翻口处塞进去。

15 塞好水滴棉后将翻口处拉在一起缝起来。

## 制作玩偶身体

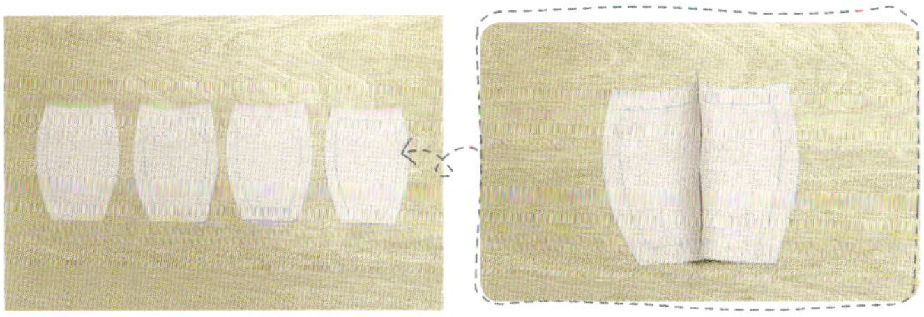

16 将玩偶身的正面相对放好后将侧边缝出 1cm 的缝份。

17 按标示线从顶端一直缝到底端。

18 沿缝制线将缝好的缝份用剪刀剪掉。

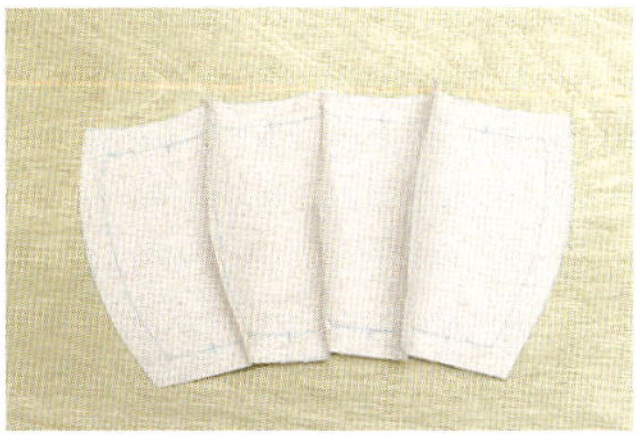

19 将 4 块布用相同的方法连接起来。

20 沿缝制线将缝好的缝份剪掉，注意不要剪着缝制线。

## 连接胸部

21 将胸部的下端和身体的上端正面相对放好后用珠针固定好。

22 缝出 1cm 的缝份。

23 沿缝制线将缝好的缝份用剪刀剪掉。

## 连接胸部、身体

24 将连接在一起的胸部和身体正面相对对折。

25 将对折后的侧边缝出 1cm 的缝份。

26 沿缝制线将缝好的缝份剪掉。

## 连接底面

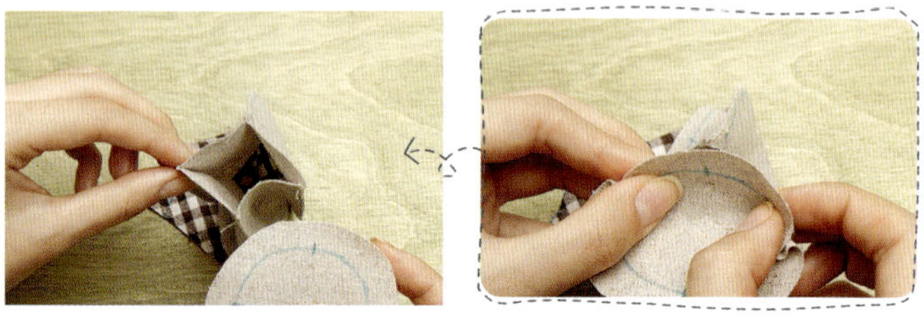

27 将身体下端的四个角与底面中心线正面相对放好。

28 用手将圆底和身体缝在一起。

## 填充

29 通过翻口将身体的正面翻出来。

30 将湿法再生沙或 PP 球装入身体内。

31 为了保持重心使玩偶能够站立，要将湿法再生沙或 PP 球填满身体的下部。

32 将剩余的空间塞进水滴棉。

33 水滴棉塞满后将翻口处缝合，使其拢在一起。

34 用玩偶针将脸部和身体连接起来。

35 用玩偶针在前后、左右穿梭，将脸部和身体连在一起。

36 将脸部固定牢后，将线拉紧然后打结，再将多余的线剪掉。

37 用蕾丝或布头缠在脖子上系成围巾，保龄球瓶玩偶就完成了。

本作品参考了
japan momo zaka 的作品。

# 制作球

**准备物**　预计材料费 10 000 元韩币 | 预计制作时间 1h | 成品预计价格 20 000 元韩币

布　　料　□球身用布 6 种各 1/8 幅
辅助材料　□水滴棉
缝制用品　□机缝线 □手缝线 □缝份尺 □针 □线剪 □水笔
□珠针 □钳子

**剪裁**　剪裁的尺寸均包含 1cm 的缝份。

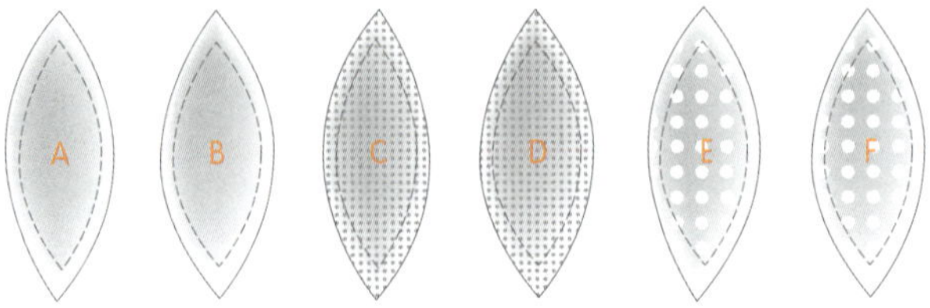


A~F：用实物样本剪裁 6 块

*由于实物样本中不包含缝份，所以画的时候应该多画出 1cm 的缝份再进行剪裁。

## 连接布块

1 将 2 块球身的正面相对放好后将一侧的侧边缝出 1cm 缝份。

2 用同样的方法将其余的布块也连接在一起。

3 在最后一块的侧边上用水笔标出 5cm 左右长的翻口。

4 只留下标出的翻口，其余部分均缝好连接起来。

5 只留下翻口处的缝份，其余部分的缝份均以 1cm 的间隔剪开。

## 塞水滴棉、翻面

6 通过翻口将正面翻出来。

7 通过翻口将水滴棉塞进去。

8 塞满水滴棉后用缲边法将翻口处缝合。

9 松软的保龄球就完成了。

*Tip*

如果觉得自己的缝制手艺还不是很好，顶端缝不好的话，可以用一颗小木扣缝在上面盖住顶部。

*Application*

## 用安全的天然材料来制作玩具

通过玩耍不仅可以向孩子展示保龄球兔子玩偶的各种表情，还可以培养他们的平衡感。柔软的玩具不危险，而且有益于身心健康。由于是非合成纤维材料，所以即使放入嘴里也不必担心。可爱的兔子玩偶也可用作装饰品。

05 与小鹿扣子相得益彰的

# 儿童挎包

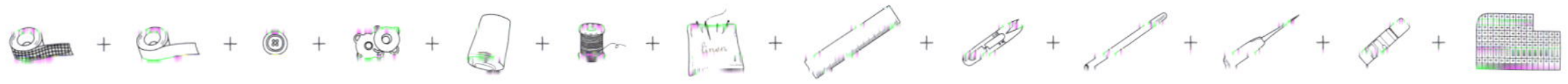

**准备物** 预计材料费 20 000 元韩币 | 预计制作时间 2.5h | 成品预计价格 40 000 元韩币

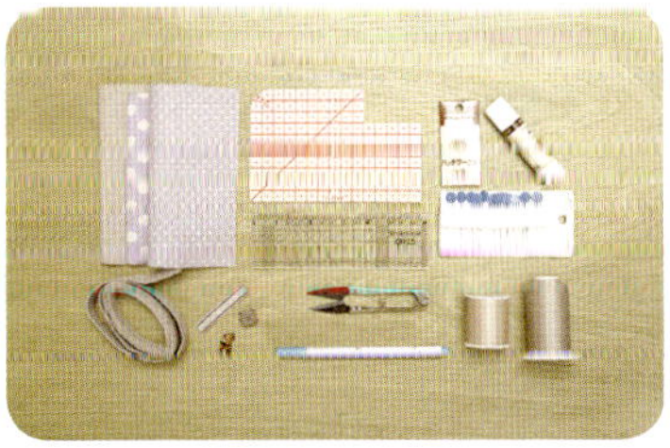

布　　料 □大圆点亚麻 1/8 幅 □纯色亚麻 1/4 幅 □小圆点亚麻 1/4 幅
□ 4 盎司黏合棉 1/4 幅

辅助材料 □ 20mm 宽亚麻包带 2m □ 10mm 宽装饰用亚麻条 0cm
□装饰用扣子 1 个 □ 14mm 贴花磁铁扣 1 个

缝制用品 □机缝线□手缝线 □缝份尺 □针 □线剪 □水笔
□布料黏合胶 □珠针

**剪裁**

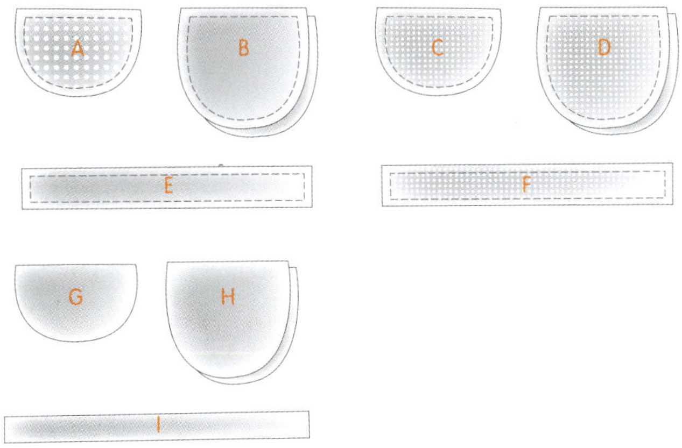


A 包盖外皮（大圆点）：用实物样本剪裁 1 块
B 包身外皮：用实物样本剪裁 2 块
C 底面外皮：用实物样本剪裁 1 块
D 包盖内里（小圆点）：用实物样本剪裁 1 块
E 包身内里（小圆点）：用实物样本剪裁 2 块
F 底面内里（小圆点）：用实物样本剪裁 1 块
G 包盖黏合棉：用实物样本剪裁 1 块
H 包身黏合棉：用实物样本剪裁 2 块
I 底面黏合棉：用实物样本剪裁 1 块

* 由于实物样本中不包含缝份，所以画的时候应该多画出 1cm 的缝份再进行剪裁。
* 由于黏合棉没有缝份，所以可完全按照样本绘制剪裁。

## 粘黏合棉

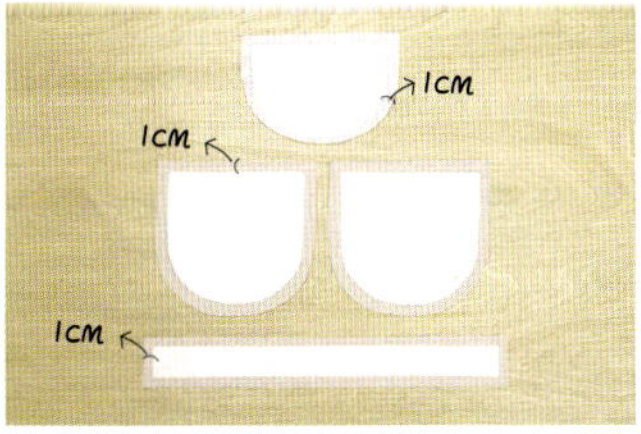


1 将黏合棉的黏合面对着外皮的反面放好后用熨斗将其粘上。

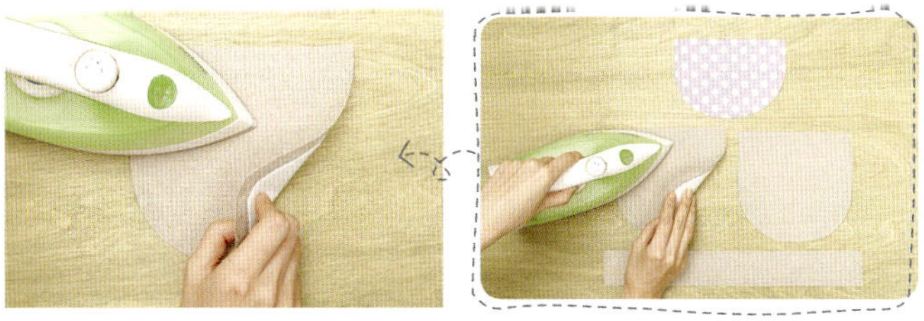

2 粘黏合棉时一定要在布料面进行熨烫。

## 装饰

3 将装饰扣缝在 2 块包身外皮 B 中用作前身的那块上。

4 将包盖外皮 A 对折，用水笔在圆弧端标出中心线。

5 将装饰用亚麻条对折后用珠针固定在水笔标记线上。

6 用 5mm 的缝份将亚麻条固定于包盖外皮上。

## 制作包盖

7 将包盖外皮 A 和包盖内里 D 的正面相对放置后用珠针固定。

8 按照标记线将弧线部分缝出 1cm 的缝份。

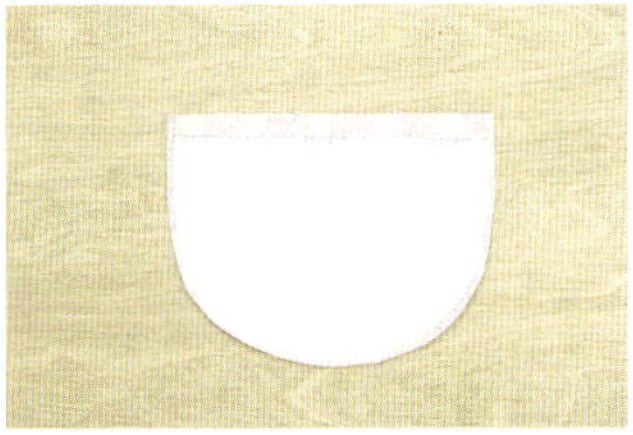

9 沿缝制线将缝好的缝份剪掉。

10 通过未缝制端将正面翻出来。

11 用熨斗熨烫好后包盖就完成了。

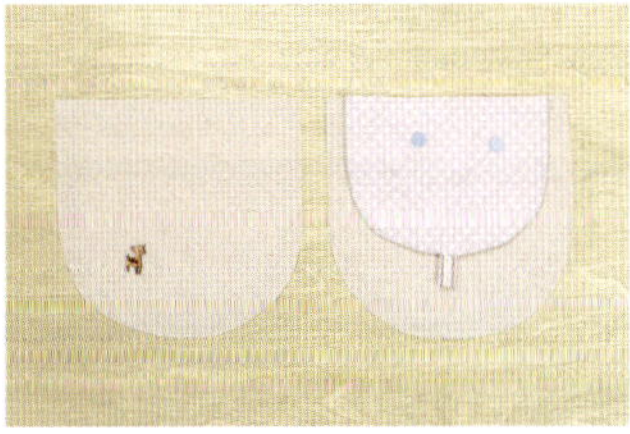

12 将包盖的正面和 2 块包身外皮 B 中未缝装饰扣一块的正面相对放好后用珠针固定好。

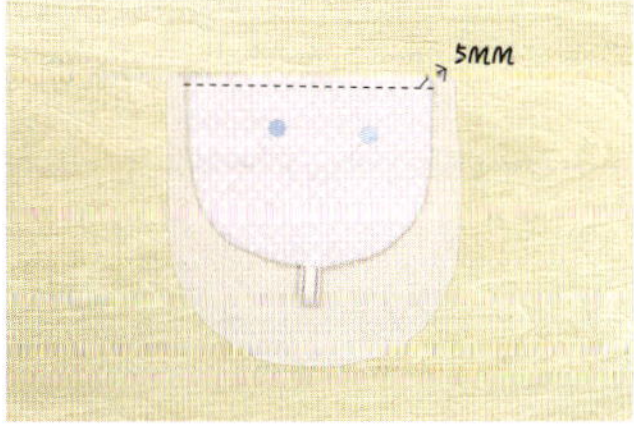


13 将包盖和外皮按标示线用5mm 的缝份缝在一起。

## 连接底面

14 将缝有装饰扣的包身 B 正面和底面外皮 C 的正面相对放置后用珠针将底面周边固定。

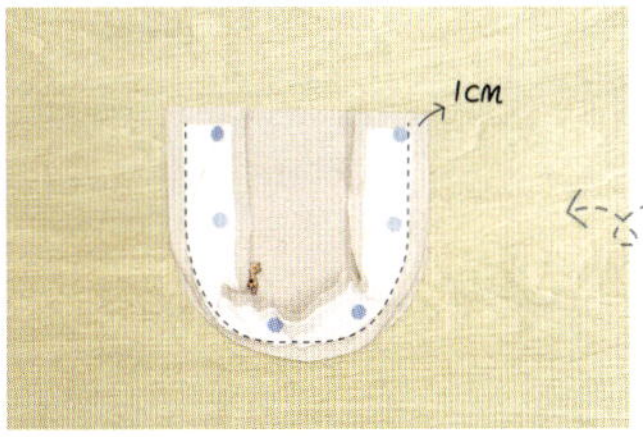

15 将底面周边缝出 1cm 的缝份。

16 缝好后将圆弧线的缝份以1cm 的间隔剪开。

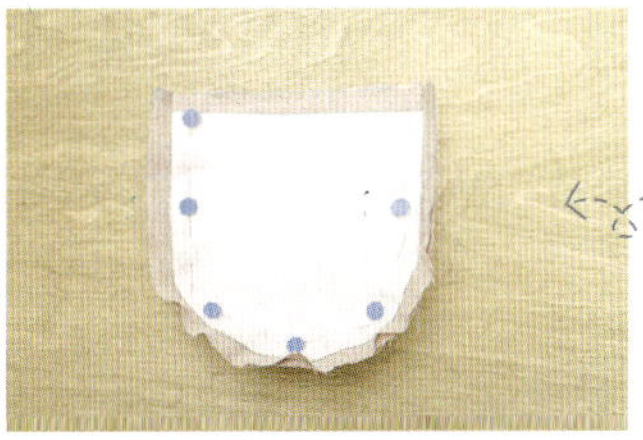

17 用同样的方法将连有包盖的包身外皮 B 也连在底面外皮 C 的另一面上。

18 将缝制好后的圆弧部分缝份以 1cm 间隔剪开。

19 通过翻口将正面翻出来。

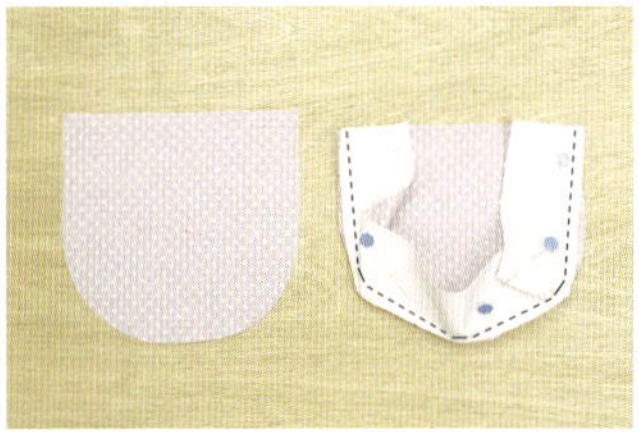

20用相同的方法将包身内里E和底面内里F也连接起来。

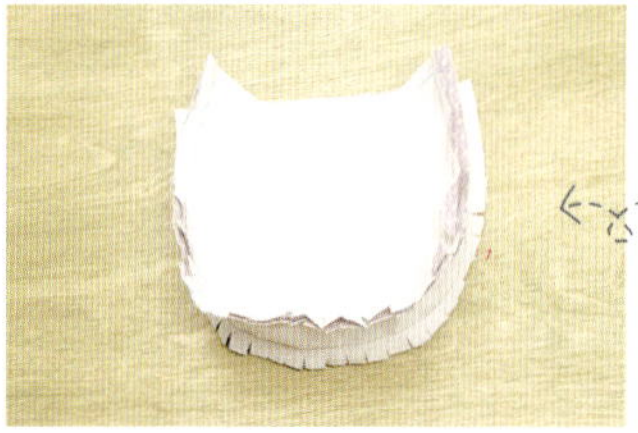

21将缝好的缝份用与外皮相同的方法只将圆弧部分以1cm的间隔剪开。

22在内里的开口处画出8cm长的翻口。

## 缝包带

23将亚麻带固定于外皮的两侧端。

24缝出5mm的缝份，将包带固定于底面外皮上。

## 合缝

25将包带折好后，将外皮塞入内里，使外皮和内里的正面相对。

26将外皮和内里的翻口对齐后用珠针固定。

27将除内里上标出的翻口以外的其他开口处均缝出1cm的缝份。

28只留下翻口处的缝份，将其余缝制好的缝份沿缝制线剪掉。

## 翻面

29 通过内里上的翻口将正面翻出来。

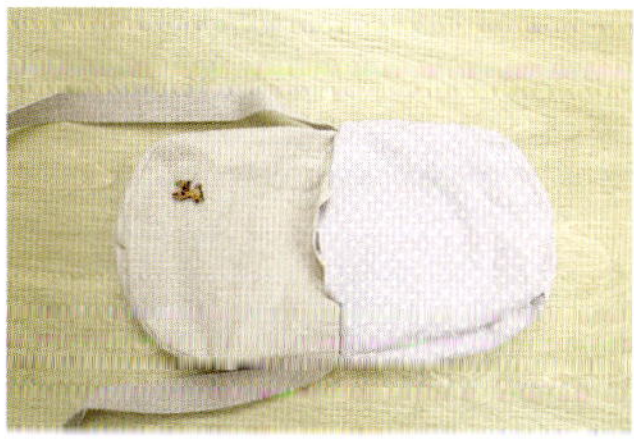

30 将包带也翻出来。

31 将内里塞入外皮中。

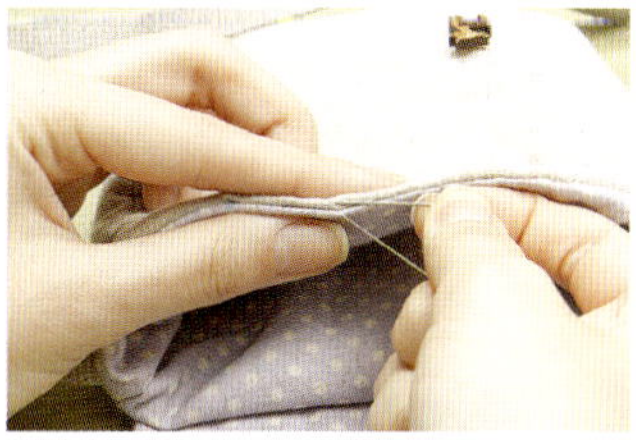

32 用缲边法将翻口缝合。

33 用熨斗将翻口处熨好，整理好包和袋口的形状。

## 缝扣子

34 用水笔在包盖的内侧和相对的包身正面标出扣子的位置。

35 将贴花磁铁扣缝在标出的位置上。

*Tip*

由于儿童使用按扣或一般的扣眼扣较困难，所以最好用磁铁扣。

36 与小鹿扣子相得益彰的儿童挎包就完成了。

# 06 包裹住挪动的小脚，
# 亚麻幼儿鞋

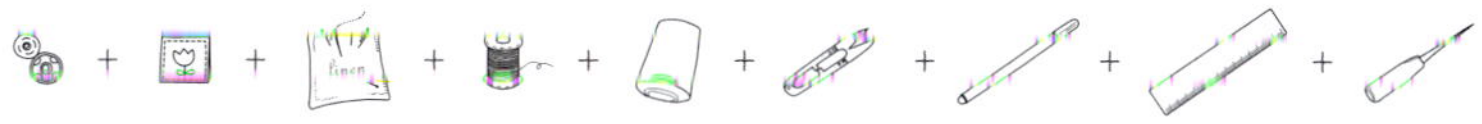

**准备物** 预计材料费 15 000 元韩币 | 预计制作时间 1.5h | 成品预计价格 30 000 元韩币

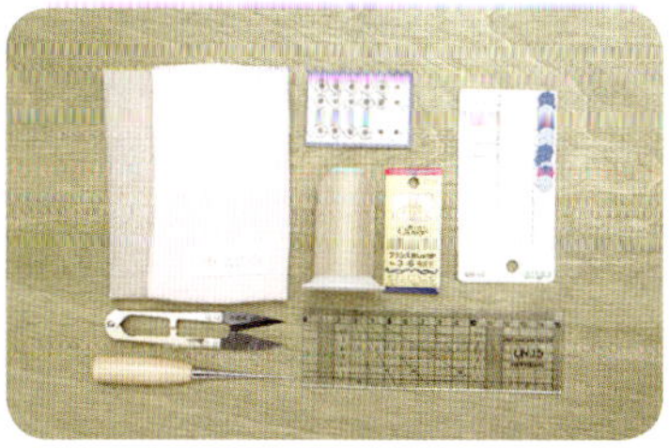

布　　料 □纯色亚麻 1/4 幅 □粉色无缝制编织亚麻 1/4 幅
辅助材料 □装饰用标牌 1 个
缝制用品 □机缝线□手缝线 □缝份尺 □针 □线剪 □水笔
□锥子□珠针

**剪裁**

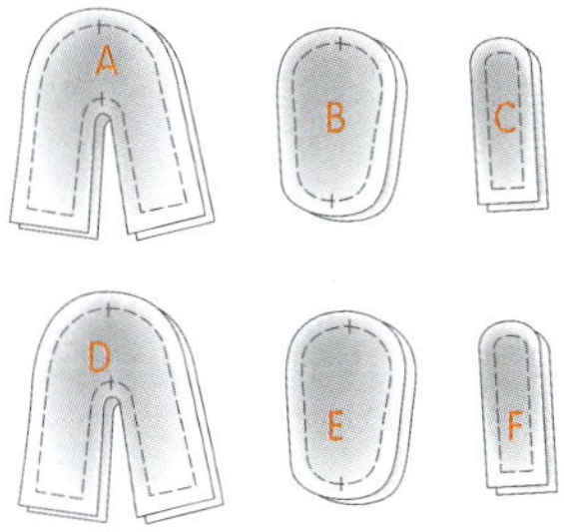


A 鞋身外皮：用实物样本剪裁 2 块
B 底面外皮：用实物样本剪裁 2 块
C 带子外皮：用实物样本剪裁 2 块
D 鞋身内里：用实物样本剪裁 2 块
E 底面内里：用实物样本剪裁 2 块
F 带子内里：用实物样本剪裁 2 块
* 由于实物样本中不包含缝份，所以画的时候应该多画出 1cm 的缝份再进行剪裁。
* 一定要将样本中标出的中心线和缝带子的位置也标示出来。

## 装饰

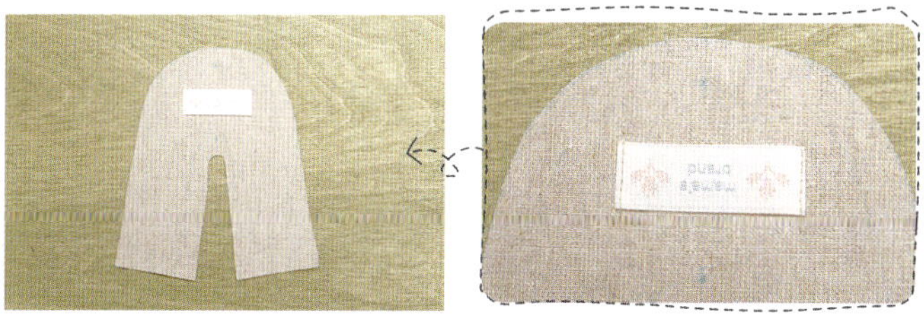

1 将标牌缝在鞋身外皮 A 的正面。

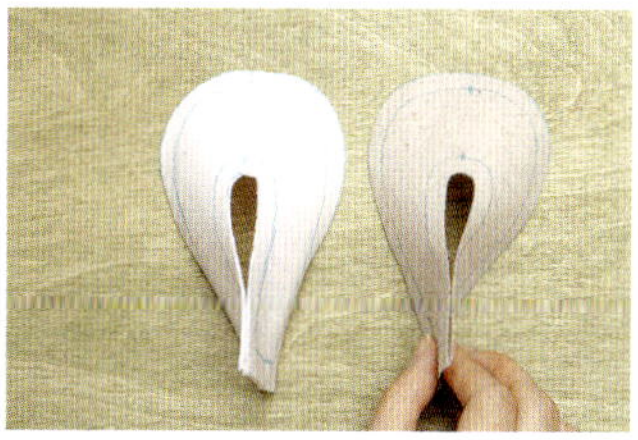

2 将鞋身外皮 A 和鞋身内里 D 的脚后跟部分分别正面相对放好。

3 将对好的末端各缝出 1cm 的缝份。

4 将缝好的缝份熨出分缝。

5 将鞋身外皮和鞋身内里均熨出分缝。

## 缝底面

6 将鞋身外皮 A、底面外皮 B、鞋身内里 D 和底面内里 E 准备好。

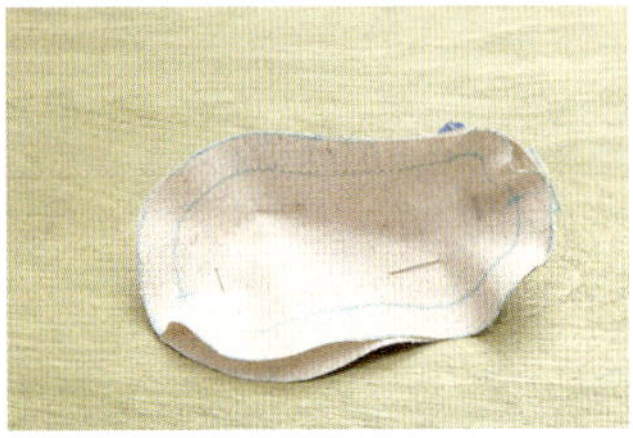

7 将鞋身外皮和底面外皮的正面相对后用珠针固定。

8 将标出的中心线对齐后将底面四周缝出 1cm 的缝份。

9 内里也同样将中心线对齐，使鞋身和底面的正面相对，用珠针固定。

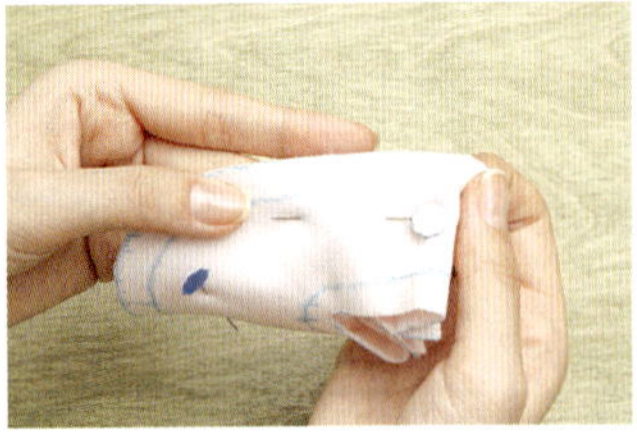

10 将底面四周缝出 1cm 的缝份。

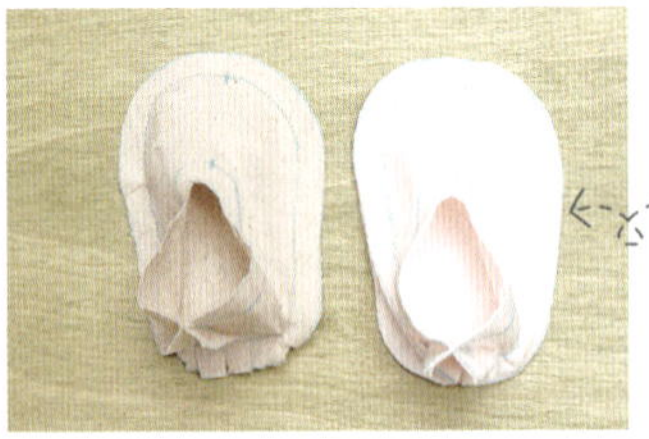

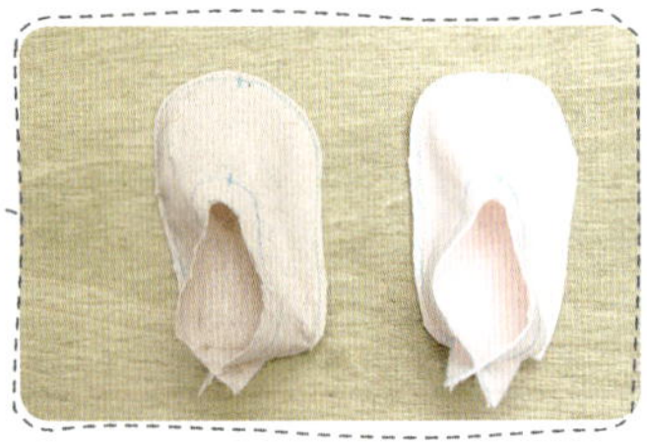

11 沿着缝制线将外皮和内里上缝好的缝份剪掉。

## 缝带子

12 将带子外皮 C 的正面和带子内里 F 的正面相对重叠放好。

13 按照样本中标出的线缝出 1cm 的缝份。

14 沿着缝制线将缝好的缝份用剪刀剪掉。

15 通过未缝制处将正面翻出来。

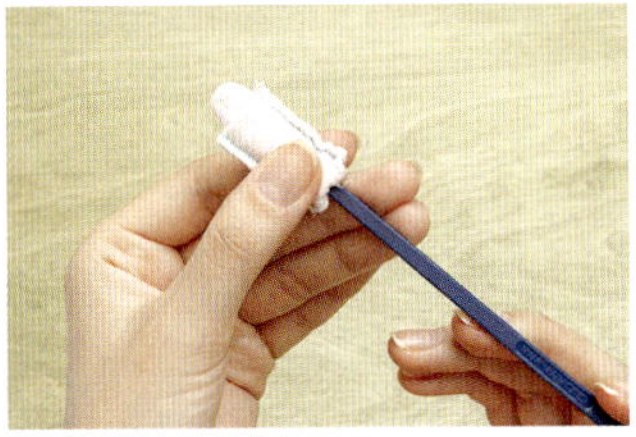

16 像这样较长部分用翻转棒等翻面比较容易。

17 将正面翻出来。

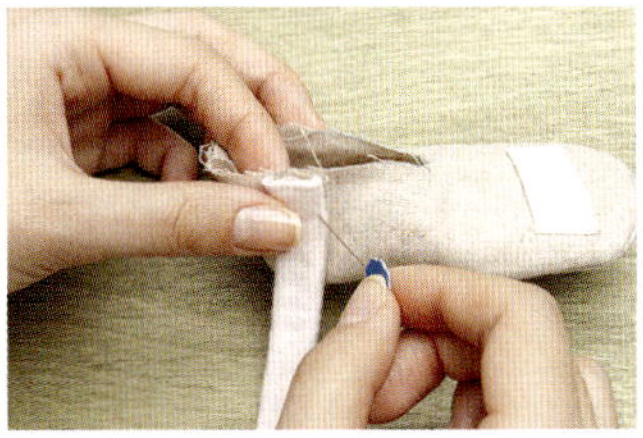

18 将带子的正面与正面上标出的缝带子处相对放置后用珠针固定好。

19 将带子沿着边缘缝好。

## 合缝

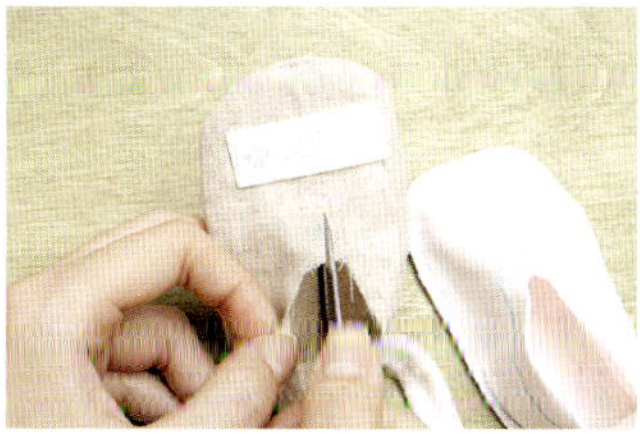

20 将外皮和内里上标出的开口中心部分剪开。

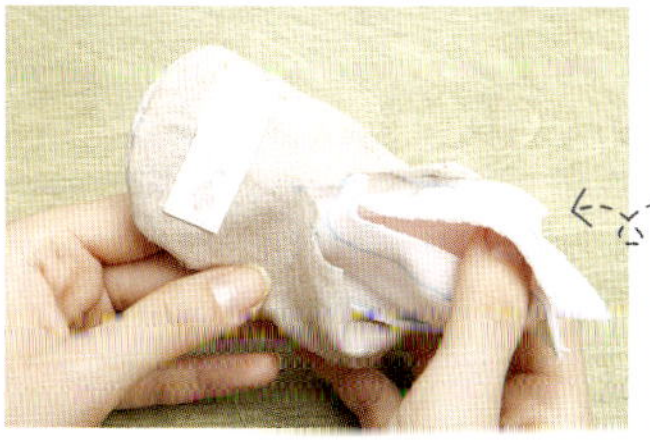

21 将内里塞进外皮中使外皮的反面和内里的反面相对。

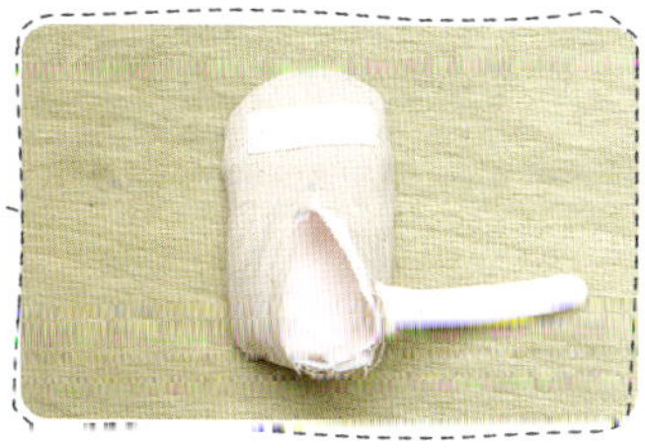

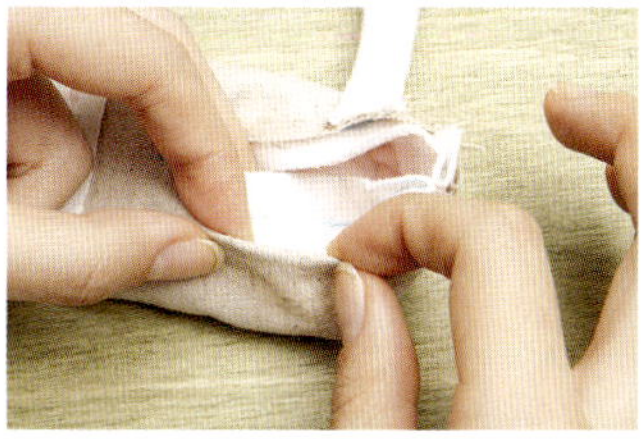

22 将外皮开口处的缝份折向里面。

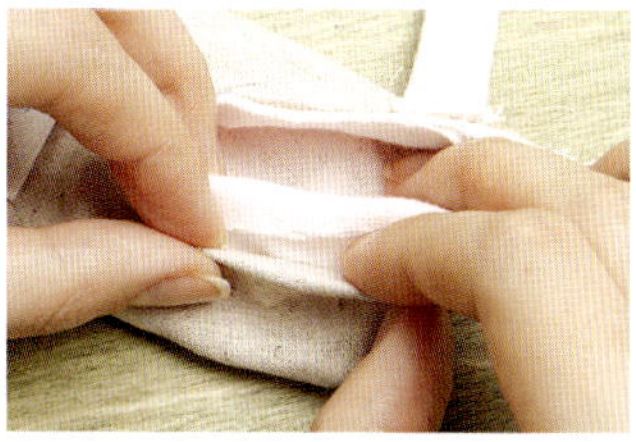

23 将内里开口的缝份也折向里面。

*Tip*

虽然幼儿鞋的四周是弧线，但由于尺寸很小，所以与成人鞋不同，只需在一处剪开一点口就可以了。

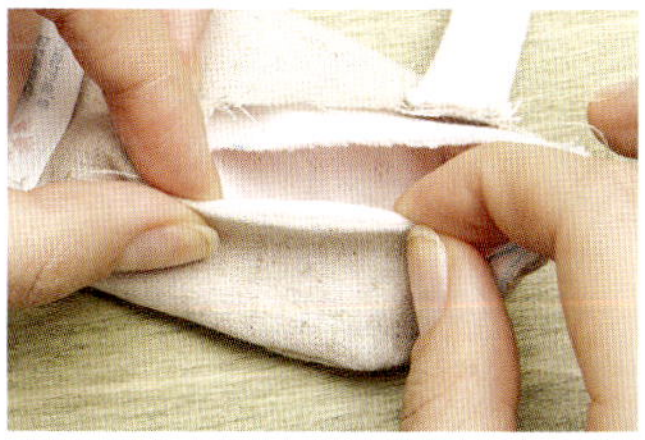

24 将外皮和内里折进去的缝份相对。

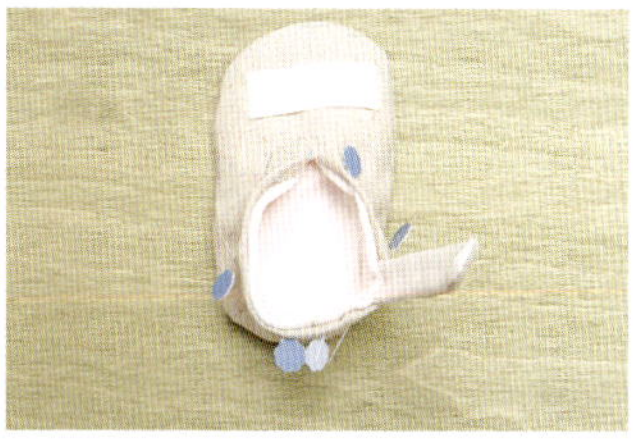

25 将开口处的缝份都对好后用珠针固定好。

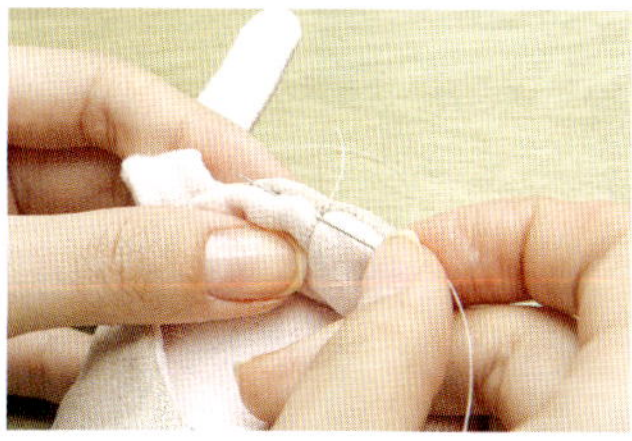

26 将开口处用缲边法缝好。

## 缝扣子

27 在带子反面的末端缝上按扣。

28 将带子扣下来找出鞋身上钉按扣的位置。

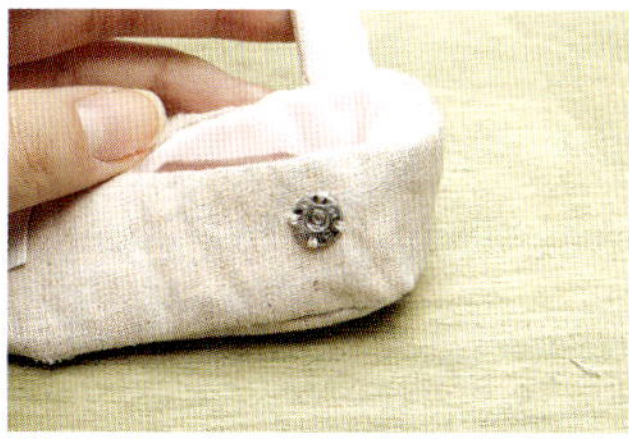

29 将按扣的另一半钉在外皮上。

30 包裹挪动小脚的亚麻幼儿鞋就完成了。

# 第 8 部分

## 麻，外出


条纹两面帽 01

松紧带喇叭裙 02

系带短裤 03

格子坎肩 04

花纹亚麻连衣裙 05

头花 & 胸花 06

手制亚麻遮阳伞 07

纱布围巾 08

# 01 翻过来也能戴的 条纹两面帽

**准备物** 预计材料费 25 000 元韩币 | 预计制作时间 2h | 成品预计价格 50 000 元韩币

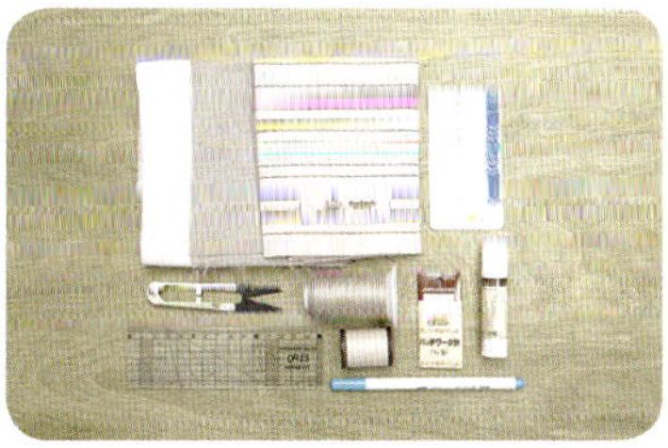

布　　料　□条纹亚麻 1/2 幅 □纯色亚麻 1/2 幅 □黏合衬 1/2 幅
辅助材料　□装饰用标牌 1 个
缝制用品　□机缝线□手缝线 □缝份尺 □针 □线剪□珠针 □布料粘合胶□水笔

**剪裁**

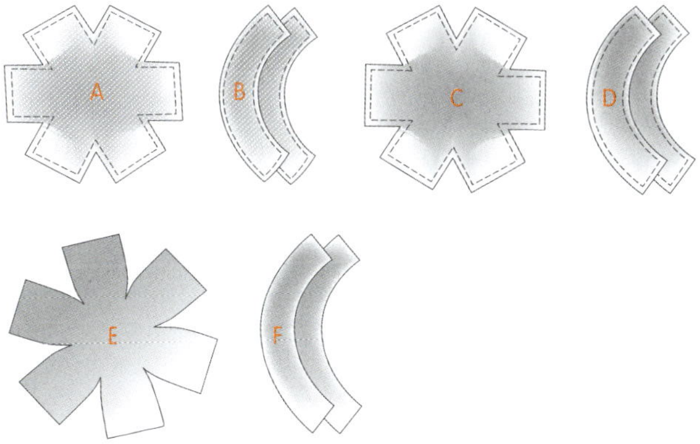


A 帽盖外皮（条纹）：用实物样本剪裁 1 块
B 帽檐外皮（条纹）：用实物样本剪裁 2 块
C 帽盖内里：用实物样本剪裁 1 块
D 帽檐内里：用实物样本剪裁 2 块
E 帽盖黏合衬：用实物样本剪裁 1 块
F 帽檐黏合衬：用实物样本剪裁 2 块
* 由于实物样本中不包含缝份，所以应该多画出 1cm 的缝份再进行剪裁。
* 因为黏合衬没有缝份，所以可完全按样本剪裁。
* 将褶皱线和中心线都标记出来。

## 粘黏合衬
## 制作帽盖

1 将黏合衬 E、F 的黏合面和外皮 A、B 的反面相对放置，然后用熨斗将其粘在一起。

2 按照样本中标记的褶皱线将帽盖外皮 A 和内里 C 的正面相对放好。

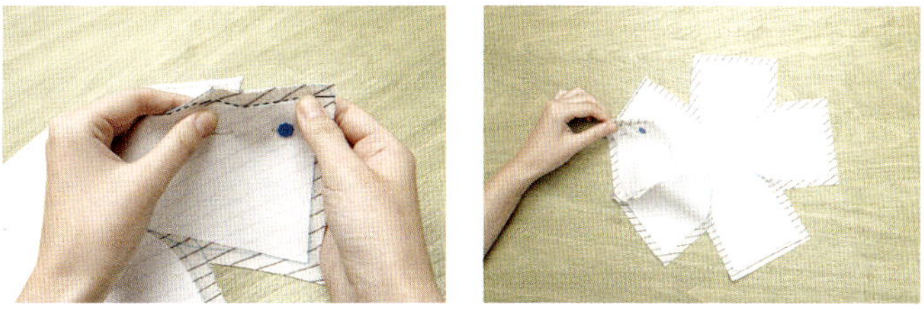

3 用珠针将褶皱固定好后缝出 1cm 的缝份。

4 用同样的方法将所有的褶皱缝好。

*Tip*

**帽盖是什么?**

帽子中盖在头上的圆形帽身就叫帽盖。

5 将外皮和内里的褶皱都缝好后帽盖就完成了。

6 沿缝制线将缝好的缝份用剪刀剪掉。

## 装饰
## 制作帽檐

7 用布料黏合胶将装饰用标牌临时固定在帽檐内里 D 的正面后进行缝制。也可将其缝在其他的位置。

8 将 2 块帽檐外皮 B 的正面相对放好后用珠针固定。

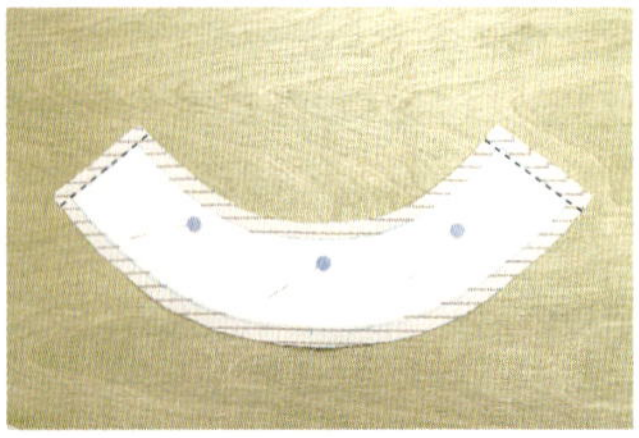

9 按照标示线将两个侧边各缝出 1cm 的缝份。

10 将 2 块帽檐内里 D 的正面相对放好后用珠针固定。

11 按照标示线将两个侧边各缝出 1cm 的缝份。

12 将帽檐外皮和内里上缝好的缝份熨出分缝。

## 连接

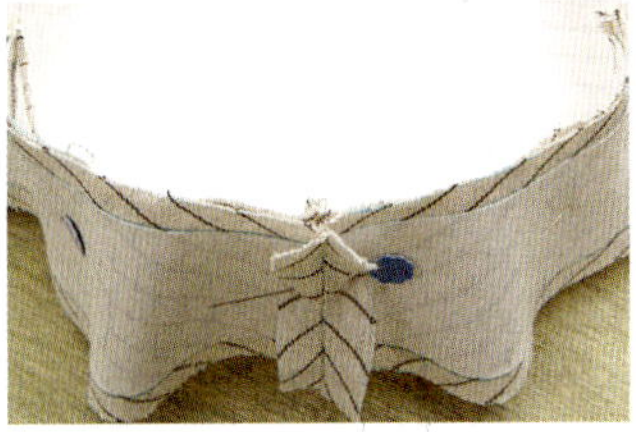

13 将帽盖外皮的正面和帽檐外皮的正面相对放好后，将珠针插在四周固定好。

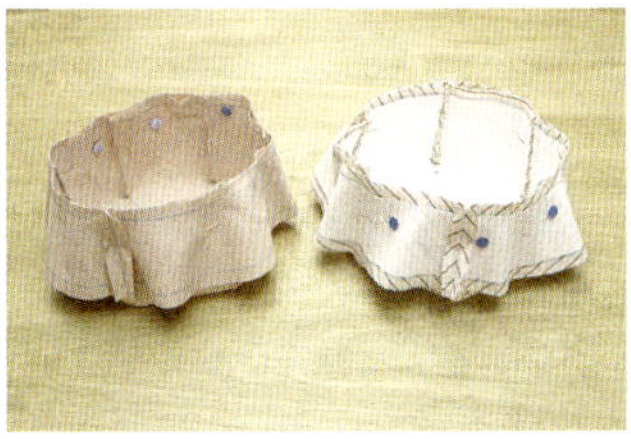

14 将外皮和内里的帽盖和帽檐分别连接在一起，用珠针固定好。

15 按照标记线将帽盖和帽檐均用 1cm 的缝份连接起来。

## 合缝

16 将内里塞进外皮中使外皮的正面和内里的正面相对。

17 将相对的外皮和内里的缝制线对齐后用珠针固定好。

18 用珠针将帽檐周围都固定好后，在内里上画出 8cm 的翻口。

19 按照标示线将除翻口外的帽檐其他周围均缝出 1cm 的缝份。

## 翻面

20 通过翻口将正面翻出来。

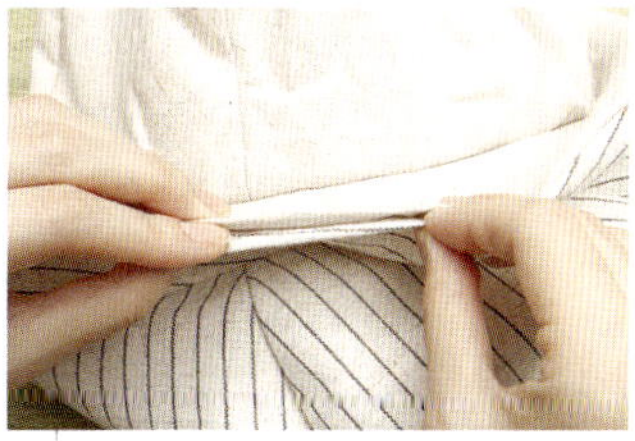

21 将翻口处的缝份折向外皮和内里之间，然后用布料黏合胶临时粘好。

22 将内里塞进外皮中。

23 用熨斗将帽檐的边缘熨好。

24 沿着帽檐的边缘进行缝制，将翻口也一并缝合。

25 翻过来又是另一种风格的两面帽就完成了。

## 02 轻松易做的 松紧带喇叭裙

**准备物** 预计材料费 30 000 元韩币 | 预计制作时间 1.5h | 成品预计价格 60 000 元韩币

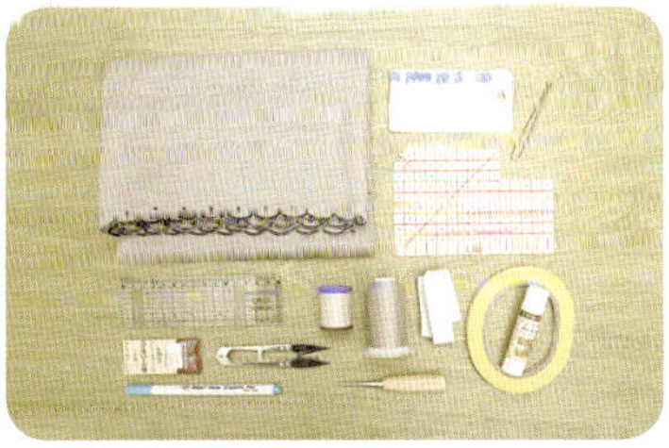

布　　料　□花边布 2 幅

辅助材料　□ 20mm 宽的松紧带 60cm

缝制用品　□塞皮筋夹 □机缝线□手缝线 □缝份尺

□线剪 □水笔 □锥子 □针

□布料黏合胶□魔术胶带□熨烫标尺布

**剪裁** 剪裁的尺寸均包含 1cm 的缝份。

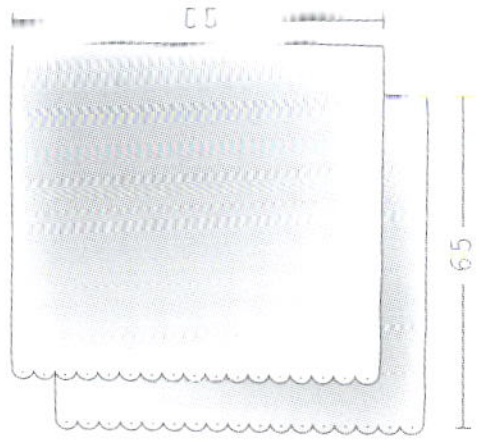


裙子布（花边布）55cm × 65cm　2 块

* 如果用的不是花边布，请将下端边缘卷缝或折缝进去。

## 锁边

1 将除裙子底端以外的其他三边均锁上边。也可用手工卷缝或锁边。

*Tip*

**如果一定要锁边的话**

没有锁边机，卷缝或手工锁边又很困难时可到就近的裁缝店锁边。

## 连接布块

2 将裙身的正面相对在侧边上缝出 1cm 的缝份。

3 将缝好的缝份均熨出分缝。

## 制作穿松紧带的孔

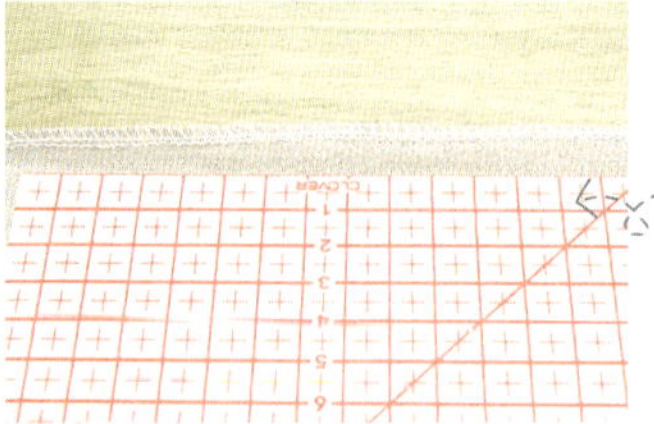

4 用熨烫标尺布将裙身上端向内折 1cm 然后熨好。

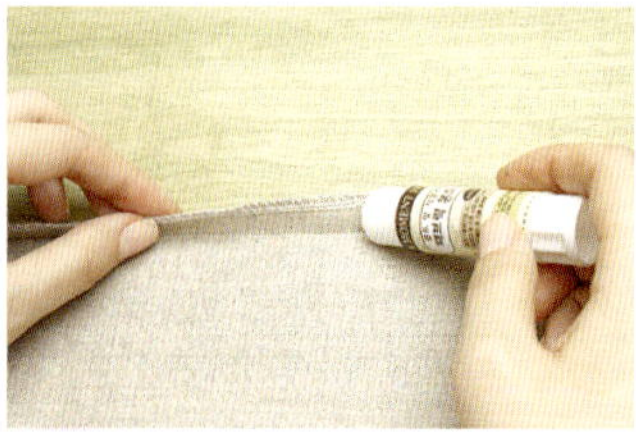

5 用布料黏合胶将折好的缝份临时粘好。

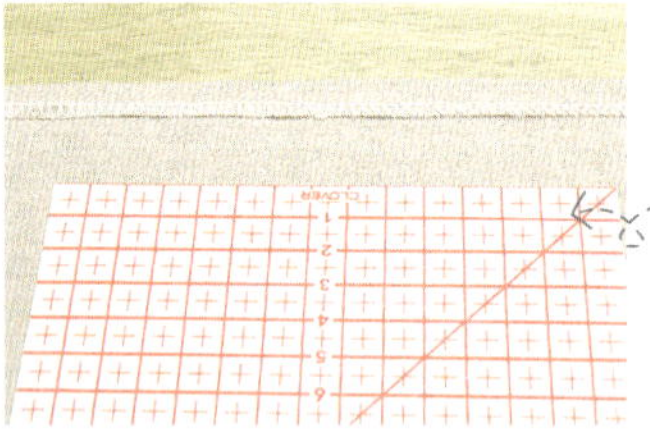

6 用熨烫标尺布将折好的缝份再向内折 3cm 熨好。

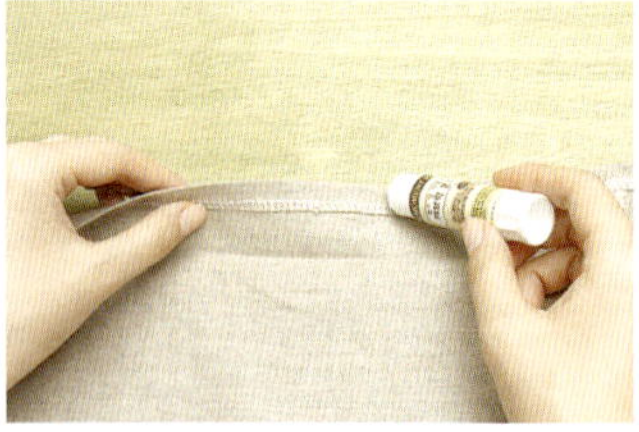

7 只将 1cm 处的缝份用布料黏合胶临时粘好。

8 用水笔画出 10cm 的翻口。

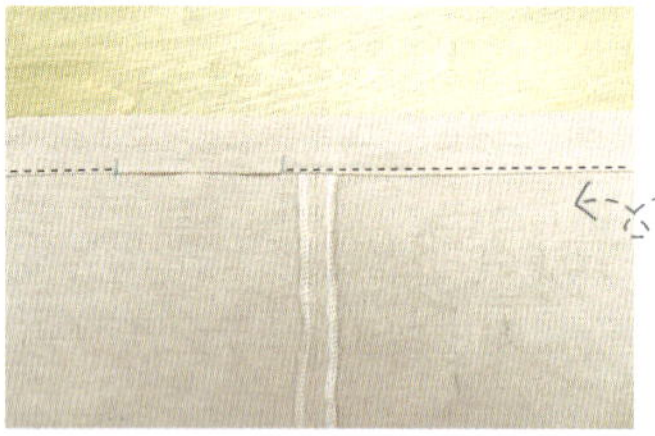

9 将除翻口外的裙身松紧带孔的四周边缘缝好。

## 穿松紧带

10 将松紧带穿进穿皮筋夹中。

11 通过翻口将松紧带塞进去。

12 穿松紧带时用珠针将松紧带的另一端固定好，以免其进入穿孔中。

13 松紧带从另一端穿出后，将松紧带拉成所需的腰围尺寸。将松紧带两端相对用珠针固定好。

14 按照标示线将松紧带缝好。注意不要使松紧带扭曲。

15 用缲边法将翻口缝合后将裙子翻过来。

16 轻松易做的松紧带喇叭裙就完成了。

# 03 夏季最受欢迎的款式，系带短裤

**准备物** 预计材料费 35 000 元韩币 | 预计制作时间 2h | 成品预计价格 60 000 元韩币

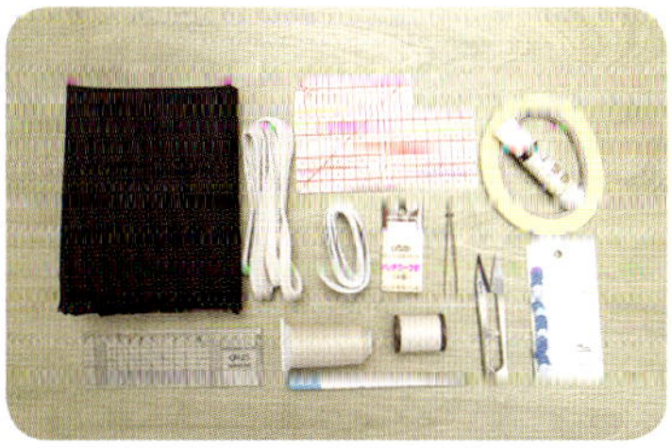

布　　料　□纯色亚麻 2.5 幅

辅助材料　□棉带 90cm □ 20mm 宽松紧带 50cm

缝制用品　□机缝线□手缝线 □缝份尺 □针 □线剪
□水笔 □珠针 □布料黏合胶□魔术胶带
□塞皮筋夹 □熨烫标尺布

**剪裁**

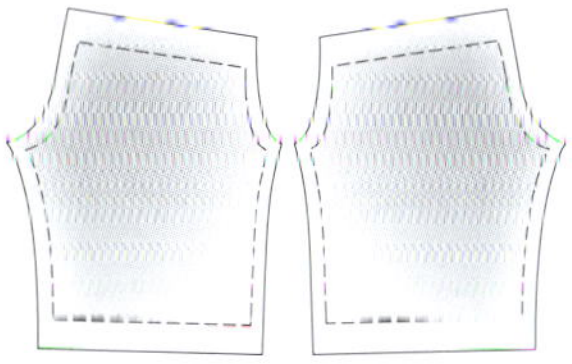

裤料：用实物样本对称各剪裁 1 块，共 2 块

* 由于实物样本中不包含缝份，所以画的时候将上下端多画出 4cm，其余部分多画出 1cm 的缝份再进行剪裁。
* 将实物样本中标记的穿带子的线和中心线都用水笔准确地画出来。

## 锁边
## 制作穿带子孔

1 将 2 块裤料的四周均进行锁边。也可以卷缝或手工锁边。

2 用线剪在实物样本上标出的穿带子的线上剪出口。有缝纫机的可以先缝出扣眼，然后再用线剪将扣眼中间剪掉挖出口，这样更结实。

## 侧边缉边

3 将正面相对竖着对折。

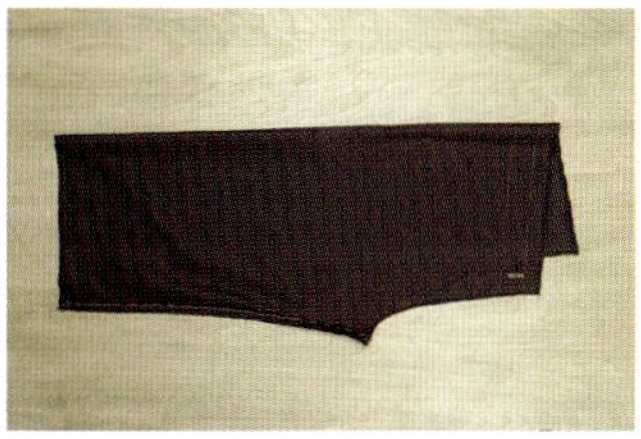

4 按标示线将侧边缝出 1cm 的缝份。

5 将缝好的缝份熨出分缝。

6 将 2 块布均用相同的方法做好。

## 连接

7 将 2 个裤腿正面相对放好，将边缘和中心对齐后缝出 1cm 的缝份。

8 用熨斗将缝好的缝份熨出分缝。

## 穿松紧带

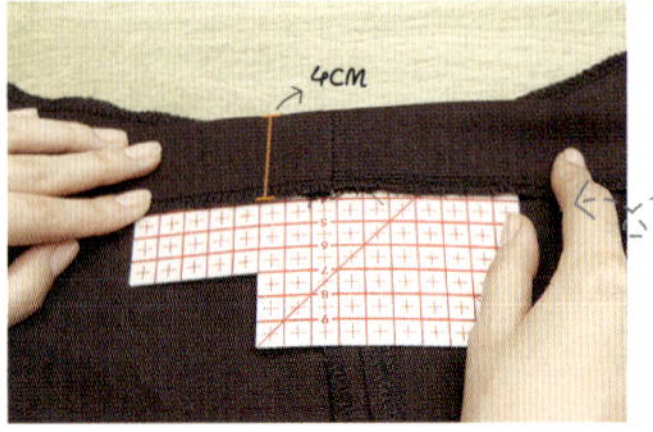

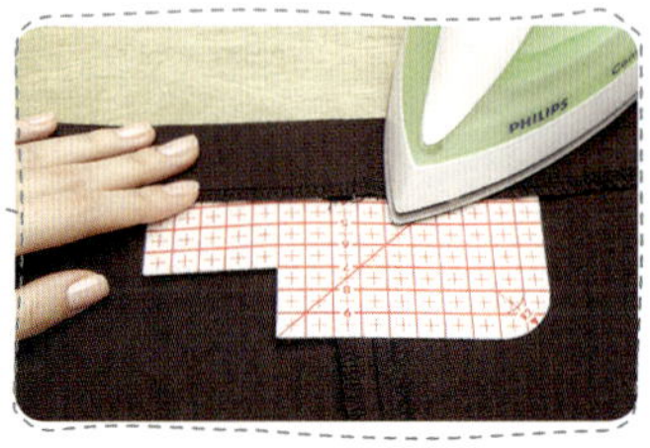

9 将上端水笔标出的穿松紧带的线向内折 4cm 后熨好。

10 用布料黏合胶将缝份部分临时固定好。

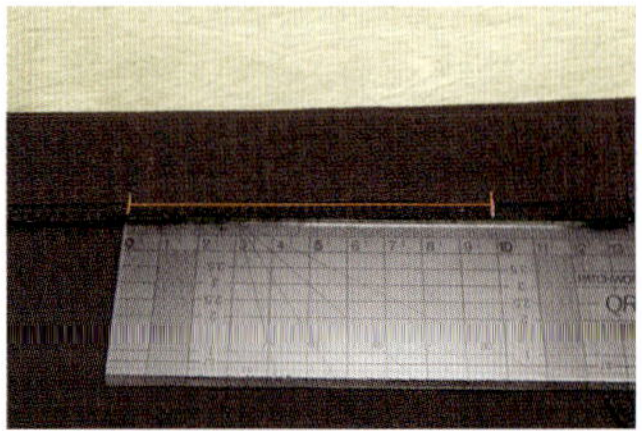

11 用水笔画出 10cm 翻口后，留下翻口处，沿标示线将边缘缝好。

12 将松紧带穿进塞皮筋夹中，通过翻口将松紧带塞进去。

*Tip*

用珠针固定松紧带是为了避免松紧带的另一端也一起进到孔中。

13 用珠针将松紧带的另一端临时固定好，将穿在塞皮筋夹上的松紧带从孔中穿过去后从另一头抽出。

14 与从另一头穿出来的松紧带相对放好后按标示线将其固定起来。注意不要使松紧带扭曲。

15 将翻口处缝合。

## 制作裤脚

16 用熨烫标尺布和熨斗将裤脚向内折 4cm 熨好。如果喜欢再短一些的裤子可将裤脚多向内折一些。

17 将两个裤脚均向内熨折好后，按标示线将边缘处缝好。

18 也可以沿下端的边缘再缝一圈。将缝好的缝份用熨斗熨好。

## 穿带子

19 将裤子的正面翻出来。

20 将带子穿到塞皮筋夹中后塞进带子孔中。

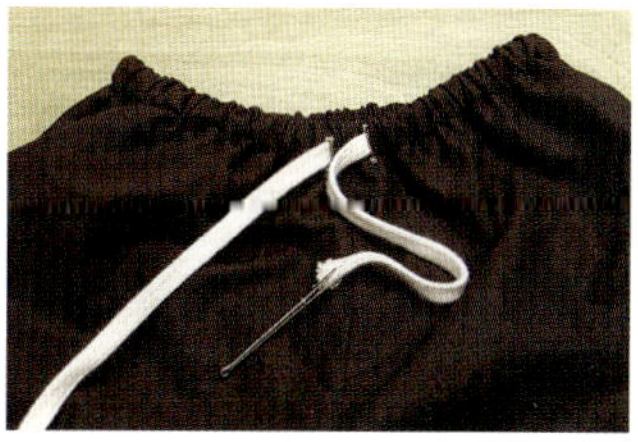

21 从另一端抽出来，剪出所需的长度。

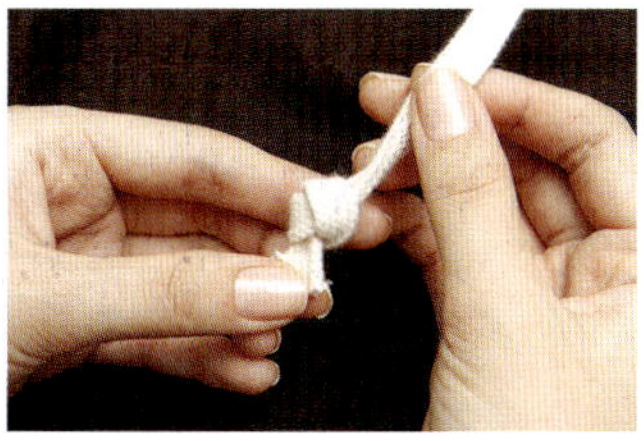

22 将棉带的末端打结。

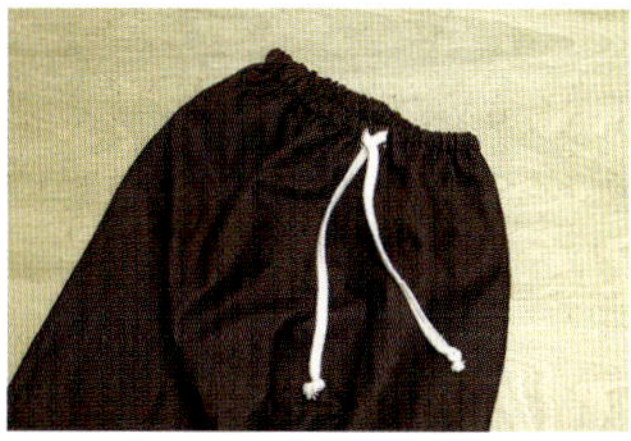

23 夏季最受欢迎的系带短裤就完成了。

# 04 舒适又不失魅力的 格子坎肩

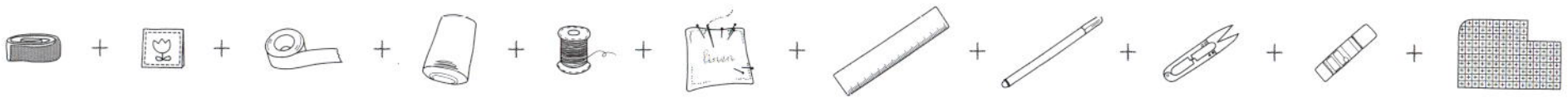

**准备物** 预计材料费 35 000 元韩币 | 预计制作时间 1.5h | 成品预计价格 80 000 元韩币

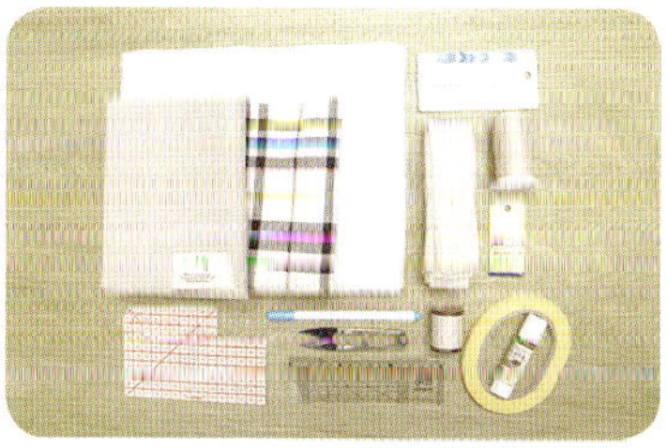

布　　料 □纯色亚麻 1 幅 □格子亚麻 1 幅 □ 4 盎司黏合棉 1 幅
辅助材料 □装饰用标牌 1 个 □毛料包边带 3m
缝制用品 □机缝线□手缝线 □缝份尺 □针 □线剪 □水笔
□珠针 □布料黏合胶□魔术胶带□熨烫标尺布

**剪裁**

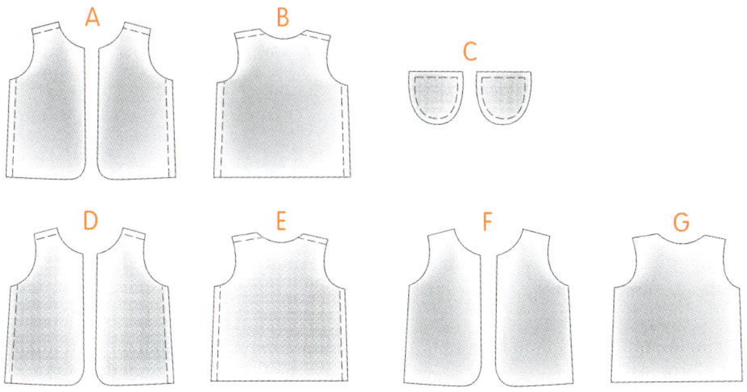


A 前身外皮：用实物样本对称各剪裁 1 块，共 2 块
B 后身外皮：用实物样本剪裁 1 块
C 口袋（格子）：用实物样本剪裁口袋 2 块
D 前身内里（格子）：用实物样本对称各剪裁 1 块，共 2 块
E 后身内里（格子）：用实物样本剪裁 1 块
F 前身黏合棉：用实物样本对称各剪裁 1 块，共 2 块
G 后身黏合棉：用实物样本剪裁 1 块

* 由于实物样本中不包含缝份，所以应该多画出 1cm 的缝份再进行剪裁。
* 由于黏合棉没有缝份所以可以完全按照样本绘图剪裁。

## 粘黏合棉

1 将前身外皮 A 的反面和前身黏合棉 F 的反面相对粘好。粘的时候注意只有肩膀线和两边的侧边有缝份。

2 将后身外皮 B 的反面和后身黏合棉 G 的反面相对粘好。粘的时候同样要注意只有肩膀线和两边的侧边有缝份。

3 粘黏合棉时一定要在布料面熨烫。

## 装饰

4 将装饰用标牌缝在后身外皮上。

5 将口袋 C 的周围锁边。也可用手工锁边或卷缝法锁边。

6 将口袋的圆弧部分以 2~3cm 的间隔剪开。

7 用布料黏合胶将缝份朝里折 1cm 粘好并熨烫。

8 用熨烫标尺布将口袋的开口端朝里折进去 2cm 并熨烫好。

9 用布料黏合胶临时固定好以免开缝。

10 沿缝份线将临时固定好的缝份缝好。用同样的方法将另一个口袋做好。

11 用珠针将口袋固定于前身外皮正面的口袋位置上。

12 将除口袋开口外的其余周边均沿边缘缝制好。

## 制作外皮、内里

13 将后身外皮 B 的正面和前身外皮 A 的正面相对重叠放在一起，将肩膀线和两边的侧边缝制出 1cm 的缝份。

14 将后身内里 E 的正面和前身内里 D 的正面相对重叠放在一起，将肩膀线和两边的侧边缝制出 1cm 的缝份。

15 将缝好的缝份熨出分缝。

16 由于外皮的反面粘有黏合棉，所以需在布料面进行熨烫。

## 连接

17 将外皮的反面和内里的反面相对重叠放好。

18 将领口、袖窿部等处沿边缘缝制好。

*Tip*

**袖窿（armhole）是什么？**

袖子与衣服前后片的连接处叫袖窿。

19 将毛料包边带对折后包在坎肩的四周边缘处。这时如果用布料黏合胶或魔术胶带将其先固定好，则会便于缝制。

20 将包在坎肩四周的毛料包边带的边缘用缉边法缝好。舒适又不失魅力的格子坎肩就完成了。

# 05 送给清纯的她，花纹亚麻连衣裙

**准备物** 预计材料费 30 000 元韩币 | 预计制作时间 2h | 成品预计价格 60 000 元韩币

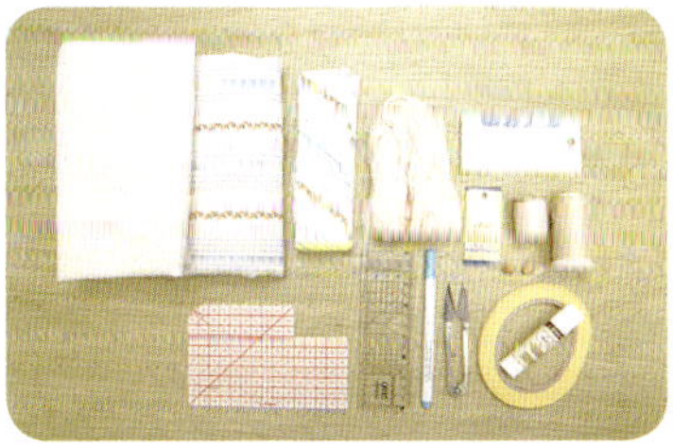

布　　料　□纯色亚麻 1/4 幅 □花纹亚麻 2 幅

辅助材料　□滚边条 2.5m □装饰用扣子 2 个

缝制用品　□机缝线□绷线□手缝线 □缝份尺 □针 □线剪
　　　　　□水笔 □珠针□布料黏合胶□魔术胶带

**剪裁**

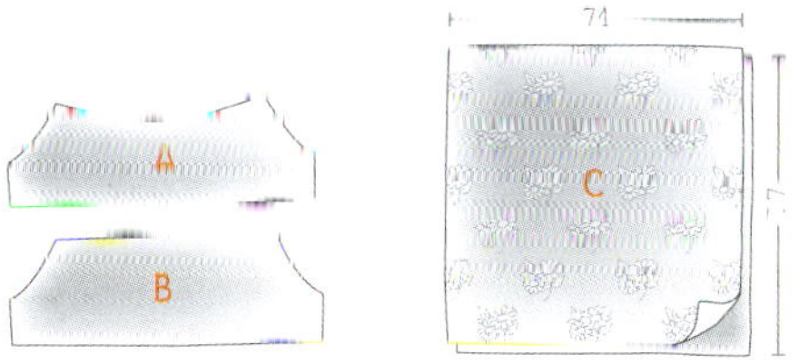


A 前胸：用实物样本剪裁　1 块

B 后胸：用实物样本剪裁　1 块

C 裙身（花纹）：74cm × 77cm　2 块

* 本作品无需留缝份，请完全按照样本绘图剪裁。

## 锁边，缝褶皱

1 将前胸和后胸、2 块裙身的四周均锁上边。也可以手工锁边或卷针缝。

2 用绷线将裙身的上端稀稀地缝起来。

3 拉紧绷线按照前胸横面的长度进行调节，做出褶皱后打结。将褶皱进行缝制固定好，以免散开。

4 褶皱固定好后将绷线剪断抽出。

## 连接

5 将前胸的正面和裙身的正面相对，缝出 1cm 的缝份。

6 将缝好的缝份折向裙身，并熨烫好。

7 用同样的方法将后胸也缝制好后，将前胸和后胸的正面相对。然后将侧边缝出 1cm 的缝份。

8 用熨斗将缝好的两侧的缝份熨出分缝。

## 制作裙子下端

9 将裙身的下端向内折 4cm 并熨好。如果喜欢短一点的裙子可多向内折一些。

10 沿着边缘将折进去的缝份缝好。

## 滚边

11 将滚边条准备好（请参考第 48 页的滚边条基本制作法）。

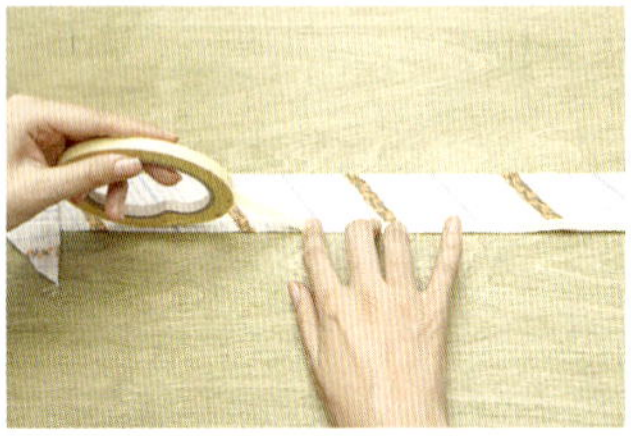

12 在滚边条反面的一个侧边上粘上魔术胶带。

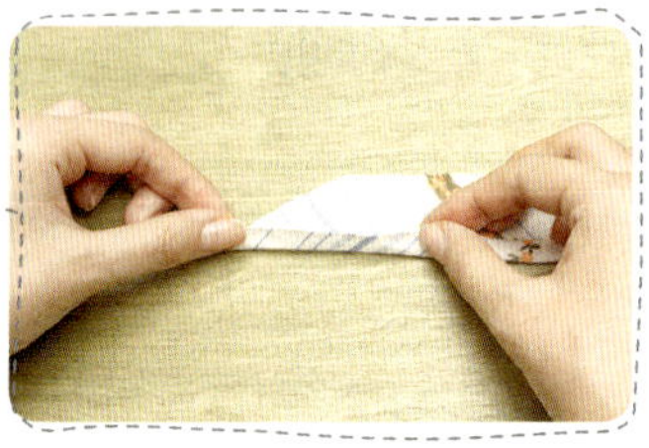

13 将魔术胶带的粘纸揭掉后，按胶带的宽度将滚边条折进去。

14 像这样只折一边。

15 将前胸的正面和滚边条未折进去的一边的正面相对放置。

16 按照标示线将滚边条缝出 1cm 的缝份。

17 缝好后将正面折出来，然后用熨斗熨好。

18 将滚边条折向内部，把裙身的边缘包裹起来。

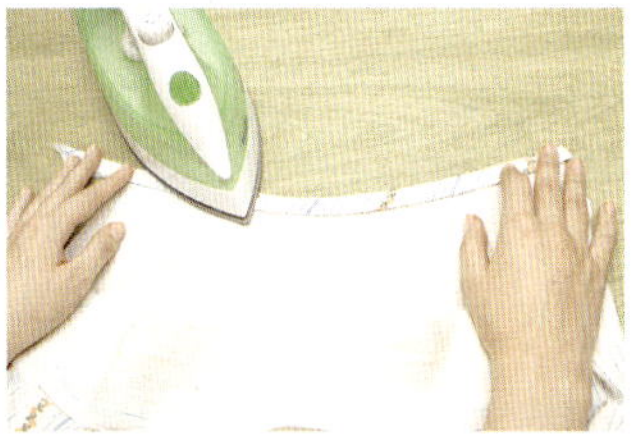

19 用缝纫机将折向内部的滚边条边缘缉边或缲边，再将其缝在胸部，然后用熨斗熨烫好。

20 将包裹胸部后剩余的滚边条剪掉。对后胸也用相同的方法处理。

## 缝带子，进行装饰

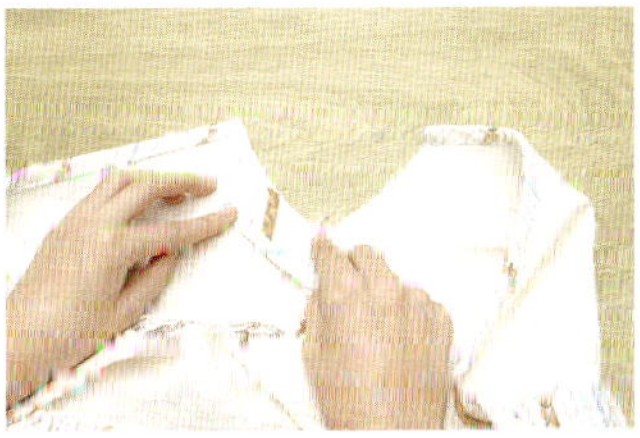

21 用与连接胸部相同的方法将滚边条缝在袖窿处。缝袖窿处的滚边条时需从后身开始缝，这样缝好后穿着才能比较好看。

22 将肩带调节成所需的长度。

23 将剩余的滚边条剪掉。

24 与起点重叠 2cm 左右进行缝制。

25 将滚边条折向后端包裹好后，把滚边条像做胸部一样用缝纫机缉边或缲边。

26 将两边的袖窿用相同的方法缝制。

27 在前胸上缝上 2 颗装饰用扣子。

28 花纹亚麻连衣裙就完成了。

# 06 你现在也是窈窕淑女，头花 & 胸花

**准备物**　预计材料费 10 000 元韩币 | 预计制作时间 1h | 成品预计价格 20 000 元韩币

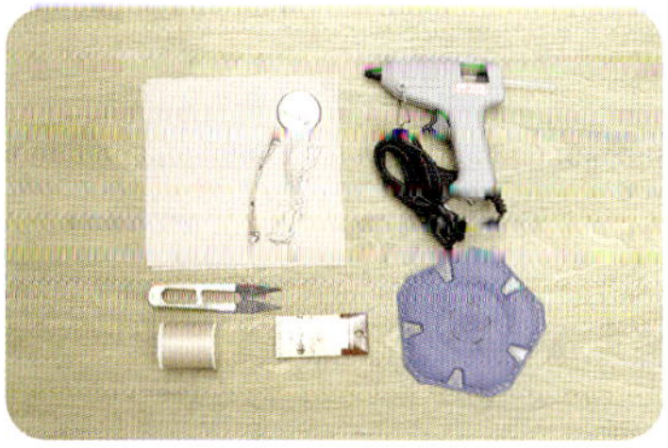

布　　料　□纯色亚麻 1/4 幅

辅助材料　□装饰用蕾丝

缝制用品　□发卡□胸针 □梅花模具 □涂胶枪

　　　　　□针 □手缝线 □线剪

**剪裁**

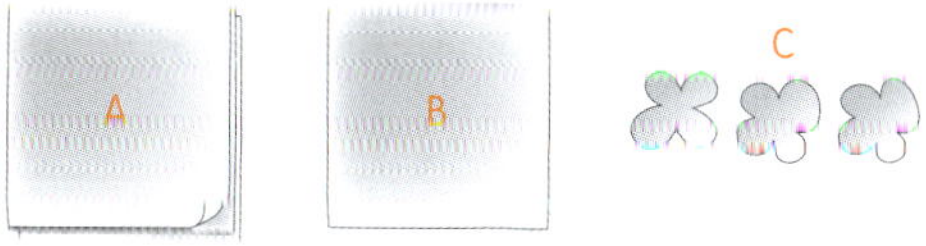


**头花**

A 布头：比梅花模具大 2cm 左右　3 块

**胸花**

B 布头：比梅花模具大 2cm 左右　1 块

C 花：按实物样本剪裁　3~4 块

* 本作品无需留缝份，请完全按照样本绘图剪裁。

## 制作梅花

1 将梅花模具分开。

2 将布块正面对着模具下板放好。

3 将模具的上板放在布块上面按压直至听到按进去的响声。

4 将布料余出 1cm 左右按模具形状剪好。

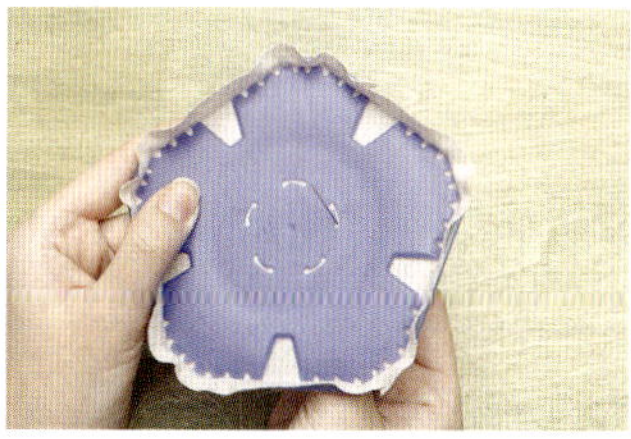

5 为了先缝制中间的五个空隙，将针从其中一个空隙的下面穿上来。

6 再将针从同一个空隙另一端穿下去。

7 将针从下一个空隙的一端穿上来。

8 再将针从同一个空隙另一端穿下去。

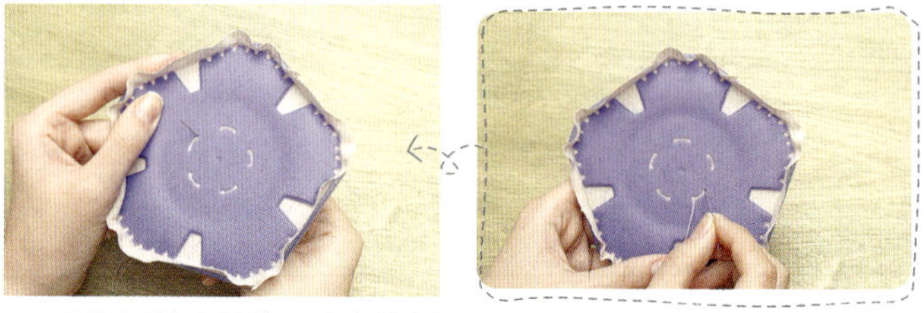

9 用相同的方法将 5 个空隙都缝好。

10 不要将线打结，而是长长地留下一段。

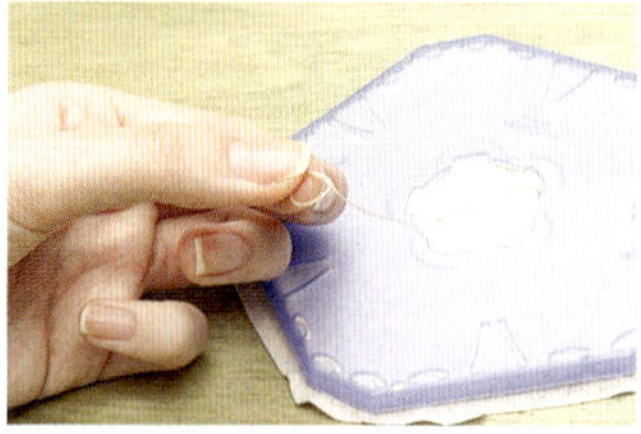

11 从反面看时缝制的线应该是如图所示的形状，将留下的一段长线在末端打结。

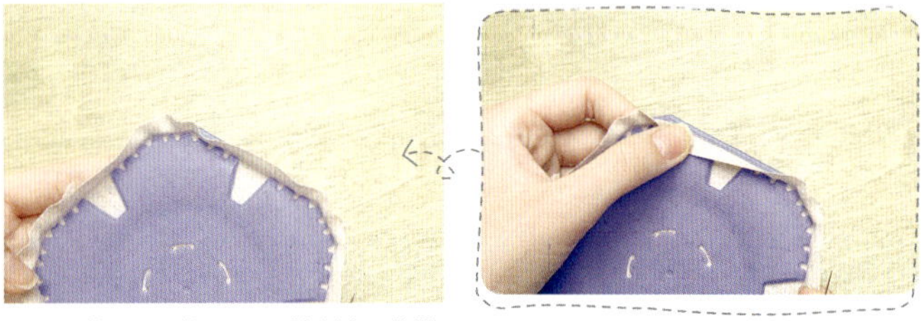

12 将留下的 1cm 缝份折进模具的里面缝好。

13 将模具翻到反面，如图将针从第一个孔中抽出来后，再从同一个孔的另一端插下去。

14 将针从旁边一个孔的一端抽出后，用与第一个孔相同的方法缝制。用同样的方法将模具边缘的孔全部缝好。

15 将缝份折进去全部缝好后便到达第一针的起点处。

16 最后一针应该在模具的正面，然后将线留长一点打上结。

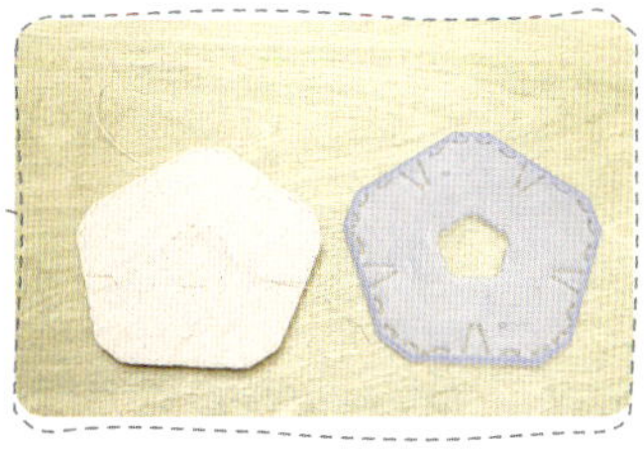

17 推模具反面的孔将模具分离开。

18 将模具正面也去掉。

19 将中心的线拉紧打上结便做成了圆圆的花蕊。

20 将边缘的线拉紧打上结便做成了花朵的形状。注意不要拉得太紧，否则线容易断。

21 用梅花模具做的花朵就完成了。

## 制作头花

22 用梅花模具做 3 朵梅花。

23 在梅花的背面涂上胶粘到发卡上。

24 将其他的梅花也粘到发卡上。

## 制作胸花

25 用实物样本剪裁 3~4 片花瓣。

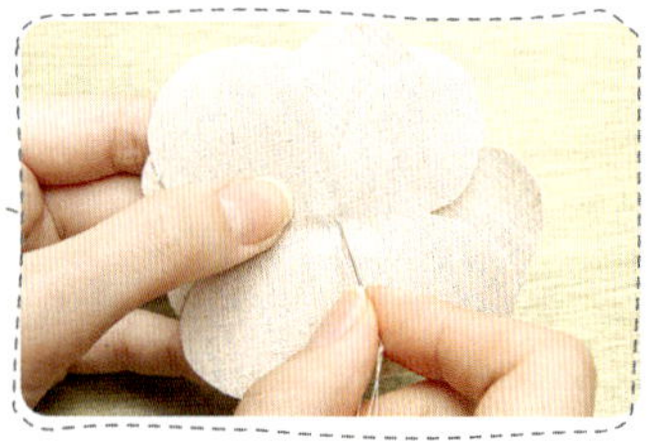

26 将花瓣重叠在一起后将中间缝在一起。

27 将装饰用蕾丝也缝上去。

28 不要将缝蕾丝的线打结，直接缝上梅花。

29 将梅花缝好后在背面将线打结。

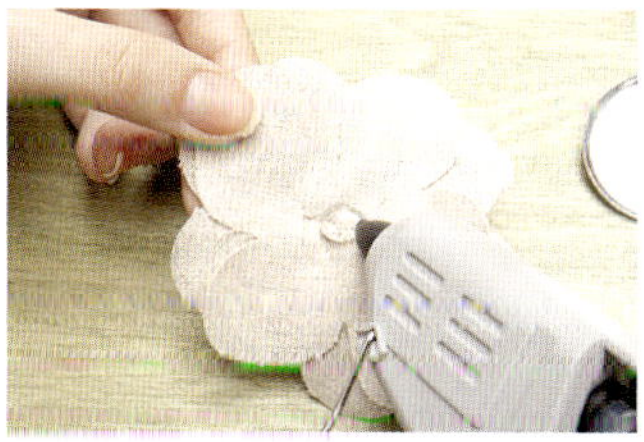

30 在花瓣背面涂上胶。

31 将花粘在胸针上，头花＆胸花就完成了。

32 试着用大小不同的各种布料制作多样的头花和胸花。

# 07 守护烈日下的我，手制亚麻遮阳伞

**准备物** 预计材料费 55 000 元韩币 | 预计制作时间 2.5h | 成品预计价格 110 000 元韩币

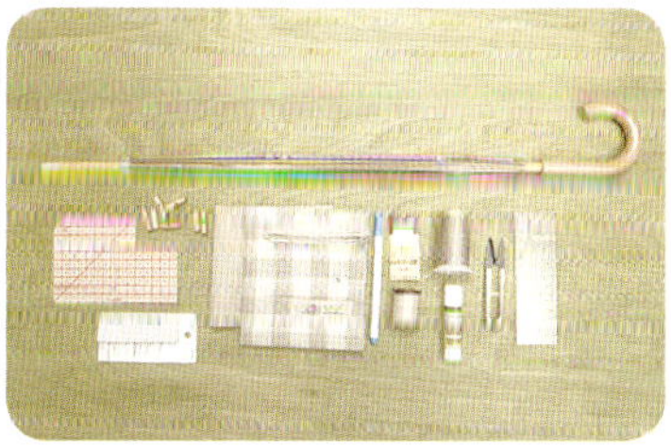

布　　料 □格子亚麻 90cm □纯色亚麻 90cm

辅助材料 □伞架 1 个 □伞插头 8 个 □ 10mm 宽亚麻条 20cm

□装饰用标牌 1 个 □ 10mm 按扣 1 个

缝制用品 □机缝线□手缝线 □缝份尺□针 □线剪

□水笔□珠针 □布料黏合胶 □熨烫标尺布

**剪裁**

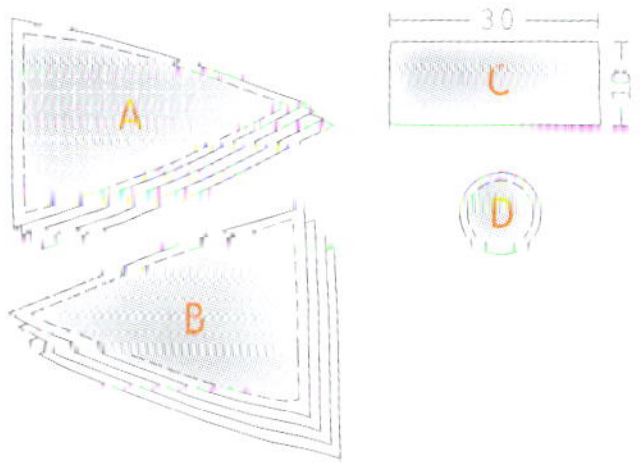


A 伞身（格子）：用实物样本剪裁 4 块

B 伞身：用实物样本剪裁 4 块

C 装饰用插口布：用实物样本剪裁 1 块

D 伞身插口布：用实物样本剪裁 1 块

* 由于实物样本中不包含缝份，所以应该多画出 1cm 的缝份再进行剪裁。

## 锁边

1 将伞身 A、B 的底端部分锁边。

## 装饰

2 将装饰用标牌用布料黏合胶临时固定在伞身 B 的正面后将两边缝好。

3 用珠针将亚麻条固定在伞身 A 的正面后，将亚麻条的头部缝成“口”字状固定在伞身上。

# 连接伞身

4 用熨烫标尺布和熨斗将伞身格子布的下端折进去 2cm 熨好。

5 将 8 块伞身用同样的方法处理好。

6 将格子布伞身和纯色伞身正面相对放好后用珠针固定好。

7 将一边的侧边缝出 1cm 的缝份。

8 将缝好的缝份锁边。手工锁边或者卷缝也可以。

9 用相同的方法将 8 块伞身连接在一起。

10 将连接好的伞身翻到正面。

# 制作装饰插口

11 将装饰用插口布 C 和伞身插口布D的周围都锁上边。

12 将伞身插口的缝份处以 2~3cm 的间隔剪开。

13 用布料黏合胶将缝份粘到里面。

14 用熨斗熨烫好。

15 沿着边缘将圆边缝起来。

16 在样本中标示的圆的中央用剪刀剪一个孔。

17 剪出插伞头的孔。

18 用熨烫标尺布将装饰用插口布的上下边各向内折1cm并熨烫好。

19 正面相对对折后用珠针固定好。

20 将侧边缝出1cm的缝份。

21 将熨进去的缝份以1cm的间隔缝起来。

22 将缝份一圈都缝好后将线拉紧，拉出褶皱。

23 拉成可容下一个手指大小的孔后打上结。另一头也用相同的方法做好。

## 插伞架

24 将伞身插口布正面朝下穿到伞架头上。

25 将伞身反面朝下穿在伞架头的插口布上。

26 最后将装饰用插口布穿到伞架头的伞身上。

27 将装饰用插口布和伞身缝在一起以免脱落。

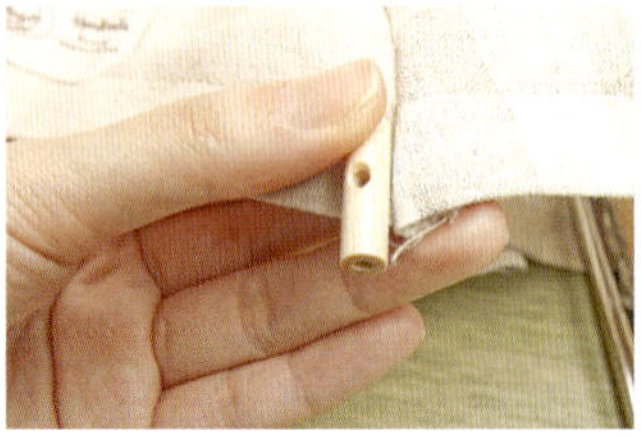

28 将伞插头有孔的一端朝下放在伞身 A 和 B 的缝制线下端边缘。

29 将针从伞身的反面开始，从伞插头上的孔中穿出。

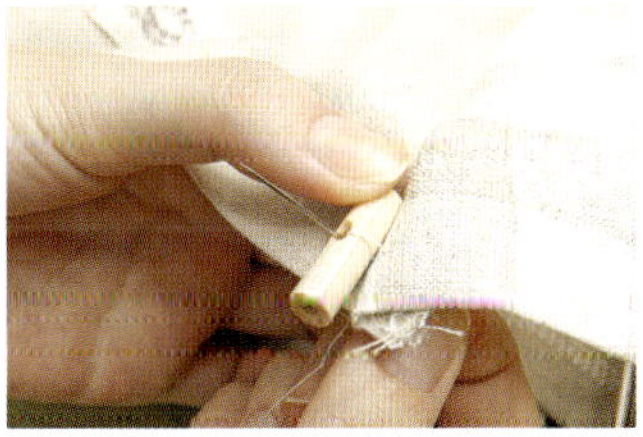

30 从孔中穿出的线再从插头的旁边穿下去。穿下去的针再从插头上的孔中抽出，再从插头的另一边穿下去。

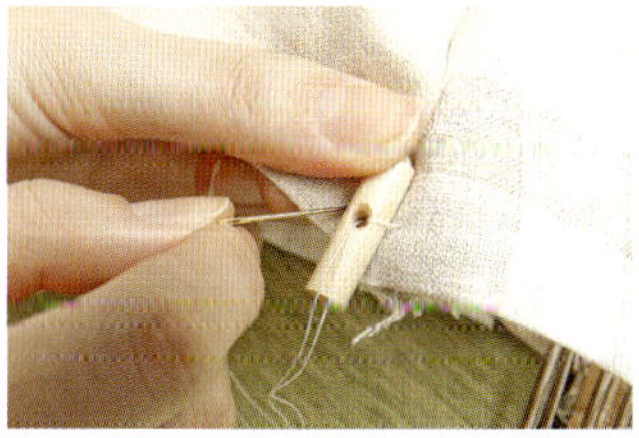

31 反复穿几次将插头缝牢固后在伞身的反面将线打上结。

32 在 8 个缝制线的末端都缝上插头。

33 将插头转向内部插在伞架上。

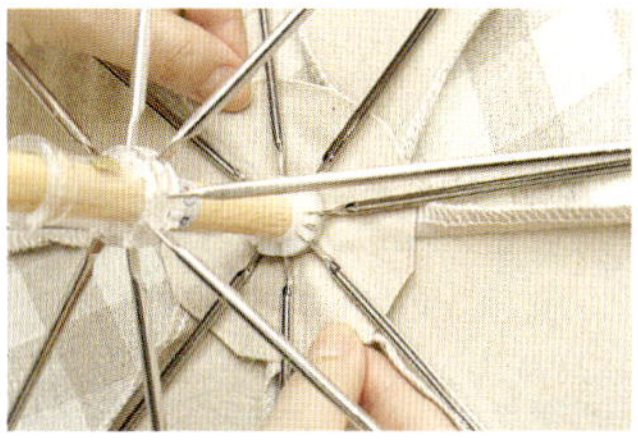

34 打开伞后将伞身插口布折在一起处展平。

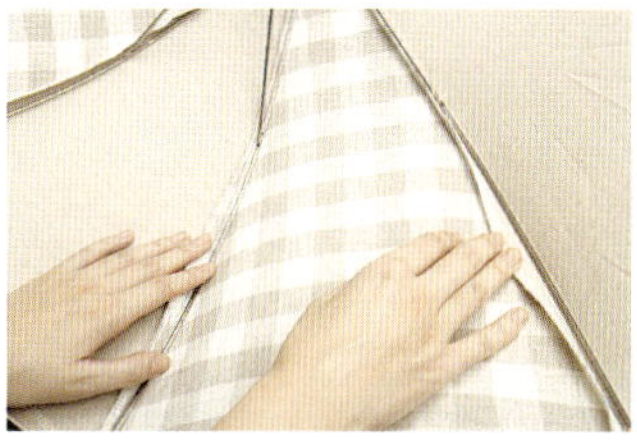

35 将伞身的缝份折向一边整理好。

36 将与伞架折叠处的孔相接的伞身缝份再缝一遍进行固定。

## 钉扣子

37 将伞折起来，把亚麻条剪成适当的长度后在两端缝上按扣。

38 手制亚麻遮阳伞就完成了。

# 08 寒风中依旧的 纱布围巾

**准备物** 预计材料费 20 000 元韩币 | 预计制作时间 3h | 成品预计价格 60 000 元韩币

布　　料 □双层纱布 1/2 幅

辅助材料 □装饰用蕾丝花 1~2 个 □装饰用贝扣 2~3 个

□装饰用标牌 1 个

缝制用品 □机缝线□手缝线 □针 □线剪 □锥子

□布料黏合胶

**剪裁**

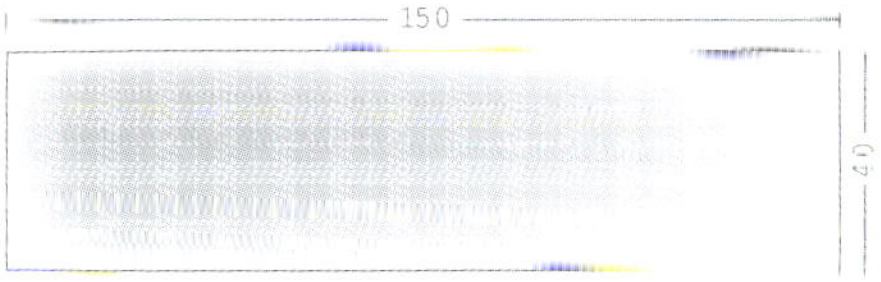


围巾（双层纱布）40cm × 150cm　1 块

## 锁边装饰

1 只将布料的长边锁边。也可用卷缝或手工锁边。

2 将装饰用蕾丝花放在下端。也可装饰在其他位置。

3 将标牌和贝扣也一起放在蕾丝花上确定要装饰的位置。

4 手工将装饰物缝好。缝制时应使用与布料或蕾丝搭配的颜色的线。

## 制作底边

5 用锥子将未锁边的短边上的线一根一根挑下来。

6 挑出 5cm 左右的长度。也可以挑出喜欢的长度。

7 一股一股地进行打结。

8 上下均用相同的方法处理。

9 双面纱布围巾就完成了。

# 参译人员名单

**◆主译**


吴春明　　大连医科大学附属第一医院

吕德成　　大连医科大学附属第一医院


**◆参译人员（按姓氏笔画排序）**


王福生　　大连医科大学附属第一医院

吕德成　　大连医科大学附属第一医院

吴春明　　大连医科大学附属第一医院

# 执笔者一览


◆**主编**

金谷文则　琉球大学医学部高次机能医科学讲座整形外科学教授

◆**执笔者**

杉本胜正　名古屋运动诊所所长
筒井广明　昭和大学藤丘康复医院骨科副教授
岩堀裕介　爱知医科大学骨科副教授
佐藤启二　爱知医科大学骨科教授
野中伸介　大阪养老金医院运动医学科
米田　稔　大阪养老金医院运动医学科部长
菅谷启之　船桥骨科运动医学中心肩关节・肘关节外科部长
冈村健司　东北海道医院骨科
大泉尚美　骨科北新医院上肢人工关节・内视镜中心
末永直树　骨科北新医院上肢人工关节・内视镜中心中心长
渡会公治　东京大学研究生院综合文化研究科身体运动科学副教授
辻野昭人　庆友骨科医院副院长
佐藤和毅　庆应义塾大学医学部骨科
古岛弘三　庆友骨科医院
伊藤惠康　庆友骨科医院院长
高原政利　山形大学医学部骨科副教授
松浦哲也　德岛大学研究生院健康生命科学研究部运动机能外科学讲师
柏口新二　东京养老金医院骨科部长
坪川直人　财团法人新泻手外科研究所所长
吉津孝卫　财团法人新泻手外科研究所会长
岩崎伦政　北海道大学研究生院医学研究科骨科学讲师
和田卓郎　札幌医科大学医学部骨科学副教授

# 中文版
# 序　言

日本的古代医学主要从中国学习。到了近代，西方国家的产业革命带动了科学的巨大进步。明治维新后，日本迅速调整医学学习方向，转为向西方国家学习，取得了很大成功。在骨科领域，日本一直紧跟西方现代医学的脚步，同时发挥日本民族细致严谨的作风，在现代骨科领域独树一帜，取得了辉煌成就。

本套丛书由日本骨科学会理事长、九州大学研究生院医学研究院临床医学部骨科学教授岩本幸英等担任主编，图文并茂，全面描述骨科各领域手术的最新技术，适合我国广大骨科医生阅读参考，特别是对于缺少高水平骨科正规培训的医生，本套丛书有助于补充相关知识。

本套丛书具有两大特点：

专业划分细致：目前引进的有14个品种，涉及脊柱、手术导航、关节镜、关节置换、关节重建、骨折、运动损伤等多个专业。本套丛书在日本还在不断推出新的品种。

简明易学：介绍某项具体手术时，手术步骤明确，并在醒目位置写明“手术技巧及注意事项”“难点解析”“术后并发症及处理”等，便于读者快速掌握手术技巧。

为保证翻译质量，我们遴选了国内优秀的日语专业骨科医生承担翻译，这些译者来自北京积水潭医院、中日友好医院、北京医院、中日联谊医院、中国医科大学附属盛京医院、苏州大学附属第二医院、大连医科大学附属第一医院等医院。对翻译过程中发现的问题，他们辗转与日本原作者联系，力求最准确地传达专业知识。

在此，首先要感谢岩本教授及日本MEDICAL VIEW出版社的帮助，也要感谢参与翻译的各位骨科教授、医生及其他工作人员，以及河南科学技术出版社的努力。相信本套丛书能够成为广大骨科医生的好朋友。

书中翻译可能存在不妥之处，恳请读者予以指正。

田伟

北京积水潭医院

2013年4月

# 序　言

能担当《肩·肘运动损伤的治疗——延长运动生涯的手术技巧》一书的主编并为其做序，我感到非常荣幸。

在肩、肘关节的运动损伤中，上手投球尤其是棒球的投球动作引起的损伤占大多数。上手投球从投手投球时的绕臂动作开始，通过肩、肘的介导，将蓄积在体内的运动能量从手传递到球，这是一个复杂的连锁运动过程。为正确诊断与治疗肩、肘关节的运动损伤，不仅要看到症状的局部，而且要确定连锁运动中究竟何处有问题，这是至关重要的。此外，对竞技水平的运动损伤来说，在治疗上不但要建立良好的医患关系，而且还要在教练员与运动员之间构筑良好的关系。小儿的运动损伤不仅要取得本人对疾病的理解和认识，更重要的是要取得其家长和监护人对疾病的理解和认识。小儿的运动损伤多数是由于过度训练或不正确的动作引起的，如给予适当的休养，症状多可减轻；如勉强连续投球，就可引发剥脱性骨软骨炎；因此必须停止棒球的训练和比赛。身体壮、能力强的优秀选手为取得本队的胜利，往往不顾健康连续投球，故发病的机会也多，这对患者本人也不是没有遗憾的。正确理解肩、肘关节运动损伤的病理生理变化，预防发育期少年的肩、肘关节损伤，延长成年人的运动寿命，是我们编辑本书的目的所在。

本书承蒙各领域经验丰富的学术带头人对肩、肘各部位损伤的病理生理变化和诊断、保守治疗及手术治疗等方面做了阐述和记载。有关投掷肩、少年棒球肩的临床表现和治疗，有关体征的检查要点、诊断方法、手术方法及运动疗法等，都运用丰富的图解进行了详细叙述。对投掷肩、肩关节不稳定及肘关节损伤，除临床表现和保守治疗外，还讲述了手术概要、手术方法及术前的影像学检查。投掷肘分外侧型（剥脱性骨软骨炎）、后方型（尺骨鹰嘴骨骺愈合不全、疲劳骨折）和内侧型（肱骨内上髁撕脱骨折、骨骺损伤、内侧副韧带功能不全），本书对保守治疗及其局限性，以及术中必要的手术技巧及注意事项和难点等进行了详述。本书也讲述了网球肘的临床表现及广受关注的关节镜下手术。

本书并未偏重手术，对病理生理和保守治疗都进行了详细的阐述。此外，本书配有丰富的插图，以便读者能更好地了解和掌握从术前计划到手术操作、手术要点及所出现问题的处理等知识。如本书不仅有助于延长竞技运动生涯，而且也能在保健运动中发挥作用，我们将不胜荣幸。

金谷文则

OS NOW Instruction

目录

# 肩·肘运动损伤的治疗
## 延长运动生涯的手术技巧

### 肩

投掷肩的临床表现及诊断 1
投掷肩的保守治疗 19
少年棒球肩的临床表现和治疗 23
投掷肩的镜下手术 39
肩关节不稳定的诊断与治疗 72
肩关节前脱位及半脱位的镜下修复（关节镜下Bankart 修复术） 86
肩关节前脱位和半脱位的直视下修复（开放性 Bankart 修复术） 98

# 目录

## 肘

投球动作与投球损伤 120
运动引起的肘管综合征 132
肱骨内上髁撕脱骨折、骨骺损伤的手术适应证及手术方法 137
肘内侧副韧带功能不全的重建 145
尺骨鹰嘴骨骺分离和疲劳骨折的临床表现与治疗 152
肱骨小头骨软骨损伤的临床表现和保守治疗 165
剥脱性骨软骨炎的手术治疗——截骨术 171
剥脱性骨软骨炎的手术治疗——软骨镶嵌术 177
剥脱性骨软骨炎的手术治疗——肋骨肋软骨移植术 181
网球肘的临床表现和治疗 189

肩

# 投掷肩的临床表现及诊断

大连医科大学附属第一医院　王福生　吴春明　吕德成　译

名古屋运动诊所所长　杉本胜正

## 投掷肩的特点

伴随着关节镜及各种影像学诊断的进展，投掷肩的临床表现正逐渐被阐明，各种诊断方法也相继报道。投掷肩就是人体在投掷这一特殊的全身运动中产生的损伤。主要的病灶位于软组织。由于投掷肩常与其他病症混杂在一起，故在常规的肩关节诊查中常常难以鉴别。另外，流畅的投掷动作常需要从足到手的运动器官整体协调运动，但有时存在着无效的能量传递。因此，在诊断投掷肩时，首先要进行全身表现和投掷动作的检查，不仅要注意局部的病变，而且要注意受伤的机制、运动员受伤经历及训练内容等情况，同时也要结合投掷时相应疼痛部位、影像学表现、特殊检查及投掷试验等才能对损伤做出正确的诊断。

现将有关投掷肩的临床表现及诊断结合最近的进展综述如下。

## 投掷肩的临床表现

在引起投掷肩的原因中，全身因素起了很大作用。

### ◆ 投掷时产生肩关节痛的全身原因

**◉下肢、躯干、肩胛胸廓**

· 足部病变（扁平足、外踝肿瘤、籽骨骨折、跟腱炎）。

· 踝关节病变（踝关节不稳定，关节游离体，内、外翻挛缩）。

· 膝关节病变［半月板损伤、平台病变、韧带损伤（内侧副韧带、前交叉韧带、后交叉韧带等）、髌股关节病变、髌腱炎、游离体］。

· 髋关节挛缩。

· 腰痛（肌筋膜炎、腰椎滑脱、腰椎间盘突出）。

· 肩胛胸廓关节功能不全。

· 胸廓出口综合征（thoracic outlet syndrome，TOS）。

· 肩胛胸廓滑囊炎。

如上所述，参与肩关节连锁运动的所有器官的损伤都可引起投掷动作平衡失调，进而引起肩关节疼痛。

**◉投掷动作**

小学生等生长期运动员因投掷动作不熟练常可引起肩关节疼痛。

投掷时，躯干的旋转、出足的方向和幅度、肘关节的位置及前臂的动作都很重要。岩堀等[1]制定了动作检查要点（**表1**），据报道，通过这些动作矫正，避免肩关节疼痛的有效率可达67%。一般认为，检查生长期棒球选手时，让其现场投球，从而观察其投掷动作是非常必要的。

## 投掷肩的肩关节病变（表2）

引起投掷损伤的病灶出现频率较高的部位有肩袖肌腱、关节盂唇、喙肱韧带、肩峰下滑囊、肱二头肌长头腱（LHB）、肩袖间隙等。投掷动作可引起这些部位不同程度的炎症性、器质性、功能性和形态性变化。Walch等[2]报道，后上关节盂唇与肩袖肌腱深层的撞击可产生疼痛（**图1**），患者自诉肩关节外展外旋时后方疼痛，多数病例伴有关节囊破裂及后上方关节盂唇损伤。

Snyder等[3]提出了上关节盂唇损伤（superior labrum anterior posterior lesion，SLAP损伤，上关节盂唇从前向后的损伤）的概念，并将其分类为Ⅰ~Ⅳ型（**图2**），但未对单纯的投掷损伤进行分类，由于前上方及后上方局限性损伤较多，故许多病例分类较为困难。笔者在投掷肩的关节镜下发现许多病例在中盂肱韧带（middle glenohumeral ligament，MGHL）与下盂肱韧带（inferior glenohumeral ligament，IGHL）之间存在较大的凹陷，因此认为这个扩大的凹陷就应视为投掷引起的损伤。

**表1　投掷动作检查要点[1]**

| |
|---|
| **准备期** |
| 躯干向后旋转及膝关节上抬充分吗？ |
| **投掷早期** |
| 足踏出后足尖是朝向投球方向吗？<br>步幅适当吗？（身高×0.85）<br>足尖抓地与否？<br>投球侧的肘关节是否位于肩平面以上？<br>肘关节是否向后方过度伸出？<br>肘关节屈曲足够吗？（80°以上）<br>前臂是内旋位吗？（手掌朝后）<br>非投球侧的肘关节是否伸出得早？高度如何？ |
| **投掷晚期** |
| 投球侧的前臂呈外旋位吗？<br>肘关节是否低？<br>尺骨鹰嘴是朝向目标方向吗？<br>非投球侧的肘关节是屈曲的吗？ |
| **投球期** |
| 躯干前倾充分吗？<br>投球侧的肘关节是否低？ |
| **后续期** |
| 躯干前倾和前方旋转充分吗？<br>投球侧的前臂处于内旋位吗？ |

**表2　投掷肩的肩关节病变**

| |
|---|
| **继发性肩周病变** |
| 肩袖损伤、肩峰下滑囊炎、肱二头肌肌腱炎、肩峰下撞击综合征、肩袖间隙损伤、喙突撞击征 |
| **肩关节内病变** |
| 上关节盂唇损伤、后上关节盂唇损伤＋冈上肌关节面损伤（内撞击）、前上撞击、中盂肱韧带损伤、滑车损伤、前下关节盂唇损伤、软骨损伤、盂肱韧带损伤及关节囊松弛（浮动肩）、关节囊挛缩、Bennett损伤、腱鞘囊肿 |
| **其他** |
| 肱骨骨骺分离（少年棒球肩）、肩胛上神经麻痹、腋神经损伤（四边孔综合征）、肩锁关节损伤、肩胛胸廓滑囊炎、肱三头肌近端损伤、肩胛骨内上角炎 |

**图1　内撞击**

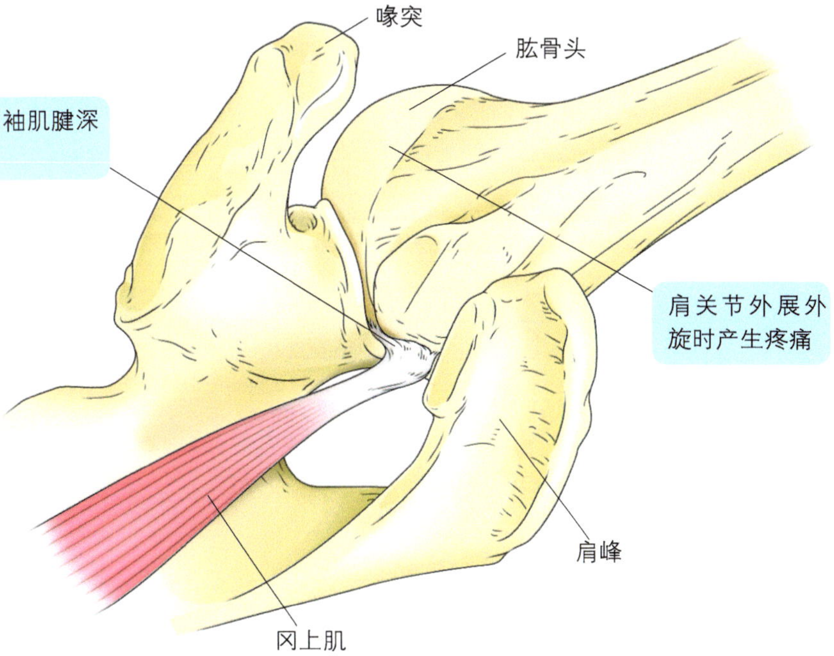


**图2　上关节盂唇损伤（Snyder分类）**

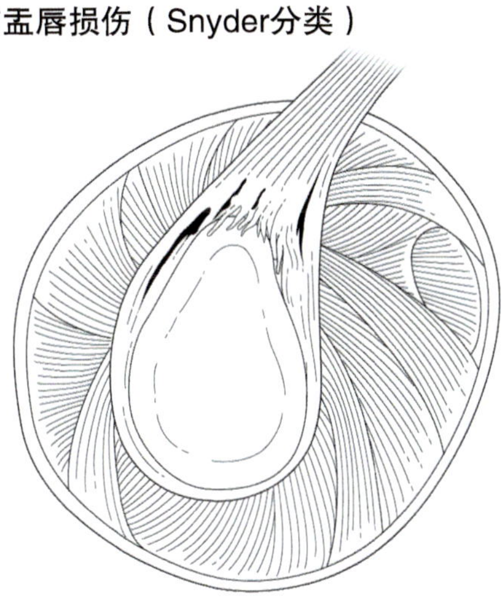

Ⅰ型：磨损与变性

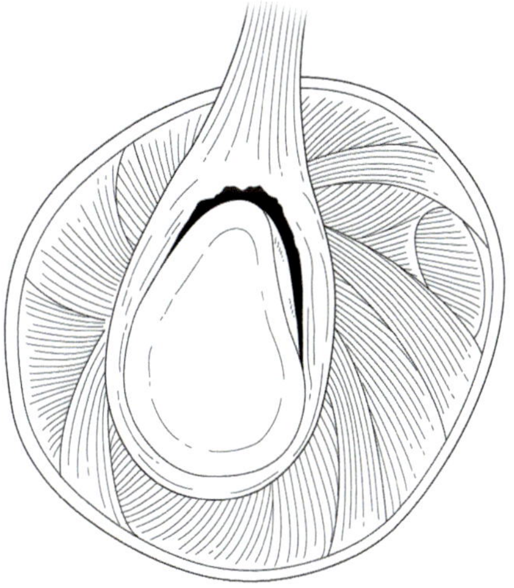

Ⅱ型：磨损与分离

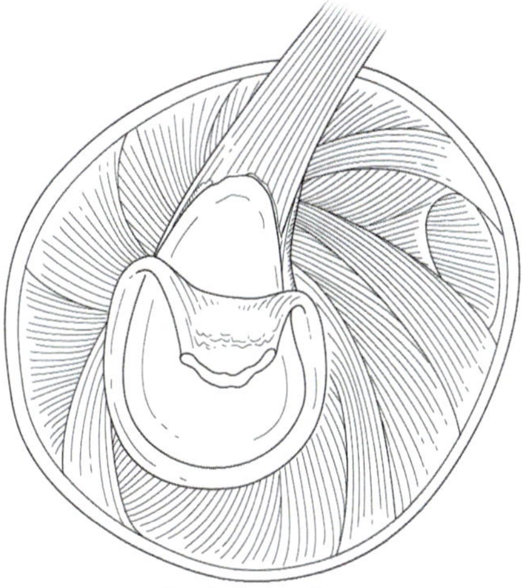

Ⅲ型：桶柄状裂

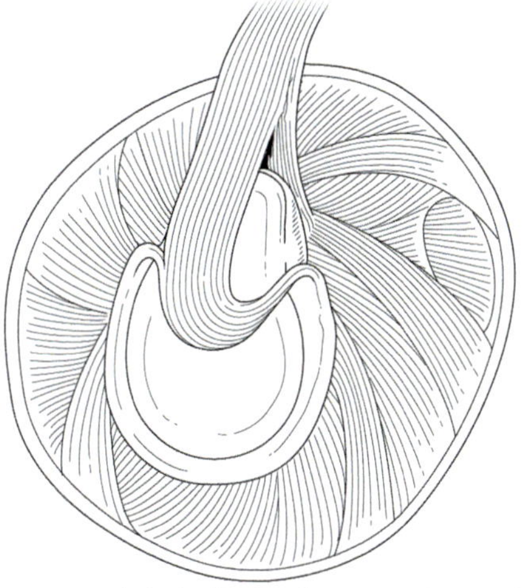

Ⅳ型：桶柄状裂延伸至肱二头肌肌腱

## ◆ 投掷时相与损伤

投掷动作可分为六个时相（**图3**）：Ⅰ期，准备期；Ⅱ期，投掷早期；Ⅲ期，投掷晚期；Ⅳ期，加速期；Ⅴ期，减速期；Ⅵ期，后续期。

投掷早期为从准备期开始投掷时肩关节外旋90°、外展15°的时期，投掷晚期是踏出的足着地后肩关节达到最大外旋的时期，而减速期是球投出后肩关节维持上举角度而肘关节伸直的时期。在投掷动作的各个时相，肩关节各个部位应力增大程度不同，Ⅰ~Ⅲ期主要在肩关节前方，Ⅲ~Ⅳ期为肩关节前方、上方和后方，Ⅴ~Ⅵ期主要在肩关节后方，这时各个部位易产生投掷损伤。

从投掷期开始到加速期，在肩关节前方产生的疼痛应考虑为撞击综合征、肩袖损伤、肱二头肌长头肌腱炎、肱二头肌长头肌腱脱位、肩胛下肌损伤、盂肱韧带损伤和前上关节盂唇损伤等，肩关节后方的疼痛应考虑为肩袖关节囊破裂、后上关节盂唇损伤及内在撞击。而投掷后到减速期和后续期的疼痛，则应怀疑为冈上肌腱损伤、冈下肌腱损伤、滑囊炎、上关节盂唇损伤和Bennett损伤等。

## ◆ 投掷肩的发病机制

投掷肩的发病机制目前尚不明确。Jobes等[4]报道，肩关节前方松弛可能导致内撞击和上关节盂唇损伤。Burkhart等[5]认为坚硬的后关节囊将肱骨头挤到后上方导致的肱骨过度外旋、肱二头肌长头腱和上关节盂唇的脱位（上关节盂唇由于肱二头肌长头腱的牵引移向近端的现象）及肌腱的过度扭转，都可导致肩袖损伤和上关节盂唇损伤（**图4**）。另外，Andrews等也认为减速期肱二头肌长头腱的牵拉也可损伤上关节盂唇，导致上关节盂唇损伤。笔者认为，生长期选手肌力差，关节松弛，而冈下肌、小圆肌、肱三头肌长头等后方肌群的远心性收缩，加

**图3　投球时相**

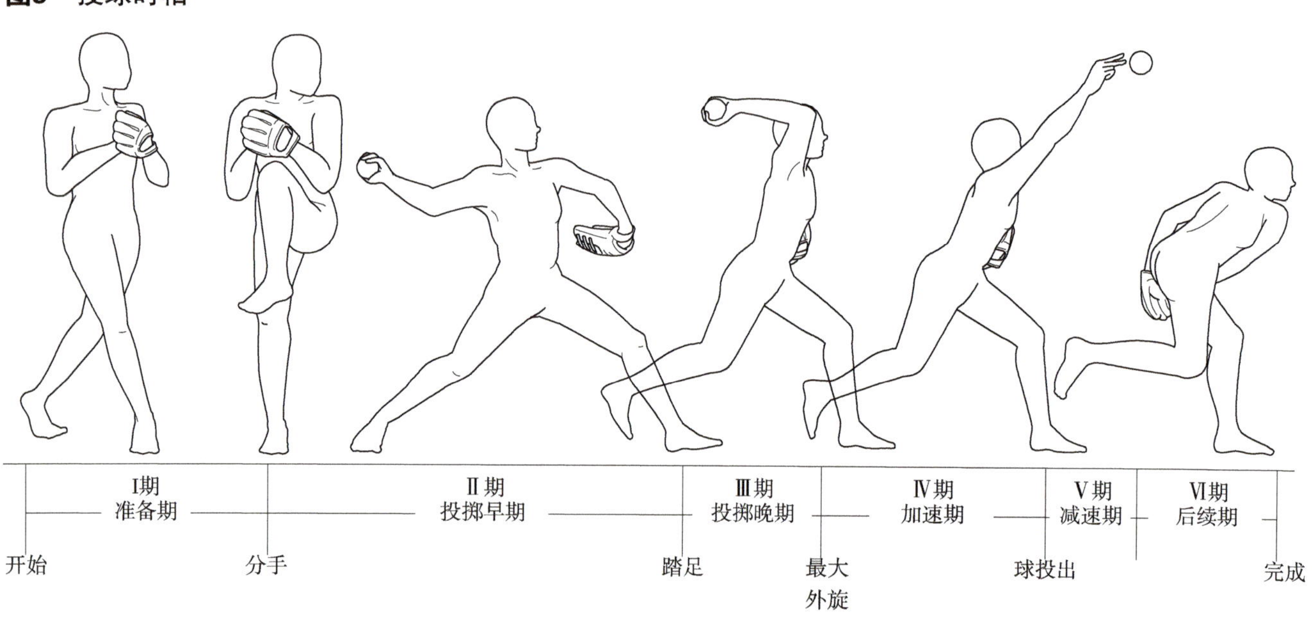

**图4 投掷损伤的机制**

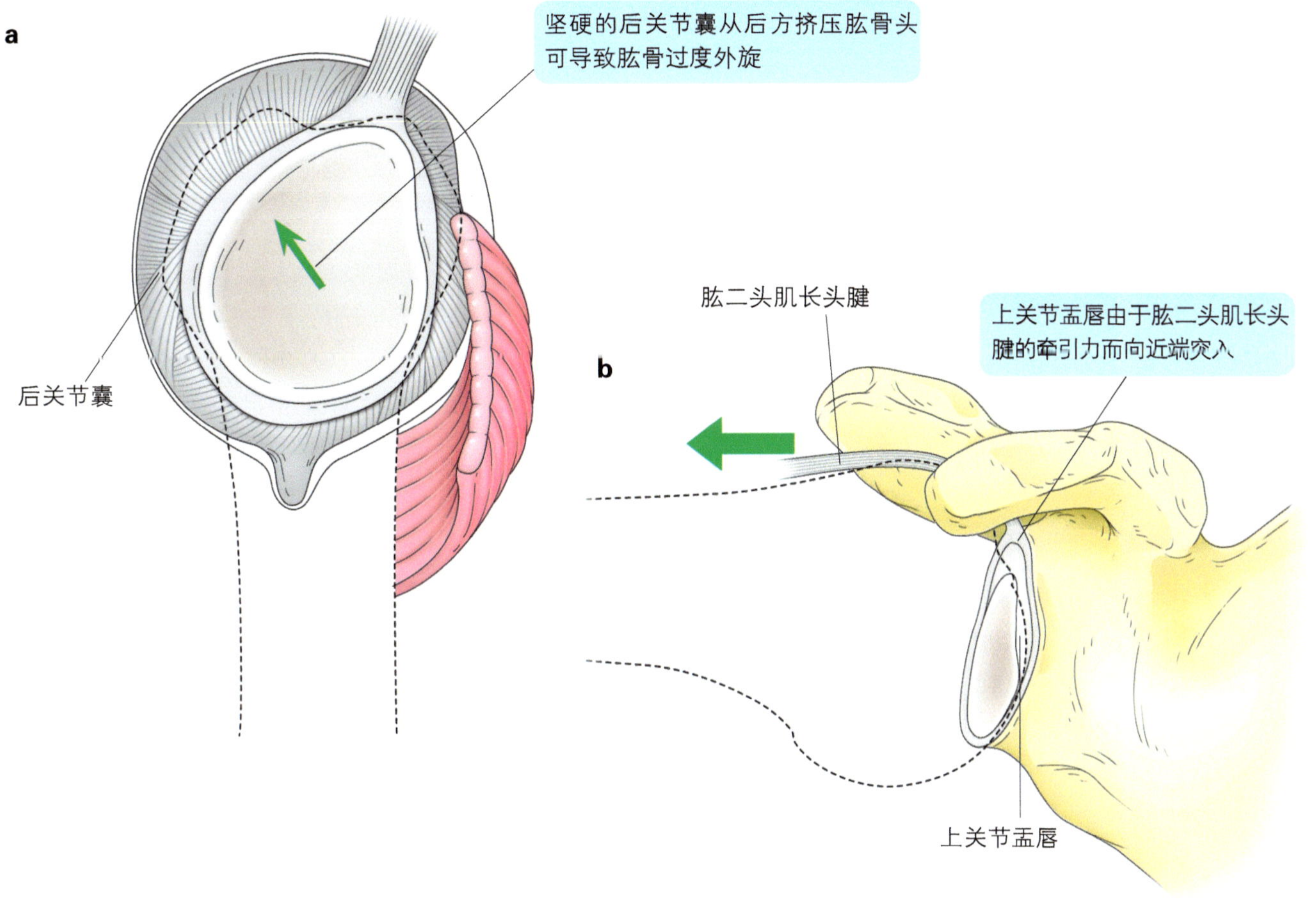


之后关节囊的硬化，使得肩关节前后平衡失调，因而可导致Burkhart等所说的肩前方的损伤。此时，肱三头肌的肩胛骨附着点可发生撕脱骨折或出现骨增生形成Bennett骨棘。一般认为，关节张力高、肌肉发达的成年选手，增加的伸张应力可直接损伤肩前上方结构，而肩后方也无坚硬的抗伸张结构，故可使肩前方受到更严重的损伤。

## ◆ 笔者对投掷肩的分类（图5）

根据投掷肩的关节镜所见，笔者在投掷肩的关节镜下发现许多病例在中盂肱韧带与下盂肱韧带之间存在较大的凹陷，中盂肱韧带自身也有许多发育不良的病例。因此，以中盂肱韧带为中心的前上方关节复合体的破裂，应是导致投掷肩的重要因素。基于上述考虑，笔者以同一部位形态为中心，将投掷肩分为以下六型。

**Ⅰ型**：单纯前上关节盂唇的剥脱（**图5a**）

**Ⅱ型**：中盂肱韧带与下盂肱韧带之间存在较大的凹陷（**图5b**）

**Ⅲ型**：中盂肱韧带与下盂肱韧带之间存在较大的凹陷，同时中盂肱韧带本身也菲薄脆弱（**图5c**）

**Ⅳ型**：中盂肱韧带几乎不存在，肩胛下肌腱性部外露，肩袖间隙高度开大（**图5d**）

**Ⅴ型**：虽解剖学结构健全，但全部处于松弛状态

**Ⅵ型**：前方关节复合体无变化，但后关节囊出现Bennett骨棘，因而存在挛缩

笔者于2003年1月至2008年2月共施行投掷肩关节镜手术79例，其中Ⅰ型17例，Ⅱ型21例，Ⅲ型17例，Ⅳ型13例，Ⅴ型6例，Ⅵ型5例。

**图5　笔者的投掷肩分类**

a. Ⅰ 型

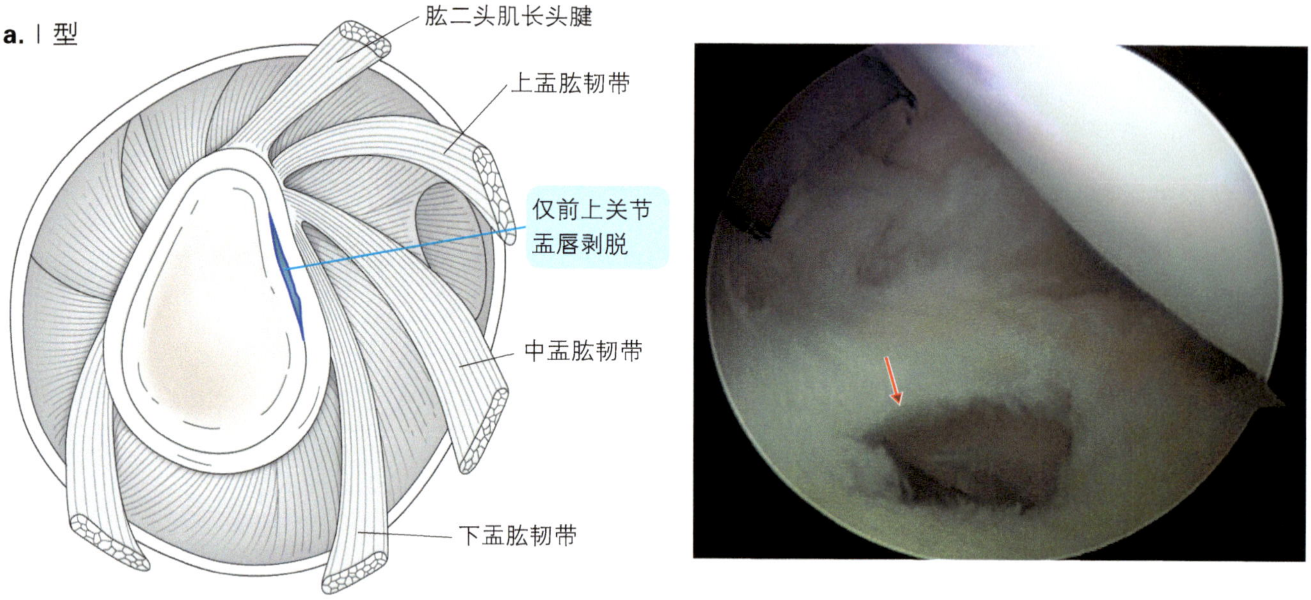


b. Ⅱ 型

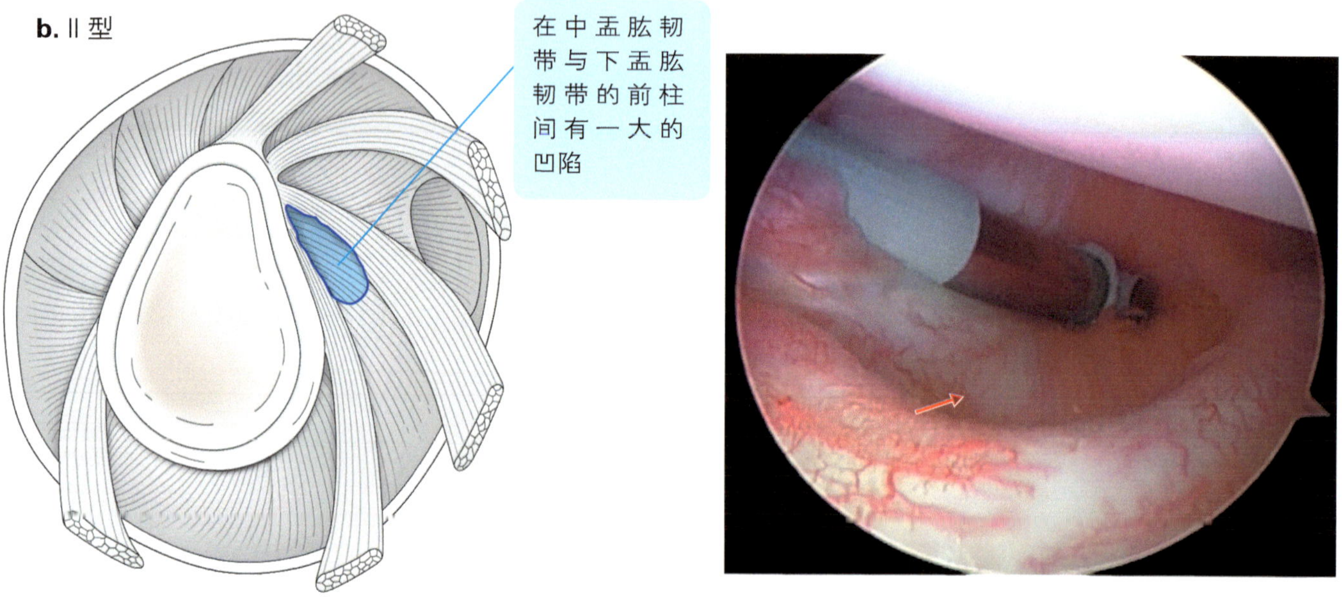


c. Ⅲ 型

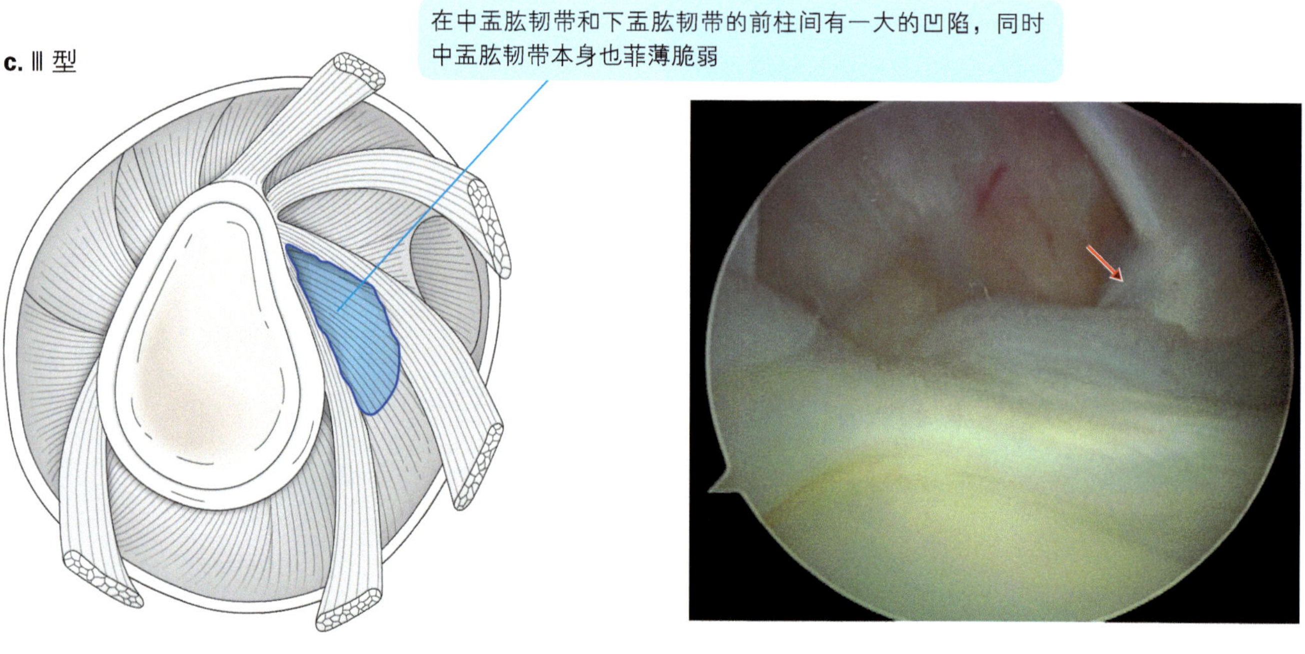

**d.**Ⅳ型

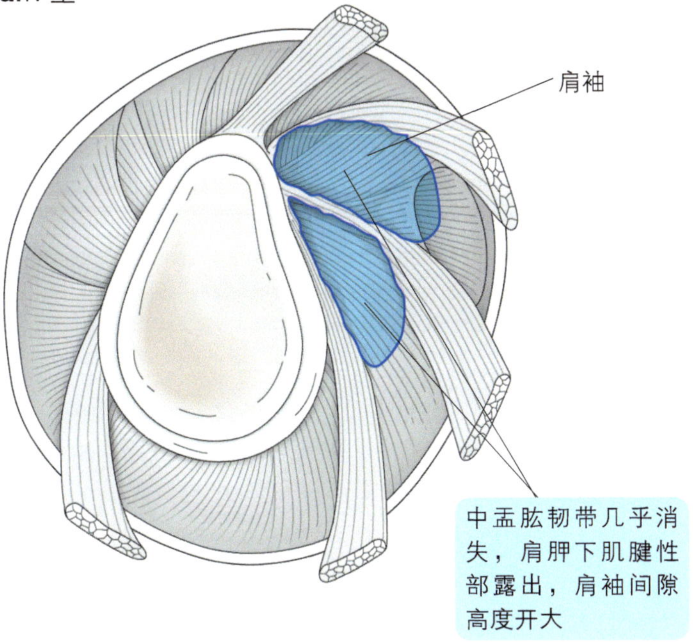


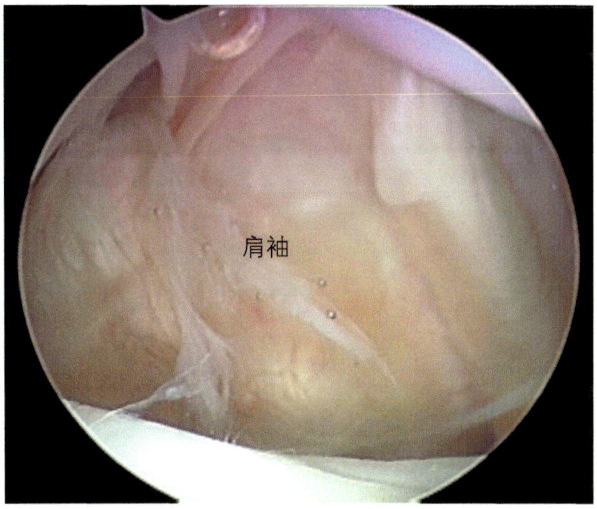


## 投掷肩的诊断

### 问诊，现病史

打棒球史、投掷姿势、投掷痛出现时的情况（包括发病时的投掷项目、当时练习的内容、肩关节的体位及投掷的次数等）、出现疼痛的投掷时相、疼痛的部位、疼痛的性质（牵涉痛、放散痛、钝痛、脱臼感）、疼痛的转移，以及现在的投掷水平等情况均需问诊掌握。

### 理学检查所见

**◉视诊，压痛**

视诊时要检查脊柱侧弯、肩胛骨位置异常、肌萎缩（冈下肌、三角肌等）、肌肉肿胀（肱二头肌等）等情况。另外，要观察肩上举或外展时有无肩肱节律的异常。检查压痛点是否位于喙突、肩袖间隙、前方关节间隙、结节间沟、大结节部、小结节部、后方关节间隙（靠肩胛冈侧，还是尾侧）及四边孔等部位。

**◉活动范围**

一般要检测90° 外展位的内、外旋，90° 前举的内旋和水平内收，以了解各方向的活动受限情况。

**◉特殊检查**

近年来各种检查方法相继报道，然而因投掷肩病例多为复合损伤，故阳性率目前尚无定论。

**◉不稳定性评价**

- 抽屉试验（load and shift test）：向前、后及下方挤压肱骨头，了解其移位的程度（**图6**）。

**图6　抽屉试验（0°、45°、90°）**

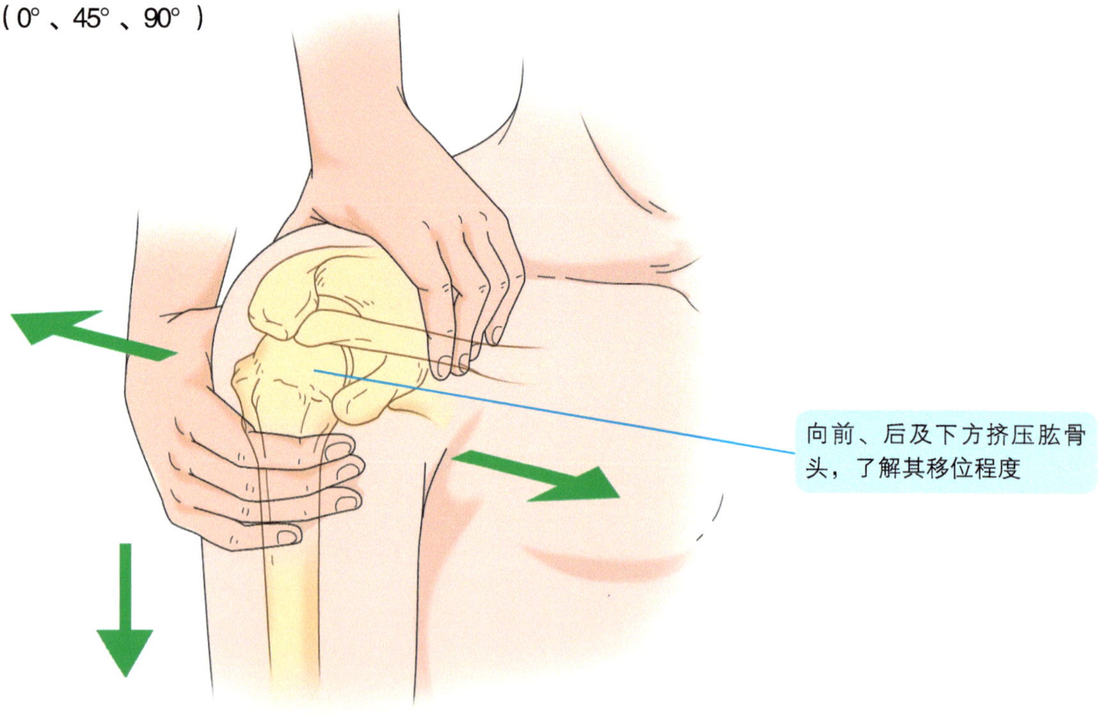


**图7　前方恐惧试验**

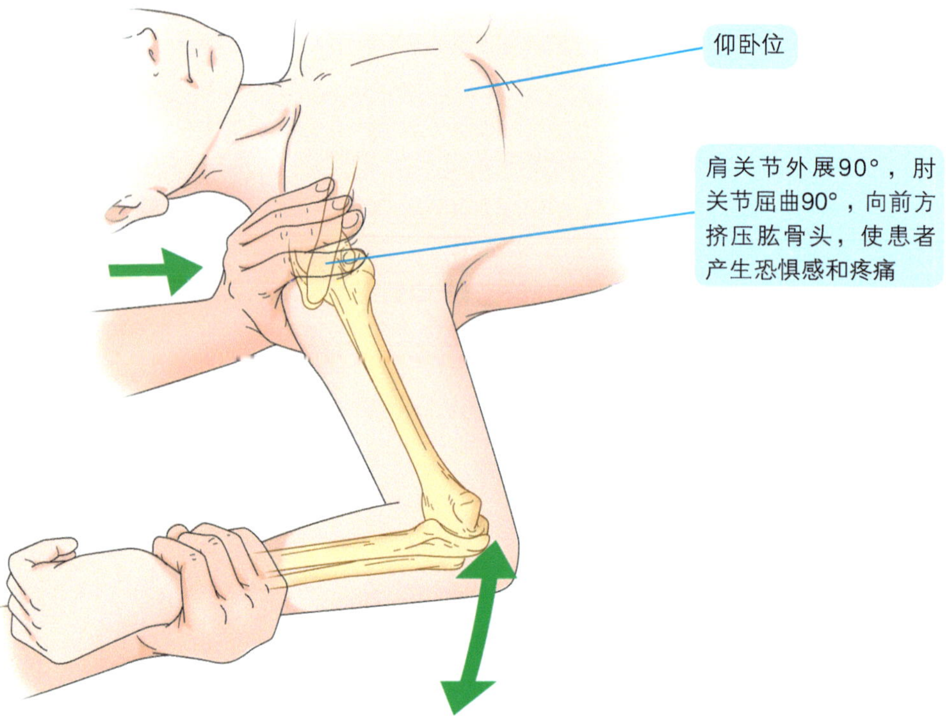


- 前方恐惧试验（anterior apprehension test，fulcrum test，仰卧位下进行）：肩90°外展，向前方挤压肱骨头，使患者产生恐惧感和疼痛（**图7**）。
- 复位试验（relocation test）：外展外旋位时产生疼痛，从前方挤压肱骨头时症状减轻，同时外旋角度可增大（**图8a**）。
- augmentation test：在与复位试验相同的位置上，向前方挤压肱骨可减小外旋角度（**图8b**）。
- anterior release test（Gross and Di Stefano）：一边向后方挤压肱骨头，一边使其

**图8** 复位试验和 augmentation test

**a.**复位试验

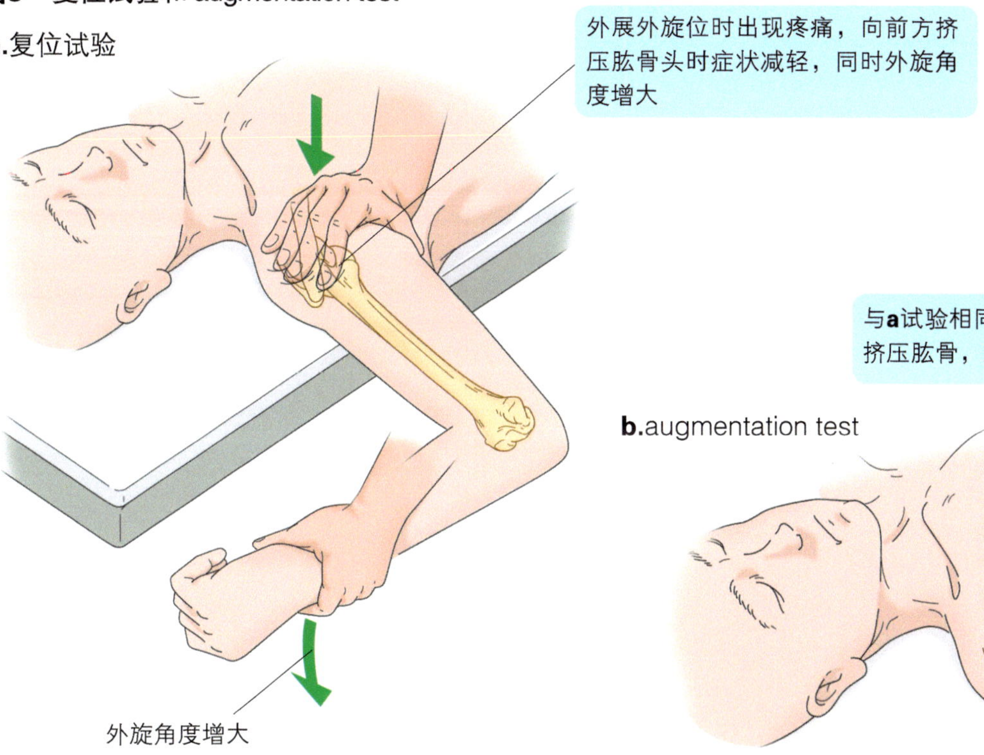


**b.**augmentation test

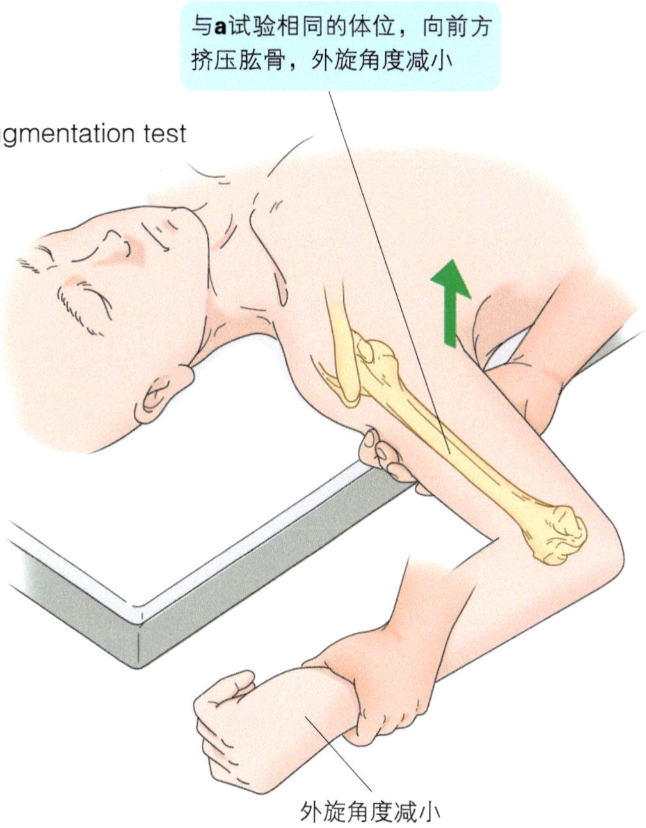


**图9** 后方恐惧试验

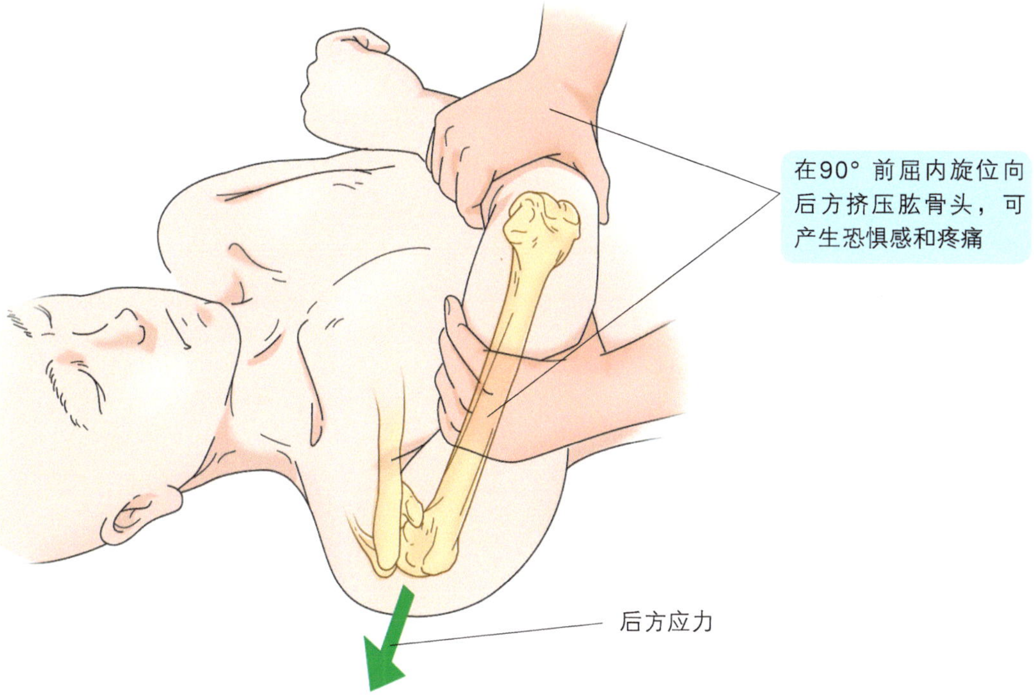

外展及最大外旋，在解除压迫时出现疼痛。

- 后方恐惧试验（posterior apprehension test，Jahnke test）：在90° 前屈内旋位向后方挤压肱骨头，可产生恐惧感和疼痛（**图9**）。
- 前、后抽屉试验（anterior，posterior drawer test；Gerber and Ganz）：肩关节外展80° ~120° 时，向前、后挤压肱骨头出现不稳定和恐惧感（**图10**）。
- 陷凹试验（sulcus test）、陷凹征（sulcus sign）：肩关节下垂位时向下牵拉肱骨，肩峰下可出现凹陷（**图11**）。
- joint laxity test（Carter 征）：肘、腕、膝、踝出现关节松弛。
- Feagin' test [ abduction inferior stability（ABIS）test ]：90° 外展位时向下挤压肱骨头，可使头移位和产生恐惧感。
- 反射试验（jerk test）：前举90° 内旋位时，一边将肱骨压向后方，一边水平内

**图10　前、后抽屉试验**

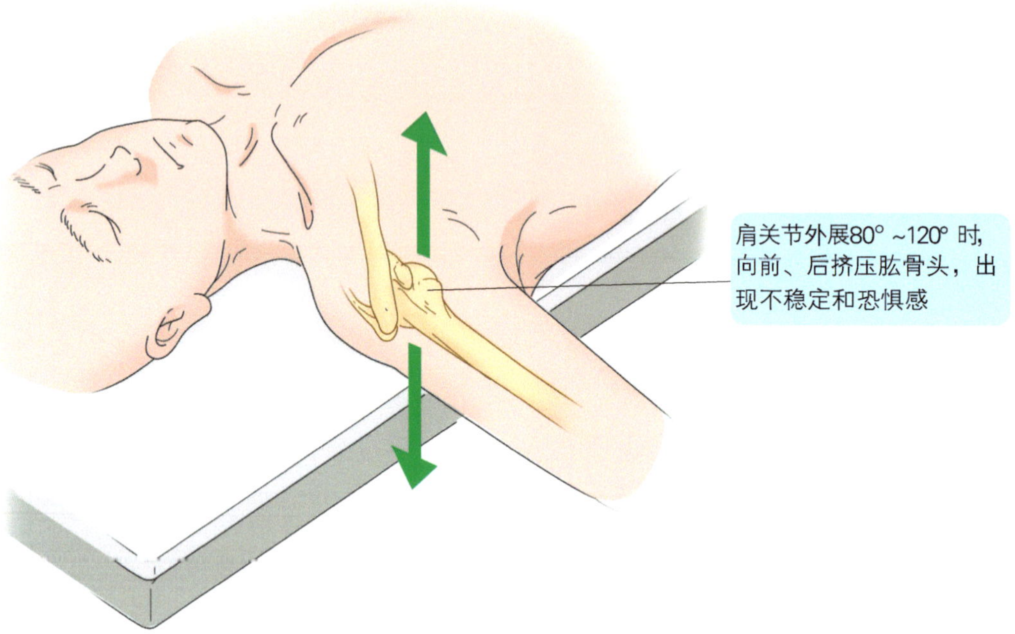


**图11　陷凹试验、陷凹征**

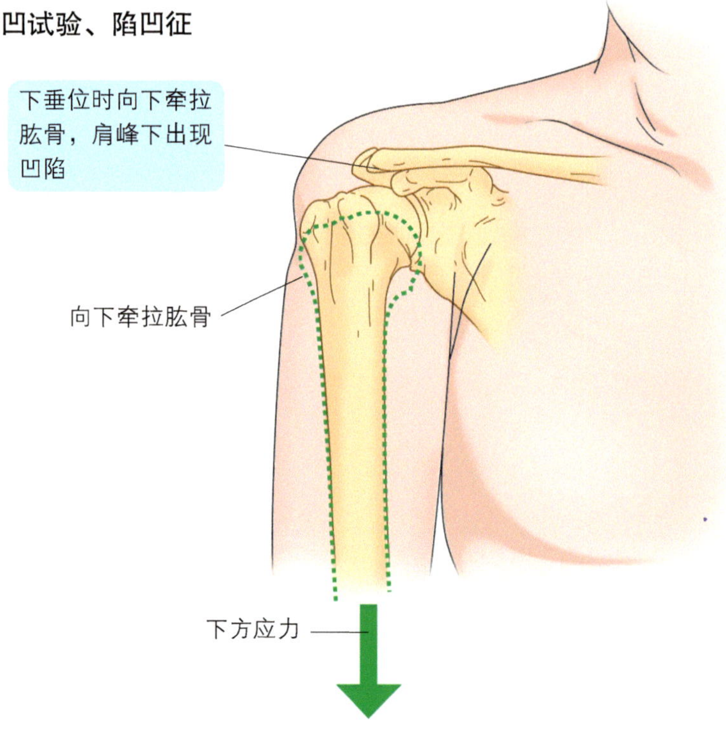

收，肱骨头后方出现半脱位。经水平外展可使后脱位复位。

### 关节盂唇的检查

· clunk test：患者仰卧位，患肢最大上举后，一边由后向前挤压，一边强制内、外旋，患者出现疼痛和撞击感（**图12**）。

· 主动加压试验（active compression test，O'Brien test）[6]：肩关节90° 前屈，轻度（10°）水平内收、内旋（拇指向下），抗阻力下向前上举，检查有无疼痛。再行外旋位检查，疼痛减轻或消失（**图13**）。

**图12** clunk test

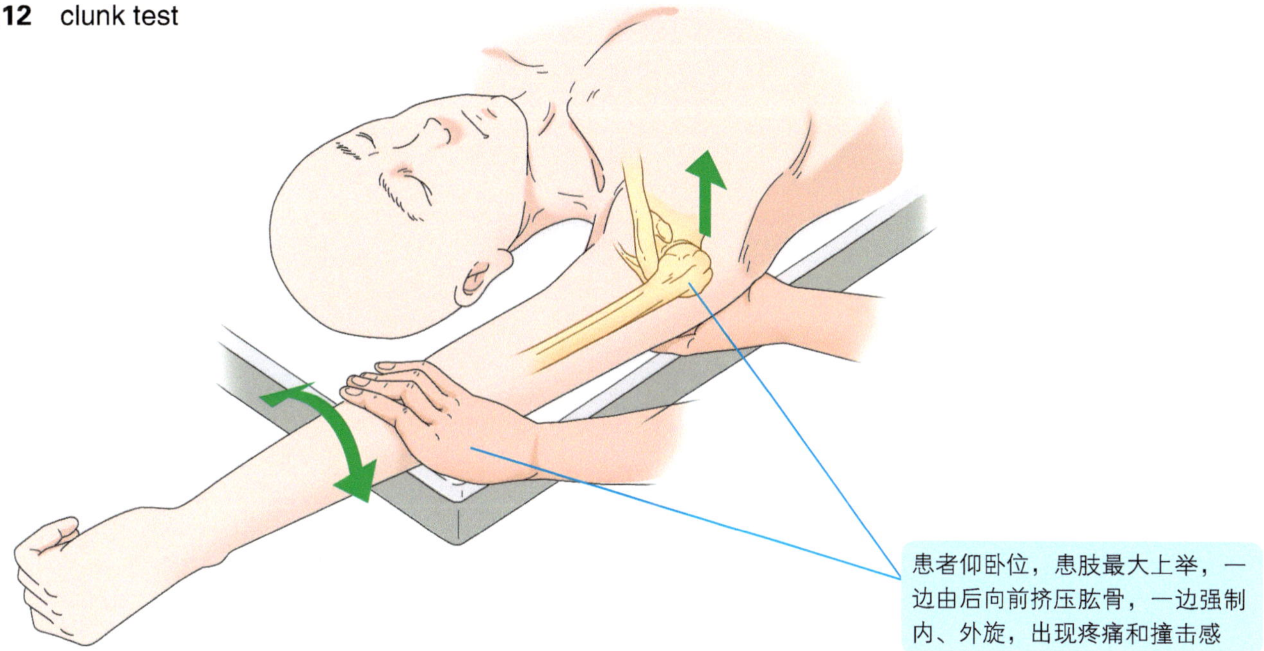


**图13** 主动加压试验[6]

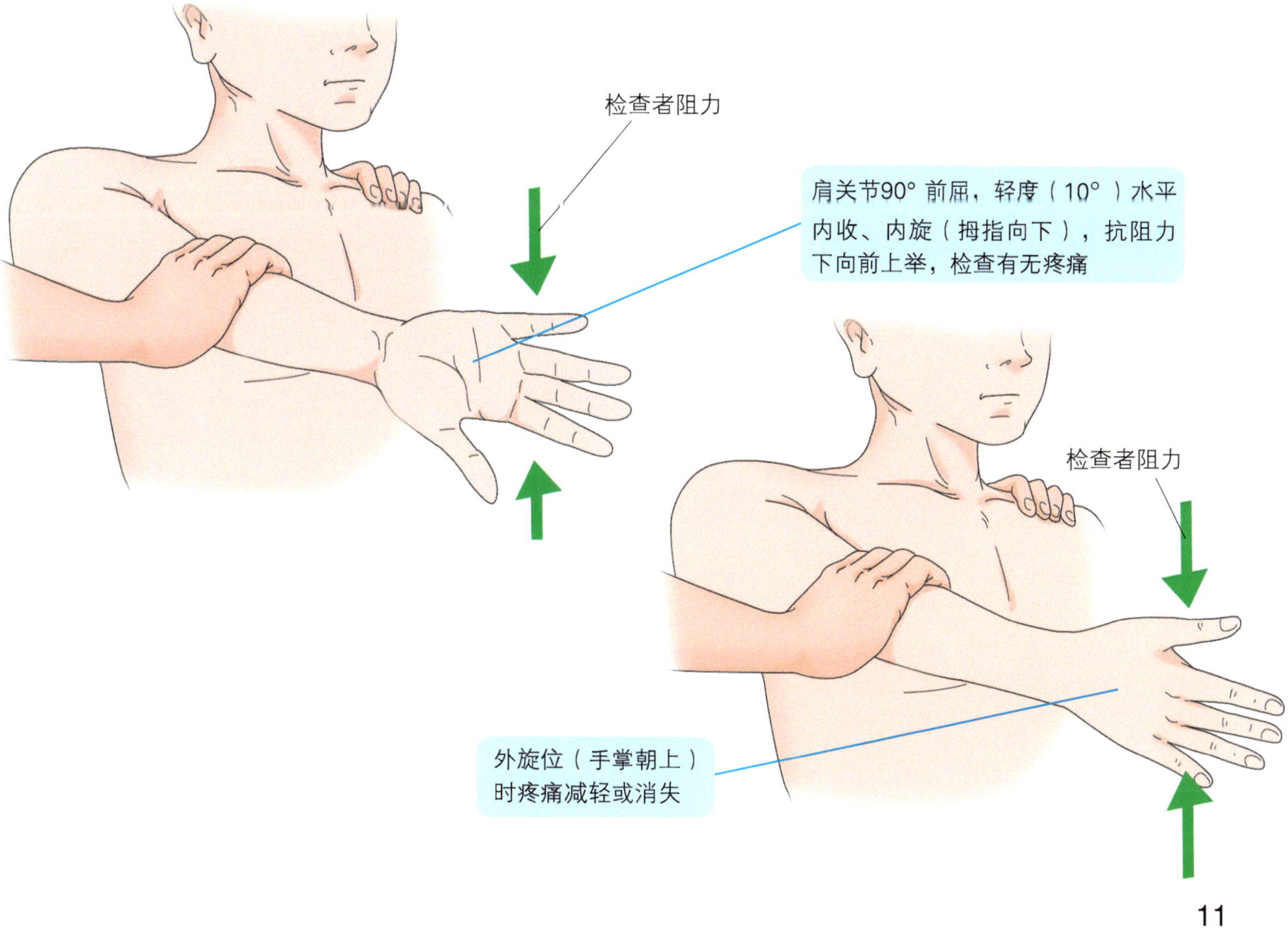

· SLAP test：无阻力的O' Brien test。
· anterior slide test（Kibler）[7]：患者双手掐腰，检查者向上按压患者肘关节，肩关节间隙出现疼痛和撞击感（**图14**）。
· 三森试验（疼痛激发试验，pain provocation test）[8]：强制肩关节外展外旋位，再强制前臂内、外旋，在强制内旋疼痛加重时，应怀疑上关节盂唇损伤（**图15**）。
· crank test（Liu）[9]：肩关节上举160°，肘关节屈曲，肱骨轴向加压同时进行内、外旋，由此诱发疼痛（**图16**）。
· 挤压旋转试验（compression-rotation test）：患者仰卧或侧卧，肩关节外展90°，肘关节屈曲90°，肱骨轴向加压同时进行内、外旋，可诱发疼痛和撞击感。

**图14** anterior slide test[7]

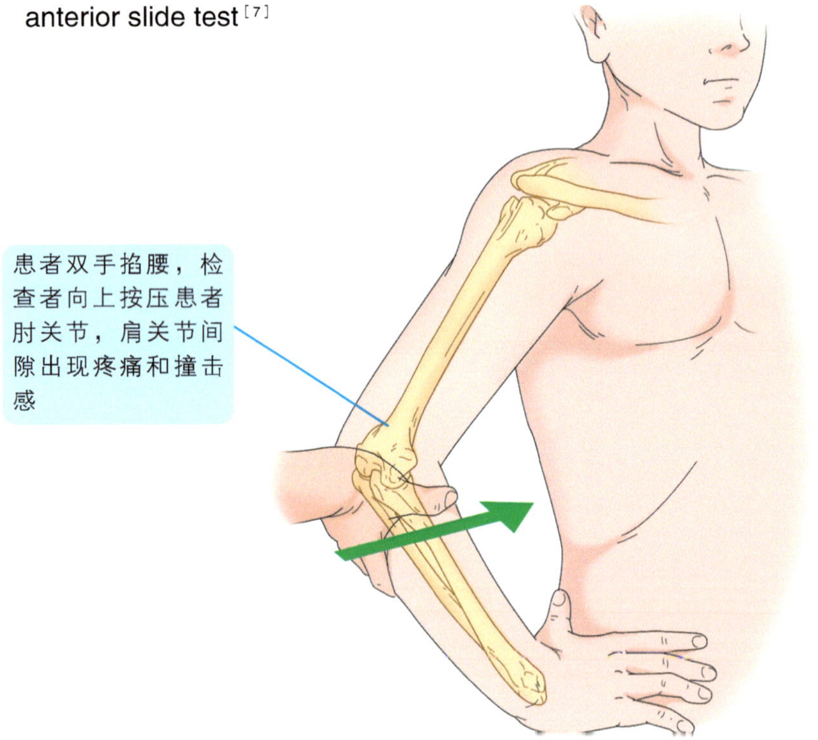


**图15** 三森试验[8]

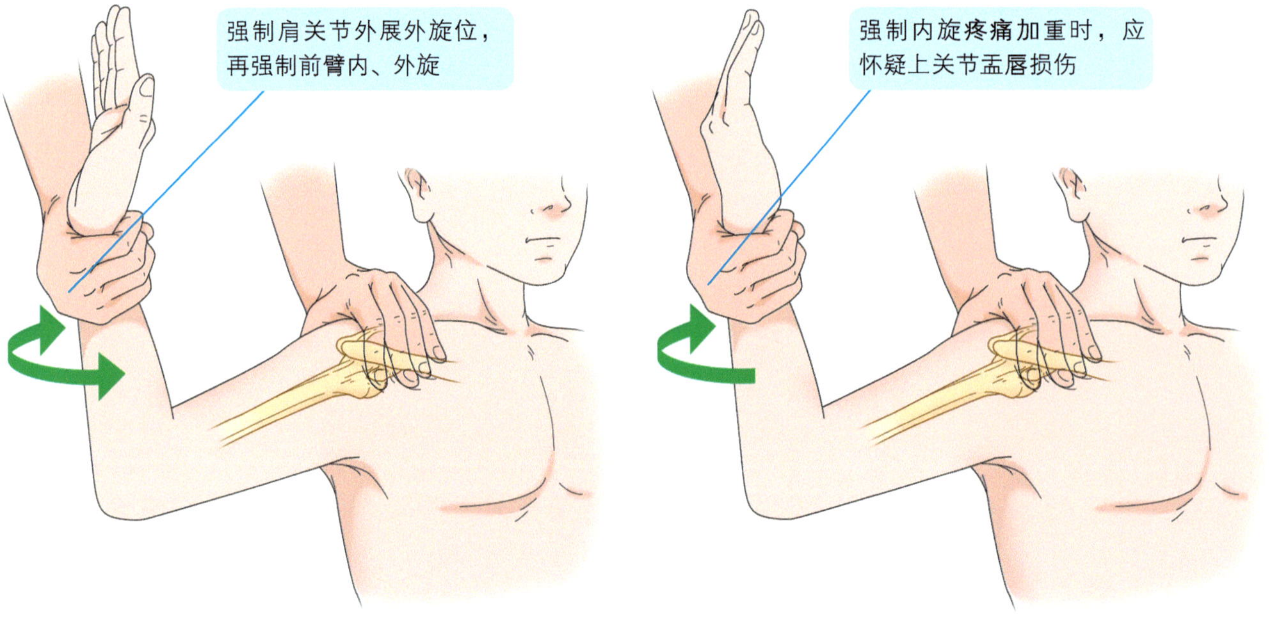

**图16** crank test[9]

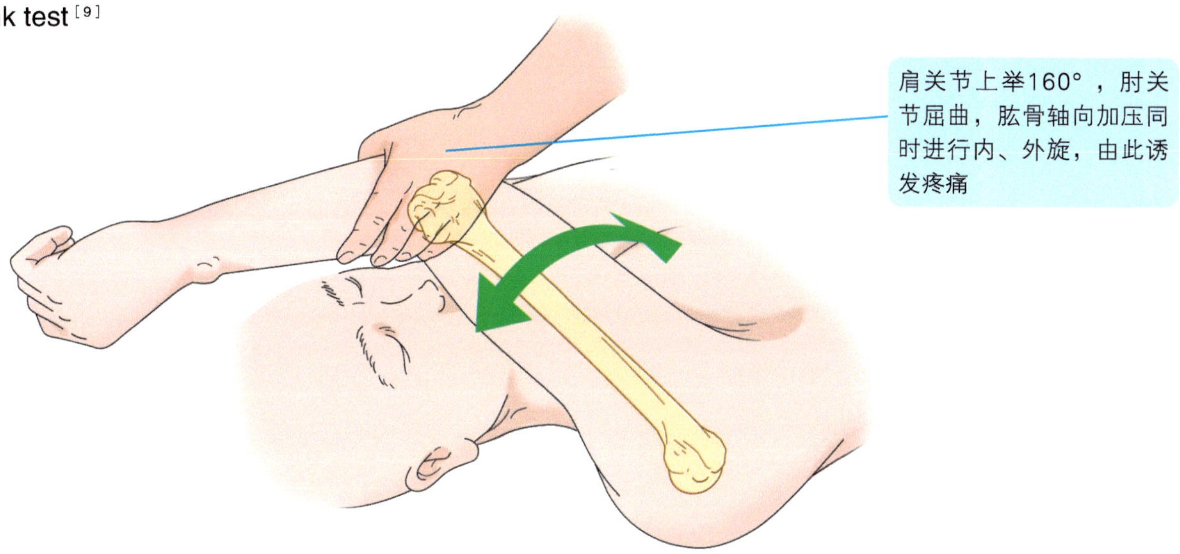


**图17** 冈上肌试验 **图18** 冈下肌试验

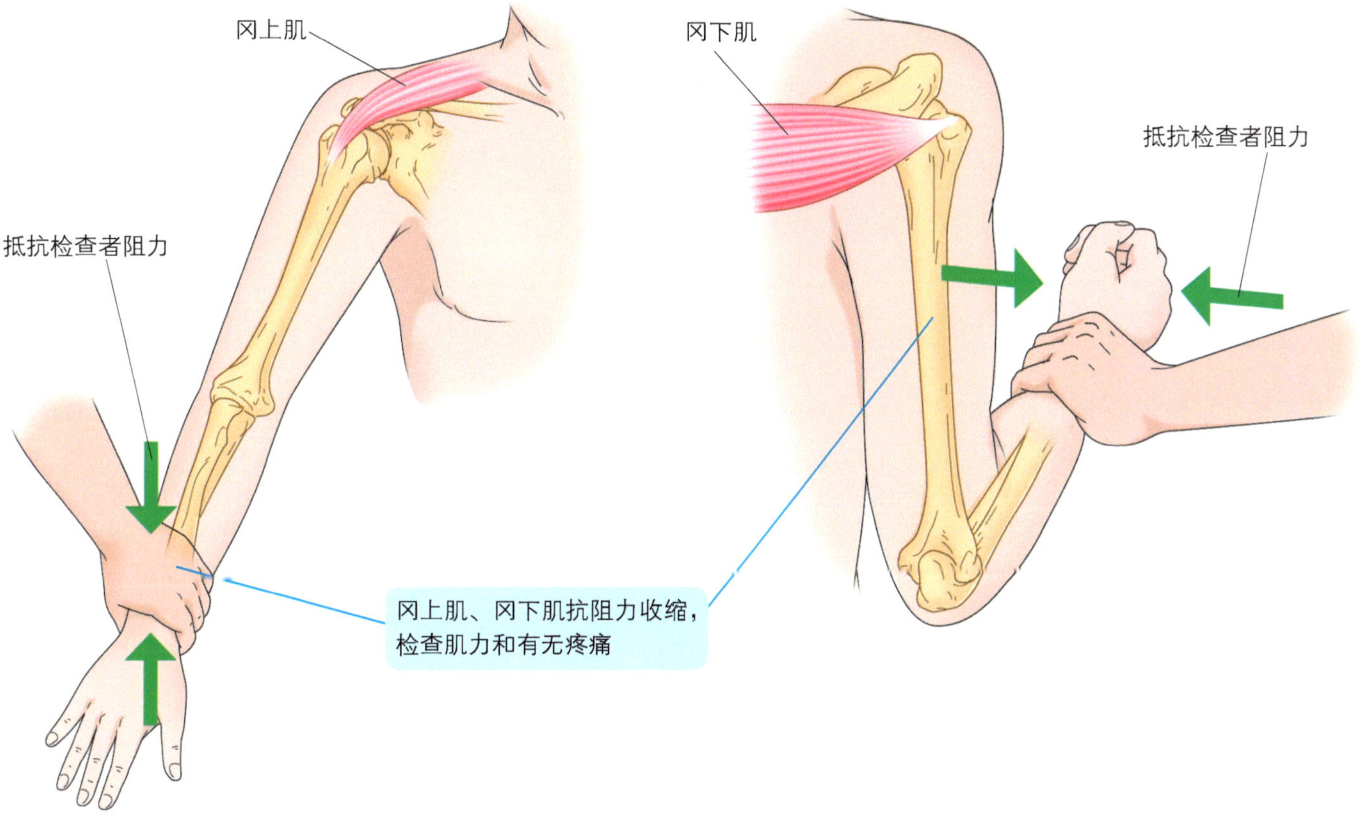


## ◆ 肩袖的检查

◉**疼痛弧征（painful arc sign）**

- 冈上肌、冈下肌试验：让患者冈上肌、冈下肌抗阻力收缩，检查肌力和有无疼痛（**图17、图18**）。
- lift off test（Gerber）：把患者的手放在背部，使肩呈内旋位，抗阻力下伸展肩关节，检查有无疼痛。肩胛下肌损伤时出现疼痛（**图19**）。

◉落臂征（drop arm sign）

・撞击征：肩袖断裂、滑囊炎等可出现疼痛。

Hawkins等在肩关节外展位使其内外旋[10]。

Neer等在肩关节内旋位使其上举[11]。

Ellman使肩关节从水平外展转向水平内收[12]。

・后撞击征：在投掷期肩关节外展外旋可诱发肩后方疼痛。

## ◆ 肱二头肌长头腱的检查

・Speed试验（Speed test）：肘关节伸展，前臂外旋位，抗阻力下肩关节前屈，检查结节间沟部有无疼痛（**图20**）。

**图19** lift off test

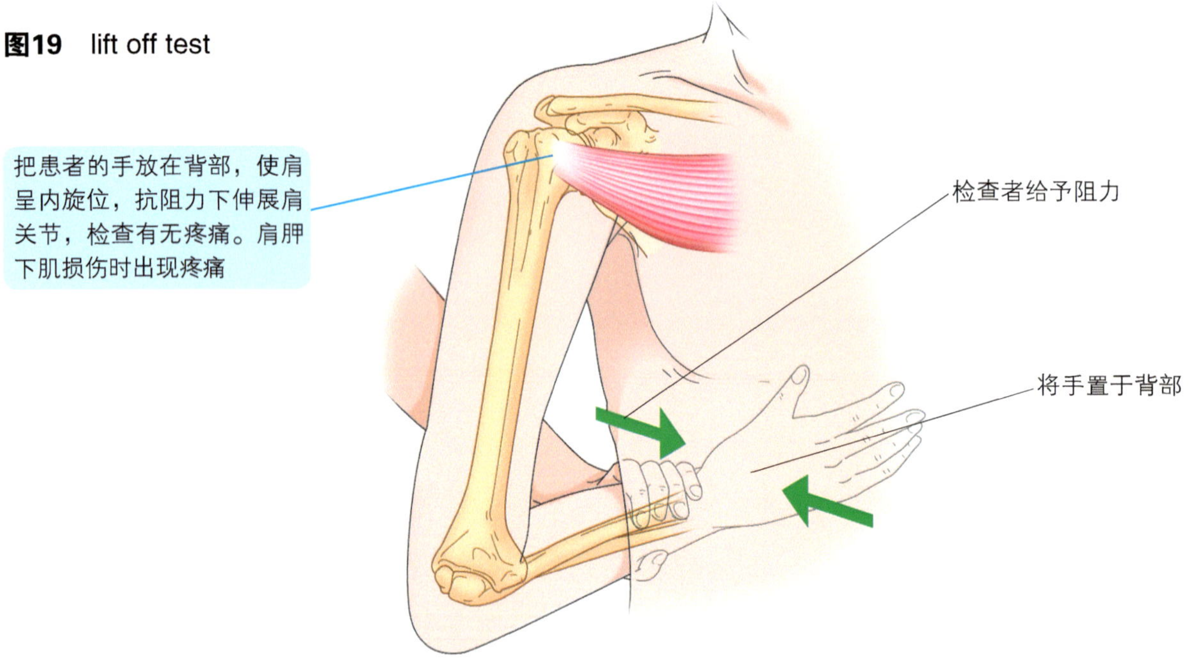


**图20** speed 试验

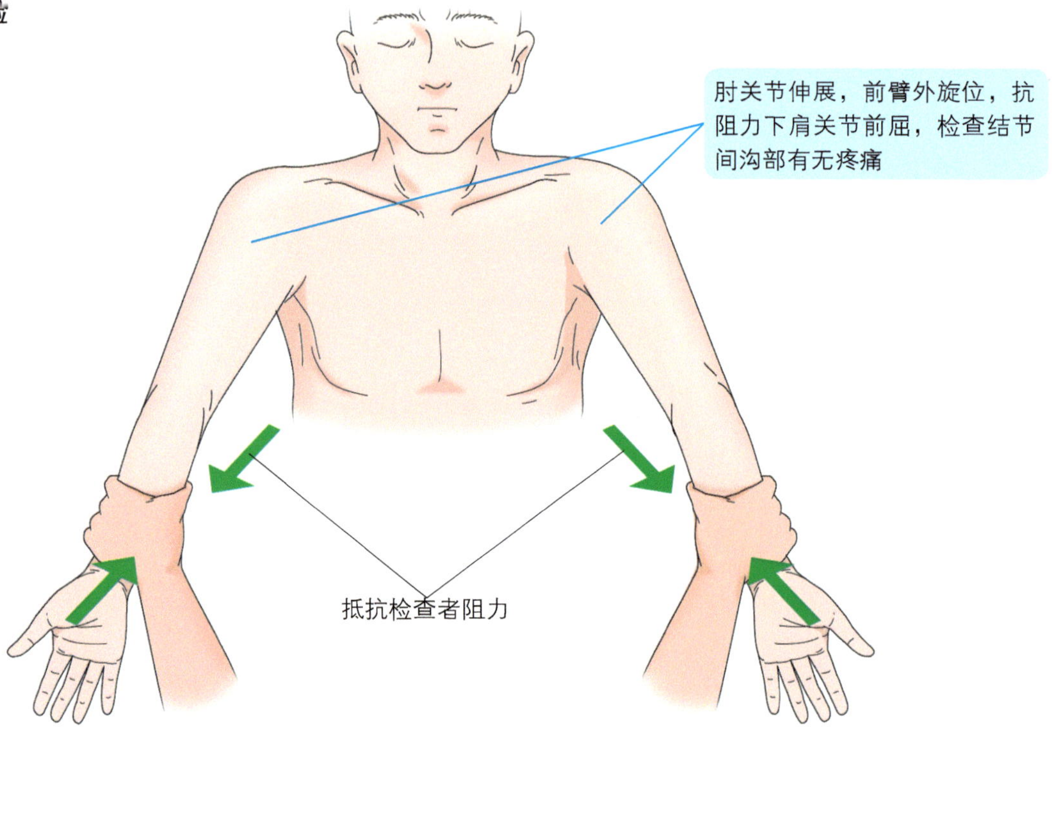

**图21** Yergason试验[13]

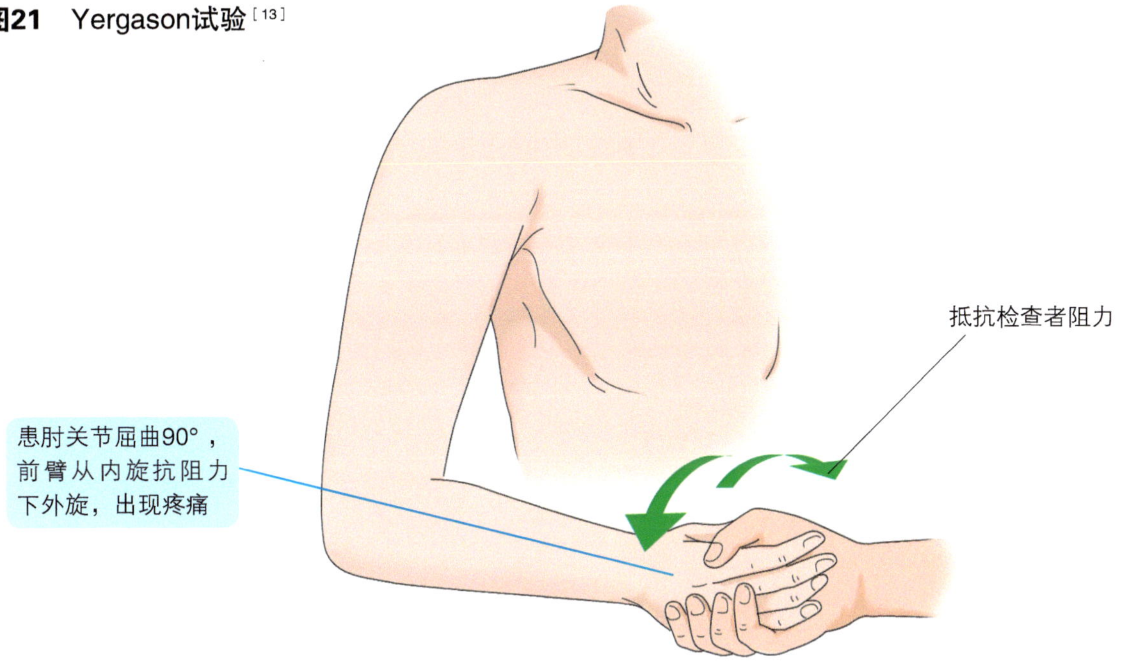


**图22** Ludington试验

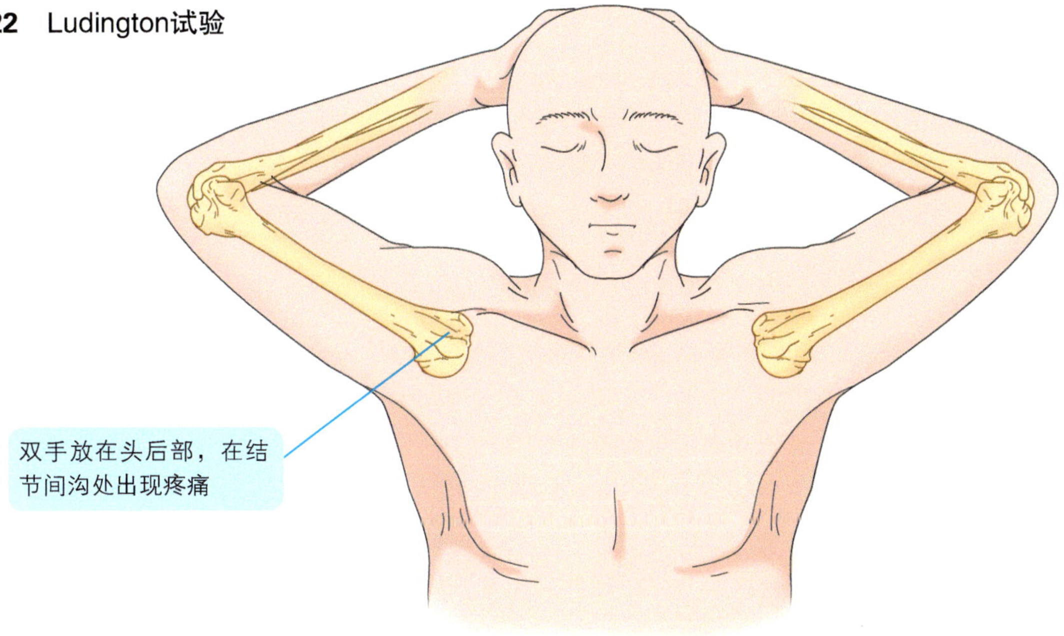


- Yergason试验（Yergason test）[13]：患肘关节屈曲90°，前臂从内旋抗阻力下外旋出现疼痛（**图21**）。
- Ludington试验（Ludington’s test）：患者双手放在头后部，在结节间沟处出现疼痛（**图22**）。

## ◆ 其他

**◉肱三头肌长头附着部的损伤**

- 肱三头肌长头试验（triceps long head test，TL test）：笔者施行的试验，即在肩关节最大水平内旋位时，令肘关节抗阻力伸直，检查有无疼痛。肱三头肌长头的肩胛骨附着部的损伤及Bennett骨棘急性期可呈阳性。

◉**肩胛胸廓关节的稳定性**

・pinch test（Kibler）[14]：将肩胛骨向后挤压，不能承受15秒以上者为阳性。

◉**三角肌功能**

・deltoid extension lag 征：测量肩关节被动伸展状态下伸手时的角度变化。

◉**投球试验**

在肩峰下滑囊、关节内、结节间沟、肩锁关节、Bennett骨棘等部位，注射少量局部麻醉药，确认患者实际投掷时疼痛的变化。

## ◆ 影像学诊断

正确的影像学诊断对于充分认识肩关节正常的变化是十分重要的，尤其是关节盂唇的附着情况在前上方、前下方、后上方、后下方各不相同，盂肱韧带的走行也大相径庭，特别是在关节盂前上方，关节盂唇缺损、肱二头肌长头挛缩这样的病例，以及盂唇下缺损等，需要特别注意[15]。

◉**单纯X线**

骨性因素在投掷损伤的病例中起很大作用。少年棒球肩、Bennett病变，以及撞击综合征的肩峰骨赘形成、肩胛骨和肩峰的倾斜度及形态，对鉴别其他先天的形态异常（如肢端肥大症等）是非常有用的。对不稳定的病例如上举位滑移等，采用应力位摄片可对其程度和方向性进行评价[16]。此外，筒井等也采用肩-45摄影法对肩关节进行功能诊断[17]。

◉**关节造影**

肩袖完全断裂通过造影剂的漏出即可诊断，而不全断裂的病例，为了解肩袖滑囊的变化，需追加肩峰下滑囊造影。虽然关节内病变仅通过造影图像来诊断是困难的，但肩关节不稳定的病例，也能发现肩袖间隙开大、盂肱韧带关节盂唇复合体松弛及Ⅳ期上关节盂唇损伤等剥脱和移位的关节盂唇。

◉**超声波检查**

超声波检查可在门诊进行，且简便而无损伤。肩袖表面回声呈下方低平时提示存在小破裂，内回声中局限在关节囊表面的低回声部位提示关节囊破裂（**图23**），回声边界不清，正下方内回声不低的病例提示滑囊壁破裂[18]。此外，超声波图像出现异常的部位，如有局限性压痛，临床上该部位也多为疼痛的主要病变部位[19]。

超声波不能对关节盂唇整体进行诊断，但可检查出从肩峰及锁骨间隙到11点上方的上关节盂唇的损伤（**图24**）。此外，前方4点到5点的关节盂唇可采用腋窝

**图23　肩袖关节囊面断裂**[18]

肩袖内有局限性低回声，提示存在关节囊破裂（箭头所指）。

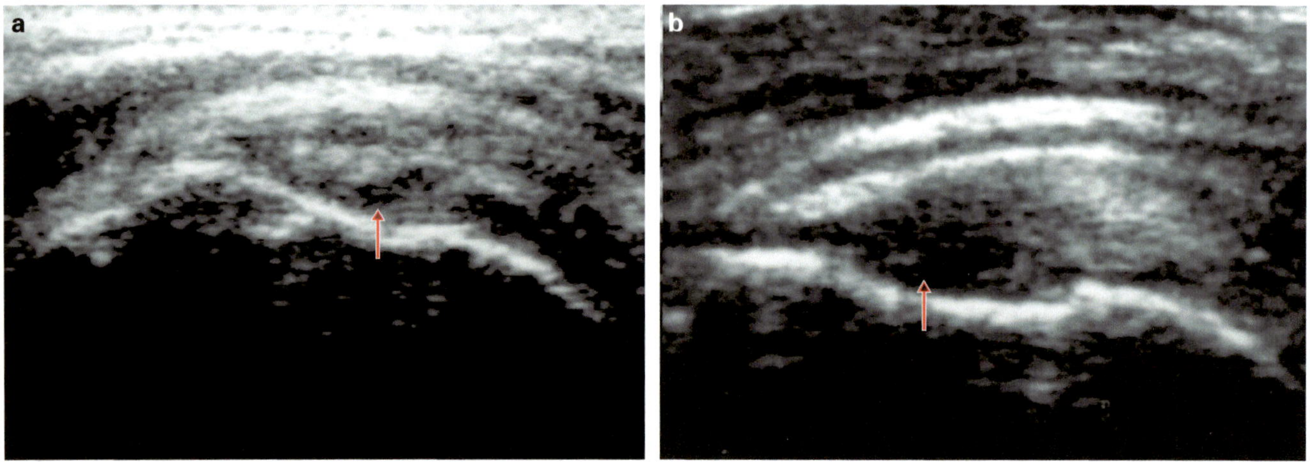

**图24 上关节盂唇损伤**

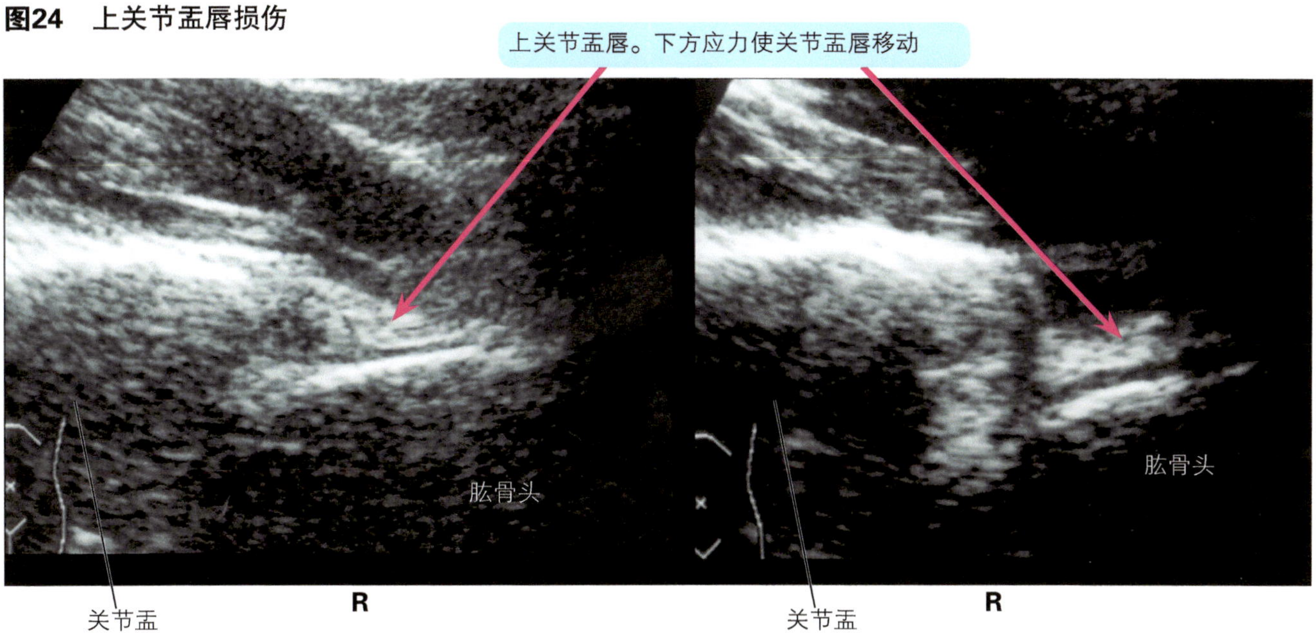


入路，后方8点到11点的关节盂唇可用探头从后方向肩胛嵴平行扫描，这样可清晰显示局部的病变。所有的关节盂唇无论是否从关节盂剥脱都能扫描出来。另外，Ⅱ型上关节盂唇损伤，上臂外展外旋下也能动态地确认上关节盂唇向近端移位的现象（peel back）[20]。其他如Bennett损伤也能扫描出来。但目前超声评价关节囊的松弛和盂肱韧带尚有困难。

**◉单纯CT，CT血管造影（CTA），3D-CT**

单纯CT和3D-CT对发现关节盂和肱骨头的变化尤其是对骨赘、后外侧切迹及Bennett病变有效，CTA主要对关节盂缘、关节盂唇及盂肱韧带的检查效果好。尽管CT能检查出关节盂唇的附着情况、盂肱韧带的走行及紧张度，但因投掷损伤中像反复脱位那样典型的Bankart损伤是少见的，因此，亦有报道认为仅仅通过影像学诊断去发现投掷损伤引起肩关节不稳定的病因是困难的[21]。

**◉MRI**

通过综合自旋回声的T1、T2加权像，FE图像，抑脂像及钆加强像，可显示肩袖和关节盂唇的病理表现。检查肩袖时，摄像可设定为斜冠状面、斜矢状面，检查关节盂唇可设定为水平面、斜冠状面和关节盂面等。

肩袖T2加权像呈高信号的部位可能为断裂或变性，而在抑脂像上仅断裂部位呈高信号。因此，在排除T2加权像上高信号到抑脂像上高信号的部位后，其他范围就可考虑为肩袖变性部位[22]。在T1加权像上棘上肌腱脂肪层中断时应怀疑肩袖断裂和滑囊炎。有报道，通过关节内注射钆加强剂和生理盐水可提高检测敏感度，今后有望得到普及[23]、[24]。

上关节盂唇设定为斜冠状面，前、后关节盂唇设定为横断面和斜矢状面是有效的。有报道称，结合关节造影可评价盂肱韧带的厚度及质量[25]，但笔者认为，为检查投掷损伤产生的微小变化，尚需做更多的工作。此外，尽管上关节盂唇的附着点在斜冠状位上是正常的，但仍要注意进入关节盂唇内的深高信号的情况。

尽管有上述众多的诊断方法，但同时疾病也存在着各种表现方式，因此，诊断时不应局限于单一的方法，有必要应用多方面的诊断途径。

**●文献**


［1］岩堀裕介，ほか．投球肩障害に対する投球フォーム矯正を中心とした保存療法の効果．肩関節，2000，24：377–382.

［2］Walch G, et al. Impingement of the deep surface of the supraspinatus tendon on the posterosuperior glenoid rim：An arthroscopic study. J Shoulder Elbow Surg, 1992, 1：238–245.

［3］Snyder S J, et al. SLAP lesions of the shoulder. Arthroscopy, 1990, 6：274–279.

［4］Jobe F W, et al. Rotator cuff injuries in baseball. Prevention and rehabilitation. Sports Med, 1988, 6：378–387.

［5］Burkhart SS, et al. Current Concepts–The disabled throwing shoulder. Arthroscopy, 2003,19：404–420, 531–539, 641–661.

［6］O' Brien S J, et al. The active compression test：A new and effective test for diagnosing labral tears and acromioclavicular joint abnomality. Am J Sports Med, 1998, 26: 610–613.

［7］Kibler W B. Specificity and sensitivity of the anterior slide test in throwing athletes with superior glenoid labrum tears. Arthroscopy, 1995, 11：296–300.

［8］三森甲宇，ほか.上方関節唇損傷に対する疼痛誘発テスト．肩関節，1998，22：337–340.

［9］Liu S H, et al. A prospective evaluation of a new physical examination in predicting glenoid labra tears. Am J Sports Med, 1996, 24：721–725.

［10］Hawkins R J, et al. Clinical evaluation of shoulder problems. The Shoulder, Saunders, Philadelphia, 1990, 149–177.

［11］Neer CSI, et al. The shoulder in sports. Orthop Clin North Am, 1977, 8：583–591.

［12］Ellman H. Arthroscopic subacromial decompression：Analysis of one– to three–year results. Arthroscopy, 1987, 3：173–181.

［13］Yergason R M. Supination sign. J Bone Joint Surg, 1931, 13：160.

［14］Kibler W B. The role of the scapula in athletic shoulder function. Am J Sports Med, 1998, 26：325–337.

［15］Williams M M, et al. The Buford complex. Arthroscopy, 1994, 10：241–247.

［16］田中　誠，ほか．ストレス撮影による肩関節不安定症の検討．肩関節，1992, 16: 225–231.

［17］筒井廣明，ほか．Scapula–45撮影法による肩関節の機能診断．肩関節，1993, 17: 58–65.

［18］杉本勝正．肩関節領域における超音波診断．関節外科，1993, 12：28–35.

［19］杉本勝正．腱板の超音波断層診断におけるprobe compression testの有用性．肩関節，1995, 19：506–509.

［20］杉本勝正．上方関節唇の超音波下動態検査．肩関節，2003, 27：391–394.

［21］Kvitne R S, Jobe F W. The diagnosis and treatment of anterior instability in the throwing athlete. Clin Orthop, 1993, 291：107–122.

［22］杉本勝正，ほか．腱板の画像診断–MRIと超音波検査の形態的組織的描出能について．日整会誌，1992, 66：S318.

［23］熊谷英夫．MRIによる腱板断裂の診断．整・災外，1994, 37：939–943.

［24］Palmer W E, et al. Labral–ligamentous complex of the shoulder. Evaluation with MR arthrography. Radiology, 1994, 190：645–651.

［25］井澤一隆，ほか．肩関節前下方関節上腕靱帯の画像診断．日整会誌，1995, 69：S595.

# 投掷肩的保守治疗

大连医科大学附属第一医院　王福生　吴春明　吕德成　译

昭和大学藤丘康复医院骨科副教授　筒井广明

## 运动疗法的适应证

不适合手术的病例及适合手术的病例在手术前后都是运动疗法的适应证。

投掷动作是人体从足到肘到手所有部位功能的连锁运动，任何功能部位的损伤都会直接影响整个投掷动作。机体连锁运动各个环节的损伤及代偿功能可导致局部过度劳损。从以上考虑，就不难理解，在治疗肩、肘损伤时，不应单纯治疗肩、肘疾病，而应同时改善其他部位的功能，这是极为重要的。

## 运动疗法的选择

首先要判断能否在生理性关节运动范围内正确地进行单方向的主动运动；如不能正确地进行，就应介入徒手的被动运动。如通过徒手介入能正确地进行，那么运动疗法就能在相当程度上提高机体的运动功能，达到治疗效果。虽然非生理状态下的活动可诱发症状，但在日常活动中，非生理状态下的活动可增加组织应力，通过连锁运动提高身体各部分的功能，使低下的功能得到改善。

## 运动疗法的手技与目的

针对投掷肩的运动疗法有以下三个目的。

### 1 保持关节的活动范围

沿各纤维的方向使关节伸屈可改变肢体位置（**图1a**），而周围的肌肉也通过牵张限制关节的活动范围，因此，拉伸肌肉是重要的（**图1b**）。

### 2 保持盂肱关节运动轴的稳定

肱骨头在关节活动时与关节盂一同具有同心圆功能，此时保持随意张力的组织就是肩袖。提高肩袖功能的运动就是使肩袖肌群比外部肌群更有效地运动，在低负荷下进行内、外旋及外展运动（**图2~图4**）。

**图1　各种体位的关节囊牵拉练习**

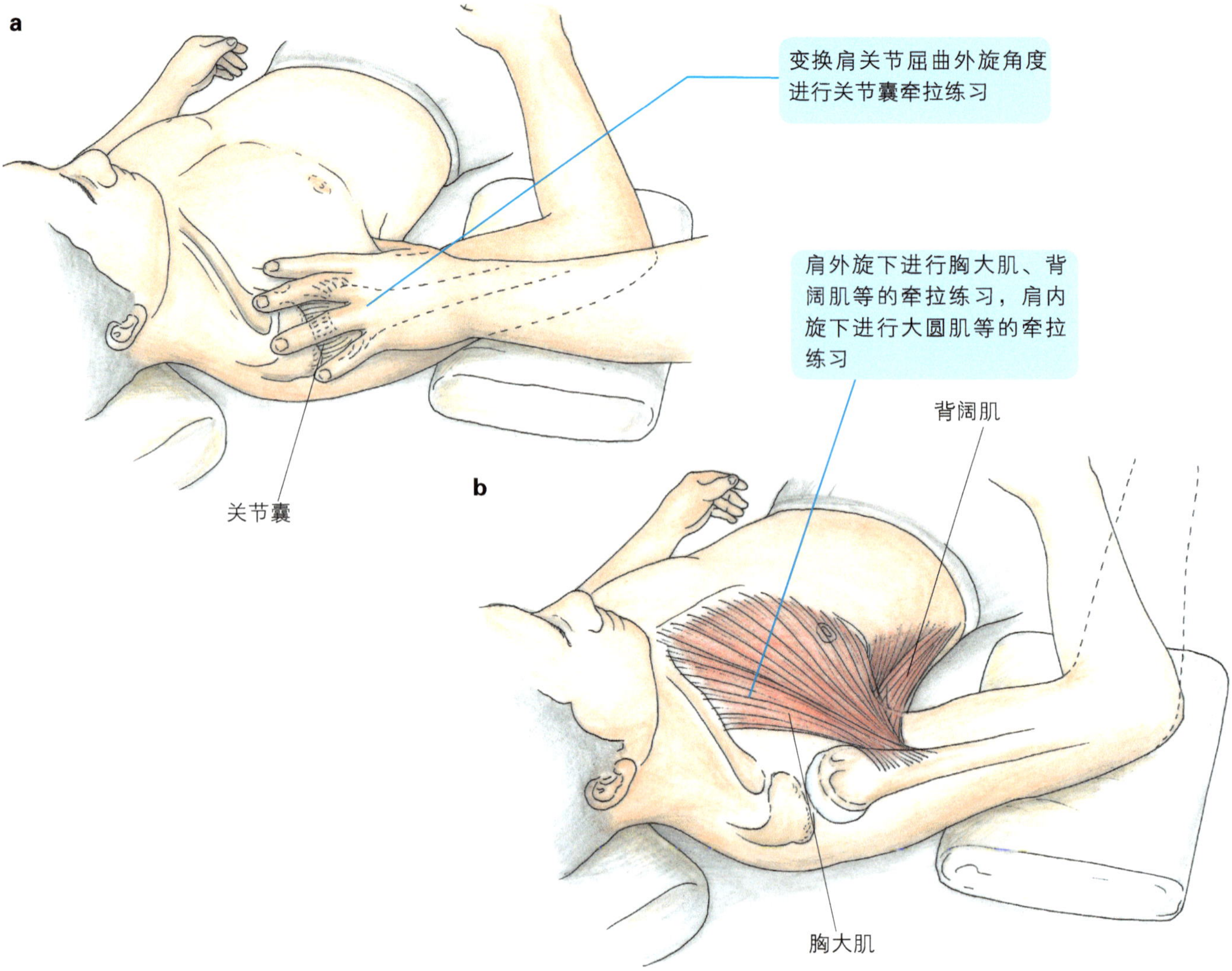


**图2　肩袖训练的基本模式**

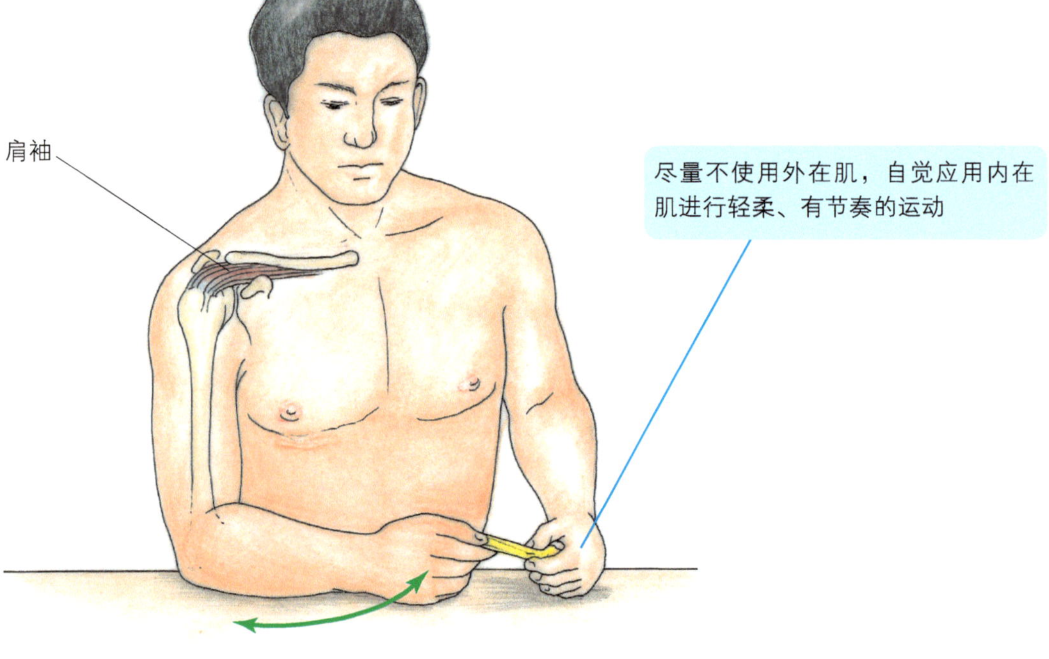

**图3** 肩袖训练（针对冈下肌、小圆肌的外旋运动）

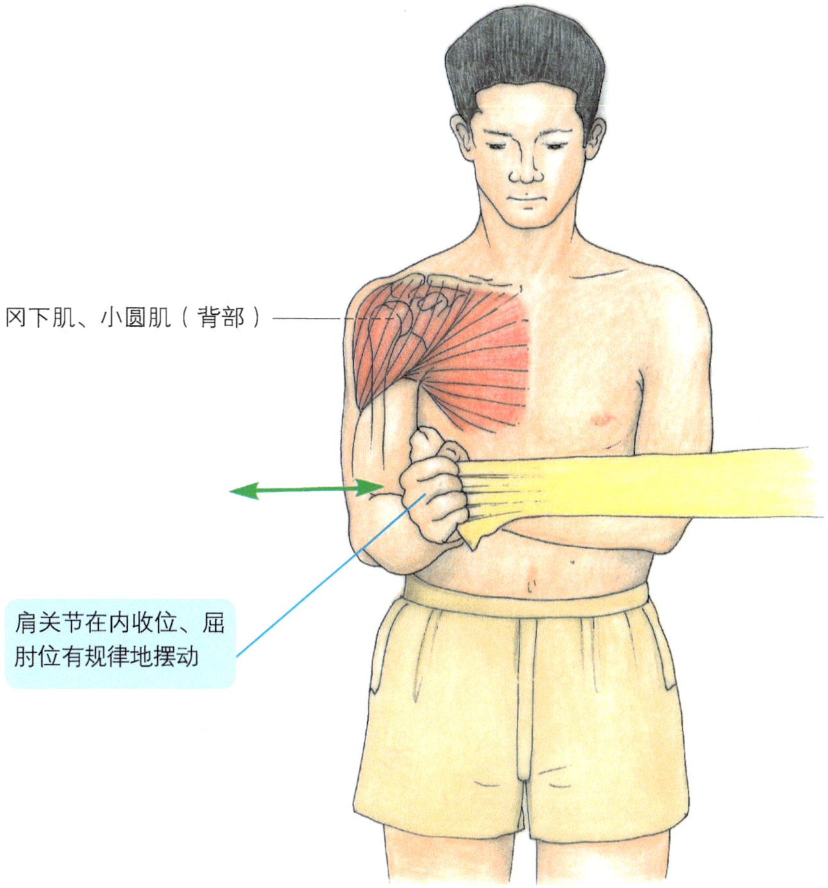


**图4** 肩袖训练（针对冈上肌的外展运动）

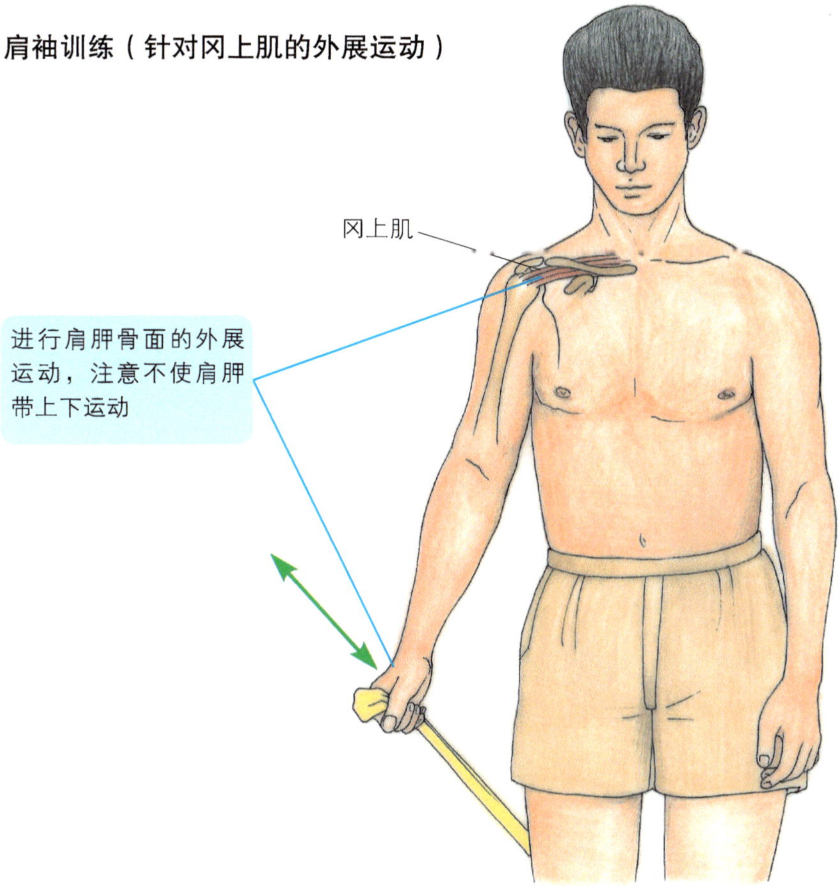

## 3 需解决的作为盂肱关节平台的肩胛骨运动功能的问题

肩胛胸廓关节的功能就是使肩胛骨与胸廓能在各个方向上进行主动和被动的运动，也能正确地辅助上肢运动，这实际上是非常重要的（**图5**）。此外，这对肩胛带以外部分的作用也很重要，同时，躯干和下肢等的运动功能也对肩复合体的运动功能施加很大的影响。其结果是肩胛骨的运动功能受到限制，肩关节的活动范围也受到限制，所以，对连锁运动受牵制的部位，通过拉伸和被动运动来提高运动功能是十分重要的（**图6**）。

**图5　肩胛胸廓关节运动**

缓慢地进行牵拉运动，在牵拉运动范围上限保持其体位。

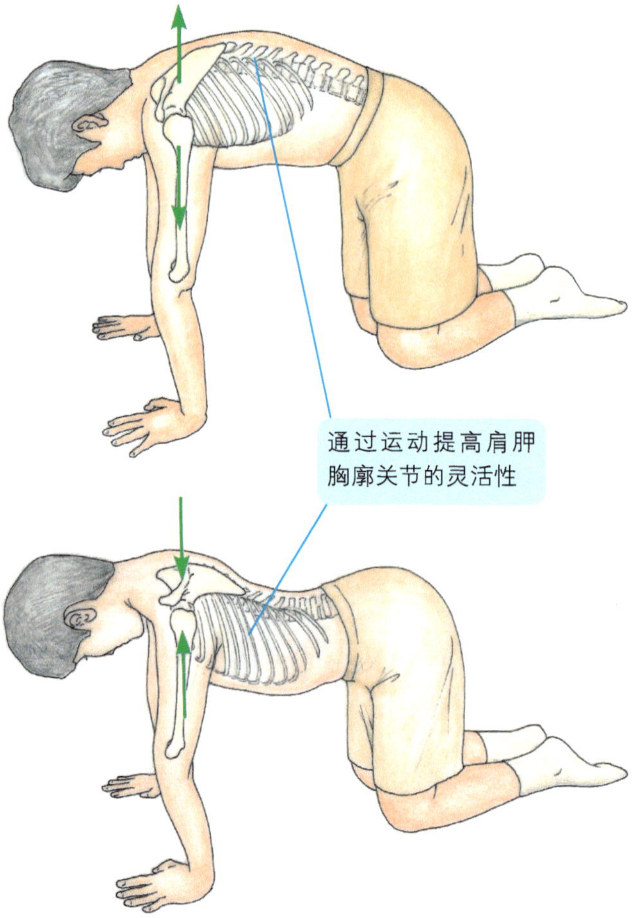


**图6　摇摆运动**

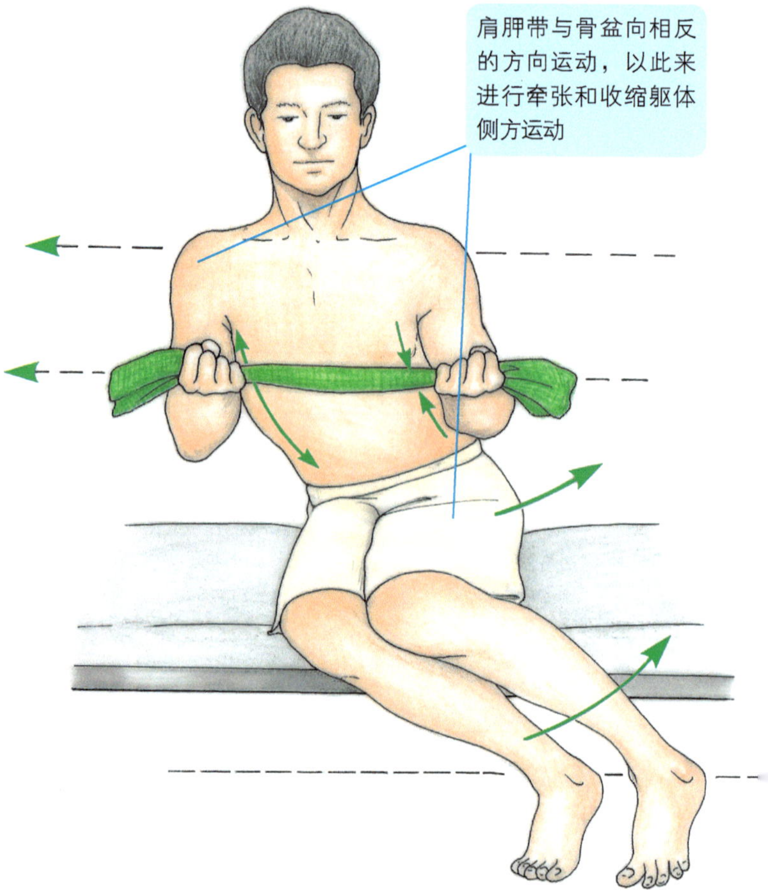



●**文献**

[1] 筒井廣明, 三原研一, 鈴木一秀, ほか. 投球障害肩に対するCuff-Y exerciseの治療成績. 日本整形外科スポーツ医学会雑誌, 1993, 13: 54–61.

[2] 筒井廣明, 山口光國, 山本龍二, ほか. 肩関節不安定症に対する腱板機能訓練. 肩関節, 1992, 16: 140–145.

[3] 山口光國. 体操療法. 投球障害肩–こう診てこう治せ–, 筒井廣明, 山口光國著, メジカルビュー社, 2004, 86–111.

# 少年棒球肩的临床表现和治疗

大连医科大学附属第一医院 吴春明 王福生 译

爱知医科大学骨科副教授 岩堀裕介
爱知医科大学骨科教授 佐藤启二

目前，许多日本职业棒球选手跨海入选美国职业队主力队员，电视台连日报道，促使日本棒球运动人气空前高涨，连中小学生们也雄心勃勃，满怀对棒球的热爱，不辞辛苦地进行棒球训练。初看这种状况当然是好，但连续而鲁莽的棒球训练有许多危险，这些身体尚未成熟的孩子们普遍对这些危险考虑不足。由于投球时投球侧肩、肘经常承受投球的应力，因此，对这些生长期的棒球小选手们来说，肩、肘关节的投掷损伤经常发生。肱骨近端骨骺损伤即所谓的少年棒球肩就是生长期投掷肩疾病中的一种，其临床表现及治疗阐述如下。

## 历史背景

少年棒球肩最早是由Dotter[1]于1953年根据一名12岁的小棒球选手在棒球比赛中发生的肱骨近端骨骺骨折而命名的。1966年，Adams[2]总结了5例小棒球选手病例，将其报道为肱骨近端骨骺骨软骨炎，其中也提及了Dotter 报道的少年棒球肩的问题。之后，Dotter 的报道逐渐引起了学者们的广泛关注。1979年，日本的林等[3]报道了2例少年棒球选手肱骨近端骨骺分离的病例。

## 临床表现

少年棒球肩在肱骨近端骨骺Salter–Harris分类中属于Ⅰ型损伤（**图1**、**【病例1】**）。骨骺线（尤其是钙化软骨层与肥大软骨层之间）与骨干部的骨组织相比，细胞成

**图1** Salter–Harris分类

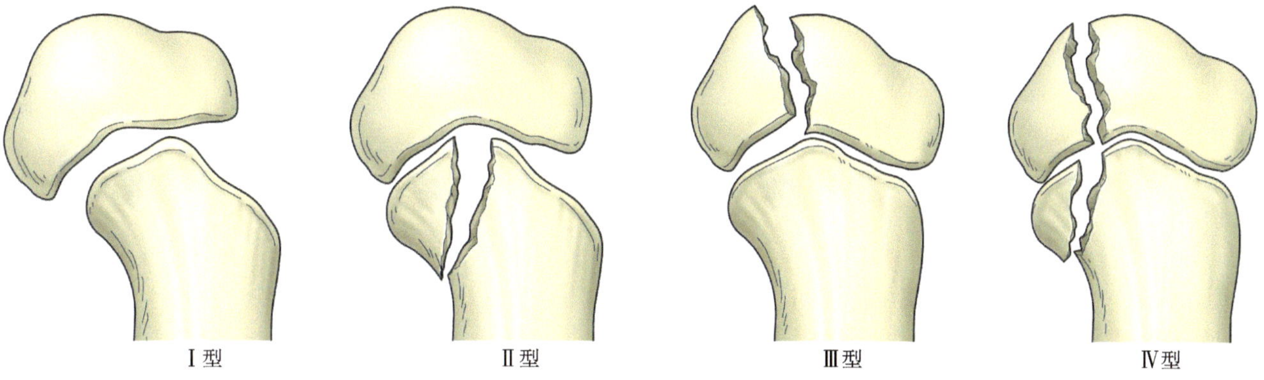

分多而细胞间基质少，即使在整个骨质中，其在力学上也是最脆弱的部分，特别是在生长期脆弱性还要增加。尽管对长轴上的牵引力尚有某些强度，但对剪切力是极度脆弱的[4]。然而，肱骨近端骨骺线呈圆锥形或角锥形，其后内侧的骨膜非常坚固，与其他部位的骨骺线相比在结构上比较稳定，外伤后较少出现损伤[5]。

那么，哪种投掷应力可造成肩部损伤呢？骨骺线近端上有组成肩袖的内在肌群附着，远端上有三角肌、背阔肌、大圆肌、胸大肌、肱三头肌等外在肌附着。投掷动作是由外展内旋开始，先向外展外旋方向继而向内收内旋方向急速地运动，这就是肩关节损伤发生的主要原因[2]、[6]~[8]。外在肌是内收内旋的主要动力，内在肌是外展外旋的主要动力。附着在骨骺线远、近端的肌肉牵张方向是相反的，因此可增加骨骺线的剪应力（**图2**）。

**图2　少年棒球肩的发生机制**

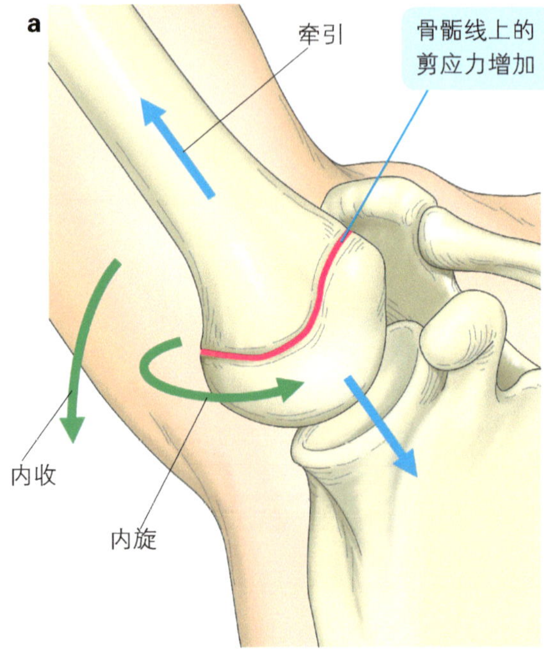


**b.** 单纯X线片（0°位）

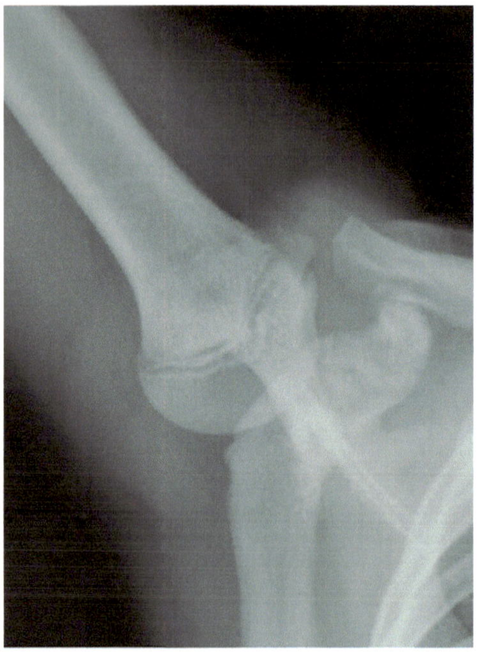

**c.** MRI T2*加权像［ABER位（外展外旋位）］

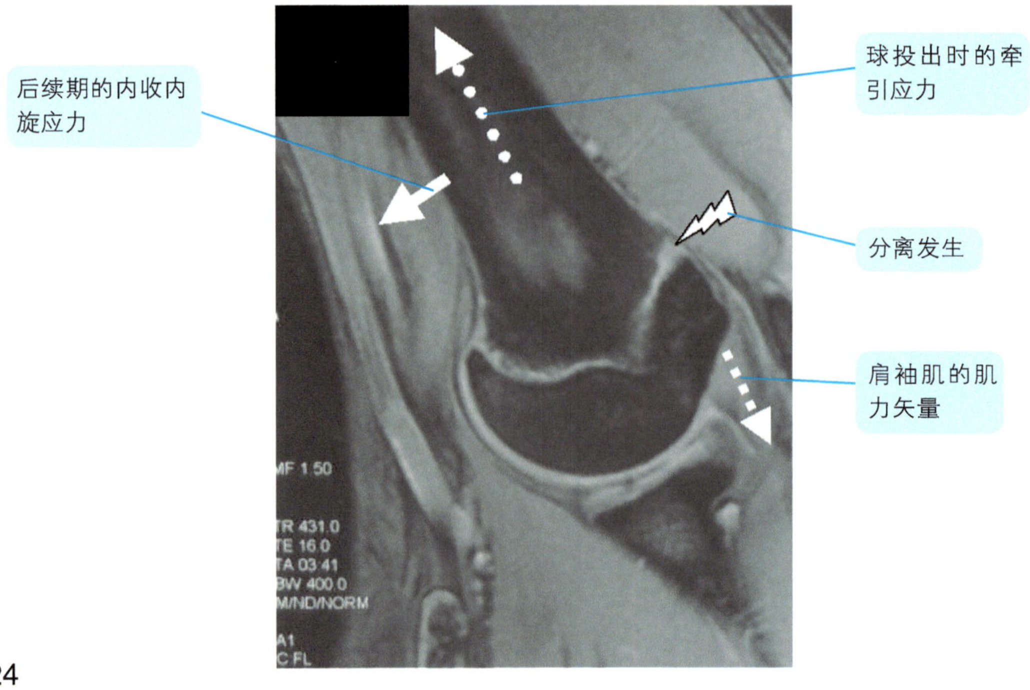

此外，Fleisig等[9]认为，全力投球时在球释放出的一刹那，施加到投球肩上的牵引力与球速相关，小学生棒球选手全力投球时，施加到投球肩上的牵引力相当于自身的体重。骨骺线虽对牵引力具有一定强度的支撑作用，但反复被施加与自身体重相当的牵引力量也非常可能导致疲劳骨折。

## 生长期的危险因素

少年棒球肩不单纯是由于过度投掷引起的疲劳骨折造成的[10]、[11]。少年棒球肩多发生在生长期，这一时期的特殊危险因素除了上述的骨骺线以外，还有下肢和躯干的柔韧性低下、手小握力差、不成熟的投球技术及各种环境因素（教练员的经验和知识不足、周末训练、考试集中、不正规比赛）等。下面对各危险因素逐一阐述。

### 身体因素

生长期尤其是男性的生长期（10~15岁），是骨骼快速生长的时期，身体各部位在解剖学上具有各种各样的弱点，并可出现许多不均衡的现象。在生长期，相对于骨骼的快速生长，肌肉、肌腱等软组织的生长速度较为迟缓，这种生长差

**图3　生长期棒球选手出现下肢和躯干柔韧性降低**

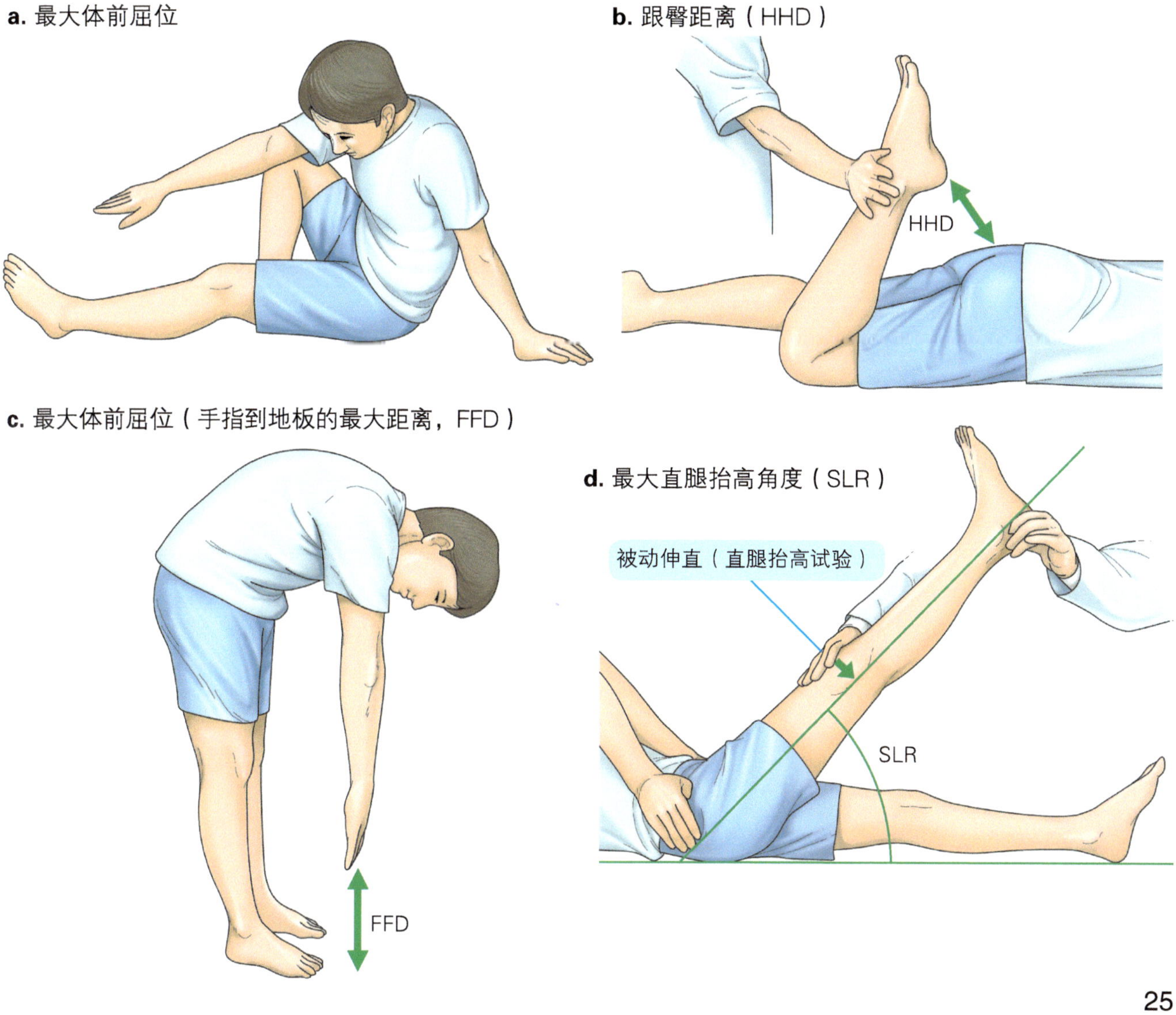

**图4　生长期棒球选手出现的腰背肌伸展性降低和腰椎前弯加大**

**a.** 腰背肌伸展性降低

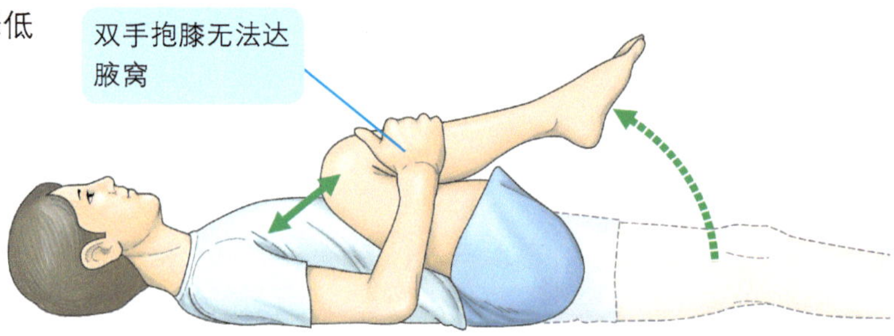


**b.** 腰椎前弯增大

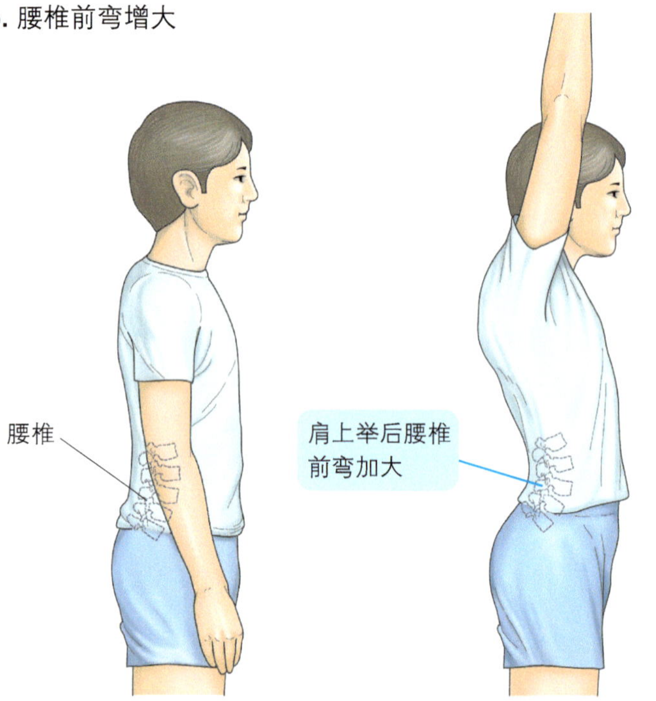


**c.** 腰椎侧位X线（立位）片

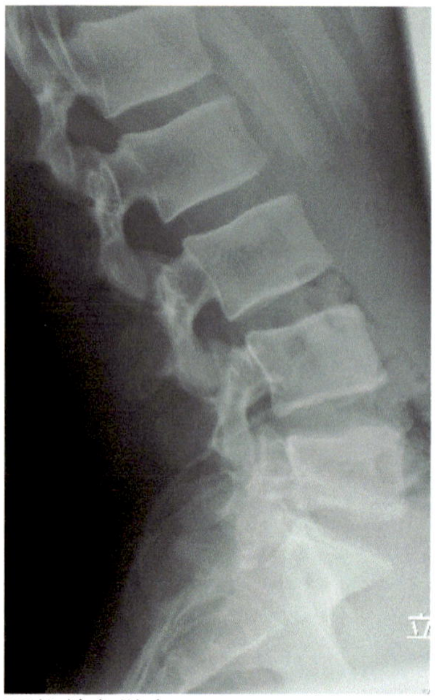

腰椎前弯增大

**图5　握球的方法不同**
少年棒球选手多以指腹握球。

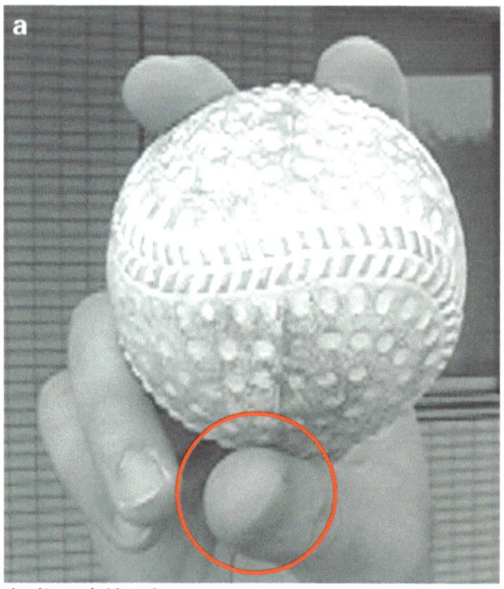


拇指尺侧握球

拇指指腹握球

异表现最明显的就是下肢和躯干。这一时期的少年儿童下肢和躯干的柔韧性差（**图3、图4**）[10]、[11]，下肢和躯干的能量不能充分发挥，不能协调投掷的整个连锁运动，而仅单纯依赖上肢完成投掷动作，这样就容易引起损伤[10]、[12]。生长的速度个体差异很大，身高增长较快的选手，其下肢和躯干的柔韧性更差，而且体积大，相对动作也大，容易增加局部负荷而引起损伤。

当然，生长期选手的手小，且握力也差，大人投球时都需用力手握棒球，而他们多数只能用指腹去握（**图5**）。其结果就是在投掷早期需要前臂中立位和腕关节背屈位握球，投掷晚期肘后伸，继而肩内旋将球投出[13]、[14]（**图6**）。这时投球对肩的应力明显增加。

## ◆ 技术因素

青少年在生长期身体尚未成熟，同时投球技术也多不成熟，动作不规范。野岛等[5]报道，与成人相比，少年棒球选手投球时较少移动身体，躯干旋转动作少，投球多依赖肩关节的内旋，这样就增加了肩关节的负荷。从投掷的准备期到后续期，其技术问题涵盖了下肢、躯干及双上肢等许多方面，其中包括跨步过大或过小、肘部下倾、依赖抖腕的手投，以及以肩内旋为主的内旋投掷等，这些因素都增加了投掷侧的肩、肘的负荷[10]、[11]、[16]（**图7~图9**）。

**图6　指腹握球的选手出现的不良投球动作**

**图7　从准备期到投掷早期存在的问题**

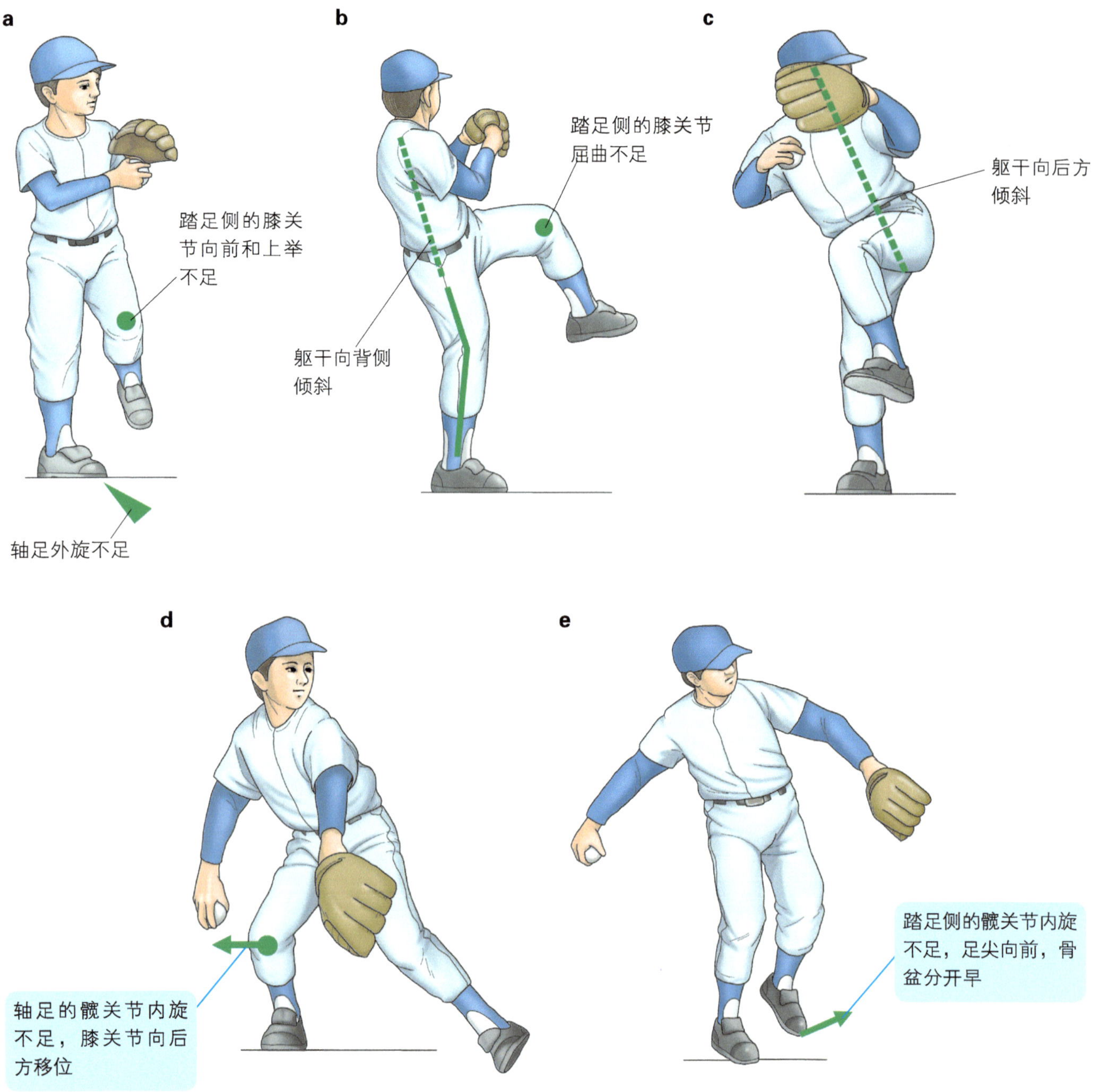


### ◆ 环境因素

此外，这些孩子的指导教练和监护人多是非专业出身，不适当的指导是难免的，当然也有指导错误的地方。与高校、大学、企业财团及职业棒球队不同，这些指导中小学生的教练和监督人多为无经验的非专业出身的父辈，即使有经验者，对儿童身体的特性及投球的风险也认识不足，仅靠自身的经验指导。因此，训练强度、训练方法、投球技巧的指导，以及赛前身体训练的指导，都难免是不合适的[10]、[11]。

**图8　步伐存在的问题**

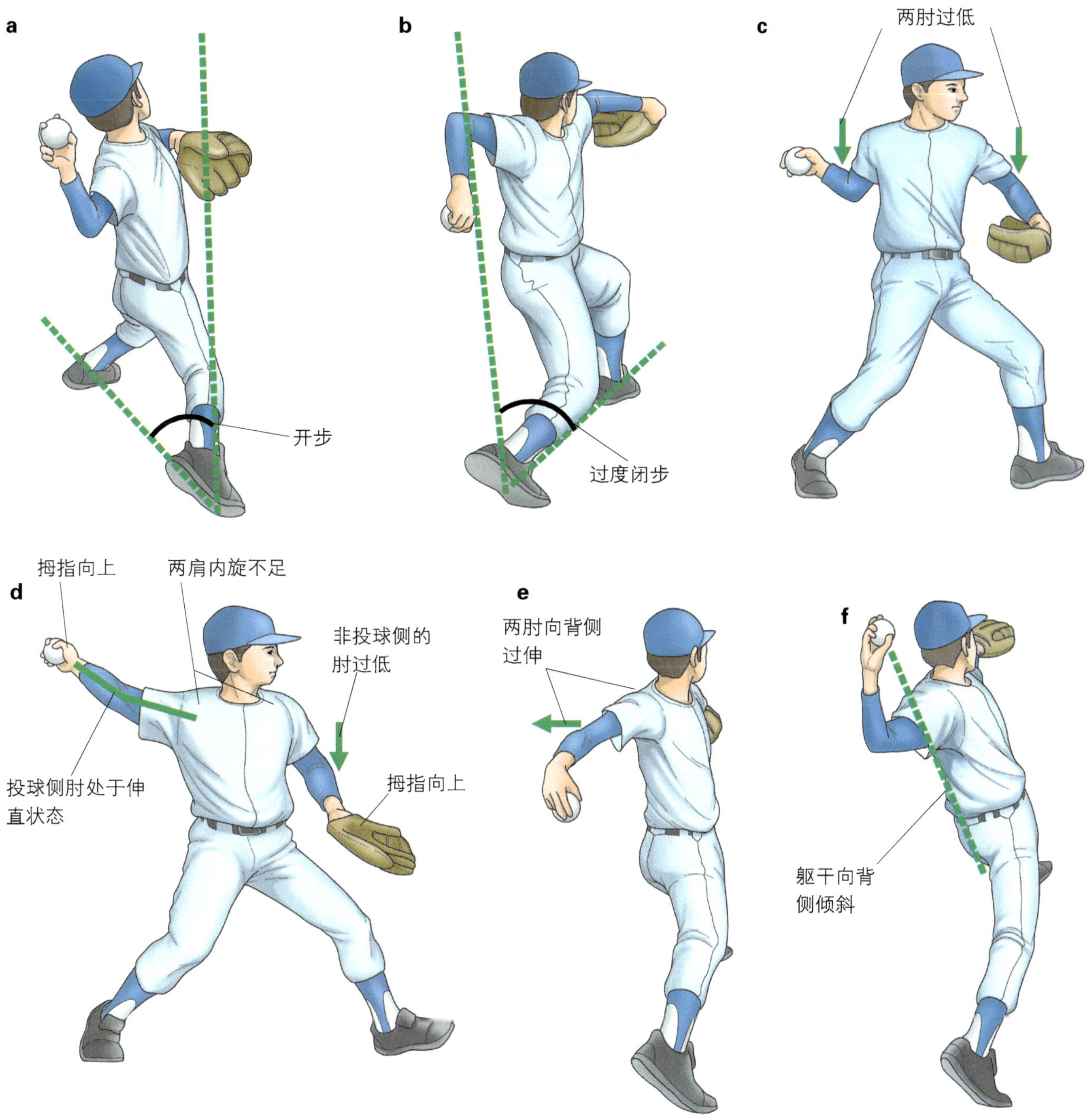


训练和比赛集中在周六、周日也是个问题。一天进行两次比赛并不少见，为取得联赛胜利，水平高的投手连续比赛也是常有的。学校棒球部的选手平时也不休息，连日进行棒球训练。高中以上阶段有棒球淡季，冬季训练也可控制，而中小学生除了降雪地区多没有假期。实际情况是，与高校生相比，身体发育不成熟的生长期选手进行了更艰苦的棒球训练[10]、[11]。

**图9　从投掷晚期到后续期存在的问题**

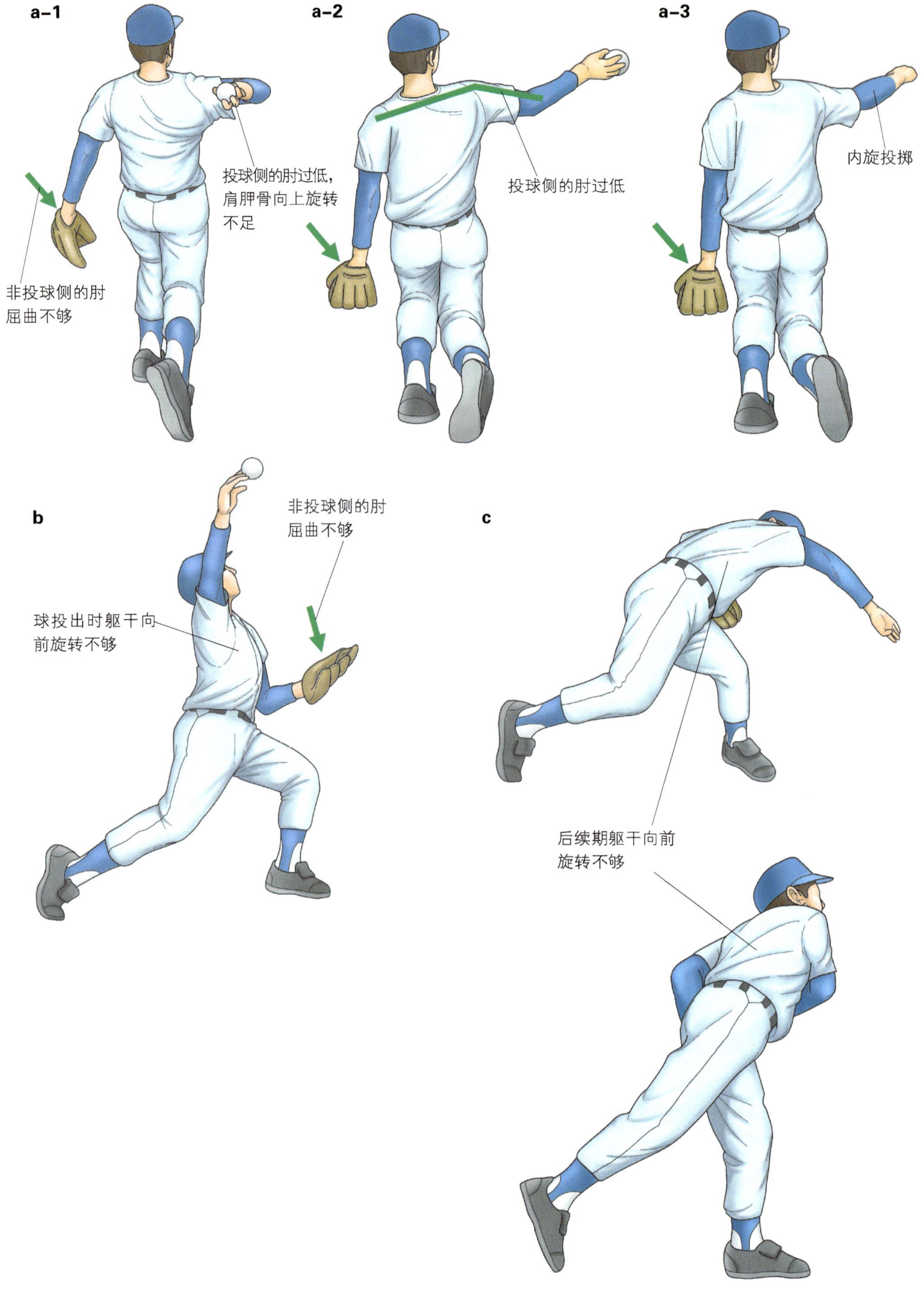

## 诊断

### ◆ 症状

没有其他外伤性诱因，只是投球时和投球后肩痛，因而投球困难。逐渐加重后有时连一次投球都做不到。但日常生活中几乎无症状。

### ◆ 好发年龄

好发于小学高年级和中学生，尤其集中在11~13岁[17]。

### ◆ 位置

据报道，在少年棒球肩患者中投手约占半数[17]，特别是全力投球且投球频率高的投手。

### ◆ 理学检查所见

肱骨颈部压痛，抗阻力下外展、内旋及外旋受限。外观上虽无明显的变形和肿胀，但投球侧的肩胛骨多向外侧和下方移位。这种现象可考虑是由于投球侧的背阔肌和肩袖肌群牵张性降低所致，单足独立时尤其明显（**图10**）。

肩关节活动范围的测定：通常在肩胛骨不固定时，投球侧内旋减少，其余是正

**图10　棒球选手的理学检查所见**

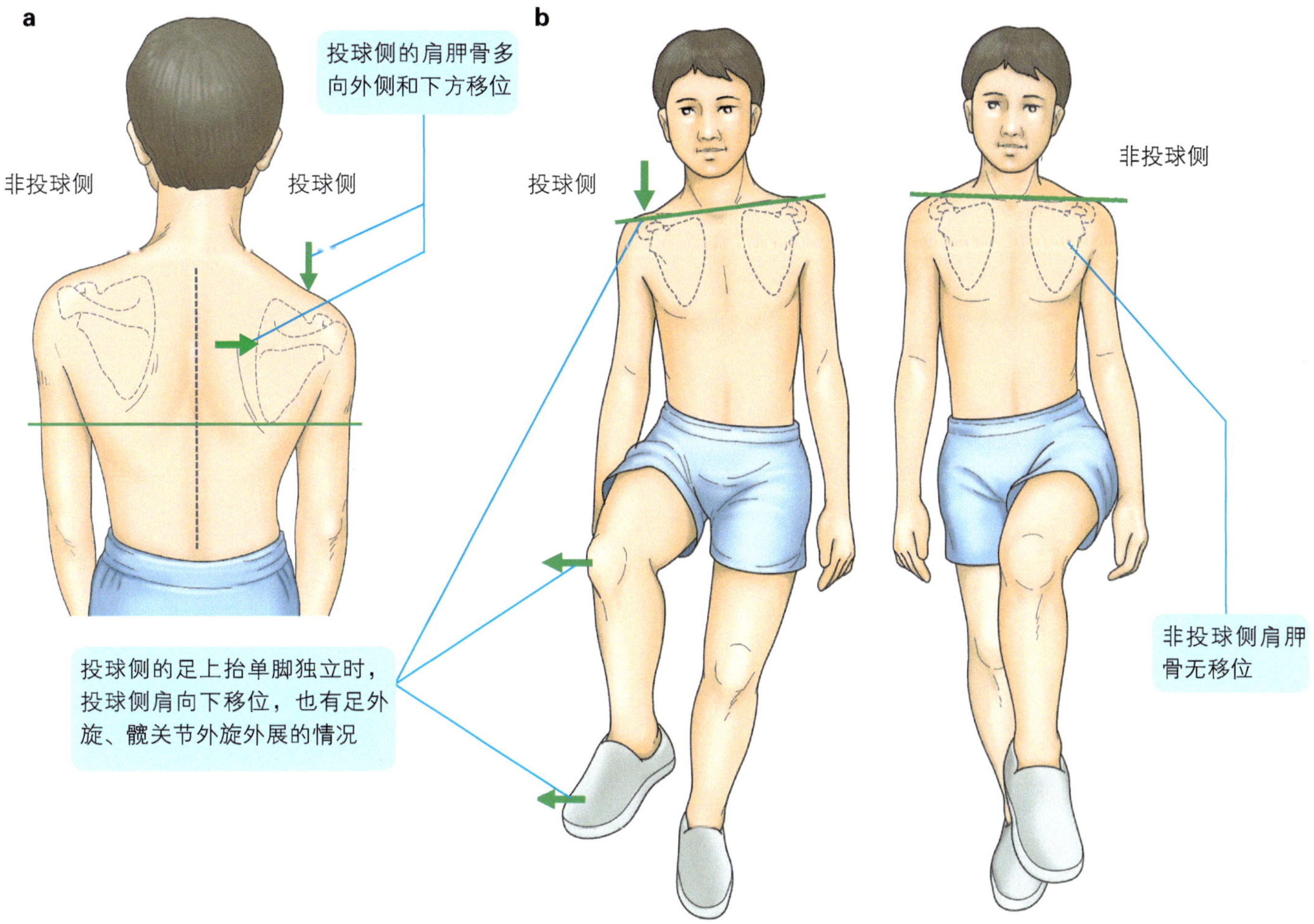

常的；然而在仰卧位固定肩胛骨时，与非投球侧相比，投球侧肩关节外展90° 内旋、屈曲90° 内旋、水平屈曲、肩肱关节外展等的活动范围减小[10]~[12]（**图11**）。这种肩关节活动范围的减小反映了投球侧肩的后方复合体伸张性降低，而这种降低在开始棒球运动不长时间的小学生身上就已经发生[18]，尤其是在少年棒球肩病例中，其程度有相对增高的倾向。

**图11　固定肩胛骨后测定肩关节活动范围**

投球侧的外展内旋、前屈内旋、外展水平内收多有减少。

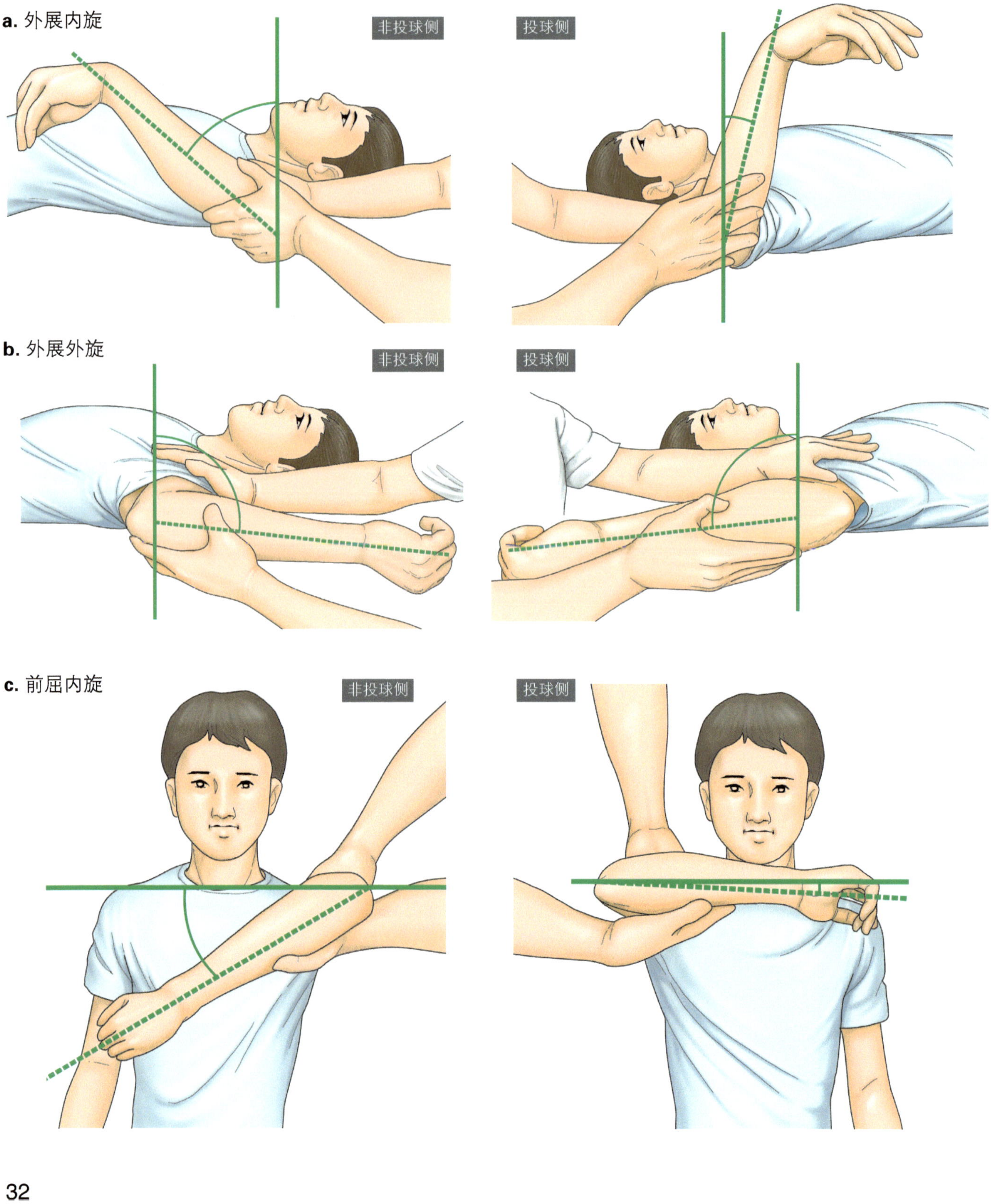

**图11　固定肩胛骨后测定肩关节活动范围（续）**

**d.** 外展

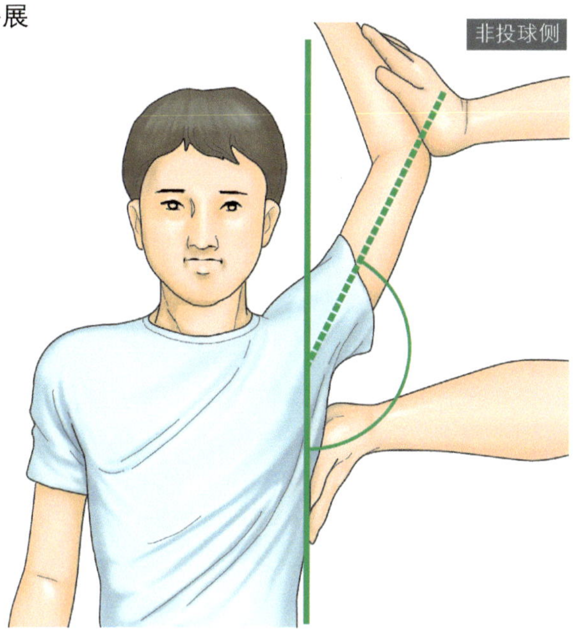


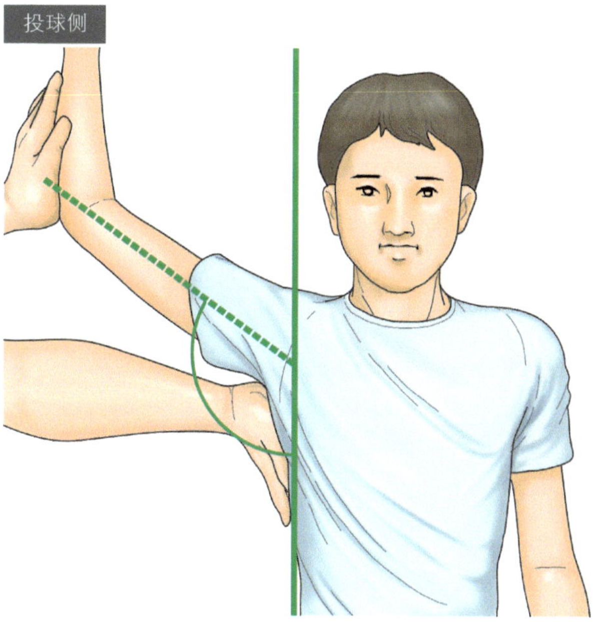


**e.** 水平内收

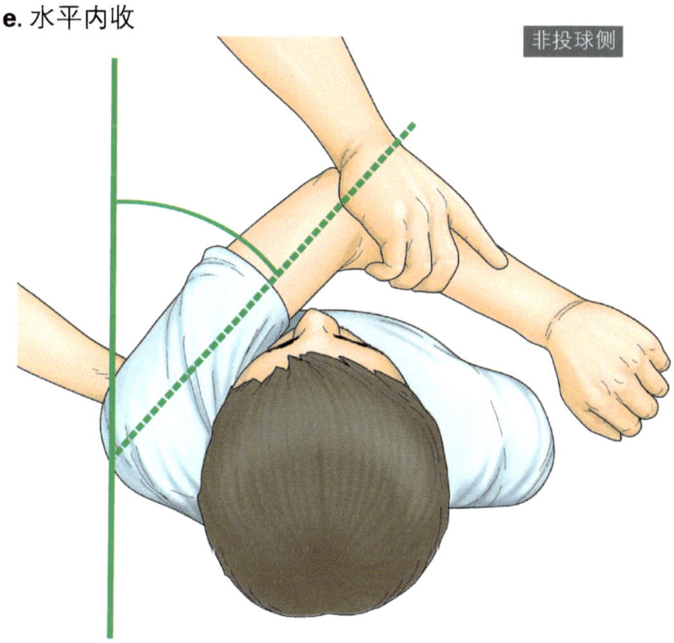


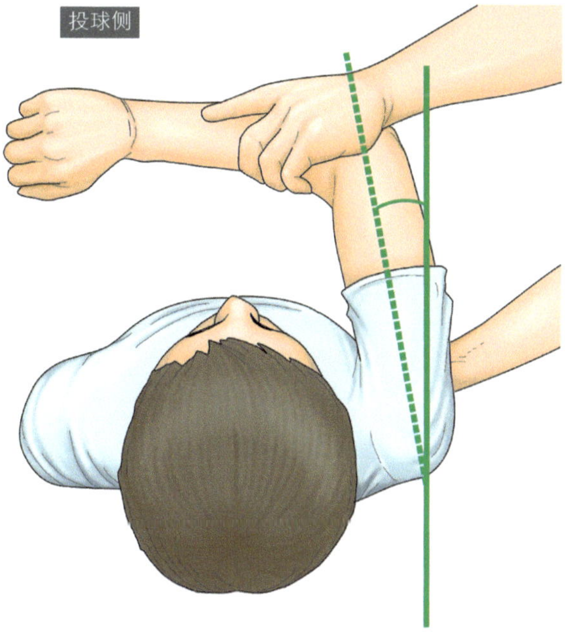

## 典型病例图像

【病例1】

少年棒球肩的影像学所见。

ⓐ单纯X线片：肱骨近端骨骺线增宽和不规则。

ⓑMRI：肱骨近端骨骺线T1加权像（**b–2**）呈低信号，T2*加权像（**b–1**）呈高信号。

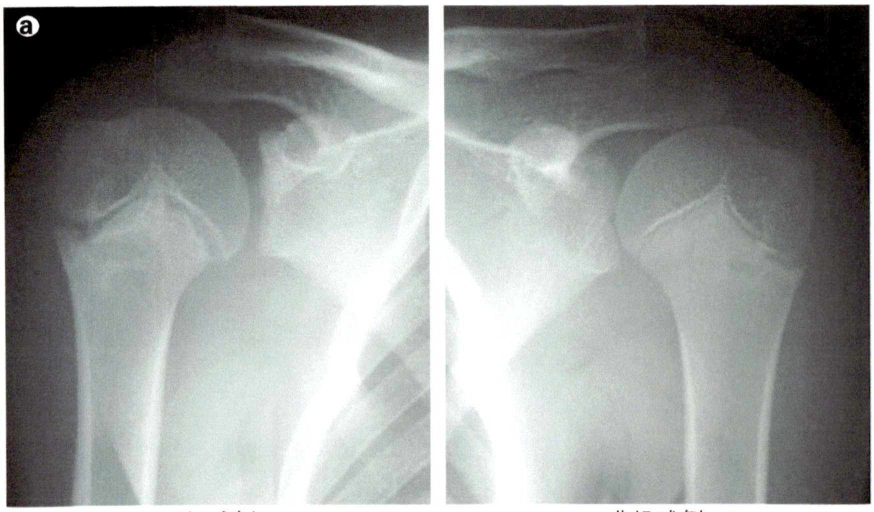


投球侧　　非投球侧

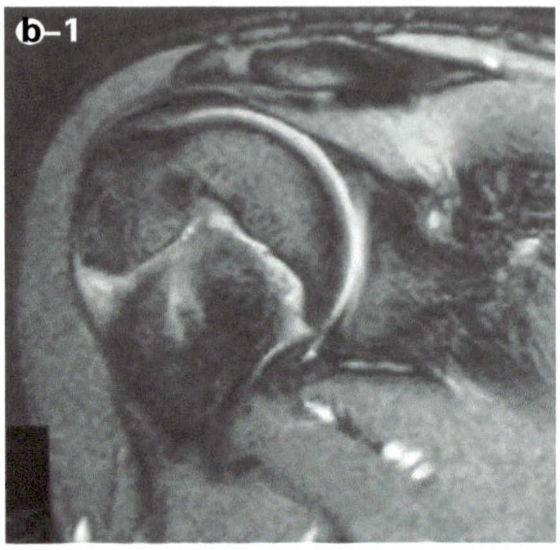


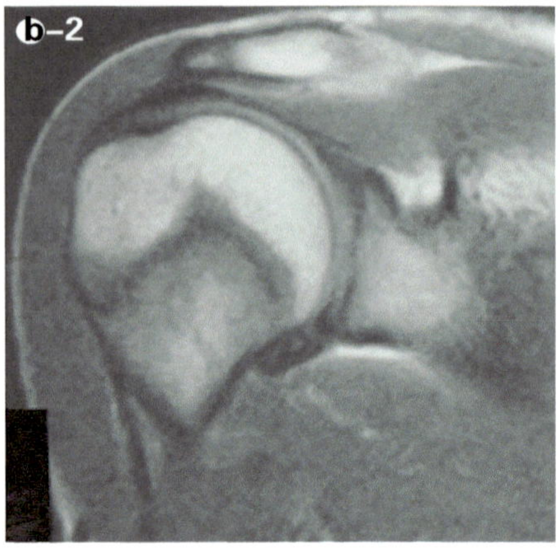


【病例2】

轻症少年棒球肩的影像学所见。

ⓐ单纯X线片：肱骨近端骨骺线扩大，与非投球侧相比无明显差异。

ⓑMRI：肱骨近端骨骺线外侧的T2*加权像（**b–1**）呈高信号，T1加权像（**b–2**）呈低信号，骨骺线略有扩大和不整。骨骺线外侧近旁的骨干端T1加权像呈低信号。

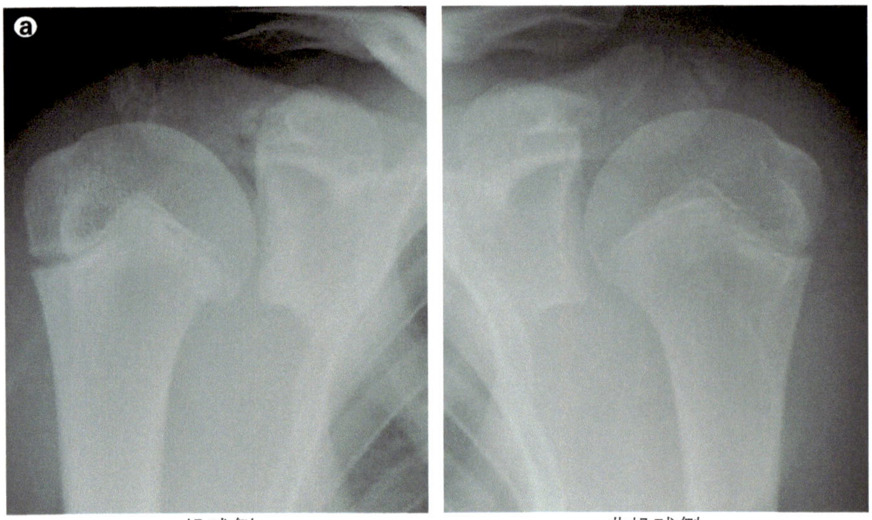


投球侧　　非投球侧

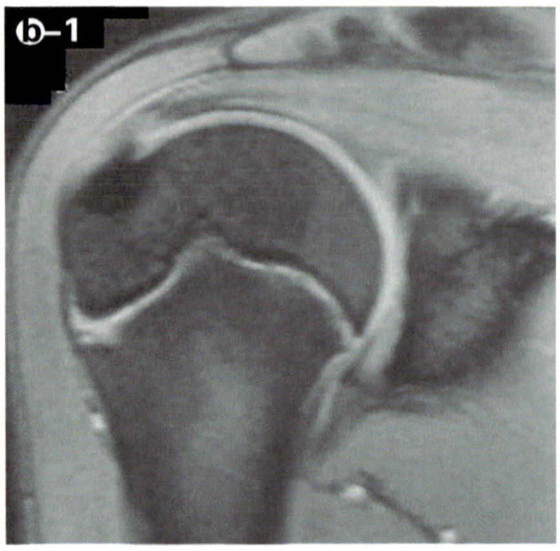


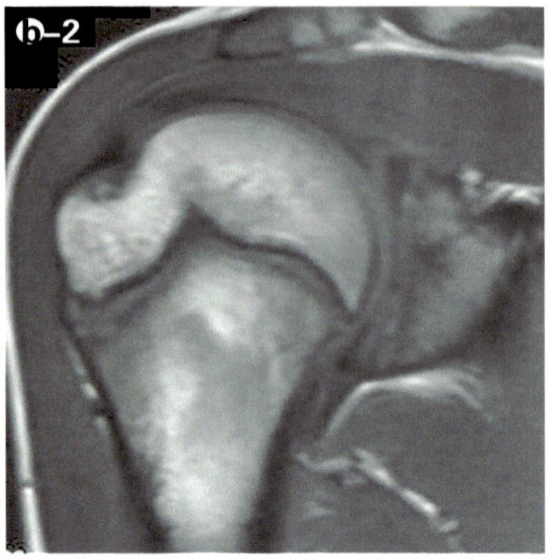

**兼松分类**

ⓐ Ⅰ型：骨骺线外侧部分扩大。

ⓑ Ⅱ型：骨骺线全部扩大。

ⓒ Ⅲ型：伴有骨骺滑脱。

兼松等[19]根据骨骺线的扩大状态将本病分为三型，Ⅰ型和Ⅱ型多见，Ⅲ型少见。

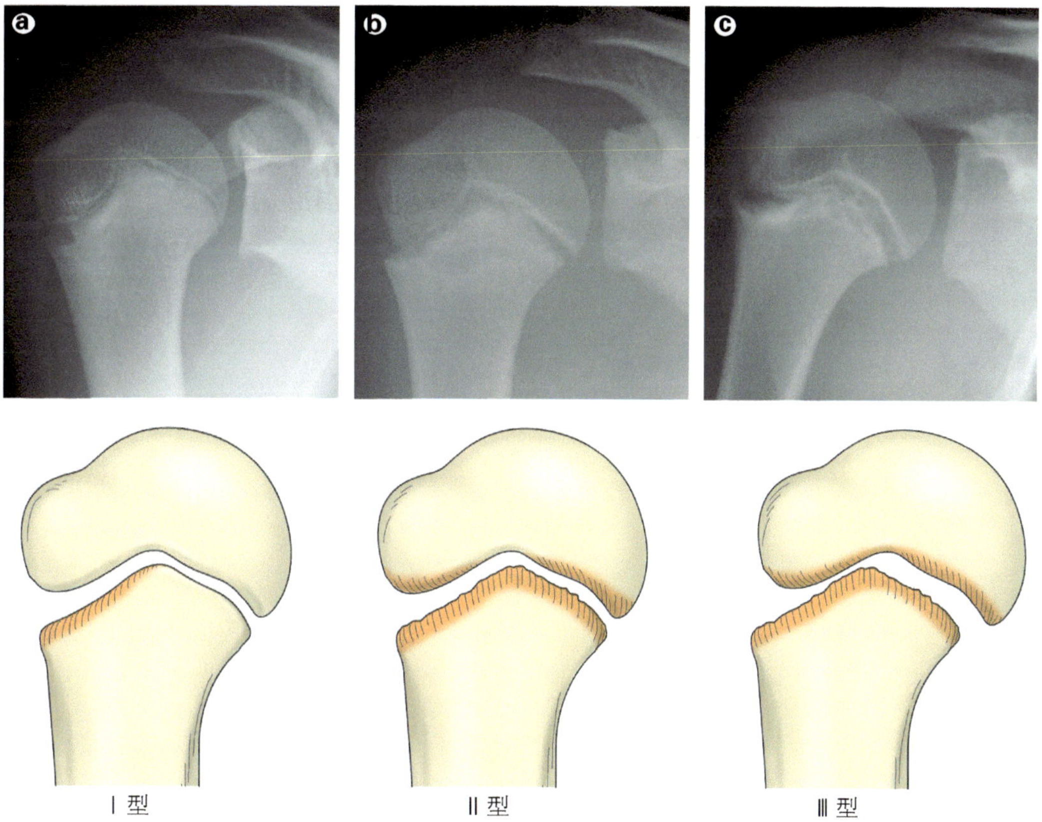


**【病例3】**[10]

定期随访所见单纯X线片的变化。12岁，右投手，兼松分类Ⅱ型。

ⓐ初诊时，发病后2周。

ⓑ1个月后，骨骺线进行性扩大。

ⓒ2个月后，重新开始投球。

ⓓ3个月后，完全恢复比赛。

ⓔ6个月后，X线片上已获得修复。

单纯X线片上获得修复需要6个月。

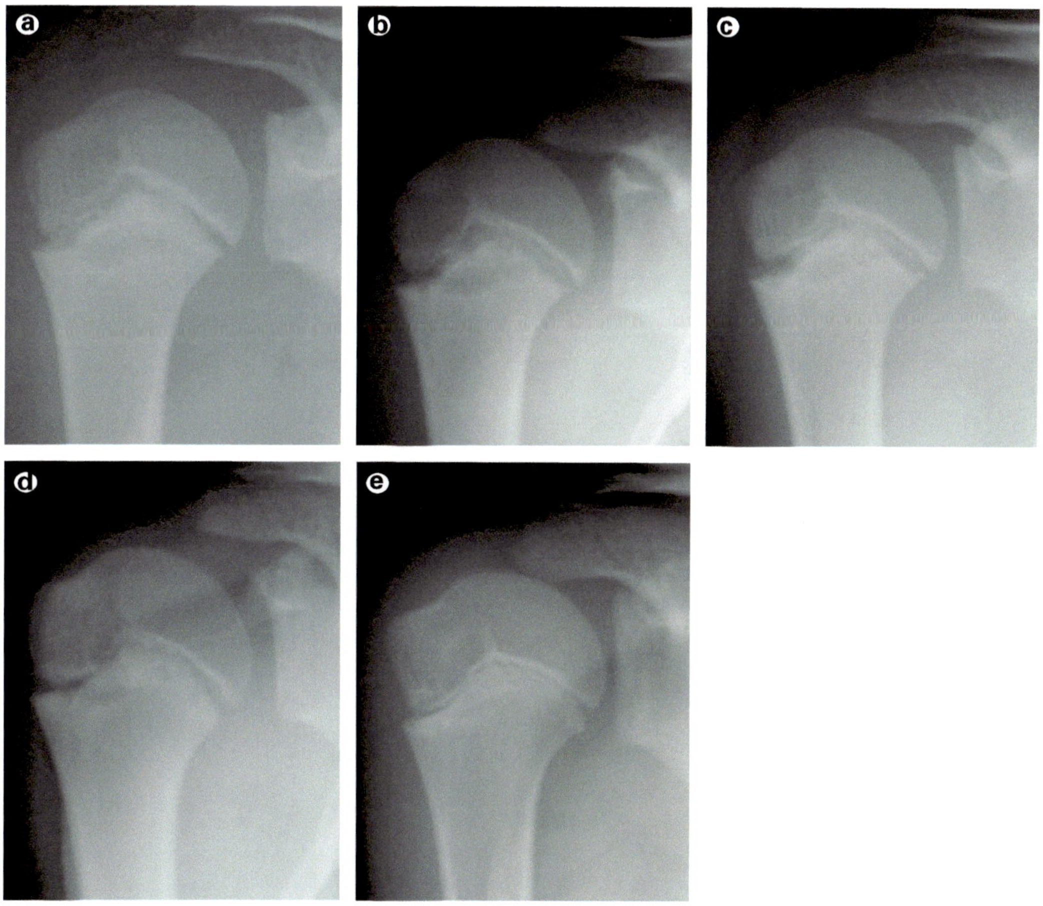

【病例4】
11岁，软式棒球投手的肩关节影像学所见。
主诉右肘内侧痛来院，也主诉右肩不适。
ⓐ单纯X线片无异常表现。
ⓑMRI T2*加权像近端骨骺线无异常。
出现肩峰下滑囊、盂肱关节和肱二头肌长头腱鞘积液（箭头所指）。

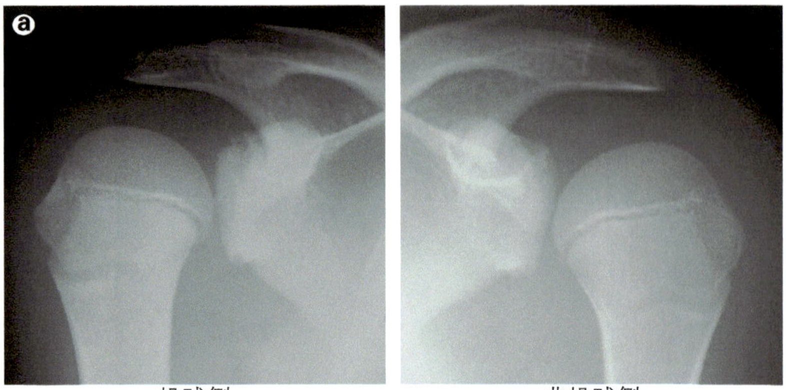

投球侧　　非投球侧

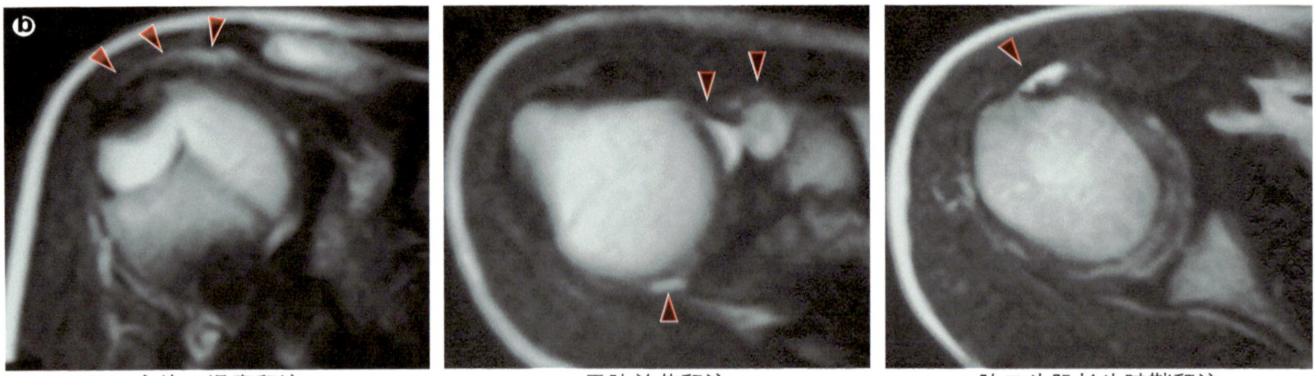

肩峰下滑囊积液　　盂肱关节积液　　肱二头肌长头腱鞘积液

## 治疗

通常不需要外固定，但Ⅲ型病例如症状明显，可用三角巾固定2~3周。禁止投球是治疗原则，但除Ⅲ型外，禁止投球2~3个月通常就足够了[8]。禁止投球期间仍应积极进行跑步、躯干下肢的训练及躯干下肢的伸屈肌群的肌力训练等[10]、[11]。在禁止投球结束后2~4周，如局部有压痛而抗阻力下运动疼痛消退，就可以积极进行肩后下方复合体应力试验和肩袖肌力训练[10]、[11]、[16]。

允许再次投球的时期和大致标准诸说不一。笔者认为，应以肱骨颈部压痛消失、抗阻力下外展内旋外旋时疼痛消失及肌力恢复为指标[10]、[11]。单纯X线片正常化需要3~6个月，但没有必要等待其正常。

再次投球后投球力度要逐渐提高，早期可用50%的力度投球，纠正投球姿势，如有问题及时改正[10]、[11]、[16]，此后才能全力投球。

此外，选手、亲属等尽可能接受球队教练的监督，防止过度训练，对训练的时间和强度进行调整。如果是投球手，还要正确规定投球数和登板考试数。即使肩部损伤治愈，也会再发，引起肘关节损伤的情况也时有发生。因此，损伤的预防是最重要的。

## 经过和预后

一般认为，Ⅰ、Ⅱ型损伤者在1～2个月后可重新开始投球训练，而单纯X线片修复者则需要3～6个月[21]，可能不留后遗症，达到完全康复，预后良好[17]、[20]。然而，Ⅲ型损伤和反复发作的病例，可能会引起肱骨生长障碍和肱骨头内翻畸形，因此，这样的病例要延长禁投期，慎重地观察病情变化[21]~[23]。

单纯X线片提示修复需要6个月的病例：**【病例3】**。12岁，右投手，右肩投球后出现疼痛2周初诊，单纯X线分类属兼松分类Ⅱ型，2个月禁投期后肱骨颈部有压痛，抗阻力下外展、内旋、外旋时疼痛消失，因此重新开始投球。逐渐地提高训练强度，3个月后完全恢复正常。而单纯X线片恢复则经过了6个月。

## 广义的少年棒球肩

一般认为，生长期投球侧上肢易发生损伤的部位以肘关节为主，肩关节相对较少，而肩关节损伤的少年棒球肩又以骨骺损伤为主，产生软组织损伤的相对较少。

然而，笔者在临床上经常看到有些选手来诊时表情淡漠，主诉肩部疲劳感和不适感。此外，在门诊也经常有主诉肘痛的选手，经详细问诊后，自诉有肩部不适感和僵硬感。这些选手经肩MRI检查，发现有肩峰下滑囊炎、盂肱关节炎、肩袖炎等疾病（**【病例4】**）。

这些潜在的肩关节软组织炎症在广义上都属于少年棒球肩。据推测，有这种潜在损伤的选手很多。以前发生过肩痛的肩部疾病可促使肘关节应力过度增加，极有可能引起解剖学上相对脆弱的肘关节发生损伤，应引起注意。

## 预防

对于在生长期打棒球引起的肩肘损伤包括少年棒球肩等，最重要的对策是预防。为此，笔者提出以下必要的注意事项。

（1）认识投球的危险性。

（2）理解生长期身体的特性及个体差异，尤其要注意快速长高的选手和体格较大的选手。

（3）训练强度和投球数要适中。

（4）小学生不能单纯参加棒球运动，其他运动形式也要参加，要均衡地锻炼身体。

（5）出现疼痛时马上报道，尽可能改善环境。

（6）为能继续参加棒球运动，要连续进行赛前训练。

（7）在中小学阶段要掌握减少肩、肘负担的技巧。

●文献


[1] Dotter W E. Little leaguer's shoulder; a fracture of the proximal epiphyseal cartilage of the humerus due to baseball pitching. Guthrie Clin Bull, 1953, 23：68–72.
[2] Adams J E. Little leaguer shoulder. Osteochondrosis of the proximal humeral epiphysis in boy baseball pitchers. Calif Med, 1966, 105：22–25.
[3] 林　正樹, 市川宣恭, 櫛谷昭一, ほか. 少年野球による上腕骨近位骨端線離開の2症例の検討. 整・災外, 1979, 22：361–365.
[4] Bright R W, Elmore S M. Physical properties of epiphyseal plate cartilage. Surg Forum, 1968, 19：463–464.
[5] Dameron T B Jr, Crubb S A. Fractures and dislocation of the shoulder. Fractures in Children, Rockwood C A Jr, Wilkins K E, King R E, eds, J B Lippincott, Philadelphia, 1984, 577–607.
[6] Cahill B R, Tullos H S, Fain R H. Little league shoulder lesion of the proximal humeral epiphyseal plate. J Sport Med, 1974, 2：150–152.
[7] Tullos H S, Fain R H. Rotational stress fracture of proximal epiphysis. J Sport Med, 1974, 2：152–153.
[8] Carson W G. Little leaguer's shoulder. A report of 23 cases. Am J Sports Med, 1998, 26：575–580.
[9] Fleisig G S, Dillman C J, Escamilla R F, et al. Kinetics of baseball pitching with implications about injury mechanisms. Am J Sports Med, 1995, 23：233–239.
[10] 岩堀裕介, 加藤　真, 大須賀友晃, ほか. リトルリーガーズショルダー. 整形外科, 2007, 58：881–892.
[11] 飯田博巳, 岩堀裕介. リトルリーグ肩. MB Med Reha, 2008, 96：1–11.
[12] 橋口　宏, 伊藤博元, 萬歳祐子. スポーツによる上腕骨近位骨端線離開の治療成績. 肩関節, 2003, 27：395–398.
[13] 渡會公治, 増島　篤, 竹田秀明, ほか. 投球フォームに関するイメージ調査. 肩関節, 1993, 17：203–209.
[14] 水谷仁一, 川尻貴大, 横地正裕, ほか. ボールの握り方が投球動作に及ぼす影響について. 东海スポーツ障害研究会誌, 2008, 25：14–17.
[15] 野島　晃, 松岡俊哉, 立花　孝, ほか. 投球動作の分析–少年野球選手の投球分析. 臨床スポーツ医学, 1991, 8：1293–1297.
[16] 岩堀裕介, 花村浩克, 佐藤啓二. 投球肩障害に対する投球フォーム矯正を中心とした保存療法の効果. 肩関節, 2000, 24：377–381.
[17] 中川照彦, 土屋正光. 成长期の投球障害肩. MB Orthop, 1998, 11：33–39.
[18] 岩堀裕介, 花村浩克, 加藤　真, ほか. 少年野球選手の肩関節内旋可動域の減少. 肩関節, 2003, 27：415–419.
[19] 兼松義二, 井形高明, 岩瀬毅信, ほか. 少年野球における上腕骨近位骨端線障害. 日整スポーツ医学会誌, 1989, 8：163–166.
[20] 柚木　脩. 少年野球肩のアスレチックリハビリテーション. 肩関節, 1991, 15: 282–286.
[21] 兼松義二, 井形高明, 岩瀬毅信, ほか. 少年野球における上腕骨近位骨端線障害. 中部整災誌, 1989, 32：1810–1812.
[22] 高田信二郎, 井形高明, 岩瀬毅信, ほか. 少年野球における上腕骨近位骨端線障害. 日整スポーツ医学会誌, 1991, 10：193–195.
[23] 田中一成，大久保　衛, 大槻伸吾. Little league shoulderに対する臨床的, X線学的検討. 別冊整形外科, 1999, 36：79–83.

# 投掷肩的镜下手术

大连医科大学附属第一医院 吴春明 王福生 译

大阪养老金医院运动医学科 野中伸介
大阪养老金医院运动医学科部长 米田 稔

## 投掷肩的治疗要点

投掷肩是以过度运动引起的疲劳蓄积及反复的微小外伤为基础而发病的，其结果是逐渐引起人体组织的继发损伤，即使经多次治疗也难免复发。投掷肩的病理基础包含有许多不明显的损伤，其中有连锁运动紊乱、肩胛周围协调功能异常、关节轻度不稳定与挛缩及肌力不平衡等。对这些病症首先应采取保守治疗。

但对保守治疗失败、临床诊断考虑有器质性改变及已出现不可逆改变的重度关节复合体破裂的病例，适合施行微创及可精细定位的关节镜下手术。

具有器质性损伤的投掷肩典型病症有上关节盂唇损伤、肩袖关节侧不全断裂、肩袖间隙损伤、Bennett骨棘损伤等。这些损伤的镜下手术阐述如下。

## 手术适应证

不应轻易进行关节镜检查及手术治疗。首先要通过问诊，了解患者是在哪个投球时相和哪个部位感觉疼痛的，然后结合理学检查和影像诊断，来考察疾病的病理状况。

保守治疗就是通过各种手段，提高下肢和躯干的柔韧性，加强肌力，以此达到体轴的平衡和动态稳定，进而强化肩胛骨周围的肌群，尤其在肱二头肌下部纤维薄弱的情况下更是如此。提高肩胛胸廓关节的协调性，加强下肢、躯干到上肢连锁运动的训练，减少大角度、大旋转动作等，减轻对肩关节的过度负担。此外，关节后方复合体挛缩的病例，可进行内旋和水平内收等伸展动作，努力改善症状（**图1**）[1]。在此基础上，努力加强起于肩胛骨的内在肌即肩袖肌的肌力。但症状明显不能接受康复治疗者、3~6个月保守治疗无效者，以及目前已出现不可逆的重度关节复合体破裂的病例，适合镜下手术[2]。

## 投掷肩的病症和分类

### 上关节盂唇损伤

上关节盂唇损伤最早是由Andrews等在1985年报道的[3]，其后，米田等在1990年报道了投掷肩的上关节盂唇附着部断裂的临床意义及手术疗效[4]。Snyder将该损伤命名为上关节盂唇损伤，并对损伤形态进行了分类，由此，该病症的存在逐渐得到了临床上的广泛认识[5]。上关节盂唇与肱二头肌长头腱形成复合体（BLC），因此，根据损伤形态上关节盂唇损伤可分为两类：一类是复合体的关节盂附着部的剥脱与撕裂，另一类是类似膝关节半月板的瓣状或桶柄状的单纯关节盂唇的撕裂。

附着部断裂的典型症状是，上关节盂唇从关节盂缘到肩胛骨颈部内侧剥脱，盂肱复合体出现不稳定状态，属上关节盂唇损伤Ⅱ型。Morgan等把此类损伤进一步分为前方型、后方型和完全型（**图2**）[6]。

前方型多由肘关节伸直、肩关节外展位时挥手投掷造成的外伤引起，多合并上盂肱韧带（superior glenohumeral ligament，SGHL）、中盂肱韧带等关节囊韧带附着部的断裂，易产生由功能不全引起的前上方不稳定。

**图 1　应用后方复合体的hold-relax（保持-放松）法自我牵引**

**a**

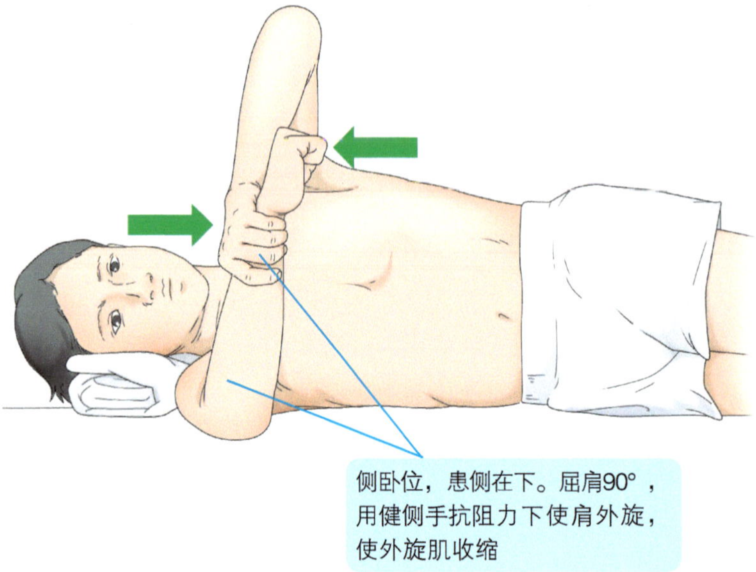


**b**

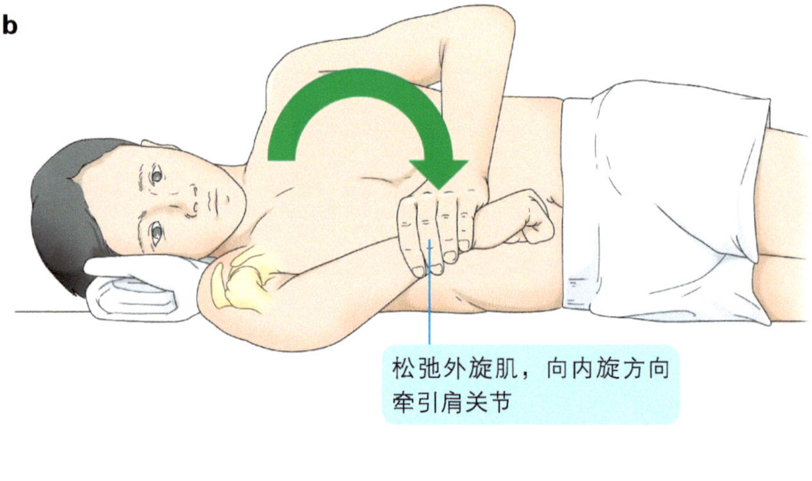

**图2 上关节盂唇损伤**[16]

**a.** Ⅱ型上关节盂唇损伤的亚型分类（Morgan等的分类）

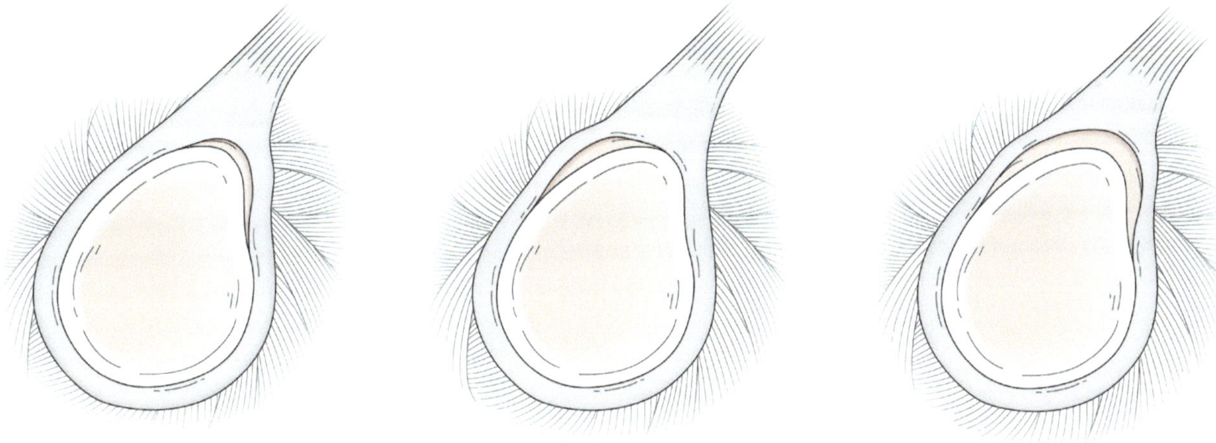


**b.**上关节盂唇附着部断裂的关节镜下征象

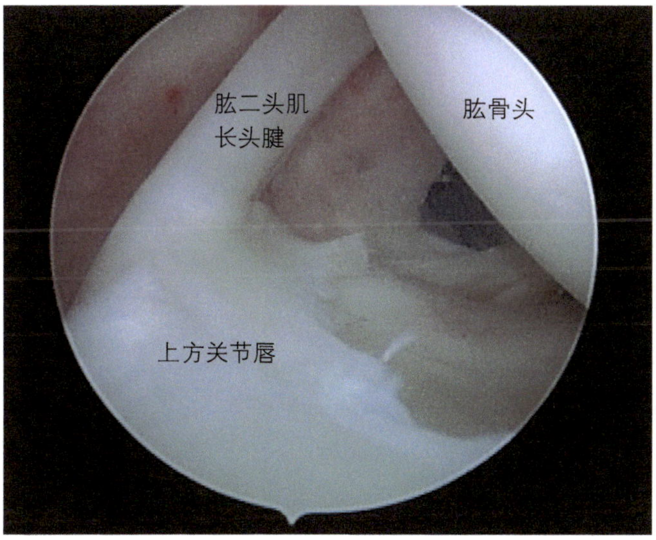


**c.**上关节盂唇桶柄状实质断裂的关节镜征象

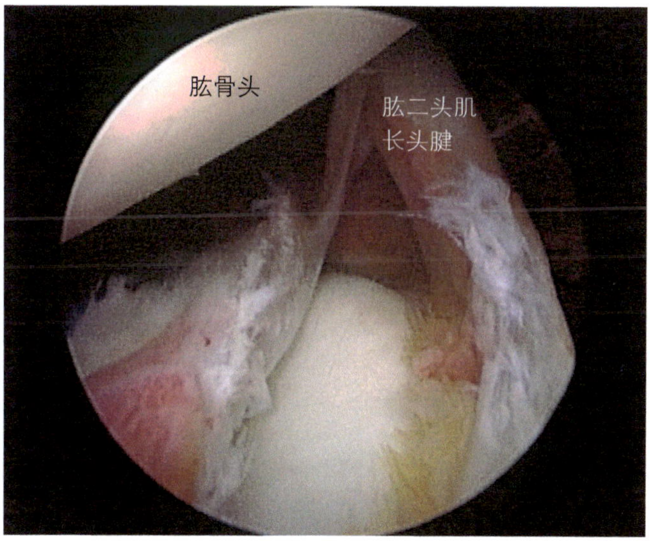


后方型在投掷肩中发生较多，肩外展外旋位时盂肱复合体向后方的旋转力增加，引起以后上方为中心的剥脱，后方的挛缩更加强了这种损伤[7]。这种损伤引起不稳定的程度相对较小，故一般难以检出。通常患者多主诉突然用力运动时出现疼痛，而主诉在日常生活动作中出现肩痛和不稳定感的较少。关节盂唇修复术的适应证是保守治疗无效的Ⅱ型上关节盂唇损伤（剥脱和瓣状盂肱复合体[18]）。术中不单纯要修复盂肱复合体，还要充分评价上述的前方不稳定及后方挛缩的情况，有必要对此进行相应的处理。

## ◆ 肩袖关节侧不全断裂

投掷肩多数是肩袖关节侧的不全断裂，也有肌腱内不全断裂的情况。其发病机制有内撞击和牵引力等各种学说，但一般认为，部位不同，机制也有所差异，如前方型多合并后方挛缩，后方型多合并大结节裂口等[9]。

治疗上，如断裂部裂口剥离较浅（A2型：测量距软骨边缘<6 mm），则仅行清创术即可。如断裂较深（A3型以上，测量距软骨边缘>6 mm），或损伤部伴有肉芽形成，在肩袖关节面虽仅见一浅表的损伤，但呈瓣状松软的存在，或仅残留关节囊，均是镜下修复术的适应证。断裂较浅者，断端可采用一列锚钉进行单排法和穿腱法缝合。对于断裂范围较广及不全断裂较深的病例，因穿腱法不可靠，2006年以后笔者所在医院采用了DAFF法进行修复，以期获得将松弛的不全断裂肩袖肌腱拉紧的效果。

投掷肩的内撞击症状极少来源于单纯的撞击[10]，几乎所有的病例都源于过劳引起的原发性慢性滑囊炎，以及伴随关节不均衡和不稳定的继发性滑囊炎。对出现不可逆性病变的滑囊可行切除术，但对肩袖关节侧不全断裂的病例是否追加肩峰下减压术，其恢复率尚无明确差异。即使轻微断裂，如仅行清创术或滑囊切除术，也会有不恢复的病例[11]。笔者医院原则上不施行单纯的滑囊切除术和肩峰下减压术，对继发性滑囊炎，更注重改善成为其病因的肱骨头的同心性和消除不稳定症状。这意味着冈上肌腱前方的不全断裂与肩关节前上方的不稳定的关系非常密切。

## 肩袖间隙损伤

肩袖间隙就是冈上肌腱与肩胛下肌腱之间存在的间隙，与肩关节的稳定关系很大。对此，Rowe、信原及三本等[12]~[14]都相继做过报道。肩袖间隙损伤就是以肩袖间隙关节囊的破裂和功能不全为主的肩前上方不稳定。其主要症状是投球时肩前方痛和不稳定感。

运动性外伤引起的肩关节不稳定，几乎都是由轻微的外伤反复多次发作而造成的。由于协调性紊乱和姿势不正确，在肩胛骨后方反复的肩上投球动作，使肩肱关节大角度活动，增加了肩关节前上方的负荷。其结果是肩袖间隙关节囊、冈上肌腱前方、肩胛下肌腱上关节囊及前关节囊的牵张加强，由此引发本病。肩袖间隙由肱二头肌长头腱和喙肱韧带及结构复杂的关节囊所组成。在关节镜下，相当于上盂肱韧带和中盂肱韧带之间的部位，投掷肩病例可见其间隔开大，表面发红，有滑膜炎的表现。可见肩袖间隙关节囊及围绕其周围的上盂肱韧带、中盂肱韧带、喙肱韧带的断裂和松弛，冈上肌腱前方及肩胛下肌腱上方的关节囊和肌腱不全破裂。此外，上盂肱韧带和肩胛下肌腱上方的断裂可引起结节间沟入口处的肱二头肌长头腱的不稳定和半脱位。伴有肱二头肌长头肌腱炎的表现也是肩袖间隙损伤的重要镜下所见之一[15]、[16]。

肩袖间隙损伤的手术治疗：对上盂肱韧带和中盂肱韧带的断裂、伸张和松弛可行修复重建术，对冈上肌腱前方及肩胛下肌腱上方的关节囊和肌腱不全断裂可行肩袖修复术等手术。

## Bennett骨棘损伤

反复多次的肩上投掷动作可导致投掷肩的发生，其临床表现之一就是关节盂后下缘的骨增生，即Bennett骨棘损伤[17]。多数情况下是无症状的，伴随投掷时的牵引力及关节的活动，逐渐形成了生理上的骨棘。但有时会出现疼痛，多主诉投掷时肩后方痛，体格检查时在肩关节盂后下方有压痛，有时伴有腋神经刺激症状，出现感觉异常等。骨棘撕脱骨折后继续投球产生假关节样感觉者、骨棘较大发生内撞击者，以及有明确的附着部炎症引起刺激症状者均是骨棘切除术的适应证[18]、[19]。在没有骨折和游离骨片的病例，挛缩可能源于较大的骨棘，这种Bennett骨棘虽然无痛，但可引起肩挛缩，做投掷动作时可出现疼痛。这些病例多可发现后方关节盂唇的剥脱。

对于多数伴有关节内及滑囊内病变的投掷肩病例，镜下手术无论是在诊断还是治疗上都是微创和优秀的术式。

## 术前准备

### 手术前的复查

3~6个月保守治疗无效，有明确的临床表现且临床诊断考虑有器质性病变者，可施行投球试验即局部麻醉药阻滞试验[10]。通常按高特异性滑囊、盂肱关节的顺序注入局部麻醉药，然后做实际的投掷动作。影像学上有Bennett骨棘的部位优先进行阻滞（**图3**）。综合体格检查和影像学所见及投球试验结果（阻滞部位投掷能力有改变），探讨哪个部位存在病变，何种治疗能使其恢复。有时前上方不稳定的症状是轻微的，如潜在性的半脱位损伤，体征难以查出。有时稳定结构的损伤也是轻微的，即使通过MRI和关节造影等影像检查也难以查出。因此，认真询问病史和仔细进行理学检查是十分重要的，如询问肩的疼痛是在做哪个投掷动作时出现的，充分了解疼痛的部位、性质和特征［如有无剧烈的疼痛、从肩放射到上肢的麻木性疼痛、掉肩那样的疼痛，以及死肩（dead arm）等］。

理学检查上，要注意肩袖间隙和结节间沟有无压痛，抽屉试验在30°外展位和90°外展内旋中立位检查前方稳定性时有无左右差（2°以上）。通过曲柄试验（Crank test）、复位试验等的阳性所见，深入观察投掷肩的症状和体征。

另外，对肩后方复合体牵张性降低且已达不可逆阶段的年龄相对较大（28岁以上）的后方关节囊挛缩病例，也应考虑施行镜下肩后下方关节囊松解术[20]。

### 活动范围和稳定性的复查

手术前在全身麻醉下进行两侧肩关节的活动范围和关节稳定性的评价，对投

**图3　向Bennett骨棘部注射局部麻醉药进行投球试验**

为确保注射到骨棘部，注射时可加入些造影剂。

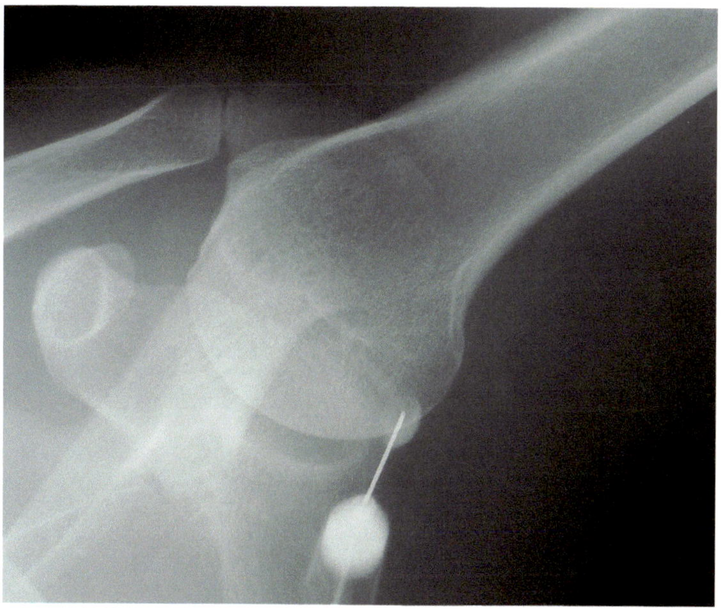

**图4　全身麻醉下徒手检查**[16]

**a**

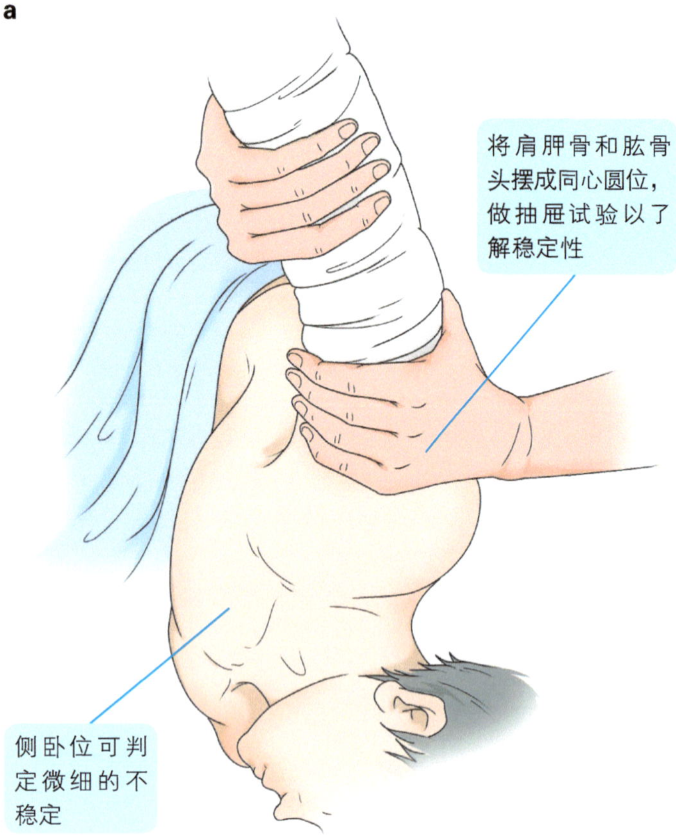


**b**

侧卧位应力下摄影，可发现前方不稳定。

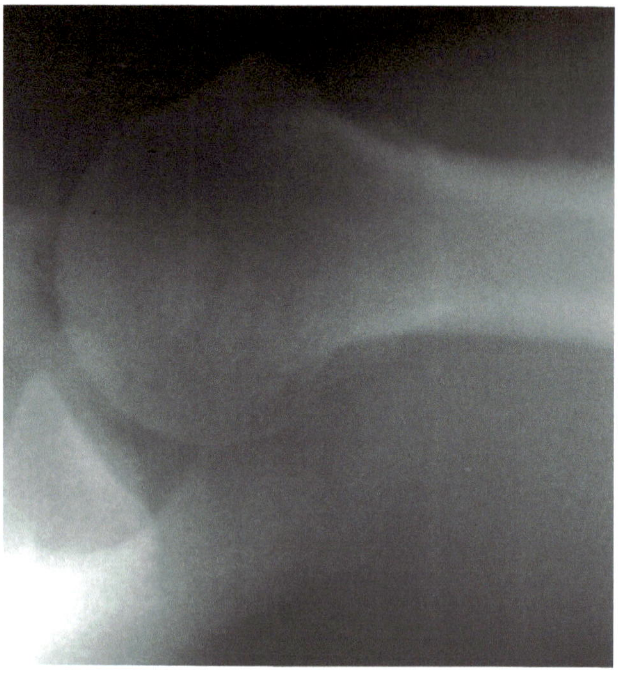

掷肩术式的选择是极其重要的（**图4**）[16]。投掷肩的特点是90° 外展位时外旋活动范围增大而内旋活动范围减小。伴有外旋活动范围增大而内旋受限（internal rotation deficit，IRD）时（整体旋转范围无变化），要考虑肱骨头后部挫伤。明显的内旋受限而整体活动范围也减小时，要考虑为后方挛缩。特别是在Bennett骨棘损伤时，尤其要注意后方稳定性和内旋受限的情况。

后方稳定而内旋受限的情况要考虑有伴有后关节囊挛缩的骨棘存在，后方不稳定但没有内旋受限的情况要考虑有制约后方稳定性的骨棘存在。

关节稳定性方面，在30° 外展位和90° 外展、内旋、外旋中立位时要注意前方的稳定性。出现不稳定时，要考虑合并有前上方不稳定和肩袖间隙损伤的情况。90° 外展外旋位出现前方不稳定时要考虑为下盂肱韧带功能不全。前方的抽屉试验侧卧位较仰卧位容易判定。此外，麻醉下进行应力X线摄片对肩关节不稳定性的判断较为可靠（**图4**）。近来将EUA（examination under anesthesia，麻醉下检查）与临床影像相结合也可对其进行诊断[21]。

## ◆ 体位的准备

手术体位是患侧在上的半侧卧位，应用肩用牵引器将患肢固定在肩胛骨面上的30° ~50° 外展位，牵引重量2~4 kg。Bennett骨棘损伤时另外追加腋窝部的侧方牵引，以此扩大关节下方的视野，便于手术操作（**图5**）。近来，有人发明了能在无菌操作下直接调节牵引方向和牵引重量并直接测量牵引强度的牵引器械，通过该器械可进行牵引和肢体固定（**图5**）。

**图5 牵引**

**a.**追加侧方牵引（侧臂牵引）

**b.**通过多角肢体换位器进行上肢牵引

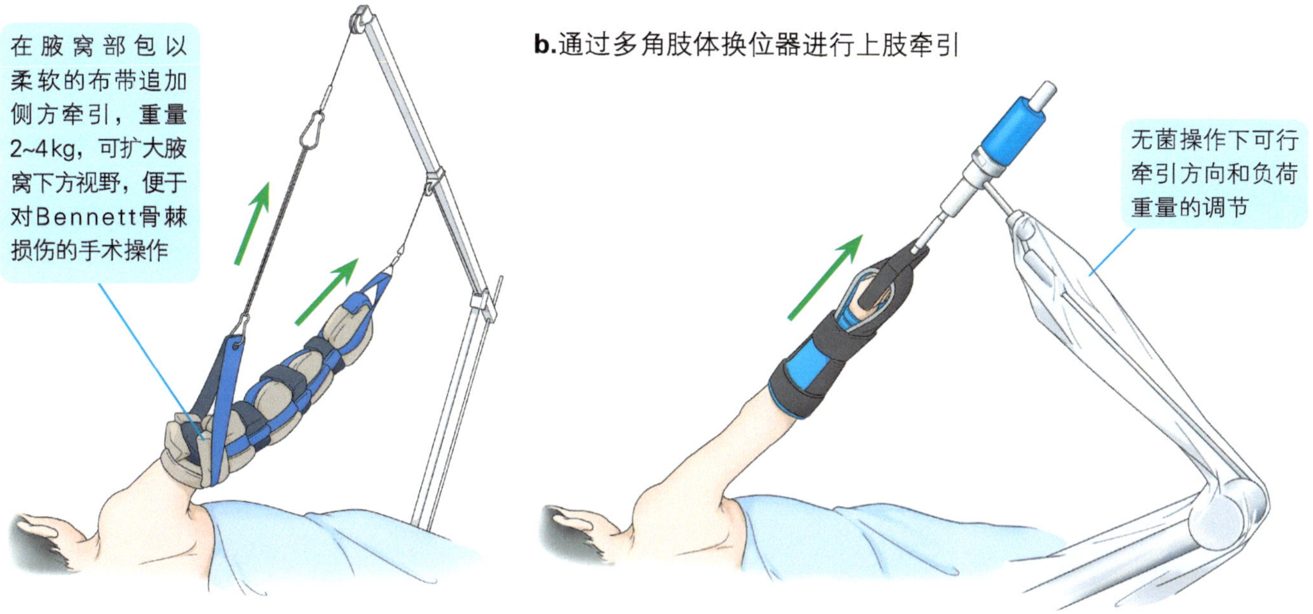


## 手术概要

◆ 上关节盂唇损伤、肩袖关节侧不全断裂

**1** 后方观察入路及前方工作通道的制作

**2** 肩袖关节侧不全断裂：断裂部的新鲜化及母床的制作
上关节盂唇损伤：软组织清创与关节盂上缘骨沟的制作

**3** 上关节盂唇损伤：锚钉入路及工作通道的制作

**4** 上关节盂唇损伤：锚钉的置入（使用缝合锚钉的上关节盂唇修复术）

**5** 上关节盂唇损伤：关节盂唇的缝合 难点

**6** 上关节盂唇损伤：打结

**7** 肩袖关节侧不全断裂：锚钉的置入 难点

**8** 肩袖关节侧不全断裂：挂线、缝合交替

**9** 肩袖关节侧不全断裂：锚钉缝线的缝合

**10** ①肩袖关节面不全断裂：判断残存肩袖强度的DAFF法
②上关节盂唇损伤时应用的DAFF法

**11** 留置引流管，闭合切口

◆ 肩袖间隙损伤

1 后方观察入路及前方工作通道的制作

2 后下方或前上方工作通道的制作

3 对损伤肩袖间隙的紧缩术及韧带重建术

◆ Bennett骨棘损伤

1 关节内观察与探查

2 后关节囊的松解

3 骨棘的剥离和显露 难点

4 骨棘的切除

5 骨棘切除后的处理

## 典型病例图像

【病例1】适合手术（术前）

31岁，女性。冈上肌腱关节侧不全断裂，上关节盂唇损伤。患者从事排球运动。2年前打排球扣球时出现肩痛，因能忍受故继续坚持运动。后打球时疼痛加重遂来院就医。就诊时肩部活动受限，内旋受限（-），大结节前方和肩袖间隙有压痛，冈上肌试验（SSP test）疼痛（+），力弱（weakness）（+），O' Brien征（+），Komuro' s征（+），强迫外展外旋位（Forced ABER）疼痛（+），复位试验（+），抽屉试验30° 和90° 外展、内旋、外旋中立位（+），健、患侧差异明显，可见前方不稳定。诱发试验（局部麻醉药阻滞试验）时，滑囊内阻滞后打球时疼痛无缓解，而盂肱关节阻滞后疼痛消失，可进行运动。

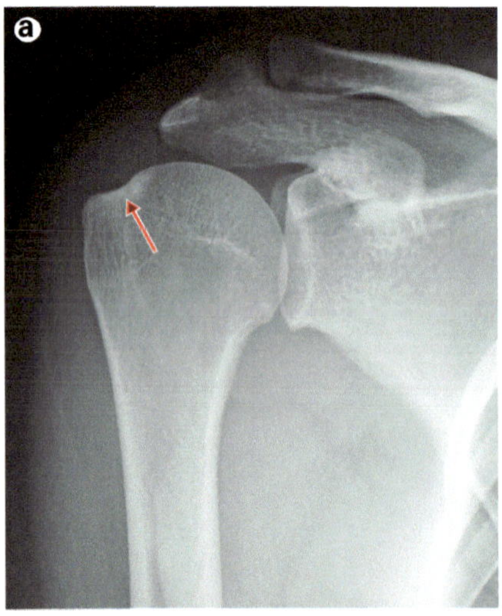

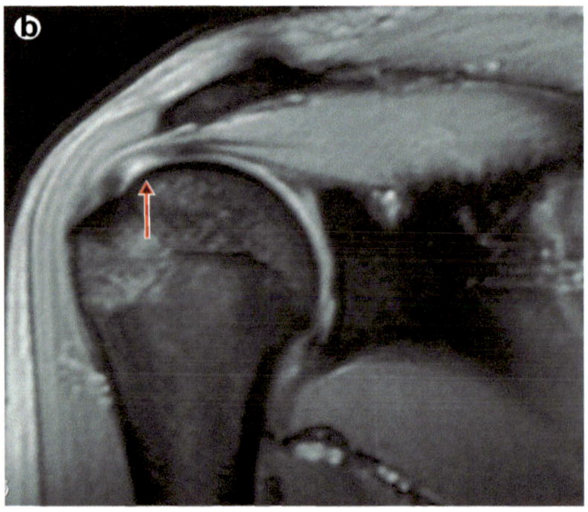

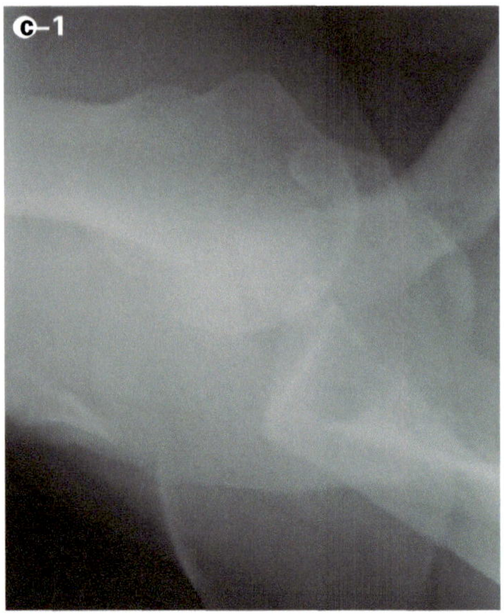

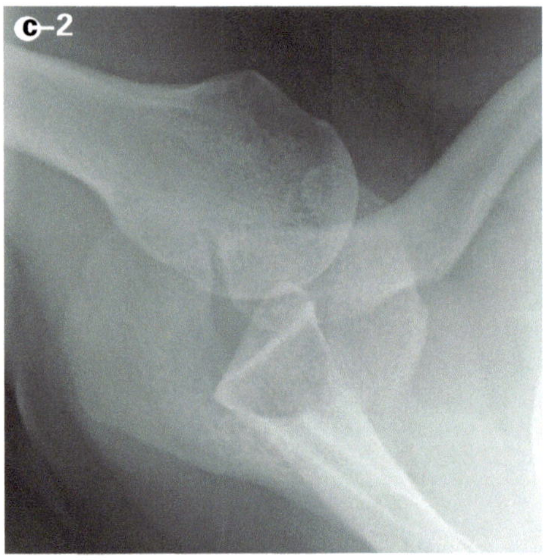

ⓐ单纯X线正位像。大结节部轻度骨硬化（箭头所指）。

ⓑMRI T2斜位冠状面像，可见冈上肌关节囊面有高密度变化（箭头所指）。

ⓒ麻醉下侧卧位应力摄影。

ⓒ-1：30° 中立位时前方不稳定（++）。

ⓒ-2：90° 中立位时前方不稳定（++）。

【病例2】适合手术（术前）

18岁，男性。冈上肌关节囊面不全断裂，上关节盂唇损伤。患者从事棒球运动。

MRI斜位冠状位像，上关节盂唇内可见造影剂进入（箭头所指）。

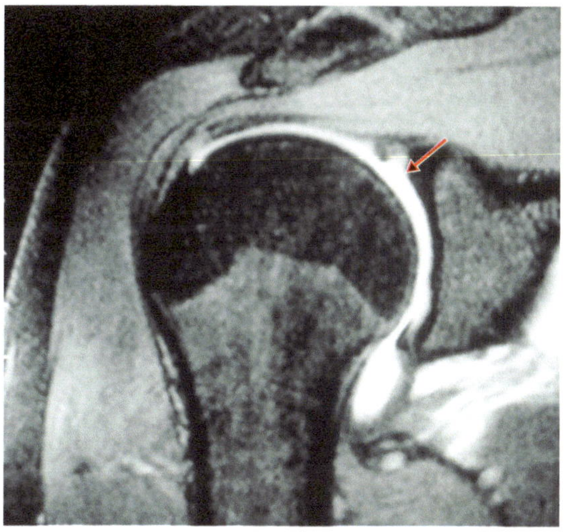

【病例3】适合手术（术前）

27岁，男性。Bennett骨棘损伤。患者是棒球投手。3年前投球时（后续期）出现右肩后方不适感。1年前在投球时（后续期）出现右肩后方剧痛。从肩到上肢出现放射性麻木，同时右上肢无力、上举困难。保守治疗无效，故来院就医。

就诊时，患者肩肱关节后下方有压痛，上臂90° 外展内旋时肩关节后方疼痛（左右相差10°），水平内收125°（左右相差10°）时肩关节后方疼痛，在其他活动范围内左右无差异。Bennett骨棘阻滞试验后疼痛消失，可行投球；90° 外展内旋、水平内收时，疼痛亦消失，活动范围的左右差异也大为改善。

ⓐⓑ单纯X线轴位像，上举位像。关节盂后下缘可见骨棘（箭头所指）。

ⓒ3D-CT关节盂内侧可见骨棘（箭头所指）。

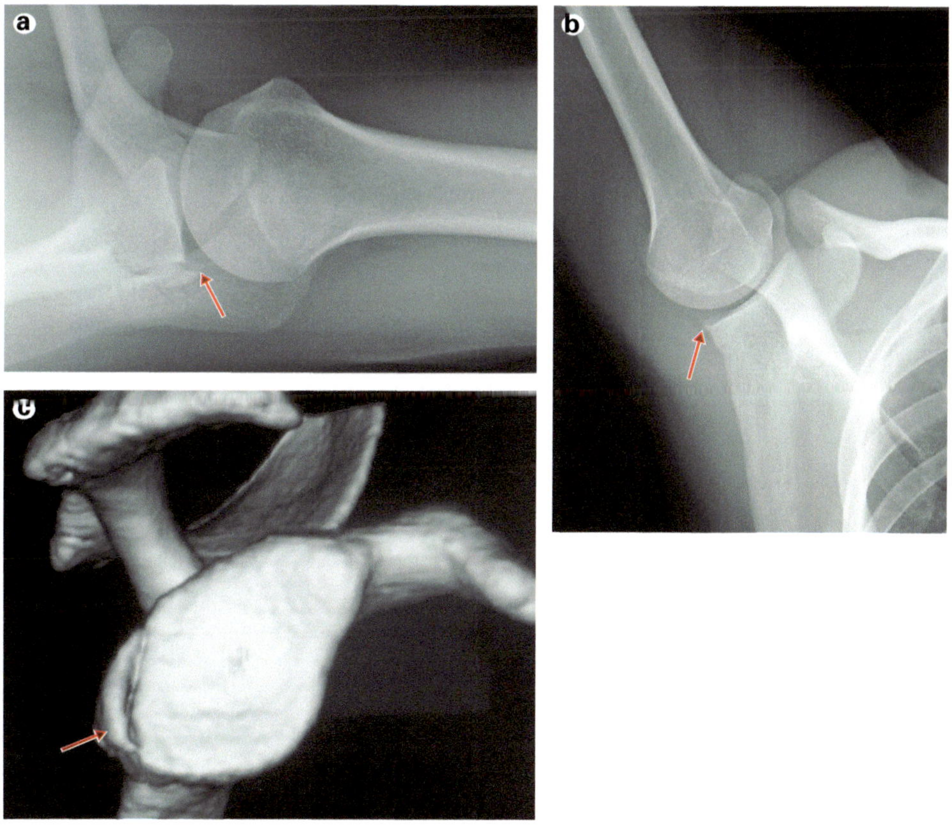

# 手术方法

## 上关节盂唇损伤、肩袖关节侧不全断裂

### 1 后方观察入路及前方工作通道的制作（**图6**）

后方入路用30° 斜视镜进行关节内观察和探查。

#### ◆ 上关节盂唇损伤

制作前方工作通道，探查上关节盂唇的附着部，确认有无关节盂颈部剥脱及剥脱范围，以及上关节盂唇与肱二头肌长头腱复合体附着部的稳定性。作为变异，在关节盂和上关节盂唇之间常有5 mm深的正常间隙，注意不能据此做出附着部断裂的诊断。剥脱部的肉芽、关节盂唇周围血管翳的存在常提示有复合体附着部的不稳定。此外，复合体附着部的上盂肱韧带和中盂肱韧带的紧张度也要进行评价。经常有因复合体破裂而导致的这些韧带功能不全的情况。从前方入路的30° 斜视镜上，同样也能从后上方确认后方关节盂唇从关节盂颈部的剥脱及其范围。有挛缩的时候，也能确认下盂肱韧带后束的紧张度和弹性的降低，即使在肩外展位上，也能发现下盂肱韧带后束在关节盂唇附着部急速立起。

#### ◆ 肩袖关节侧不全断裂

从后方入路镜下可探查肩袖断裂部位（**图7**），扩张及充血的部位，大结节部是否有骨赘形成，肩袖关节侧能否看见浅表损伤，充分确认是否有仅存的松软的关节囊部分的肩袖断裂。

**图6　入路**

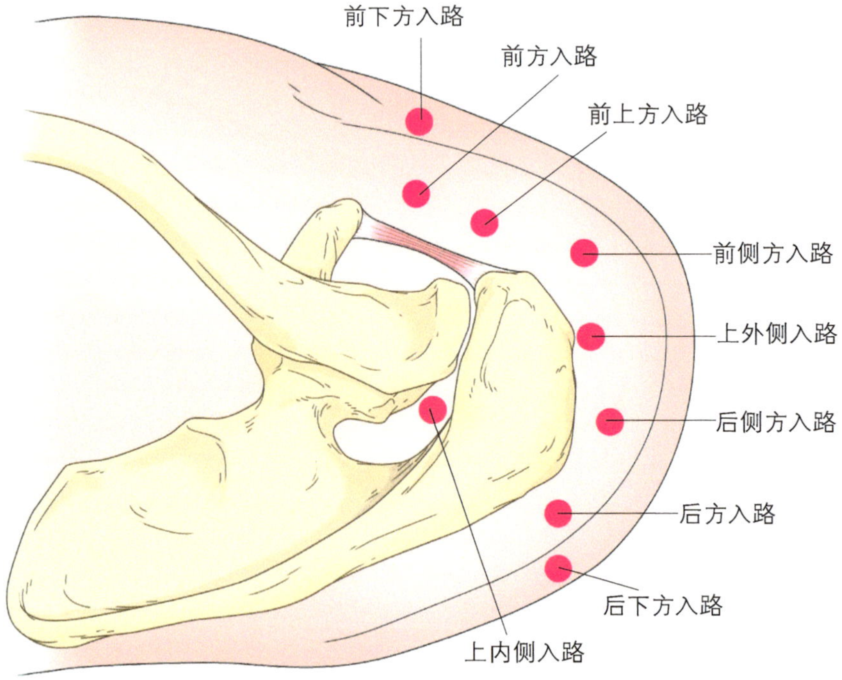

**图7　肩袖关节侧不全断裂**

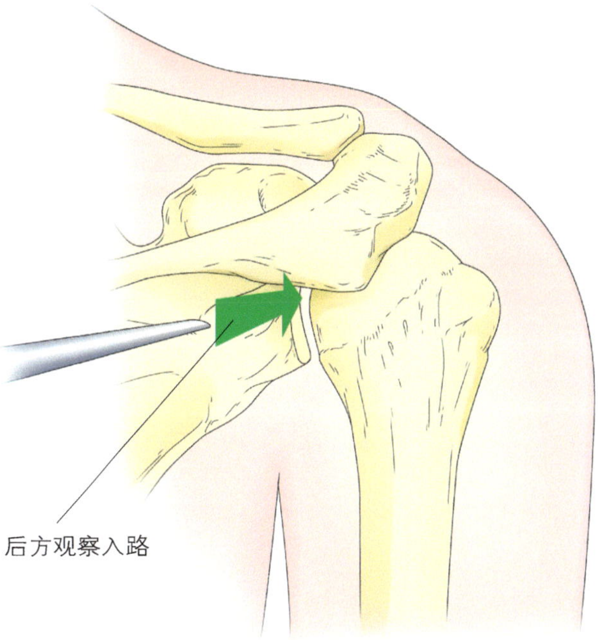


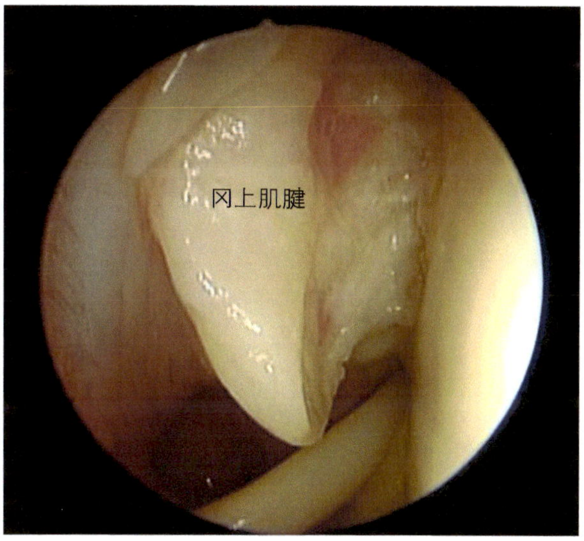


冈上肌腱关节面可见深7 mm的瓣状断裂。

**图8　肩袖关节侧不全断裂的新鲜化**

**a、b.**从前方入路用刨刀对肩袖关节面的变性部分及有充血的断裂部分进行刨削，使其新鲜化。

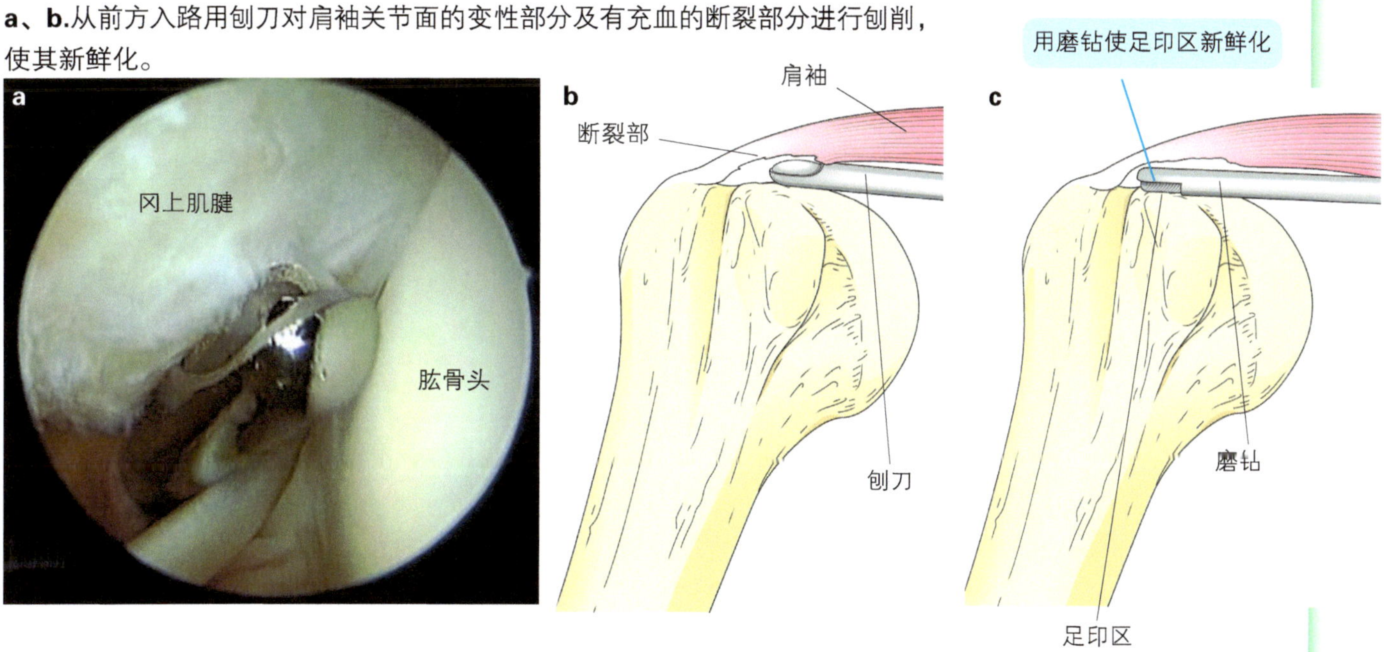


## 2 肩袖关节侧不全断裂：断裂部的新鲜化及母床的制作 上关节盂唇损伤：软组织清创与关节盂上缘骨沟的制作

### ◆ 肩袖关节侧不全断裂

首先从前方入路用刨刀对肩袖关节面的变性部分及有充血的断裂部分进行刨削，使其新鲜化（**图8a、b**）。通过探查确认肩袖关节面不全断裂的深度和范围，评价残存肩袖的质量（脆弱性和伸张性等）。断裂深度在6 mm以上、损伤部伴有肉芽及隐性的肩袖关节面不全断裂的病例，都是镜下修复术的适应证。施行肩袖修复时，仅用磨钻打磨足印区，使母床新鲜化（**图8c**）。

## ◆ 上关节盂唇损伤

进行关节盂唇和关节盂上缘的新鲜化，首先要对介于关节盂唇和剥脱部之间的肉芽组织进行刨削和廓清，使用高频钩形电刀使关节盂上缘的关节盂唇母床显露，切除母床软骨约2 mm宽，摩擦软骨下骨使其新鲜化（**图9**）。

> **手术技巧及注意事项**
>
> 在刨削12点~1点（右肩）的软骨时，用磨钻处置可能较难，但其后锚钉置入操作可能容易些。这时最好先用高频钩形电刀和刮匙钳去除软骨（**图10**）。

各种处理都无望修复软骨面，所以要制作2~3 mm深的骨沟。为避免刨削时卷入软组织，可把磨钻的外套管放置在关节盂侧作为导引（**图11**）。

**图 9　关节盂唇、关节盂上缘的新鲜化（后方镜视）**

**a.**修整

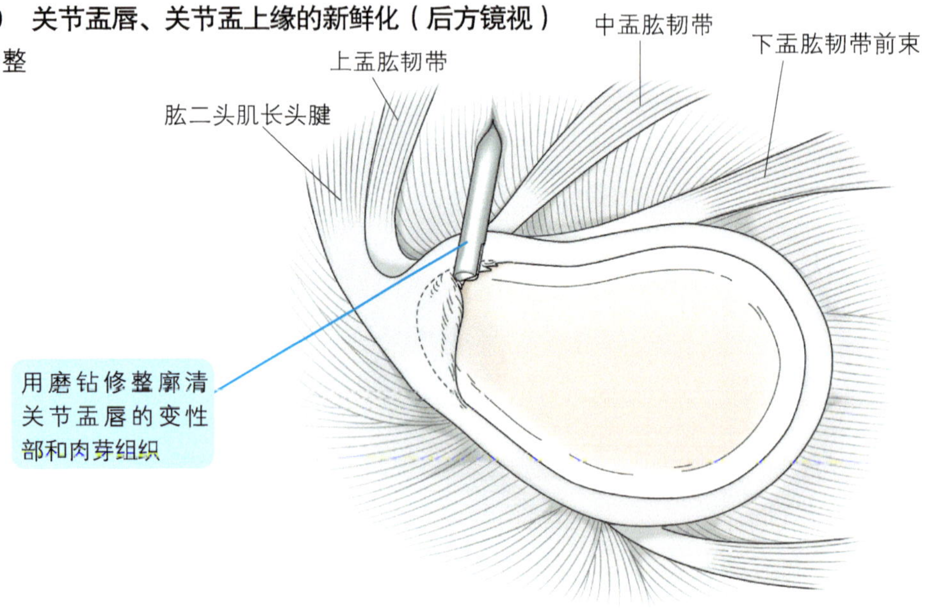


**b.**母床的制作

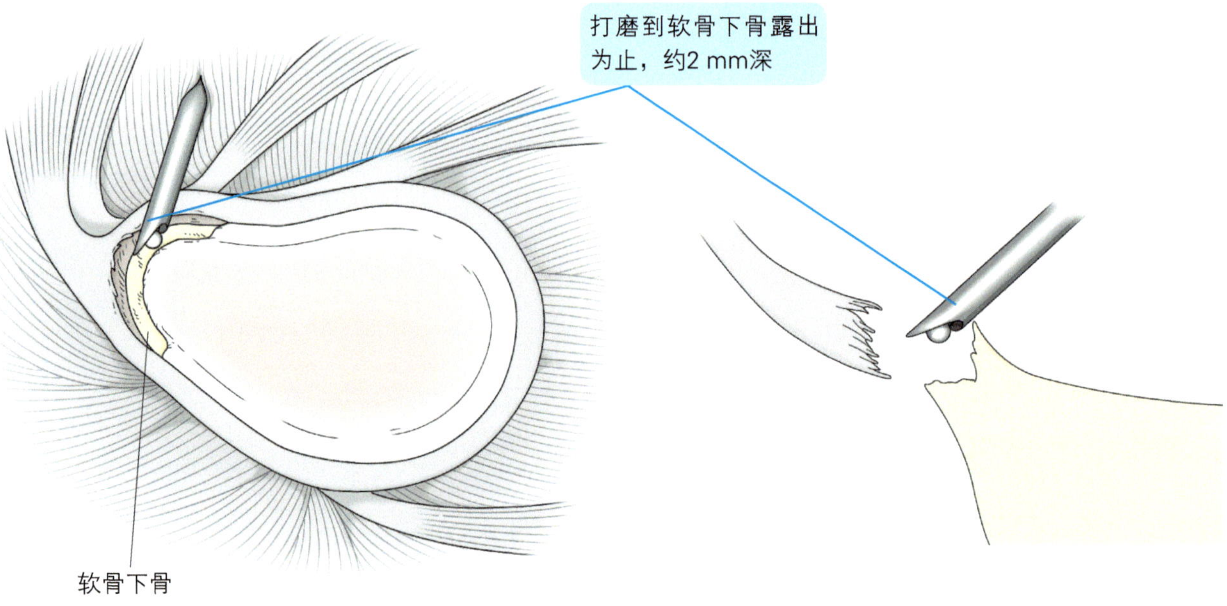

**图10　去除前上方关节盂的软骨**

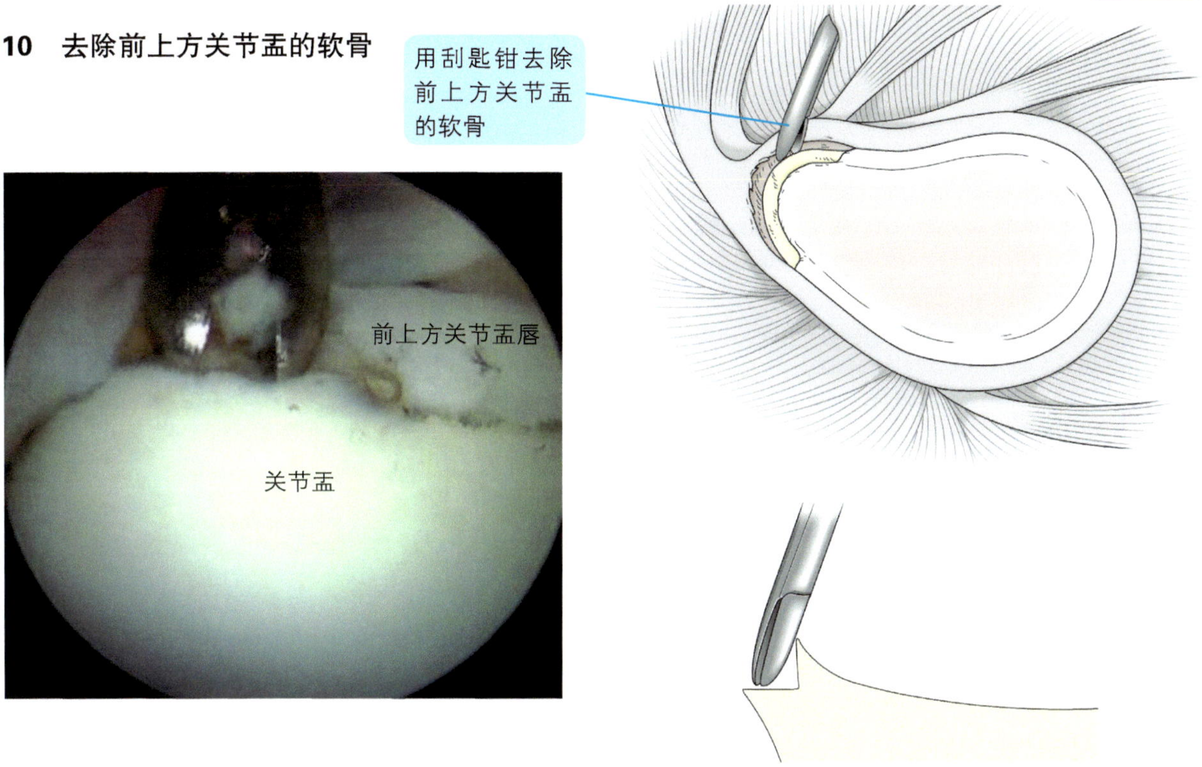


**图11　制作骨沟**

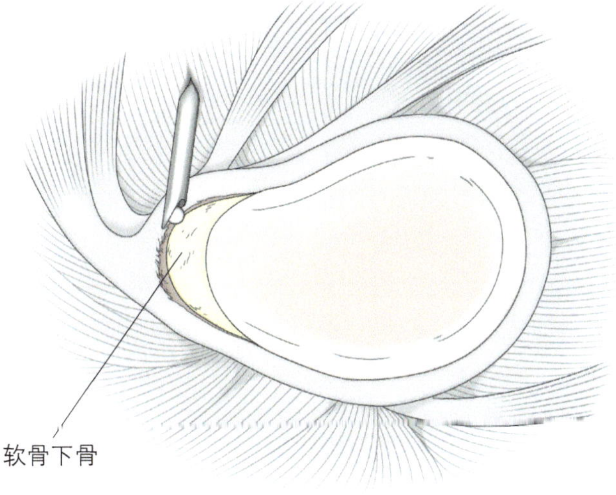


**a.**前上方部可从前方入路处理（后方入路观察）

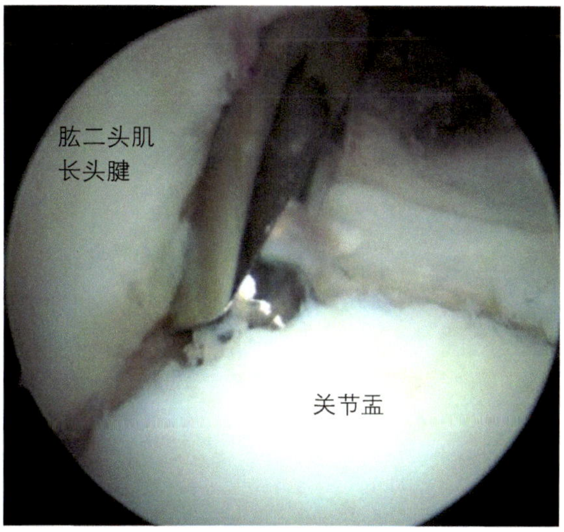


**b.**后上方部可从后方入路处理（前方入路观察）

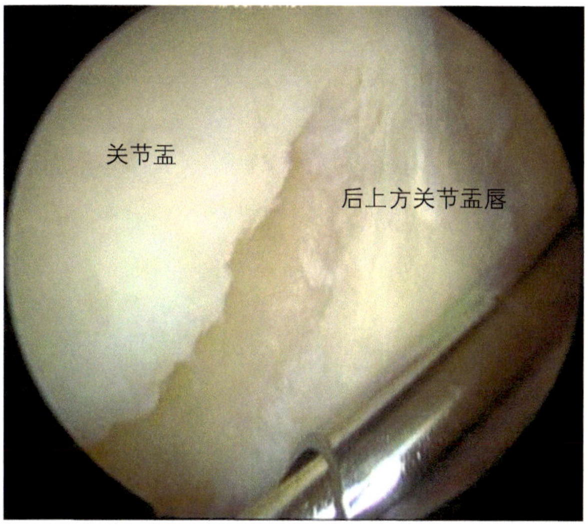

## 3 上关节盂唇损伤：锚钉入路及工作通道的制作

关节盂唇修复时，锚钉入路与工作通道可通过前方、后方和后上方三个入路进行修复操作。前方型损伤可从前上方入路，后方型损伤可从后上外侧入路（Wilmingtong入路）进行操作。入路制作时，先减小肩部牵引的外展角度，然后在冈上肌腱移行部附近，沿肌腱的走行用尖刃刀直接切开。无肩袖损伤者也可采用逐渐扩张法进行。

**手术技巧及注意事项**

前方在镜下制作后上方入路或后上外侧入路时，从后方入路插入刨削刀等的尖端，将其置于锚钉的置入部，以尖端为中心，从入路制作部插入一枚硬膜外针（**图12**）。后方观察时把镜头的尖端固定在锚钉置入部附近，以尖端为目标插入一枚硬膜外针。

## 4 上关节盂唇损伤：锚钉的置入（使用缝合锚钉的上关节盂唇修复术）

在锚钉置入部，用骨打孔器或电钻制作骨孔。先放入一枚5 mm的透明导管可较易操作。置入位置在关节盂缘的软骨下，最好是与关节盂面呈45° 角左右（**图13**、**图14**）。锚钉有螺钉型和自锁型，两种效果都很好，笔者多用可吸收的自锁型锚钉（panalok loop，depuy mitek公司制造）。在锁环另加纤维线和tiger线，交换使用。

**图12　后上外侧入路的制作**

前方镜下制作后上外侧入路，可用硬膜外针做向导定位。

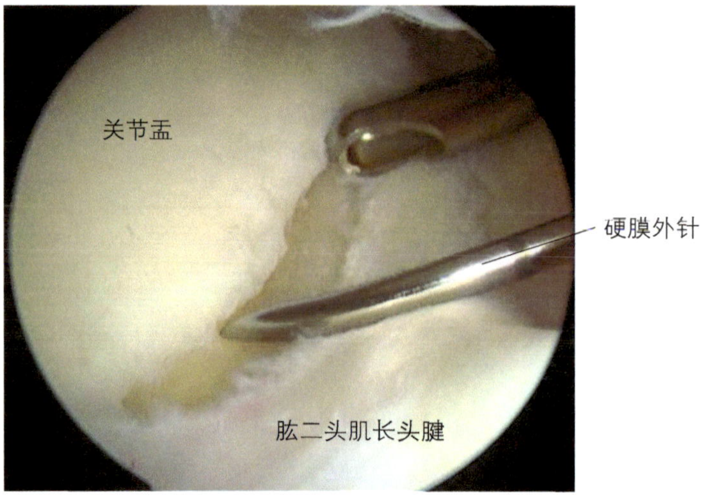


**图13　骨孔的制作**

**a.**从前上方入路在关节盂1点的位置（右肩）钻孔（后方观察）

**b.**从后上外侧入路在关节盂10点半的位置（右肩）钻孔（前方观察）

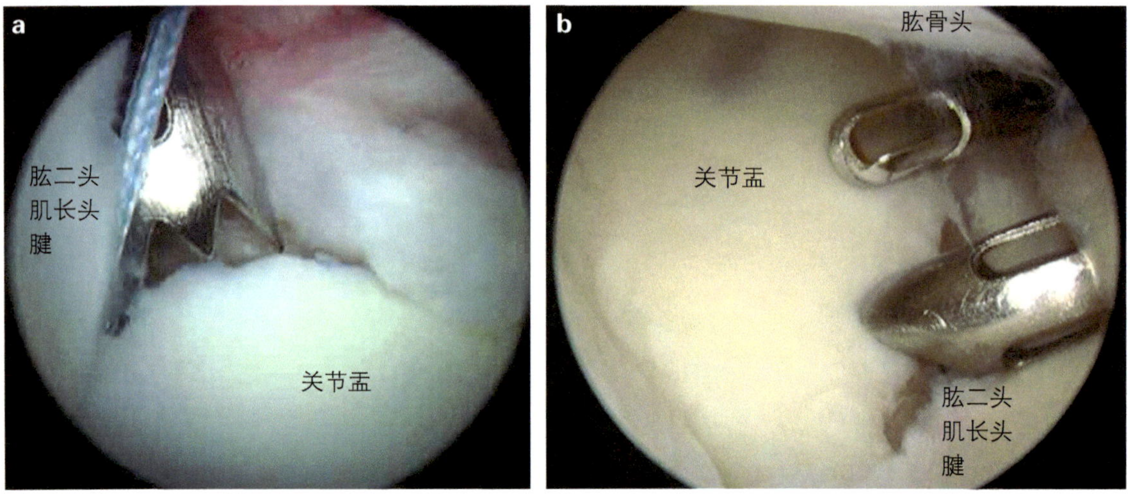

**图14　锚钉的置入**

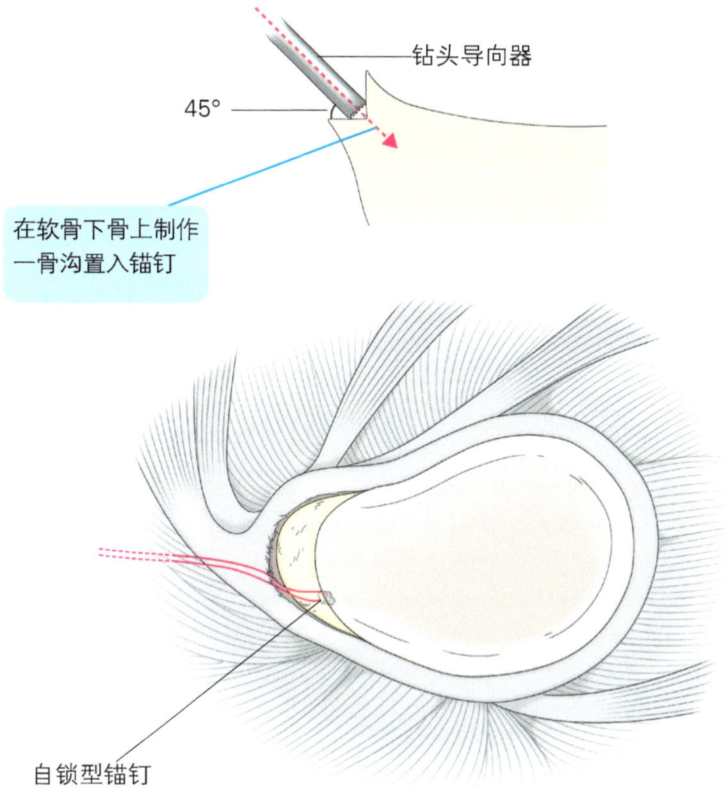


**手术技巧及注意事项**

（1）在关节盂上方置入锚钉时，如果钻头向后方过度倾斜，钻头有可能滑向关节盂后内侧。

（2）自锁型锚钉置入后能否牢固锁紧，能否从骨孔中突出，需要对锚钉入口部在镜下认真检查。

**难点解析**

锚钉能完全拔出时，可改变置入部的位置及置入角度，重新制作新的骨孔，再次置入锚钉。

## 5　上关节盂唇损伤：关节盂唇的缝合　难点

从前方入路使用缝线抓持器将2.0缝线穿入上关节盂唇，与锚钉附带的缝线交换缝合打结（**图15**）。也有从前方入路穿入缝线，直接把锚钉缝线缝在上关节盂唇的方法。这时可将2.0缝线预先松弛，以便与锚钉缝线打结。行褥式缝合时，锚钉缝线的一端也同样要通过关节盂唇。

前上方关节盂唇剥脱时，要确定上盂肱韧带和中盂肱韧带附着部的关节盂唇的剥脱部位，锚钉缝线必须通过其附着部（**图16**）。

**图15　上关节盂唇缝合**

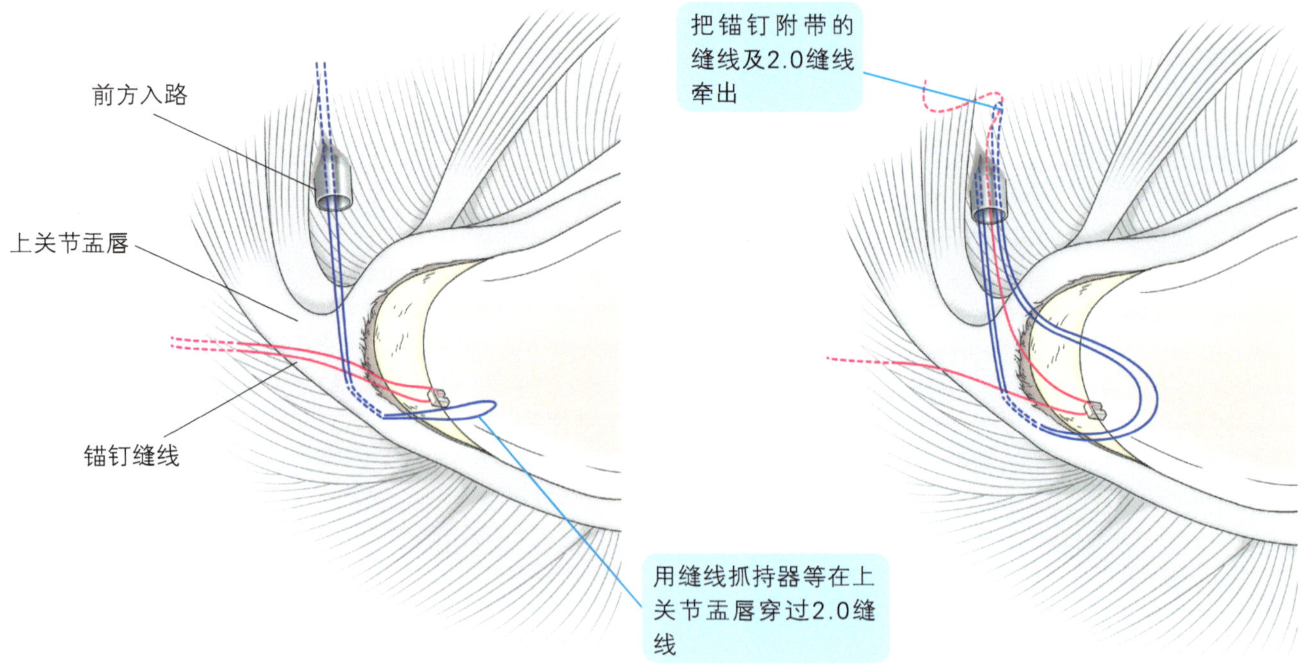


**图16　前上方的缝合（后方镜视）**

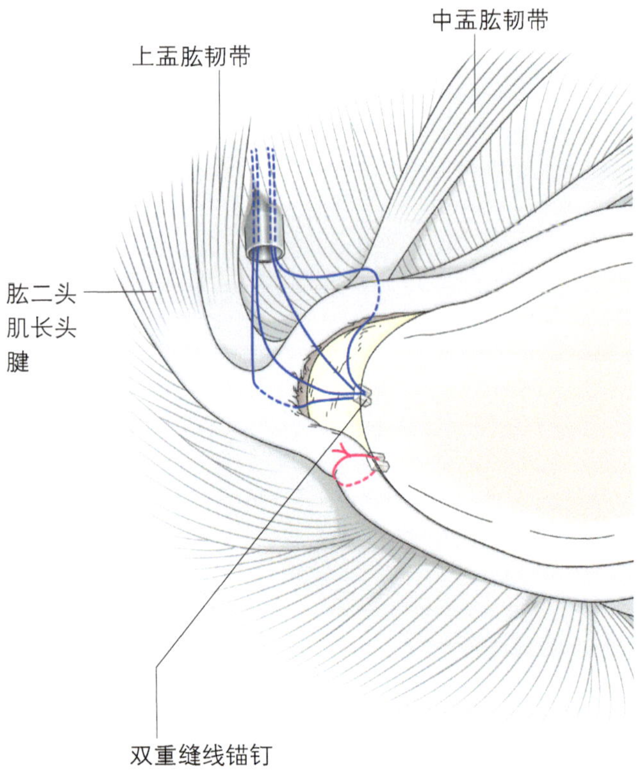


**a.**缝线抓持器钩在上盂肱韧带附着部的关节盂唇上

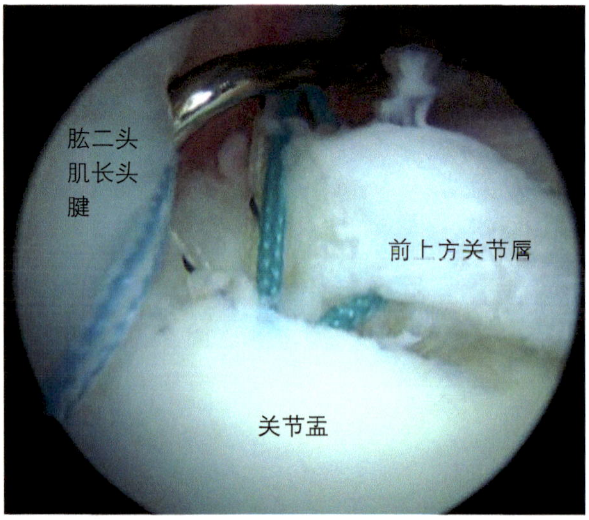


**b.**双重锚钉缝线穿过上盂肱韧带和中盂肱韧带附着部的关节盂唇

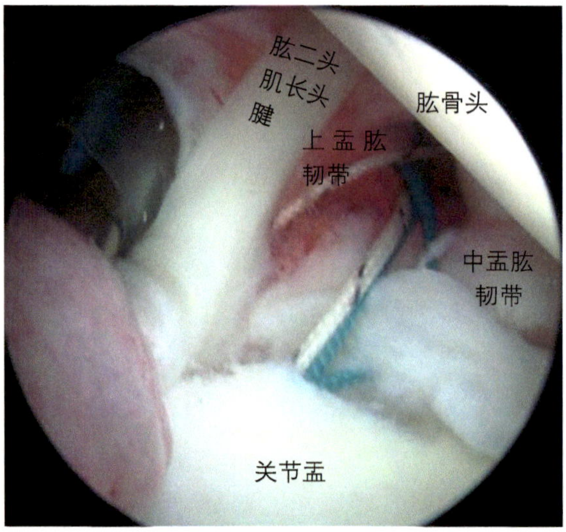

**手术技巧及注意事项**

（1）穿线前如发现关节盂唇毛糙，在穿线和打结时可能视野不清难以操作，故之前应进行刨削。

（2）交线打结时应注意不要与其他线连在一起。

## 6 上关节盂唇损伤：打结

如缝线滑度足够好，可打滑结。笔者多用改良的Nicky结。缝线滑度不好时，应打防滑结。缝合时应注意防止套管伤及结扣（**图17**）。缝合后一定要确认瓣状关节盂唇牢固地固定在关节盂缘上，肱二头肌长头腱稳定。合并后方关节囊挛缩的病例，最好追加后方关节囊松解术。

**图17　打结**

**a.**前方观察

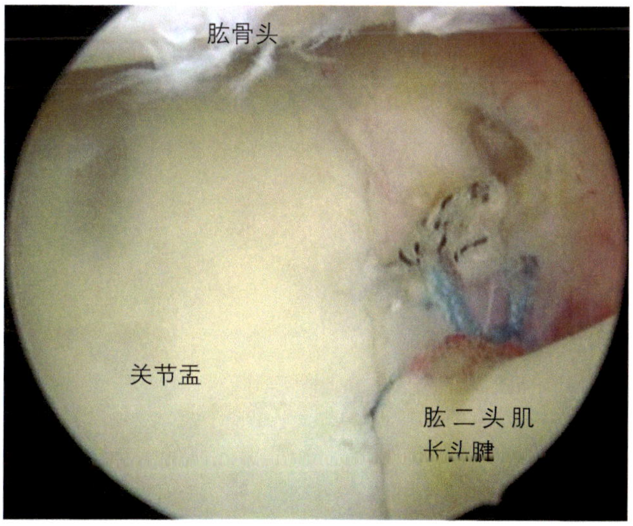


**b.**后方观察

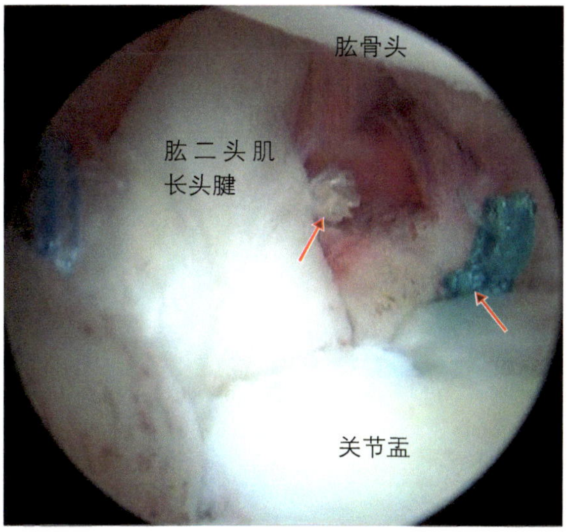


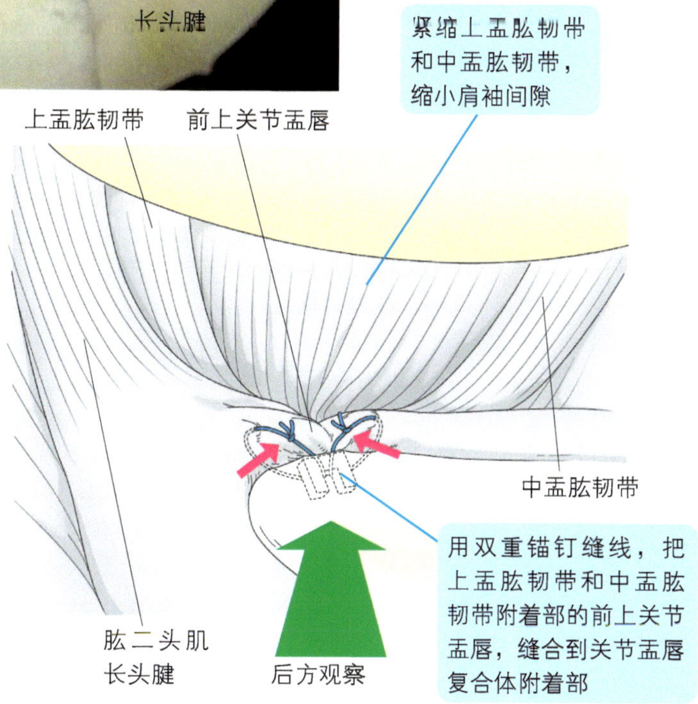

## 7 肩袖关节侧不全断裂：锚钉的置入 难点

利用修复上关节盂唇的入路就可修复肩袖关节侧不全断裂。从上方入路插入5 mm的导管，用骨打孔器贯通滑囊的肩袖肌腹（肌腱移行部）打孔，在足印区制作导孔，置入缝合锚钉（**图18**）。为方便上述操作（即将锚钉贯穿肩袖置入足印区），助手需要向下持续牵引肱骨头。

## 8 肩袖关节侧不全断裂：挂线、缝合交替

从前方入路向关节内插入5 mm的导管，把硬膜外针刺入肩峰下滑囊侧，使针尖从肩袖正常部露出，再把2.0缝线送进去，以便能全层贯通肩袖正常部。

从前方入路用探钩把2.0缝线引出，再把锚钉缝线从前方入路引出，在关节外把锚钉缝线与2.0缝线打结。同法反复操作，将另一锚钉缝线缝在肩袖正常部（**图19**）。

**手术技巧及注意事项**

助手应向下方牵引肱骨头，使肩关节内收、轻度伸直，以便容易向正常肩袖部插针。

**图18 锚钉的置入（腱间修复时）**

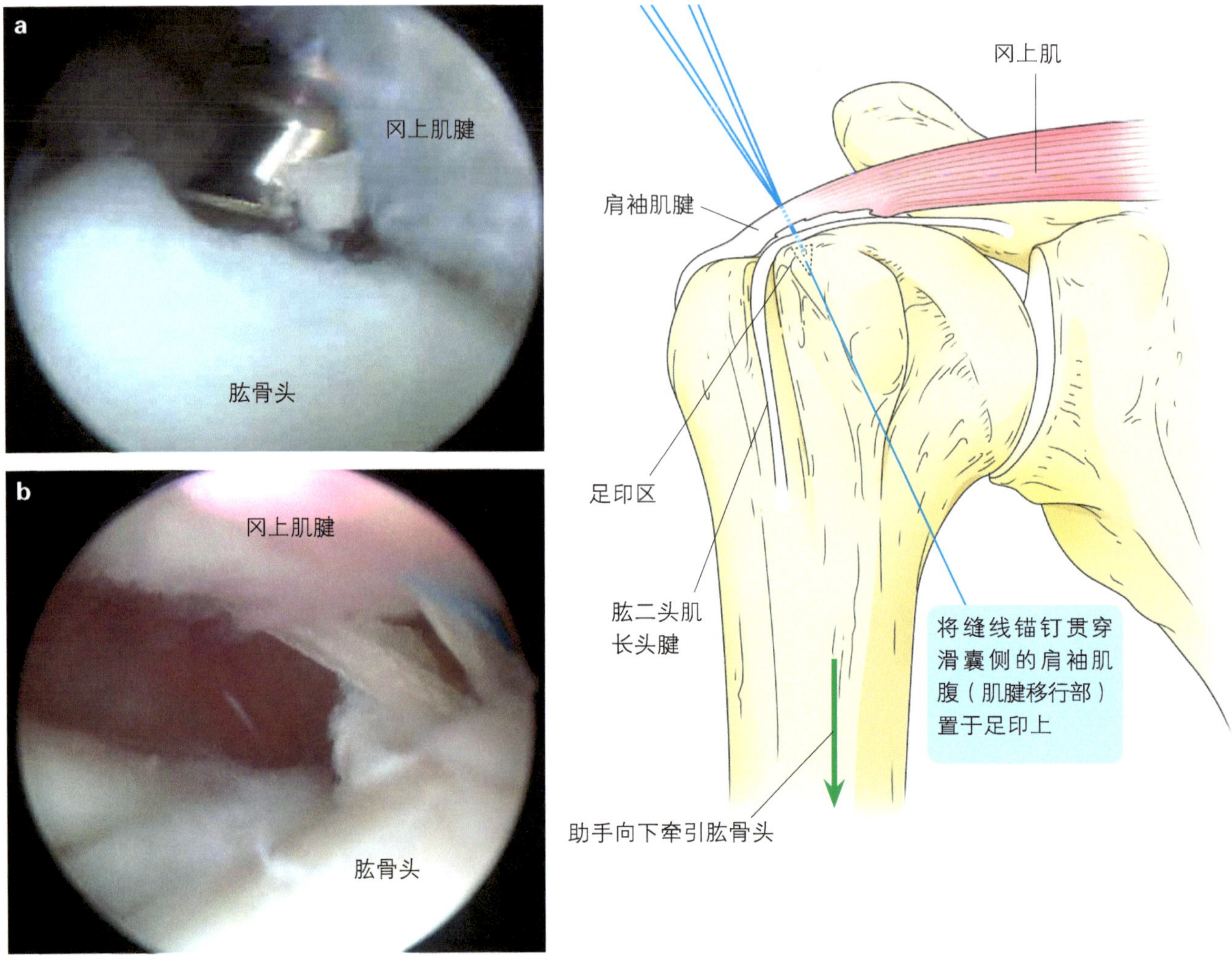

**图19　挂线、缝线交换（腱间修复时）**

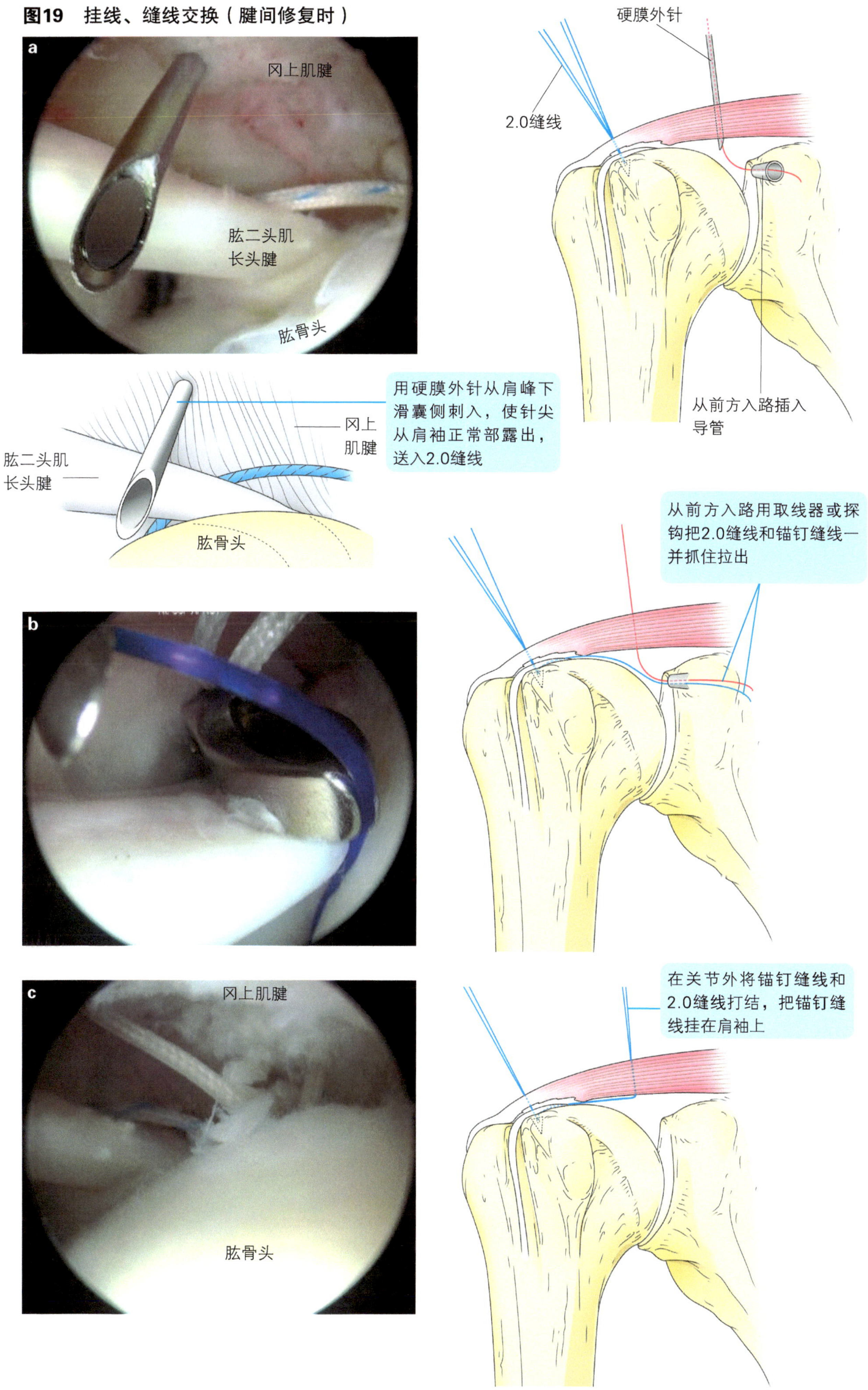

## 9 肩袖关节侧不全断裂：锚钉缝线的缝合

在镜下可见肩峰下滑囊移动。锚钉缝线周围如有软组织包裹，可用刨刀清除软组织。如线滑度好，可打滑结（**图20**）。缝合后在关节内镜下确认肩袖断端压在足印区上，锚钉缝线缝在肩袖上的位置正确且缝线无松弛（**图21**）。

## 10 ①肩袖关节面不全断裂：判断残存肩袖强度的DAFF法 ②上关节盂唇损伤时应用的DAFF法

### ◆ 肩袖关节面不全断裂（图22、图23）

判断残存肩袖脆弱时，修复肩袖剪断缝线有一定危险。另外，对腱内断裂的病例尽可能确保各层间牢固缝合是有效的。笔者医院对这样的病例均采用DAFF法修复。

**图20　锚钉缝线的缝合**

**a、b.**镜下在肩峰下滑囊（间隙）内，于肩袖表层打一滑结

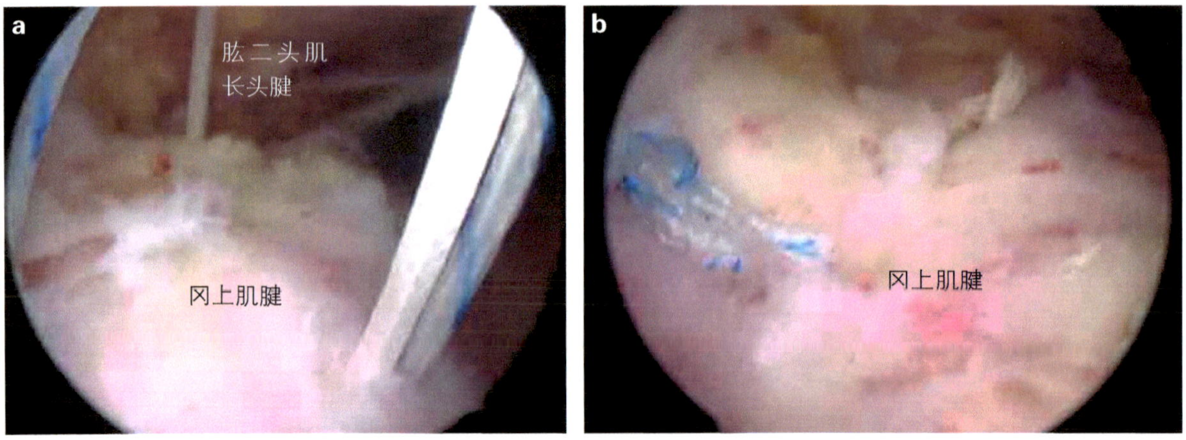


**图21　锚钉缝线缝合后，关节内镜视**

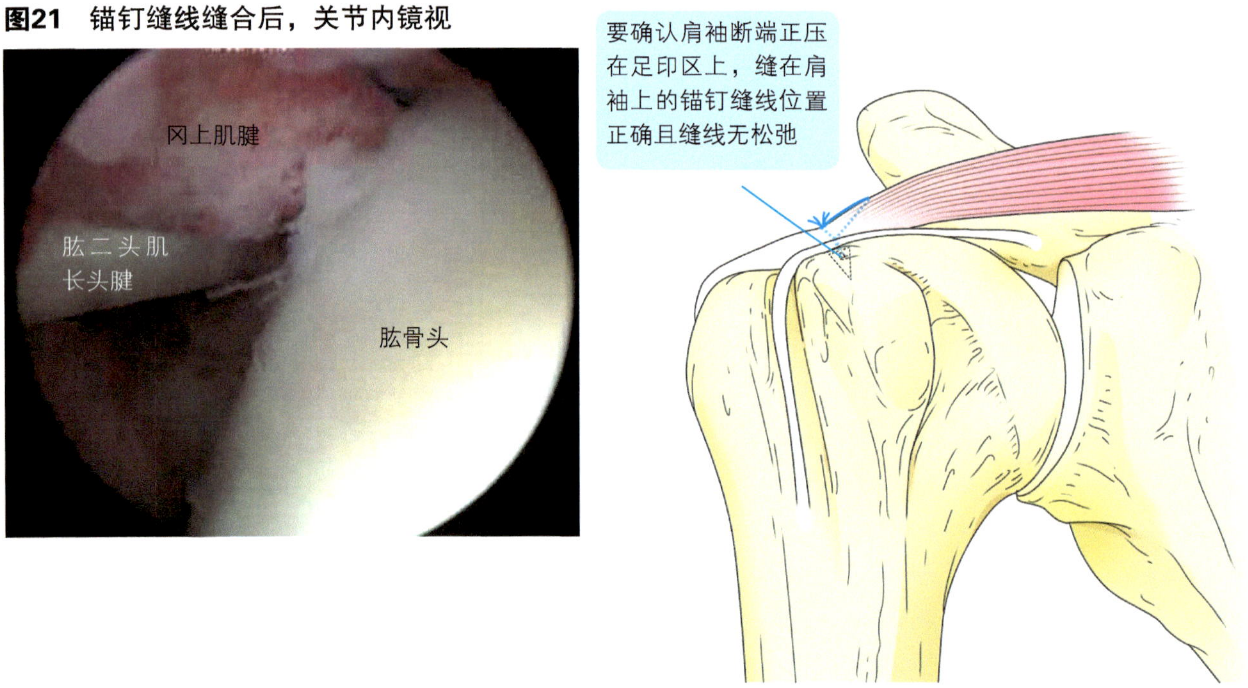

**图22 应用DAFF法修复肩袖关节面不全断裂**

a

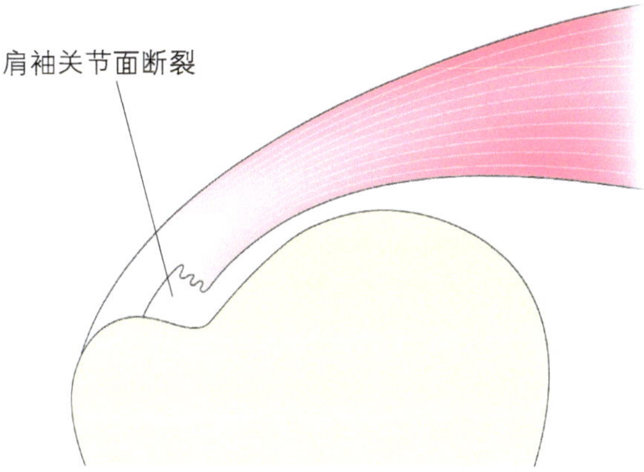


b.将内侧锚钉缝线穿过肩袖

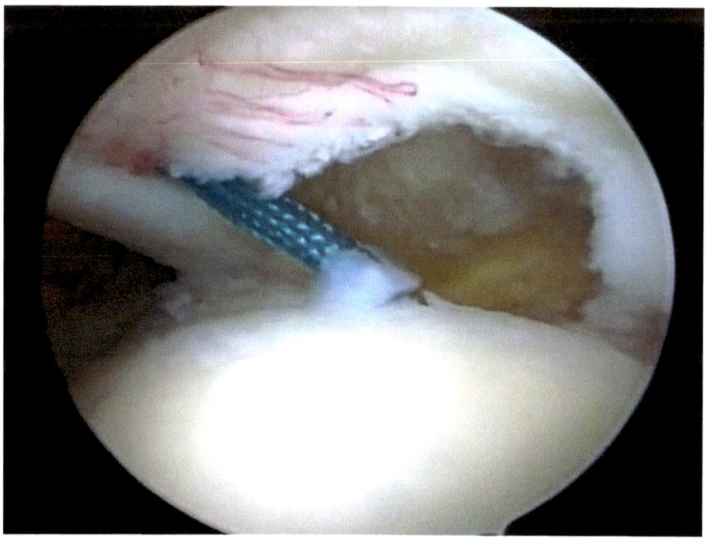

c、d.将其中一根缝线挂在自锁型锚钉上，然后将锚钉置入大结节外侧

c

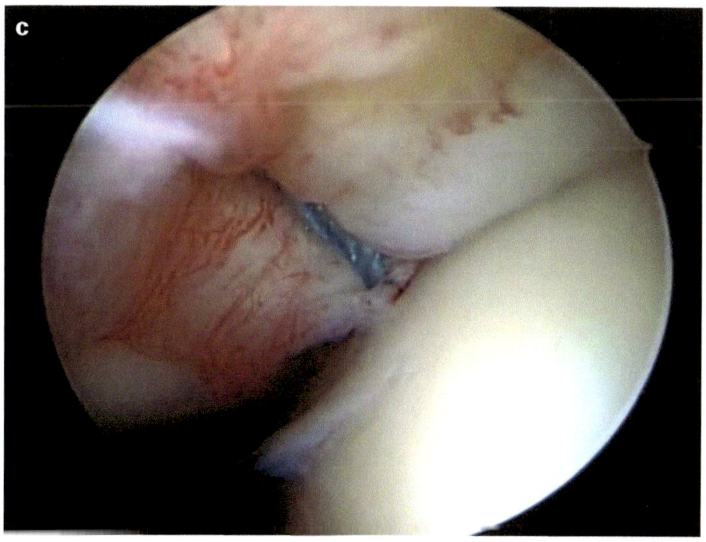

d

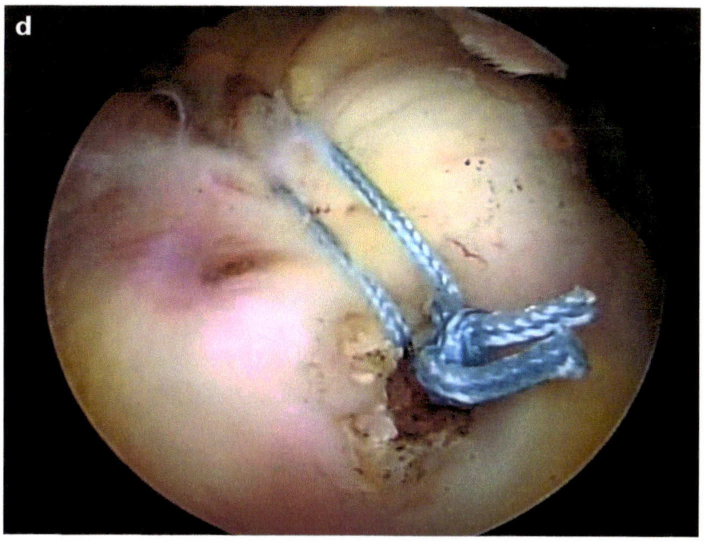

**图23　应用DAFF法修复肩袖腱内断裂**

**a.**从滑囊侧切开肩袖内断裂部

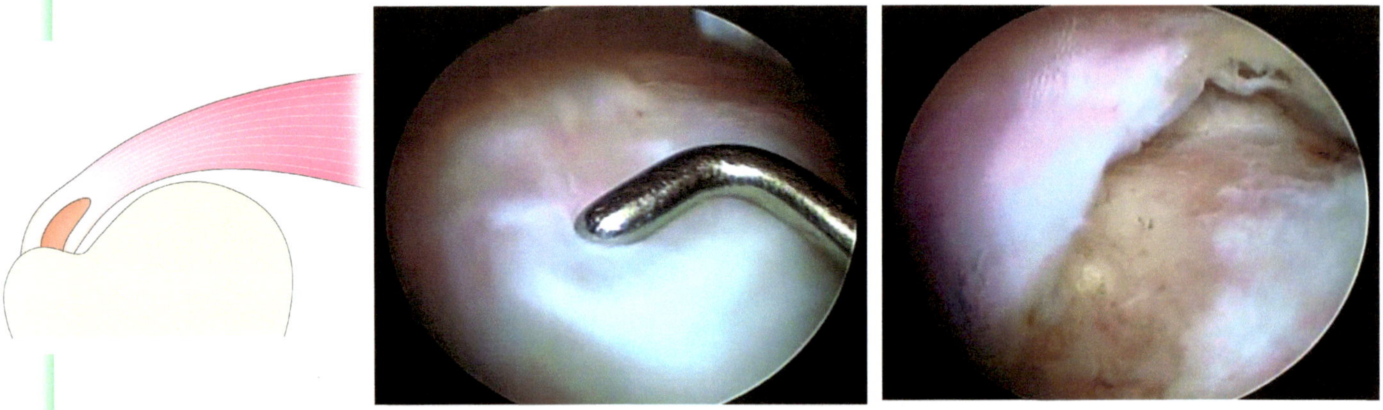

**b.**将内侧锚钉缝线呈褥状穿过腱板

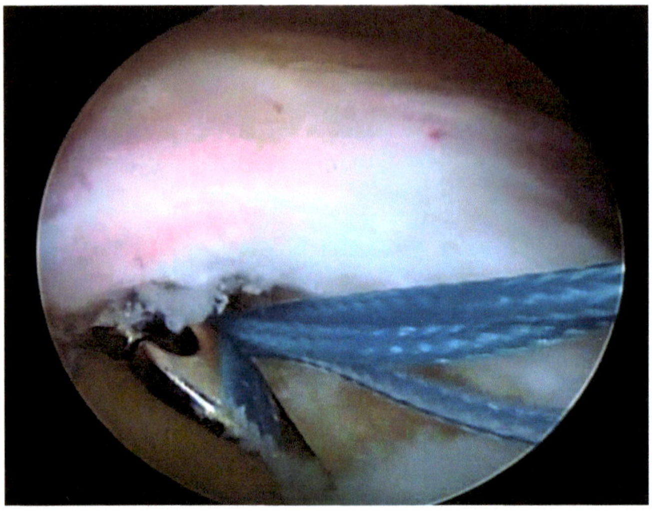

**c、d.**将其中一根缝线穿过自锁型锚钉的尖端上，然后将锚钉置入大结节外侧。

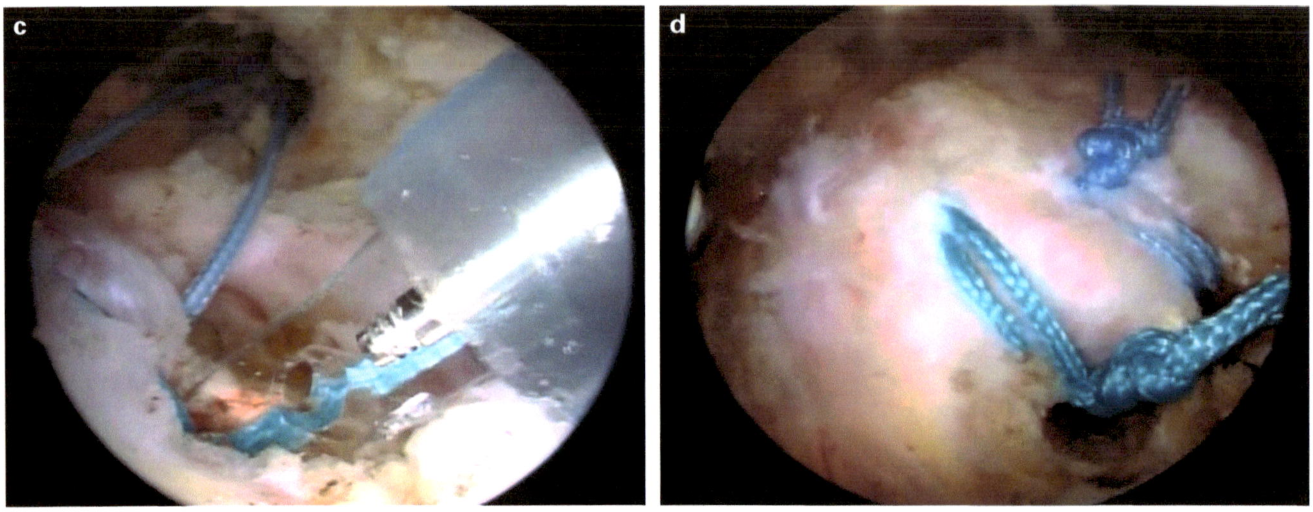

### ◆ 上关节盂唇损伤（图24）

DAFF法不仅用于Bankart修复和肩袖修复，而且也应用于上关节盂唇修复。

## 11 留置引流管，闭合切口

男性切口应用4.0尼龙线、女性切口应用5.0尼龙线缝合一针。

# 肩袖间隙损伤

## 1 后方观察入路及前方工作通道的制作

应用关节镜进行关节内观察及探查。后方入路用于插入30°斜镜头，前方入路用作工作通道。需要观察有无肩袖间隙的开大，肩袖间隙的关节囊有无断裂和菲薄。

一旦出现上盂肱韧带的断裂和松弛及伴随结节间沟入口部的松弛，就可能导致肱二头肌长头腱的不稳定，从而引发肱二头肌长头肌腱炎。用探针细致地探查，就可发现有无肱二头肌长头腱不稳定。也要观察有无中盂肱韧带的断裂和松弛，

**图24　应用DAFF法修复上关节盂唇损伤**

a

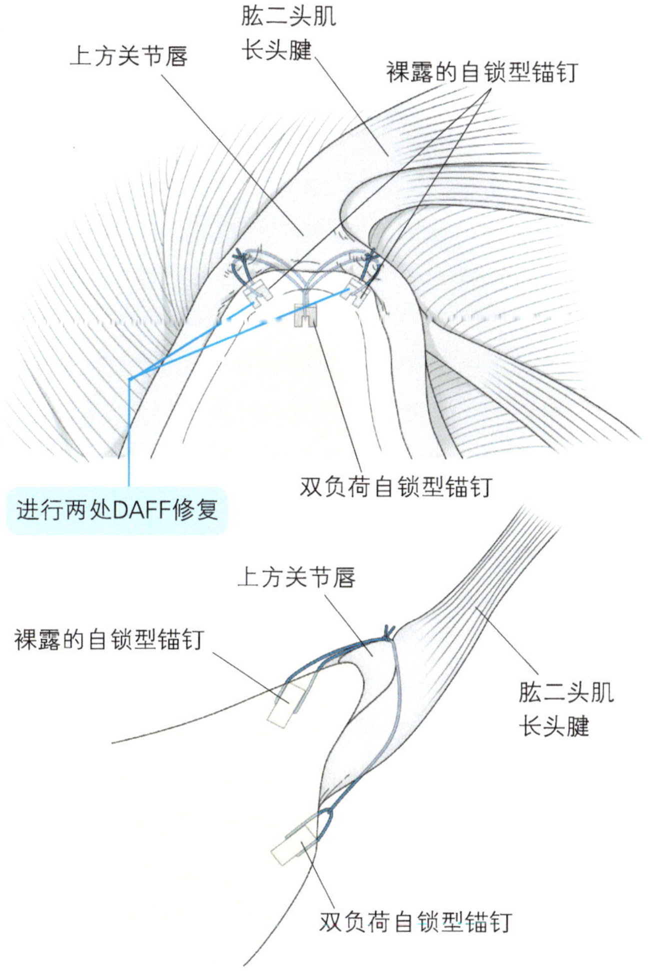


b.DAFF修复11点半~12点半（左肩）的上关节盂唇损伤

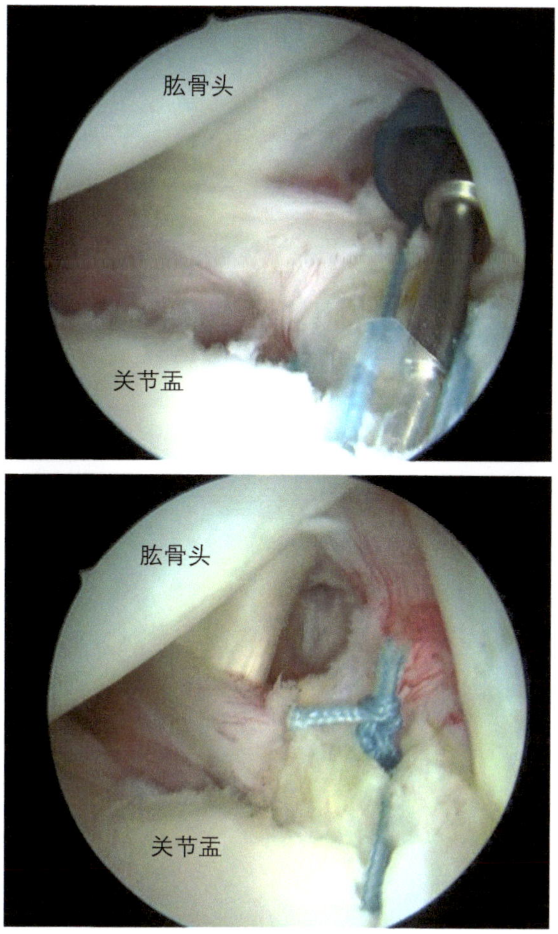

以及肱骨头附着部的剥脱情况。另外，也要探查附着在肱二头肌腱盂唇复合体上的中盂肱韧带和上盂肱韧带的紧张度。有时合并冈上肌腱前方和肩胛下肌腱上方的不全断裂，需要深入地观察。同时要注意探查关节容量增大与软骨损伤的情况。

## 2 后下方或前上方工作通道的制作

前上方入路距肩袖间隙损伤部位较近，但因该部位操作范围一旦扩大后会有一定的危险，所以尽可能把后下方入路作为工作通道。

## 3 对损伤肩袖间隙的紧缩术及韧带重建术

### ◆ 上盂肱韧带修复术和肱二头肌长头腱滑车重建术[15]

上盂肱韧带是肱二头肌长头腱滑车中最重要的内侧支持组织，一旦其出现损伤，就会引起肱二头肌长头腱在结节间沟入口部的不稳定。所以，为稳定肱二头肌长头腱，需要施行上盂肱韧带修复术和滑车重建术。

在松弛的结节间沟入口部把上盂肱韧带切开后，将上盂肱韧带主干与肩胛下肌腱缝合（**图25**）。上盂肱韧带在肱骨头附着部断裂时，在肱骨上置入锚钉，然后缝合断端。

**图25　上盂肱韧带修复术与肱二头肌长头腱滑车重建术**[15]

**a.**上盂肱韧带松弛，肱二头肌长头腱滑车松弛，结节间沟入口处开大（箭头所指）。肱二头肌长头腱向该松弛部半脱位。

**b.**向上牵引上盂肱韧带，用两根2号非吸收线缝合上盂肱韧带和肩胛下肌腱。

**c.**稳定肱二头肌长头腱。

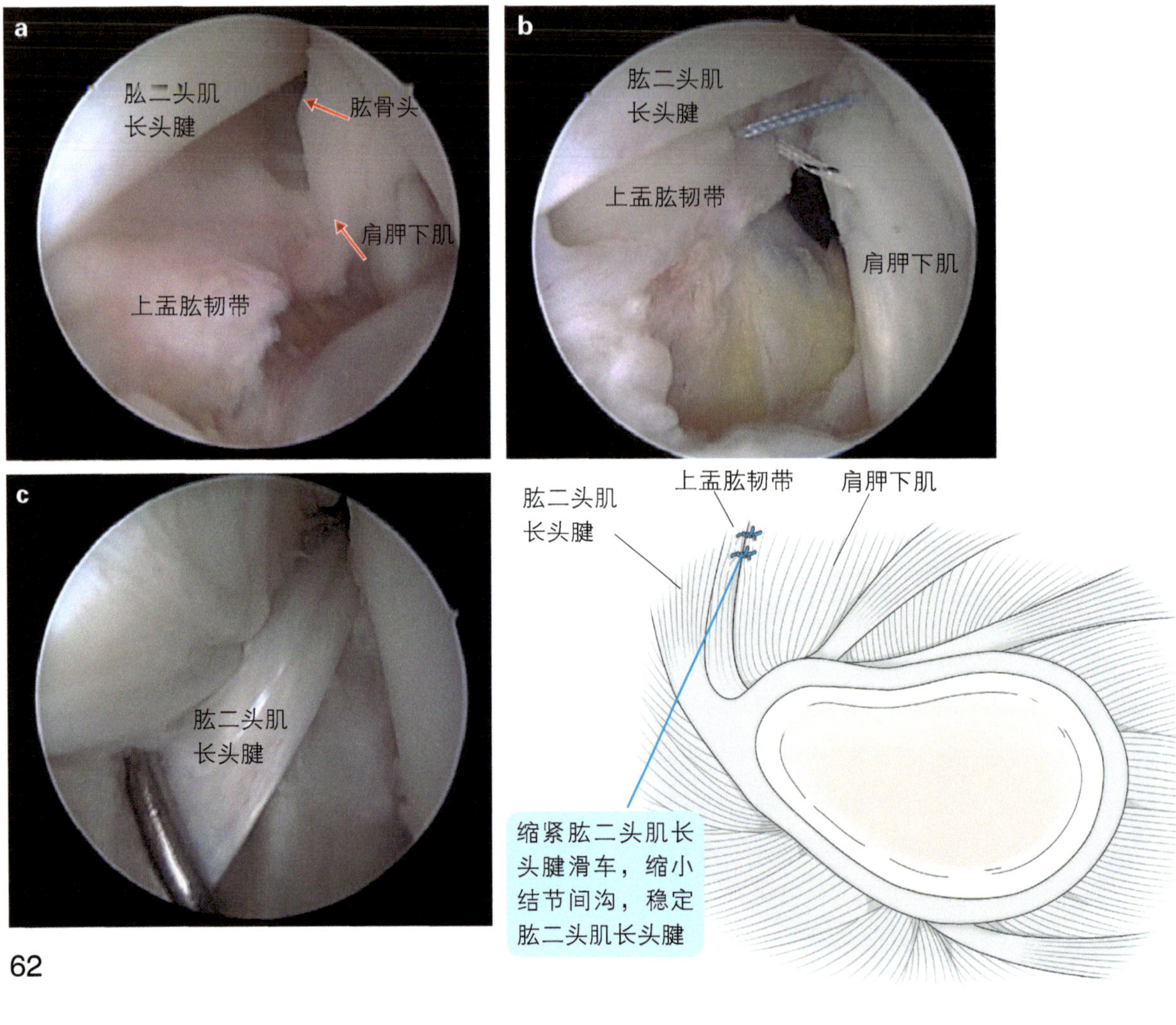

## ◆ 中盂肱韧带修复术

中盂肱韧带在关节盂附着部或肱骨头侧断裂时，可用缝合锚钉修复。用高频电刀对关节盂或肱骨头侧上盂肱韧带附着部的软骨及肉芽组织进行廓清。进而用磨刀将该部位新鲜化并置入缝合锚钉。在中盂肱韧带断端用缝线抓持器送进2.0缝线，与锚钉缝线打结。主干断裂时施行端端缝合，或者缝到关节盂唇上（**图26、图27**）。

## ◆ 前上方关节盂唇修复术

前上方关节盂唇是中盂肱韧带和上盂肱韧带的附着部，这一部位出现剥脱时应进行修复。详细的术式在上关节盂唇损伤部分已介绍。

**图26　中盂肱韧带修复术**[15]

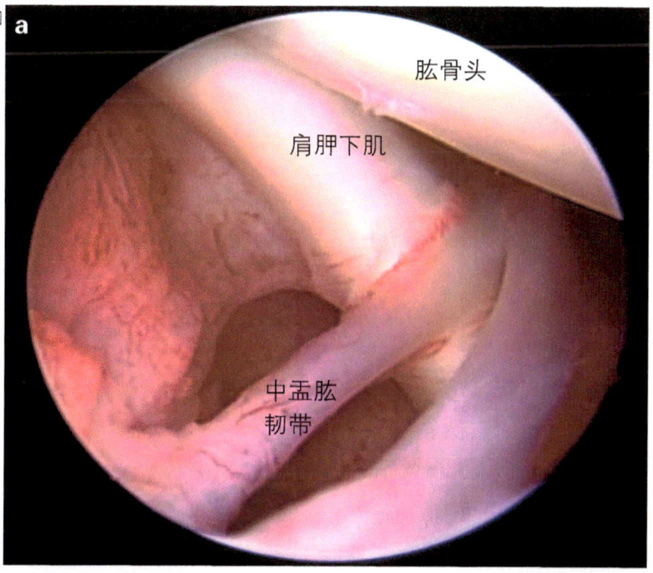


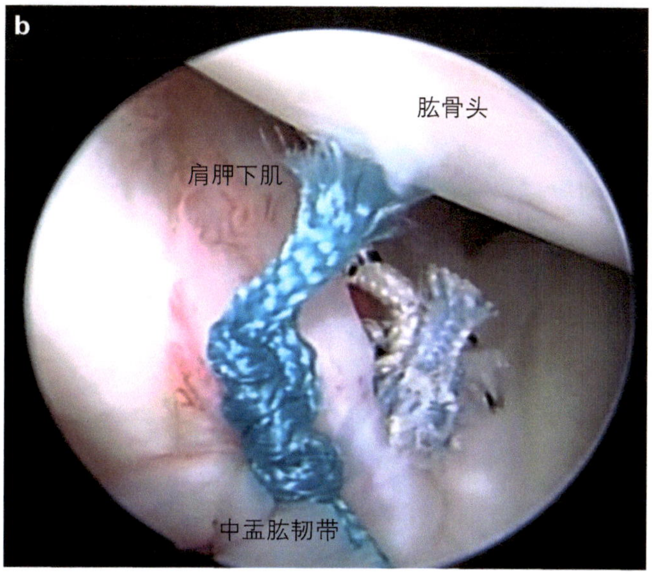

**图27　中盂肱韧带肱骨头侧断裂的修复术**[15]

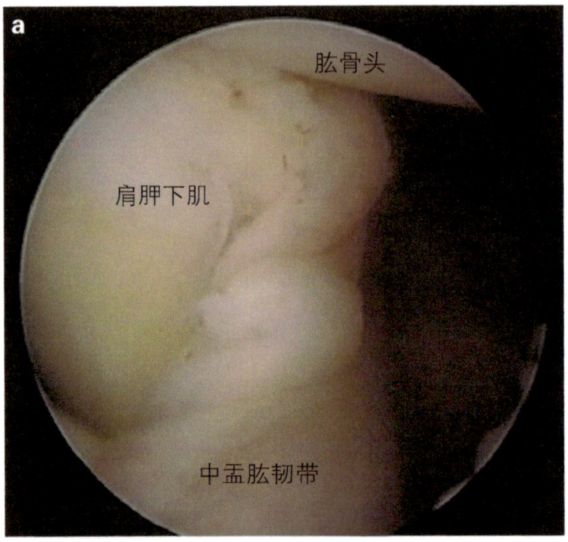


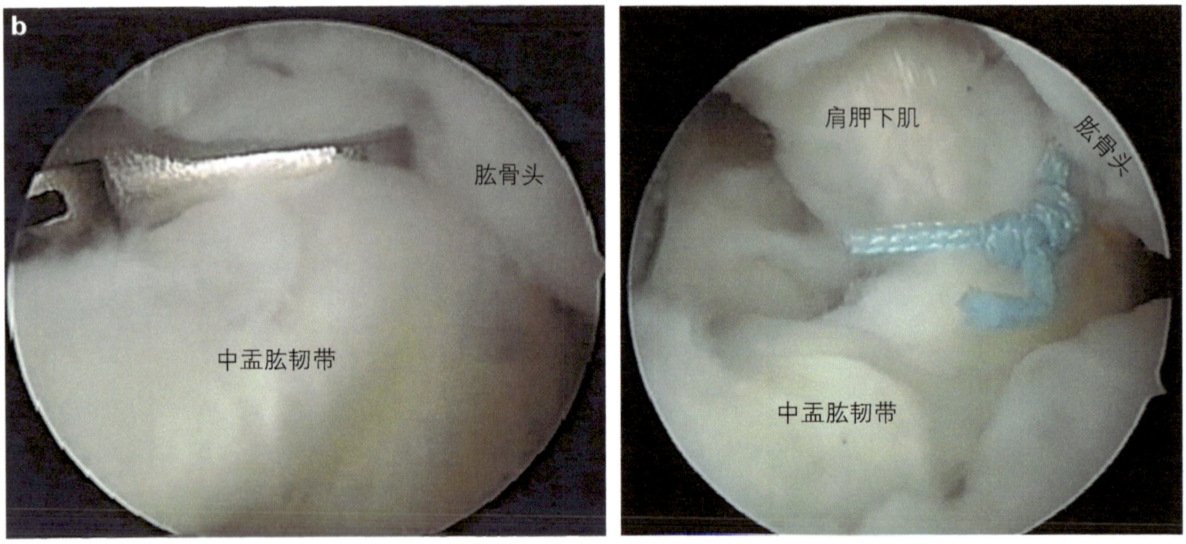


## Bennett骨棘损伤

### 1 关节内观察与探查

从前方入路插入30° 斜镜头进行观察，后方入路作为工作通道。在下盂肱韧带后束和后关节囊边界部可触及骨棘（**图28**）。在后方或后上方处置时可从上隐窝进镜观察，在后下方处置时可从盂肱关节进入（**图29**）。注意观察后关节囊损伤、表层发红及滑膜增生等情况，同时要进行后关节囊挛缩的评价。

后关节囊挛缩时下盂肱韧带后束出现紧张、弹性降低，可发现下盂肱韧带后束在关节盂唇附着部明显凸起。内撞击时多有挤压下盂肱韧带后束和后关节囊的突出的骨棘，也要注意与骨棘内撞击产生的肩袖关节面的断裂[21]、[22]。

**图28　关节内观察与探查**

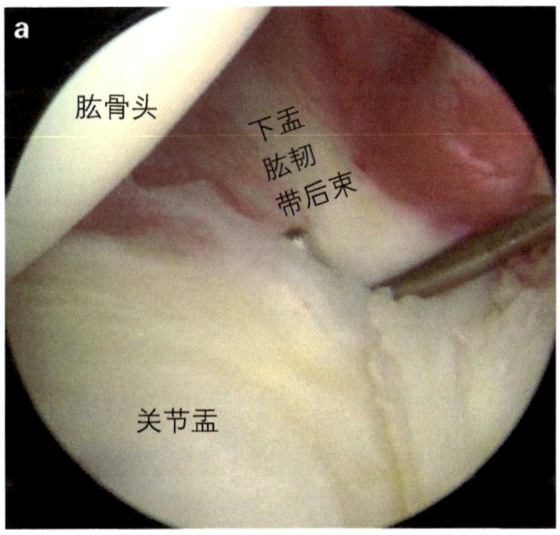


**b.**骨棘撕脱骨折病例

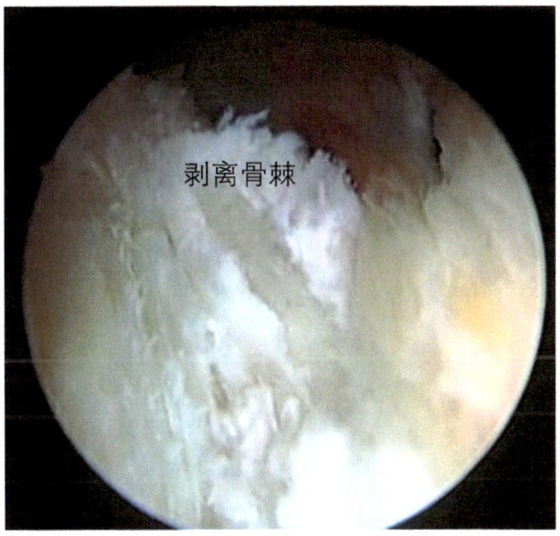


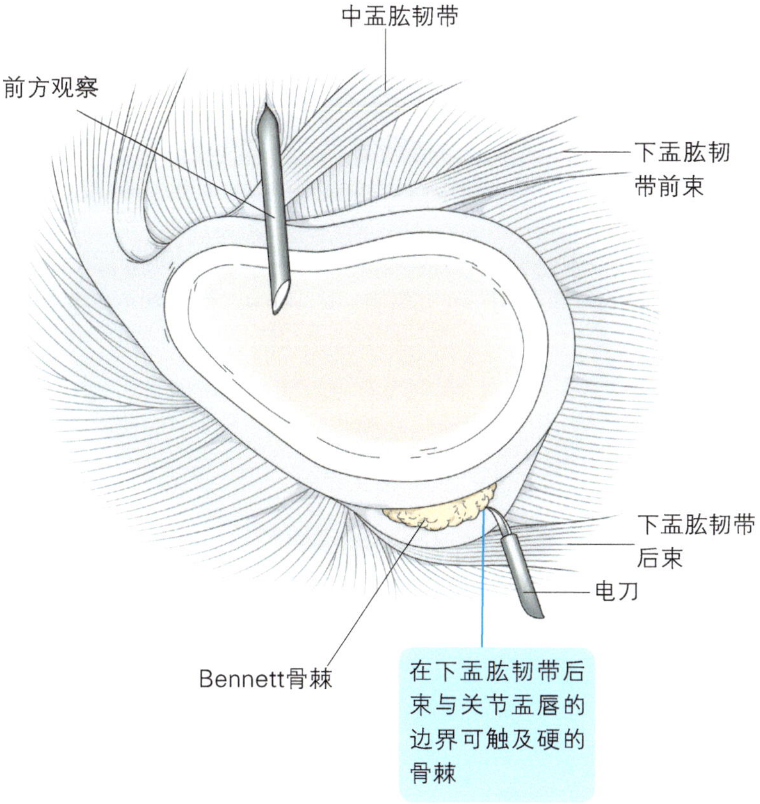


**图29　后关节囊分离**

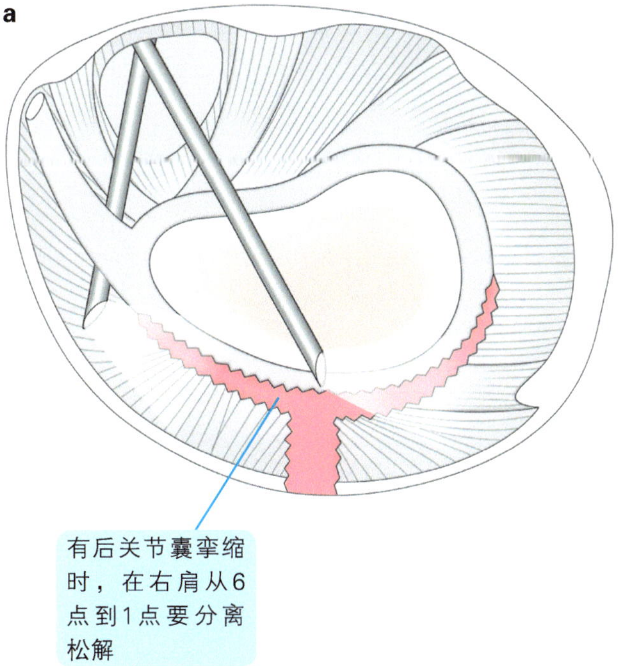


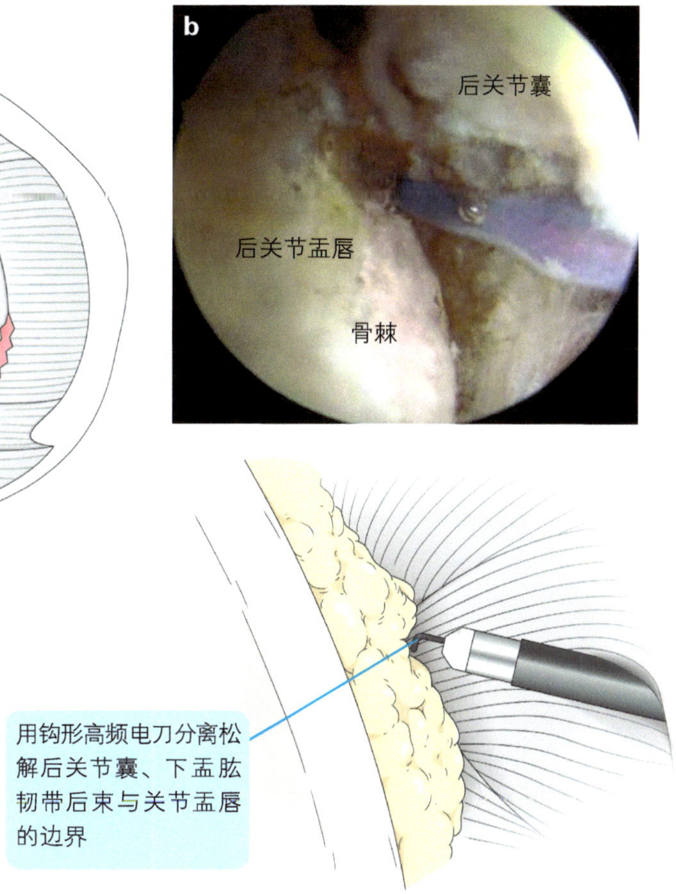

## 2 后关节囊的松解

后关节盂唇无损伤时，用钩形高频电刀松解后关节囊、下盂肱韧带后束与关节盂唇的边界部。范围依骨棘的位置而定，在右肩从6点到11点视野上容易操作。最初先松解后上方关节囊，之后连续通过后方入路呈“L”形松解关节囊，继而呈“丁”字形松解后下方和下方关节囊（**图29**）。骨棘上合并有后关节盂唇损伤时，松解包含损伤部的后关节囊，这时，在骨棘切除后常需要施行关节盂唇修复术。

**手术技巧及注意事项**

关节囊与外旋肌之间粘连、增生肥厚，骨棘显露常较困难，可用双极高频电刀探头一边烧灼一边一层层仔细分离。

## 3 骨棘的剥离和显露 难点

术前要充分了解3D-CT上的骨棘形态和有无骨折的存在，这样在骨棘显露时才能轻松自如。用探针探查骨棘，然后应用高频电刀在骨膜下充分剥离与骨棘粘连的后关节囊、下盂肱韧带后束、外旋肌肌膜与肌腹直到内侧，下方分离时因与腋神经距离较近，故应特别注意。尽量充分显露骨棘的整个形态（**图30**）。

**图30　骨棘的显露**

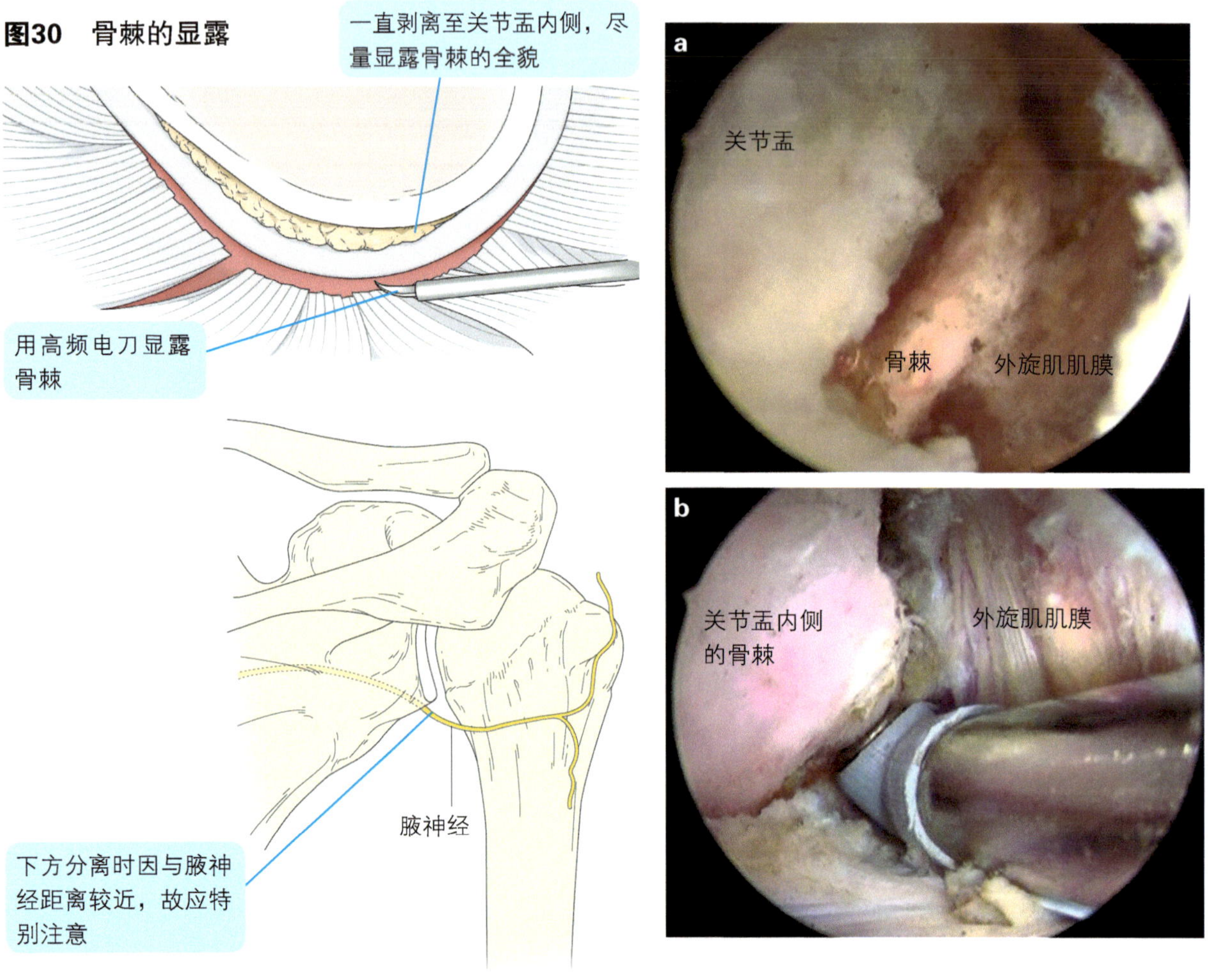

**手术技巧及注意事项**

（1）骨棘剥离及显露时，尽可能应用高频电刀贴骨显露，注意不要损伤腋神经，小心操作。

（2）术前一定要掌握骨棘位于关节外的位置。如骨棘位于关节盂近旁，术中较易确定；如在关节盂唇内侧或关节盂内侧较深，则术中较难确定。术中不能充分观察的关节盂内侧骨棘，可使用70° 斜镜头观察和探查，以免造成残留。

## 4 骨棘的切除

骨棘全部显露后，用探针探查骨棘有无不稳定，有撕脱骨折的骨棘是不稳定的，可用打孔器切除（**图31**）。骨棘完全游离后，注意骨片不要丢失。骨棘切除后，关节盂颈部的骨棘基部用打孔器不能切除，可用磨钻磨削，注意不要使骨棘残留（**图32**）。

**图31　骨棘切除**
用打孔器切除骨棘。

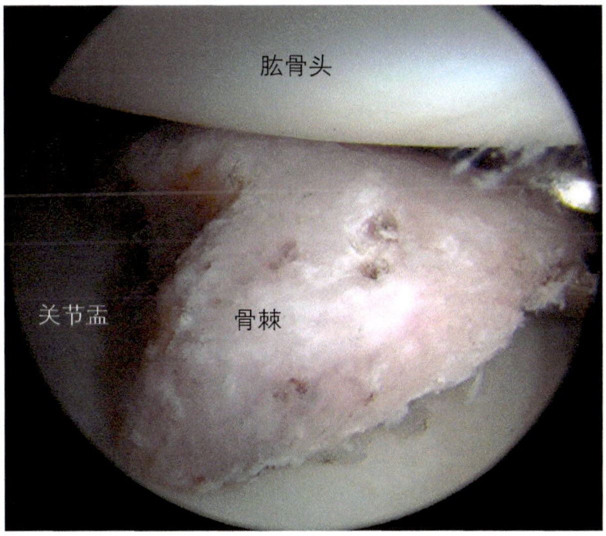


**图32　骨棘切除**
**a.**用打孔器不能切除关节盂颈部的骨棘基部
**b.**用磨钻磨削骨棘基部

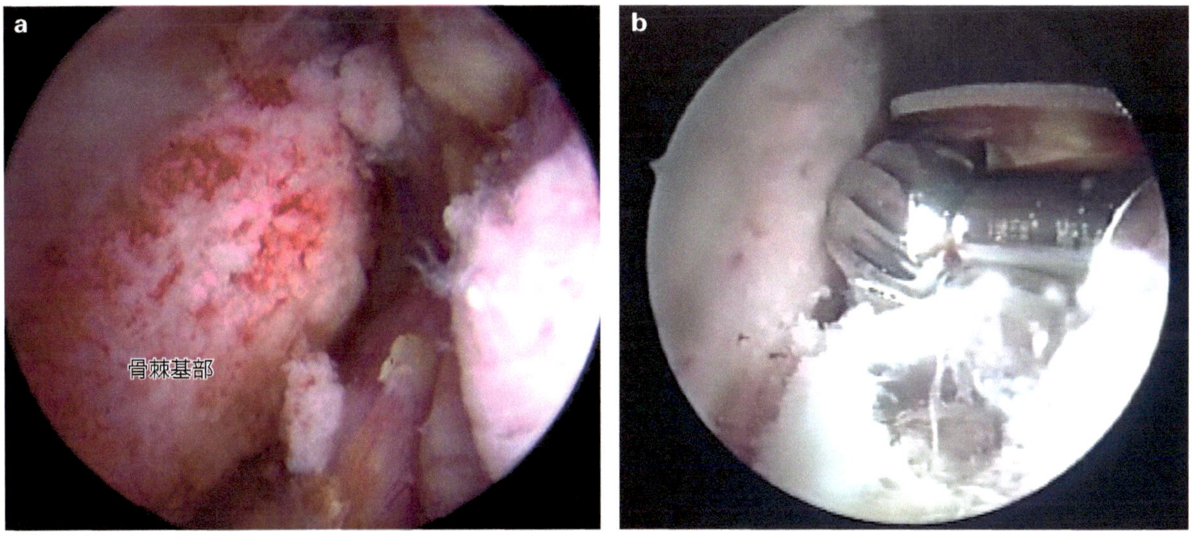

**手术技巧及注意事项**

要了解术前哪个X线片（轴位像和最大上举时正位像等）能显示骨棘的存在，通过术中X线片要确认骨棘能充分切除。骨棘的撕脱骨折部位用磨钻或磨锉处理时，其外侧端游离的骨棘有残留的风险，故要掌握术前的X线、CT影像，术后也要尽早进行CT检查评价。

## 5 骨棘切除后的处理

### ◆ 出现后方不稳定时

骨棘切除后，肩关节后方有可能出现不稳定甚至恶化，需要再次缝合关节囊。用缝线抓持器向后关节囊和下盂肱韧带后束送进2.0缝线，然后将线缝到后关节盂唇上（**图33**）。

**手术技巧及注意事项**

缝线的目的是向上牵引后关节囊和下盂肱韧带后束。

### ◆ 出现后方不稳定时

施行带有缝合锚钉的后关节囊修复术，手术步骤基本与上关节盂唇损伤的关节盂唇修复术相同。制作后方入路时，要注意与关节盂的角度，以便由此插入锚钉。经后方入路，用缝线抓持器向后关节囊和下盂肱韧带后束及后关节盂唇送进2.0缝线，与锚钉缝线交换后打结。也可使用吻合器直接把锚钉缝线缝合到关节盂唇上。

### ◆ 出现后关节囊挛缩时

若后关节囊未行再缝合，则呈原位游离状态（**图34**）。挛缩的原因是残留内旋限制，有的病例术后出现投球痛和不适感。后关节囊挛缩可参考前述的麻醉下伴有整个运动范围缩小的内旋限制及后方活动性降低的表现进行诊断。另外，术中可发现下盂肱韧带后束和后关节囊的弹性降低，下盂肱韧带后束在关节盂唇附着部突起、过度紧张而引起后关节盂唇纵向撕裂，这些表现都可作为诊断时的参考。

**图33** 后方不稳定时用2.0缝线缝合[15]

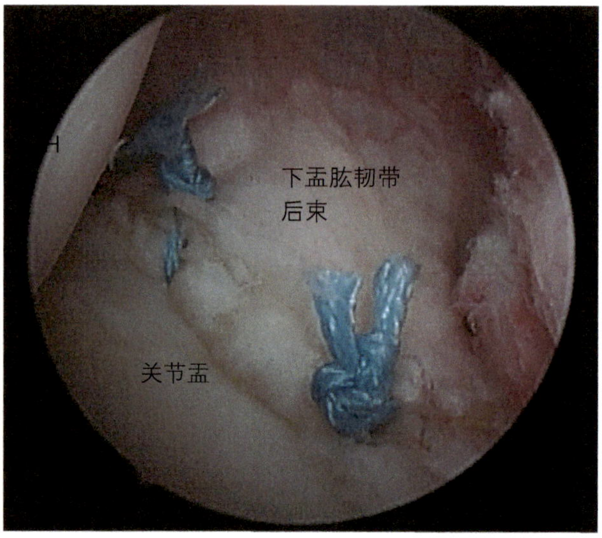

**图34　后关节囊挛缩时**[15]

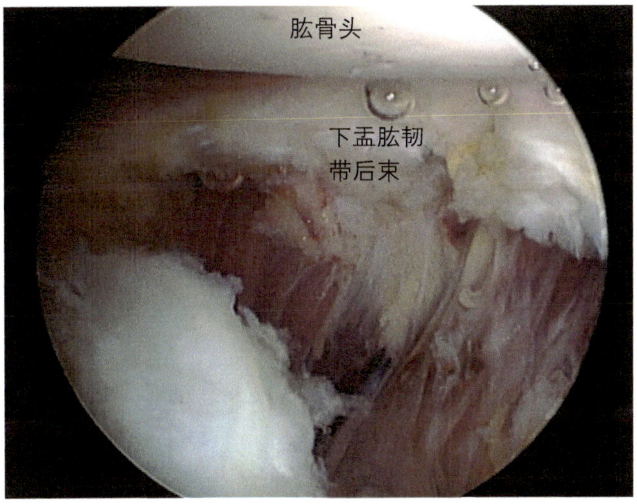


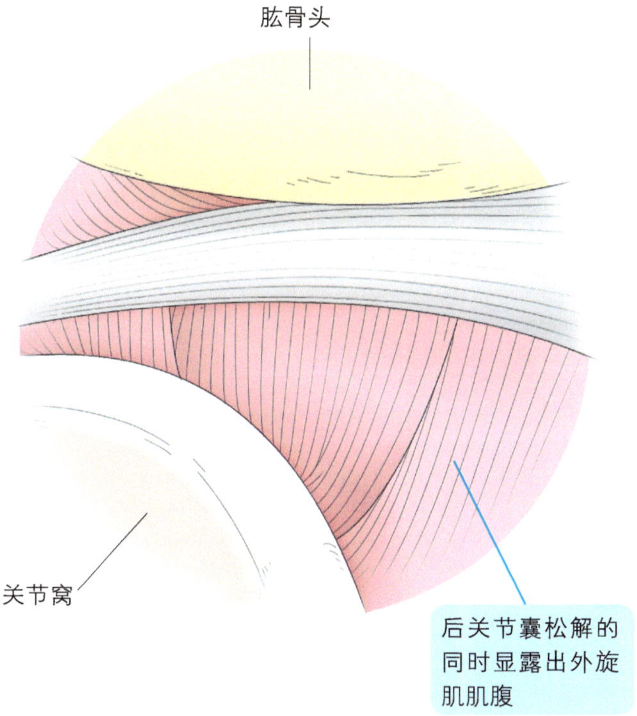


然而，仅从关节镜检查，肩关节内旋受限的原因尚有许多不明之处。使用钩形高频电刀探查，逐层仔细分离，以确认关节囊的肥厚及关节囊与筋膜的粘连等，这是十分重要的。

## 典型病例图像

【病例1】 适合手术（术后）

冈上肌腱关节囊面不全断裂修复、上关节盂唇修复病例。

**a.**单纯X线正位片。

**b.**单纯X线侧位片。

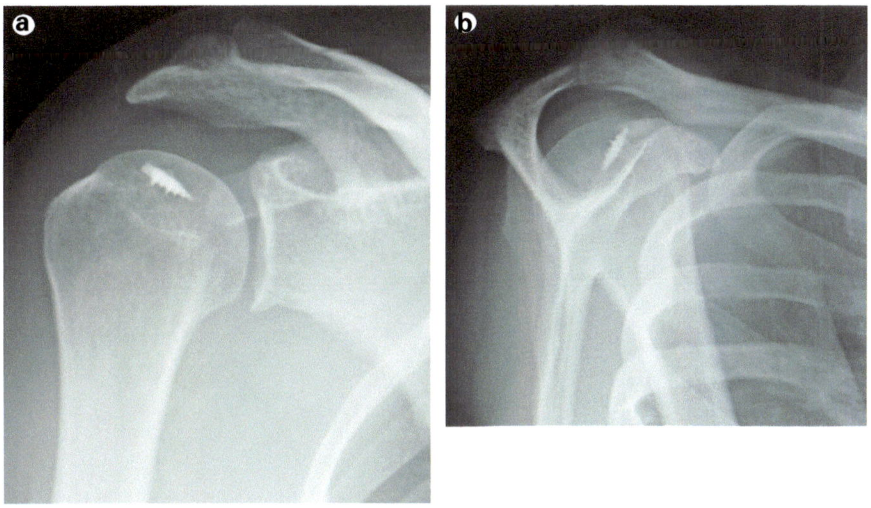

【病例2】适合手术（术后）

Bennett骨棘损伤，关节镜下骨棘切除术后。

**a.**单纯X线轴位片、上举位片。

**b.**3D-CT影像。

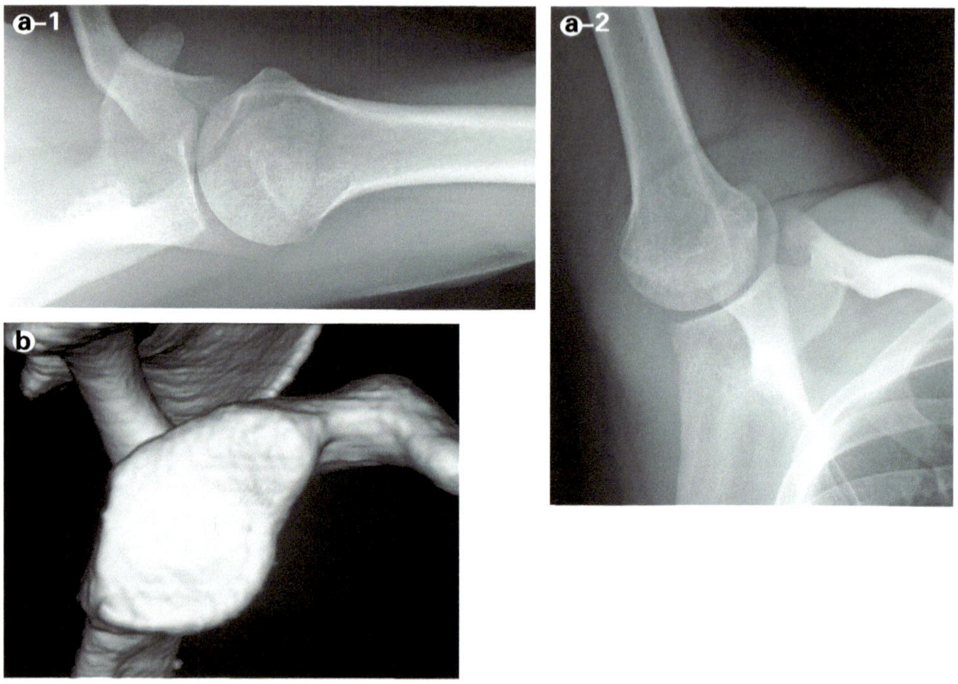


## 康复治疗

### ◆ 上关节盂唇损伤、肩袖间隙损伤

悬吊固定3周。针对后方复合体的控制放松训练，包括自我应力训练、肩胛骨训练、等张性强化肌力训练等，术后应尽早进行。1周后开始进行有限制活动范围的训练，上举150°、下垂位外旋45°为止。3周后进行活动范围无限制的训练，但6周内禁止外展外旋。4周后开始进行旋前位肩旋转肌群特别是外旋肌群的强化训练。6周后施行无限制的应力试验。术后3个月如活动范围和肌力恢复，则可逐步从棒球投球动作训练向投接球训练过渡。

### ◆ 肩袖关节侧不全断裂

佩戴3周肩外展支具。术后当日起即可开始肩胛骨训练、主动和被动的上举训练，术后1周起进行仰卧位到坐位、俯卧位的循序渐进的上举保持训练，术后8周起进行等张性肌力强化训练，术后10周起进行自主上举运动。术后4周起积极进行内外旋的活动范围训练，术后6周起开始进行控制放松法的自我应力训练。术后6~8周起施行无限制的应力训练。术后3个月开始肩袖肌力训练指导，以提高肌肉的协调性和持续力。术后5~6个月如肌力恢复，则可逐步从棒球投球动作训练向投接球训练过渡。

### ◆ Bennett骨棘损伤

悬吊固定1周。术后应尽早进行针对后方复合体的自我应力训练、肩胛骨训练、等张性强化肌力训练等。关节囊松解的病例术后第二天即可进行活动范围的训练；关节囊和关节盂唇缝合的病例，1周后可进行活动范围无限制的训练。2周起进行俯卧位的肩旋转肌群特别是外旋肌群的强化训练。3周后可进行全方位无限制的应力训练。关节囊松解的病例从术后8周起，关节囊与关节盂唇缝合的病例从术后2周起，可进行棒球投球动作训练，逐步向投接球训练过渡。

## 结论

因过劳引起的投掷肩，其临床表现是复杂的，单独病变更是少见。应考虑到各个方面的原因，同时认真地观察病情，深思熟虑地研究是哪种病变引起的投掷损伤及其发病机制。不单纯去治疗器质性损伤，更重要的是纠正关节的不均衡，获得运动的稳定性包括肱骨头的向心性等。

最终需要手术治疗的选手，要充分理解术后康复治疗的内容和意义，并能正确地施行。另外，作为监督和教练的人员，也要为选手们准备好使其复归训练场的良好环境。

●文献


[1] 水野直子, ほか. 内旋制限を伴う投球障害肩に対するセルフ・ストレッチングの限界：成績不良因子の検討. 肩関節, 2005, 29（2）：431–434.

[2] 米田　稔, ほか. SLAP lesionの診断と治療–イントロダグクション–SLAP lesionとは何か. 整・災外, 1998, 41：833–836.

[3] Andrews J R, et al. Glenoid labrum teas related to the long head of the biceps. Am J Sports Med, 1985, 13：337–341.

[4] 米田　稔, ほか. 肩関節唇上方臼蓋唇付着部断裂に対する鏡視下staplingの術後成績–投球障害肩を対象として. 臨整外, 1990, 25（11）：1257–1263.

[5] Snyder S J, et al. SLAP lesion of the shoulder. Arthroscopy, 1990, 6：274–279.

[6] Morgan C D, et al. Type2 SLAP lesion：Three subtypes and their relationships to superior instability and rotator cuff tears. Arthroscopy, 1998, 14：553–565.

[7] Bunkart S S, et al. The peel–back mechanism：its role in producing and extending posterior type2 SLAP lesion and its effect on SLAP repair rehabilitation. Arthroscopy, 1998, 14：637– 640.

[8] Yoneda M, et al. Arthroscopic stapling for detached superior glenoid labrum. J Bone Joint Surg, 1991, 73–B：746–750.

[9] 中川滋人, ほか. 投球障害肩にみられる前方型腱板損傷. 肩関節, 2005, 29（3）：639–642.

[10] 瀧内敏朗, ほか. 投球障害肩. 整形外科関節鏡マニュアル：肩関節鏡, 松井宣夫, 米田稔編, メジカルビュー社, 1999, 160–170.

[11] 中川滋人, ほか. 腱板不全断裂と投球障害. MB Orthop, 1998, 11（13）：47–55.

[12] Rowe C R, et al. Reccurent transient anterior subluxation of shoulder. J Bone J Joint Surg, 1991, 62–A：863–872.

[13] Nobuhara K, et al. Rotator interval lesion. Clin Orthop, 1987, 223：44–50.

[14] Yamamoto N, et al. Effect of rotator interval closure on glenohumeral stability and motion：a cadaveric study. J Shoulder Elbow Surg, 2006, 15（6）：750–758.

[15] 山田真一, ほか. 非外傷性肩関節不安定症. 臨床スポーツ医学, 2006, 23（臨時）：209–218.

[16] 水野直子, ほか. 投球障害肩に対する肩関節鏡視下手術（上方関節唇損傷・Bennett病変）. 臨床スポーツ医学, 23（臨時）, 2006：220–229.

[17] Bennett G E. Shoulder and elbow lesions of professional baseball pitcher. J Am Med Assoc, 1941, 117：510–514.

[18] Yoneda M, et al. Arthroscopic removal of symptomatic Bennett lesions in the shoulders of baseball players：Arthroscopic Bennett– plasty. Am J Sports Med, 2002, 30：728–736.

[19] Nakagawa S, et al. Posterior shoulder pain in throwing athletes with a Bennett lesion：factors that influence throwing pain. J Shoulder Elbow Surg, 2006, 15（1）：72–77.

[20] Yoneda M, et al. Arthroscopic capsular release for painful throwing shoulder with posterior capsular tightness. Arthroscopy, 2006, 22（7）：801, el–5.

[21] 水野直子, ほか. 投球障害肩に対する肩関節鏡視下手術–腱板疎部損傷, Bennett病変・後方関節包拘縮を中心に. MB Orthop, 2007, 20（7）：67–77.

[22] 中川滋人, ほか. Bennett骨棘を有する投球障害肩に対する鏡視下骨棘切除術. 関節外科, 2005, 24（10）：1163–1169.

# 肩关节不稳定的诊断与治疗

大连医科大学附属第一医院　王福生　吴春明　译

船桥骨科运动医学中心肩关节・肘关节外科部长　菅谷启之

## 外伤性前方不稳定（反复性）

### 疾病特点

运动员的肩关节不稳定最多见的是外伤性不稳定（初次或反复性），外伤是发病诱因。外伤性肩关节不稳定，虽然前后方不稳定都会发生，但大多数是前方不稳定。反复发作的病例基本上都需要手术，初发的病例原则上给予保守治疗。如对运动员的投球侧肩高度怀疑有解剖学损伤者也可考虑手术[1]。

### 诊断与手术适应证

患者有明显的前方不稳定，即主诉有前方或前下方的脱位和半脱位感，此时较易诊断。这种不稳定感持续存在，影响体育活动并带来运动障碍者，应尽早手术。

### 术前评价

要认真询问病史，了解患者的性别、年龄、职业、运动等。通过望诊，观察肩部的形态变化。通过3D-CT检查，了解关节盂的骨形态和Hill-Sachs损伤的范围和深度[2]。通过MRI评价Bankart损伤，了解有无合并上关节盂唇的剥脱，有无关节囊破裂和盂肱韧带肱骨端撕脱（humeral avulsion of the glenohumeral ligament lesion，HAGL损伤），有无肩袖断裂等，术前要对这些软组织损伤进行评价。如采用这些方法尚难做出确切诊断，就可应用关节镜进行诊断。

### 术前准备

#### ◆ 体位准备

全身麻醉下取沙滩椅位（70°半坐位）。术中为维持稳定的体位，可用布带将颏部固定牢固，以稳定头部。躯干不要左右倾斜，保持中立位。腰部摆直，髋关节略屈曲（**图1**）[3]。

**图1　体位**

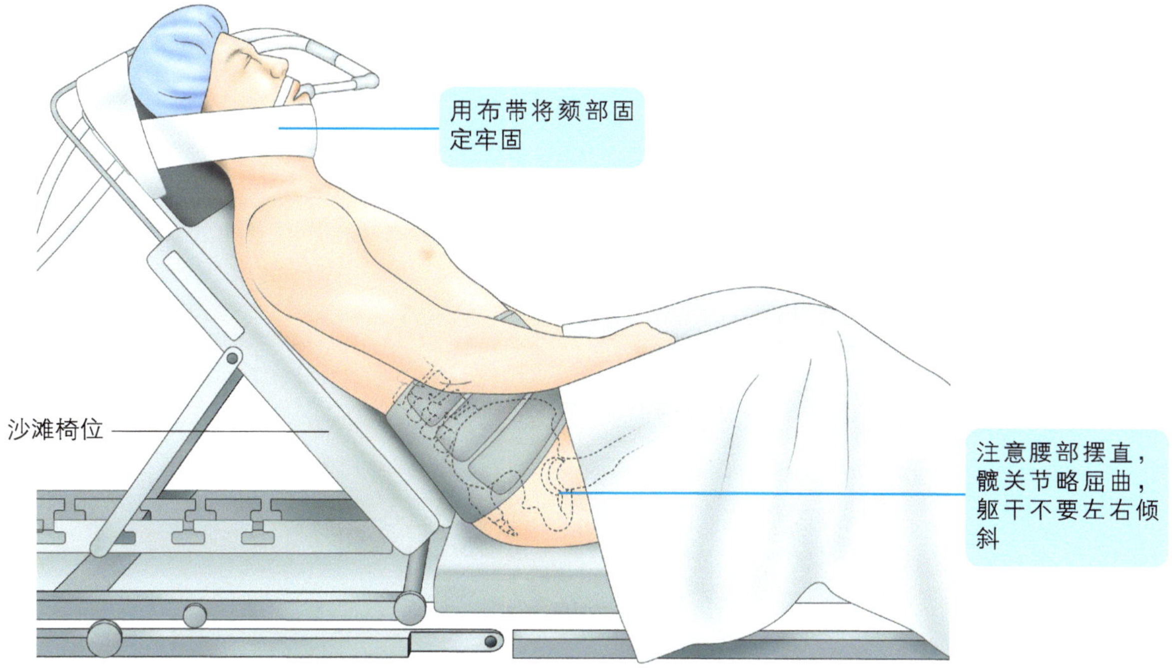


**图2　EUA**

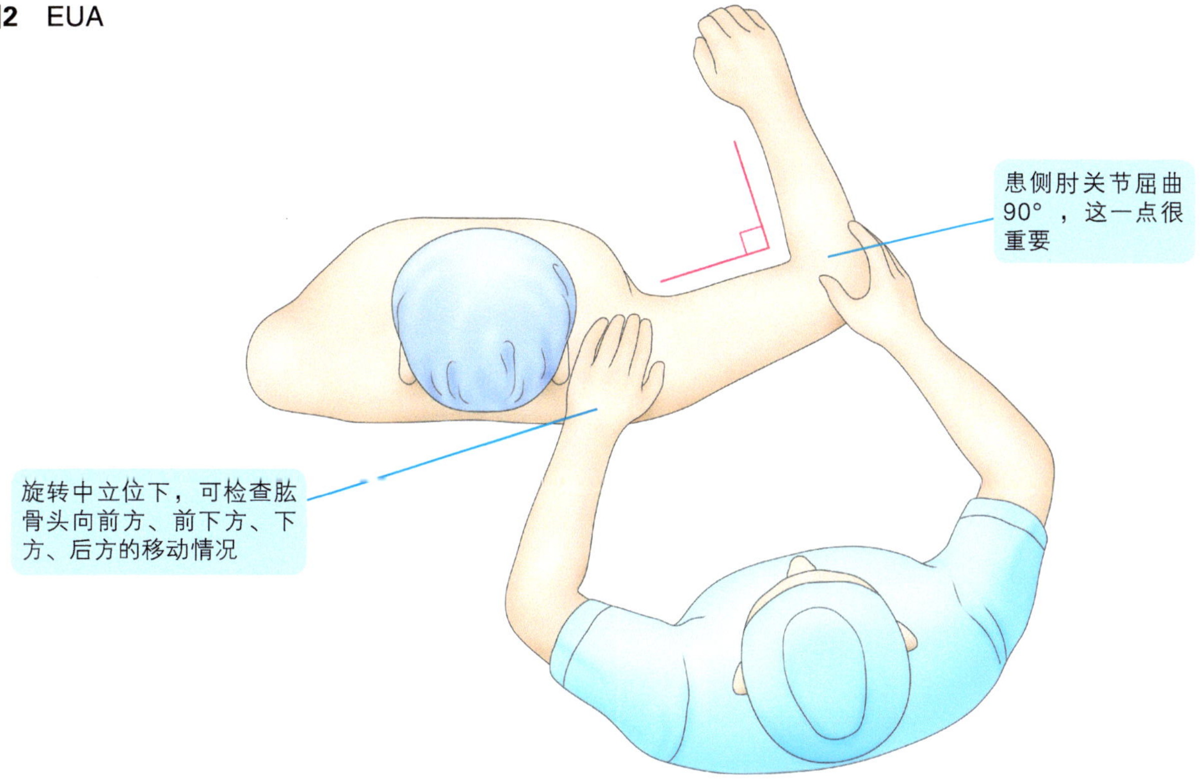


## EUA

EUA观察患者肩关节外展位、旋转中立位，肱骨头向前方、前下方、下方、后方的移动情况（**图2**）。此时，在评价关节原本的松弛程度时，与健侧的比较也是不可缺少的。先了解与健侧不同的松弛程度，继而了解患者的年龄、职业、运动项目、左右利手（棒球是否投球侧，柔道是推手还是拉手等），以及3D-CT等术前的影像学诊断，然后再进行关节镜检查。

## 手术概要

1 入路的制作

2 关节镜诊断

3 关节囊破裂等合并损伤的修复

4 关节盂唇韧带复合体从关节盂上的剥离 难点

5 置入锚钉，穿上缝线，打结 难点

6 肩袖间隙的缝合等加强措施

## 典型病例图像

【病例1】适合手术（术前）

25岁，男性，从事滑雪板运动。伴有关节盂骨折的骨性Bankart损伤。
ⓐ3D-CT正位像。
ⓑ3D-CT下位像。
ⓒMRI水平位像。
ⓓMRI的外展外旋位像。

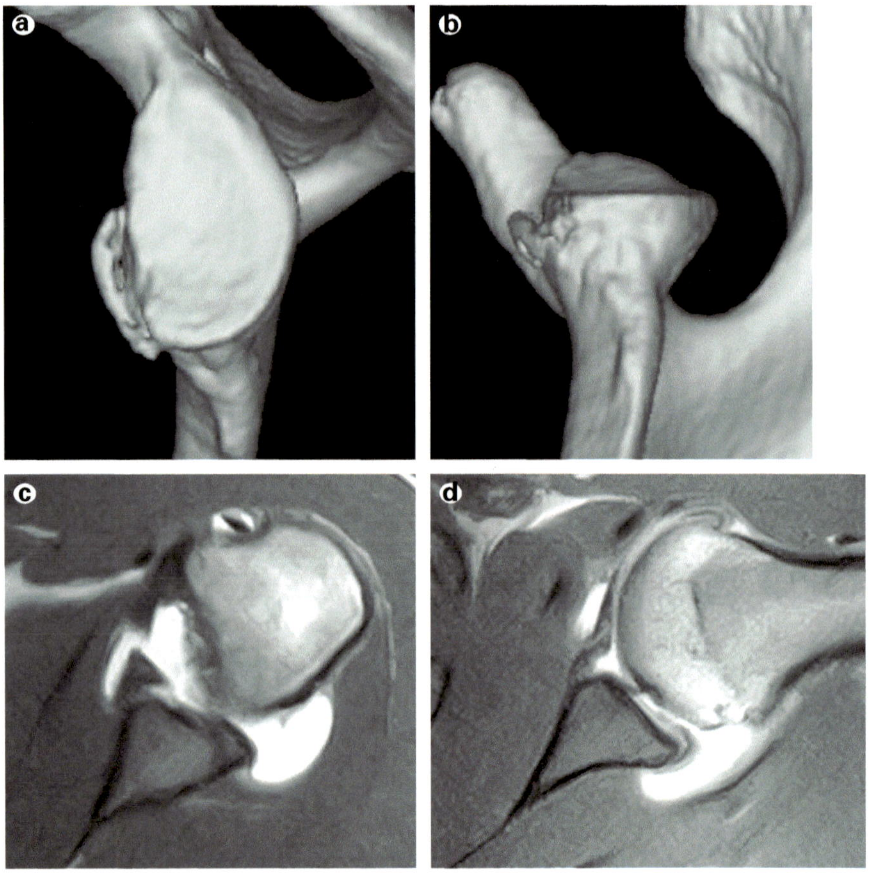


【病例2】适合手术（术前）

25岁，男性，从事滑雪板运动。伴有关节盂骨折的骨性Bankart损伤。
ⓐ3D-CT正位像。
ⓑ3D-CT下位像。

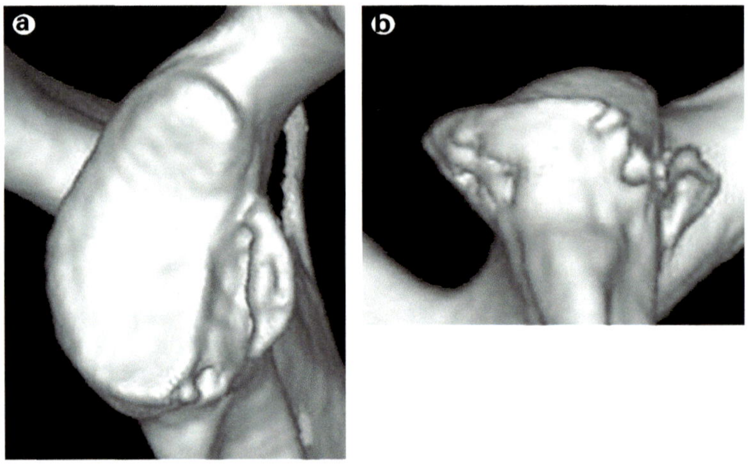

# 手术方法

## 1 入路的制作

一般从后方入路观察，前方入路和前上方入路作为工作通道。但在修复上关节盂唇损伤时，应用肩峰外侧入路取代前上方入路（**图3**）[4]。

套管原则上仅在缝合时使用。皮肤切口5 mm，前方入路在皮肤上距前上方入路较近，不使用导管也可以操作。另外，在肩胛下肌腱与联合腱交点处进入，可用outside-in法制作入路，以免贯穿联合腱（**图4**）[5]。

## 2 关节镜诊断

术前预先对3D-CT和MRI检查进行最终评价。特别是软组织损伤，MRI检查假阴性和假阳性较多见，故应用关节镜进行进一步检查。

首先，通过后方入路观察，观察前方及下方的关节囊、Bankart损伤、上关节盂唇及Hill-Sachs损伤的情况（**图5**）。这时可活动患肢进行动态评价。其次，通过前方入路观察，进行Bankart损伤、下方及后方关节囊、前方关节囊的肱骨头附着部的观察（**图6**）。

通过关节镜检查，可对软组织做出确切诊断，以决定最终应进行的手术术式。

**图3　入路**[4]

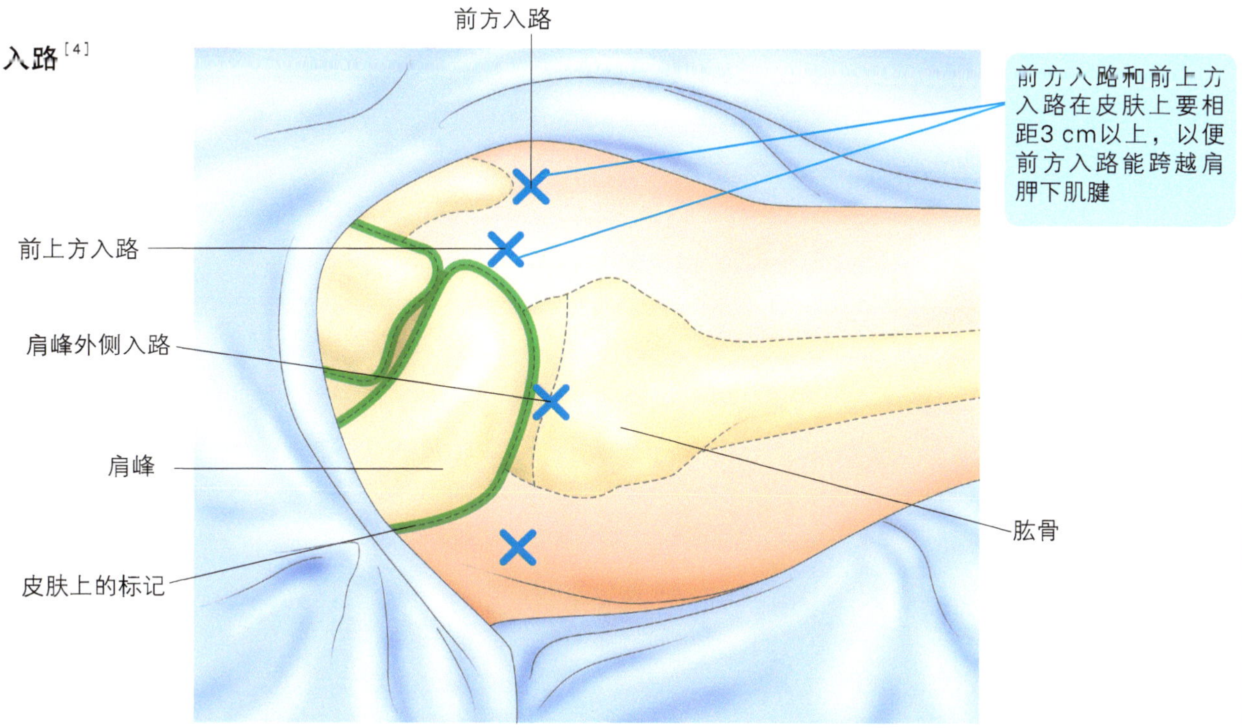

**图4　前方入路的制作**[5]

**a.**后方入路所见

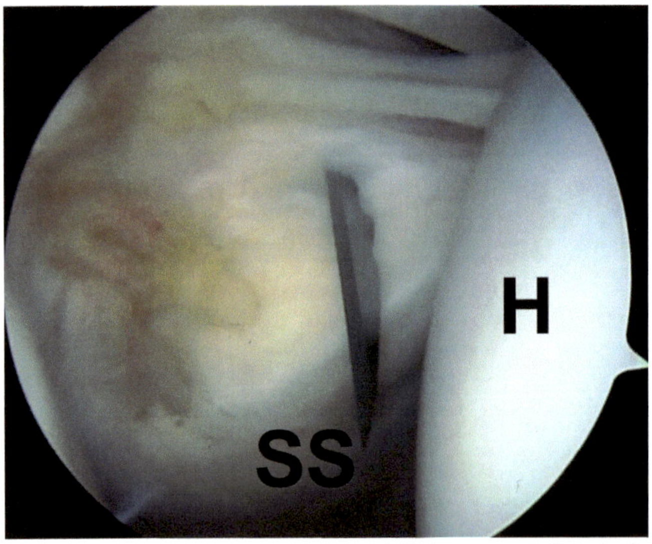


H：肱骨头；SS：肩胛下肌腱

**b.**模式图

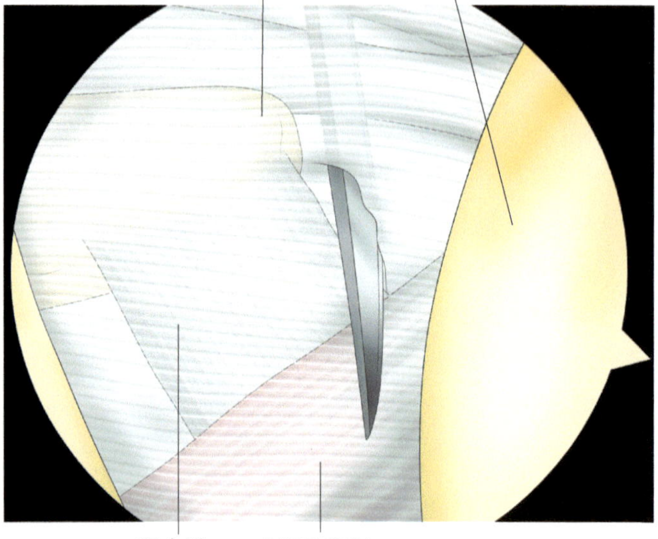


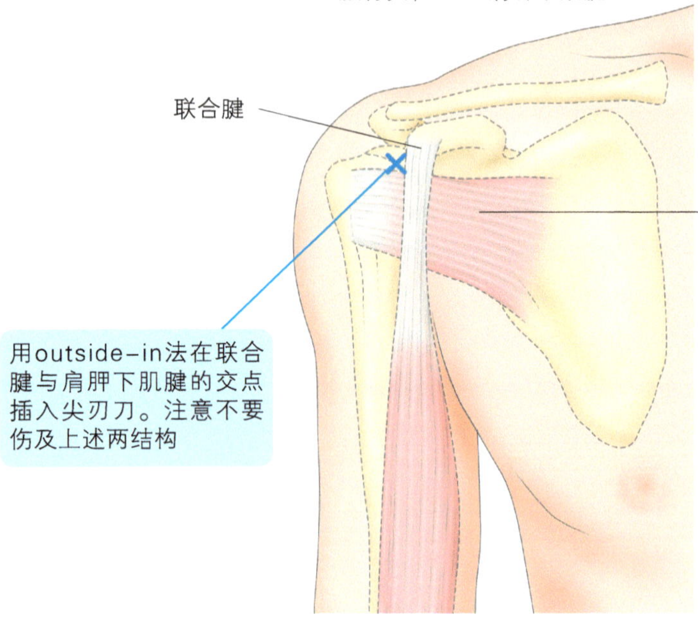


**图5　诊断的关节镜（后方观察）**

**a.**后方镜下的Bankart损伤

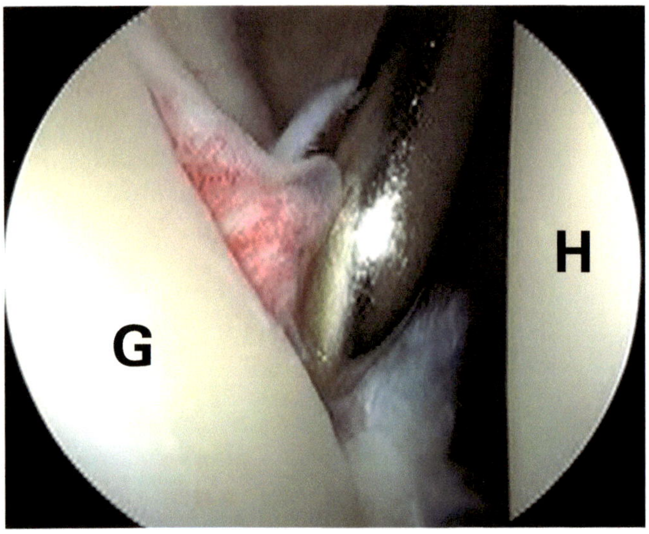


**b.**后方镜下的Hill-Sachs损伤

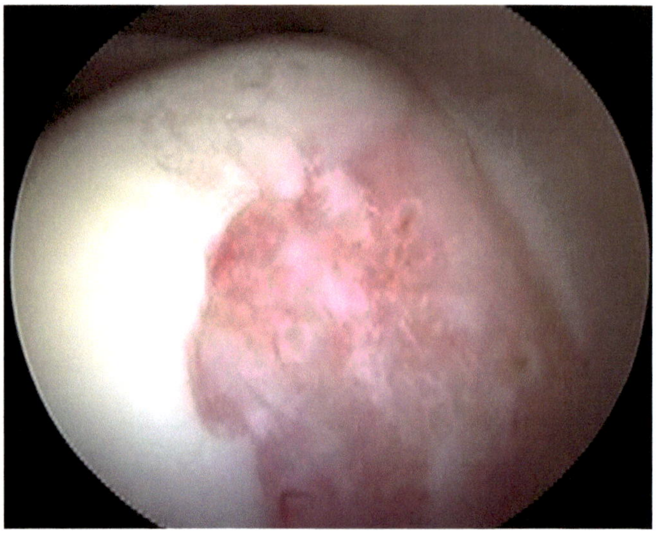

G：关节盂；H：肱骨头

**图6 关节镜诊断（前方观察）**

**a.**前方所见的Bankart损伤

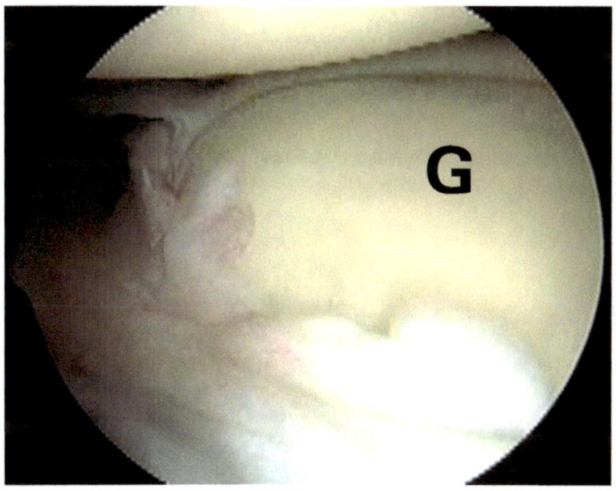


**b.**前方所见的前关节囊肱骨头附着部（正常人）

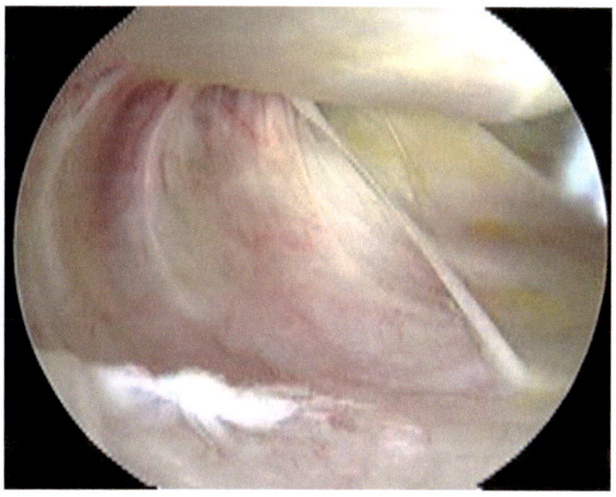

HAGL损伤时出现关节囊剥离，肩胛下肌腹露出。
G：关节盂

**图7 关节囊断裂的修复**[1]

**a.**修复前

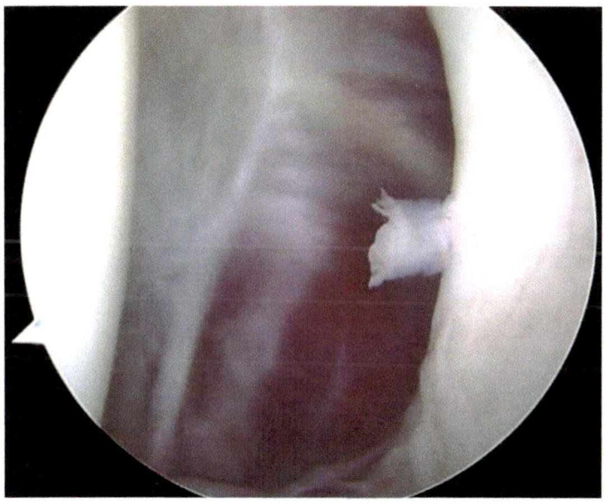

**b.**修复后

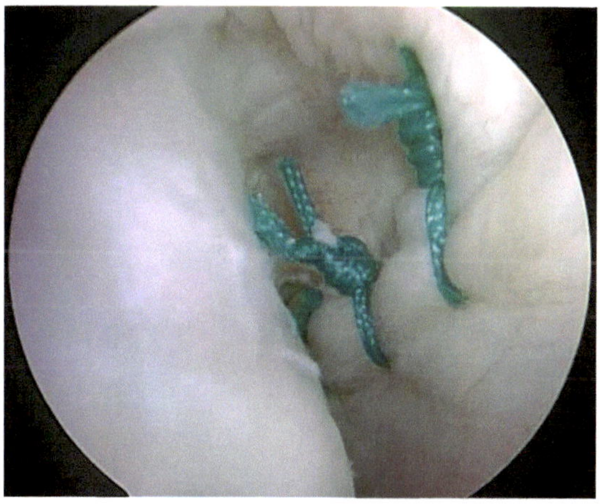

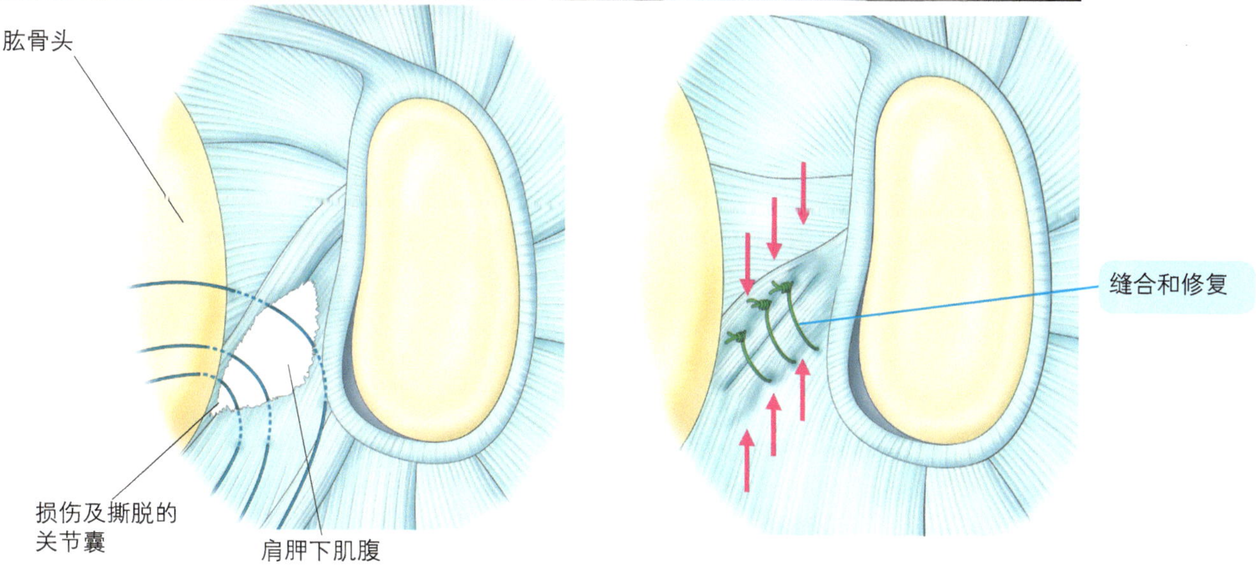


## 3 关节囊破裂等合并损伤的修复

在Bankart损伤基础上，常合并有关节囊破裂、HAGL损伤、上关节盂唇损伤及肩袖断裂等。关节囊破裂、HAGL损伤的修复应先于Bankart损伤（**图7**）。HAGL损伤的修复需要熟练的操作，如不自信，可转为直视下进行。镜下HAGL损伤修复术可参照文献6进行。上关节盂唇损伤及肩袖断裂的修复可在Bankart损伤修复后进行。

## 4 关节盂唇韧带复合体从关节盂上的剥离 难点

Bankart损伤修复的主要问题是下盂肱韧带的功能重建困难。使用尖端钝性的磨锉类工具进行关节盂唇韧带复合体（以下称复合体）关节盂颈部的剥离。就像骨折时剥离骨膜一样，用磨锉在关节盂颈部的骨质上进行剥离并进入里面。磨锉尖端与关节盂的接触有限，即使进入关节内也是安全的。复合体的剥离，在右肩到7点半的位置为止，肩胛下肌腹就可充分显露，直到复合体完全游离为止。关节盂面从3点开始至7点半，用环状刮匙将软骨去除5 mm左右（**图8、图9**）。通过这些操作，复合体上方及关节盂面前移就有可能（**图10**）。骨性Bankart损伤时，不摘除骨片，骨片原位附于复合体旁，仅是复合体从关节盂颈部剥离下来而已[7]、[8]。

### 手术技巧及注意事项

（1）把关节盂唇向后方剥离时，不用导管，也不用牵引，采取沙滩椅半坐位很容易做到。采用侧卧位，如使用牵引和导管，右肩剥离到6点很困难。当然，有时或许即使侧卧位，短暂的牵引和导管的应用也能达到手术的目的。

（2）关节盂表面的软骨（**图10**）从3点到7点去除5 mm，为使下盂肱韧带前移，从4点到7点可稍微多去除一些。

**图8　关节盂唇韧带复合体的关节盂颈部的撕脱和松解**

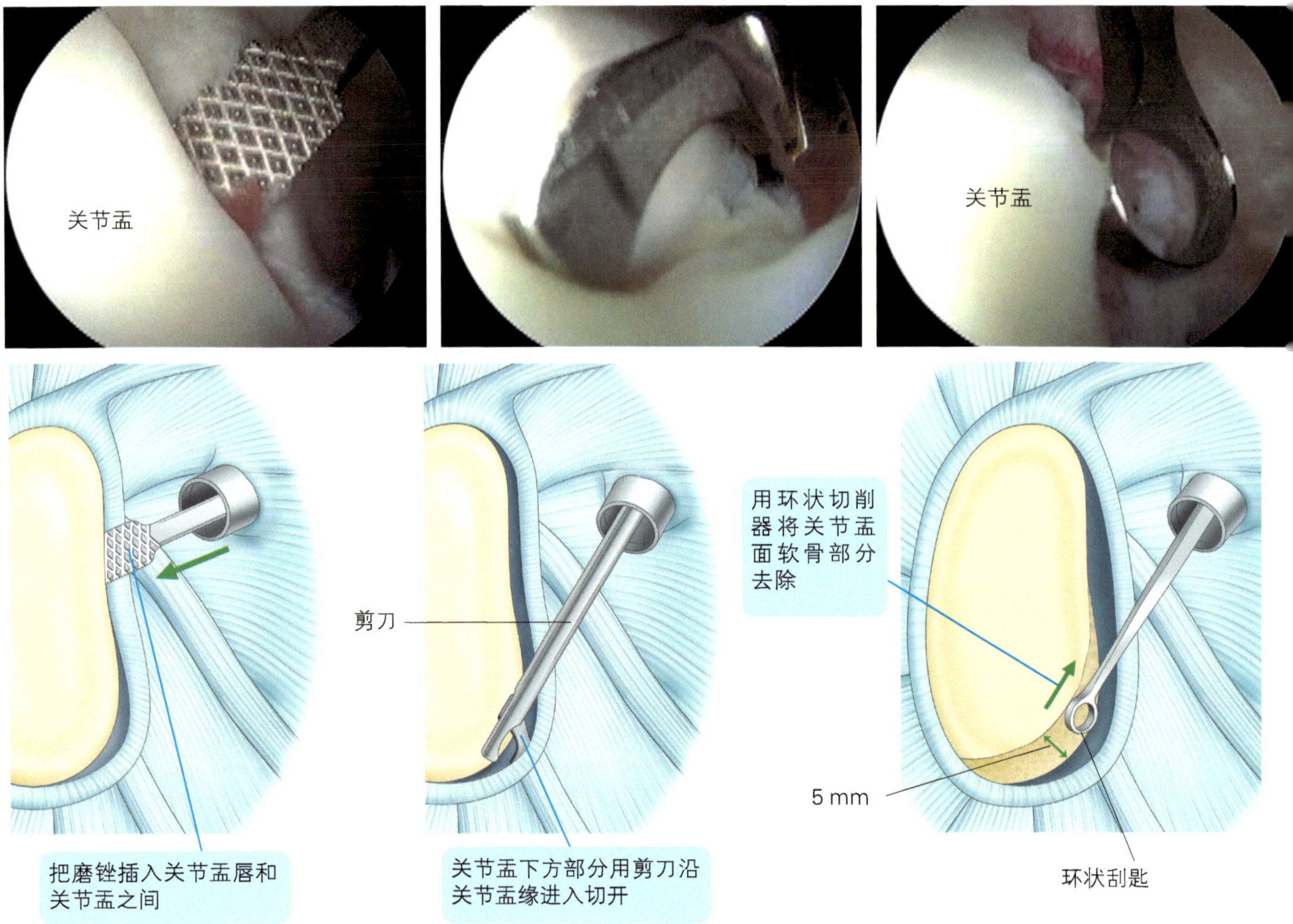

**图9　关节盂面的准备和松解结束时的镜下图像**

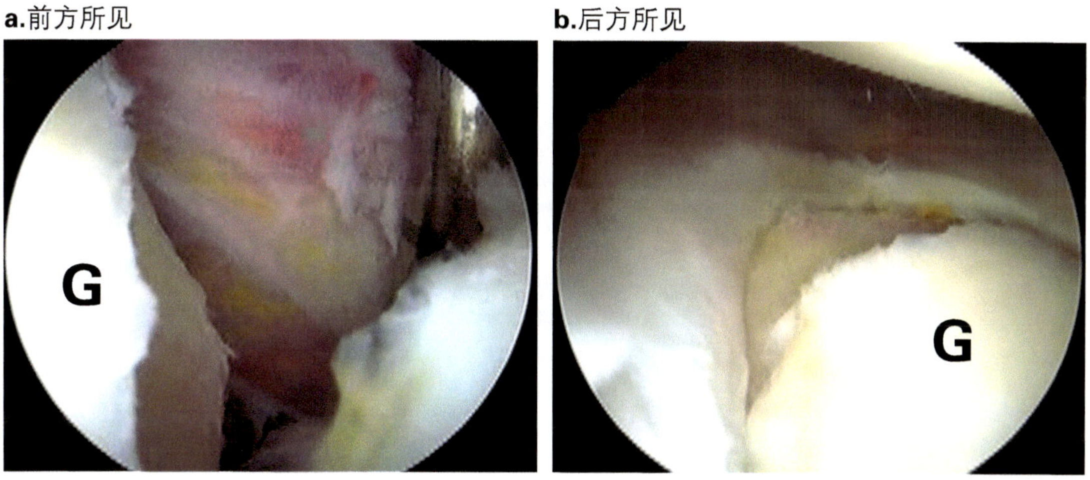


G：关节盂

**图10　Bankart损伤修复模式图**

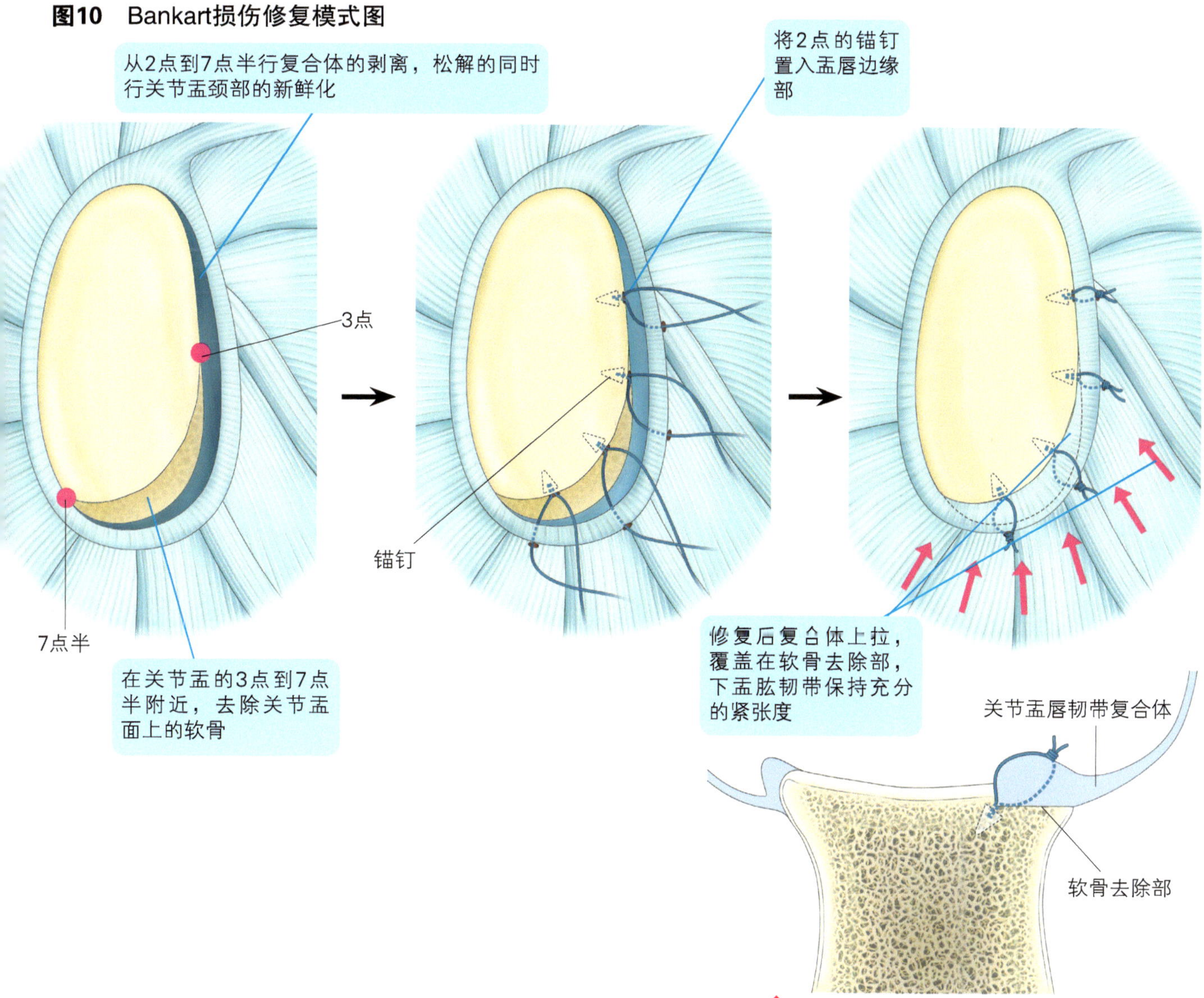


## 5 置入锚钉，穿上缝线，打结 难点

原则上应用4枚预先带有高强度尾线的可吸收的锚钉，在关节盂从6点到2点的部分间断置入，关节盂下方的锚钉在关节盂面上置入，2点部位的锚钉在盂唇边缘部置入（**图10**）。

首先，在6点的位置置入锚钉，用预先装着两股2.0尼龙线的打孔器在复合体6点半位置把缝线穿上（**图11a**）。然后，制作前上方入路，把这些缝线从这个入路引出。

在关节盂面上4点40分的位置置入锚钉，同样用打孔器把复合体5点10分的缝线穿上，从4点40分的锚钉缝线开始进行打结。这时从前上方入路，用抓钩把复合体向上牵引整复，然后牢固缝合（**图11b**）。继而将6点的锚钉缝线进行打结。

接着在关节盂面3点20分的稍上方置入第三枚锚钉，把缝线从前上方入路引出，用预先装好两股2.0尼龙线的缝线抓持器将其与4点位置上的复合体的缝线系好（**图12a**）。为防止缝线缠绕，缝合释放基本在关节内进行[5]。

打结完毕，最后把2点的锚钉置入关节盂缘，用缝线抓持器将其与2点半位置上的复合体的缝线系好，进行打结（**图12b**）。通过这些操作，不仅前方部分，就连整个下盂肱韧带都得到了紧缩处理（**图10、图13**）。

**图11　锚钉的置入及缝线的送入**

**a.**用预先带有两股2.0尼龙线的打孔器把缝线穿上

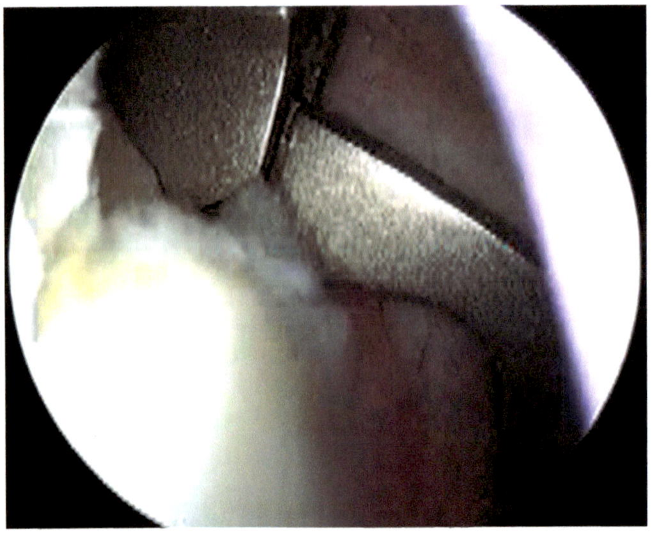

**b.**对4点40分的锚钉缝线进行打结时，要先用抓钩把复合体整复好

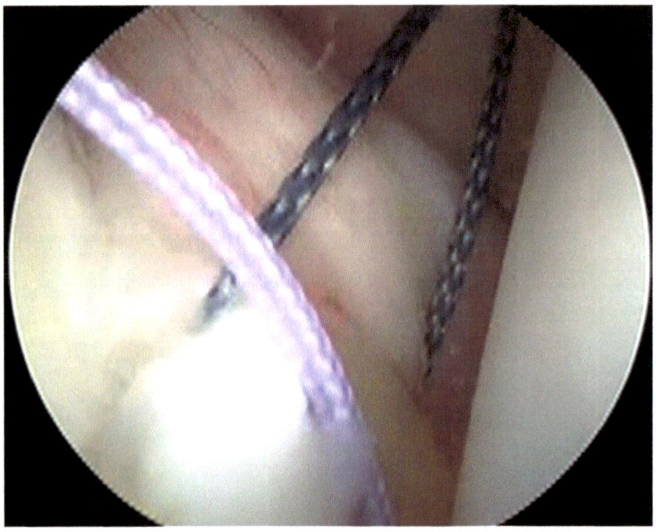

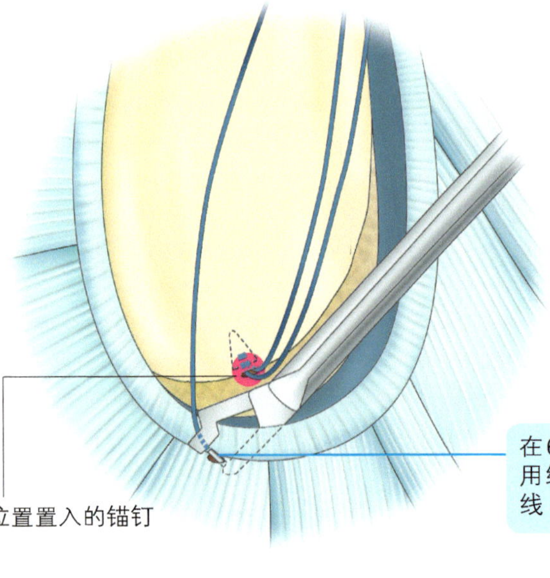

**图12** 使用各种器械进行缝合

**a.**3点20分的锚钉缝线用缝线抓持器穿上

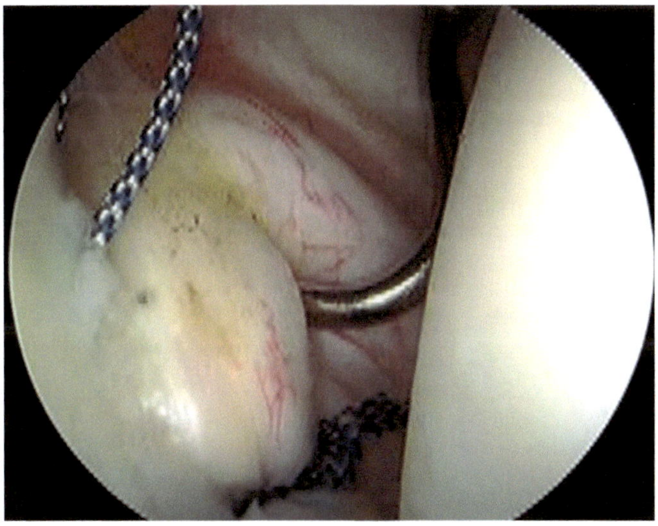

**b.**2点的锚钉缝线用缝线抓持器穿上

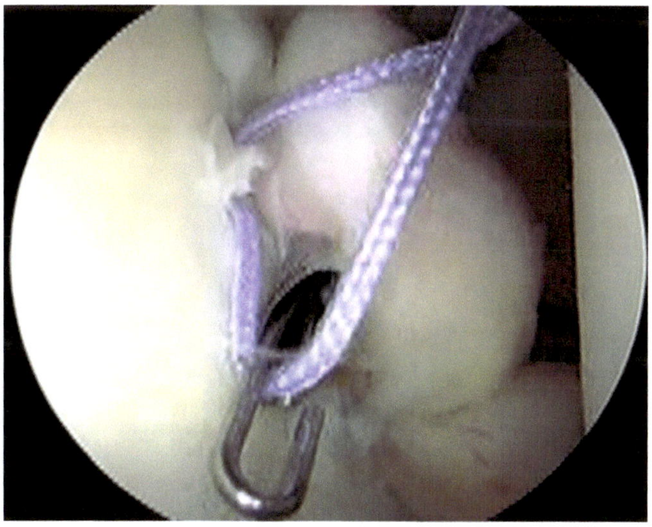

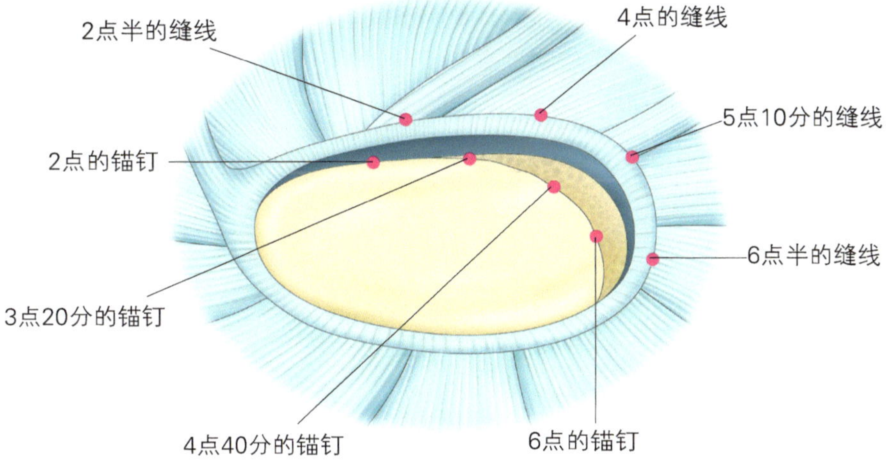


**图13** Bankart损伤修复结束时的镜视图像

**a.**后方所见

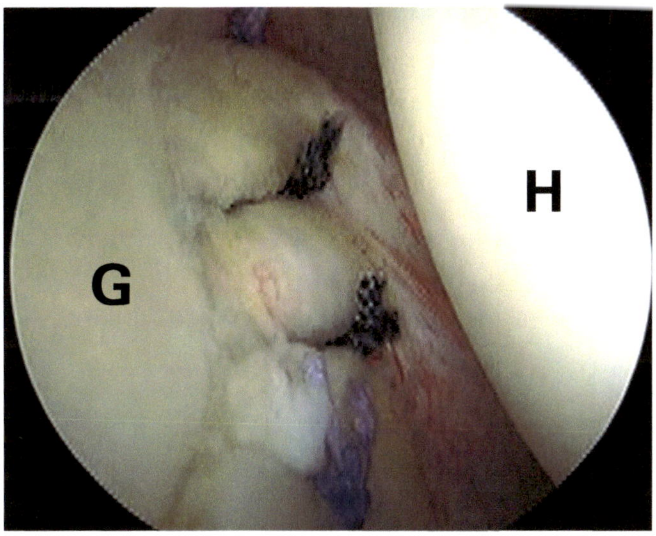


**b.**前方所见

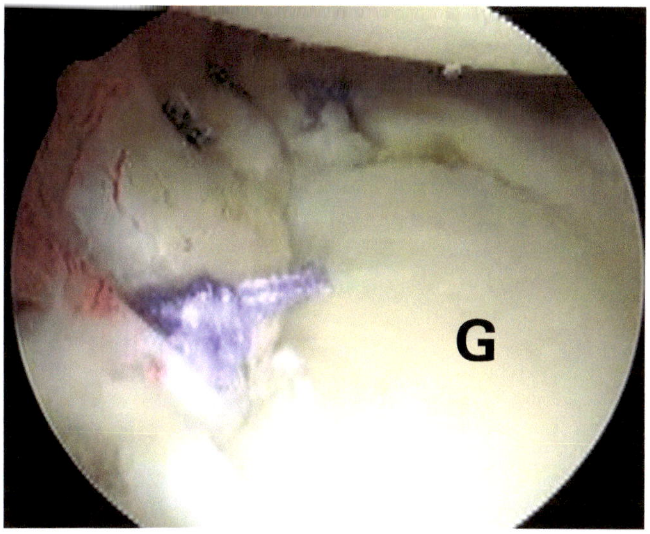


G：关节盂；H：肱骨头

**手术技巧及注意事项**

(1) 锚钉要打在残存的软骨与露出的骨面的边界面上，6点的锚钉如没有牢固地置入关节面，有时可发生骨折。这时，如想确定位置，可用电钻向关节盂面垂直打入。侧卧位牵引时，制作这个入路较困难，所以，暂时的牵引和导管或许能起到一定作用。

(2) 2点的锚钉置入关节盂面上，如果缝线与复合体打结过紧，中盂肱韧带系线后可引起外旋限制，应引起注意。所有结都打完后，同术前的活动范围或健侧的活动范围相比，一定要确认有无外旋限制。有外旋限制时，要毫不犹豫地用射频将部分组织消融，解除外旋限制[9]。

## 6 肩袖间隙缝合等加强措施

对运动员来说，肩袖间隙缝合作为加强措施是不可缺少的[10]。可用两根高强度线把肩胛下肌腱和喙肱韧带（从关节内观察为上盂肱韧带）在60° 以上的外旋位缝合（**图14**）。外旋角度不足，术后可能会引起疼痛和活动受限，应引起注意。

用预先穿有尼龙线的16号硬膜外针，在肩外旋中立位上于肩胛下肌外侧部刺入尼龙线，再从上盂肱韧带上方的肩峰下滑囊处刺入缝线抓持器，通过抓持器把尼龙线取出，与高强度线交换。这一操作在内侧再重复一次，在前方入路内肩外旋位打结。肩袖间隙较松弛的病例也可追加后下方关节囊缝缩术。

另一方面，对于有投掷动作需求的运动员来说，原则上不行肩袖间隙缝合，但对于十几岁肩袖间隙特别松弛并常做接触性运动的女性患者，可在最大外旋位行肩袖间隙缝合。

**图14　肩袖间隙缝合**

**a.**缝合前

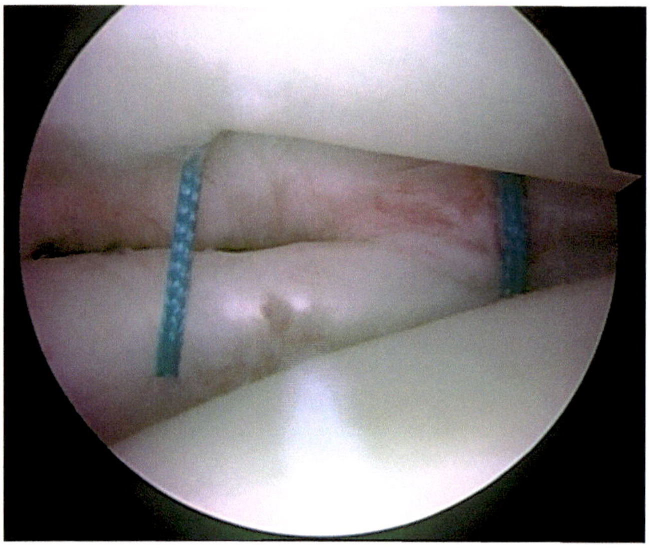

**b.**缝合结束后

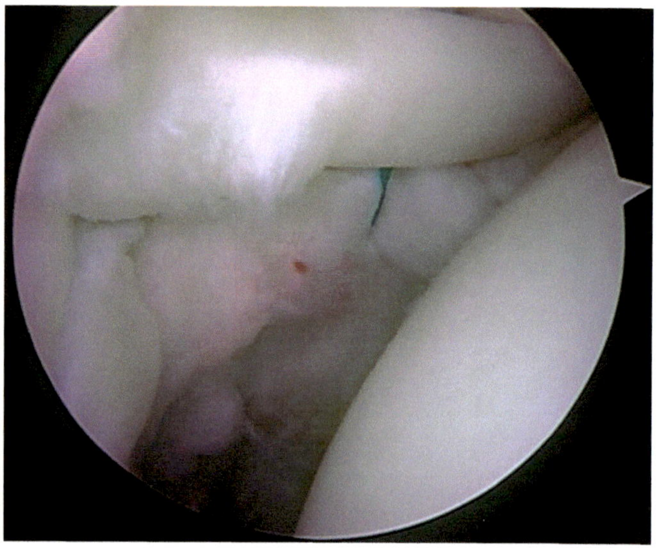

## 典型病例图像

【病例2】适合手术（术后）

ⓐ术后4年的3D-CT正位像。
ⓑ术后4年的3D-CT下位像。

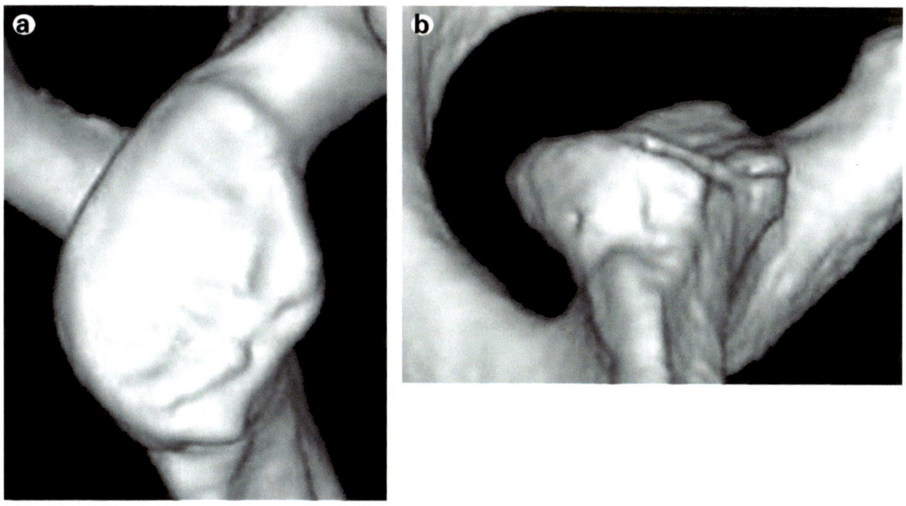


## 术后并发症

手术的并发症不多。

## 术后治疗

### ◆ 术后早期的治疗

一般术后外固定3周。其间可进行等张性肌力训练及脊柱和胸廓的活动。

去除固定后，3~4周内活动无障碍，恢复正常活动范围。这段时间不仅要进行单纯被动的关节活动范围的训练，而且要加强躯干和肩胛带的活动训练，促进肩袖肌群血液循环，解除周围肌群的痉挛，以利于肱骨头与关节盂的同心性相容。施行这些以徒手治疗为中心的理学治疗后，关节活动范围才能得以自然恢复。

术后3个月内，禁止应力过大的动作，优先治愈修复部。

### ◆ 复归竞技的目标

完全复归竞技必须满足3个条件，即局部的治愈、全身功能的改善和恐惧心理的克服。其中，全身功能的改善和恐惧心理的克服因人而异，恢复期各个选手的表现差异很大，理疗师和教练员的配合是不可缺少的。因此，作为加快改善局部治愈状态的计划目标，一般认为，3个月后开始加强肩部负荷应力训练，6个月后开始有限制的运动，完全复归竞技在术后1年左右。

# 外伤性后方不稳定

## 诊断

因明确的外伤而发病的后方不稳定发病率低，受伤的机制多为向前方用力时突遭由前向后的强力冲击。临床表现多为单纯后关节盂唇的剥脱和上关节盂唇的剥脱，并呈由后向下逐渐扩大的态势。

原来肩关节就比较松弛者，受伤后就表现出非外伤性的习惯性的后方不稳定症状，这些情况须加以注意。如患侧上肢上举时伴有的肱骨头后方半脱位，上肢上举角度90° 左右时出现痛性痉挛，注意这些上举出现的临床症状及表现，并认真地询问病史，是非常重要的。

## 治疗方法

关节镜下修复剥离的关节盂唇。肩关节原本就松弛的病例可追加肩袖间隙缝合术。

## 术后治疗

术后治疗的方案与外伤性前方不稳定完全相同。

# 非外伤性不稳定

## 诊断和手术适应证

无明确外伤而发病的肩关节不稳定较少见，患者多以运动时不稳定感为主诉就医。后方不稳定者较多，但也有多方向松弛者。根据主诉无外伤史，该病诊断较为容易。但是，几乎所有的病例都有肩胛带功能不全，即由于肩胛带周围肌肉硬化，患侧肩胛骨的活动性降低，下方旋转位时肩胛骨的位置出现异常。

影像学诊断除了关节囊松弛外多没有明确的阳性所见。

矫正肩胛带功能异常是功能训练的第一选择，几乎所有的病例都对物理疗法有良好的反应。通过以肩胛带为首的全身功能的提高，完全康复恢复运动是非常有可能的。保守治疗无效的病例则需要手术治疗。

## 治疗方法

可行关节镜下关节囊缝缩术。许多需要手术的病例常有轻微的解剖学损伤。

## 术后治疗

术后治疗的方案与外伤性前方不稳定完全相同。

**●文献**


[1] 菅谷啓之. 外傷性肩関節不安定症に対する手術治療. 臨床スポーツ医学, 2005, 22（11）：1391–1398.

[2] Sugaya H, Moriishi J, Dohi M, et al. Glenoid rim morphology in recurrent anterior glenohumeral instability. J Bone Joint Surg, 2003, 85–A：878–884.

[3] 中根康博, 菅谷啓之, 前田和彦，ほか. ビーチチェアポジションにおける肩関節鏡視下手術の安全性. 整形外科, 2007, 58：1433–1437.

[4] 菅谷啓之. 肩関節鏡視下手術に必要なportal placement. 整形外科最小侵襲手術ジャーナル, 2005, 35：51–56.

[5] Sugaya H, Kon Y, Tsuchiya A. Arthroscopic Bankart repair in the beach–chair position：A cannulaless method using an intra–articular suture relay technique. Arthroscopy, 2004, 20（Suppl 1）：116–120.

[6] Kon Y, Shiozaki H, Sugaya H. Arthroscopic repair of a humeral avulsion of the glenohumeral ligament lesion. Arthroscopy, 2005, 21：632.e1–632.e6.

[7] Sugaya H, Moriishi J, Kanisawa I, et al. Arthroscopic osseous Bankart repair for chronic traumatic anterior glenohumeral instability. Surgical technique. J Bone Joint Surg, 2006, 88–A（Supplement 1 part 2）：159–169.

[8] Sugaya H, Moriishi J, Kanisawa I, et al. Arthroscopic osseous Bankart repair for chronic recurrent traumatic anterior glenohumeral instability. J Bone Joint Surg, 2005, 87–A：1752–1760.

[9] 望月智之, 菅谷啓之, 前田和彦，ほか. 肩関節術後の外旋制限に対して鏡視下癒着剥離術が有効であった2例. 肩関節, 2005, 29（3）：743–746.

[10] 高橋憲正, 菅谷啓之, 松木圭介，ほか. 反復性肩関節前方不安定症に対する鏡視下手術–補強手術としての鏡視下腱板疎部縫合術の有用性–. 関節鏡, 2005, 30：57–60.

# 肩关节前脱位及半脱位的镜下修复（关节镜下Bankart修复术）

大连医科大学附属第一医院　吴春明　王福生　译

东北海道医院骨科　冈村健司

## 手术特点

肩关节前脱位及半脱位时，前关节盂唇可从关节盂上剥脱，从而引起关节盂唇-前下盂肱韧带复合体的功能不全，导致肩关节的前方不稳定。Bankart法就是将剥脱的关节盂唇再缝合到关节盂前缘上，以恢复关节盂唇-前下盂肱韧带复合体的功能。在关节镜下施行这个手术就称为关节镜下Bankart修复术。

## 手术适应证

关节镜下Bankart修复术必须具备的条件是关节盂唇-前下盂肱韧带复合体在质与量上有保证。因此，关节盂唇消失者，前下盂肱韧带宽松而不紧张者或已形成较硬的瘢痕、萎缩且缺乏弹性者，原则上都不是本术式的适应证。将关节盂唇-前下盂肱韧带复合体上移缝在关节盂上，从而获得肩关节前方的稳定性，这是相对适应证。另外，作为关节镜下Bankart修复术的辅助处理措施，追加关节囊缝缩术和肩袖间隙缝合术，从而获得充分的肩关节前方稳定性，这也是本术式的适应证。

骨性Bankart损伤时，如有剥脱骨片，即使骨片较大，镜下也多能进行修复。即使骨愈合，关节盂唇-前下盂肱韧带复合体的功能在术后也多能恢复。这些都是本术式的较好的适应证。然而，有报道，在因变性而出现骨缺损时，如骨缺损超过关节盂长径的1/5，则残留不稳定的危险性会增高[1]，故骨缺损较大的病例不是本术式的适应证。

目前，对反复性肩关节前脱位，开放性Bankart手术的复发率一般约为5%，而镜下Bankart手术与其相比复发率略高一些。此外，再发的风险因素有年纪轻、活动多及全身关节松弛等[2]。综上所述，要根据关节内病变的严重程度和患者的背景综合考虑，最终决定是否行关节镜下Bankart修复术。

不适合关节镜下Bankart修复术的病例可选择开放性手术，包括开放性Bankart修复术及Bristow手术等。

## 镜下手术的优点

镜下手术的优点为创伤小，且术后活动范围受限小。因此，对运动员尤其是大运动量的运动员来说，应尽可能采用镜下手术，从恢复运动的角度来说也是非常有利的。

# 术前检查及术前准备

## ◆ 肩关节稳定性的检查

通常，即使肩关节松弛很重的病例，Bankart损伤也可能是轻微的，如仅行Bankart修复术，术后可能有松弛残存或再发的风险。这些病例必须考虑追加关节囊缝缩术和肩袖间隙缝合术。因此，术前需要充分了解肩关节的前、下、后方的稳定性，并与健侧做对比（**图1**）。

## ◆ 骨性病变的检查（骨性Bankart损伤、骨缺损）

术前通过X线、CT、MRI检查骨性病变，检查有无骨片，有无变性引起的骨缺损等。骨性病变不同，采用的术式也不同，术前要做好检查。

## ◆ 其他病变的检查

术前在影像学上要明确有无合并上关节盂唇损伤和肩袖断裂等。

**图1　肩关节稳定性的检查（右肩）**

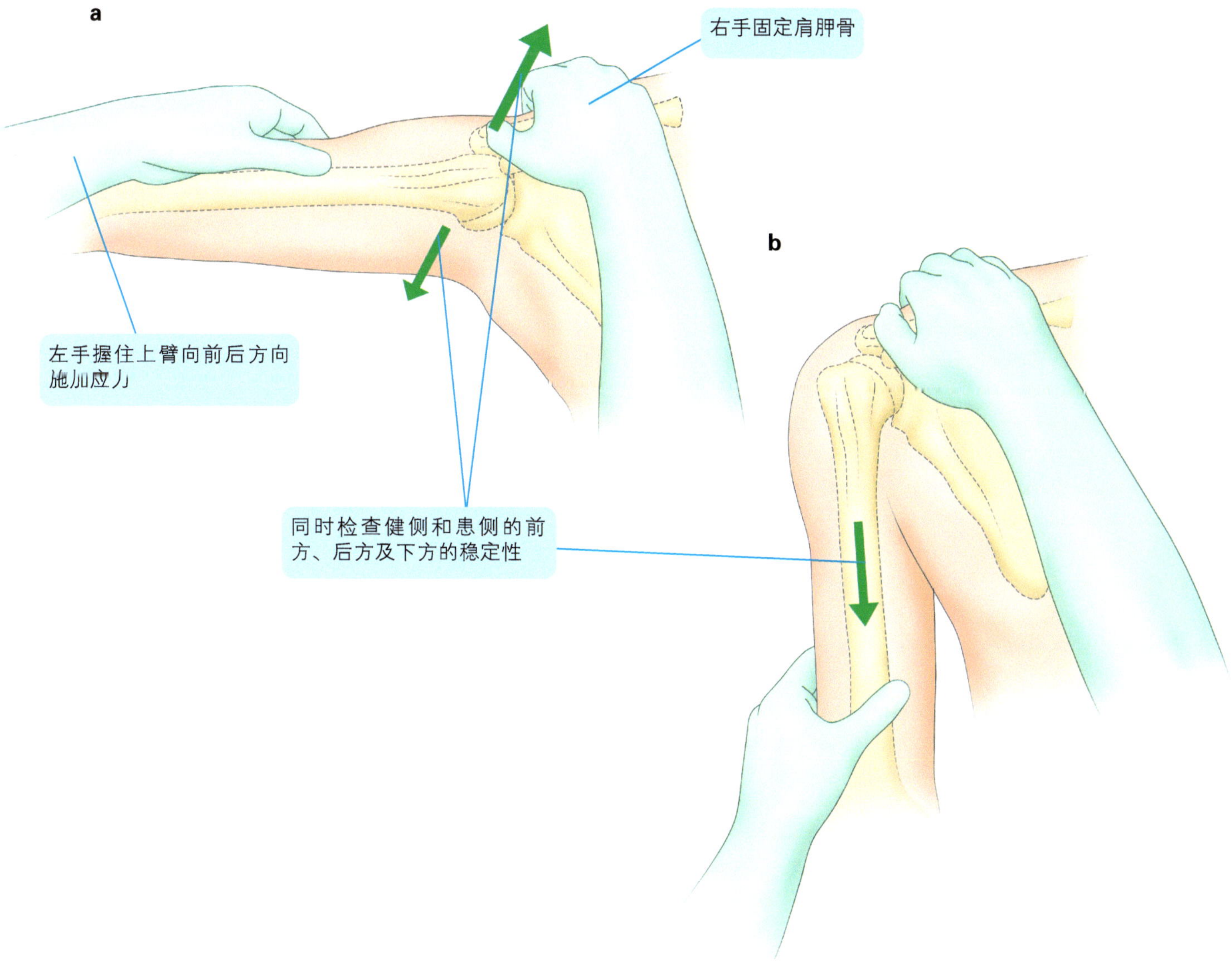

## ◆ 体位

可采用侧卧位或沙滩椅位。侧卧位时，利用肩牵引台将上肢向两个方向牵引，这样可方便关节内前下方的镜视，从而使手术容易操作（**图2a**）。

## ◆ 手术器械的准备

肩关节镜手术特殊器械较多，尤其是缝合关节盂唇应用的打孔器类和抓钩类器械（**图3**），术前检查好，确保无问题。

**图2　体位和入路**

**a.**体位

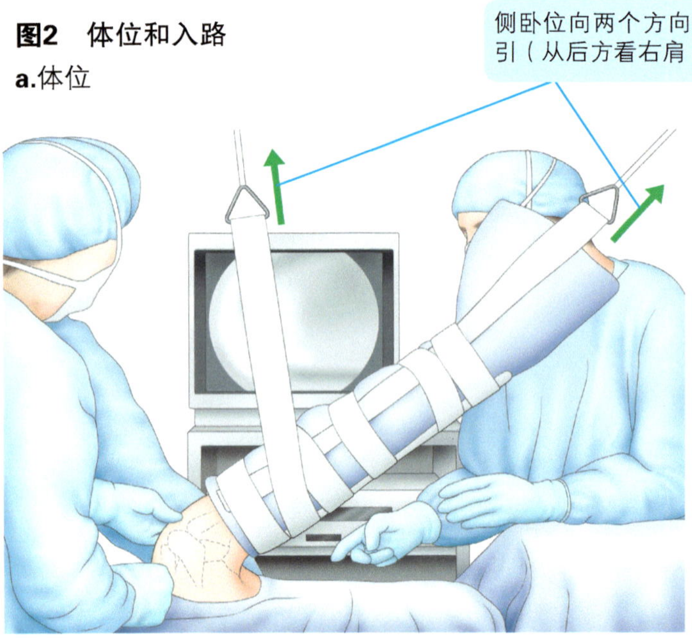


**b.**手术入路（从头侧看右肩）

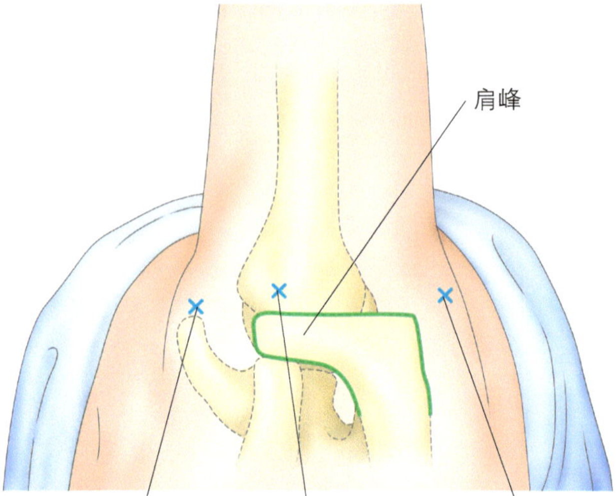


**图3　手术器械（关节盂唇缝合需要的器械）**

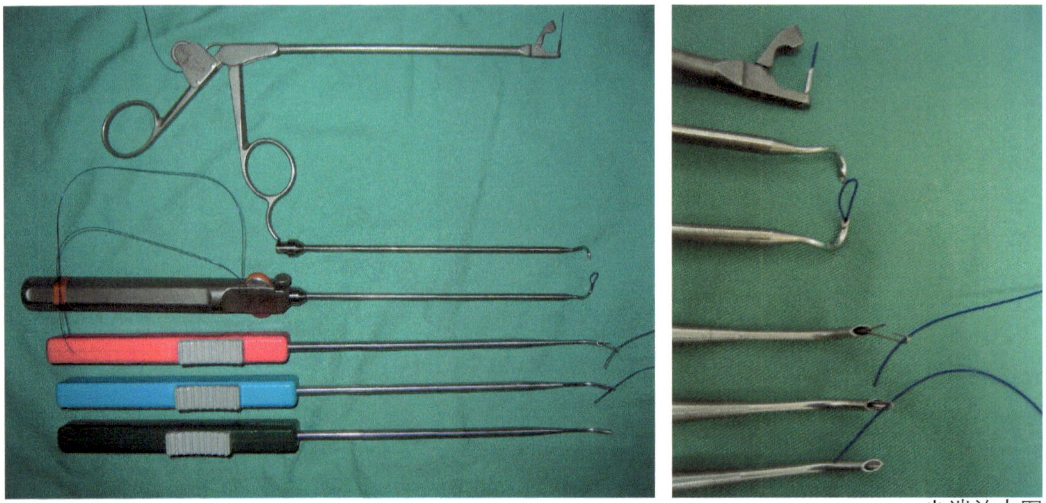

尖端放大图

从上到下依次为
缝合打孔器（7 mm）：可穿过返线（2.0尼龙线）
缝线抓持器尖（右）
缝线抓持器本身 + 钩尖（左）：可将返线打结
缝线抓持器（60°）：尖端呈开放状态，可把持缝线
缝线抓持器（45°）：尖端呈滑动状态
缝线抓持器（30°）：尖端呈闭合状态

## 手术概要

1 入路的制作

2 镜下诊断，检查肩关节稳定性

3 剥离关节盂唇，关节盂前缘的新鲜化

4 关节盂唇的缝合（Bankart修复） 难点

5 其他合并病变的处理

6 放置引流物，术后疼痛的处理，安装支具

## 典型病例图像

【病例1】适合手术（术前）

17岁，男性，足球选手。左侧肩关节反复性前方半脱位（共计7次半脱位）。

ⓐ关节镜所见。前方关节盂唇从关节盂前缘剥脱。箭头所指就是Bankart损伤。

ⓑ合并上关节盂唇损伤Ⅱ型（箭头所指）。

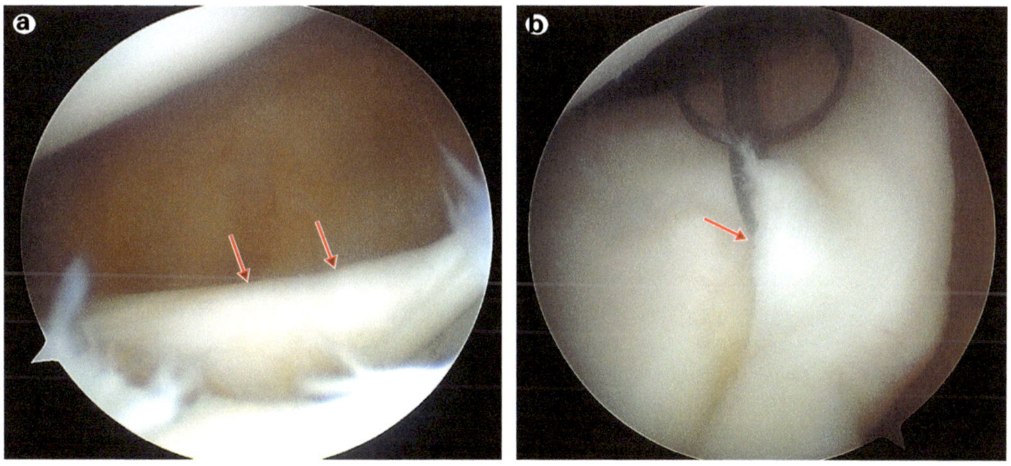

【病例2】适合手术（术前）

17岁，男性，跌倒损伤。左肩初次脱位（骨性Bankart损伤）。

ⓐ单纯X线片。可见剥脱骨片（骨性Bankart损伤，箭头所指）。

ⓑ3D-CT，骨片大小约20 mmX10 mm，向内下方移位。

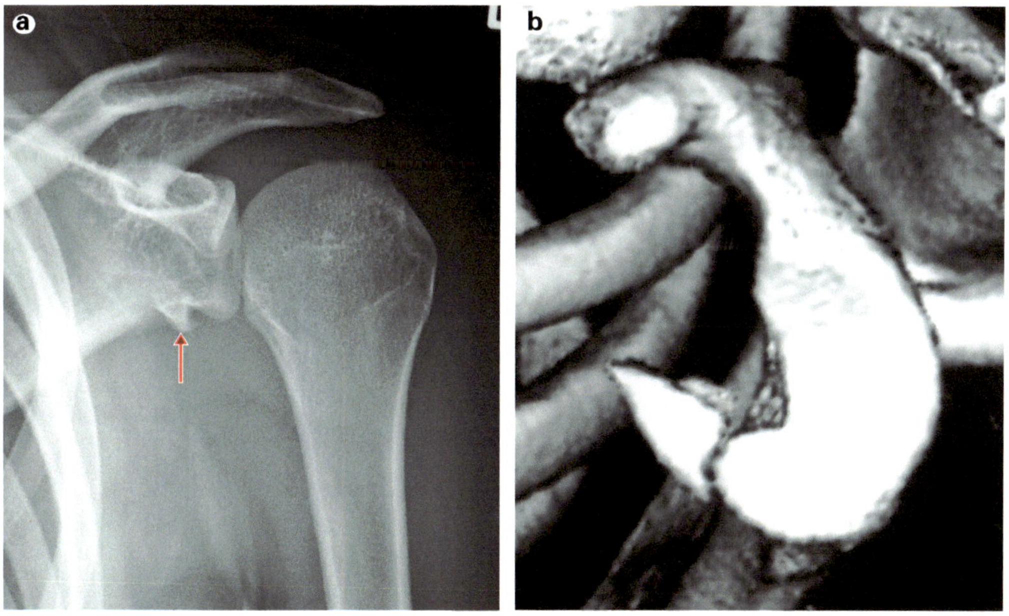

# 手术方法

## 1 入路的制作

一般应用3个入路进行手术（**图2b**）。后方入路作为关节内镜视入路，前方入路用于手术操作，上方入路用作工作通道。上方入路切口位置是肩峰前外侧角的外侧1 cm，后方1 cm，关节内刺入点是肱二头肌长头腱后方1 cm。

关节内手术操作原则上都是通过套管进行。套管内径如在6 mm以上，Bankart修复术所需要使用的锚钉、钻孔导向器、缝合器械等几乎都可以插入。但缝合关节盂唇用的缝合打孔器（7 mm）没有内径10 mm的套管是不能通过的。考虑到要加大切口，以及套管内的线的麻烦（缝合打孔器拔出时要剪线），笔者在使用缝合打孔器时不使用套管。另外，从上方入路插入套管时要贯通三角肌和冈上肌的肌腹，插入套管时阻力较大，使用无螺纹的平滑型套管就较容易插入。尽量使用透明套管，以免妨碍手术操作。

**手术技巧及注意事项**

前方入路的套管向关节内插入的位置应尽可能向下一点，因前下方操作较易进行。因此，套管可在肩胛下肌腱的上缘垂直插入（**图4**）。

## 2 镜下诊断，检查肩关节稳定性

镜下检查Bankart损伤的严重程度。

在肩关节前脱位和半脱位的典型病例中，前关节盂唇向剥离的内下方移位，另外，前下盂肱韧带不紧张，前下关节囊也多松弛。

前关节盂存在骨缺损时，要评价骨缺损有无由剥离骨片造成的骨性Bankart损伤，有无关节盂磨损引发的变性。由于关节囊实质部位的断裂和肱骨侧的断裂较为少见，因此一定不要漏诊。此外，适合镜下Bankart手术的重要因素之一就是肩关节不稳定，因此，在灌流液对软组织浸润影响小的早期，应通过徒手检查对肩关节的前后下方的不稳定性做出评价。

此外，镜下也要对有无上关节盂唇损伤、后关节盂唇断裂及肩袖损伤进行检查。

**图4　前方入路的位置**

**a.**关节内的刺入部位

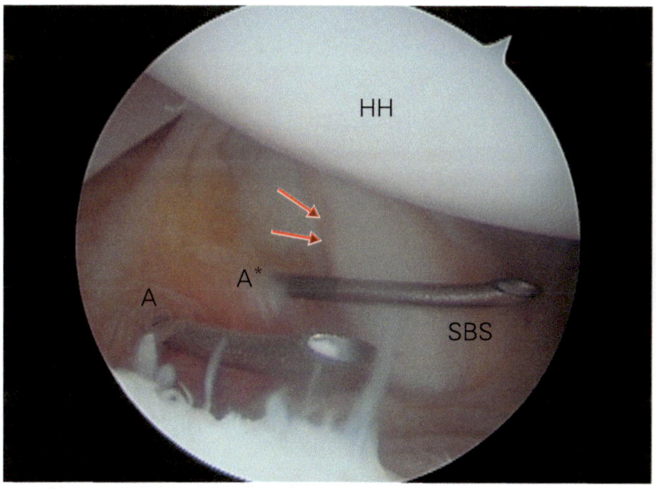


A：前方入路关节内通常的刺入部位
A*：Bankart修复时在肩袖间隙最下方接近肩胛下肌腱上缘（箭头所指）的部位

**b.**在A的最下方插入锚钉专用的钻孔导向器

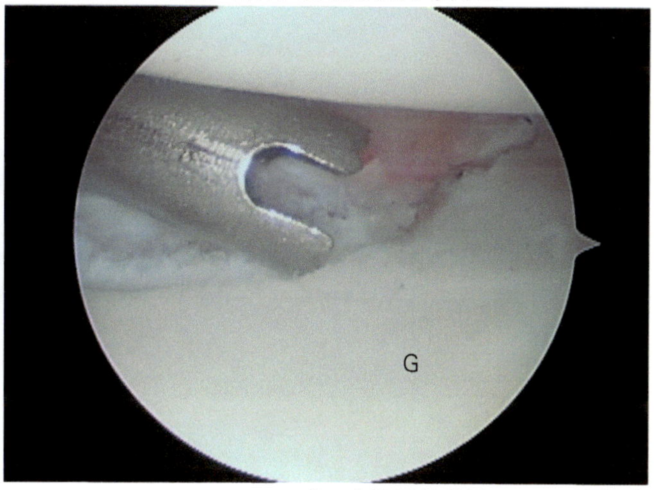


G：肩胛骨关节盂；HH：肱骨头
如果钻孔导向器的刺入角度大，锚钉将难以置入。

**c.**从A插入
钻孔导向器稳定性好，锚钉置入就较为容易。

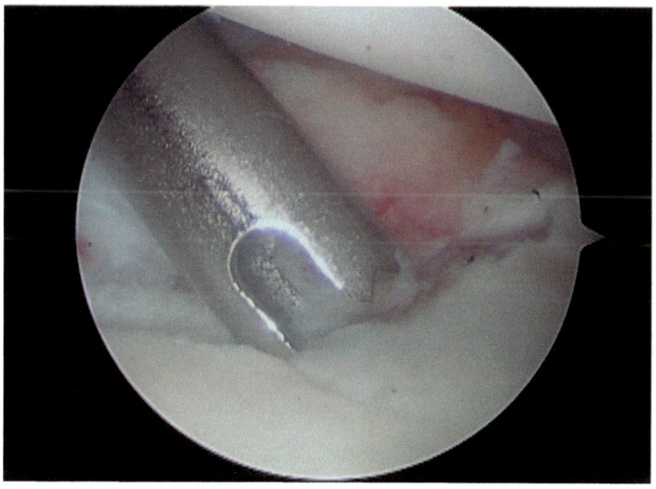

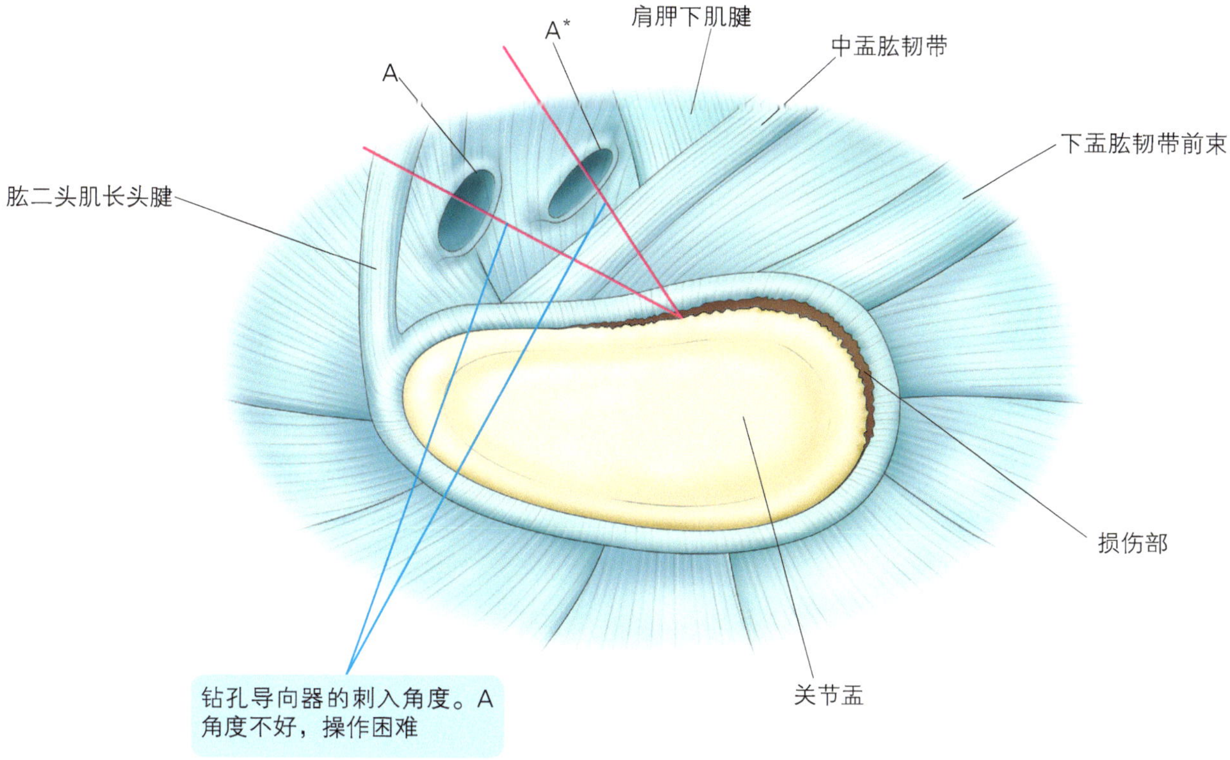

## 3 剥离关节盂唇，关节盂前缘的新鲜化

经前方入路插入磨锉和磨钻，把剥脱粘连的前关节盂唇从肩胛骨前面完全地剥离下来，使其新鲜化。前关节盂唇粘连愈合在关节盂面内下方的肩胛骨颈部（前关节盂唇韧带滑膜袖撕脱损伤，以下称ALPSA损伤），术中在骨膜下逐渐地将其从关节盂前缘剥离，直到关节盂唇附近为止，剥离后进行复位（**图5**）。把关节盂唇充分剥离到6点为止，将关节盂唇–前下盂肱韧带复合体尽量向上方前移固定。接着，用磨锉和磨钻将肩胛骨前面打毛，使其新鲜化（**图6a**）。用环形刮匙和电动刨刀在关节盂前缘切除约5 mm宽的软骨，使其新鲜化（**图6b**）。

**图5　粘连的关节盂唇的分离松解**

把前方关节盂唇从肩胛骨颈部完全剥离下来。

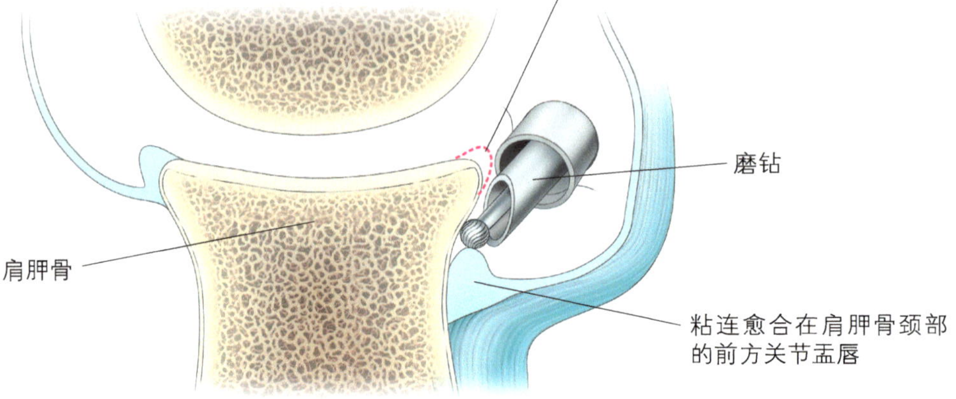


**图6　肩胛骨前面及关节盂前缘的新鲜化**

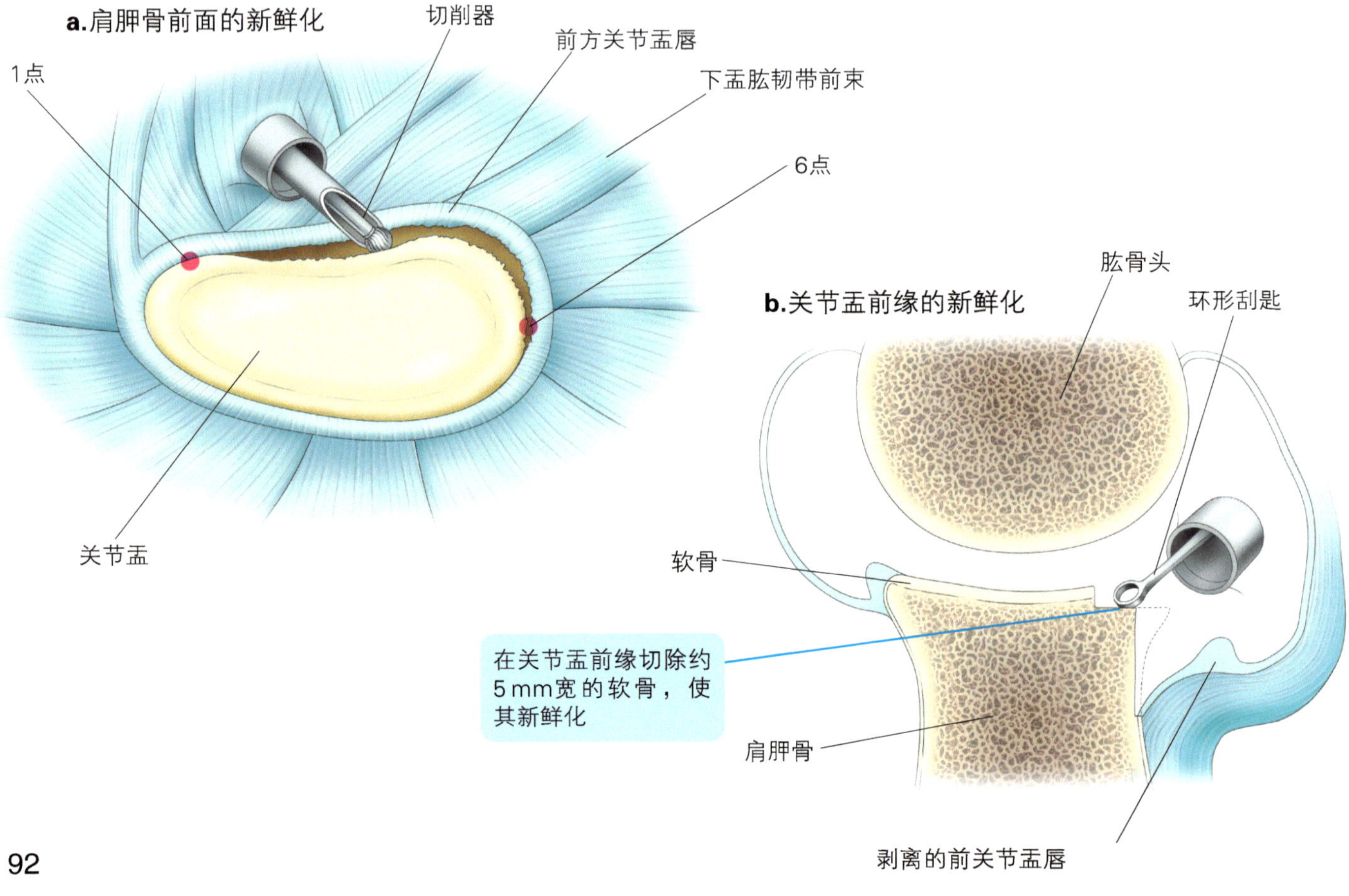

## 4 关节盂唇的缝合（Bankart修复） 难点

经前方入路将锚钉置入关节盂前下方（右肩4点半的位置）。笔者用的是体内可吸收的PLLA型锚钉（Mitek公司制造）。锚钉在关节盂前缘内侧5 mm处向关节面置入（**图7**）。整复后的关节盂唇像堤坝一样隆起，加深了关节盂的凹陷，可防止肱骨头滑脱（保险杠作用）[3]。

锚钉的缝线可一次性经上方入路拔出。锚钉的缝线可使用比通常的缝线强度更好的司多伦缝线，能防止缝线被切断，缝合关节盂唇较为可靠。

**手术技巧及注意事项**

最下方的锚钉牢牢地固定在准确的位置，这是本手术成功的关键。钻孔时应将钻孔导向器稳稳地固定在软骨的边缘（**图7**）。此时，助手将肱骨头向后方牵引可使锚钉置入变得容易。

接着从前方入路插入缝合打孔器（7 mm），在下关节盂唇6点的位置打孔挂线（**图8**）。

**图7　锚钉的置入**

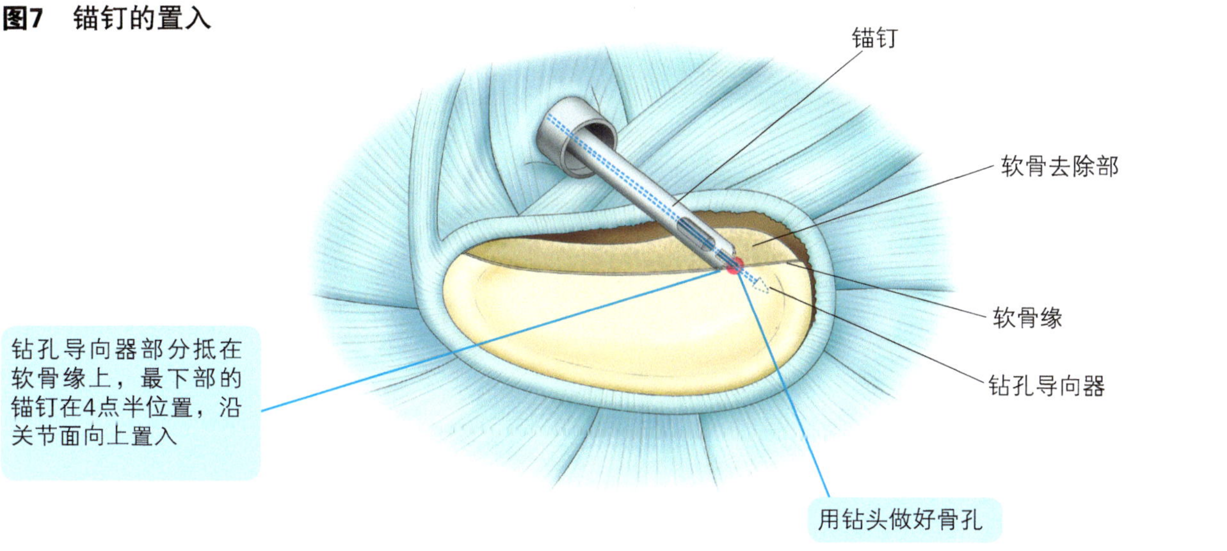


**图8　通过缝合打孔器向关节盂唇挂线**

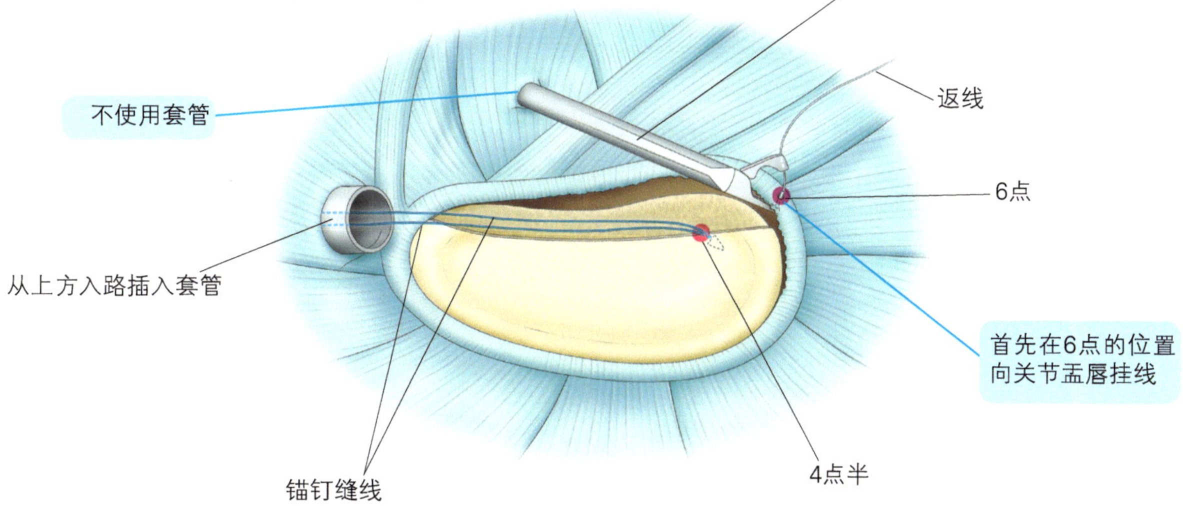

## 手术技巧及注意事项

使用缝合打孔器时可不用套管以防止缝线缠绕。为避免缝线切割组织，缝合打孔器不用直径4 mm的，而用直径7 mm的，并尽可能深一点地把线缝在关节盂唇上。

经上方入路把关节盂唇的返线引出，然后与锚钉缝线的一根单独打结并交换，把前方留下的另一根返线拉出，与固定在关节盂唇上的锚钉缝线交换（外部交换法）（**图9**）。如锚钉缝线已固定在关节盂唇上，就可在关节外打个滑结，用推结器将结推到关节内，把关节盂唇牢固地缝合上（**图10**）。这时，关节盂唇上的缝线可作为柱线（post线），锚钉上的线为绕线（loop线）。

推结器可通过柱线将结推到关节内。打滑结的方法有许多种类，术者必须熟悉每种结的优缺点以便选择。笔者采用的是简便易行且安全性高的SMC（三星结）打结法。

**图9** 外部交换法

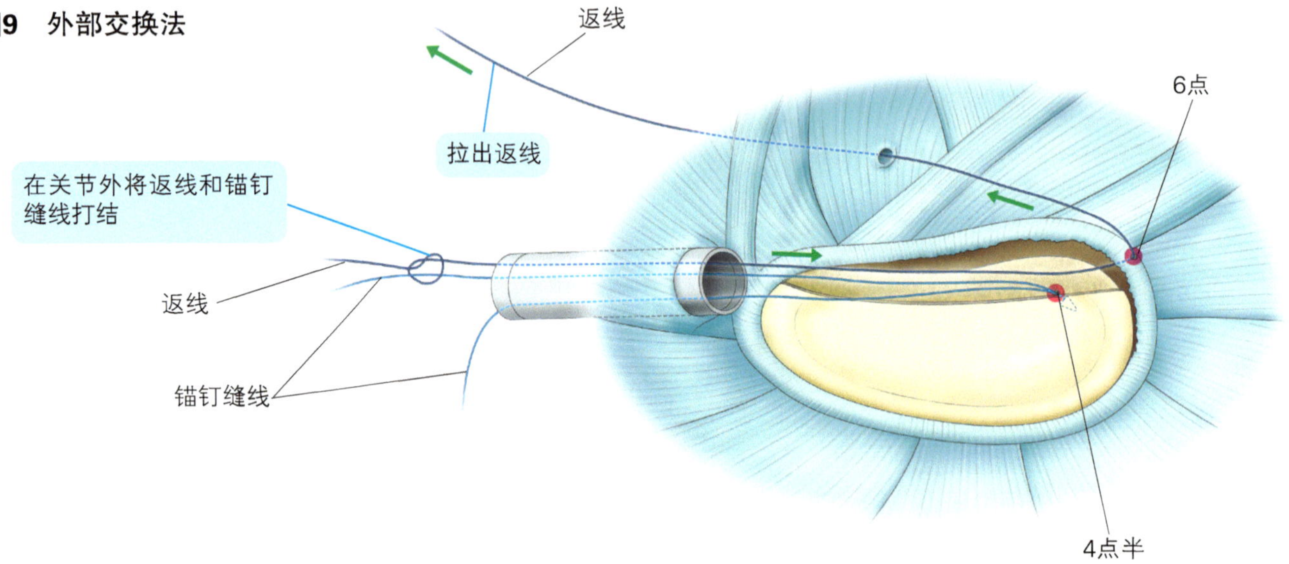


**图10** 最下部的关节盂唇的缝合（滑结）

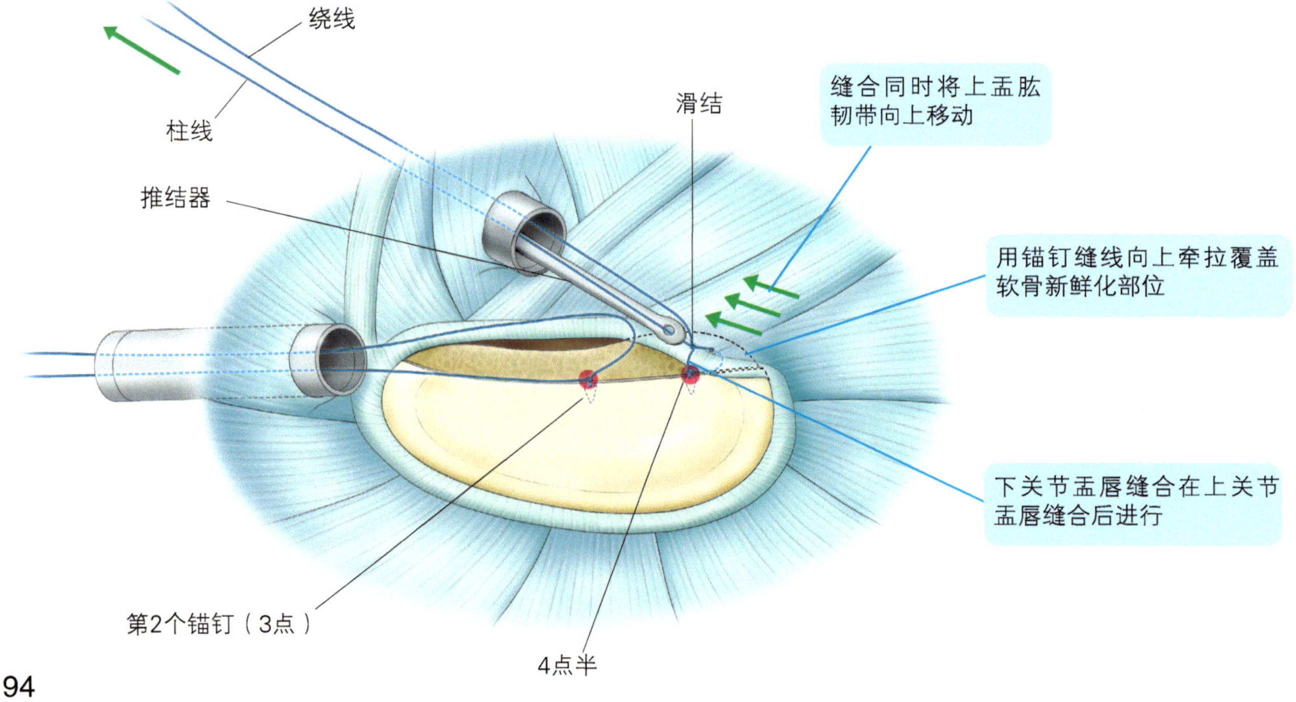

下关节盂唇4点半位置的锚钉缝合后，依次缝合3点、1点半的锚钉，缝合时将前关节盂唇向上牵引拉紧。在Bankart修复同时行关节囊移位（**图11**）。分别在5点、4点、2点半、1点处向前关节盂置入4个锚钉。

Bankart修复后，镜下进行前方应力试验，确认肩关节前方是否已获得稳定。

**手术技巧及注意事项**

把下关节盂唇缝在关节盂上之后，剥离的关节盂唇与关节盂的间隙就会变得狭窄，给接下来的关节盂唇缝合带来困难。可在关节盂唇2处或3处的缝线挂线以后，再结扎下方的缝线。

## 5 其他合并病变的处理

作为肩关节前脱位和半脱位的并发症，上关节盂唇的剥脱即上关节盂唇损伤Ⅱ型经常发生。如合并上关节盂唇损伤Ⅱ型，可采用与Bankart修复同样的手术来修复关节盂唇。根据关节盂唇的剥脱范围，可应用1~3根锚钉。应注意的是，经上方入路置入锚钉时，为不干涉从前方已置入的Bankart修复锚钉，要特别注意锚钉的置入方向和深度。笔者使用的是将钻头尖缩短的（15 mm）专用钻头。

后关节盂唇剥脱的病例也同样以前方入路作为镜视入路，以后方入路及上方入路作为工作通道，进行修复手术。

关节松弛较重的病例在Bankart修复后的应力试验中尚有后方不稳定时，应追加肩袖间隙缝缩术和后关节囊缝缩术。手术后再进行应力试验以确认肩关节的稳定性。

**图11** Bankart修复后

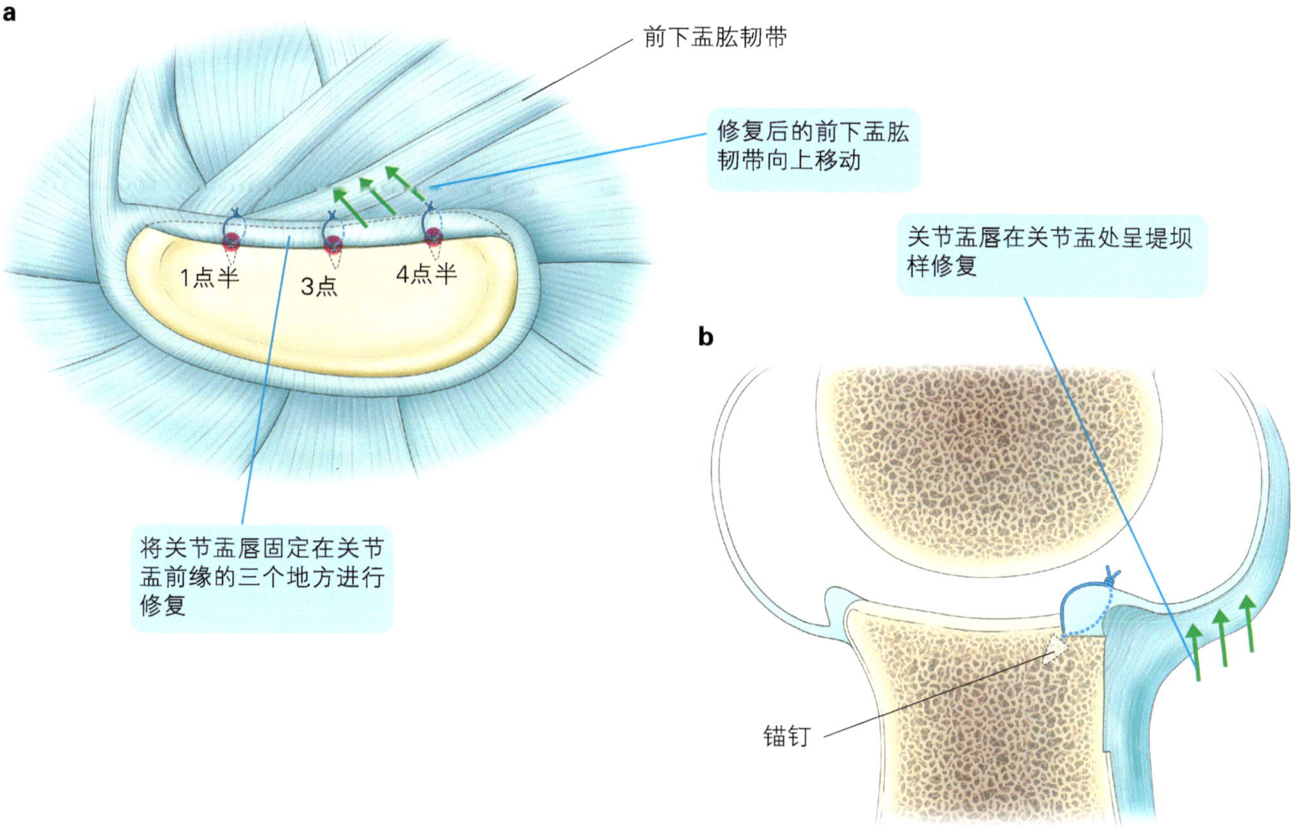

## 6 放置引流物，术后疼痛的处理，安装支具

手术结束时关节内放置引流物。同时，关节内留置硬膜外管以便术后镇痛。返回病房后，疼痛时可将局部麻醉药经硬膜外管一次性或持续注入。但如果麻醉时已应用了臂丛神经阻滞，那么就没有必要留置硬膜外管了。

切口闭合后立即安装支具，将肩关节固定在内收、内旋位。市售的肩关节固定带简便易用，通气性也很好。

## 典型病例图像

【病例1】适合手术（术后）

ⓐ关节镜下Bankart修复术后。前方关节盂唇在关节盂处呈堤坝样修复，牢固地固定。
ⓑ上关节盂唇也同时修复。

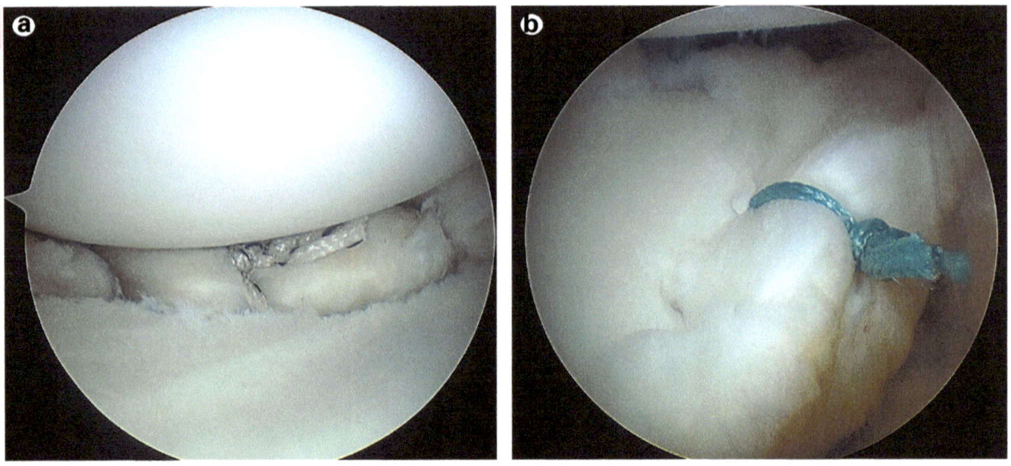

【病例2】适合手术（术后）

ⓐ手术模式图。骨片上下及内侧共置入3根锚钉固定。
ⓑ术中所见。镜下骨片已修复。
ⓒ3D-CT。骨片几乎完全复位。

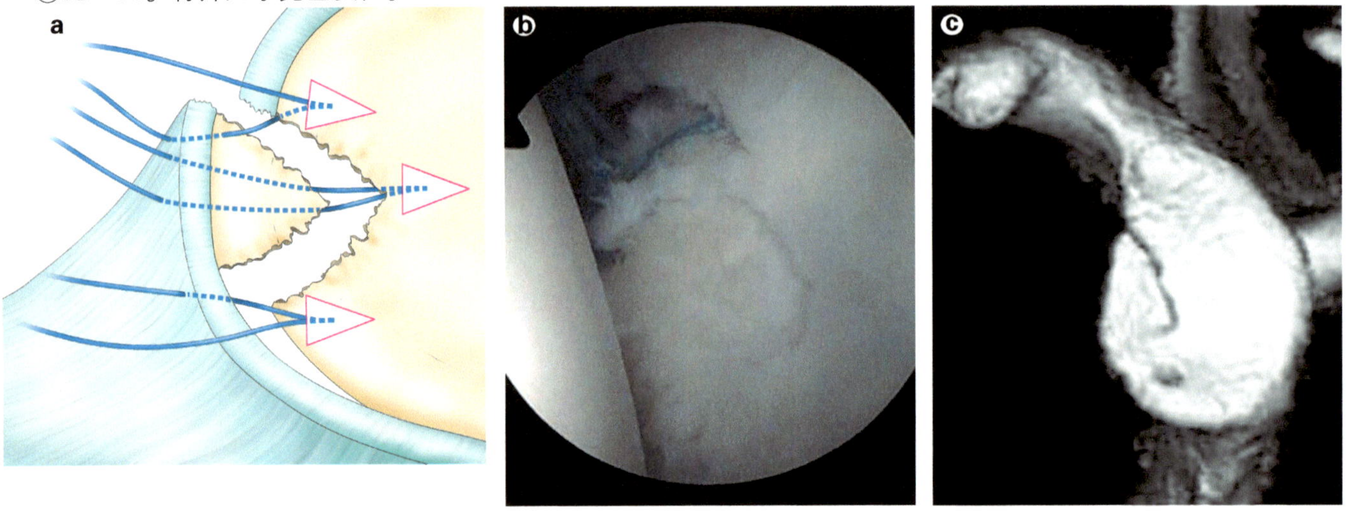

## 术后并发症及处理

### ◆ 肩部肿胀

手术时间如果长的话，灌流液可浸润肩关节周围的软组织使其肿胀，这是术后出现疼痛的主要原因。作为对策，就是要尽可能缩短手术时间。另外，入路的切口如果大的话，关节镜的外套管及导管内的灌流液就会流到关节外，浸润肩关节周围的软组织引起肿胀。

切口长度的最小限度为7~10 mm，以便关节镜外套管和导管能自由活动。另外，手术时间需要延长时，灌流液袋的位置可放低一些，泵入压力也可调低。

### ◆ 神经麻痹、上肢麻木

侧卧位时，可在非手术侧的胸部垫软枕，以防压迫臂丛神经。上肢牵引时，用强力绷带包扎过紧的话，术后前臂到手指有时会出现麻木感，应加以注意。术中关节内操作没有神经损伤的危险，但在前关节盂唇的剥离操作中，将磨钻伸到关节外的腋窝部存在损伤臂丛神经的风险。关节盂唇的剥离操作如一直沿肩胛骨的骨质进行，就不会损伤神经。

## 康复治疗

术后2周内行内收内旋位固定（Velpeau位）。

术后1周起开始辅助被动的上举运动，2周后开始被动的外旋运动，允许主动上举。肌力训练：术后1周开始肩胛骨周围肌肉运动，术后3周开始肩袖训练，术后2个月允许轻微工作。

对运动员来说，术后1个月允许慢跑，术后2个月允许进行上肢肌力训练以培养爆发力和持久力。3个月后开始允许参加原来运动的基本练习，但要严格控制跌倒或与其他选手接触的动作。一般可在4~5个月恢复肌力和肩关节活动度，并完全复归原来的运动训练。一般认为，竞技运动比赛的复归要在术后6个月以后。

●文献


[1] Itoi E. Quantitative assessment of classic anterio-inferior bony Bankart lesions by radiography and computed tomography. Am J Sports Med, 2003, 31：112-118.

[2] 岡村健司, 廣瀬聰明, 上野栄和. 肩関節脱臼, 整復後の手術療法；鏡視下Bankart法. 整・災外, 2008, 51：1151-1157.

[3] Lippitt S B. Glenohumeral stability from concavity-compression：a quantitative analysis. J Shoulder Elbow Surg, 1993，2：27-35.

# 肩关节前脱位和半脱位的直视下修复（开放性Bankart修复术）

大连医科大学附属第一医院 王福生 吴春明 译

骨科北新医院上肢人工关节·内视镜中心 大泉尚美
骨科北新医院上肢人工关节·内视镜中心中心长 末永直树

## 手术适应证

外伤性肩关节前方不稳定，肩关节反复脱位或半脱位及脱位造成的恐惧感，给运动和正常生活带来严重障碍的病例，是手术的适应证。即使初次脱位或半脱位，但肩胛关节盂前下方有移位的大块骨片者，也考虑手术治疗。笔者科室行直视下Bankart修复术都追加关节囊移位术，合并下方不稳定的病例在肩袖间隙存在缺损时，也同时行肩袖间隙闭锁术[1]。关节盂骨缺损较大者并用Latarjet法手术，将喙突移行到骨缺损部。

近年来，随着手术技术和手术器械的进步，关节镜下Bankart修复术的疗效不断提高，关节镜下肩袖间隙闭锁术也已能开展。笔者根据不同病例，虽也开展了镜下修复术，但对较大的骨性Bankart损伤和伴有骨缺损需要骨移植的病例，直视下骨复位和骨移植手术操作较为容易，通过追加关节囊移位术，对关节囊的破裂和松弛都可进行处理。但另一方面，与关节镜下修复术相比，直视下修复术也存在手术技术复杂、侵扰肩胛下肌等问题。熟悉手术技术，把对肩胛下肌的侵扰控制到最小，是直视下修复术最重要的问题。究竟是选择直视下还是关节镜下的修复术，要将其优缺点直接、充分地向患者说明，充分考虑患者的意愿后再做决定。

## 术前准备

在单纯X线基础上加CT检查，以了解有无关节盂的骨缺损和确定移位的Bankart骨块的位置。在双侧的3D-CT上，从正面像比较去除肱骨的关节盂的形态，可较准确地评价骨缺损的程度（**图1**）。对关节盂唇-前下盂肱韧带复合体剥脱的Bankart损伤和肱骨上的盂肱韧带剥脱的HAGL损伤的评价，可考虑空气造影后的CT、MRI及关节造影后的MRI来进行检查。

## 麻醉

采用全身麻醉加用斜角肌间隙阻滞。

## 体位

采用沙滩椅位。患侧肩伸出手术台外，肩胛骨内侧下方垫一薄枕，肩胛骨固定可便于手术操作。调整好头部位置，勿使患者颈部过度后屈和过度向健侧屈曲，以防发生神经麻痹。

## 手术器械准备

需准备Bankart牵引器、弯钩、环状牵引器等（**图2**）。

## EUA

麻醉下肌肉处于松弛状态，可将肩前方、后方及下方的不稳定与健侧对比。陷凹征可在肩关节内旋位、中立位、外旋位进行检查，在中立位和外旋位出现下方不稳定者，可能存在肩袖间隙缺损，应施行后述的肩胛下肌附着部的切开。

**图1** 3D-CT

去除肱骨后的关节窝正面像，可正确评价骨缺损（箭头所指）

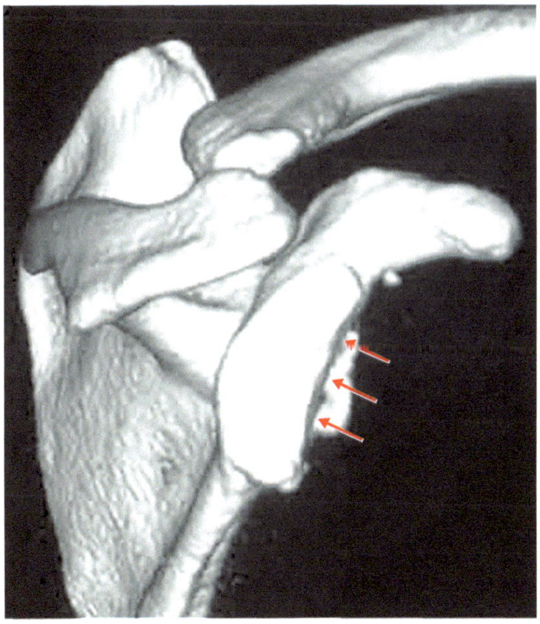

**图2** 开放Bankart手术需要的特殊器械

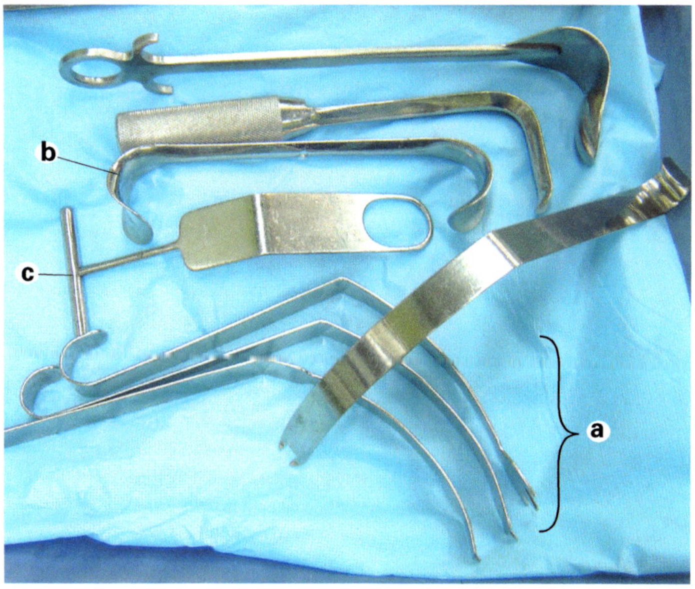


**a.** Bankart牵引器；**b.**弯钩；**c.**环形牵引器

## 手术概要

1 关节镜

2 切口

3 显露

4 肩胛下肌的处理

5 肩袖间隙的闭锁

6 关节囊的切开，Bankart损伤的处理 难点

7 Bankart损伤的修复 难点

8 关节囊移位 难点

9 肩胛下肌的修复、切口的闭合

10 术后外固定

## 典型病例图像

【病例1】适合手术（术前）

MRI。关节造影图像可见移位的前下方关节盂唇（Bankart损伤，箭头所指）。

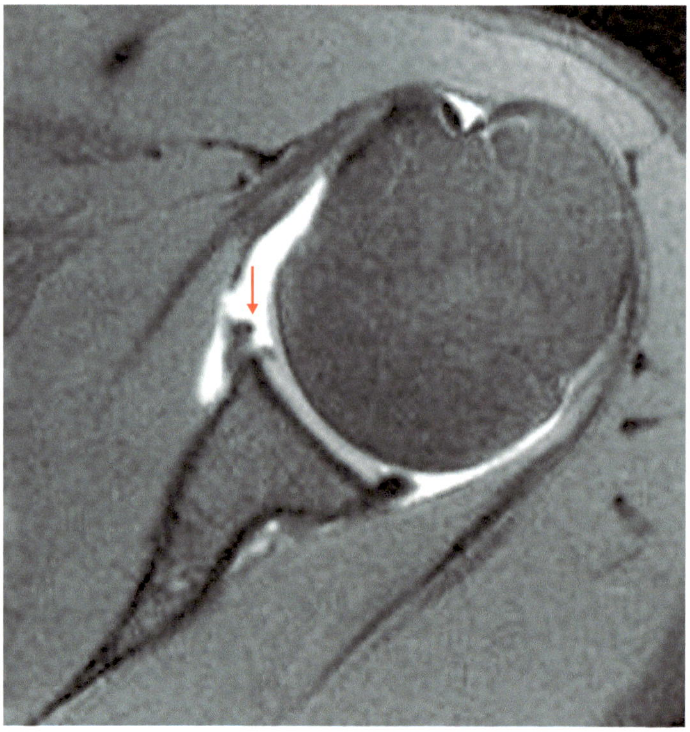

【病例2】适合手术（术前）

ⓐ单纯X线片。
ⓑCT可见骨性Bankart损伤位于肩胛关节盂前下方（箭头所指）。

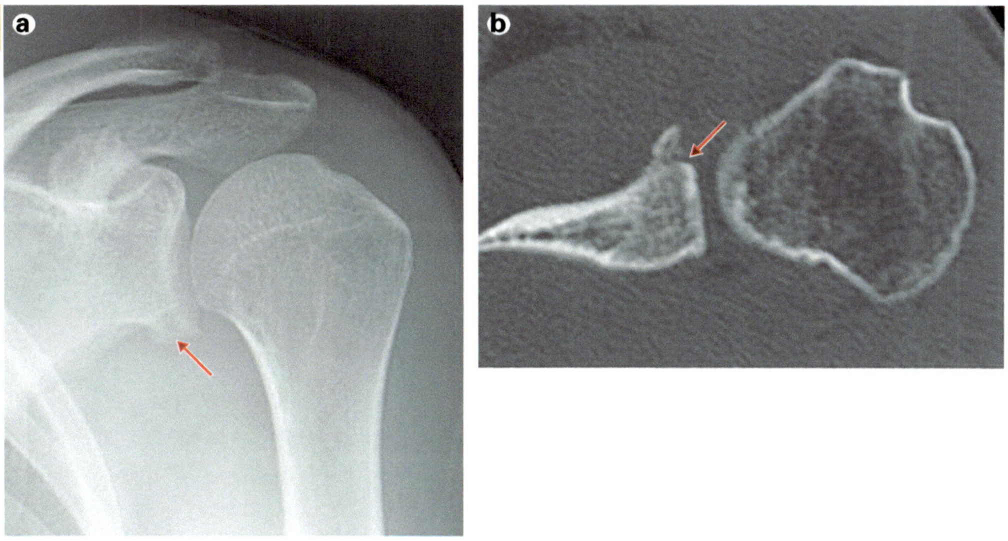

【病例3】适合手术（术前）

ⓐ单纯X线片。
ⓑⓒCT。箭头所指为骨缺损。
ⓓMRI。比较明显的广泛的骨缺损（箭头所指）。

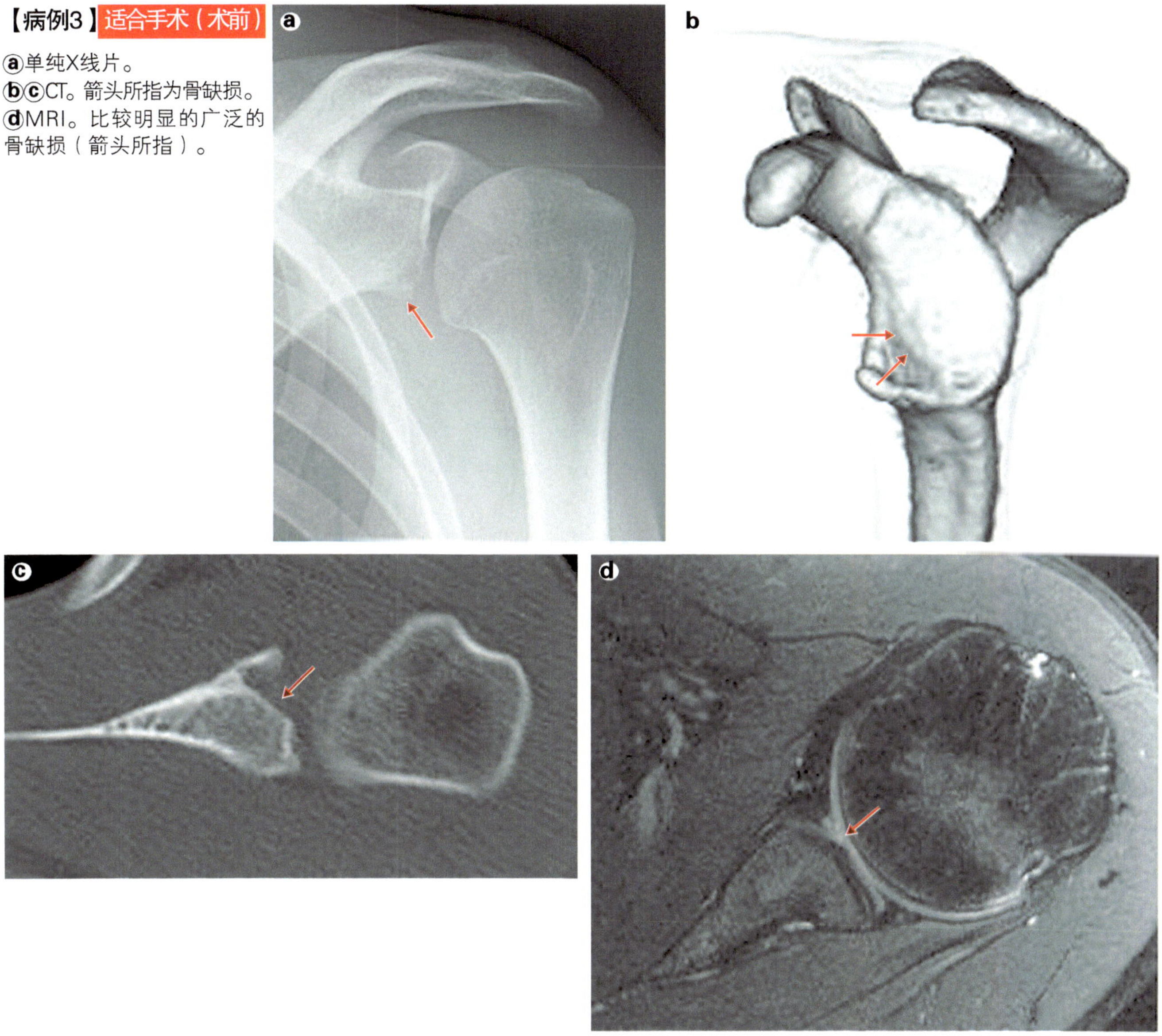

# 手术方法

## 1 关节镜

经后方入路关节镜下检查盂肱关节，观察Bankart损伤的范围、关节囊韧带的形态、Hill-Sachs损伤，HAGL损伤，以及有无上方或后方关节盂唇损伤。后上方或后方关节盂唇损伤时，可关节镜下行切除术或缝合锚钉修复术。

## 2 切口（图3）

肩内旋时腋窝皮纹消失，可沿皮纹切开皮肤3~4 cm。

## 3 显露（图4）

以桡侧皮静脉为标志，从三角肌和胸大肌间进入，到达肩胛下肌。桡侧皮静脉的深层经常还有一根静脉，应予注意。在静脉内侧和外侧进入都可以。附着于喙突的肱二头肌短头、喙肱肌及胸小肌共同形成联合腱，在联合腱的外侧缘锐性切开筋膜，在内侧避开联合腱，外旋肩关节后即可显露肩胛下肌。这时要注意勿损伤联合腱背侧的肌皮神经，以免发生神经麻痹。

**图3　皮肤切口**

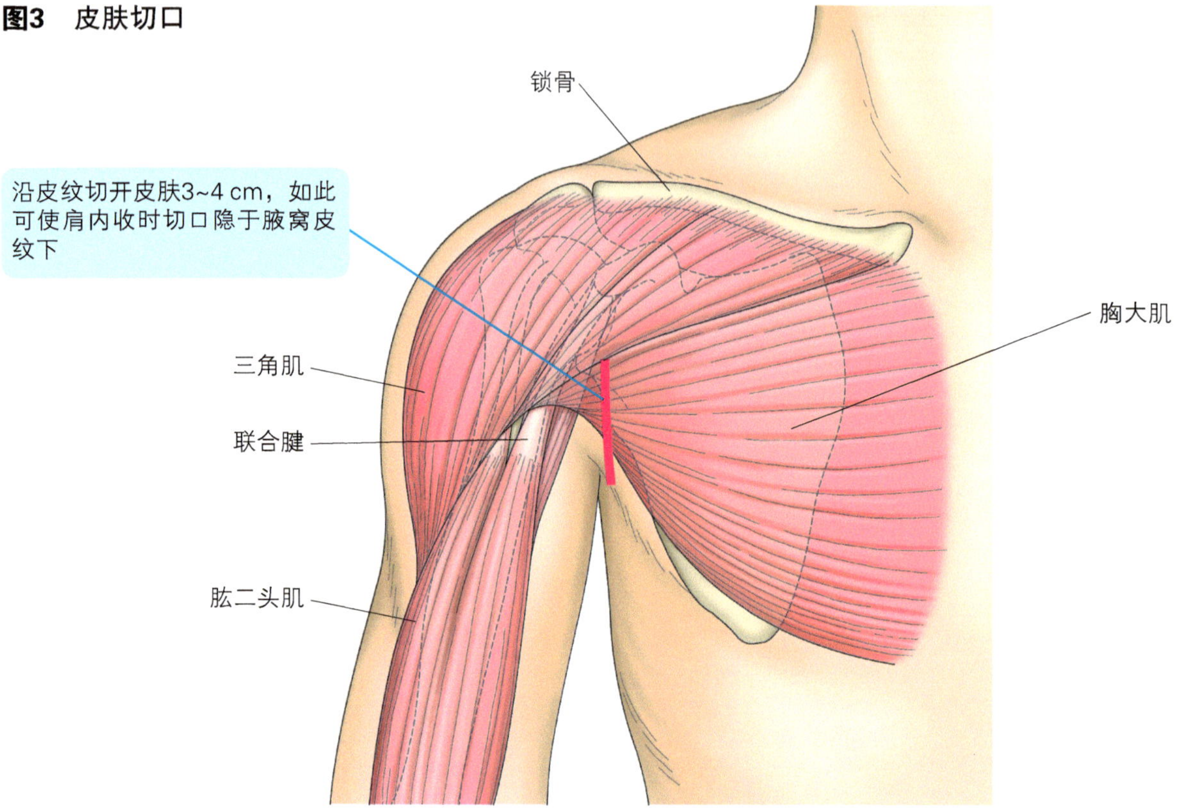

**图4　显露**

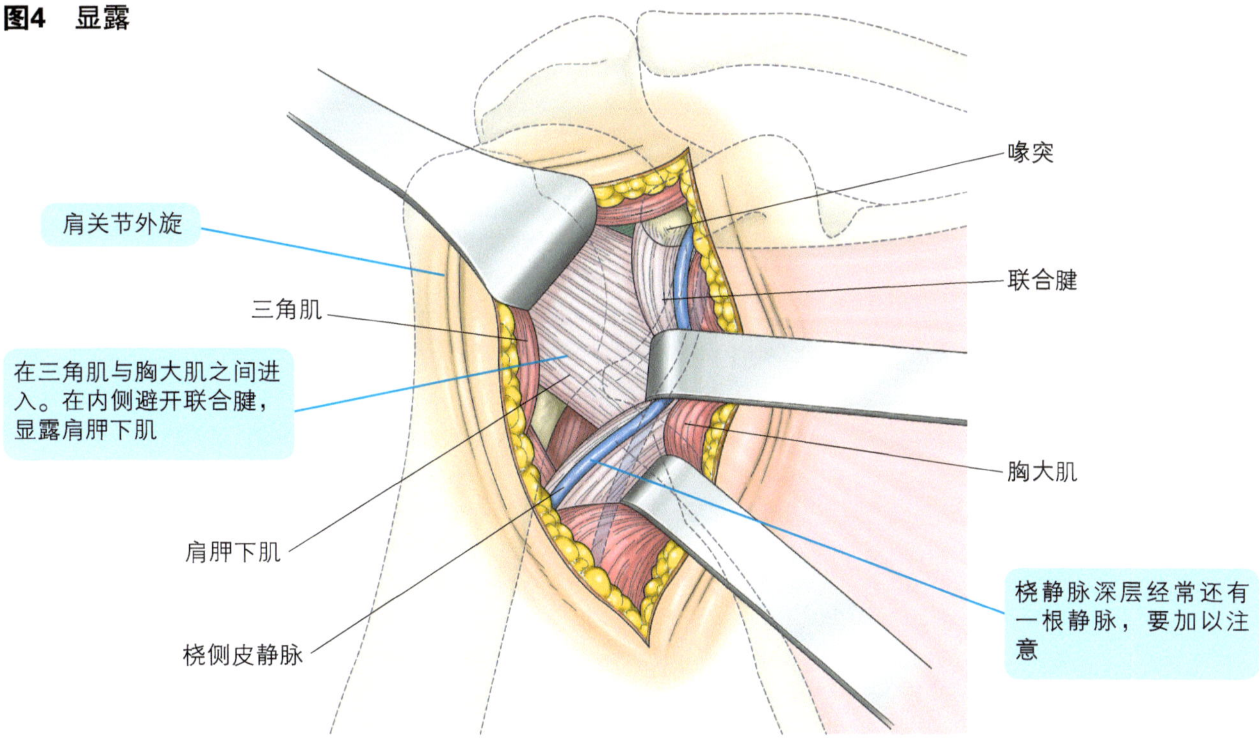


## 4 肩胛下肌的处理

在前述的麻醉下徒手检查没有下方不稳定的病例，不用切开肩胛下肌的附着部，可在其下方3/4的位置顺肌纤维方向分开，剥离其与关节囊的间隙（**图5a**）。有下方不稳定的病例，在距小结节附着部一横指的地方，分离肩胛下肌腱，将上3/4肌腱切断后翻转（**图5b**）。这时，为不使肩胛下肌缩回到内侧，可将肩胛下肌腱断端预先用2号不吸收线缝合4~5针牵引，并留其用于后面的操作。这根线一直留到最后修复肩胛下肌时使用。为防止臂丛神经损伤并达到关节囊移位的效果，关节囊与肩胛下肌之间包括其下方都应充分剥离（**图6**）。

**手术技巧及注意事项**

其后在关节囊上缝合时，为保护臂丛神经，应将关节囊充分地向上牵引。另外，为防止术后外旋受限，关节囊与肩胛下肌之间的间隙必须充分剥离，这是非常重要的。肩胛下肌的腱性部分与关节囊结合非常紧密，分离困难，在肌腹内侧确定肩胛下肌与关节囊之间的间隙后，向外进行分离较为容易。肩胛下肌的肌腹部分与关节囊的间隙用血管钳钝性分离出血较少，而在肌腱部位应使用剪刀锐性分离。

肩胛下肌下1/4不做翻转，但该部延续关节盂上下全长，使关节囊前面完全显露有些困难，因此，到关节盂缘为止要在肩胛下肌内侧充分地分离。

**图5　肩胛下肌的处理**

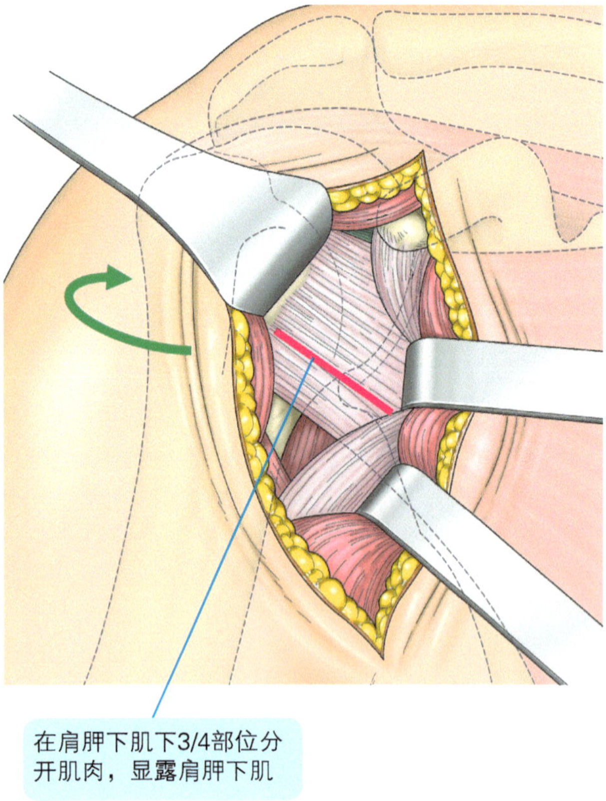


**a.**没有下方不稳定的病例

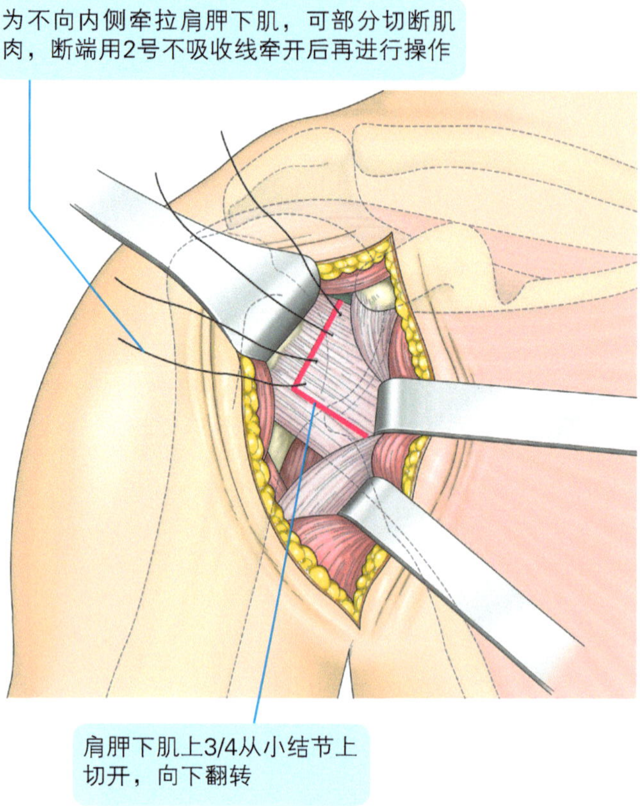


**b.**有下方不稳定的病例

**图6　肩胛下肌腱与关节囊的剥离**

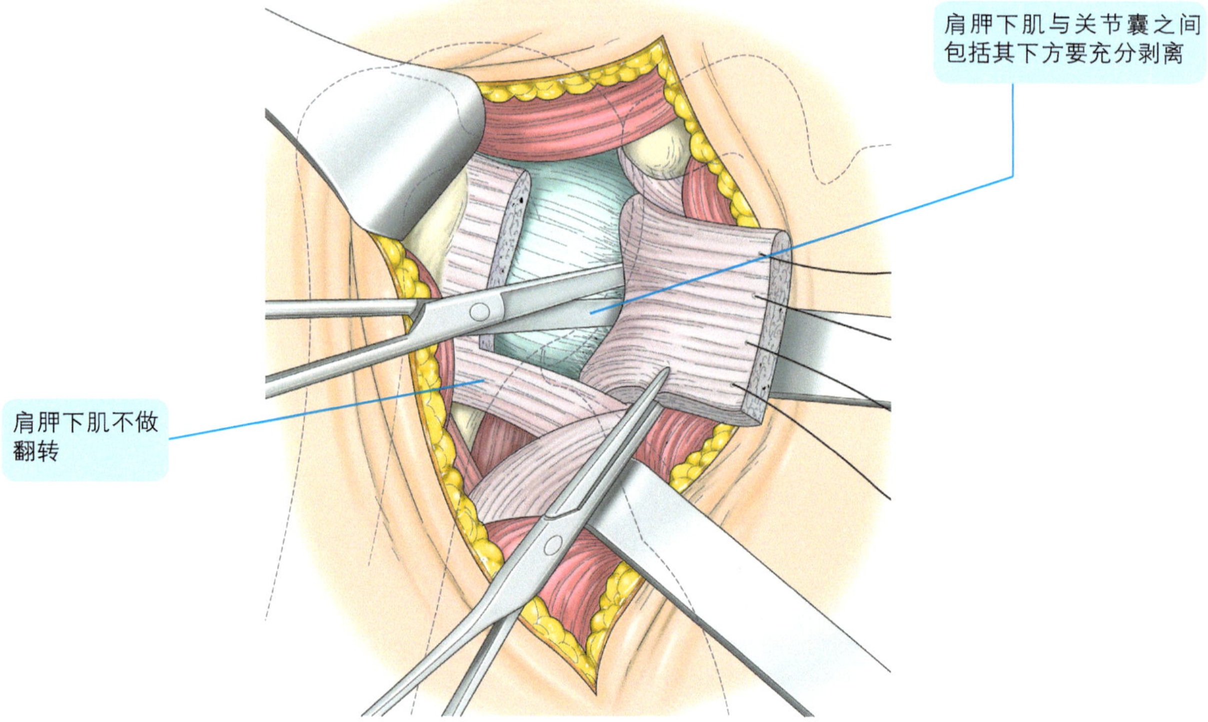

## 5 肩袖间隙的闭锁

有下方不稳定的病例，将肩胛下肌向上缘翻转后，多数可发现肩袖间隙缺损（**图7a**）。若不处理缺损，术后可残留不稳定。因此，可将冈上肌前缘与关节囊上缘用2~3根2号不吸收线缝合，行肩袖间隙闭锁术（**图7b**）。此时，为防止术后外旋受限，可在最大外旋位进行缝合。

## 6 关节囊的切开，Bankart损伤的处理 难点

用尖刃刀或分离剪刀，从肱骨附着部中央到关节盂唇前，横向切开关节囊（**图8a**）。切开关节盂唇时注意不要中断其连续性。将环形牵引器插入肱骨头

**图7　肩袖间隙闭锁**

**a**

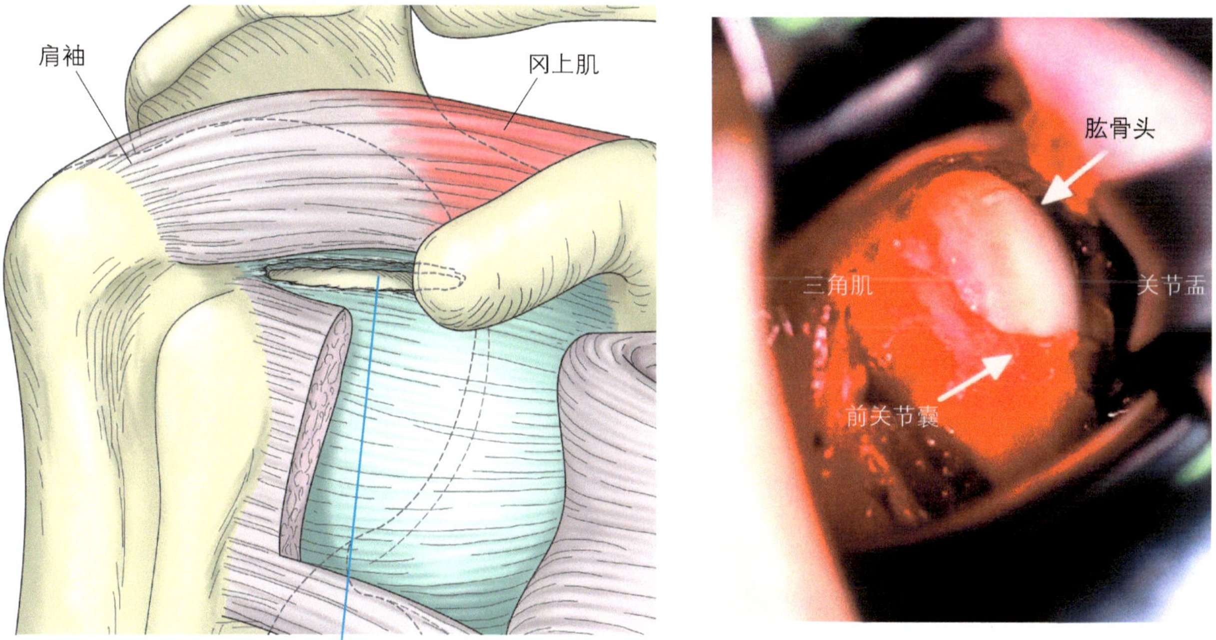


**b**

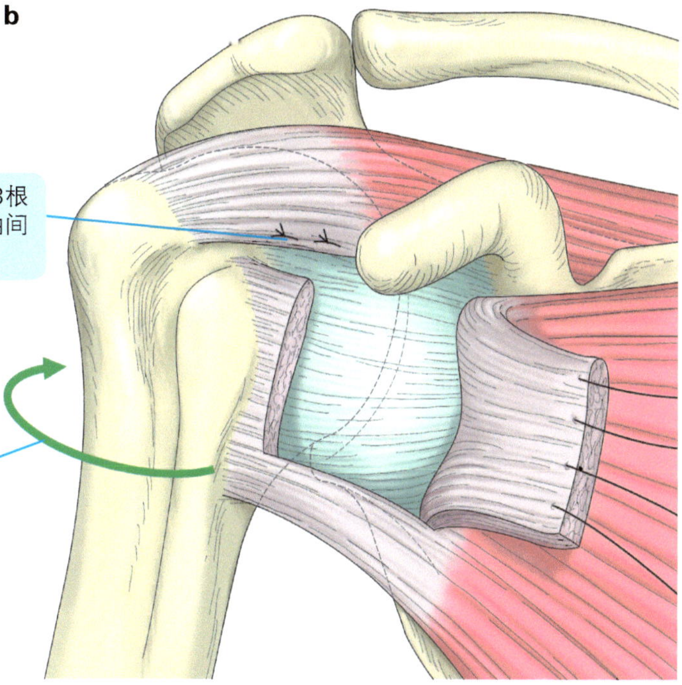

和关节盂之间，向后方挤压肱骨头就可观察Bankart损伤（**图8b**）。通常，将关节盂唇-前下盂肱韧带复合体向关节盂颈部下方移位，在骨膜下将其充分剥离，牵引至原来的解剖位置。有骨性Bankart损伤时，骨片与复合体的连续性可保持不变，在骨片与关节盂颈部之间剥离，把骨片尽量复位到原来的解剖位置上。关节盂颈部用锐性刮匙或气动磨钻打毛，使其新鲜化，为关节盂唇-前下盂肱韧带复合体的再缝合准备好母床（**图9**）。近年来，有人在关节盂颈部的关节软骨最高处插入宽约1 cm的凿子抬起关节面，对关节盂行成形术（**图10**），以重建关节盂深度。

**图8　切开关节囊，显露Bankart损伤**

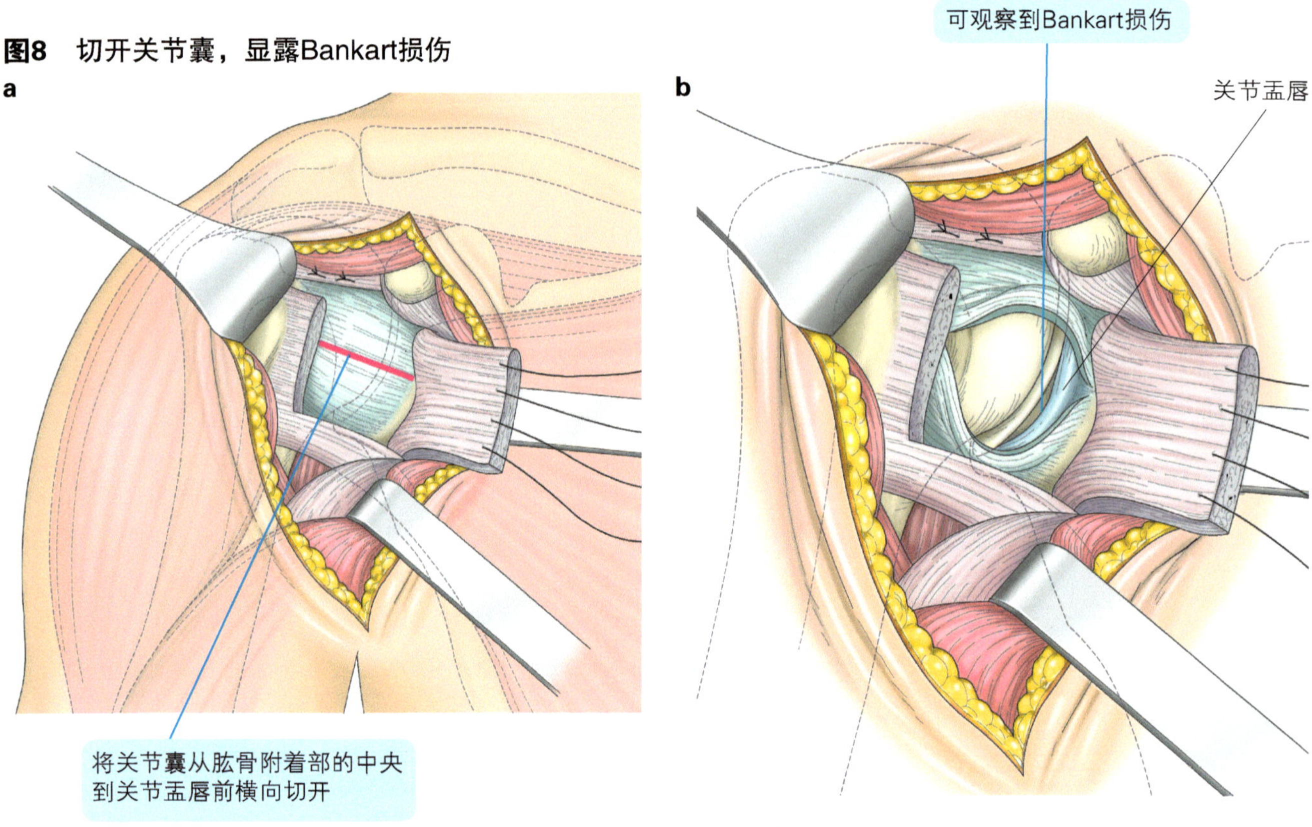


**图9　关节盂颈部的新鲜化**

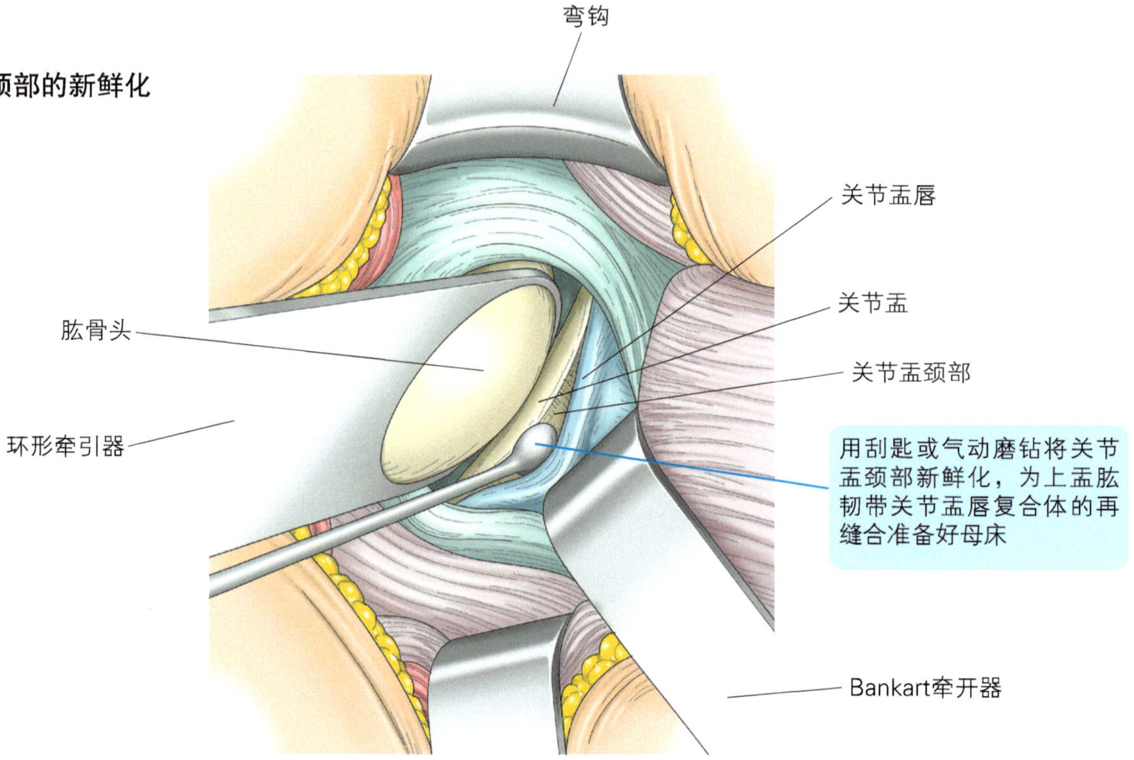

**图10　关节盂成形术**

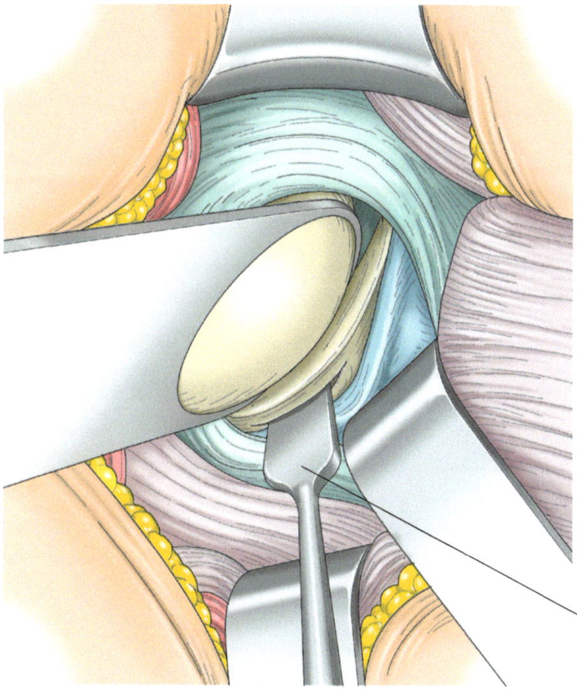


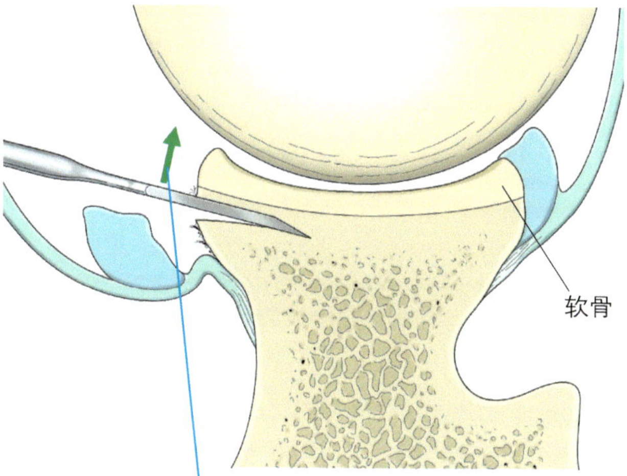


## 手术技巧及注意事项

抬肘屈肩后向后方轻压肱骨头，可获得良好的视野。尤其是使用蜘蛛形肢体支具等上肢支持器，可得到一定的肢体位，非常便于手术。剥离关节盂唇-前下盂肱韧带复合体时，用Kocher钳把住关节囊，用不吸收线缝合，操作较易进行。关节盂颈部之间粘连较重，剥离困难时，沿骨插入骨刀，用锤敲击，充分剥离到超越关节盂缘后方7点左右的位置。但关节盂上方骨膜菲薄狭窄，要注意剥离不能过深。

## 7 Bankart损伤的修复 难点

把可吸收性缝线锚钉插入关节软骨下骨的上极位置，即前述的关节盂成形术插入凿子的位置（**图11a**）。锚钉的置入方向为其尖端指向关节盂中心，调整角度使锚钉不突出关节面（**图11b、c**）。锚钉间的距离为手表的1点左右，根据修复范围决定置入锚钉的根数。最下边的锚钉应尽量靠近6点左右，向关节盂中央方向置入，尽量防止向下方脱出。骨缺损部骨片整复或骨移植时，置入锚钉以便上下夹住骨质。

**图11　缝线锚钉的置入**

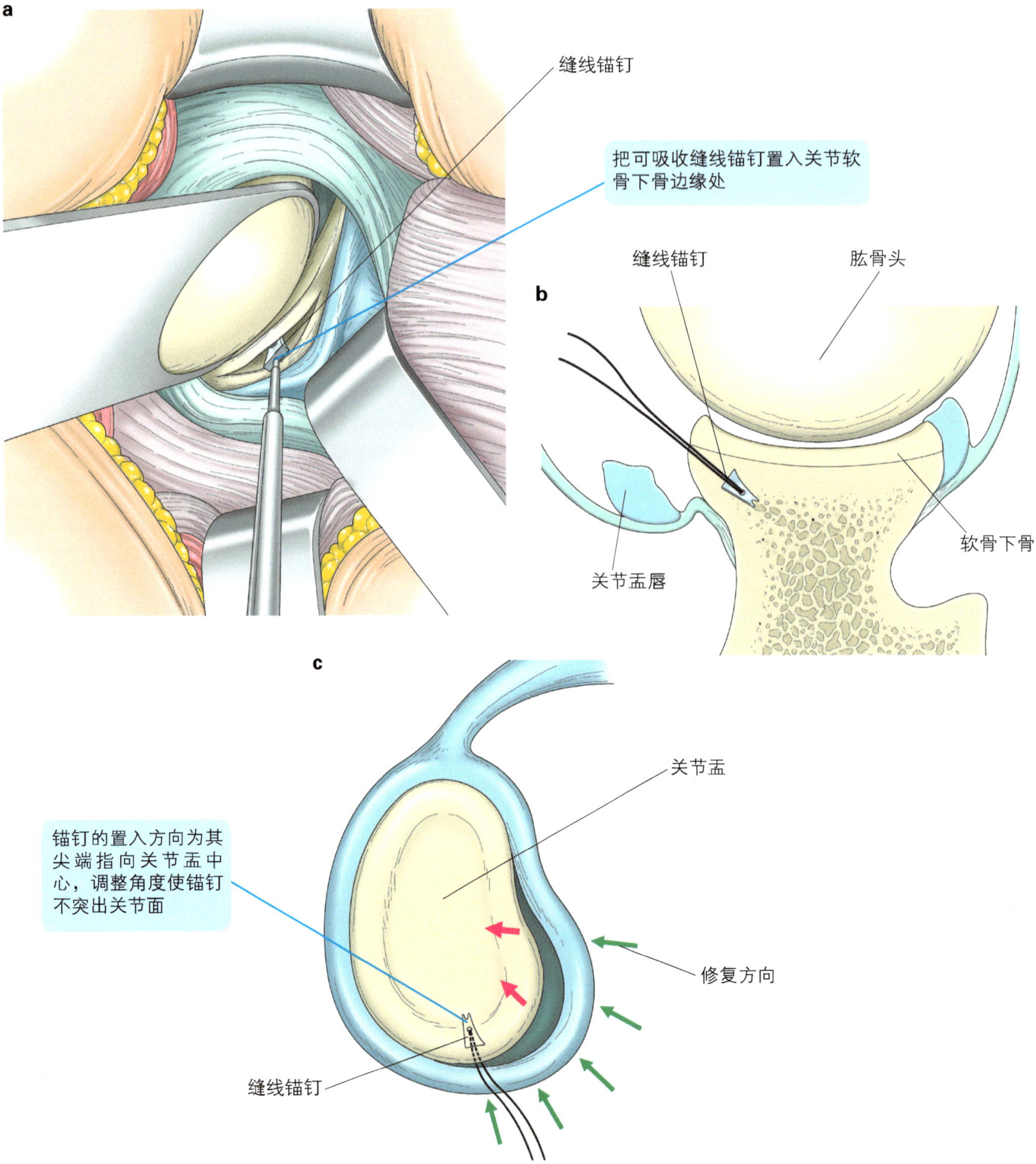

接着，把锚钉缝线穿过关节盂唇-前下盂肱韧带复合体进行缝合修复。这时把已向下方移位的复合体牵引到原来的解剖位置上，用最下边的锚钉缝线穿过。为把关节盂唇缝到关节盂上，缝线应尽量挂到关节盂内侧缘上极（**图12a**）。为避免损伤走行在关节囊下方附近的臂丛神经，可在用手指确认神经后，用Bankart牵开器牵开肩胛下肌，这样下方关节囊缝合的操作就较为容易。锚钉缝线全部挂好后，依次在关节囊外缝合。用手指触摸，确认Bankart损伤的修复情况。保留锚钉缝线，不剪断（**图12b**）。

**图12　关节盂唇-前下盂肱韧带复合体的缝合**

**a.**关节盂唇-前下盂肱韧带复合体的缝合

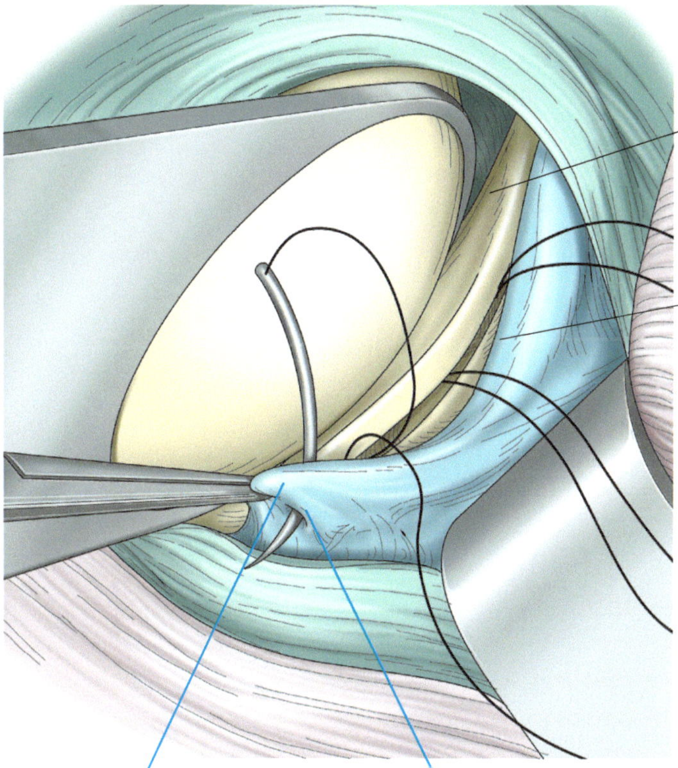


**b.**锚钉缝线的处置

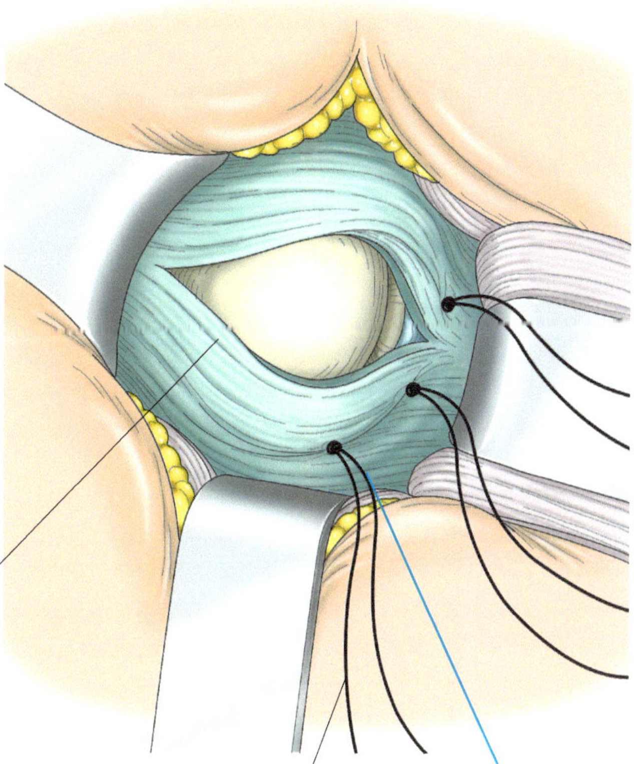

**图13 骨性Bankart损伤修复**

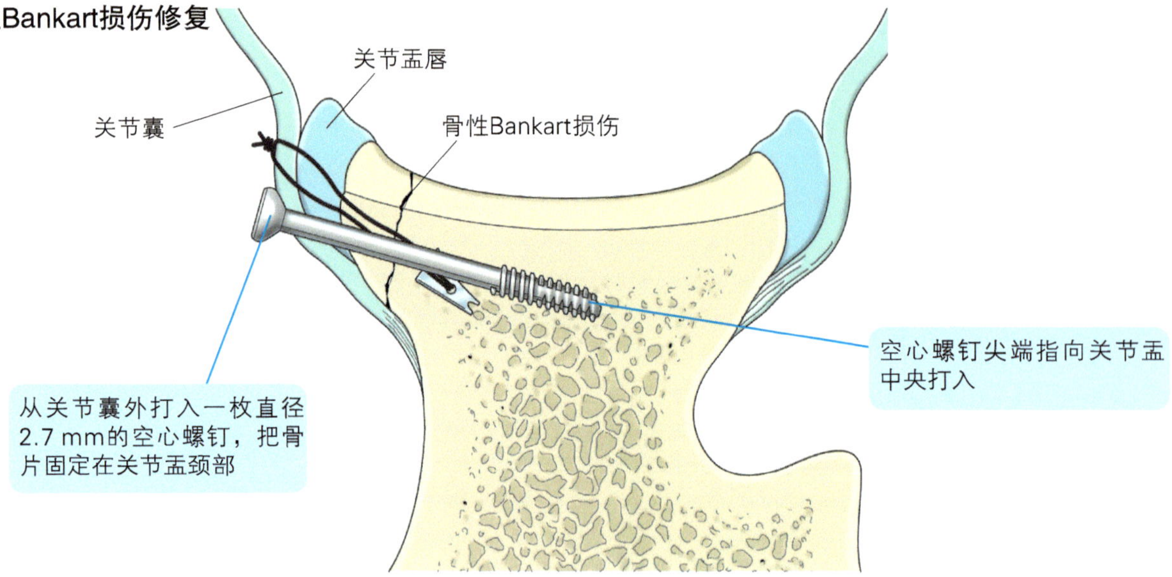


## ◆ 骨性Bankart损伤修复

骨片较小不能用螺钉固定时，单用锚钉就可修复。但较大的骨片加用螺钉可获得牢固的固定。锚钉缝线挂在骨片上下的关节囊上，缝合时预先对骨片进行良好的复位，最后从关节囊外打入一枚直径2.7 mm的空心螺钉，把骨片固定在关节盂颈部（**图13**）。螺钉尖端指向关节盂中央打入。骨片小且骨质脆弱时，有时螺钉从正中穿过后骨质劈裂，这时可用带有垫圈的螺钉从稍内侧打入，将骨片挤住。对侧骨质菲薄时，有时难以决定螺钉的长度，可术前先在CT上测量，预定好大致长度。

## ◆ 关节盂骨缺损较大时的修复（Latarjet法）

关节盂骨缺损超过前后径的25%时，可追加以下喙突移位的Latarjet法修复。

显露喙突基部，在距喙突尖端2~3 cm处，将附有联合腱的喙突用骨锯截骨（**图14**）。为使喙突的曲度与关节盂相符，可使骨接合部新鲜化，用2~3枚直径2.7 mm的空心螺钉固定（**图15**）。移植骨突出关节软骨面时，可用气动磨钻头打磨以达到适合的高度。将骨移植部上下的锚钉缝线固定在关节囊上，确定好移植骨在关节内的位置，然后缝合关节囊，完成修复。

**图14　喙突截骨**

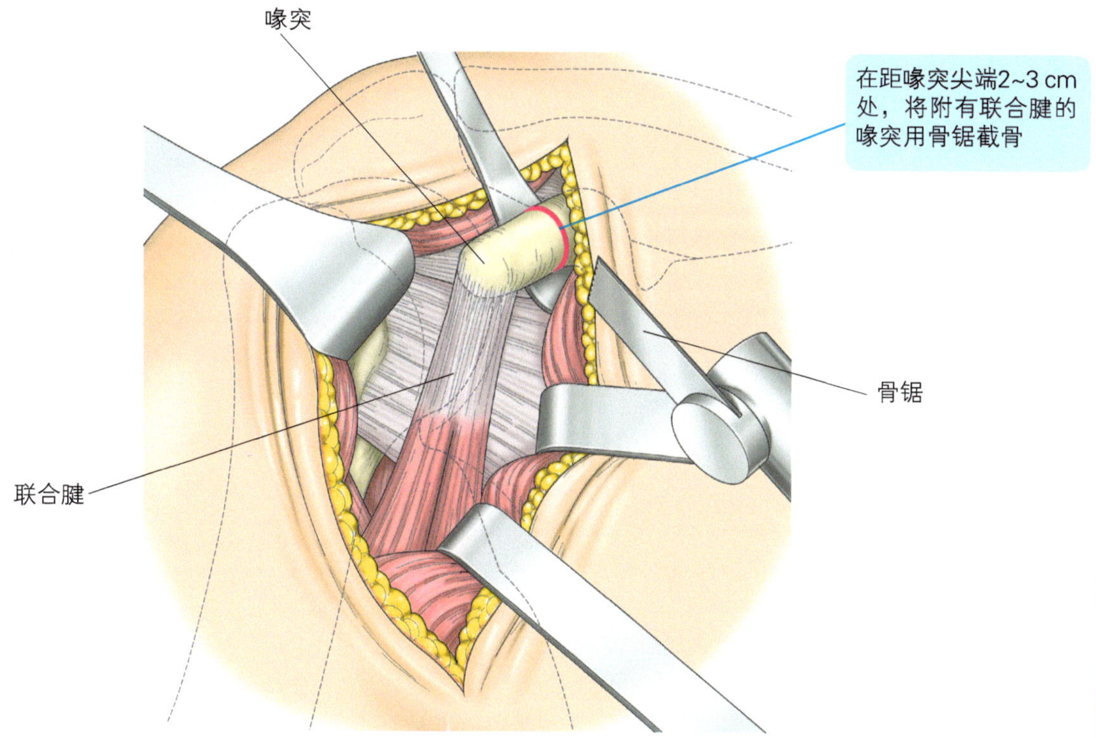


**图15　喙突移植**

**a**

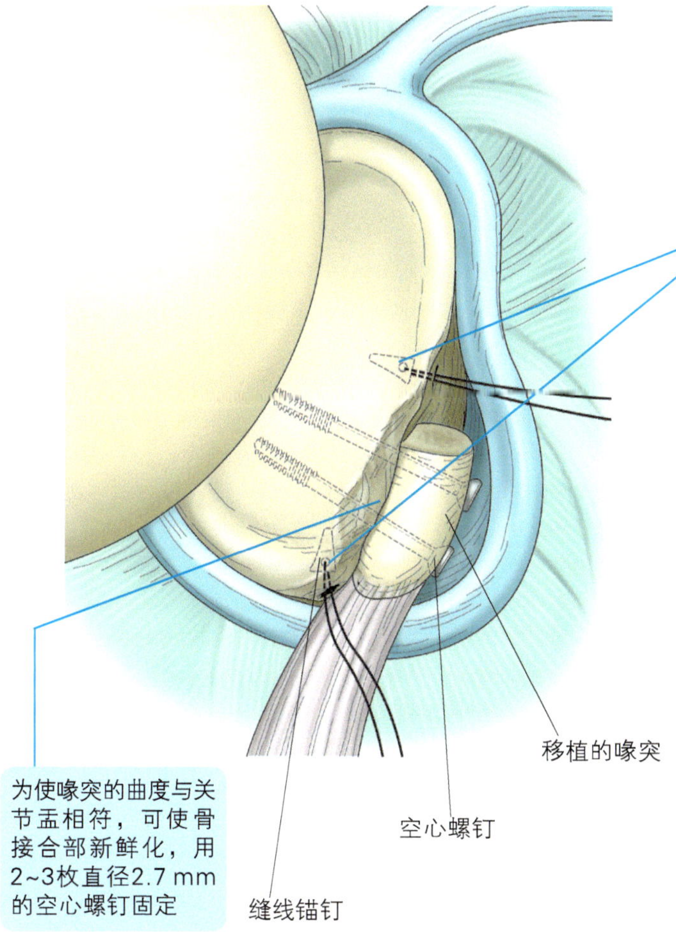


**b**

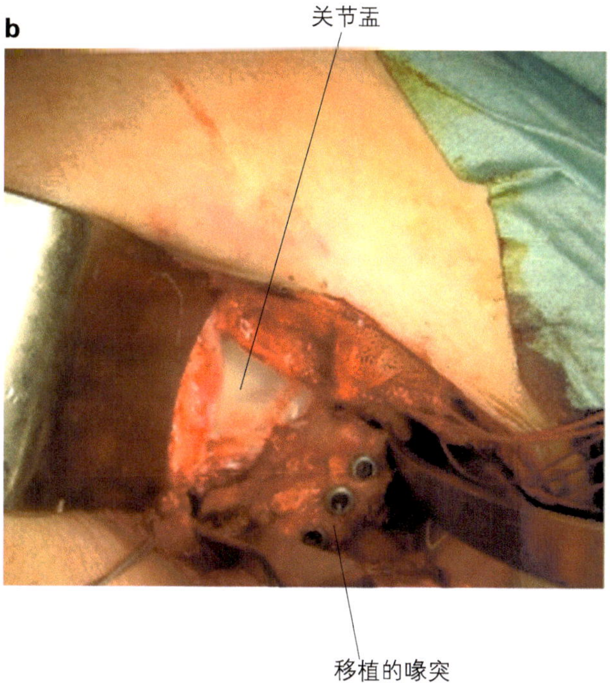

把最下边已经缝合的锚钉缝线固定在尽量靠内侧的上关节囊，然后下拉，双重加强缝合前下关节囊（**图16a**）。再用2~3根2号不吸收线褥状缝合关节囊切开部（**图16b、c**）。原则上应在肩关节外展30°、外旋30°体位上用这些线进行张力性缝合。投球运动要求相对外旋角度的投球侧肩在外展45°、外旋45°的体位进行缝合。

**图16　关节囊移位及重叠缝合**

**a.**向下牵拉上关节囊

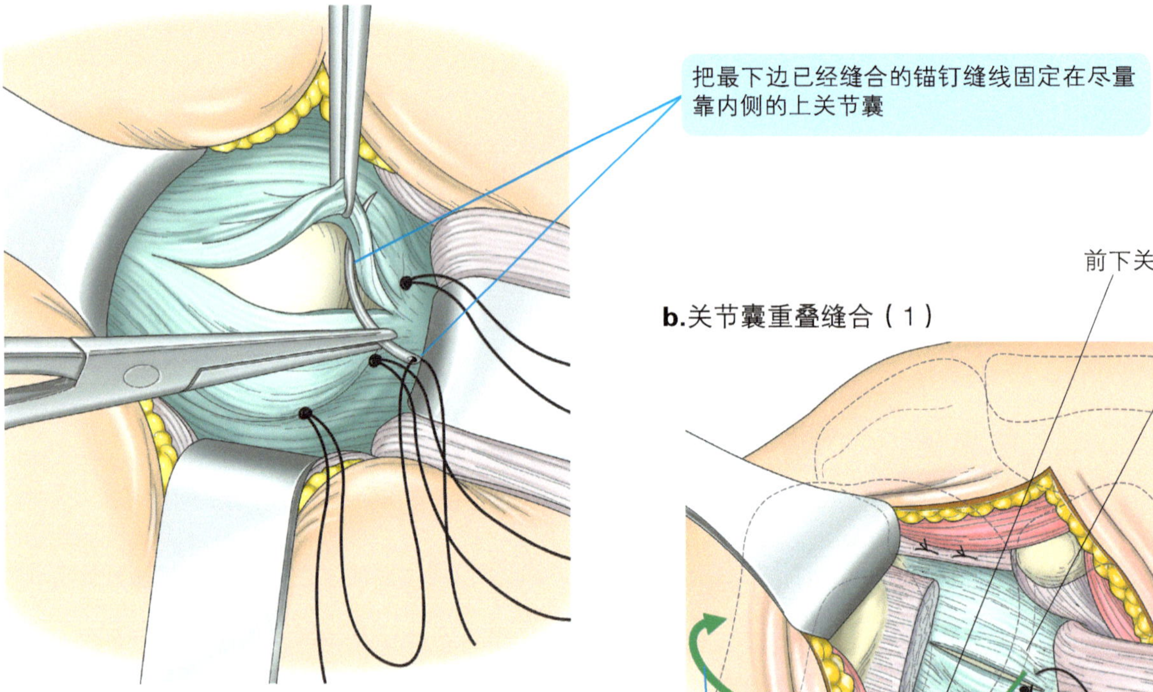


**b.**关节囊重叠缝合（1）

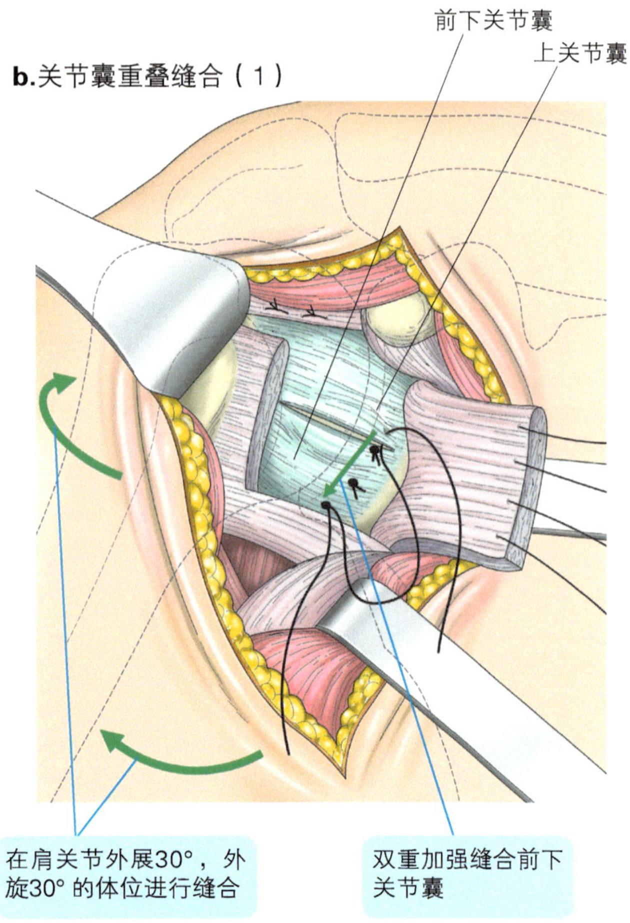


**c.**关节囊重叠缝合（2）

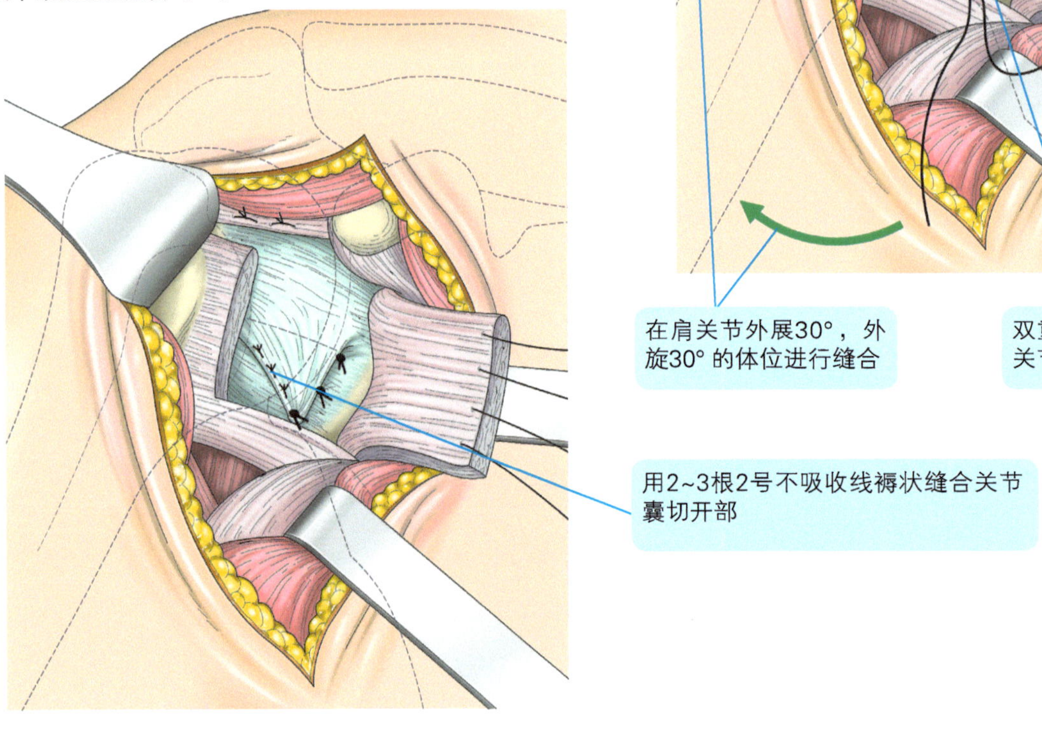

## 9 肩胛下肌的修复、切口的闭合

把肩胛下肌从小结节上切离后，可用2号不吸收线把肩胛下肌再缝合到原来的位置上。为防止术后肩胛下肌功能不全，可用4~5根线将其牢固地缝合，这很重要。彻底冲洗创口后，在肌层下放置引流管，缝合皮下组织、皮肤。

## 10 术后外固定

术后肩关节轻度外展内旋位，用外展枕等进行固定。为防止肩关节伸展时肱骨头向前移位和上肢骨向下牵引，肘关节通常保持在肩胛平面略向前的位置，这很重要。

## 典型病例图像

【病例2】适合手术（术后）

单纯X线片。用空心螺钉固定骨性Bankart损伤。

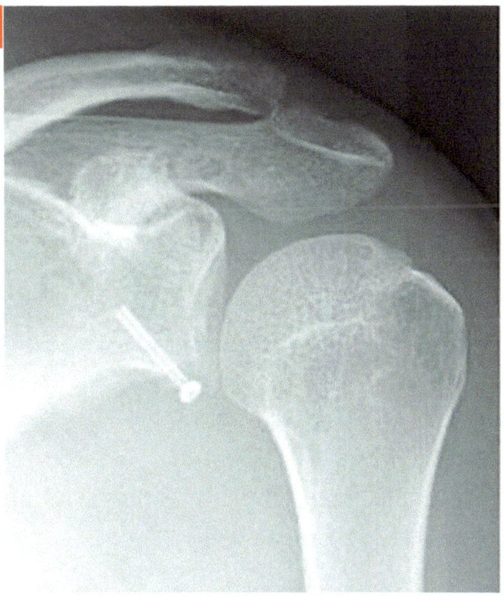

【病例3】适合手术（术后）

ⓐ单纯X线片。
ⓑCT。应用Latarjet法将喙突移植到关节盂前下方的骨缺损部，用空心螺钉固定。

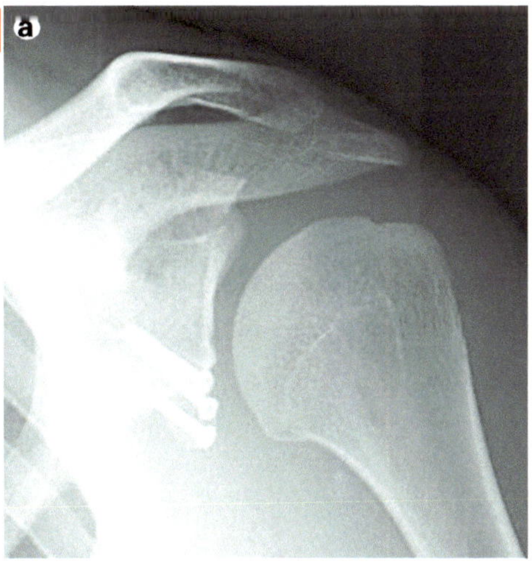

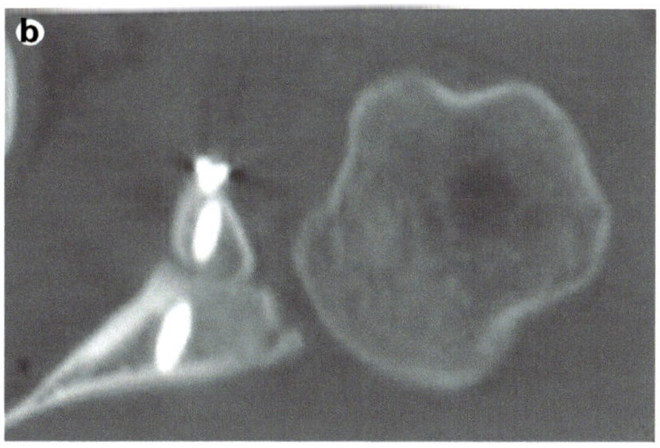

## 术后并发症及处理

### 臂丛神经麻痹

术中特别要注意在下关节囊部位操作时不要损伤臂丛神经。预先用手指触知神经，确认位置很重要。

### 再脱位和半脱位

术后早期注意不要伸展肩关节，不要向下牵引肩关节。运动要在肩胛平面略前方进行。后述的康复治疗决定着复归运动的时间，但在早期仍存在着再脱位和半脱位的危险。即使疼痛和活动范围的改善良好，但组织修复仍需要一定的时间，不要无益地急着让患者复归，重要的是要对患者进行良好的指导。

## 康复治疗

术后第一天就开始肩关节的被动运动，但4周内康复活动以外的时间原则上仍应采用外展枕固定。行Latarjet法修复的病例，术后第一天就可开始进行手和肘的活动范围训练，但在术后2周内不要进行肩关节的被动活动。为防止术后活动范围减小和肌力降低，术后第一天就可按计划（**表1、图17、图18**）开始康复训练[2]。为不使肱骨头向前移位，在肩胛平面稍向前的位置的运动是很重要的。行肩胛下肌腱切离的病例内旋肌力训练应在6周后开始。定期显示目标活动范围，关节松弛的病例活动范围通常恢复得很好，但也要注意活动范围过大的现象。复归运动的时间，原则上非竞技和非投球运动在3个月以后，竞技和投球运动在6个月以后，活动范围和肌力完全恢复后才可允许进行正常的运动训练。

**表1　术后康复计划**

| 时间 | 固定 | 日常生活及运动 | 活动范围目标（°） | | | | 活动范围训练 | 肌力训练 |
|---|---|---|---|---|---|---|---|---|
| | | | 屈曲 | 伸展 | 肩胛平面外旋（下垂） | 肩胛平面外旋（外展90°） | | |
| 0~1周 | 三角巾或支具 | | 70 | −20 | 20 | | Codman体操、被动训练（必须在肩胛骨平面前方） | 手指的屈伸、橡胶球（100次以上/日）、耸肩运动 |
| 1~2周 | 三角巾或支具 | | 90 | −20 | 20 | | | 肩关节及肘的等长训练（内旋除外*） |
| 2~3周 | 三角巾或支具 | | 100 | −20 | 30 | | 后关节囊应力训练（屈曲、内旋）、水池内运动 | |
| 3~4周 | 三角巾或支具 | | 120 | −20 | 30 | | | |
| 4~6周 | | 慢跑 | 120 | 0 | 45 | | 棒体操（屈曲、外旋）、自主运动 | |
| 6~8周 | | 自行车、跳绳 | 135 | 10 | 45 | | | 应用水手绳的等张训练（内旋是等长训练*） |
| 8~12周 | | 跑步 | 150 | 30 | 60 | 60 | | 钟摆体操、推墙 |
| 12~16周 | | 非竞技运动、不需强制外旋的运动 | 165 | 60 | 70 | 80 | | 应用医疗球的priometric训练 |
| 16~24周 | | 游泳 | 170 | 60 | 70 | 90以上 | | |
| 24周以后 | | 竞技运动、投球运动 | | | | | | |

*：肩胛下肌腱切开再缝合的病例。

**图17　术后训练（棒体操）**[3]、[4]

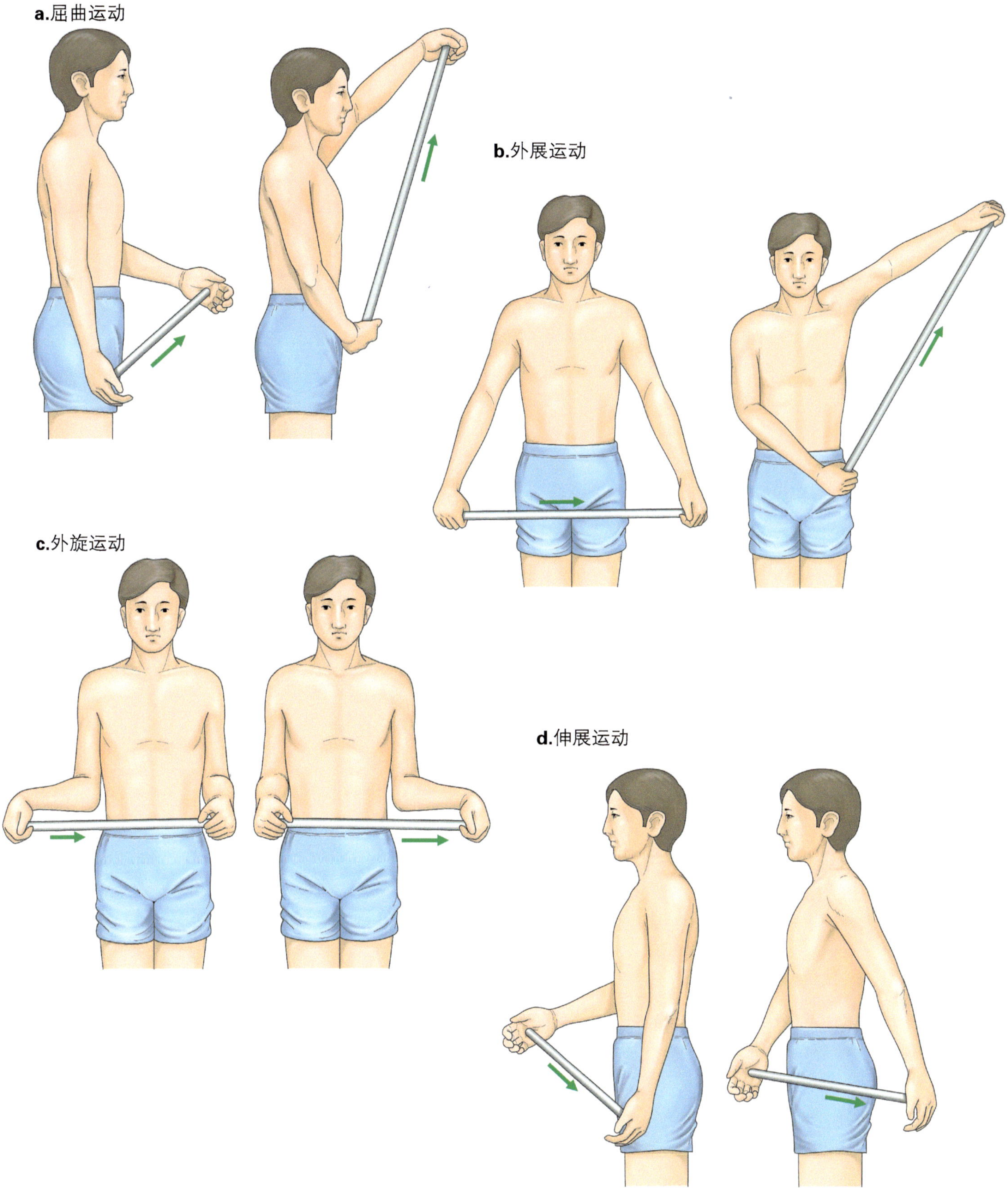

**图17　术后训练（续）**[3]、[4]

**e.**内旋运动

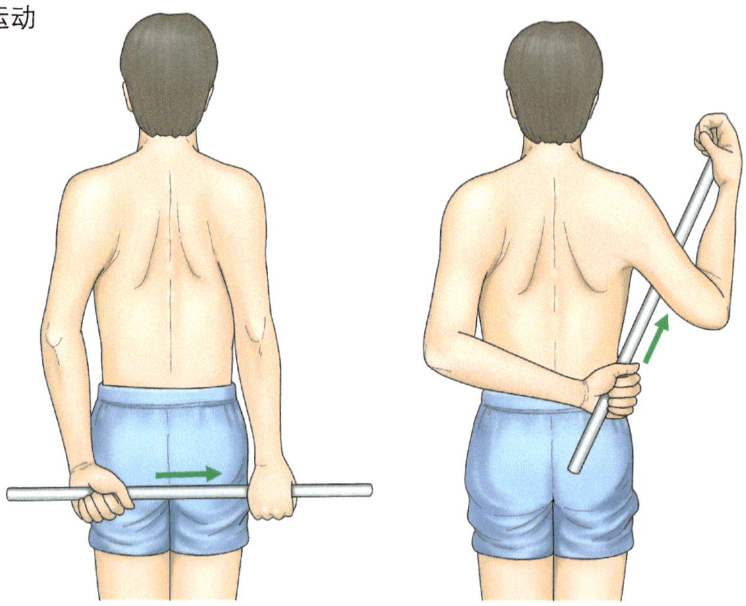

钟摆体操

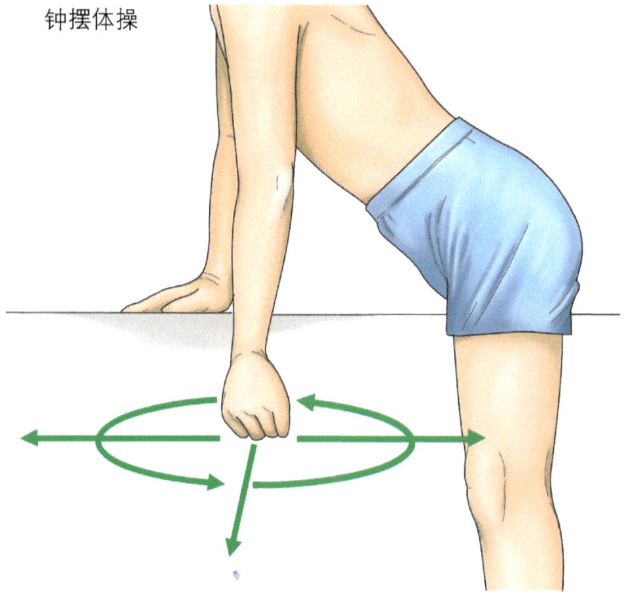

后关节囊牵拉

水平内收牵拉后关节囊

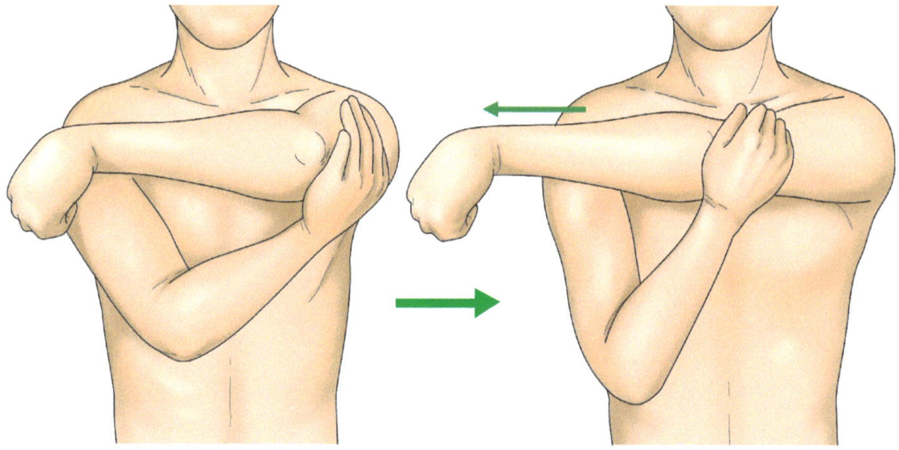

**图18 肌力强化训练**

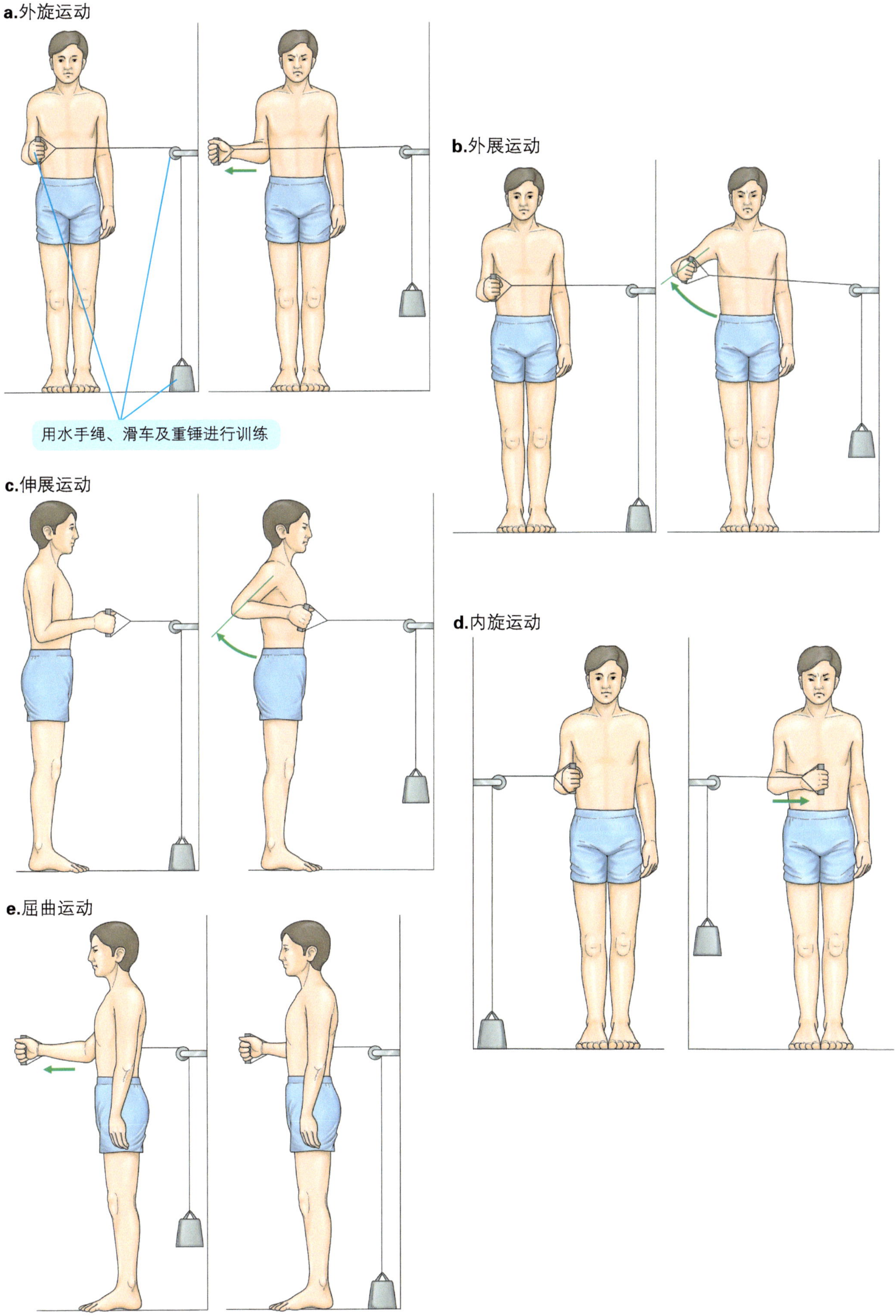

**图18 肌力强化训练（续）**[3]、[4]

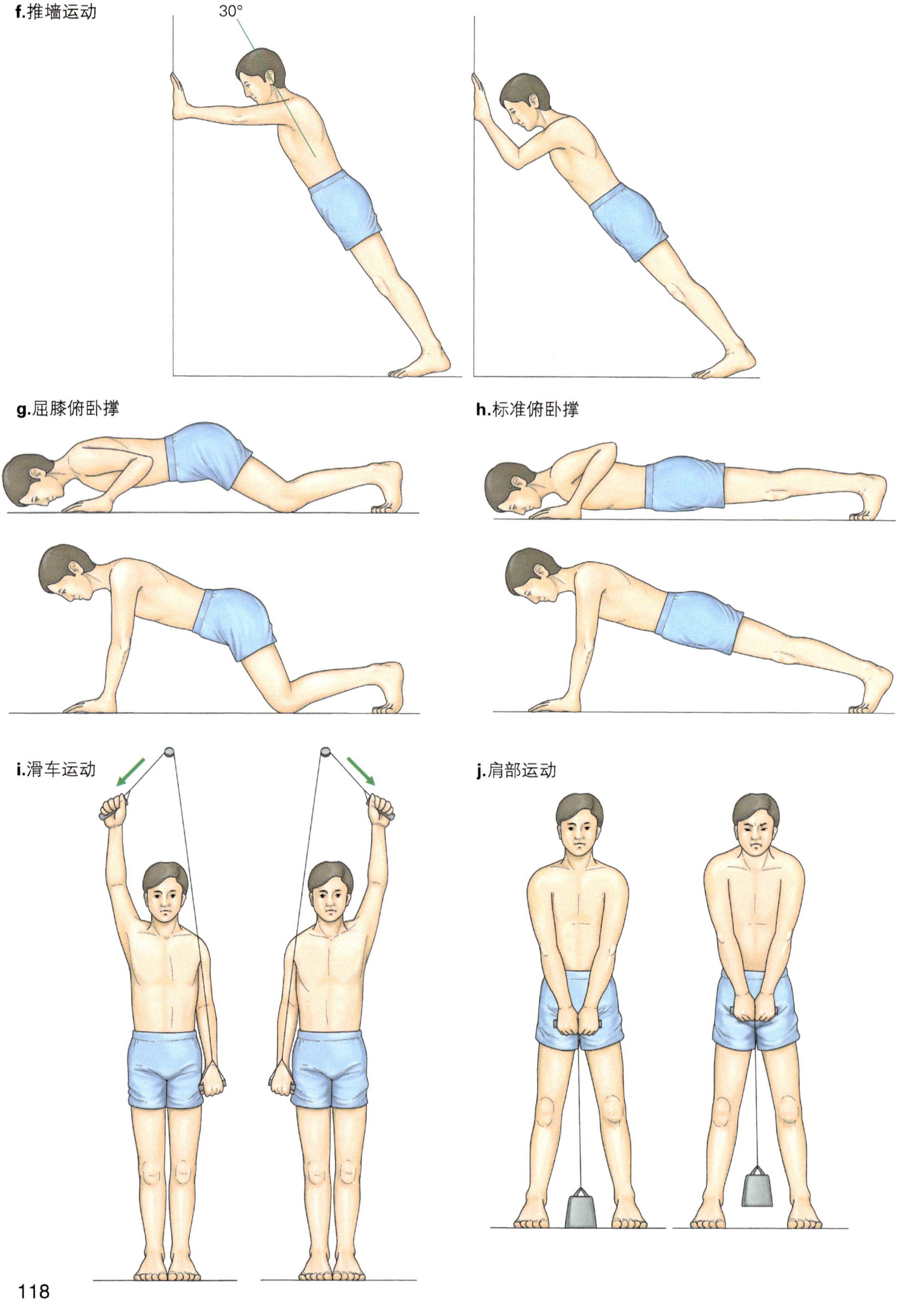

## 临床疗效

1993—2001年间施行本手术的100例肩中，随访79例80肩，随访率为80%。临床疗效如下：男性61例，女性18例。手术时年龄为12~39岁，平均24.3岁。随访时间为24~110个月，平均55个月。1例出现再脱位并再次手术，3例有可疑半脱位。没有感染和神经损伤等并发症。日本肩关节学会的肩运动能力评价法评分为63~100分，平均93.7分。外旋活动范围下垂位平均62.2°，与健侧相差8.3°；90° 外展位平均90.2°，与健侧相差1.2°。

运动恢复状况：投球侧手术的棒球选手5例中有2例虽能恢复运动，但投球时有疼痛，完全恢复率为60%。此外，冰球选手2例中有1例因再脱位不能恢复。其余病例包括全竞技的选手都良好地恢复了运动训练和比赛（**图19**）。

**图19　运动恢复情况**

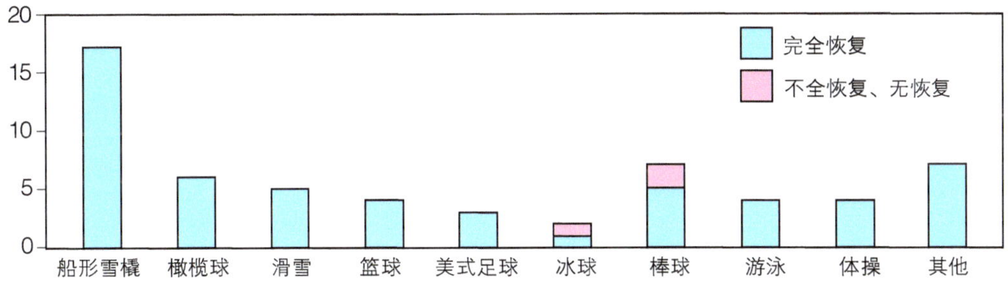


●文献

[1] 末永直樹. 外傷性肩関節不安定症に対するスーチャーアンカーを用いたopen Bankart法と早期運動療法の実際. MB Orthop, 2003, 16：67–73.

[2] 綿谷美佐子, ほか. 肩関節脱臼の理学療法. 理学療法, 2006, 23：1604–1610.

[3] Matsen F A, et al. Chapter 16. Glenohumeral instability. The Shoulder, 4th edition, Elsevier, 2008, 702–703.

[4] Matsen F A, et al. Chapter 17. Rotator cuff. The Shoulder, 4th edition, Elsevier, 2008, 855–865.

# 投球动作与投球损伤

大连医科大学附属第一医院 吴春明 王福生 译

东京大学研究生院综合文化研究科身体运动科学副教授 渡会公治

## 疾病概要

本章只从身体使用的角度探讨投球损伤。投球动作是人体多个部位参与的运动行为，需要速度与制球力，而要达到一定水平，则更需要体力与技术的完美统一。投球损伤除损害上肢外也会导致颈痛、肋骨疲劳骨折、腰痛、膝痛等，这里重点讨论肩、肘损伤的机制。

棒球肩、棒球肘等肩、肘的运动性损伤是过劳综合征中的一种表现（**图1**）。从投球动作的角度来看，肩部损伤与肘部损伤属于同一病理生理表现。一次投球动作不会引起损伤，但反复多次的连续练习产生的机械应力就可成为损伤的原因（**图2**）。

因此，必须充分考虑运动训练过程中质与量的问题。投球绝对量过多可导致损伤的发生，这是不言而喻的。即使疲劳，即使疼痛，也不改变训练强度，这种思维方法本身就是过劳综合征产生的温床。必须遵守适当的训练计划，尤其是生长期选手，必须考虑到成熟度的不同。同样的运动量对成熟、强壮的选手不算过重的负担，而对未成熟、弱小的选手来说就是很重的负担。训练要遵守个体化原

**图1 过劳综合征的分类和要素**

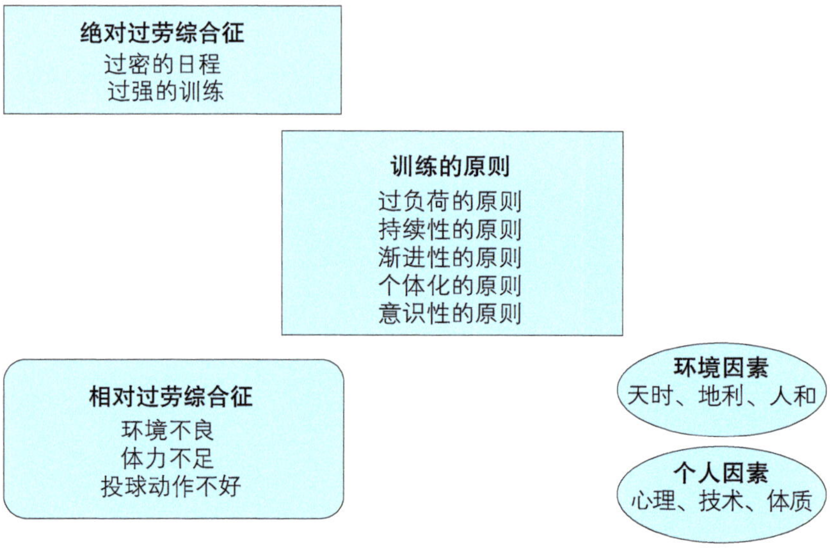

**图2　肩、肘损伤的原因**

施加在肩、肘上的旋转性机械应力（箭头所指）是其原因。

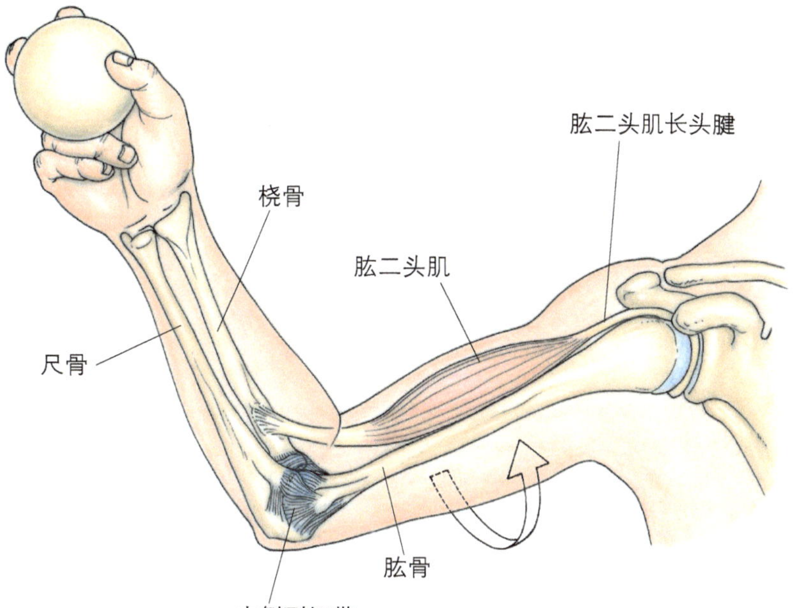


则。训练质量差就说明计划性不好。易引起肩、肘损伤的动作就包括投掷运动。不良的动作可对身体结构造成损伤，而出现损伤的多数病例也多是投掷动作中机械应力过大的结果。因此，笔者曾将这种不良方法引起的明显偏差变化的过劳症状命名为过劳综合征。

## 投球动作与投球损伤的机制

说到投球动作，许多人一直会有一种印象，“不就是肩外展外旋，然后内旋用力投球吗”。其实，这种印象中的投球动作就是投球损伤的机制所在。

如前所述，肩关节强制内、外旋及肘关节强制外翻，可损伤关节的支持结构。也就是说，在踏步向前单足承重、肩外展外旋举球欲投时，以及加速期躯干回旋中强制旋转应力施加到肩前方和肘内、外侧时，可引发疼痛（**图3**）。同时更进一步对肘内侧副韧带产生外翻应力，对肱骨小头产生剪切力。而且，在球投出后的后续期，肩、肘后方因素也参与了引发疼痛的旋转应力的产生。

作为投球损伤的病理变化，可发生肩的旋转肌肩袖及肱二头肌长头腱、关节盂唇的变性，肘的内侧副韧带断裂，以及生长期外侧剥脱性骨软骨炎等。后续期的病理变化为肘伸展时鹰嘴与鹰嘴窝的碰撞引起的软骨损伤和骨棘形成，肩后方因素是肌肉偏心性收缩中的微小断裂。回旋过多的动作通过投掷期的姿势和手的畸形也能诊断（**图3**）。笔者研究了不同持球方法及手的畸形与投球损伤的关系后发现，它们所致的肘痛发生概率不同[2]。

**图3　过劳综合征的形成**

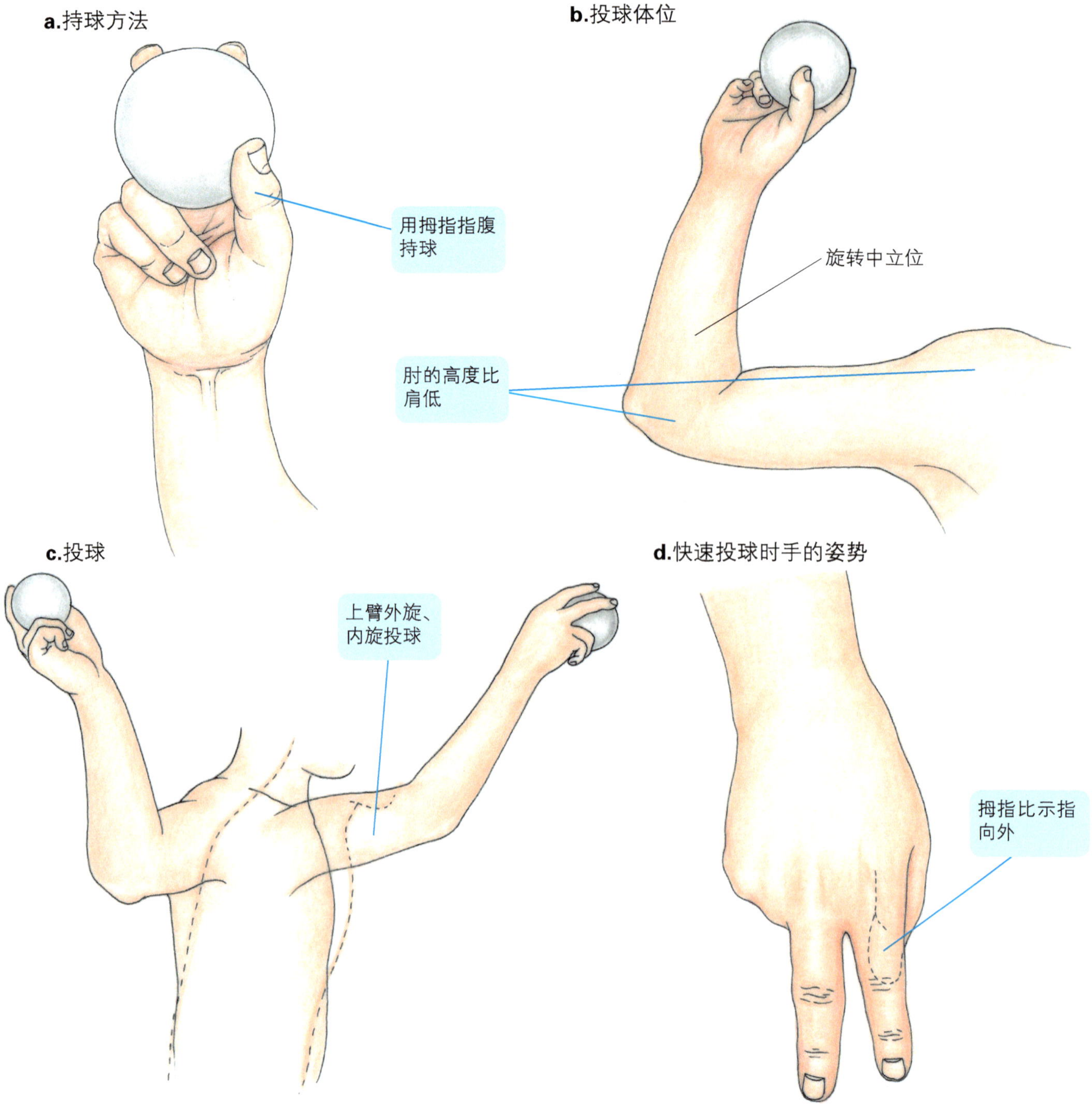


## 有问题的投球动作普遍存在的原因

### ◆ 为什么有问题的投球动作普遍存在？

上臂过度回旋的投球动作已在人们的脑海中形成了广泛共识，其原因笔者认为是受电视影响。电视画面是把三维的身体活动制作成了二维的图像，但人们却将其作为三维活动来理解，就好像在现场观看真人形象一样。但是，这与在现场看真实的投球还是不同的。过去看棒球的电视转播看到的仅仅是棒球接收后防网的图像，从正面看到的投球动作是踏出、扩胸、肩外展外旋、积蓄力量，然后内收内旋把球投出。笔者也用这种姿势进行过投球。总的来说，这种投球方法是以肱骨从外旋到内旋的活动为主体进行的。以这样的动作多次投球后，势必使肱骨的回旋动作过多，以致造成肱骨两端的损伤，即发生肩、肘关节损伤。有时投球还会导致肱骨螺旋骨折。据说，投球骨折在现役硬式棒球队员中已经非常少见。这就说明了是实际生活中的身体运动与想象中的运动差距导致了身体的损伤。

## ◆ 过劳综合征诊断方法

无论是肩还是肘，诊断的程序都是相同的，即检查活动范围，比较躯干和肩胛骨活动的左右差距；了解患侧上臂强制外旋外展时症状有无重现，然后再询问投球时是否以这样的力量投球（**图4**）；通过撞击试验确认主诉的疼痛再次出现。Neer和Hawkings撞击试验是把肩胛骨牢固固定后让肱骨上举或回旋，可较好地重现投球的状况。不仅可以确认冈上肌和冈下肌的肌力降低，而且无论是肩还是肘的损伤几乎都会出现旋转肌群的肌力降低。旋转肌群的肌力降低或肩袖损伤、肩胛上神经损伤等，其根本原因就是上臂过度回旋的投掷动作造成了机械应力过分集中。

那么如何投球才行呢？因为损伤的原因是用手投球时前臂过度回旋，所以应该指导选手应用全身力量去投球，以便减少机械应力。

**图4　过劳综合征的诊断方法**

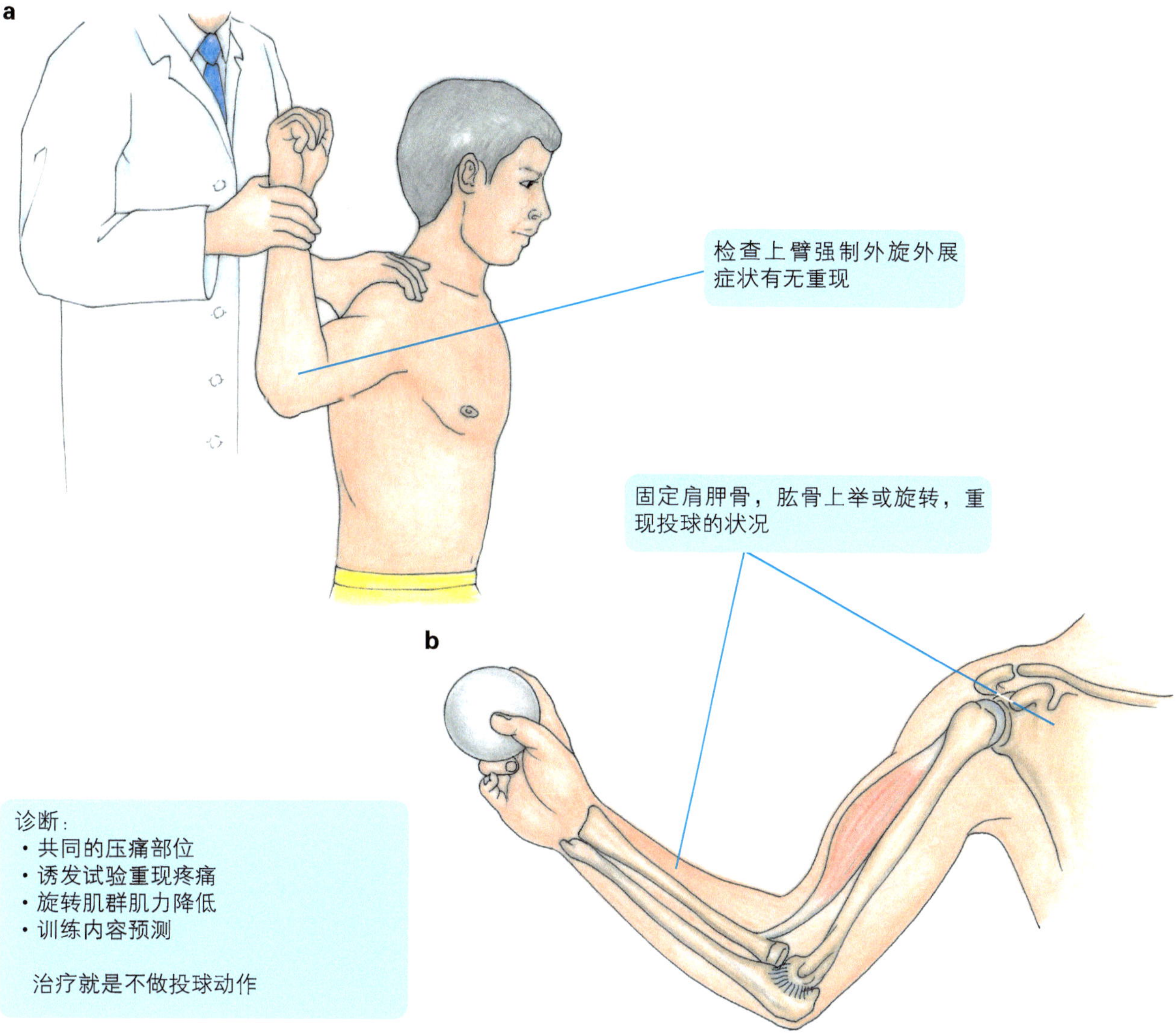

## 治疗方法

### 应指导的投球动作

治疗方法就是能指导选手良好地发挥身体潜力又不带来投球损伤的办法和技巧。

关键词：肩胛骨面（肩胛平面）、零位、快速内旋。

使用上肢力量做投球等动作时，肩胛骨与肱骨应并列在同一平面上，这时施加在肩关节上的机械应力最小，这个平面就称为肩胛骨面。肩关节上举120°~130°时肩胛骨面的位置称为零位，这时的体位没有内外旋且稳定。投掷时如能取零位姿势，肩关节的负荷就最小。这个姿势就是棒球投手投球时双手交叉放在头后的绕臂动作。然后松开绕臂，向后收臂，做出投掷的姿势，这时再回到零位，急速用力把球投出。零位可在肩胛骨面上保持上臂在旋转中立位时肩关节外展和上举。

投掷期动作是从加速期开始到球投出为止，上臂保持在肩胛骨面上，躯干屈伸旋转，适时地伸肘，前臂内旋，急速甩腕将球投出。为此，在向前踏足的基础上，躯干稳定旋转是必要的。同时也要求单足站立的力量与髋关节和躯干精细配合。为减小肩关节和肘关节的机械应力，髋关节和脊柱的活动度及肌力训练也是必不可少的。

以往的生物力学研究把可活动的胸椎、肋骨和不能活动的肩胛骨放在一起测量躯干的活动度。也曾有报道指出肩的最大外旋位角度为180°。近年来，生物力学的研究不断进展，研究精度提高，已把躯干分为2~3部分来测定分析。对肩关节的外旋和躯干的活动的分析测定研究也散见报道。宫下报道，肩的最大外旋位即使为145°，肩关节的外旋只占107°，而胸椎有10°伸直、肩胛骨有23°后倾参与其中[3]。近年来，各种各样的投球指导研究应运而生[4]。

下面笔者就有关指导投球动作的治疗方法做一叙述。

### 螺旋肩胛骨面支具

螺旋肩胛骨面支具（SP支具）如**图5**所示，它是通过挤压背部、肩前部和上臂后部来控制上臂的旋转，但在肩胛骨面上上臂仍可上举和下垂。佩戴此支具做投球动作较为困难。选手亲身体会过这种感受后，辅导其做正下方投掷，投球后若球不弹起，此投球动作就不会引起疼痛（**图6**）。许多病例在这种训练进展顺利后，就开始做躯干旋转和上肢伸展的投球动作的练习。但在投球时一定要时刻意识到上臂旋转的姿势是危险的，甚至是会带来投球损伤的[5]。体会到这一点，就会增加治疗的信心。指导者应适当多鼓励患者，增加其自信心。在拆除SP支具后再使其做正下投掷，继续检查投球动作。

**图5 螺旋肩胛骨面支具**

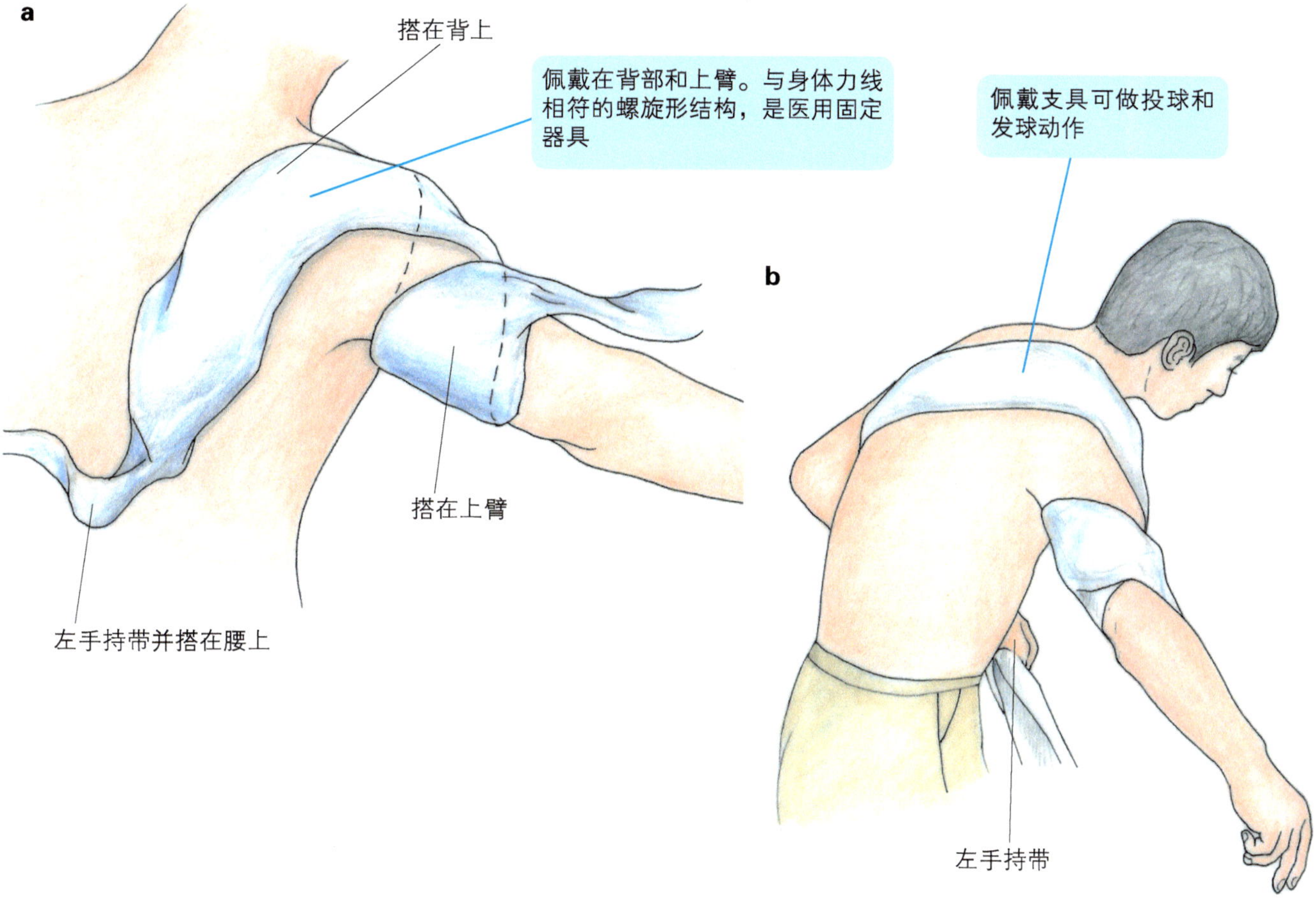


**图6 佩戴SP支具做正下投掷**

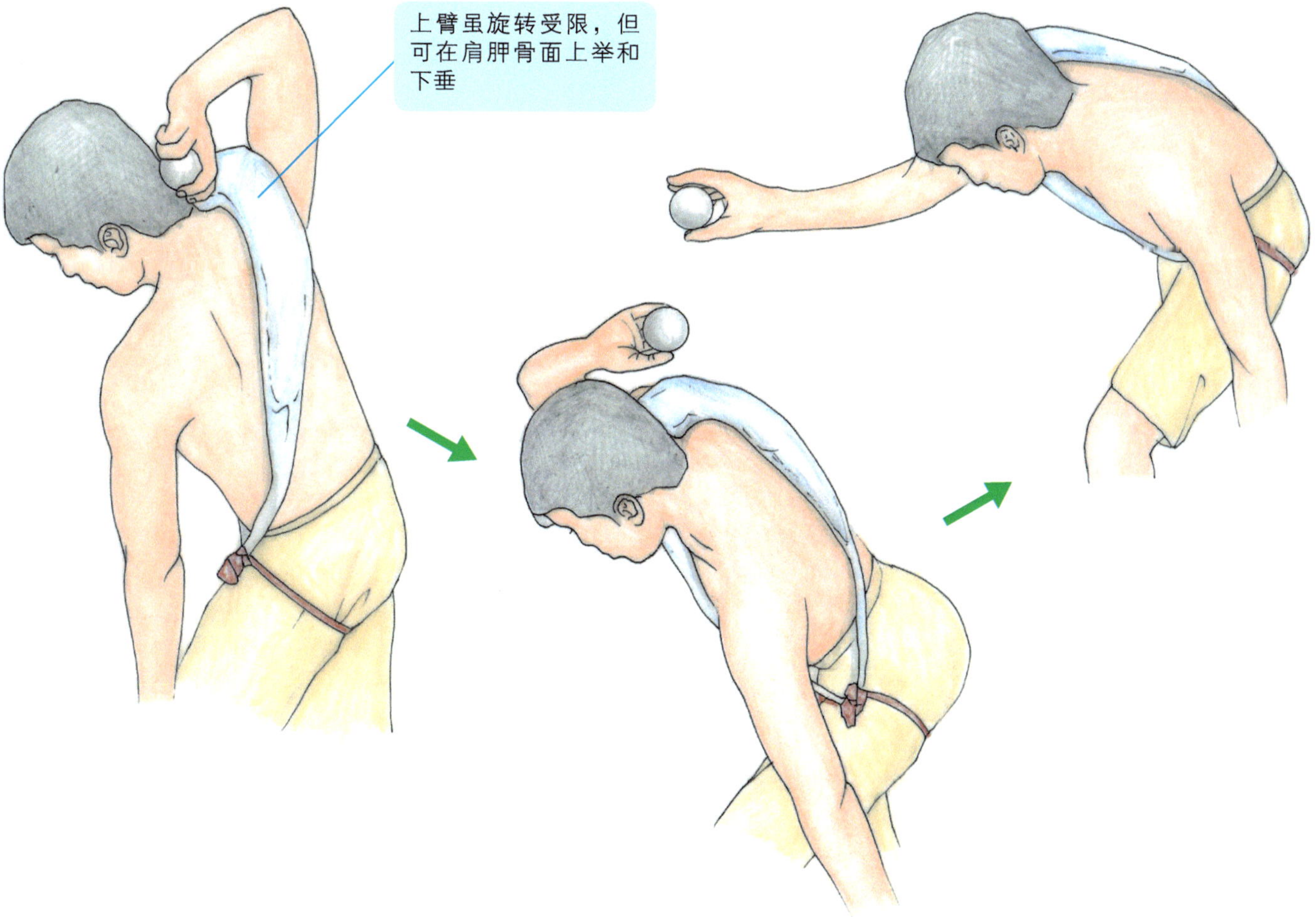

### ◆ 正下投掷

正下投掷是笔者等开发的一种运动疗法[6]。欲投掷时，肩置于零位，双手握球，置于脑后。投球的要领实际上就是以正下方地面为目标双手投球，以球向上弹起的高度为指标，逐渐加大投球力度，以不出现疼痛为标准。投掷动作的本质就是躯干屈伸的同时，上臂伸直单手投球动作的综合。

说明正下投掷的要领及意义后，嘱选手置肩于零位单手持球，对侧足踏出，身体重心移动，躯干旋转，然后伸肘把球扣向地面。在确认不出现疼痛的前提下逐渐加大投球力度。骨骺线分离早期的病例有时即使正下投掷也会出现疼痛，需待下次诊察后再行练习，而多数病例能无痛下全力进行正下投掷。正下投掷用力的主要是下肢和躯干，而不是上肢。要改变以往的投球习惯，嘱选手加强练习正下投掷，正上弹起（**图7**）。

注意不要使用硬球进行练习，因球有时会擦碰颜面部。正下投掷就是向伸出的手的正下方投掷，体重过轻、单手过度抖动及抛球点过高时，有时球会弹到别的方向。打过多年棒球的少年们经过数日练习，投球就可弹向正上方。

**图7　正下投掷**

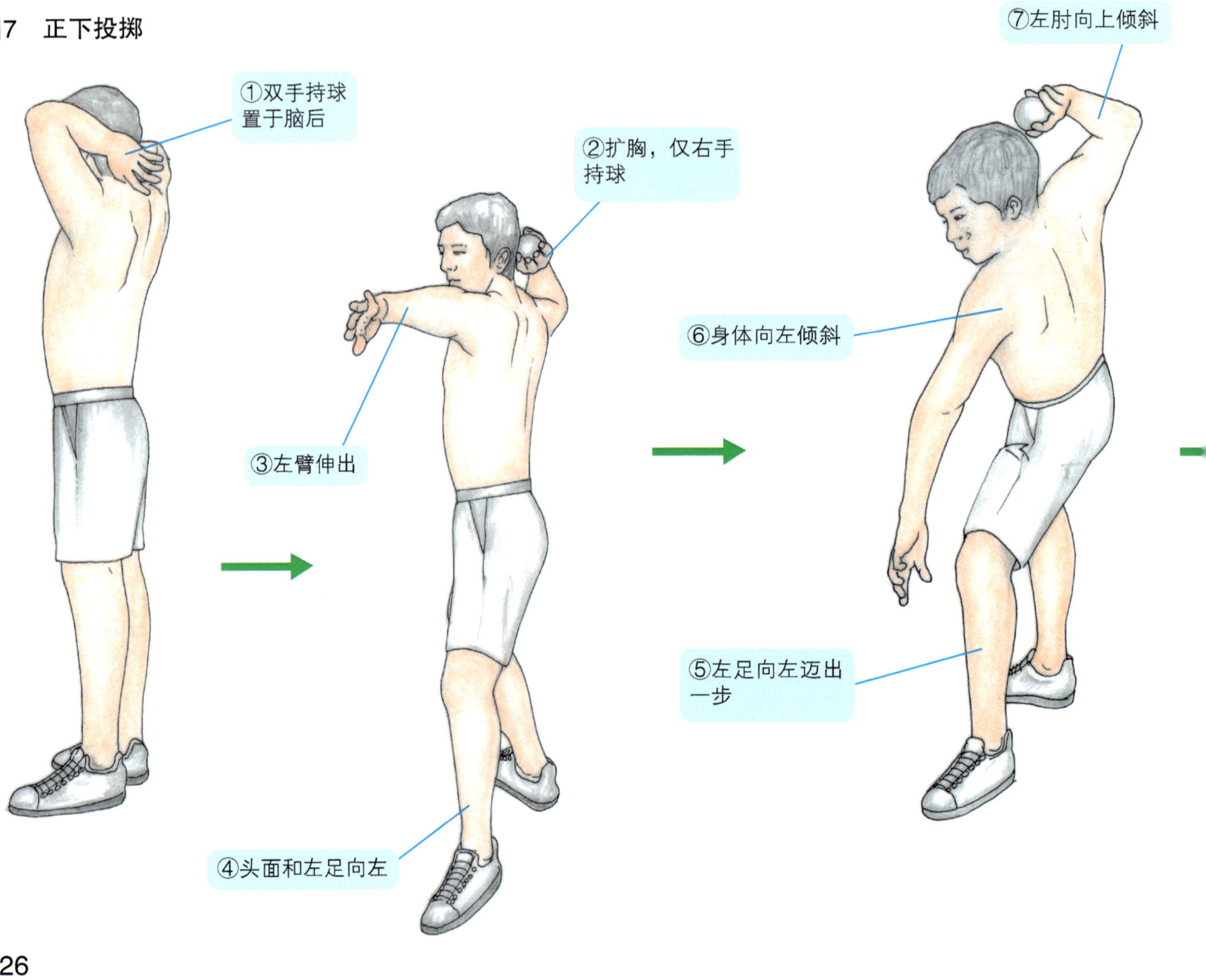

## ◆ 正下投掷的改良形式

**零位正下投掷**

即使正下投掷也有人主诉疼痛。在指导中要注意收球问题。投球时要注意不能在肩胛骨面持球，在未收球前保持最初持球的肩零位姿势，通过倾身正下投掷来进行无痛的投球动作练习。目前，踏足向前、双手置膝、肩零位持球、扩胸投掷训练已经程序化[7]。

**斜向正下投掷**

如已能稳定地进行正下投掷，就可把目标稍向前移动，进行斜向投掷，这时就需要前方有墙壁或对手（接球手）来接弹过去的球。选手们可互相做斜下投掷的接球手。捕捉背后腾空球、捕捉故意弹起的小弹跳球、内外场单手接球等棒球技巧都可以练习。一旦斜向正下投掷熟练，就可参加防卫练习。小学生在3周后可无疼痛，压痛也可消失。但屈曲挛缩消失、下降的肌力重新恢复则需要数月。中学生以上者也有屈曲挛缩不消失和肌力不恢复的病例。

**两侧正下投掷**

正下投掷的训练很单调，所以有时也可行非利手训练。不常用的非利手训练也是对利手的训练，因为投掷的本质就是对躯干的旋转和上肢的伸展的指导（**图8**）。

图7　正下投掷（续）

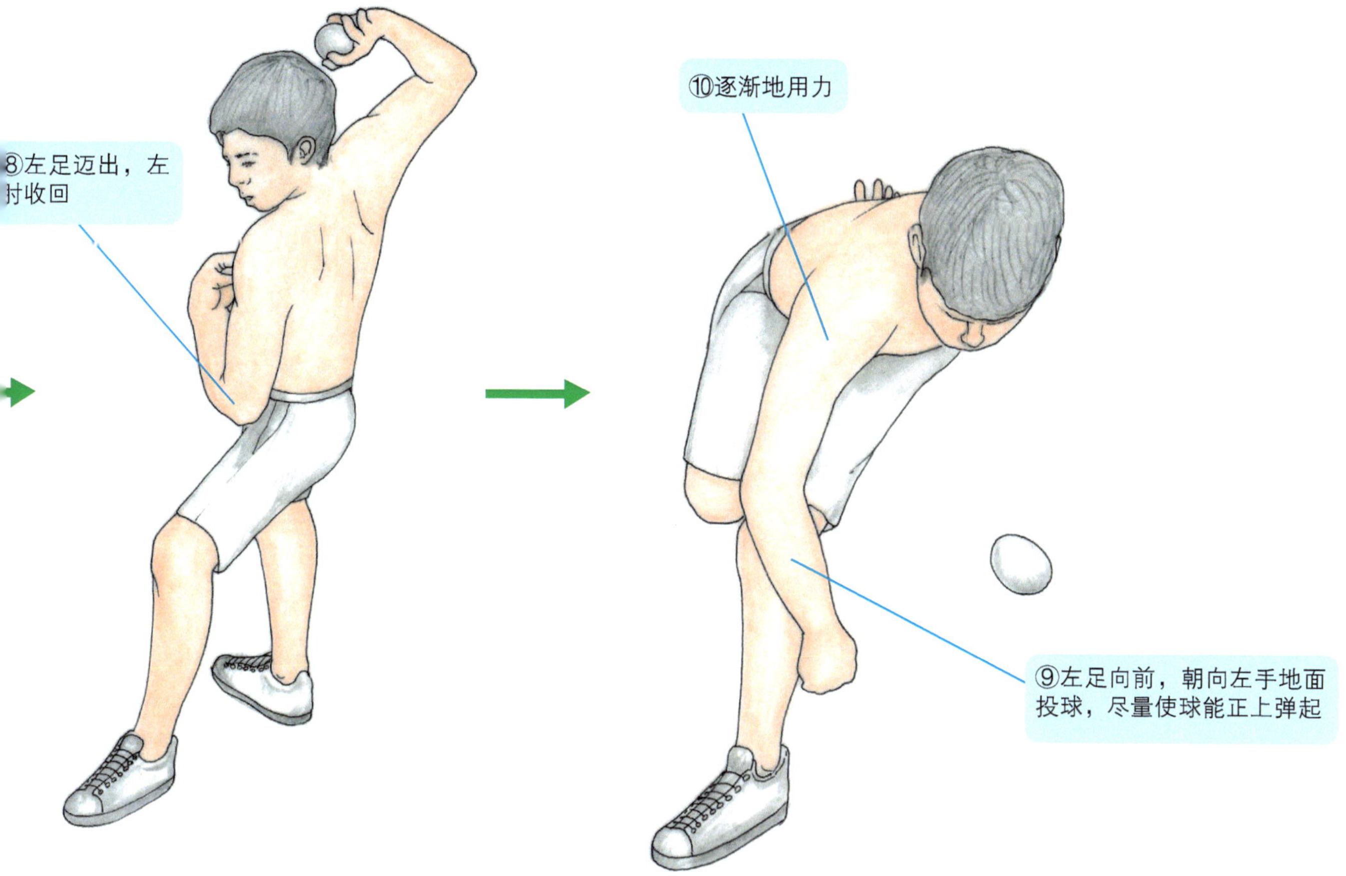

## 摔毛巾

棒球投球动作练习可使用毛巾进行。最初是用毛巾敲床，逐渐地提高高度[8]。这时要注意用示指、中指和拇指夹住毛巾中央。抓住毛巾的一端进行摔打，就好像用3个手指抓球进行投掷一样，以此练习棒球技巧。

## 开始常规的投球练习

选手参加数周的斜向正下投掷训练后，就可允许其进行斜向正下投掷和常规的投球半对半的训练，逐渐过渡到完全的常规投球训练。常规投球如出现疼痛，可立即再转为正下投掷。要确认使用与正下投掷相同的投球方法来进行完全水平方向的投球。

**预防再损伤的指导**

重新开始常规投球训练时应注意，要使选手自觉意识到不良的动作可引起损伤，不自觉改变投掷方法，可能重蹈以前选手的覆辙。肌力好的高中生以上的选手就有一次投球即出现再损伤的病例。年龄大、体质壮的病例恢复运动也要慎重。此外，投手和外野手投球动作可允许缓慢一些，但内野手即使是姿势不良也必须快投，所以多偏于焦急投球，这点必须加以注意。对内野手来说，目的就是快速准确地投球，为此，要教育他们稳妥地收球，不要急于投出。

**图8　左右手的正下投掷**

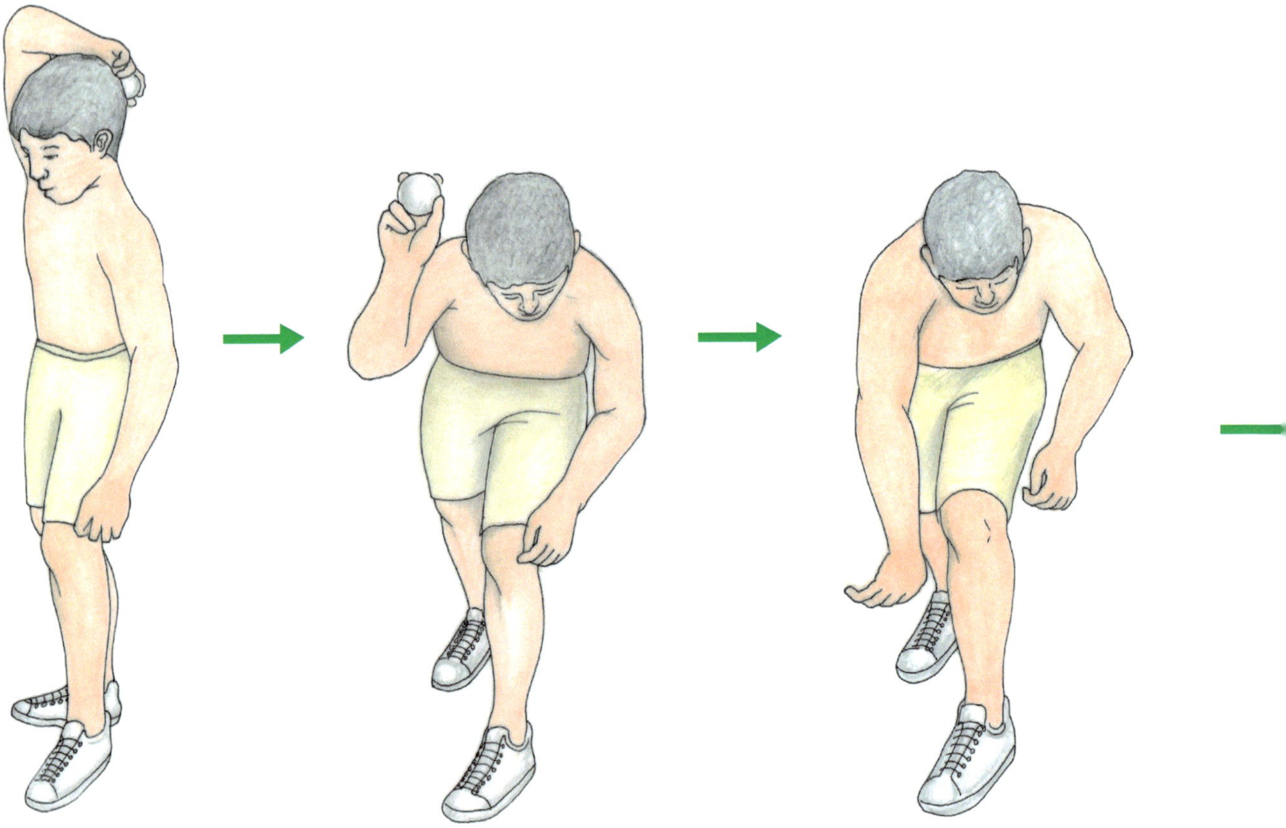

### ◆ 步法指导

正下投掷无痛后要指导步法。投掷时身体释放很大的作用力，这些力应流畅地作用于身体重心的移动和躯干的活动。应检查踏足的力线。如果膝关节内移，就不能维持身体重心移动（**图9**），这样髋关节以上的躯干就不能稳定，不利于投球。

笔者的治疗法是指导正下投掷后，再教其下蹲动作。此后，再进行良好力线下蹲、大腿弓步的练习。大腿弓步是前跨一步的负重训练，是投球动作的重要步伐。踏足的长轴与膝关节的方向是一致的，所以，有利于髋关节的活动，对此应予以指导。

**图8** 左右手的正下投掷（续）

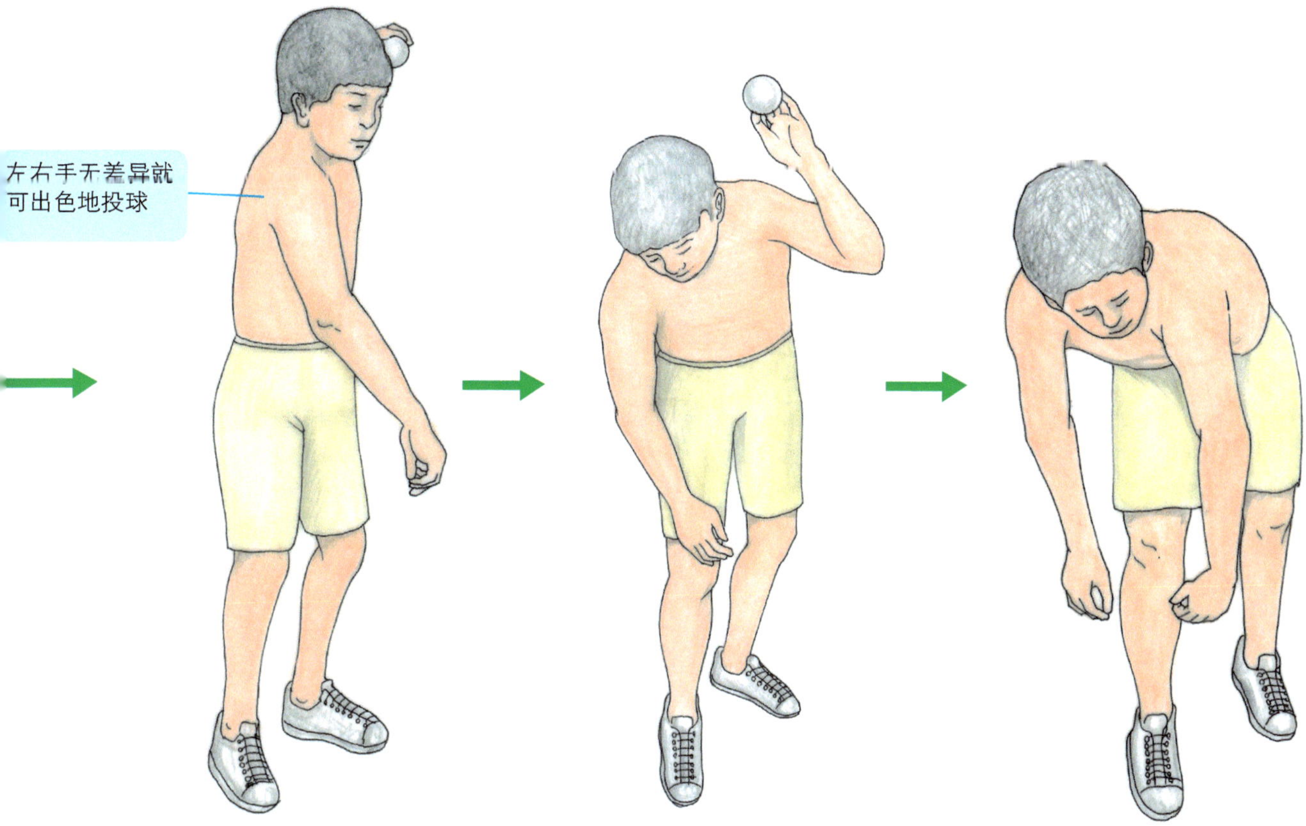

**图9** 正下投掷的步伐检查

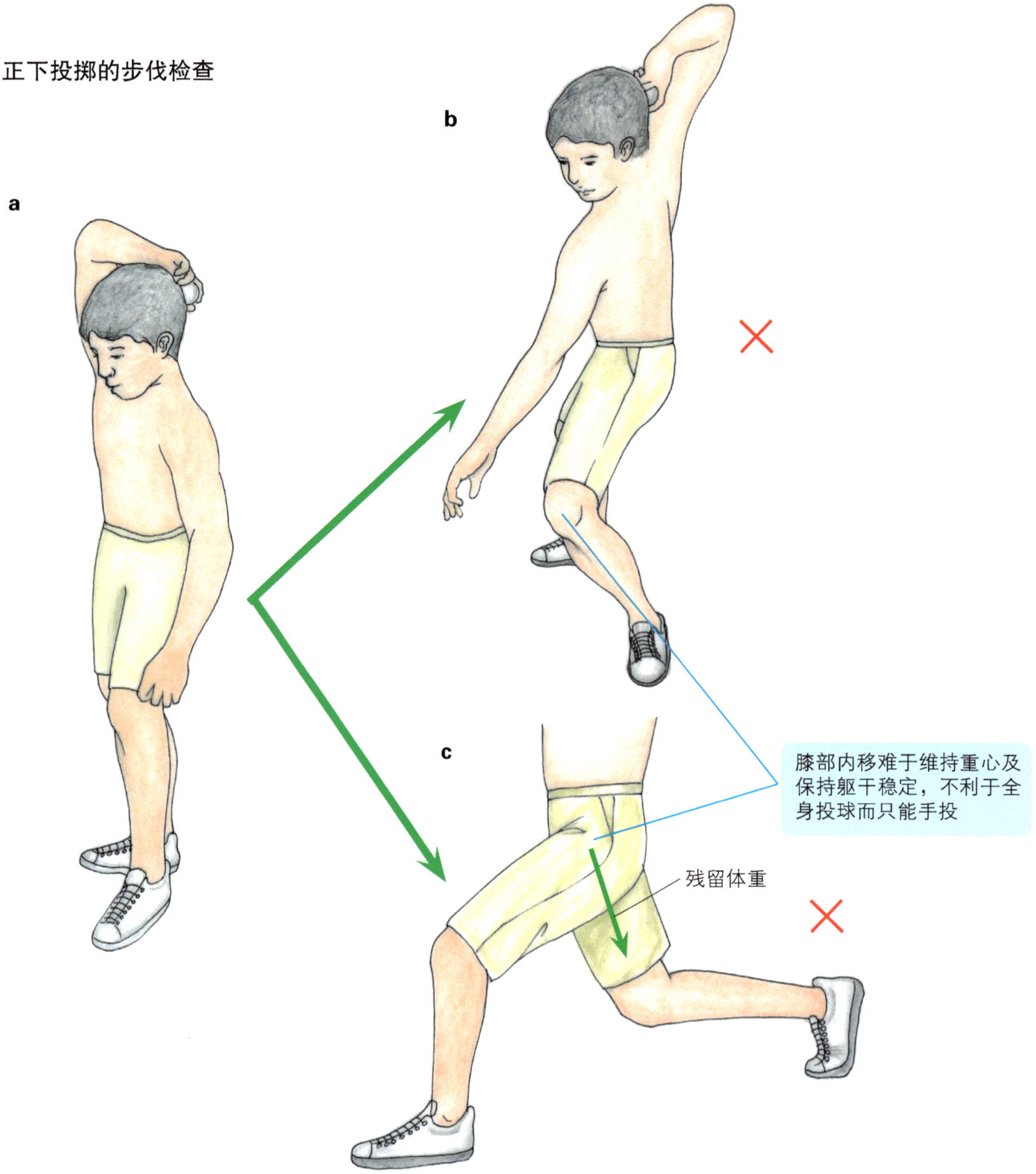


## 运动后疗法及预防损伤措施

上述治疗方法中叙述了全身参与的投球动作，运动后疗法及预防损伤措施就是其后应做的工作。基本上就是要进行下蹲、大腿弓步等训练，同时也要做上肢肌力的训练，包括投球、舞剑等左右动作对称的训练。对肌力降低的旋转肌的训练可增加这些肌肉的负荷，这在最初都是不能进行的。

良好的投掷方法其实就是旋转躯干、伸直前臂等简单的动作。在肩胛骨面的角度上伸展前臂，对肩不会产生损伤的作用力。躯干的旋转能产生巨大的能量，与踏足向前产生的力及髋关节和躯干的力等共同发挥作用，加之前臂适时地伸展，所有这些产生的能量都毫无损失地传递给棒球。这些动作的过程与投掷损伤的治疗和预防密切相关，理解了这些过程及其意义，竞技能力的提高就将指日可待（**图10**）[9]。

**图10　良好的投球动作指导**

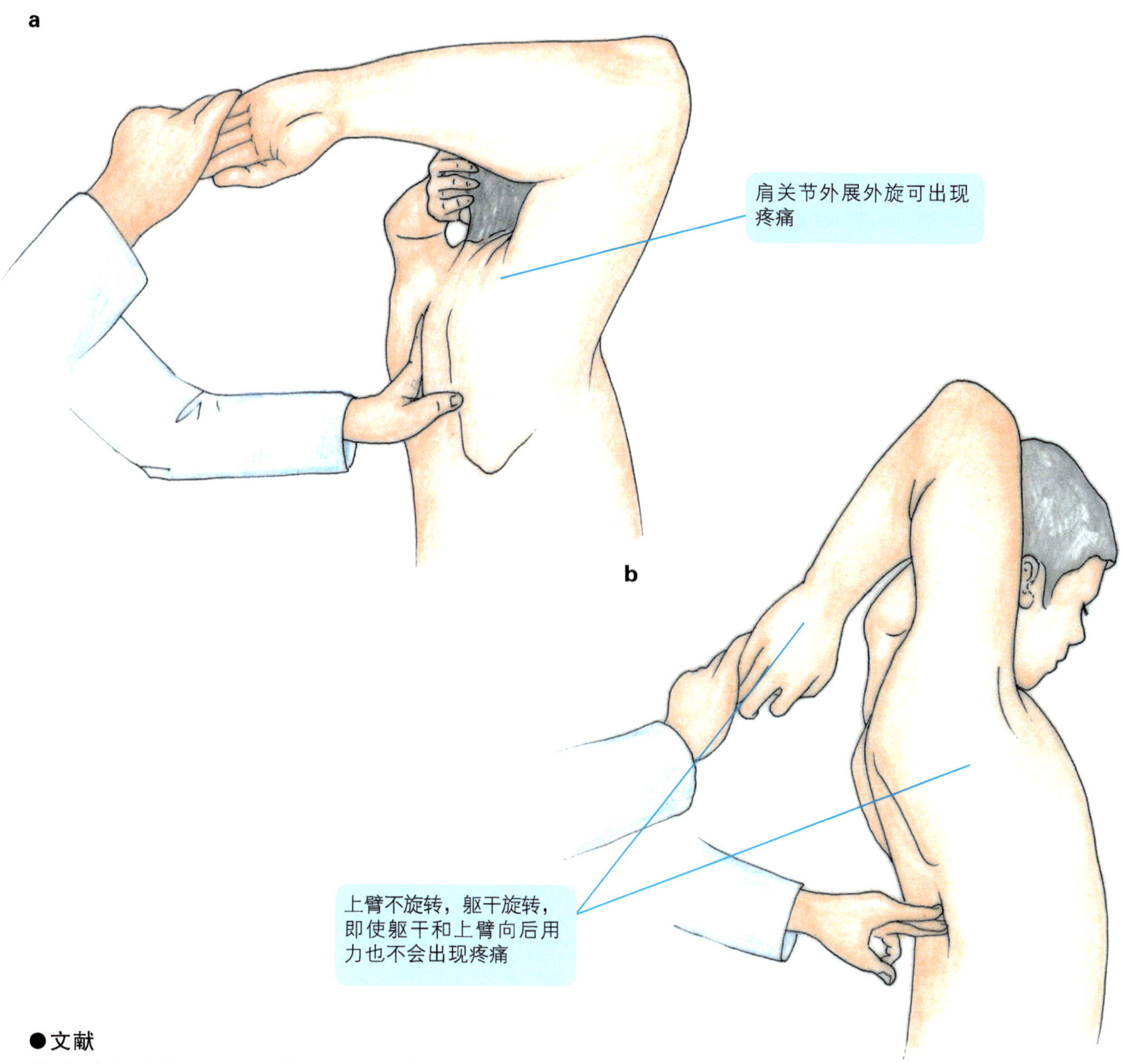


**●文献**


［1］渡會公治，ほか. 回内回外と上肢のマルユース症候群について. 日本整形外科スポーツ医学会誌，1993，12：315–320.

［2］渡會公治，増島　篤. 肘関節のスポーツ障害，投球フォームと肘障害. 日本肘関節学会雑誌，2005，12（2）：7–8.

［3］宮下浩二，ほか. 投球動作の肩最大外旋位における肩甲上腕関節と肩甲胸郭関節および胸椎の角度. 日本臨床スポーツ医学会誌，2008，16（3）：386–394.

［4］渡辺幹彦. 投球障害肩の治療. 肩関節，1999，23（3）：367–372.

［5］渡會公治. SP装具は投球障害を予防できるか. 肩関節，2003，27（3）：571–573.

［6］渡會公治. 投げ方の指導による成長期の野球肩・野球肘の治療. 臨床スポーツ医学，1995，12（9）：981–989.

［7］伊藤博一，ほか. 上肢投球障害者への対策–ZERO真下投げの有効性–. 日本臨床スポーツ医学会誌，2008，16（1）：49–58.

［8］岩堀裕介. 投球障害肩に対する保存療法–選手の啓蒙，肩後方構成体ストレッチング，投球フォーム矯正を中心に–. 骨・関節・靱帯，2002，15（12）：1219–1230.

［9］伊藤博一，ほか. 真下投げにおける体幹回旋運動の特徴：真下投げと上肢投球障害. 日本臨床スポーツ医学会誌，2003，11（3）：477–485.

# 运动引起的肘管综合征

大连医科大学附属第一医院 吴春明 王福生 译

庆友骨科医院副院长 辻野昭人

## 手术适应证

运动引起的肘管综合征的病因是肘管底部骨棘的压迫和神经移位引起的摩擦，不少病例两种病因混杂一起。对运动员可施行单纯减压、肱骨内上髁切除、神经前移等手术，但有时可残存神经粘连引起的损伤，尤其是肘关节伸展良好的选手此倾向更明显。

在解剖学上，肘关节屈伸时尺神经的神经张力变化不大，这一点非常重要[1]。这与肘内翻和肘外翻引起的肘管综合征明显不同，两者的手术适应证也有所不同。

## 手术特点

切除肘管底部的骨棘，使尺神经返回到扩大的肘管内的术式，称为肘管成形术[2]。在无神经移位的肘管旁，于肱骨内上髁上制作一骨沟的术式，称为神经沟成形术[3]。

## 手术方法

### 1 切口

患者取仰卧位，患肢使用驱血带。沿尺神经偏尺骨鹰嘴做弧形切口（**图1**）。与神经前移术不同，没必要切开近侧的支持韧带和远位的筋膜，仅切开很小的口即可。注意勿损伤皮神经。

神经移位的病例，滑车上肘韧带松弛，肘关节屈曲时，可出现尺神经跨越肱骨内上髁向前方滑动（**图2**）。

### 2 尺神经前移

与单纯减压一样，肘管松解后，把尺神经与伴行血管一起从肘管和肱三头肌剥离并前移（**图3**）。这时，把伴行血管与尺神经一起前移最好，血管即使不能前移，因近端的神经内血液循环的保留，也可不必强行前移。

**图1 切口与显露**

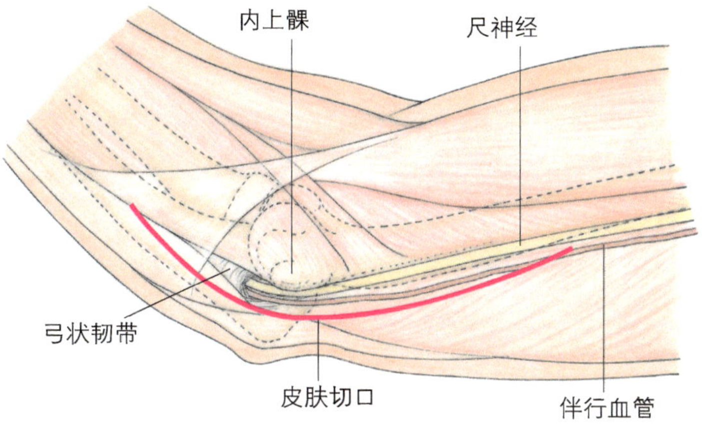


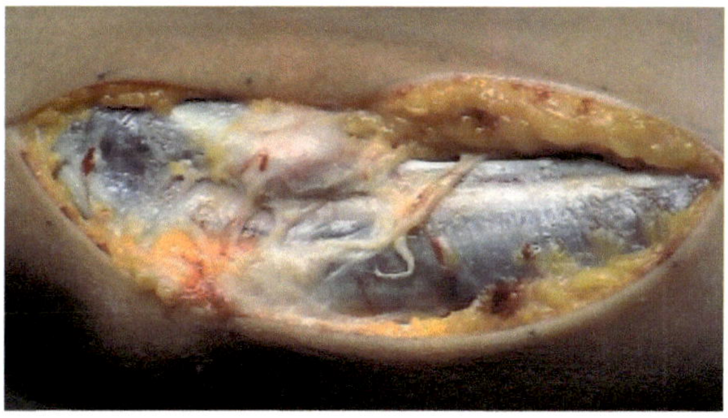

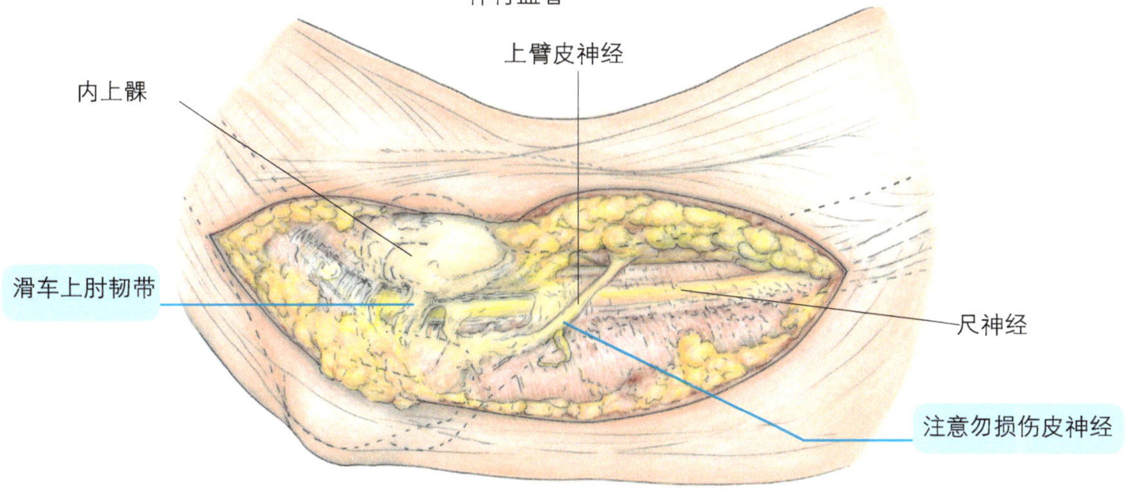


**图2 尺神经移位**

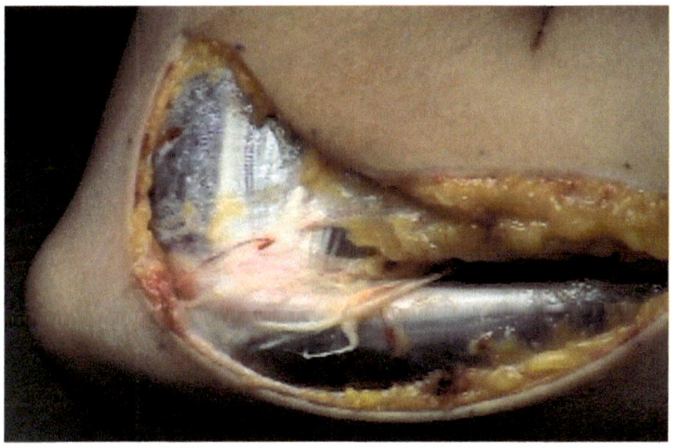

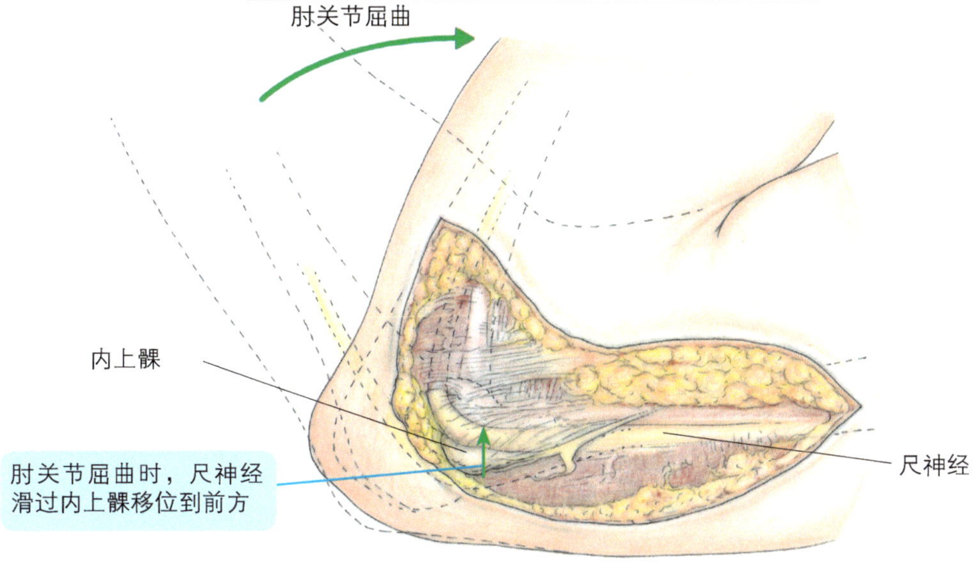

**图3**　尺神经前移

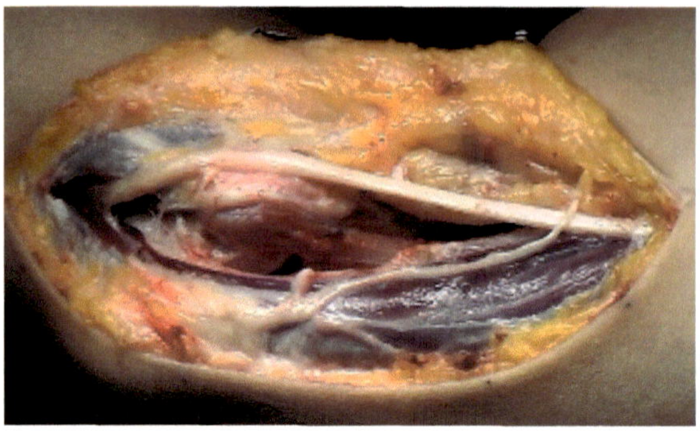

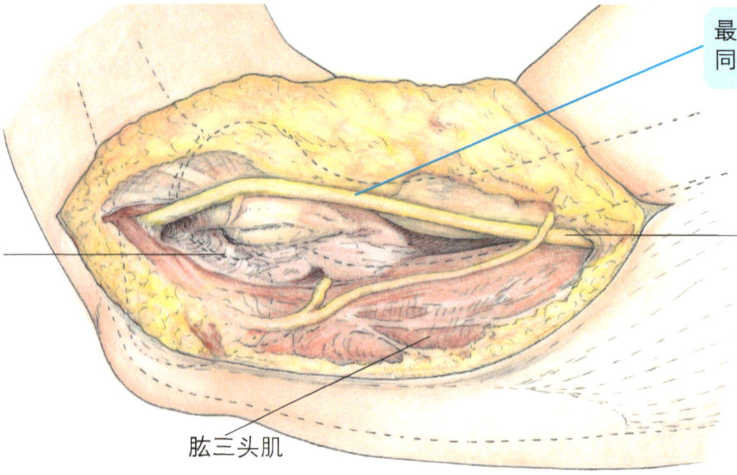


**图4**　神经外膜剥离术

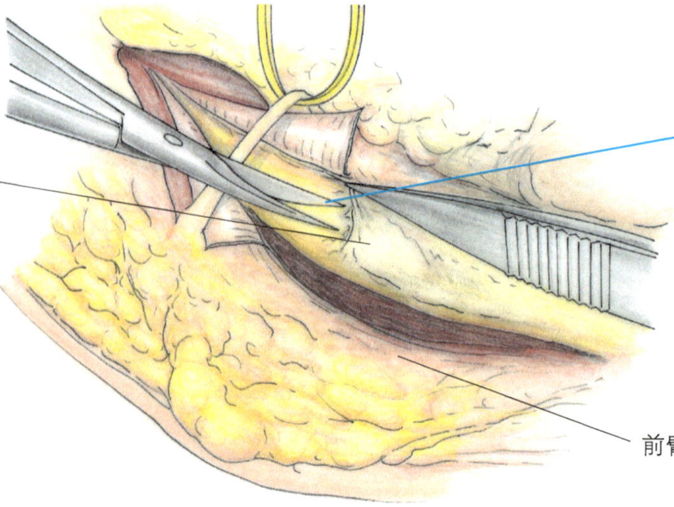


### ◆ 追加神经外膜剥离术

尺神经粘连较重和有假神经瘤者，以及有神经内纤维化的退行性肘关节炎者，可追加神经外膜剥离术（**图4**）。

**手术技巧及注意事项**

神经外膜全周及神经束膜剥离易引起神经内瘢痕形成，应避免。

## 3 肘管底部的扩大和尺神经沟的成形　难点

需要切除骨棘时，首先要切除内侧副韧带的后斜韧带（**图5a**）。前斜韧带

**图5　肘管底部的显露**

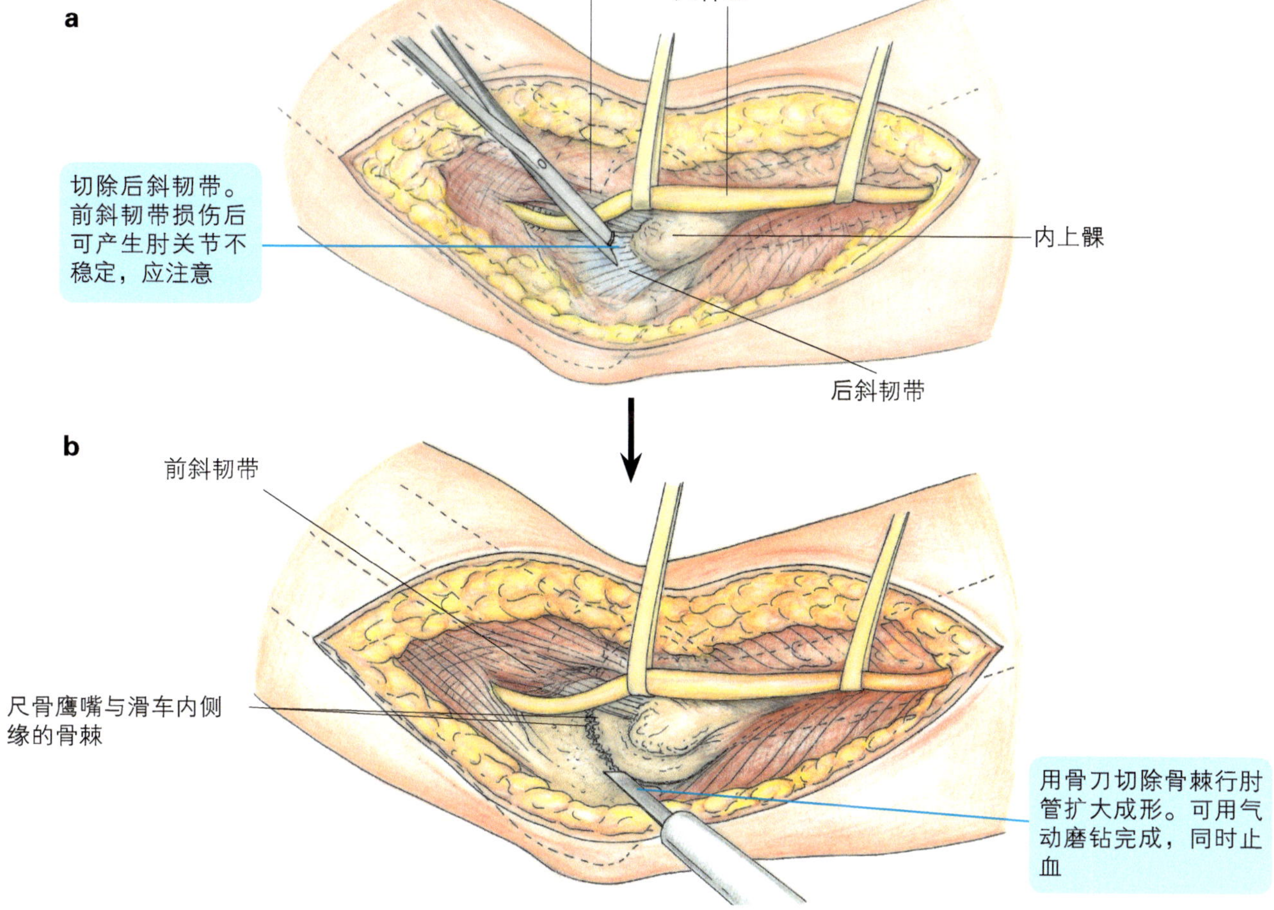


**图6　肘管底部的显露**

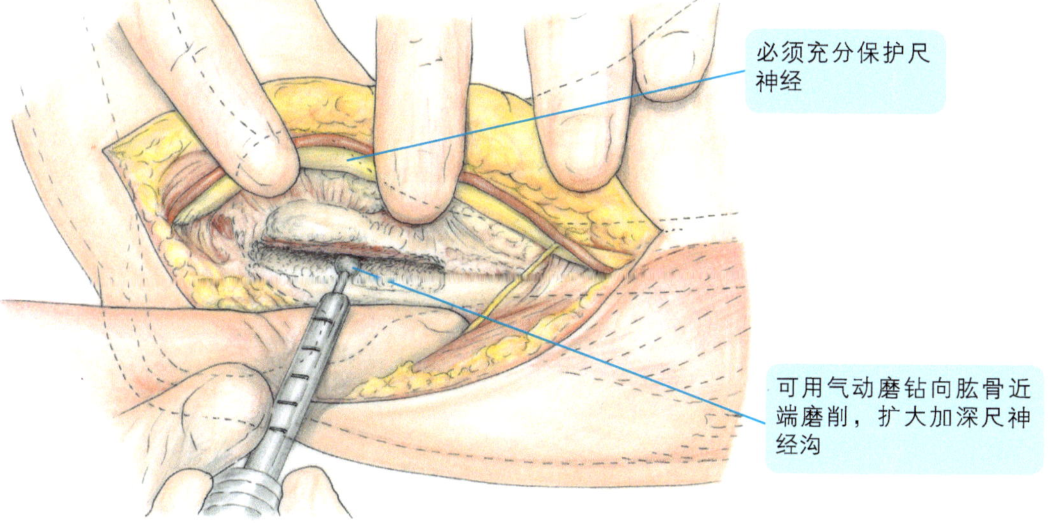


损伤后可产生肘关节不稳定，应注意。尺骨鹰嘴与滑车内侧缘的骨棘可导致肘管变浅变窄，应尽量扩大，用骨刀切除骨棘（**图5b**）。

## ◆ 尺神经沟成形

神经移位的病例，肘管近位的尺神经沟变浅，可用气动磨钻向肱骨近端磨削，扩大加深尺神经沟（**图6**）。这时，必须充分保护尺神经。此操作可使窄浅的肘管变深变大。

**手术技巧及注意事项**

用骨刀和气动磨钻制作骨沟面，在磨削完成后注意止血。

**图7　尺神经的修复**

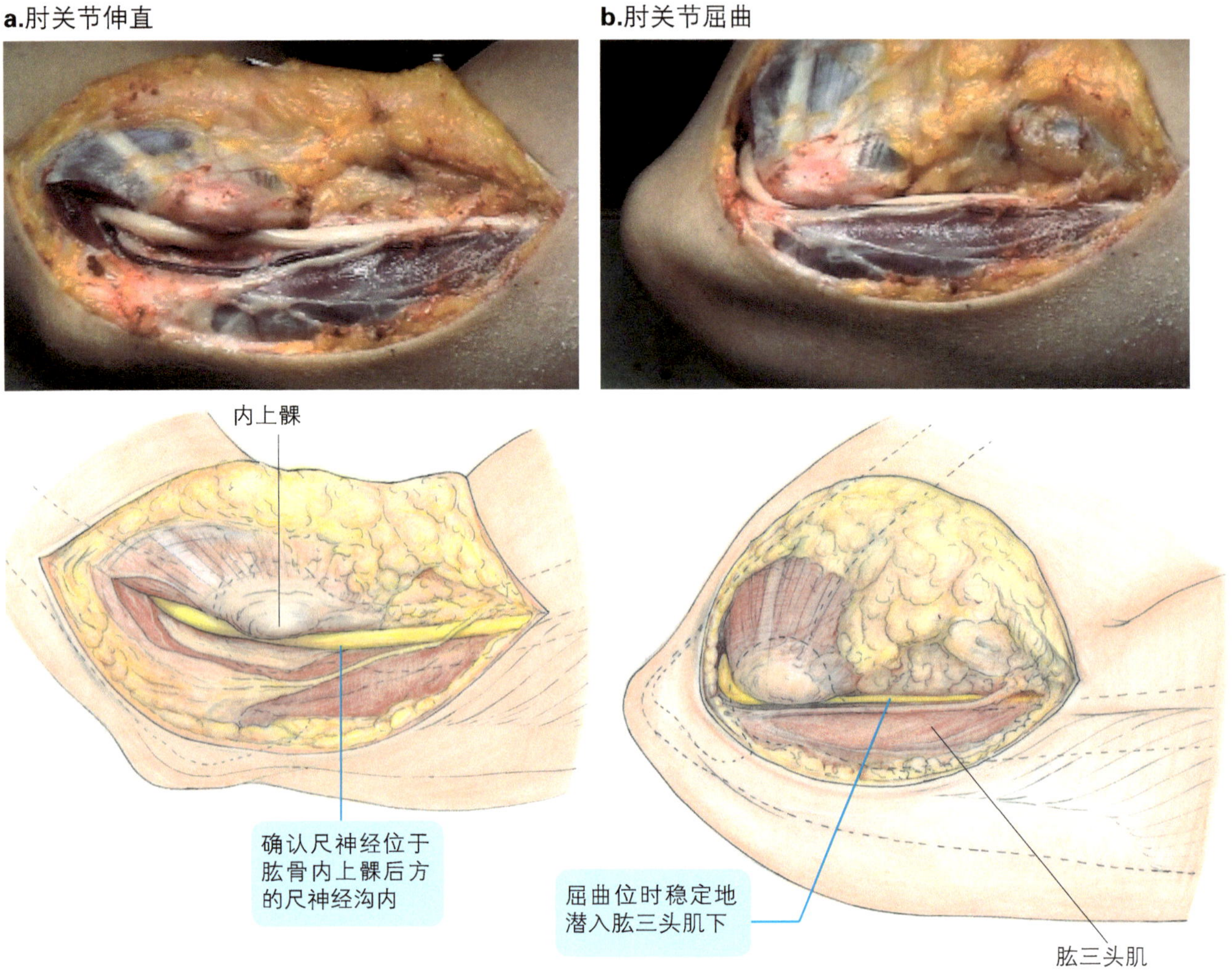


## 4 尺神经修复

彻底冲洗后止血，将尺神经回移到已成形的肘管尺神经沟内，术中确认尺神经在整个活动范围内无紧张，而且稳定地位于肱骨内上髁后方（**图7a**），屈曲位时稳定地潜入肱三头肌下（**图7b**）。

由于未行皮下和肌肉的剥离，故固定数日后即可开始主动运动，这对运动员竞技的复归是非常有利的。

**手术技巧及注意事项**

肱三头肌挤压尺神经时，需要将尺神经向近端松解游离，使其移行到肱三头肌内侧头深部。


●**文献**

[1] Tsujino A, Itoh Y, et al. Excursion of the ulnar nerve at the elbow following epicondylectomy or transposition. J Hand Surg, 1996，21-B：255-256.

[2] Tsujino A, Itoh Y, et al. Cubital tunnel reconstruction for ulnar neuropathy in osteoarthritic elbows. J Bone Joint Surg, 1997, 79-B：390-393.

[3] Tsujino A, Ochiai N. Ulnar groove plasty for friction neuropathy at the elbow. Hand Surg, 2001, 6：205-209.

# 肱骨内上髁撕脱骨折、骨骺损伤的手术适应证及手术方法

大连医科大学附属第一医院　吴春明　王福生　译

庆应义塾大学医学部骨科　佐藤和毅

## 疾病特点

内侧型棒球肘的损伤有：①内侧副韧带损伤；②前臂内侧屈肌群起点的肱骨内上髁损伤；③尺神经损伤；④骨棘形成（尺骨鹰嘴、冠状突尺侧缘等）；⑤肱骨滑车骨化损伤。各种损伤差异很大。其中①②对骨骺未闭合的中小学生来说，发病多无肌腱实质损伤，而以骨骺损伤和撕脱骨折等为主。

## 诊断

在内侧型棒球肘诊断上，仔细检查压痛部位和进行疼痛诱发试验非常重要。

前臂屈肌群起于肱骨内上髁前内侧，内侧副韧带起于肱骨内上髁的远端，尤其重要的是前斜纤维附着在尺骨冠突的尺侧缘（冠突结节）上（**图1**）。当然，不用说肱骨内上髁和前臂屈肌群，就连患者的前斜纤维和尺骨冠突结节也能触摸到。

肱骨内上髁的内侧副韧带附着部和前斜纤维及冠突结节有压痛时，应怀疑有内侧副韧带损伤，可做外翻应力试验，观察有无疼痛诱发。外翻应力试验在前臂外旋位、肘关节30° 屈曲位下进行。另外，O'Brien提倡应用挤奶（milking）试验，在内侧副韧带损伤时容易诱发疼痛，敏感而有效（**图2**）。

肱骨内上髁顶部周围和前臂内旋肌群有压痛时，应考虑为肱骨内上髁内旋肌群附着部的损伤。可进行诱发试验，即肘关节伸直位、前臂最大内旋位下抗阻力进行腕关节掌屈和前臂旋内动作，检查有无疼痛诱发。

拍X线片时，可在正侧位基础上加拍切线位片（肘关节45° 屈曲正位）。切线位片对肱骨小头剥脱性骨软骨炎及内侧副韧带（前斜纤维）起始部的撕脱骨折诊断有效，这是因为内侧副韧带尤其是前斜纤维起于肱骨内上髁远端的稍前方（**图1b**）。

肱骨内上髁撕脱骨折在有内侧副韧带起始部撕脱骨折时，多可发现内上髁下极小的撕脱骨片或横向骨折（**图3a**）。另外，内旋屈肌群附着部的撕脱骨折在肱骨内上髁内侧缘多有沿长轴方向或内上髁骨骺线的裂隙（**图3b**）[4]。

其他X线所见有股骨内上髁骨骺的肥厚变形分节，骨骺线开大或早期闭锁或闭合迁延等，将这些所见与健侧对比非常重要。

**图1　肘内侧副韧带的构成**

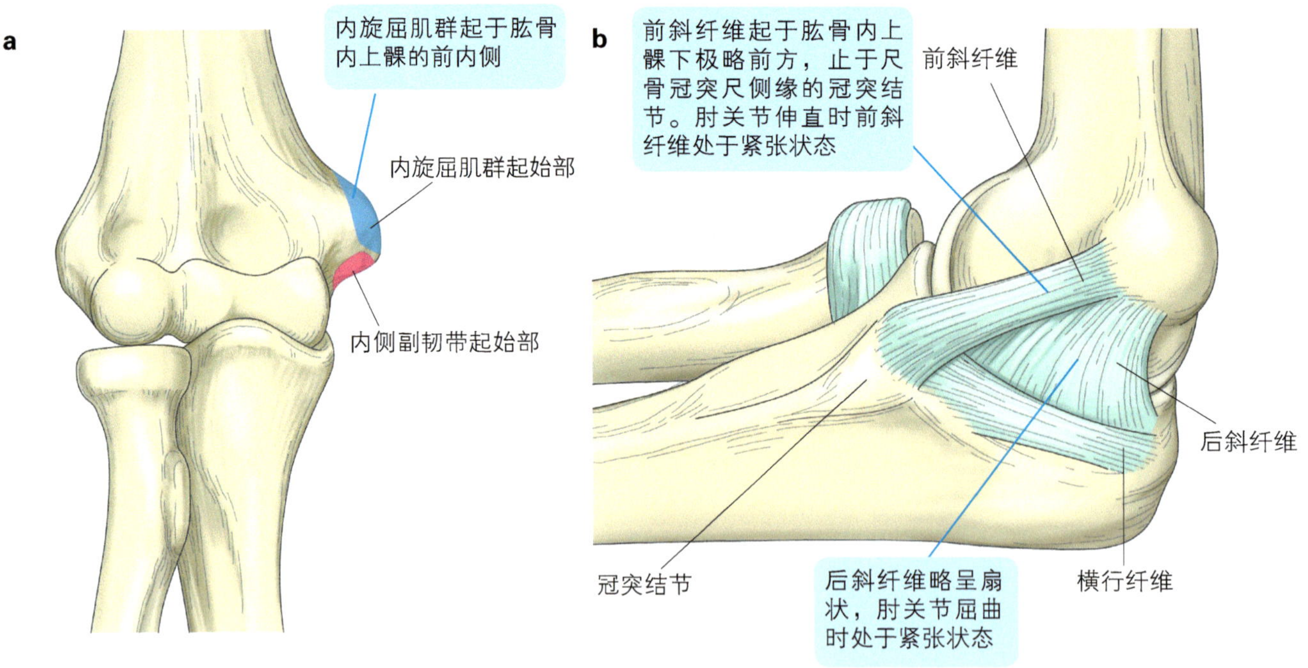


**图2　挤奶试验**

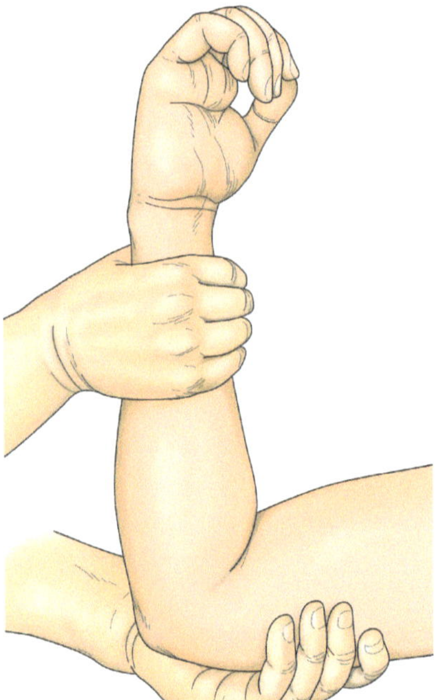

**图3　肱骨内上髁撕脱骨折**

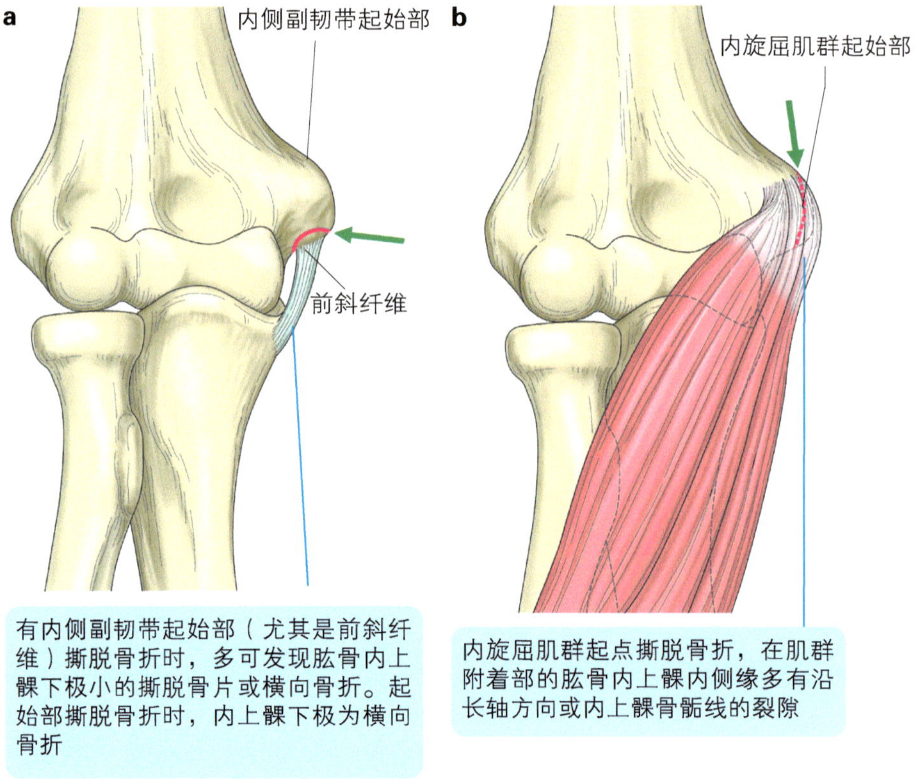


## 手术适应证

肱骨内上髁撕脱骨折和骨骺损伤原则上行保守治疗。

### ◆ 内侧副韧带起始部撕脱骨折

新鲜的内侧副韧带起始部撕脱骨折，经3~4周的石膏固定，压痛等临床症状可消失，但X线上的骨愈合则需要2个月的时间。也有报道称，陈旧骨折经保守治疗也能继续回归运动，不需要手术治疗。

内侧副韧带起始部撕脱骨折的手术适应证是保守治疗无效的陈旧骨折，患者希望重返竞技运动，但主诉有投球痛和不稳定感，有骨片造成的尺神经损伤，骨片较大且撕脱骨折时间短（6个月）、韧带无瘢痕化的病例可行撕脱骨片的整复固定；骨片小且陈旧、韧带瘢痕化的病例则是韧带重建术的适应证。

### ◆ 内旋屈肌群附着部的撕脱骨折

内旋屈肌群附着部的撕脱骨折原则上行保守治疗。但骨片较大且移位也大者及骨折端分离较大者（笔者的标准是1 cm）推荐手术治疗。

## 典型病例图像

【病例1】适合手术（术前）

内侧副韧带起始部撕脱骨折（陈旧骨折）。

14岁，男性，左投手。打棒球史：从小学2年级开始，已有7年，是少年队和青年队投手。比赛中投曲线球时突感左侧关节内侧疼痛，不能投球。在外院进行了保守治疗。受伤后4个月允许投球，但因疼痛一次球也未投成。受伤后7个月，经人介绍来笔者医院就医。

ⓐ健侧。

ⓑ患侧。在X线正位片上可见移位的肱骨内上髁下极的撕脱骨片（箭头所指）。

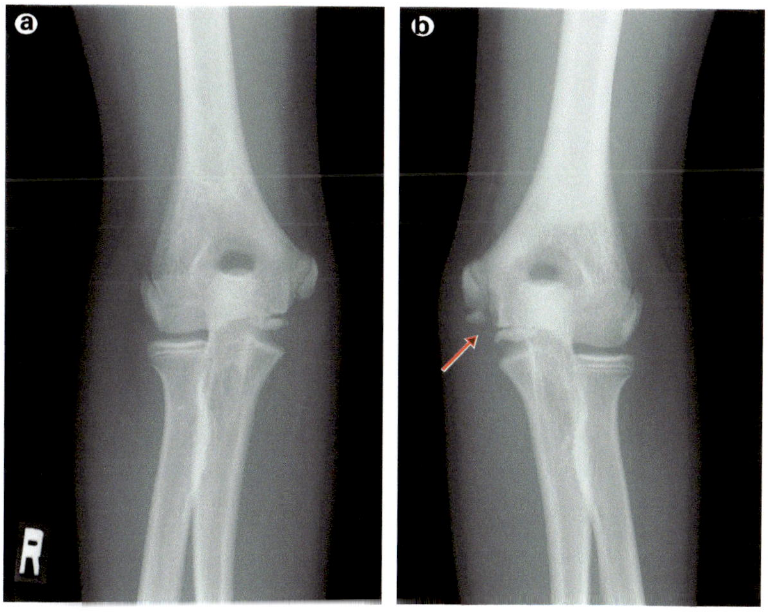


【病例2】适合手术（术前）

内旋屈肌群附着部的撕脱骨折。

13岁，男性，右投手。打棒球史：从小学3年级开始，已经5年，少年队投手。棒球接球中右肘关节内侧部出现疼痛，不能投球。受伤后2个月经介绍来笔者医院就医。

ⓐ患侧X线正位片。X线上内上髁已闭合的骨骺线出现了裂隙，约有1 cm的分离移位。

ⓑ健侧（左侧）X线正位片。

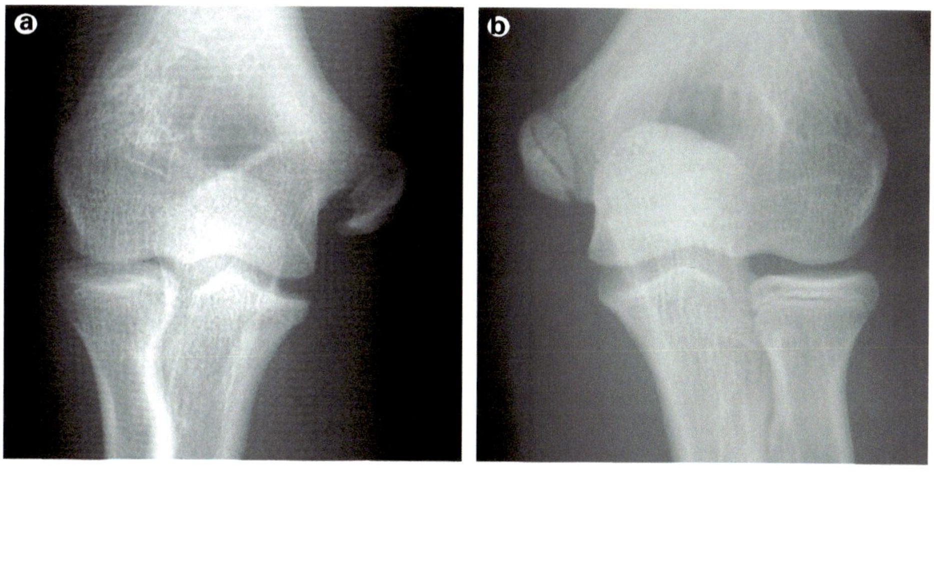

## 手术概要

1 肘关节内侧入路

2 撕脱骨折部的显露

3 骨折部的新鲜化

4 骨片的整复、固定 难点

5 冲洗、闭合切口

# 手术方法

## 1 肘关节内侧入路

患者取仰卧位。患肢应用驱血带，外展于手术台上。以肱骨内上髁顶部为中心，沿尺神经走行切开皮肤4~5 cm（**图4**）。前臂内侧皮神经在内上髁的前方经术野由前向后斜行走行，应注意勿损伤此神经。

**手术技巧及注意事项**

无尺神经症状者不必显露尺神经。

**图4　切口**

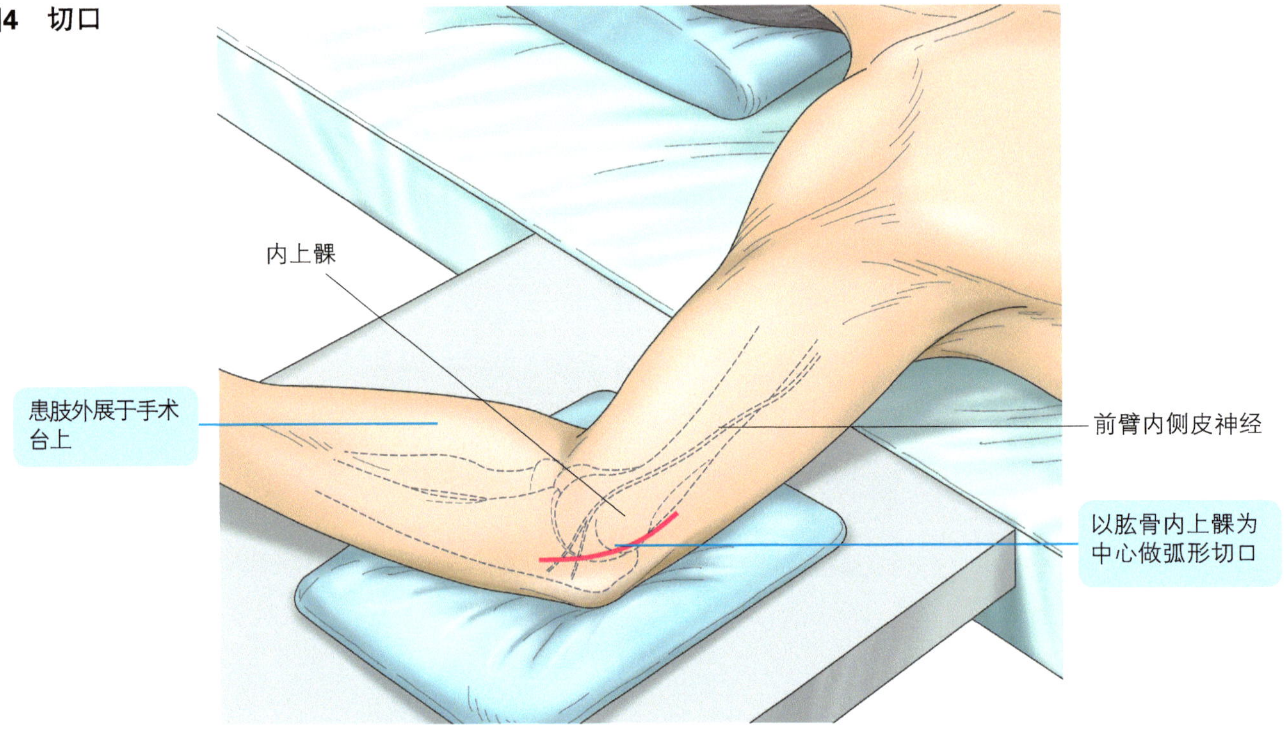

## 2 撕脱骨折部的显露

### ◆ 内侧副韧带起始部撕脱骨折

触摸到内侧副韧带和尺骨冠突结节后，沿前斜纤维走行切开屈肌群筋膜。钝性分离屈肌群，显露与前斜纤维并列的撕脱骨片（**图5a**）。陈旧病例可发现在骨片与内上髁撕脱部（内上髁下极）之间夹有瘢痕组织。

**手术技巧及注意事项**

摸到冠突结节钝性分离屈肌群后，就能看见前斜纤维。显露前斜纤维附近后，就比较容易确定内上髁的撕脱骨片。

### ◆ 内旋屈肌群附着部的撕脱骨折

显露内上髁周围的皮下组织后，就可触知带有屈肌内侧群的移位骨片。新鲜病例皮下切开后就可确认出血和移位的骨片。陈旧病例可发现在骨片与内上髁原来的位置之间夹有瘢痕组织，该部位可触知裂隙（**图6a、b**）。

**图5　内侧副韧带起始部撕脱骨折**

a

b

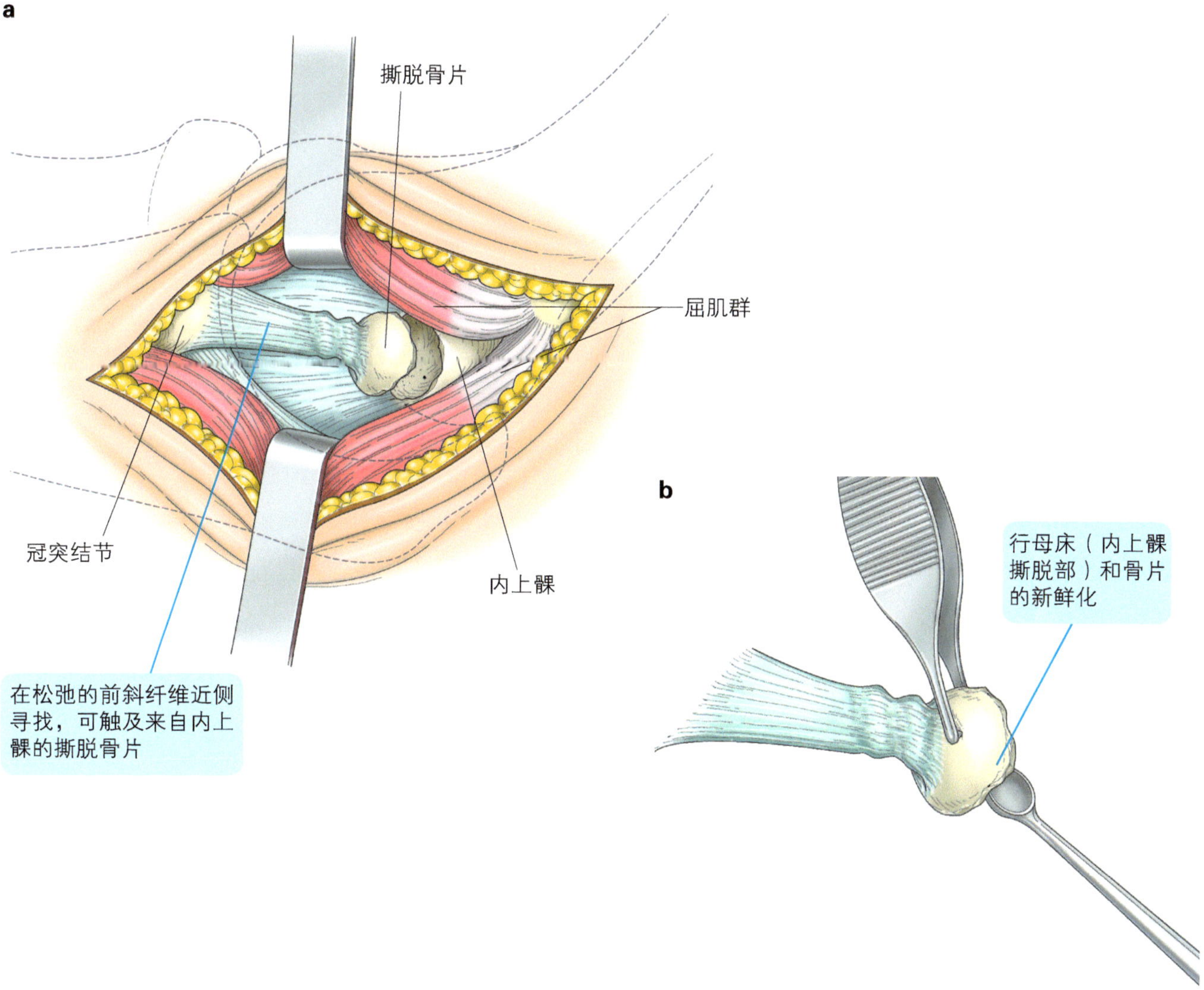

**图6** 内旋屈肌群附着部的撕脱骨折

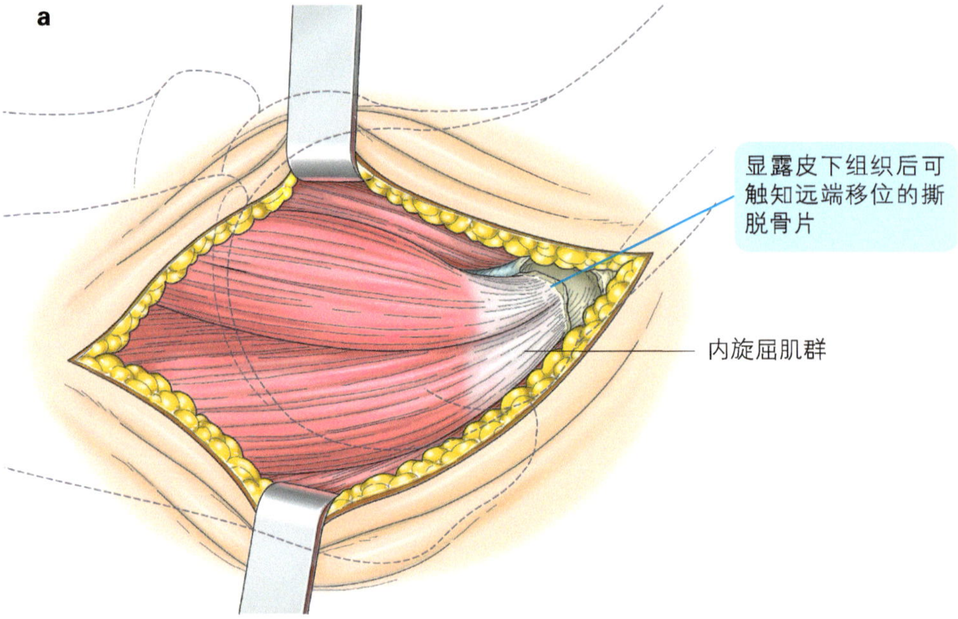


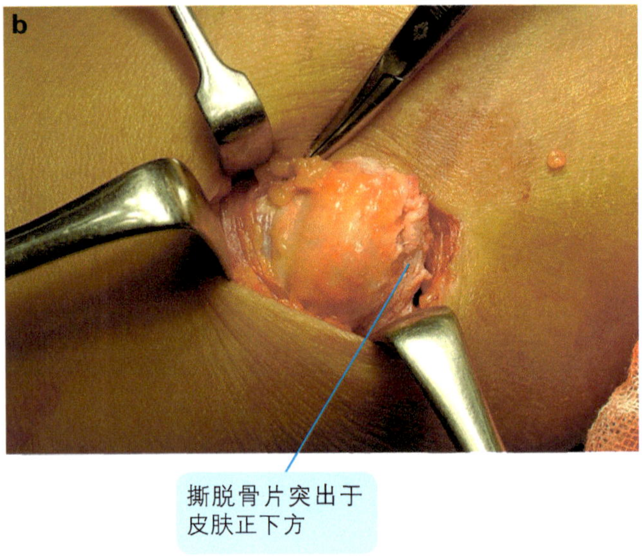


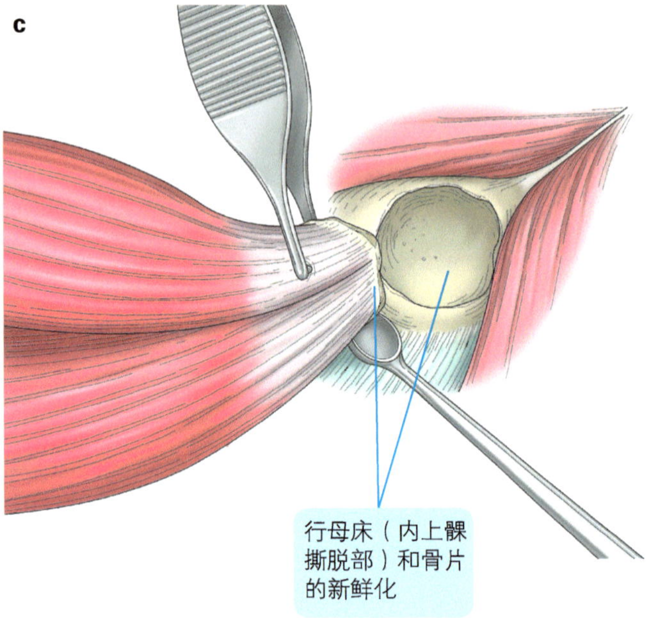


## 3 骨折部的新鲜化

使用刮匙等对骨片和内上髁母床进行清创，注意不要损伤附着骨片的内侧副韧带和内旋屈肌群（**图5b、6c**）。

**手术技巧及注意事项**

为避免损伤附着的韧带和肌肉，应小心清创。

## 4 骨片的整复、固定 难点

内侧副韧带起始部撕脱骨折，应在肘关节轻度屈曲位，一边对肘关节施加内翻应力一边进行骨片复位。内旋屈肌群附着部的撕脱骨折，在前臂内旋位，肘关节轻度屈曲位下进行骨片复位较为容易。复位后的骨片行内固定，用张力带钢丝固定有效。

**手术技巧及注意事项**

获得解剖复位较难，手指的感觉亦有限，推荐透视或术中X线确认复位情况。

内侧副韧带起始部撕脱骨折向肱骨内上髁后方插入克氏针，而内旋屈肌群附着部的撕脱骨折向肱骨外上髁上部插入克氏针（**图7**），钢丝的粗细依据骨片的大小而定，一般来讲，克氏针的直径为1.2~1.8 mm、钢丝直径为0.4~1.0 mm比较合适。另外，内侧副韧带起始部撕脱骨折的病例，在取出克氏针时最好显露尺神经。

**手术技巧及注意事项**

内侧副韧带起始部撕脱骨折的病例，如骨片较小不能行内固定，或前斜纤维变性和瘢痕化者，应行韧带重建术。

## 5 冲洗、闭合切口

冲洗切口，彻底止血，用4-0可吸收线缝合筋膜、皮下组织，5.0尼龙线缝合皮肤。不需要放置引流物。

**图7　骨片的固定**

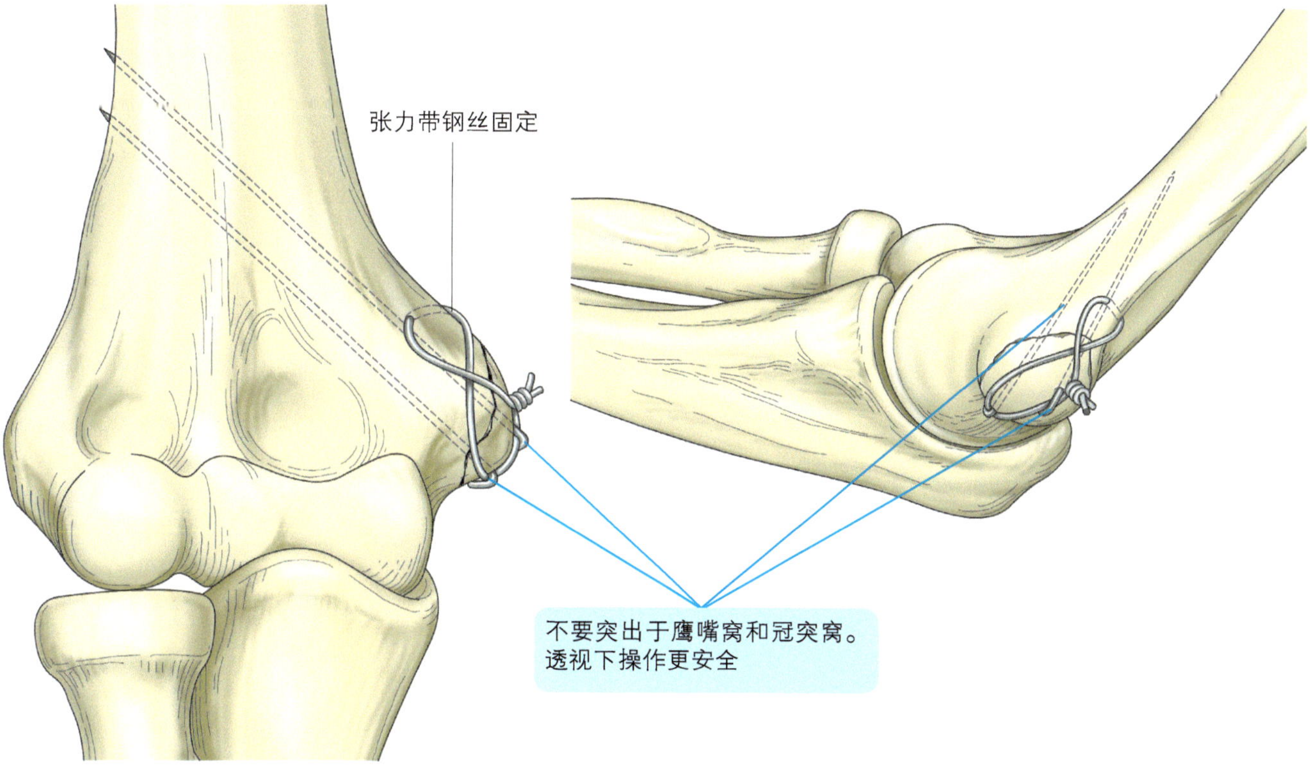

## 外固定与康复治疗

术后肘关节90° 旋转中立位，用石膏固定肘至掌指关节。初期是为了固定骨片，通常2~3周拆除外固定，开始进行活动训练。早期活动训练以主动运动为主，进行肘、腕关节屈伸练习。内侧副韧带起始部撕脱骨折的病例最初2周应避免外翻训练。

用X线确认骨愈合后，在术后3~4个月起开始轻微的投接球训练，4~5个月后方可全方位参加投球训练和比赛。


●**文献**

[1] 柏口新二, ほか. 野球肘・成長期野球肘の自然経過と治療–.関節外科, 1989, 8（9）: 109–117.

[2] 柏口新二，ほか. スポーツにおける骨軟骨障害の予防. THE BONE, 2005, 19（4）: 407–412.

[3] 村田英明, ほか. 野球肘の自然經過. 日関外誌, 1993, 12: 211–222.

[4] 村田英明, ほか. 肘関節の内側障害. MB Orthop, 1997, 10（8）: 55–65.

# 肘内侧副韧带功能不全的重建

大连医科大学附属第一医院 吴春明 王福生 译

庆友骨科医院 古岛弘三
庆友骨科医院院长 伊藤惠康

## 手术适应证

肘内侧副韧带功能不全的原因主要在于不正确的投掷动作（棒球最多）。本病一般不影响日常生活，但会使竞技运动水平下降。所以仅在强烈期望恢复竞技运动时才具有手术适应证。

## 手术方法

### 1 显露（**图1a**）

患者取仰卧位。患肢应用驱血带，外展，用厚毛巾使肘关节外翻。从肱骨内上髁顶部稍后中枢侧开始，沿尺神经走行向末梢做弧形切开。皮下显露时注意用皮条保护前臂内侧皮神经。

**手术技巧及注意事项**

投球时若有尺侧麻木，韧带重建前可将切口向中枢侧延长，切除硬化的内侧上臂肌间隔。如有Struthers弓，可将其切开（**图1b**）。

### 2 肘内侧副韧带的显露

沿尺神经前缘顺纤维方向分离屈肌群起始部，摸到冠突结节后，从肱骨内上髁下端5 cm处显露。尺神经位于冠突结节下面，将尺神经剥离并移向后方（**图2a**）。

**手术技巧及注意事项**

显露时，由于存在肘外翻，恰好能看到的最紧张的韧带就是肘内侧副韧带，沿纤维方向切开后，就可看到深层有断裂和瘢痕化。

**图1　体位与显露**

**a.**体位

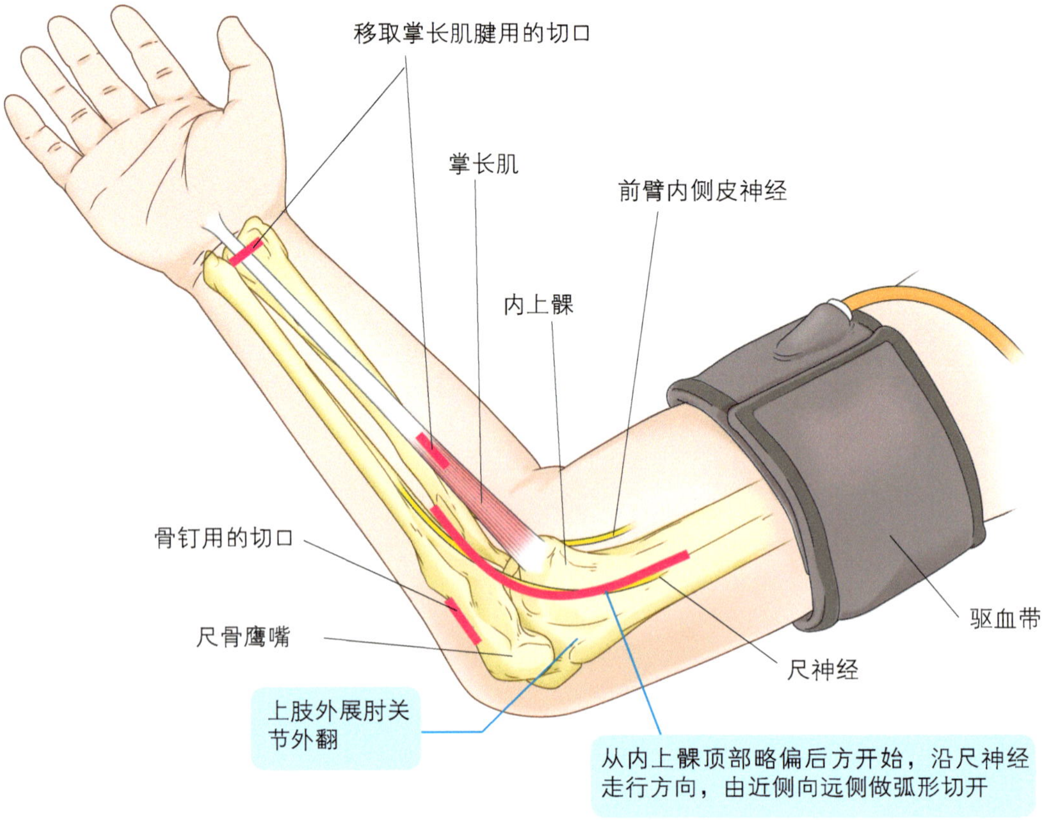


**b.**肌间隔的切除与 Struthers弓的切开

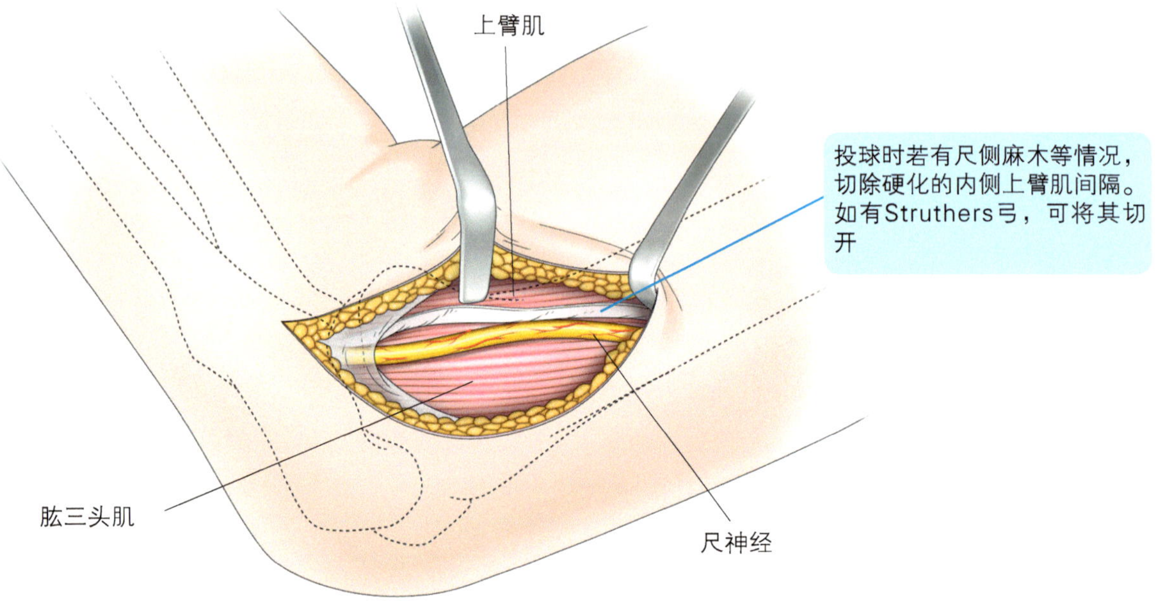

## 3 冠突结节制作骨孔

在肘关节间隙远端8~10 mm处，用3.2 mm的钻头于冠突结节前方及后方向骨内呈直角交叉钻孔（**图2a**）。为保持骨强度，保留骨皮质约8 mm（**图2b**）。

**手术技巧及注意事项**

尺神经周围血管出血可使手术视野不清，应事先边止血边显露。制作骨孔时用一枚注射针插进关节间隙确认。

**图2 制作骨孔**

**a.**在冠突结节部制作骨孔

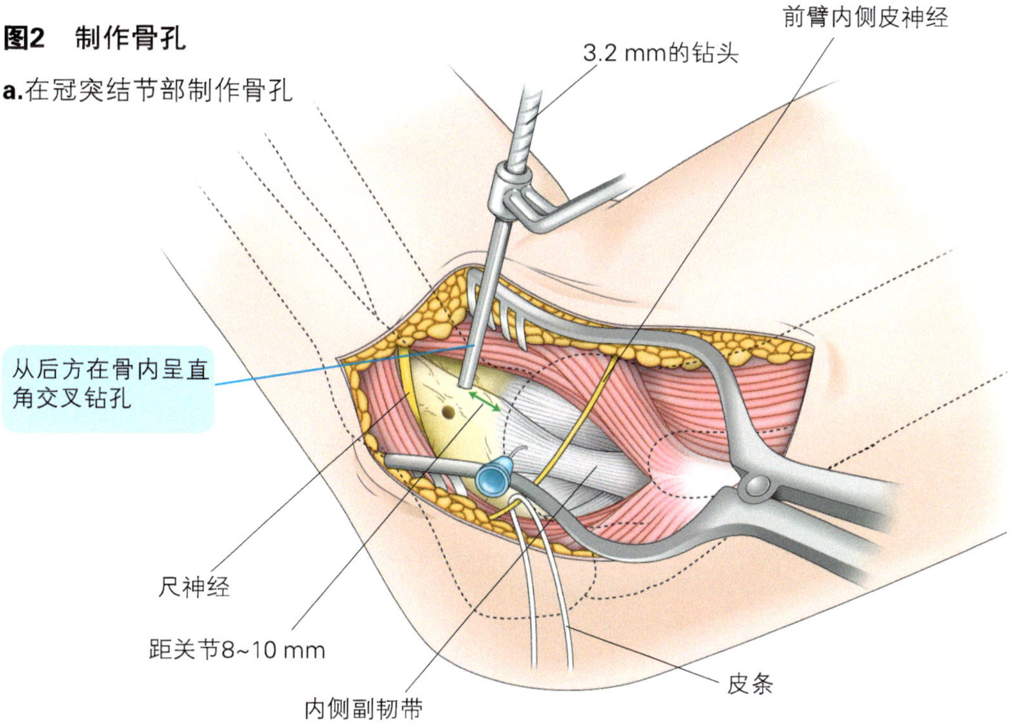


**b.**骨孔的模式图

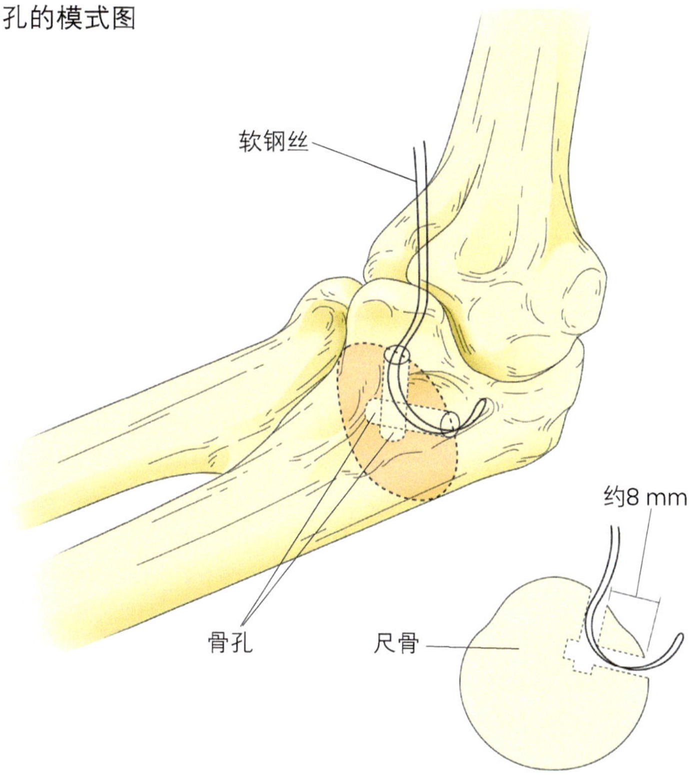

## 4 移植肌腱及骨柱的采取

尽量在患侧采用较长的掌长肌腱（**图3a**），从同侧尺骨鹰嘴的骨皮质上采取骨柱，作为肱骨内上髁部的腱固定材料。用4.5 mm的钻头采取一块略宽、稍薄、长15 mm的骨柱（**图3b**）。

**难点解析**

**患侧掌长肌腱阙如！**

患侧掌长肌腱阙如时，可用健侧掌长肌腱或股薄肌腱、趾长伸肌腱等代替。

**图3　移植肌腱与骨钉采取**

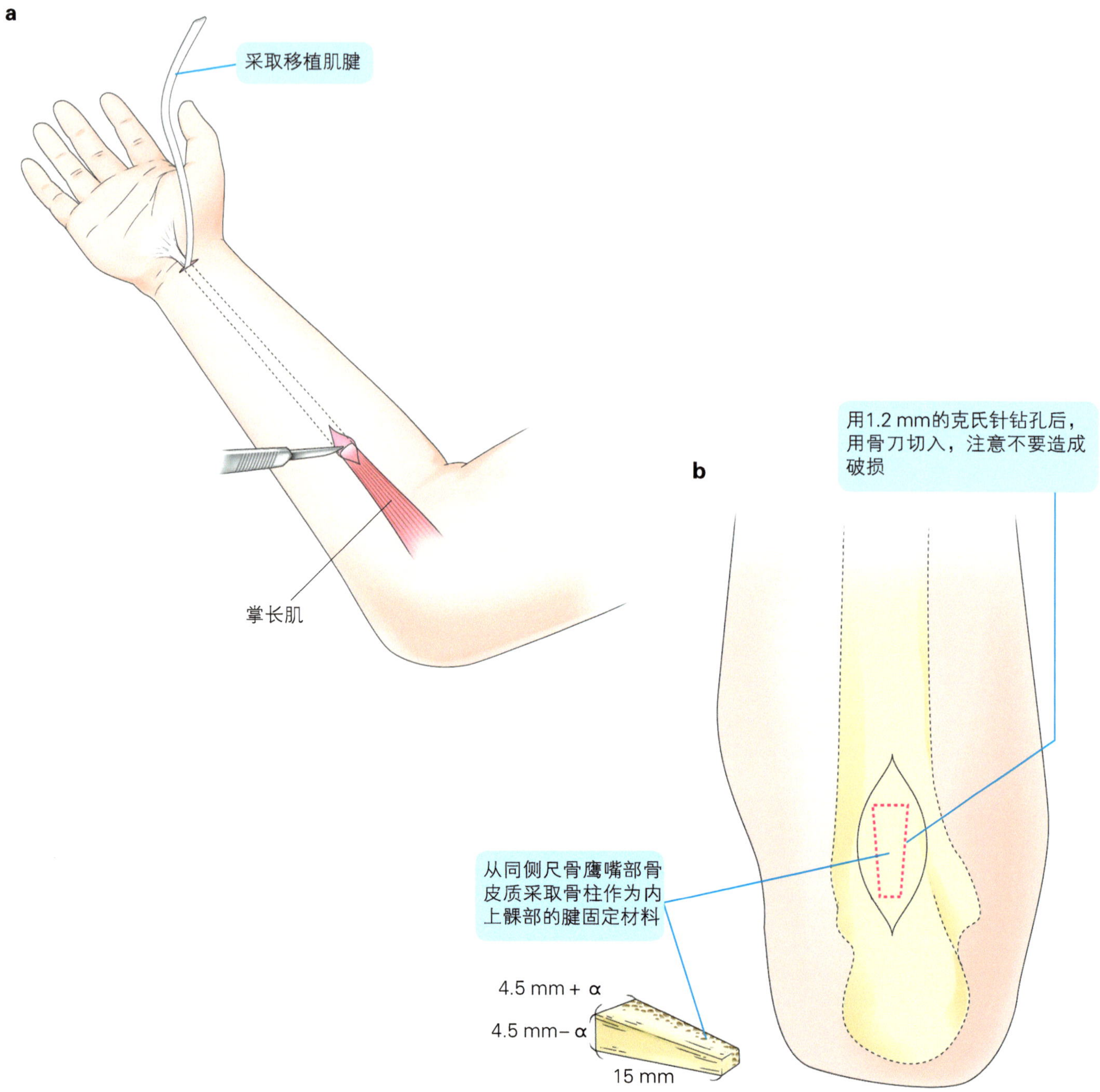

## 5 肱骨内上髁部骨孔的制作（图4）

在肱骨内上髁下端略前方（大约7点的位置），用直径4.5 mm的钻头钻孔。预先把后方的尺神经从内上髁部游离并妥善保护。

## 6 移植肌腱的固定（图5） 难点

折曲直径0.46 mm的软钢丝，穿过冠突结节的骨孔，将采集好的移植肌腱的一端穿过骨孔并引出，再将两根肌腱穿过内上髁骨孔，并由前向后引出。在固定前强力牵引移植肌腱两端使其紧张。保持肘关节内翻位的同时用力牵拉肌腱，在肘关节60° 屈曲位用打入器固定骨柱（**图5b**）。其余肌腱折返后埋入屈肌群起始部与筋膜缝合（**图6**）。

**图4** 内上髁部骨孔的制作

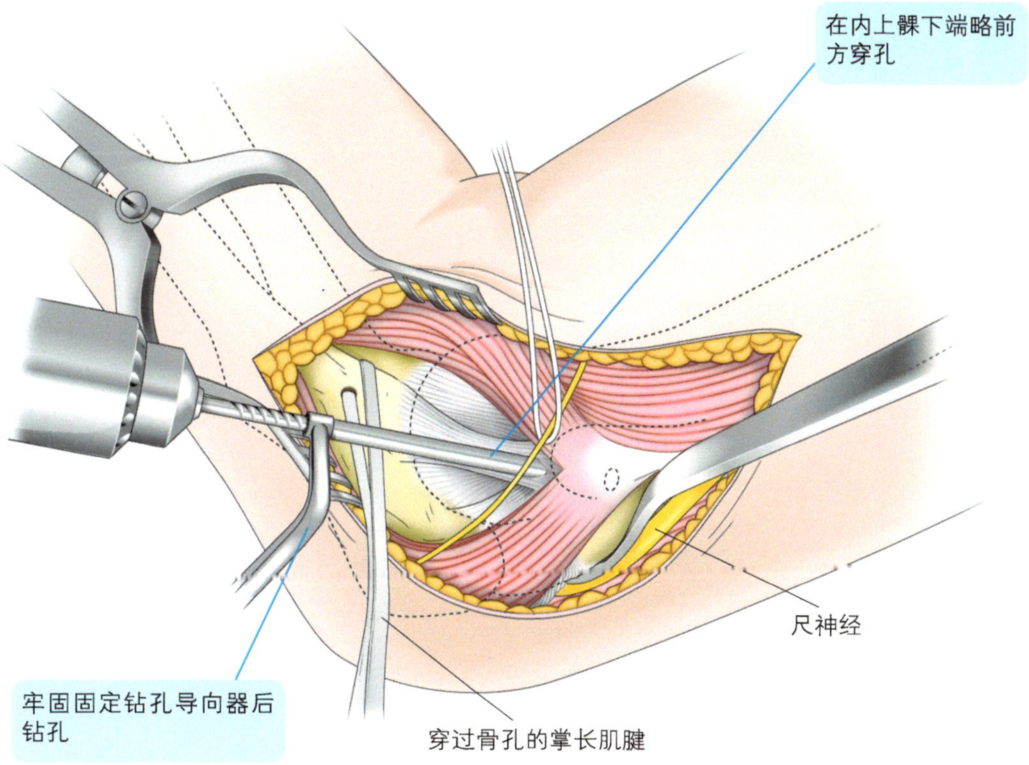

**图5 移植肌腱的固定**

a

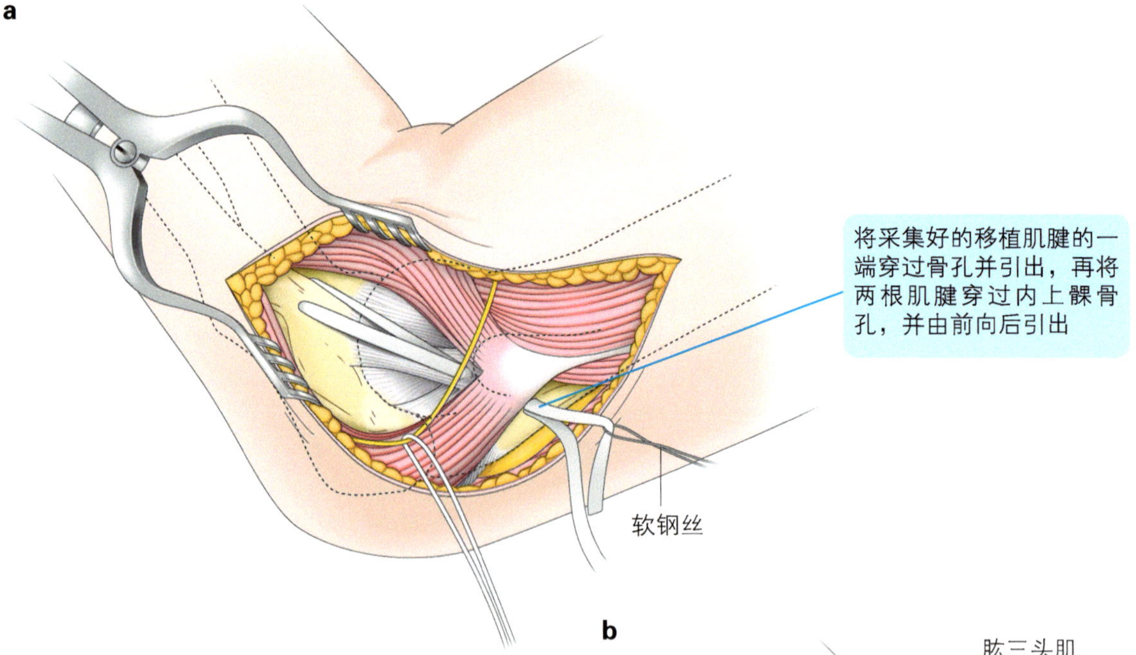


b

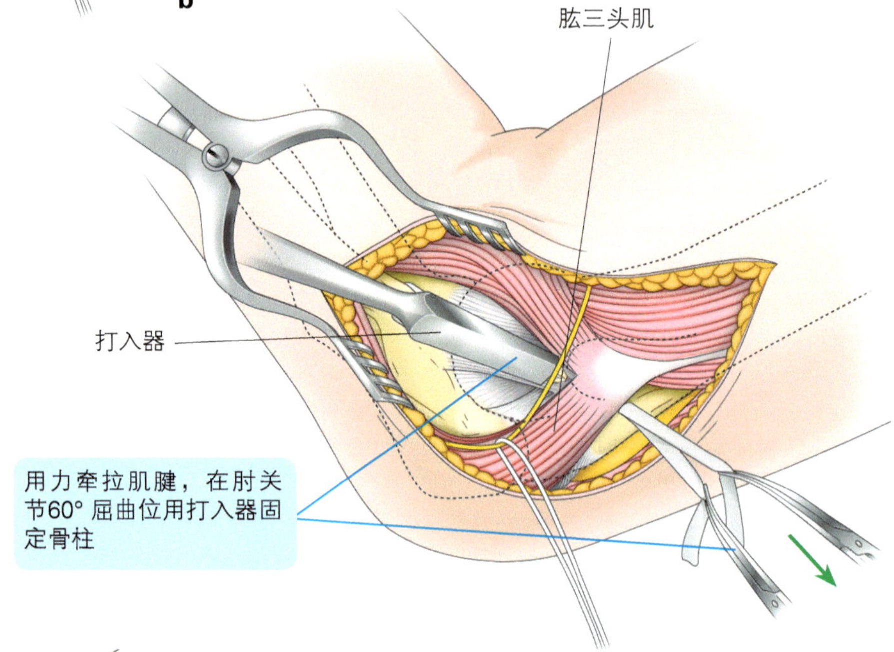


**图6 筋膜缝合**

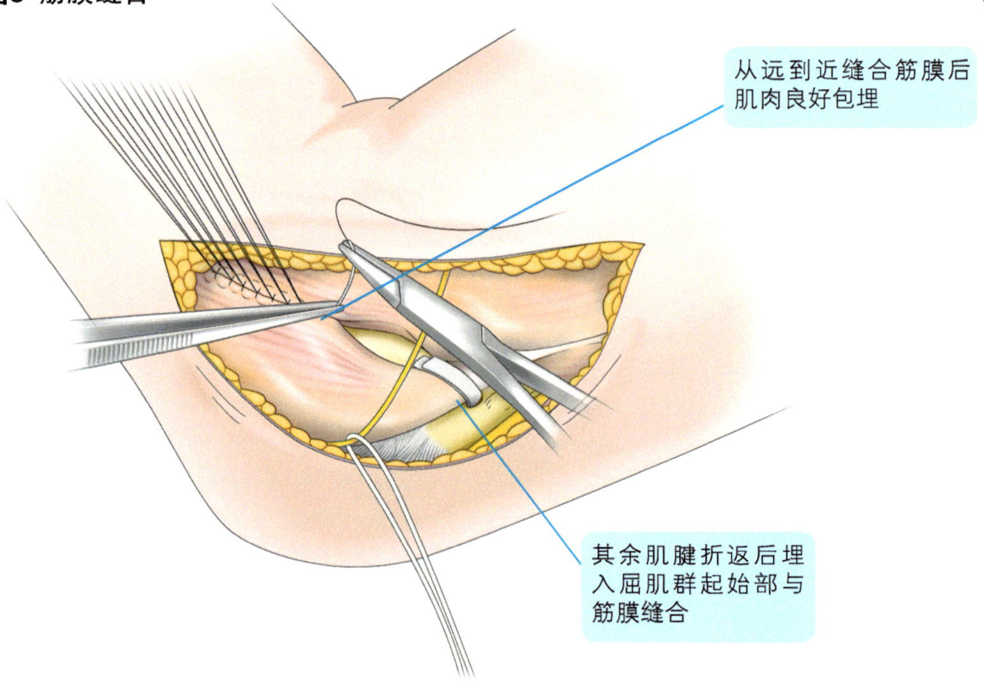

## 康复治疗

肘关节屈曲内翻内旋位石膏绷带固定4周（**图7**）。去除石膏后，开始腕、肘关节的自主运动。术后4个月开始网前投球，术后6个月开始远投，8个月可开始全力投球。

### 康复治疗要点

石膏绷带要牢固固定直到腋窝。如发现松弛，及时更换。拆线或更换石膏绷带时，以及去除石膏绷带后2周内注意不要取外翻位。

**图7** 术后固定

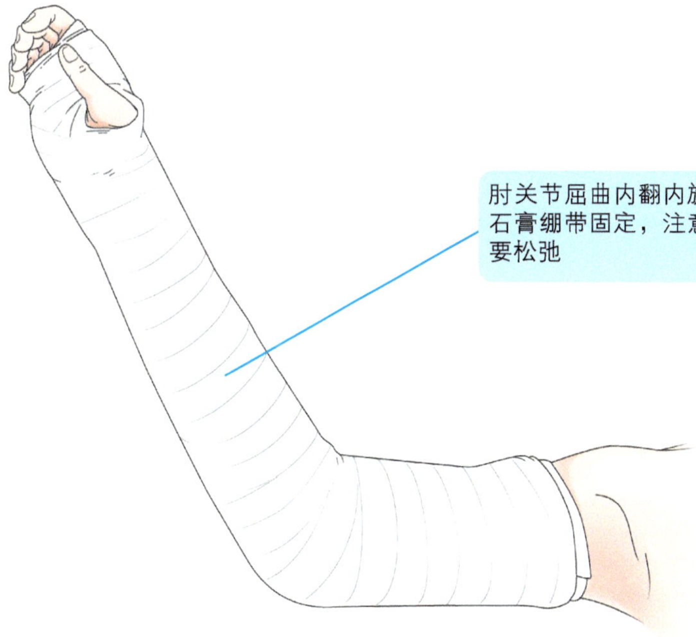


## 合并损伤的治疗

如有尺神经损伤症状、胸廓出口综合征、四边孔综合征、滑膜皱襞损伤及骨棘等，可同时进行手术，在韧带重建前做好减压、切除和剥离。

●文献

[1] 村上恒二, 伊藤恵康. スポーツによる肘尺側側副靱帯機能不全に対する靱帯再建術・伊藤法, 私の勧める整形外科治療法・観血療法. 整形外科MOOK（増刊-2-D）, 金原出版，1993，108-111.

[2] 伊藤恵康, 辻野昭人, ほか. 肘関節靱帯損傷の治療. 関節外科, 2000, 19：1229-1239.

[3] 辻野昭人, 伊藤恵康. 骨釘を用いた肘関節内側側副靱帯再建術. 新OS NOW No.8 関節不安定症の手術療法・靱帯再建術を中心に, メジカルビュー社, 2000, 38-43.

[4] 伊藤恵康, 綾部敬生, ほか. スポーツ障害としての肘関節尺側側副靱帯損傷・10年間163例の治療経験. 整スポ会誌, 2002, 22：210-216.

[5] 伊藤恵康, 辻野昭人. 肘の靱帯損傷. 新OS NOW No.21 スポーツ整形外科の手術, メジカルビュー社, 2006, 74-82.

[6] 古島弘三, 伊藤恵康, ほか. 野球による肘内側側副靱帯損傷の診断と治療：特に肘頭疲労骨折との関連について. 関節外科, 2008, 27(8)：58-68.

# 尺骨鹰嘴骨骺分离和疲劳骨折的临床表现与治疗

大连医科大学附属第一医院 吴春明 王福生 译

山形大学医学部骨科副教授 高原政利

## 疾病特点

### 临床表现

尺骨鹰嘴受到反复多次应力后，可发生骨端分离和疲劳骨折。有报道认为，骨骺分离、骨骺线闭锁不全（愈合不全）及疲劳骨折（横折及斜折型[1]）等的发病与尺骨鹰嘴的成熟阶段密切相关[2]（**图1、图2**）。

①骨骺线闭锁前的骨端分离（尺骨鹰嘴年龄Sauvegrain法[2]1~6岁）。

②骨骺分离为骨骺线闭锁开始（Sauvegrain法6岁半）后的迁延的骨骺线闭锁不全。

③骨骺线闭锁中（Sauvegrain法6岁半）及闭锁后的疲劳骨折（横折型）。

④骨化成熟后的疲劳骨折（斜折型）。

①和②都属于Salter-Harris Ⅰ型骨端损伤。骨骺线闭锁不全是由于骨骺线闭锁迁延化或愈合不全引起的。③和④是尺骨鹰嘴疲劳骨折。③的横折型疲劳骨折，骨骺线多通过关节面（**图1**）。④多与骨骺线完全没有关系（**图1**）。②③④初诊时的平均年龄是14岁、17岁、19岁[3]，③的尺骨鹰嘴横折型疲劳骨折考虑为骨骺线闭锁不全与疲劳骨折的移行型[4]。

尺骨鹰嘴骨骺分离几乎都是不完全分离，即使有移位也是很轻微的。同样，尺骨鹰嘴疲劳骨折的骨折线也几乎都是不完全的。极少发生像尺骨鹰嘴骨折那样完全移位的情况。

棒球、标枪、剑道、射箭及体操选手常发生尺骨鹰嘴的骨骺分离和疲劳骨折，棒球选手报道最多。

### 病因

肱三头肌的强大牵拉力和尺骨鹰嘴尖端的撞击力都是发病原因。一般认为，射箭中引起的尺骨鹰嘴骨端分离主要因素是肱三头肌肌力，而打棒球时引起的骨端分离和疲劳骨折的主要因素是外翻应力[4]。尺骨鹰嘴疲劳骨折斜折型是由于投球时过负荷外翻外展引起的，在加速期尺骨鹰嘴后内侧的鹰嘴窝内侧壁受到撞击而发病[1]。棒球选手的尺骨鹰嘴疲劳骨折，高度怀疑是对尺骨鹰嘴的撞击力所造成，而肱三头肌的牵拉力参与得较少[5]。使用高速摄影对投球过程进行研究，结果表明，加速期的肘关节屈曲角度约为90°，在后续期尺骨鹰嘴的尖端内侧部与鹰嘴窝之间可发生撞击，对尺骨鹰嘴尖端的斜行撞击力考虑为疲劳骨折的主要原因[5]、[6]。肘关节的外翻应力引起的尺骨鹰嘴尖端内侧与鹰嘴窝内侧壁的撞击导致了尺骨鹰嘴疲劳骨折的发生。

**图1　尺骨鹰嘴骨骺分离和疲劳骨折（横折和斜折型）的骨折线**

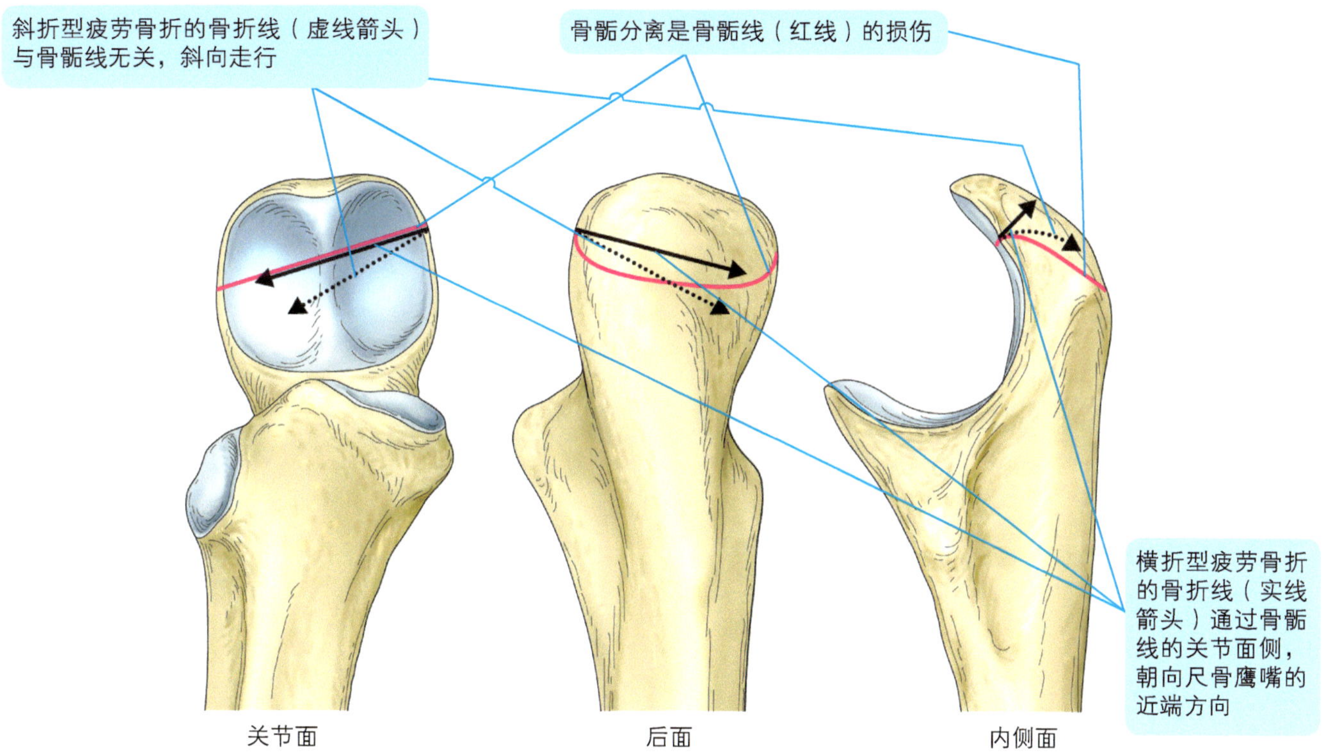


**图2　尺骨鹰嘴骨龄（Sauvegrain法）**[2]

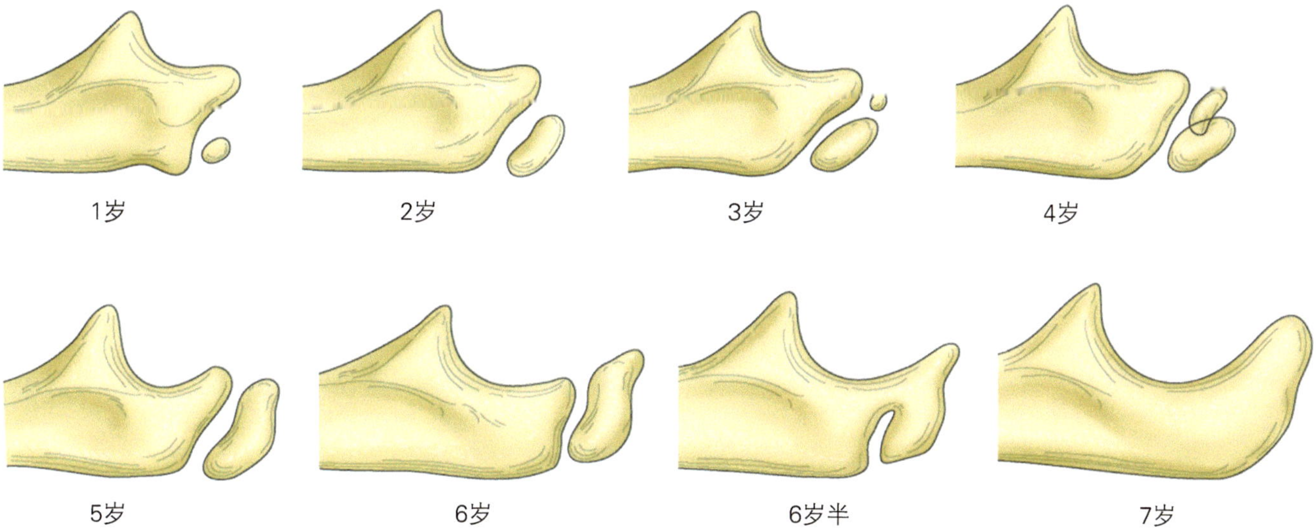

## 诊断

根据投球时肘关节痛、尺骨鹰嘴压痛及影像学所见即可诊断。外翻应力试验常常呈阳性。外翻应力试验出现疼痛时，要注意鉴别内侧副韧带损伤、尺骨鹰嘴疲劳骨折及尺骨鹰嘴骨棘形成等[1]。尺骨鹰嘴疲劳骨折在肘关节屈曲90°以上时，外翻应力试验不能诱发疼痛[1]。骨骺线闭锁不全用X线检查容易诊断，而尺骨鹰嘴疲劳骨折在初诊时影像学所见并不明了，多难以做出诊断。尺骨鹰嘴疲劳骨折多合并内侧副韧带损伤[1]、[3]、[4]。

### 诊断要点

肘关节外翻应力试验可诱发疼痛时，要怀疑内侧副韧带损伤同时有鹰嘴疲劳骨折。初诊时X线所见呈阴性时，要定期复查X线，必要时行MRI检查。

## 典型病例图像

【病例1】适合保守治疗

11岁，男性，尺骨鹰嘴骨骺线分离。
ⓐ投球侧X线片。Sauvegrain法2岁骨折，尺骨鹰嘴骨骺核细小，而骨骺线开大（白箭头所指）、边缘不整（箭头所指）。
ⓑ非投球侧X线片。

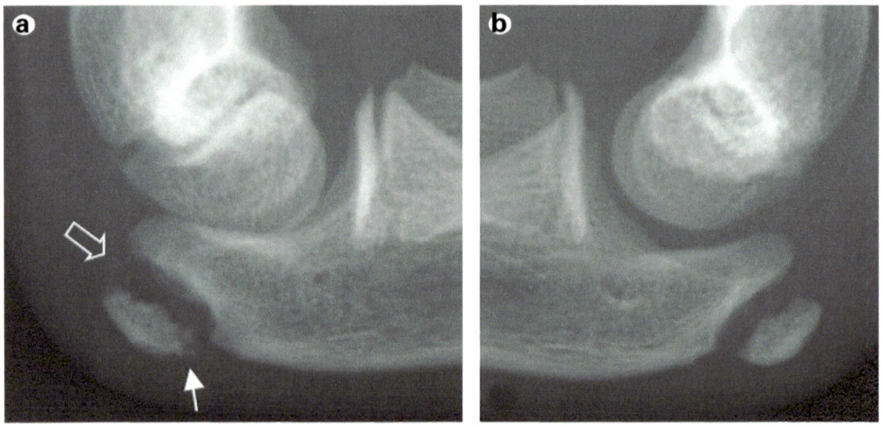


【病例2】适合保守治疗

14岁，男性，横折型疲劳骨折。
ⓐⓑ初诊时的X线正、侧位片。骨折线（箭头所指）位于关节面侧，横断尺骨鹰嘴。骨骺线（三角所指）的后方部分开大，属Sauvegrain法6岁半。
ⓒ初诊时的X线侧位片。曾禁止或限制投球，但骨折线周边也出现了骨吸收（箭头所指）。

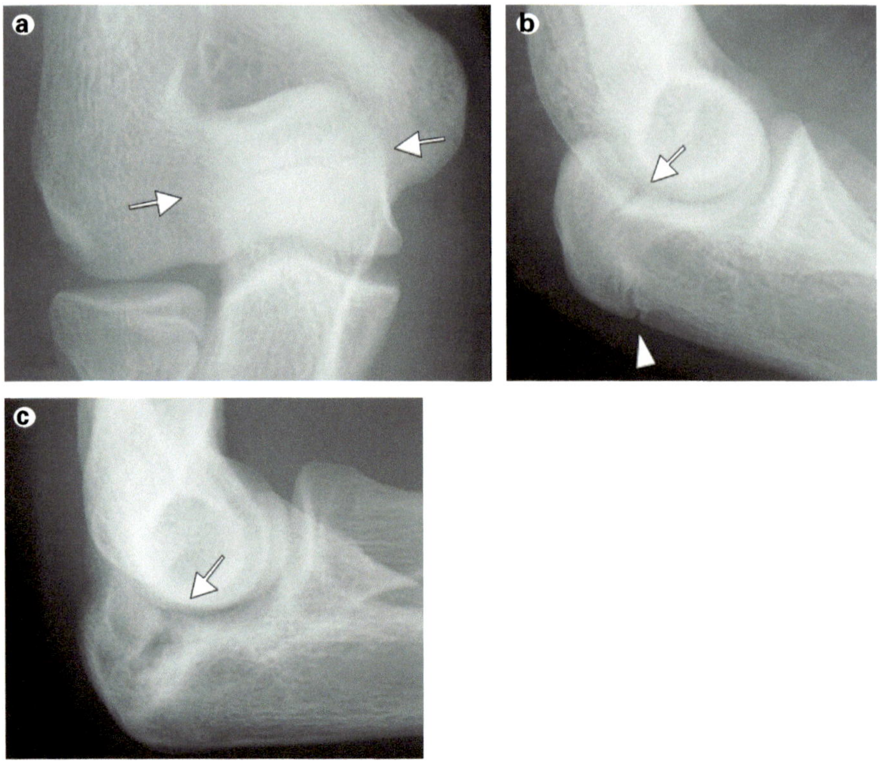

【病例3】适合手术（术前）

15岁，男性，尺骨鹰嘴骨骺线闭锁不全。

ⓐ投球侧X线正位片。骨骺线完全分离（箭头所指）。

ⓑ投球侧MRI 所指抑脂T2加权像。出现骨骺线分离（箭头所指）和周边尺骨骨髓的高信号（炎症和水肿等），“*”处。

ⓒ投球侧X线侧位片。骨骺线完全分离（箭头所指）。

ⓓ非投球侧X线侧位片。骨骺线的关节面侧虽闭合（Sauvegrain法6点半），但后部部分开大（三角所指）。

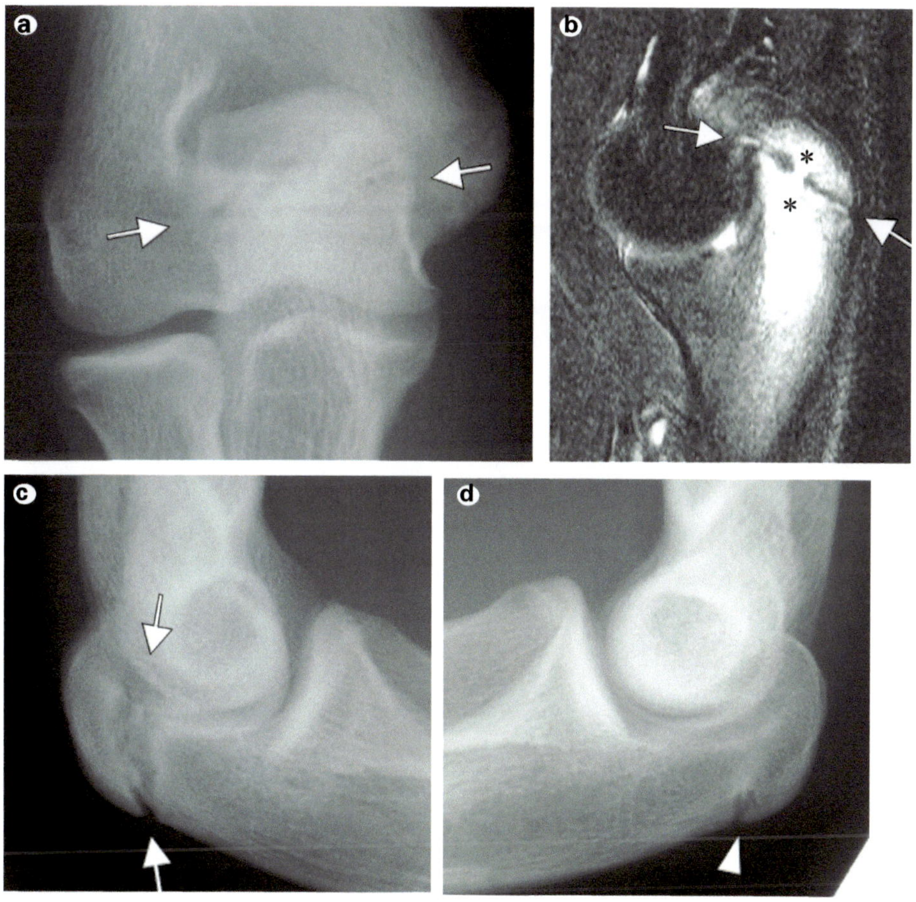

【病例4】适合手术（术前）

16岁，男性，横折型疲劳骨折。

骨折线（箭头所指）位于关节面内侧，横断尺骨鹰嘴。MRI可见尺骨的炎症和水肿。

ⓐX线侧位片。

ⓑⓒCT重建像。

ⓓⓔMRI T2加权像。

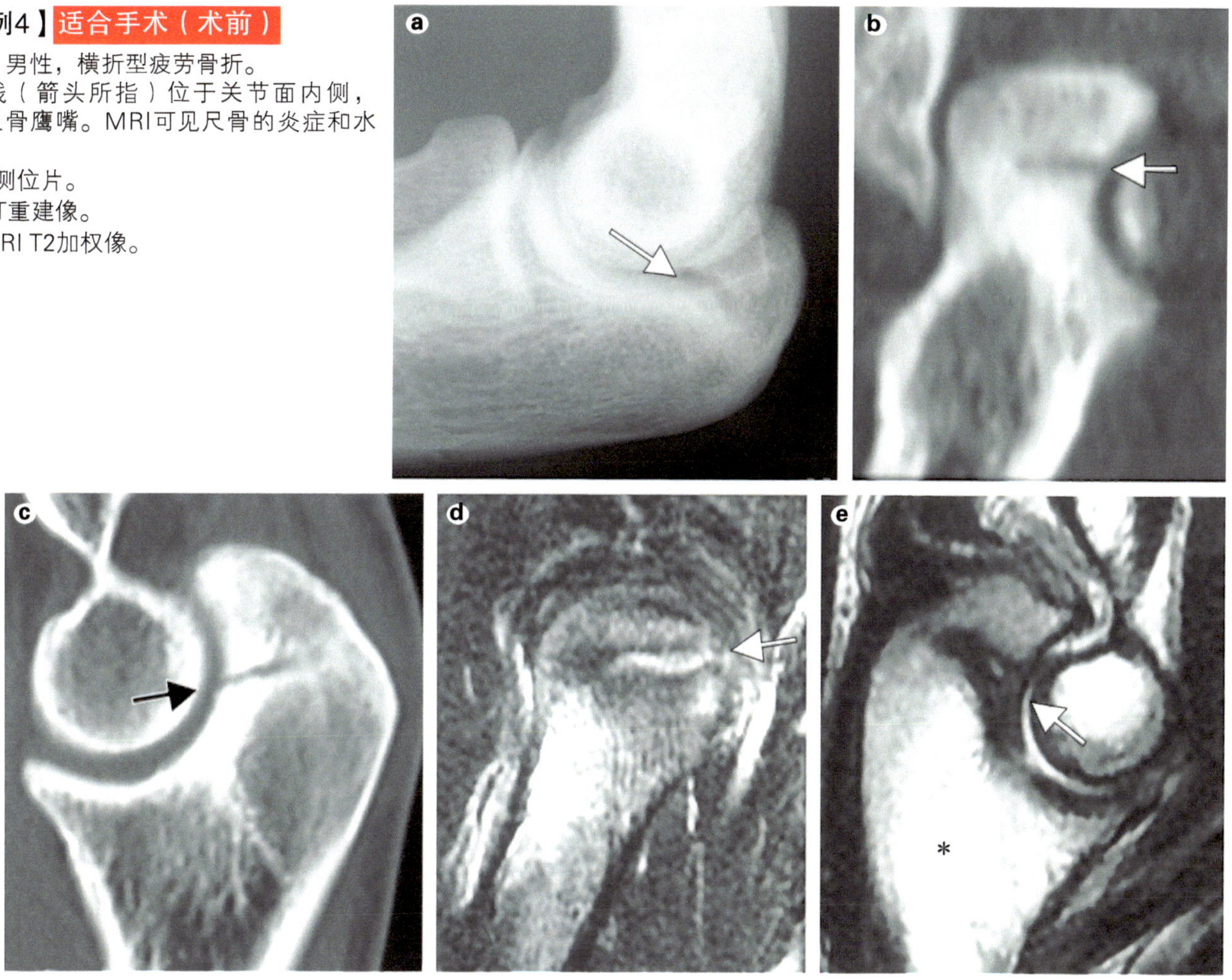

【病例5】适合手术（术前）

24岁，男性，斜折型疲劳骨折。
骨折线（箭头所指）斜行于尺骨鹰嘴。X线侧位片上骨折线不清。骨折线的内侧和关节面侧可见间隙。MRI加权像（ⓓ）上因无尺骨骨髓内的高信号，故属陈旧病例。
ⓐⓑX线侧位片。ⓒⓓMRI T2加权像 ⓔ3D-CT 及其模式图。

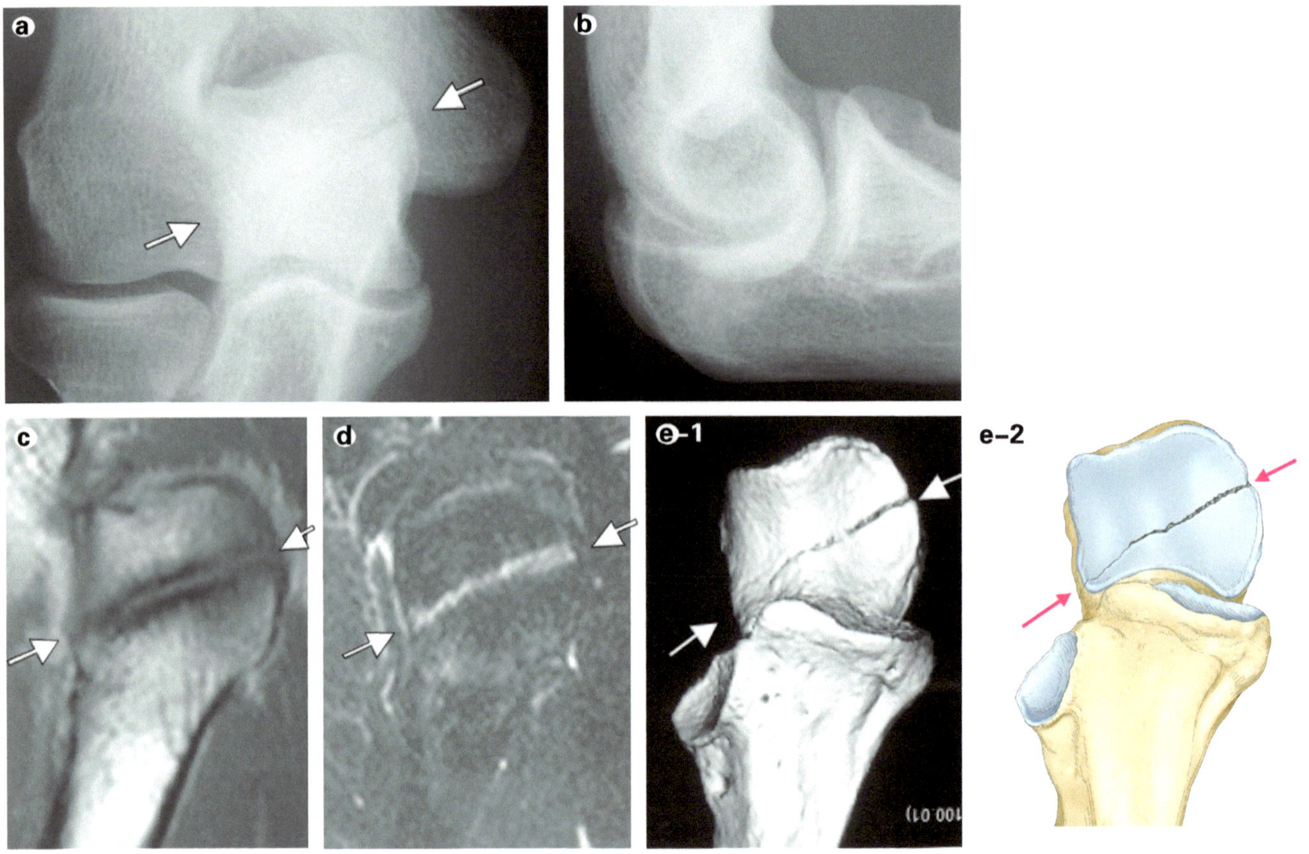


## ◆ 影像学所见

骨化未成熟的尺骨鹰嘴的骨骺线分离主要表现为骨骺线开大、不平整或骨痂形成（**【病例1】**）。骨骺线闭锁不全也同样有骨骺线的残存和不平整。非投球侧的骨骺已愈合，但如投球侧未愈合，这可能就是病理的表现[4]。尺骨鹰嘴骨骺线闭锁不全的典型X线表现是侧位片骨骺线的关节面侧开大，正位片尺侧开大[4]（**【病例3】**）。

横折型尺骨鹰嘴疲劳骨折的骨折线在正位片上与骨骺线水平走行，在侧位片上也沿疲劳骨折走行，应考虑为骨骺线闭锁不全和疲劳骨折的移行型[4]（**【病例2】【病例4】**）。

尺骨鹰嘴斜折型疲劳骨折的骨折线，在正位片上是斜向走行（从近端尺侧到远端桡侧）[4]、[5]，侧位片上可见关节面侧开大，在鹰嘴背面向近端斜向走行[4]（**【病例5】**）。

一般来说，疲劳骨折从出现症状到X线上骨折线明确为止大约需要数周时间。单纯X线上鹰嘴疲劳骨折的骨折线不清楚的病例很多[3]。MRI上早期可出现骨髓内水肿（**【病例4】**）、骨折线清晰（**【病例4】【病例5】**）。CT冠状面和矢状面的三维重建可清楚地显示骨折线的开裂和走行（**【病例4】**）。

## 保守治疗

骨化未成熟的、基本未移位的骨骺分离病例是保守治疗的最佳适应证，仅需禁止增加肘关节负担的运动如投球等就可治愈。

有人对13例13~17岁（平均14.8岁）的骨骺分离（骨骺闭锁不全）患者进行了保守治疗，其中12例在3~8个月（平均4.8个月）获得骨愈合，达到全力投球平均需10.2周[7]。但年龄大、病程长的骨骺闭锁不全患者保守治疗无效。

发病初期X线没有明显异常的疲劳骨折，一定时间内应禁止投球。对1例15岁的横折型疲劳骨折患者进行了超声波骨折治疗，4个月达到骨愈合，回归棒球场[8]（**【病例3】**）。对斜折型疲劳骨折进行了3~4周的外固定未能使其愈合[1]。年龄大的斜折型疲劳骨折患者，使用保守治疗会受到一定限制。

## 手术适应证

一般的手术适应证如下所示：

（1）有明确的骨片移位。

（2）骨骺线闭锁不全和斜折型疲劳骨折早期有望治愈者。

（3）斜折型疲劳骨折有望复归者。

（4）需要进行全力投球等高度技巧者。

（5）17岁以上者。

（6）保守治疗无效者。

## 手术概要

### ◆ 尺骨鹰嘴骨骺线闭锁不全的张力带钢丝固定

**1** 切口

**2** 显露

**3** 骨移植与钢丝固定 难点

### ◆ 疲劳骨折的螺钉固定和骨钉移植

**1** 关节内观察

**2** 切口与钻孔

**3** 固定骨钉与螺钉 难点

# 手术方法

## 尺骨鹰嘴骨骺线闭锁不全的张力带钢丝固定

对尺骨鹰嘴骨骺线闭锁不全可行张力带钢丝固定[4]、[9]、[11]。患者取仰卧位。头面上方放置“L”形固定架（**图3a**）。不使用手外科的手术台，仅在手术台旁安置个小手术台。患肢使用驱血带，常规消毒，铺手术巾，包裹上肢。肩关节屈曲90°，肘关节屈曲90°将前臂置于头面上方的“L”形固定架上，将包裹上肘的袖套尖端，用钝的布巾钳固定在头上的“L”形固定架上（**图3b**）。从鹰嘴向尺骨髓腔内插入2枚克氏针[4]、[9]、[11]或1枚空心螺钉[10]，用钢丝呈“8”字形捆扎。无骨移植者用张力带钢丝固定6~33周（平均15.4周）可获得骨愈合，6~28周（平均15.6周）可允许全力投球[10]。而合并骨移植者用张力带钢丝固定6~16周（平均9周）可获得骨愈合，4个月后可允许全力投球[11]。追加骨移植可获得较满意的效果。伊藤等[12]报道，可采用局部反转取骨进行骨移植。

**图3　体位**

**a.**仰卧位

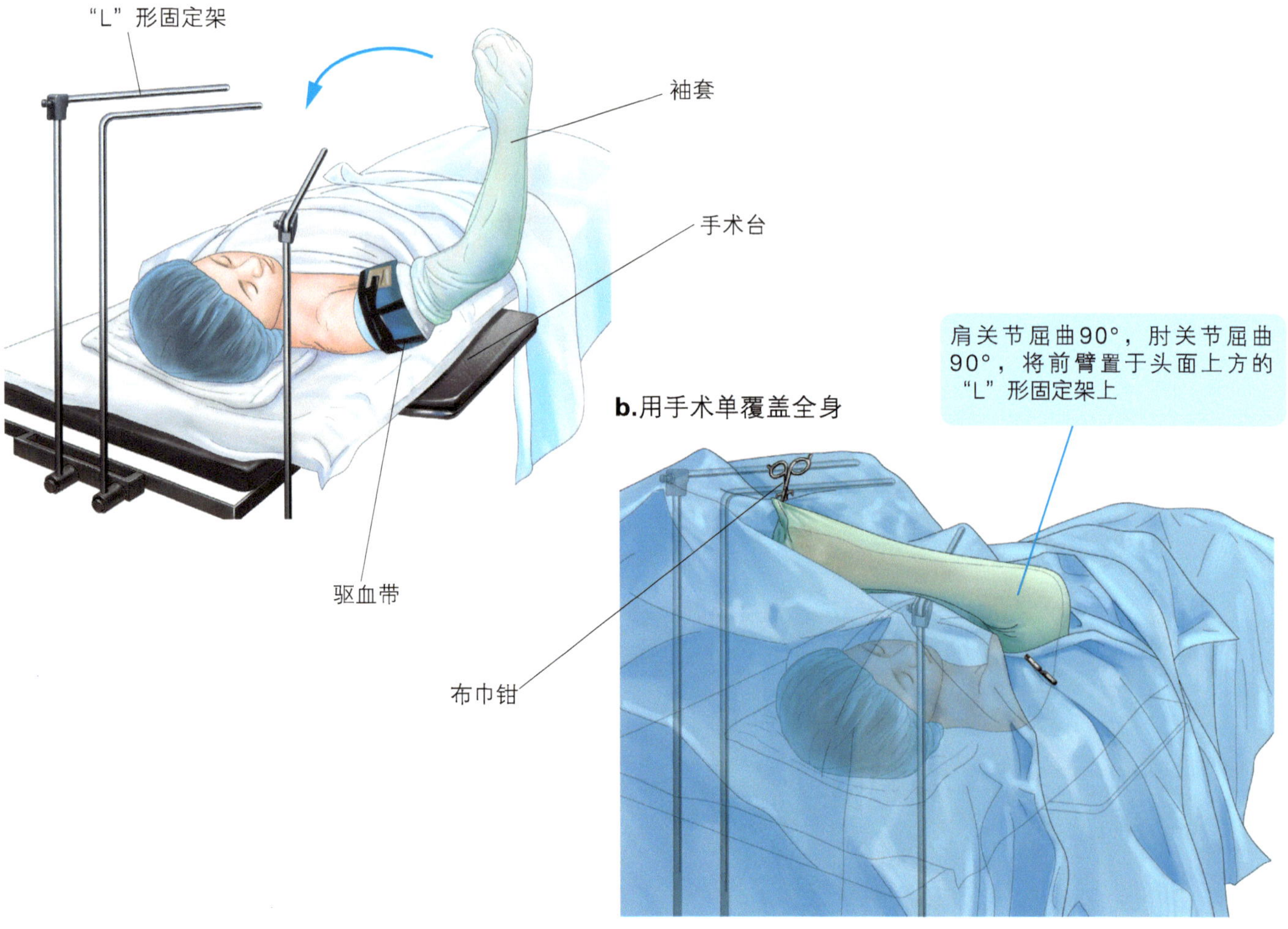

## 1 切口

从尺骨鹰嘴尖端2 cm处沿尺骨鹰嘴长轴切开约7 cm（**图4**）。

## 2 显露

在骨膜下显露尺骨鹰嘴骨折部，使骨折断端新鲜化（**图5**）。

**图4　切口**

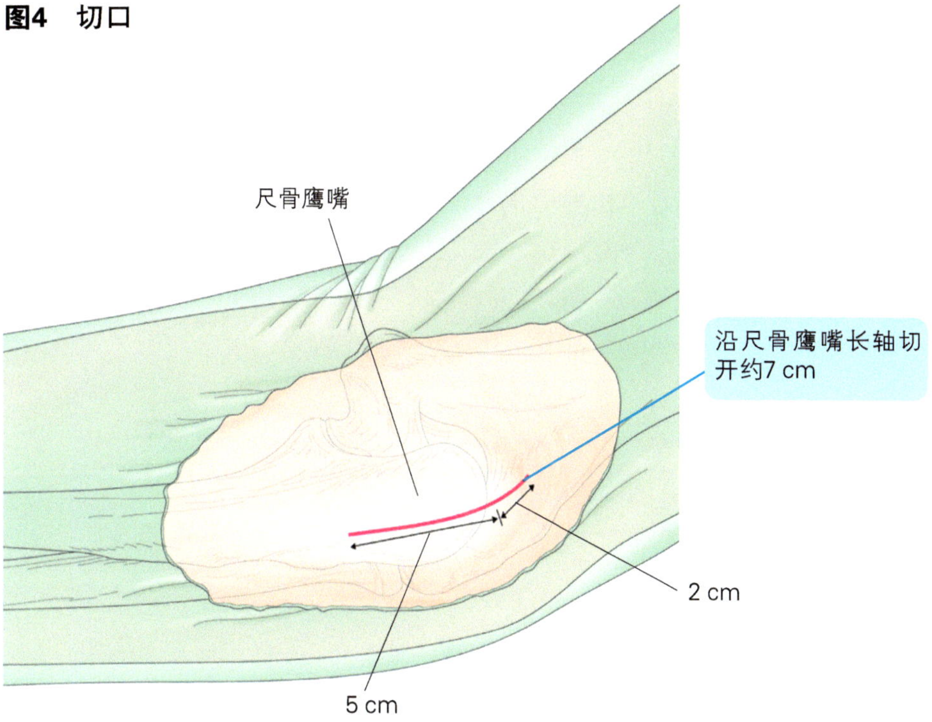


**图5　显露**

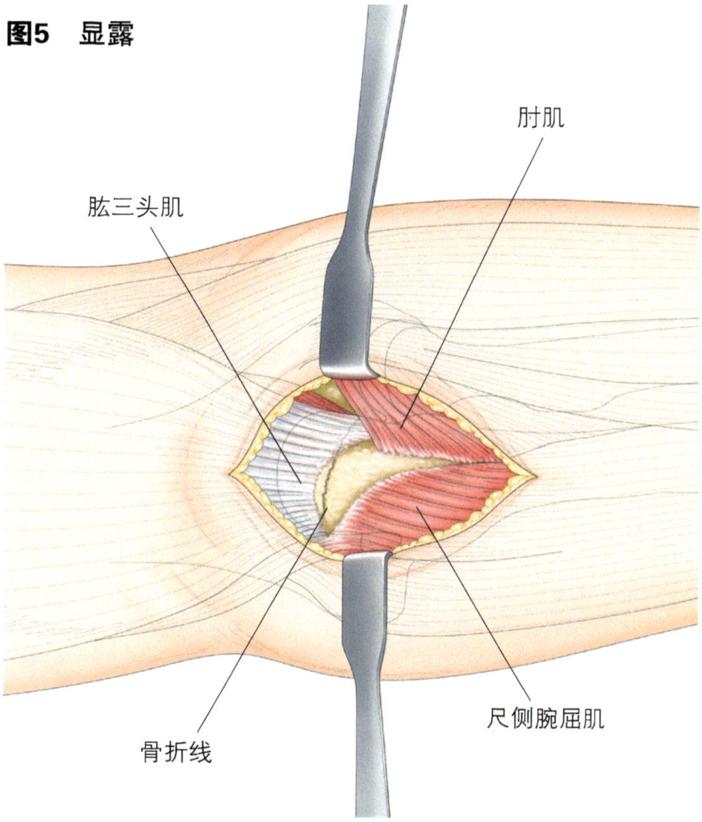

## 3 骨移植与钢丝固定 难点

从髂骨取松质骨进行骨移植。骨折整复后，透视下从鹰嘴向尺骨髓腔插入2枚2~2.4 mm 直径的克氏针。也有用1枚螺钉代替2枚克氏针的，这时可将导针透视下从鹰嘴打入尺骨髓腔，选择到最佳位置。用钻头钻孔后，穿入钢丝或空心加压螺钉，再从距骨折1.5 cm处横向钻孔，用18 G的不锈钢丝穿过洞孔呈“8”字形紧张加压捆扎（**图6**）。使用螺钉时，通过张力带钢丝使螺钉形成坚强的固定。

## 疲劳骨折的螺钉固定和骨钉移植

尺骨鹰嘴的疲劳骨折可用螺钉垂直于骨折线固定[1]、[9]、[13]。对中学生以上者的疲劳骨折用空心螺钉固定较好[9]。螺钉应加用垫圈。有人主诉螺钉帽有刺激性，钛制的螺钉取出困难[1]。无帽的螺钉没有刺激也不需要取出[14]，但相对固定力略差。

除螺钉固定外，还可行钻孔、骨钉移植[1]和搔爬骨移植（新鲜化后骨移植）[13]。在垂直于骨折线的螺钉两侧，打入2枚髂骨螺钉[1]。3~6个月后可完全复归原来的运动[1]、[9]。

伊藤等[12]报道，在X线透视下用直径3.2 mm的钻头钻孔，从鹰嘴打入2枚骨钉，再在骨钉周围用克氏针钻孔，合并内侧副韧带损伤的病例可同时行韧带重建术[3]、[4]。鹰嘴疲劳骨折的病例，如有鹰嘴和鹰嘴窝的撞击性骨棘，可一并切除[9]。

**图6** 对尺骨鹰嘴骨骺闭合不全的张力带钢丝固定

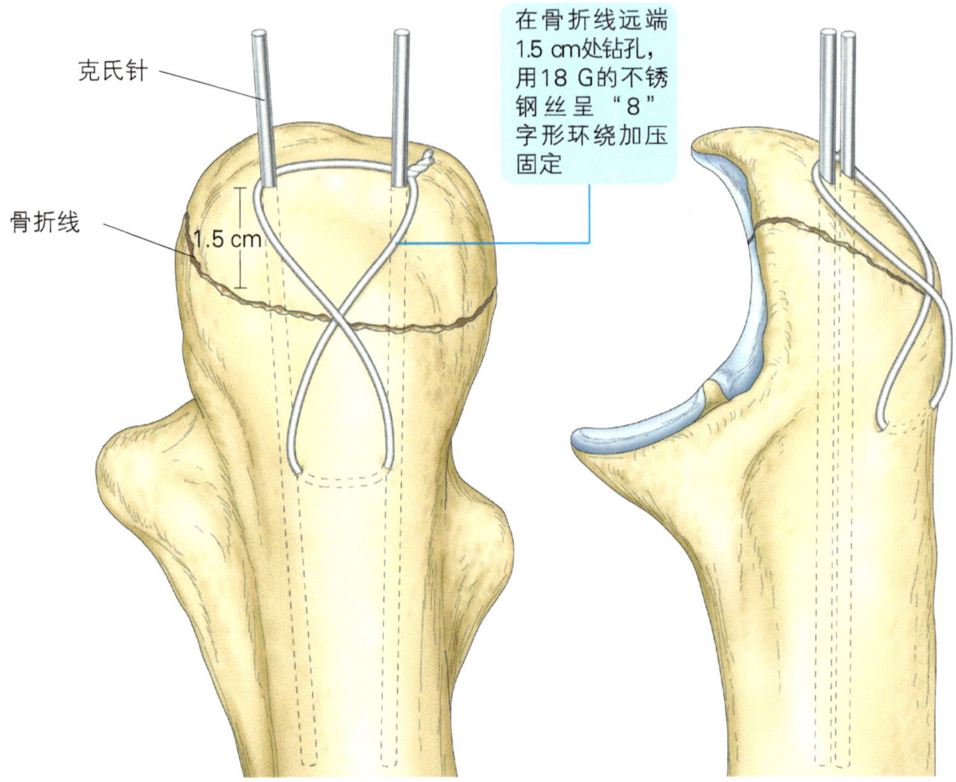

## 1 关节内观察

从肘关节的后外侧入路插入关节镜，观察肱尺关节内侧（**图7**）。

## 2 切口与钻孔

从鹰嘴尖端中央处做一2~3 cm长的小切口。透视下将导针从鹰嘴尖端垂直穿过骨折线，插入软骨下骨下方5 mm处，贯穿鹰嘴后方骨皮质（**图8**）。确定好最佳位置后钻孔。

**手术技巧及注意事项**

注意导针的尖不要指向尺神经。

**图7　关节镜观察**

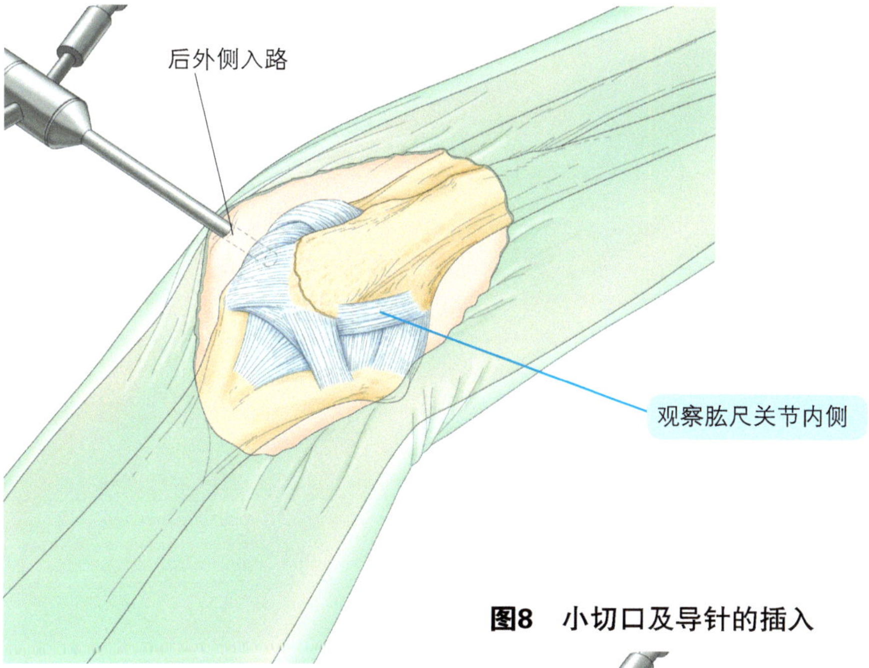


**图8　小切口及导针的插入**

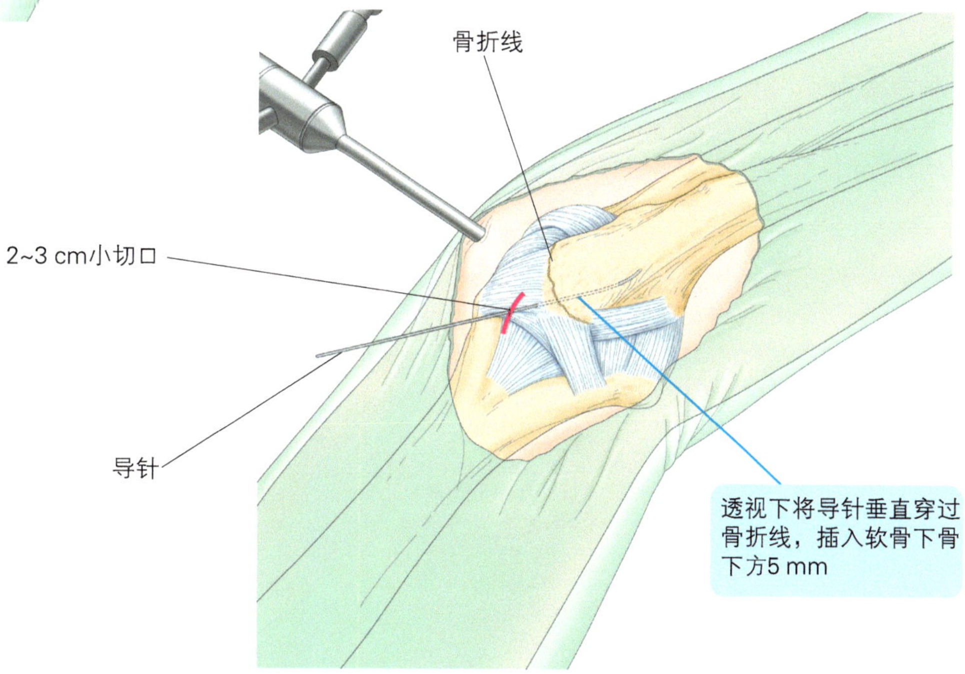

## 3 固定骨钉与螺钉 难点

插入带垫圈的加压空心钉。不全骨折时虽可使用无帽螺钉，但因其固定性差，还是应首选带垫圈的加压空心钉。用螺钉固定时，可通过关节镜观察骨折部的加压情况。从髂骨取皮质海绵骨作为骨钉。在螺钉两侧各开一直径在3.2 mm以上的骨孔，打入骨钉。骨钉周围用克氏针钻孔（**图9、图10**）。打入螺钉和骨钉时，尽量垂直于横折或斜折的骨折线。

**图9** 横折型疲劳骨折的螺钉固定和骨钉移植

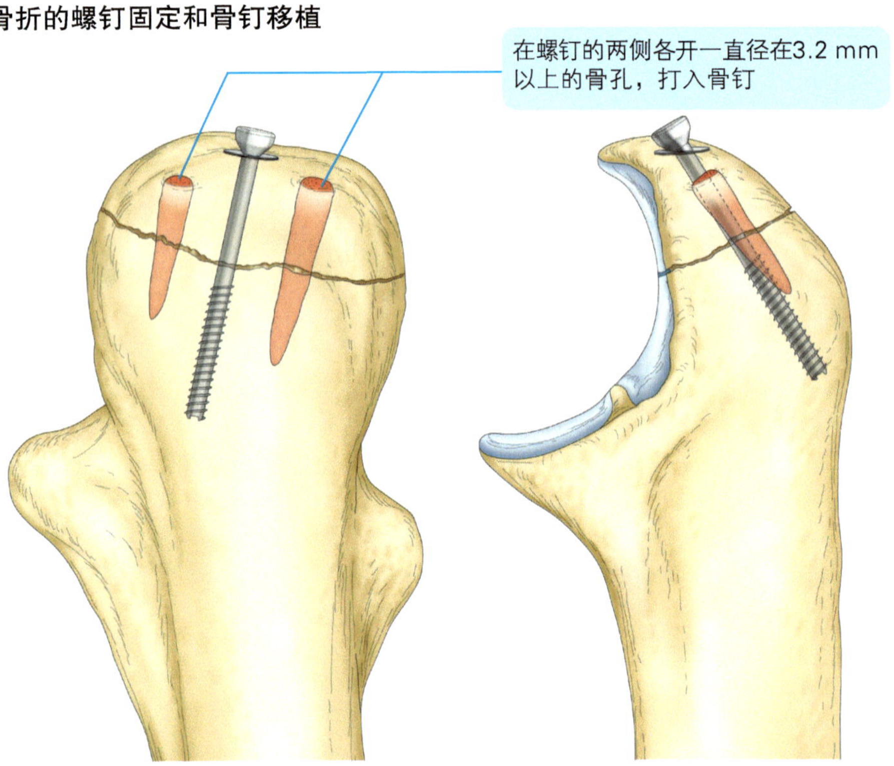


**图10** 斜折型疲劳骨折的螺钉固定和骨钉移植

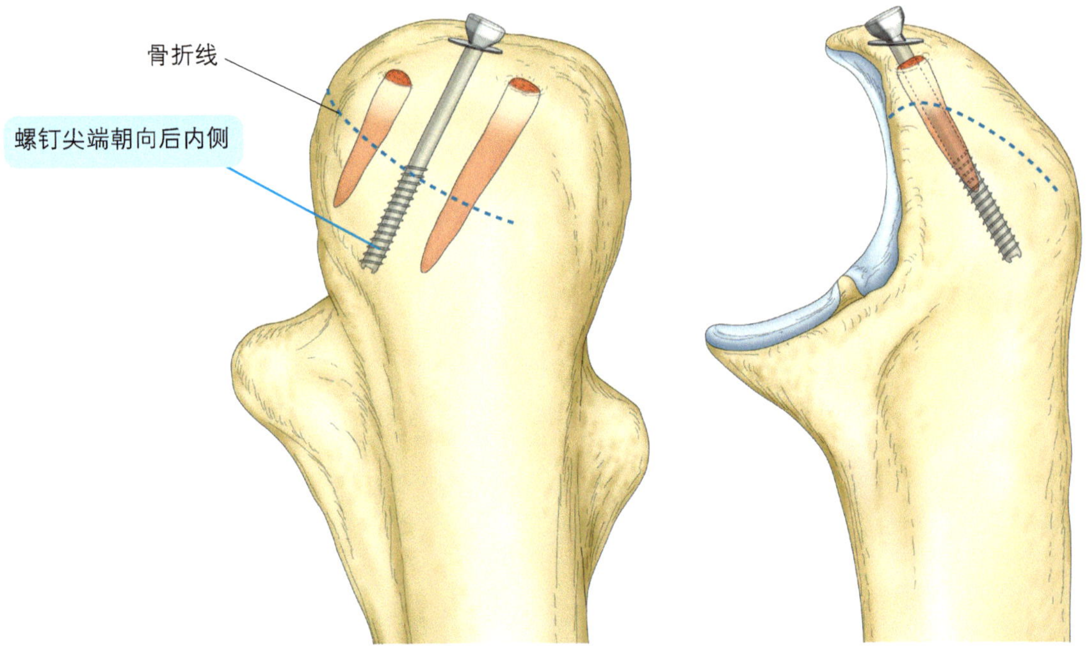

## 典型病例图像

【病例2】适合保守治疗

1年零8个月后的X线侧位片。追加骨移植，可达到治愈。

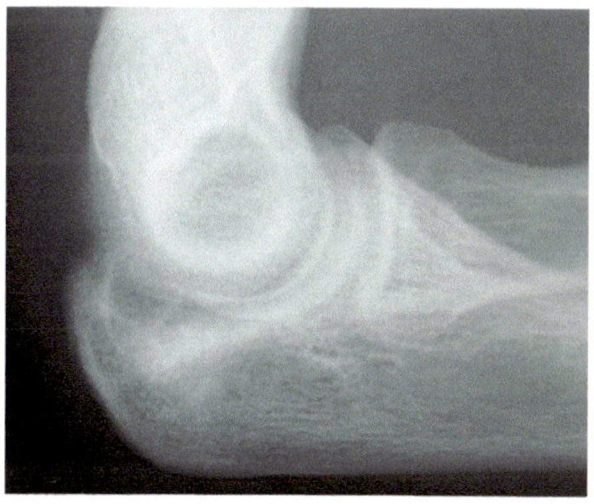

【病例3】适合手术（术后）

对尺骨鹰嘴骨骺线闭锁不全行张力带钢丝固定的病例。
ⓐⓑ追加髂骨移植后当时的X线片。
ⓒ3个月后骨愈合，可进行全力投球。

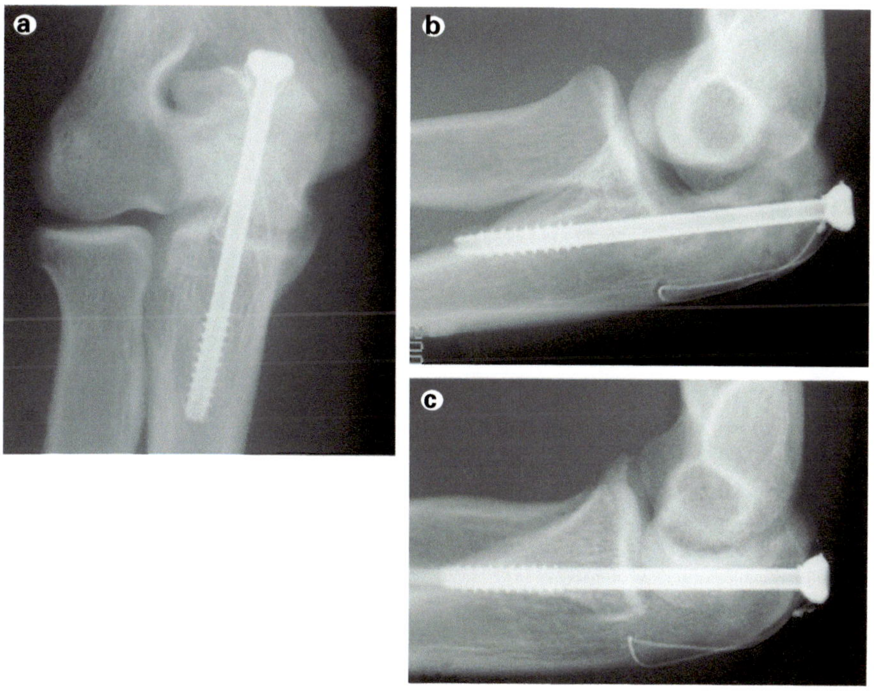


【病例4】适合手术（术后）

对横折型疲劳骨折行螺钉固定和骨钉移植的病例。
ⓐⓑ术后即刻的X线片。
ⓒ从髂骨采取直径5 mm的骨钉移植。6个月后开始全力投球。

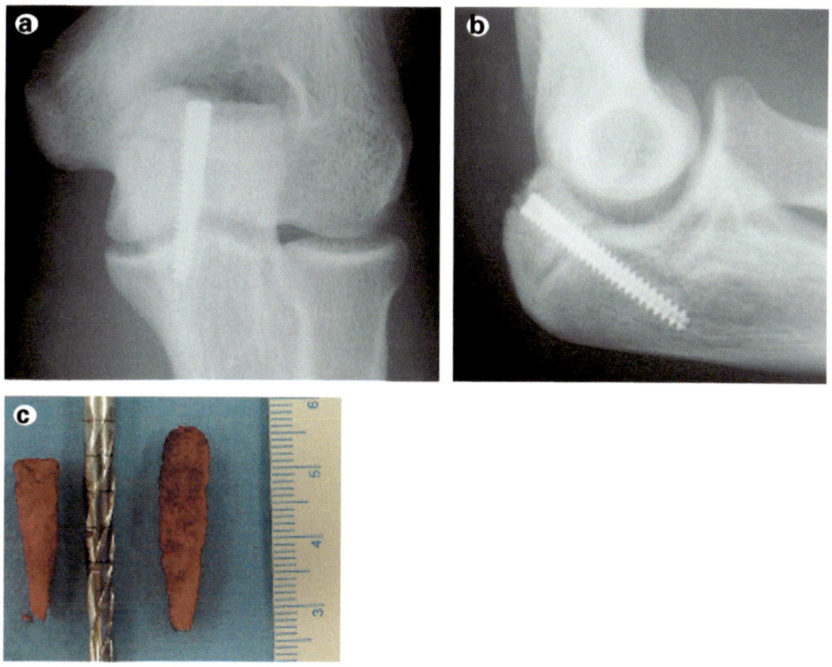

●文献


[ 1 ] Suzuki K, Minami A, et al. Oblique stress fracture of the olecranon in baseball pitchers. J Shoulder Elbow Surg, 1997, 6：491–494.

[ 2 ] Diméglio A, Charles Y P, et al. Accuracy of the Sauvegrain method in determining skeletal age during puberty. J Bone Joints Surg, 2005, 87–A：1689–1696.

[ 3 ] 古島弘三, 伊藤恵康, ほか. 野球による肘内側側副靱帯損傷の診断と治療；とくに肘頭疲労骨折の合併症の関連について. 関節外科, 2008, 27：1024–1034.

[ 4 ] 伊藤恵康, 辻野昭人, ほか. スポーツ障害としての肘頭骨端離開・疲労骨折の病態. 日本肘関節学会誌, 2004, 11：45–46.

[ 5 ] 伊藤益英, 斎藤明義, ほか. 肘頭疲労骨折の検討；バイオメカニズムより見た実験学的検討. 骨・関節・靱帯, 1999, 12：63–72.

[ 6 ] 斎藤明義, 元島清香, ほか. 肘頭疲労骨折. 臨床スポーツ医学, 2003, 20：190–194.

[ 7 ] 橋口　宏, 伊藤博元, ほか. 投球動作により発症した肘頭骨端線閉鎖不全例の治療経験. 日本肘関節研究会誌, 2004, 11：47–48.

[ 8 ] 二宮忠明, 立花陽明, ほか. 超音波骨折治療が有用であった肘頭疲労骨折の1例. 日本整形外科スポーツ医学会誌, 2003, 23：276–279.

[ 9 ] 大野拓也, 渡辺幹彦, ほか. スポーツによる肘頭疲労骨折の手術例の検討. 関東整災外会誌, 2006, 37：245–251.

[ 10 ] Retting A C, Wurth T R, et al. Nonunion of olecranon stress fractures in adolescent baseball pitchers. Am J Sports Med, 2006, 34：653–656.

[ 11 ] Charlton W P, Chandler R W. Persistence of the olecranon physis in baseball players：results following operative management. J Shoulder Elbow Surg, 2003, 12：59–62.

[ 12 ] 伊藤恵康, 宇沢充圭, ほか. 肘頭骨端離開・肘頭疲労骨折について. 日臨整会誌, 2002, 27：38–42.

[ 13 ] 津田英一, 石橋恭之, 佐々木和広, ほか. 骨接合術を行った投球による肘頭疲労骨折の2例. スポーツ傷害, 2003, 8：31–33.

[ 14 ] Nakaji N, Fujioka H, et al. Stress fracture of the olecranon in an adult baseball player. Knee Surg Sports Traumatol Arthrosc, 2006, 14：390–393.

[ 15 ] Cain E L, Dugas J R, et al. Elbow injuries in throwing athletes：A current concepts review. Am J Sports Med, 2003, 31：621–635.

# 肱骨小头骨软骨损伤的临床表现和保守治疗

大连医科大学附属第一医院 吴春明 王福生 译

德岛大学研究生院健康生命科学研究部运动机能外科学讲师 松浦哲也
东京养老金医院骨科部长 柏口新二

肱骨小头的骨软骨损伤是运动性损伤，特别是发育期的棒球选手好发的肘关节损伤。在日本，棒球被称为国民运动，上述损伤性疾病广为人知，但到目前为止，尚有许多诊断及治疗上的难题未解决。本章主要阐述肱骨小头损伤的临床表现及保守治疗的现状与进展。

## 疾病临床表现

肱骨小头损伤的发生时期、部位、原因及自然经过如下。

### 发生时期

肱骨小头损伤在单纯X线上可分为三期，即初期、进展期和终末期[1]。其特征是：初期为透亮影，进展期为有岛状骨片的剥脱影，终末期为游离体[2]（**图1**）。笔者的调查结果表明，本病发病高峰初期为11岁，进展期为13岁，终末期为14岁，故推测本病发病在11岁前后（**图2**）。但即使同样是11岁，表现也不一样，有滑车和外上髁骨骺核不出现的低骨龄儿童，也有全部骨骺核都出现愈合的高骨龄儿童，因此需要对骨龄进行进一步研究。村本[3]根据骨龄评价法，对初期病例的肱骨小头骨龄进行了评价，结果表明，大半病例集中在骨愈合开始时期，故推测肱骨小头损伤发生在小头骨骺线愈合开始前后（**表1**）。

### 发生部位

本损伤的初期病变是发生在软骨下骨还是发生在软骨，目前尚无定论，根据迄今为止的经验，考虑为发生在软骨下骨。原因是X线分期的初期特征就是软骨下骨的透亮影，MRI上软骨下骨出现不整影，而软骨没有出现损伤的征象（**图3**）[4]。

### 发生原因

关于肱骨小头损伤有多种学说，如外伤学说、血液循环障碍学说[5]、体质异常学说[6]等。由于临床上棒球和体操选手出现本病较多，故外伤学说尤其是持续的微小外力学说风头较劲。但由大量投球引起的有顽固性肘关节痛的内上髁损伤的选手常无肱骨小头损伤。与其相反，有些选手尽管无丝毫运动经验但也会罹患本病。这种情况提示本病尚有外伤以外的原因参与。

**图1　肱骨小头骨软骨损伤的X线分期**[2]

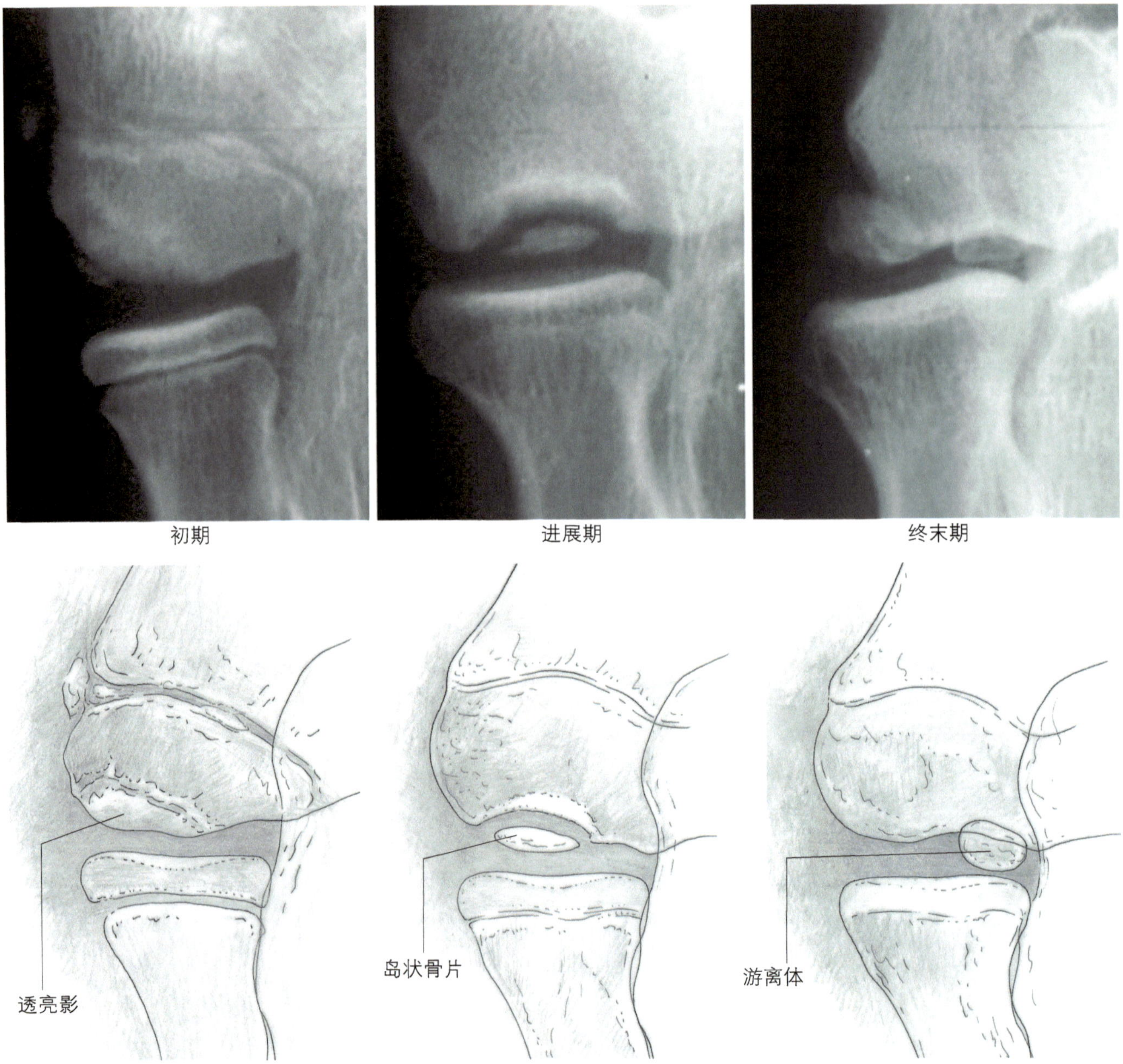


**图2　肱骨小头骨软骨损伤的分期及年龄分布**

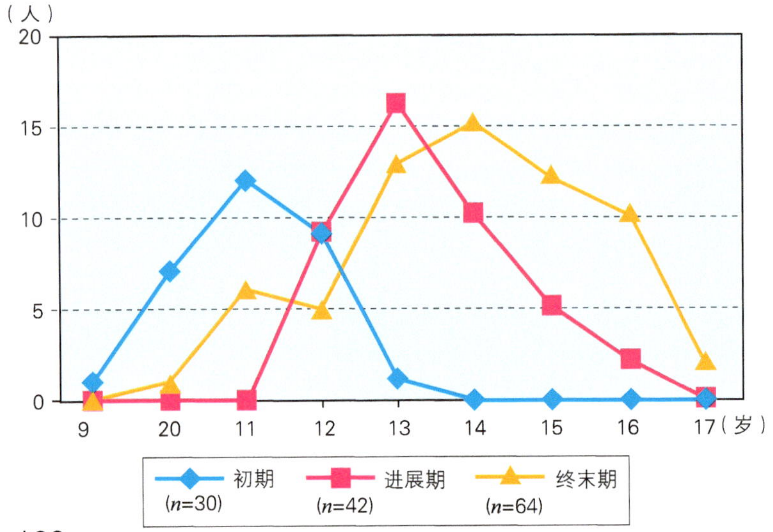


**表1　肱骨小头骨软骨损伤初期病例的小头骨龄（$n$=30）**

| | |
|---|---|
| 骨骺核已成形 | 10.0% |
| 骨骺线开始愈合 | 83.4% |
| 骨骺线愈合中 | 3.3% |
| 骨骺线愈合结束 | 3.3% |

**图3　肱骨小头骨软骨损伤初期（箭头所指）的回声像**[4]

可出现软骨下骨不整影（箭头所指）。

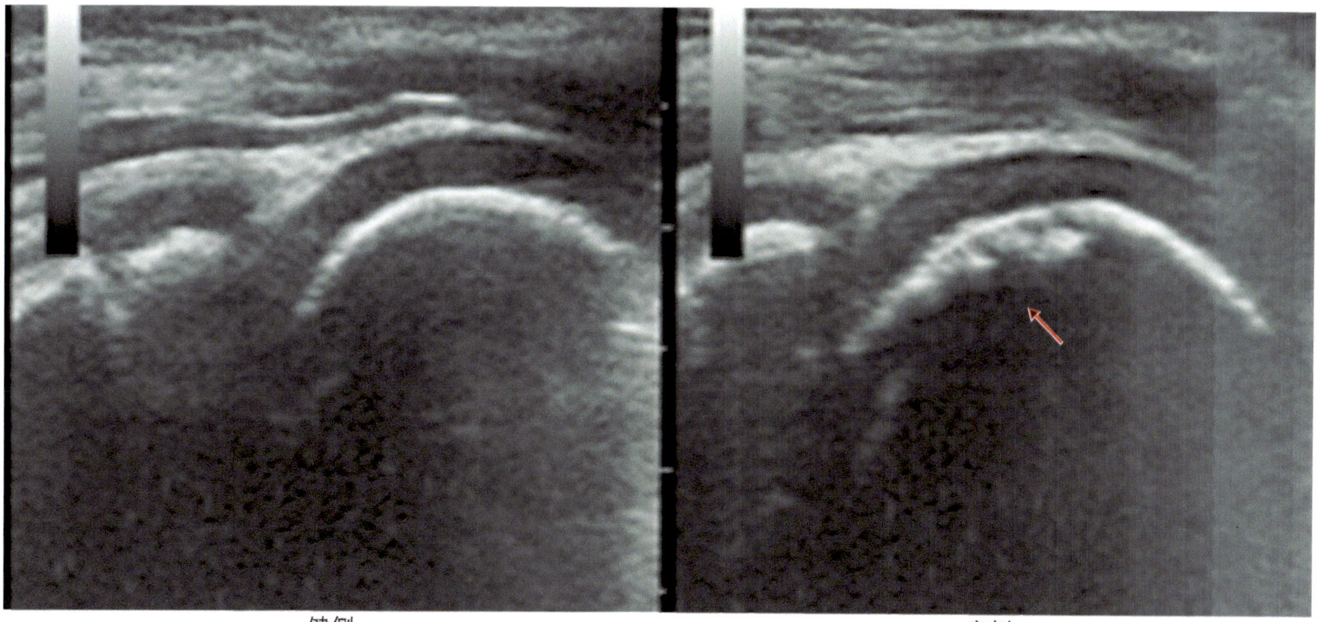

健侧　　患侧

如前所述，据推测肱骨小头损伤发生在小头骨骺线愈合开始前后。小头骨骺线1岁前后出现，12~14岁骨骺线闭合[3]。小头骨骺线从出现到闭合的时间比其他骨骺长，其间小头的骨骺接收来自后方的1~2支动脉的营养[5]，容易产生缺血性变化。即小头的损伤是由局部血液循环障碍引起的坏死性改变；或者说是给予了处于缺血状态的肱骨小头持续的外力，结果引起了坏死性改变。无论哪一种学说都不能自圆其说，需要今后进行进一步研究。

## ◆ 自然经过

X线上典型的修复过程为：在小头外侧出现的透亮影徐徐地向中央扩大，然后逐渐出现岛状骨阴影。随着外上髁和小头的骨化进展，在外侧岛状骨阴影与母床之间逐渐出现新的骨阴影。骨阴影不断地向中央进展，同时岛状骨阴影的厚度也不断增加，提示修复在进展（**图4**）[7]。这与缺血性病变的修复过程大体一致。这一修复过程也经历了从透亮影的初期，到剥脱影的进展期，再到游离体形成的终末期（**图1**）这一系列修复进程。

肱骨小头损伤虽一般称为剥脱性骨软骨炎，但在初期不出现剥脱像。另外，从剥脱性骨软骨炎这一名称来说，肱骨小头剥脱的骨软骨片也可理解为炎症引起的状态。但在初期的病例中，有疼痛者只占一半，Pappas提出即使在术中摘除的游离体的病理所见中也缺乏炎症参与的依据[8]。综上所述，目前认为，本损伤的病理生理的中心不是炎症，所谓的剥脱性骨软骨炎指的只是肱骨小头损伤的进展期中出现症状的一段时期。

## 保守治疗的适应证

上述修复机制正在运行的病例就是保守治疗的适应证。具体来说，其相当于X线分期的初期和进展期。终末期的病例基本上都是手术适应证。但是前后方虽有游离体但无症状者也可随访观察，如出现症状即可行手术治疗。

## 保守治疗

### 保守治疗的原则

保守治疗的原则是减少肘关节的负荷。具体来说，是禁止投球时的屈伸腕、击球等上肢训练，加重肘关节负担的日常生活动作也要限制。在实际诊疗中仅允许饮食和写字等动作，运动上允许慢跑、游泳等。原则上不使用石膏绷带和支具。上述的方法也不能接受的话，作为妥协的对策是可变更投球侧肢体、变更守备位置等。

### 保守治疗的经过

经过保守治疗，初期的病例在中止投球后1~2个月可自觉疼痛减轻，体格检

**图4　肱骨小头骨软骨损伤在X线上的修复过程**[7]

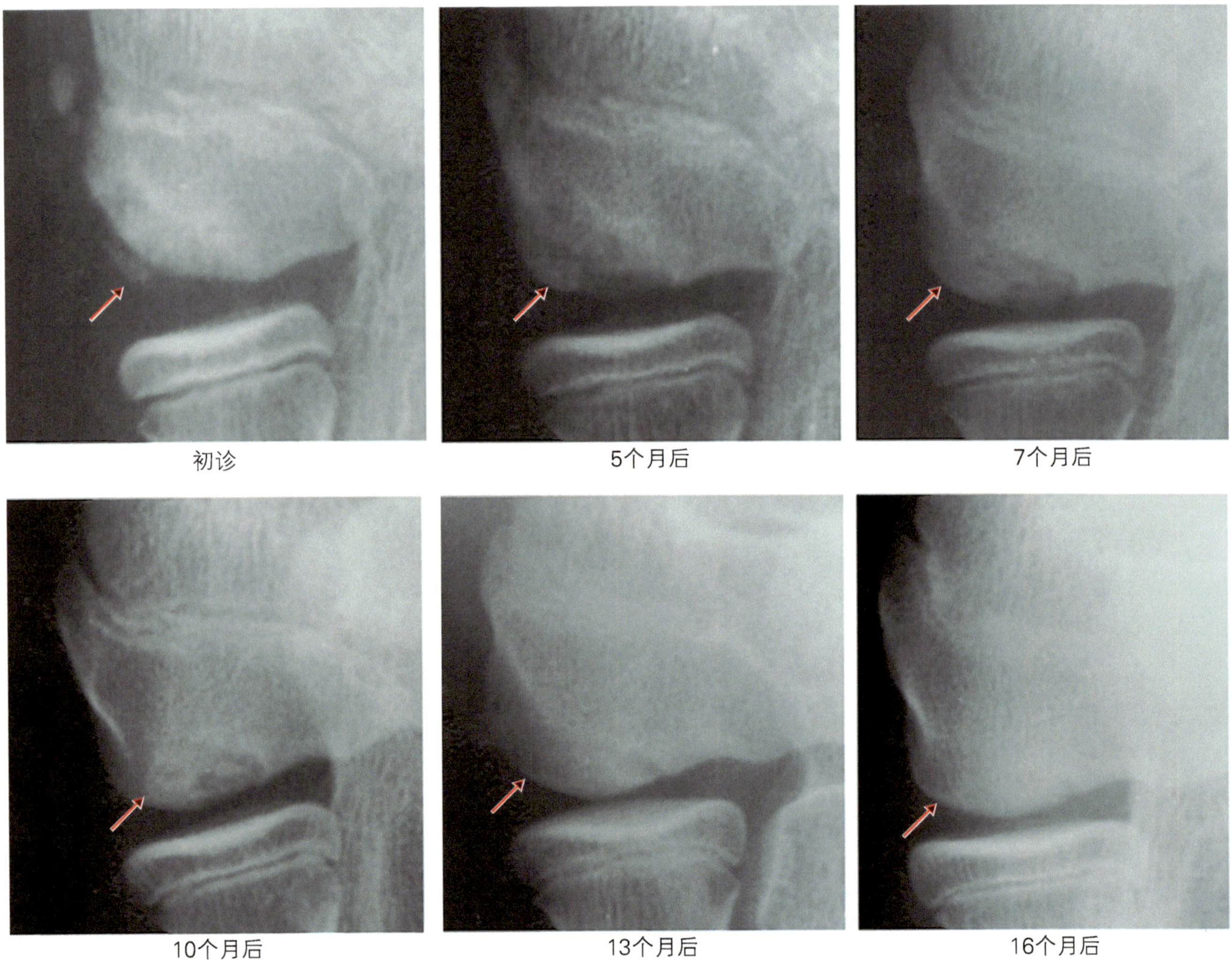

查可见内上髁损伤引起的内上髁压痛消失，外翻应力试验时内侧痛消失。肱骨小头损伤特有的肱桡关节压痛减轻或消失，活动范围也有改善。但即使在最终修复的病例，伸直受限残存5° 的情况也不少见。

有症状时的制动比较容易，但最初症状少及症状消失时，继续制动就有些困难。无症状者约需3个月左右，X线上确认出现修复者从发现疾病起约需1年以上。所以，保守治疗前3个月的对症处理是非常重要的。

### ◆ 保守治疗的要点及注意事项

为严格施行保守治疗，对目前的病情与今后的预想必须取得患者的理解和认识。在实际操作中，要经常给患者看典型修复病例的X线经过，同时就各个具体病例做一说明，如目前疾病处于哪种状态，哪处在向好的方向发展，今后能达到什么状态？能显示出微细修复过程的MRI在检查上也是不可缺少的。对于病情，不仅要取得患者的理解，而且也必须要取得其监护人和教练的理解与支持。还要花费时间向患者及其监护人、教练说明检查的重要性。另外，无希望等悲观的话尽量少说或不说。包含心理关怀的治疗也是必要的，要劝患者每月一次来门诊就医。

### ◆ 运动复归

疾病何时能获得完全恢复及复归运动，单纯通过X线判断是困难的，有时也必须参考CT和MRI。有些病例，外侧或中央部出现点状透亮影，没有扩大的征象经过几个月就可修复。为取得保守治疗的良好进展，首先从投球动作练习开始，其次在垒间半距离用50%的强度接球20个，其后分阶段地增加距离、强度和投球数。参加集体训练约需1个半月。

## 保守治疗的疗效

对初期84例、进展期17例患者给予保守治疗。结果：初期96%、进展期52.9%的病例出现了修复。修复时间：初期平均15个月（4~60个月），进展期平均12个月（8~16个月）（**表2**）。肱骨小头形态仅部分呈扁平化，大多数都恢复到了原来的球形。修复的病例功能预后良好。对保守治疗无效的病例施行了手术，所有的病例病灶部的大小都缩小到初诊时的50%以下。因病灶越小术后疗效越好，故保守治疗对缩小病灶有很大意义。

不能接受完全的保守治疗，但实行了变更防守位置和投球侧的妥协保守治疗的病例，初期为17例，进展期为2例。初期70.6%、进展期50%的病例出现了修复。另外，有56例并未接受任何的保守治疗而继续投球，其中初期33例、进展期23例，出现修复者初期为12.1%，进展期全无修复。

以上结果表明，彻底解除对肘关节负荷的保守治疗是有效的。

**表2** 肱骨小头骨软骨损伤保守治疗的疗效

| | 初期($n$=84) | 进展期（$n$=17） |
|---|---|---|
| 修复 | 90.6% | 52.9% |
| 修复时间 | 4~60个月（平均15个月） | 8~16个月（平均12个月） |
| 未修复 | 9.4% | 47.1% |

**图5** CT三维重建上的肱骨小头母床的硬化影（箭头所指）[10]

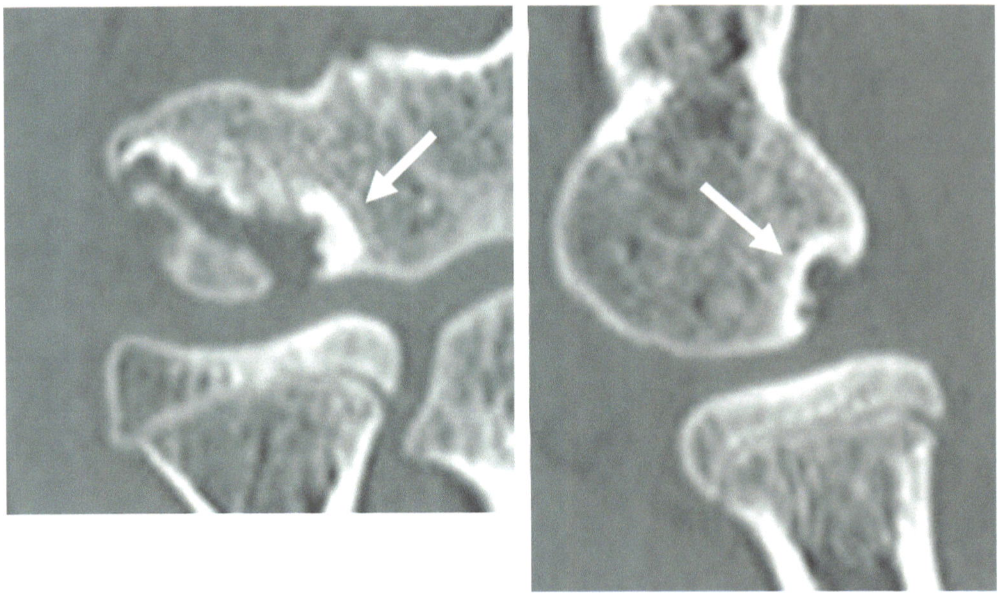

## 保守治疗的界限

病灶部修复机制停止的时间就是保守治疗的界限。然而，确切地判断这个时间是困难的。目前来看，这个时间点就是肱骨小头和外上髁骨骺线闭合，母床上出现硬化影3个月以上者，提示修复停止，就以此作为保守治疗的界限。判断修复是进行还是停止，单靠X线是困难的，任意平面的CT三维重建结果比较可靠（**图5**）。

●文献


[1] 岩瀬毅信, 井形高明, ほか. 上腕骨小頭骨軟骨障害. 整形外科MOOK, 1988, 54: 26-44.

[2] 松浦哲也, ほか. 野球肘診療マニュアル. 少年野球肘の実態, MB Orthop, 1997, 10（8）: 1-6.

[3] 村本健一. 肘関節部骨年齢評価法. 日整会誌, 1965, 38: 939-950.

[4] 松浦哲也, ほか. 学校における運動器検診. 野球・サッカーを対象とした野外検診の成果と課題-徳島県-, 臨床スポーツ医学, 2009, 26（2）: 183-187.

[5] Haraldsson S. On osteochondrosis deformans juvenilis capituli humeri including investigation of intra-osseous vasculature in distal humerus. Acta Orthop Scand, 1959, 38（suppl）: 1-232.

[6] Woodward A H, Bianco A J Jr. Osteochondritis dissecans of the elbow. Clin Orthop, 1975, 110: 35-41.

[7] 松浦哲也. 私のすすめる運動器疾患保存療法実践マニュアル. 全日本病院出版会, 2007, 251-257.

[8] Pappas A M. Osteochondrosis dissecans. Clin Orthop, 1981, 158 : 59.

[9] 岩瀬毅信, 井形高明, ほか. 野球肘-成長期の野球肘-. 骨・関節・靱帯, 1992, 5: 1365-1375.

[10] 松浦哲也, 柏口新二, ほか. 上腕骨小頭骨軟骨障害の保存療法の限界と遊離体摘出術. 関節鏡, 2006, 31（3）: 223-228.

# 剥脱性骨软骨炎的手术治疗——截骨术

大连医科大学附属第一医院　吴春明　王福生　译

财团法人新泻手外科研究所所长　坪川直人
财团法人新泻手外科研究所会长　吉津孝卫

## 手术特点

肱骨外髁楔状截骨术通过肱桡关节减压、骨钉、海绵骨移植及截骨，改善外髁部血液循环，以此来达到治愈离断部的目的。从初期的分离型到游离型所有病期都可施行该手术[1]。

## 手术方法

### 1 切口

体位为仰卧位。从外髁到桡骨颈切开（**图1**）。把肱桡肌、桡侧腕长伸肌从肱骨前方用电刀分离，在桡侧腕长、短伸肌之间切开延长，显露肱桡关节。因为肱骨小头的营养血管从后方进入，所以不要剥离后方肌肉。把外侧副韧带从关节内切开分离，注意保存外上髁附着的筋膜。可用肉眼观察软骨离断部，并决定手术进度。

### 2 截骨 难点

距离外上髁近端约30 mm处，顶点位于肱骨肘关节面的小头与滑车的移行部，行楔状截骨[2]，底边骨皮质宽7~10 mm（**图2**）。

**手术技巧及注意事项**

（1）行截骨术时要注意，如截骨不与前方骨皮质垂直，则截骨线容易偏向尺侧和鹰嘴方向（**图3**）。
（2）为纤细截骨，可用骨锯进行截骨，开始时可用骨刀使操作简化。另外，截骨远端的关节软骨也可用骨刀仔细截骨（**图4**）。

**图1　肱骨小头剥脱部的显露**

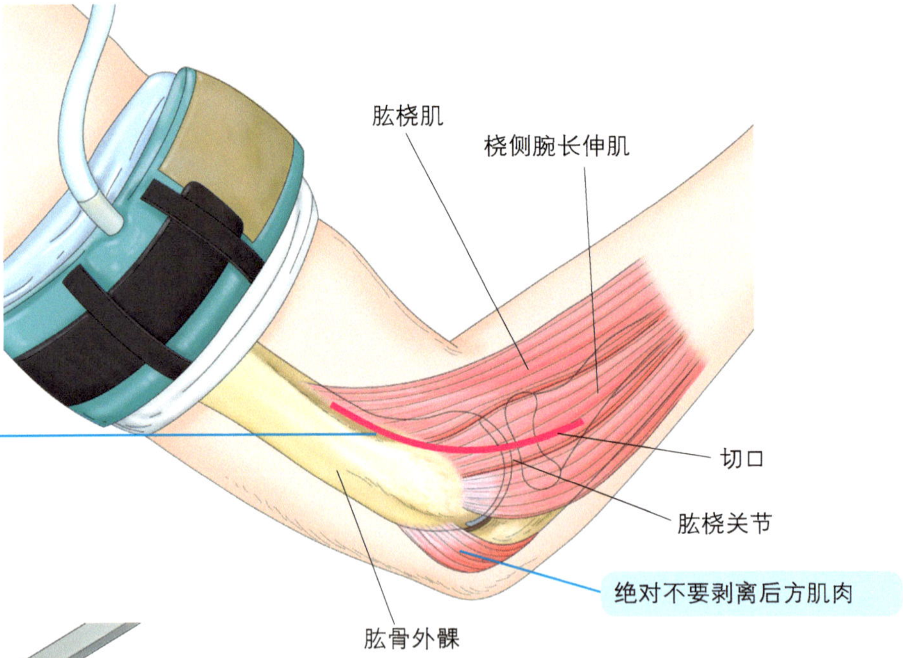


**图2　截骨**

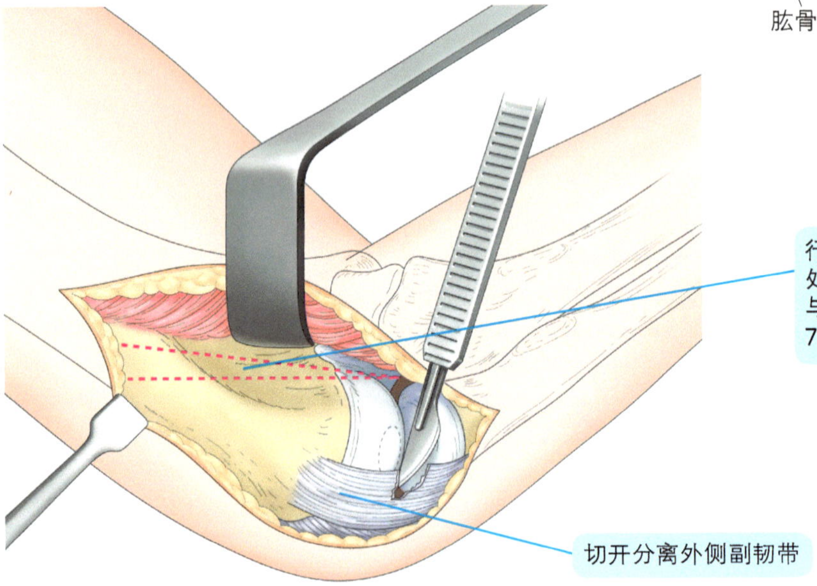


**图3　截骨**

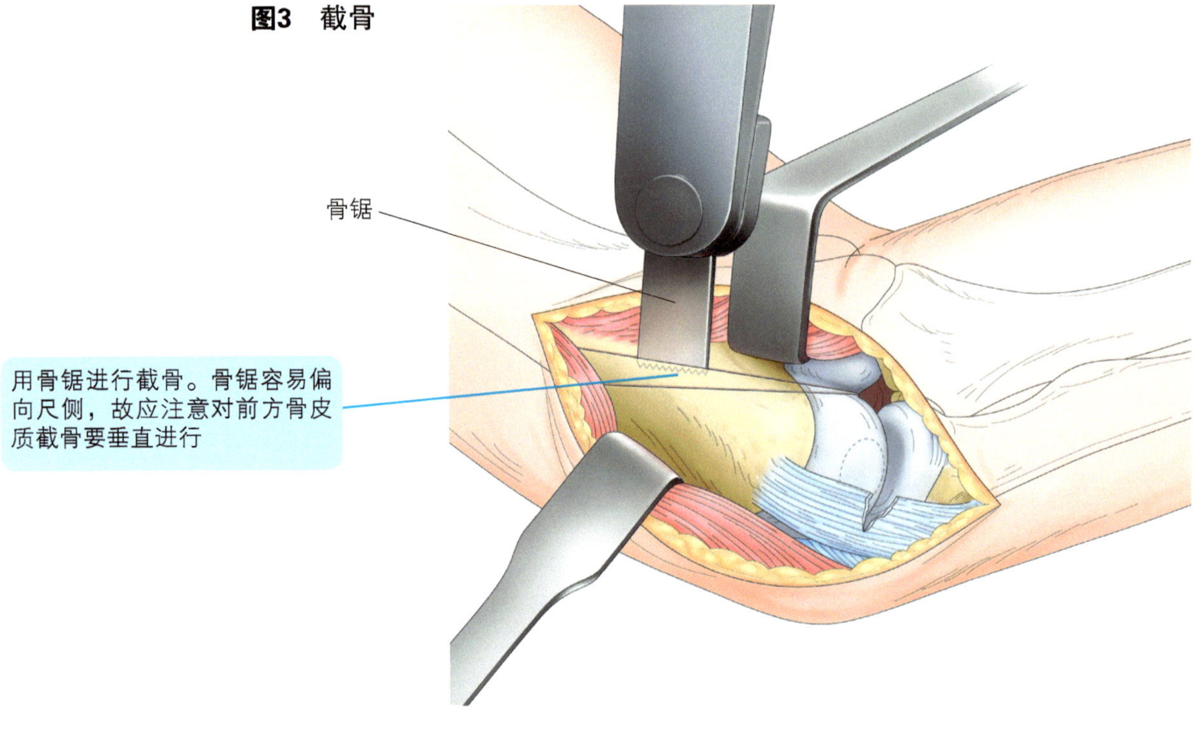

**图4　关节面的截骨**

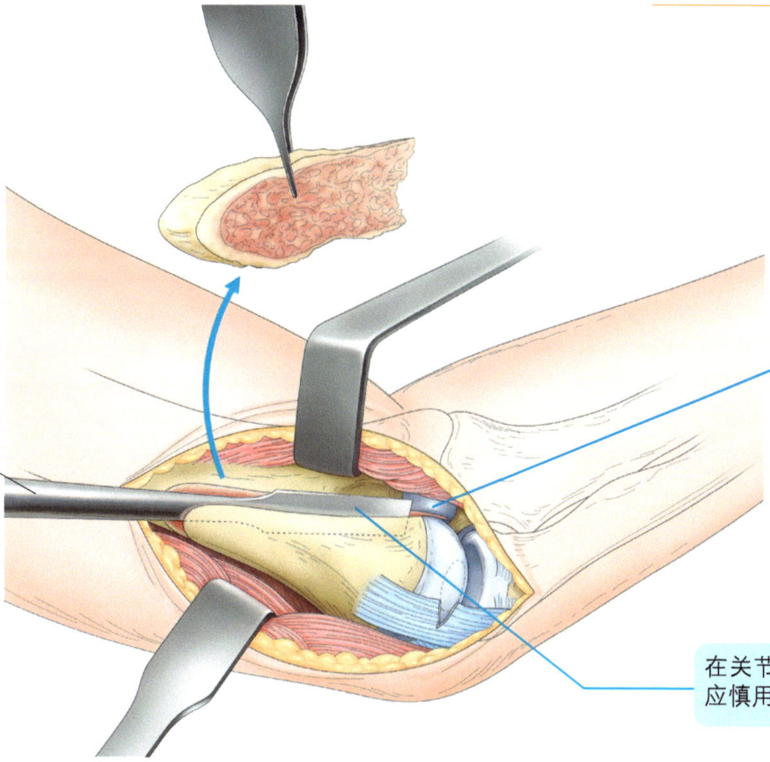


**图5　软骨剥脱部的观察**

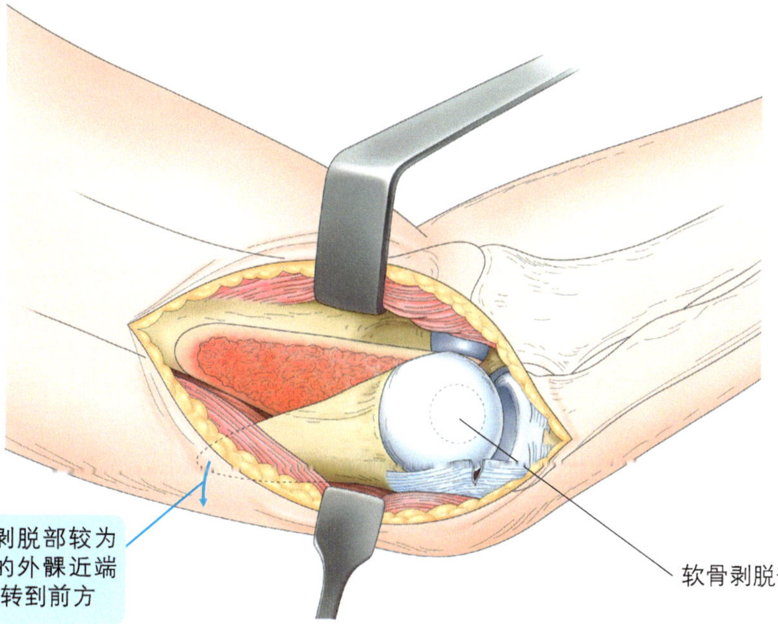


肱骨小头与滑车间的软骨也可切离。初期分离型在剥脱部不加操作仅行截骨，而游离型行游离体摘除，并向软骨缺损部钻孔、截骨。

但晚期分离型和混合型，为使肱骨小头剥脱部较易操作，可将截骨后的外髁近端轻压至后方，把肱骨小头向前方旋转（**图5**）。

**手术技巧及注意事项**

这些操作不破坏后方血液循环。如仅行软骨游离部的移动，可做骨钉移植。

## 3 骨钉采取和植入

向肱骨小头植入骨钉时应注意，为不使打入骨钉的钻孔点软骨剥离加重，可先用细克氏针给予离断部临时固定，然后从细到粗扩大骨钉钻孔点，尽可能植入2~3枚骨钉固定离断部，这样最为理想（**图6**）。

骨钉可从截下的楔状骨片上采取，通常可采取2枚。需要3枚时，可从肱骨截骨部位近端采取。

**手术技巧及注意事项**

分离部打开后能看到软骨下骨和软骨不稳定时，可用小刮匙刮除软骨下骨，从楔状截骨片上采取海绵骨进行植骨，然后用骨钉进行固定（**图7**）。

骨钉尖端略细，从植入侧插入钻孔点，用打入器打进骨孔内后，用锤子轻轻叩击。固定软骨时，骨钉全部植入后，如仍有骨钉外露，可用Luer钳修整以与软骨面相适应。

**图6　向剥脱软骨插入骨钉**

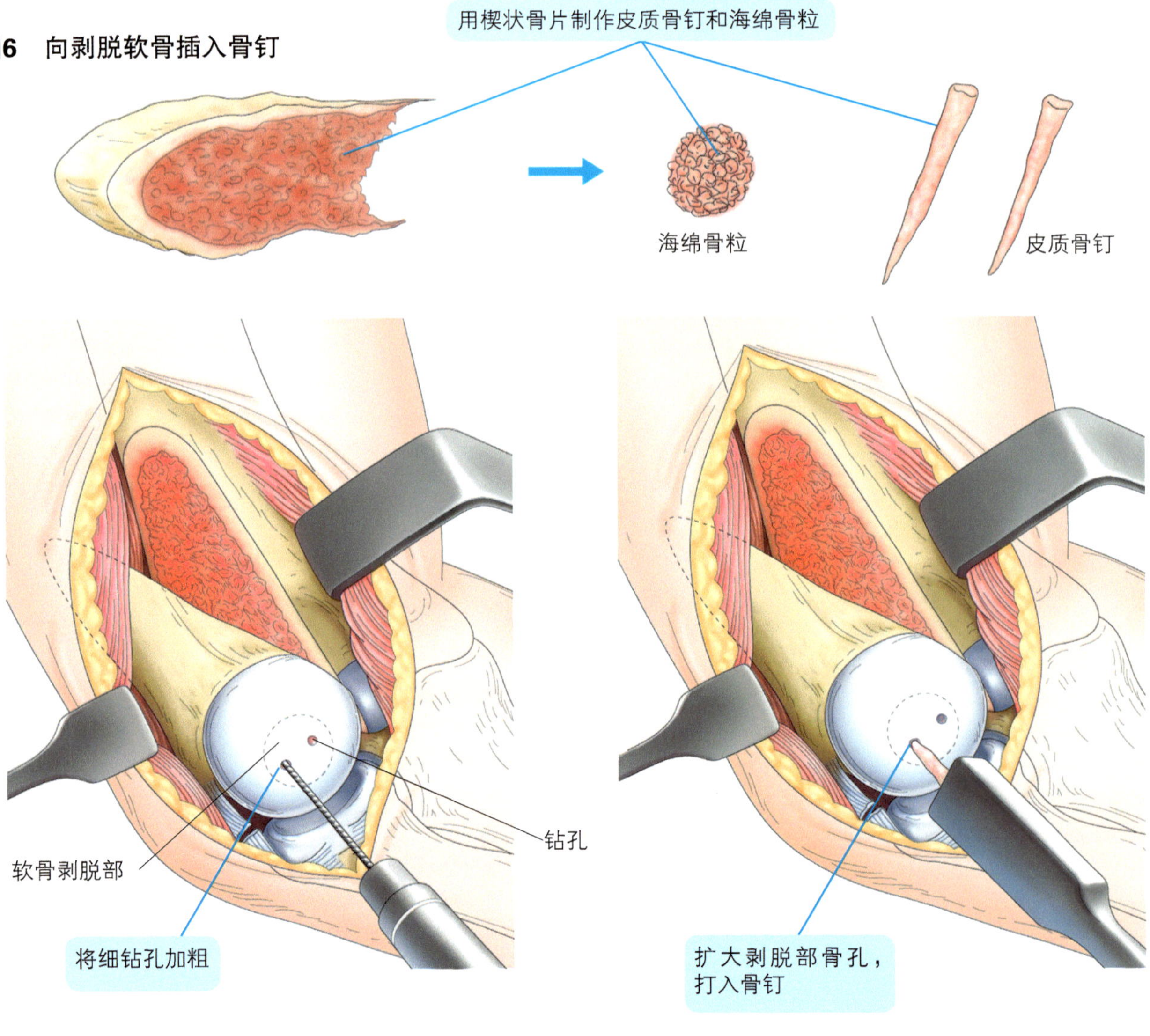

处理完分离部后，返回外髁部，对合截骨部用直径1.5 mm的克氏针临时固定后，再用皮质骨螺钉固定（**图8、图9**）。

冲洗切口，放置负压引流物，逐层缝合。肘关节用石膏绷带固定3周，外固定去除后，进行主动屈曲、伸展及内旋、外旋运动。

**图7　剥脱软骨部不稳定时行海绵骨移植**

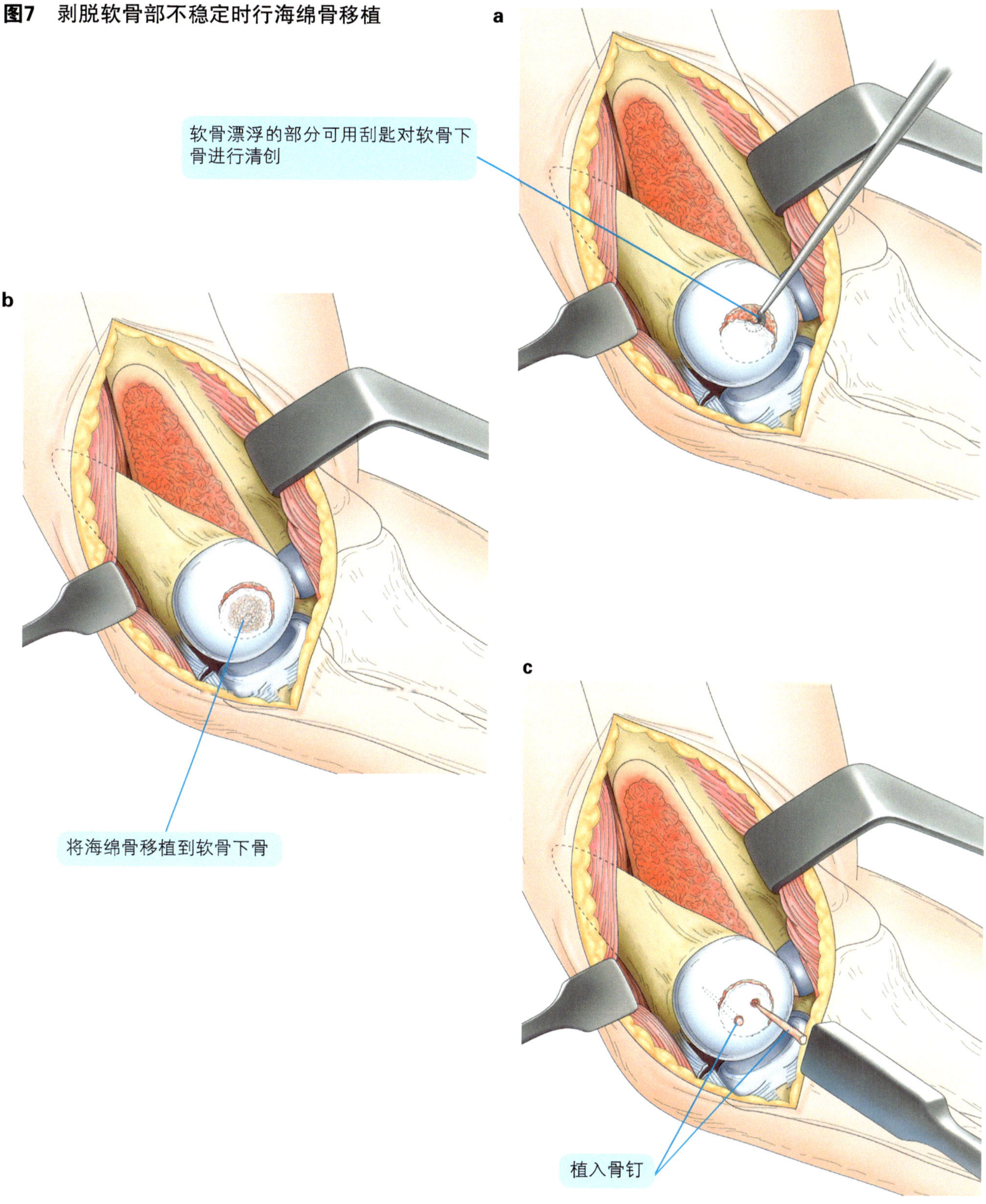

**图8　截骨部的内固定**

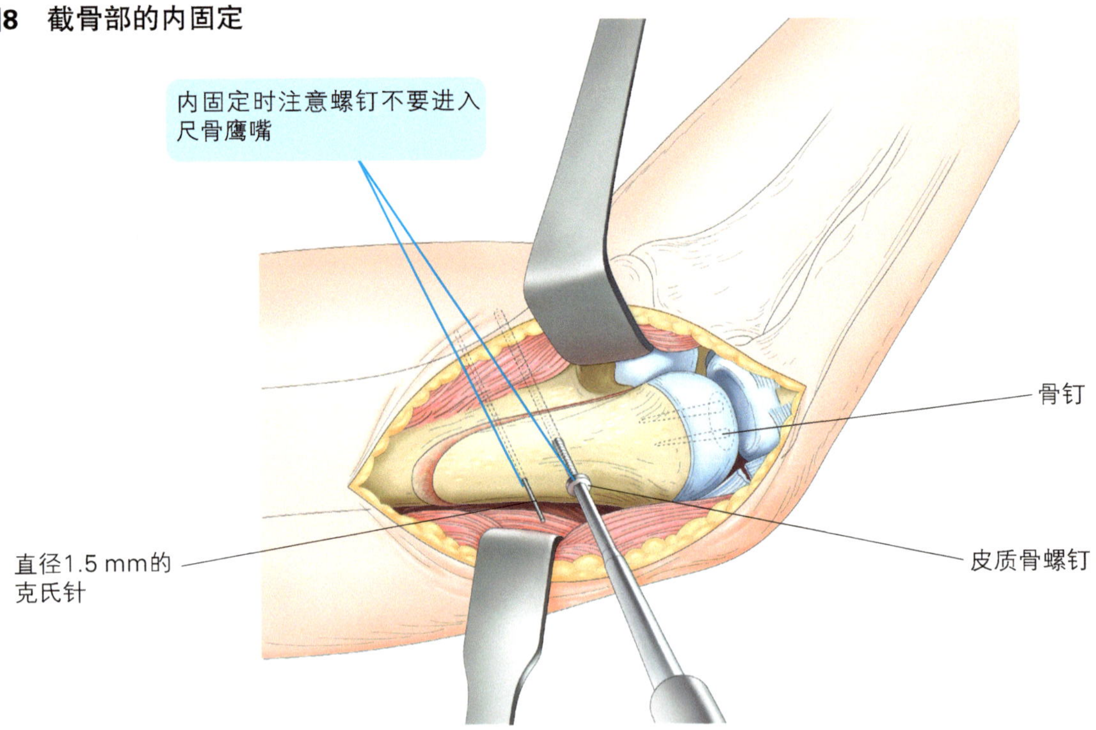


**图9　完成截骨**

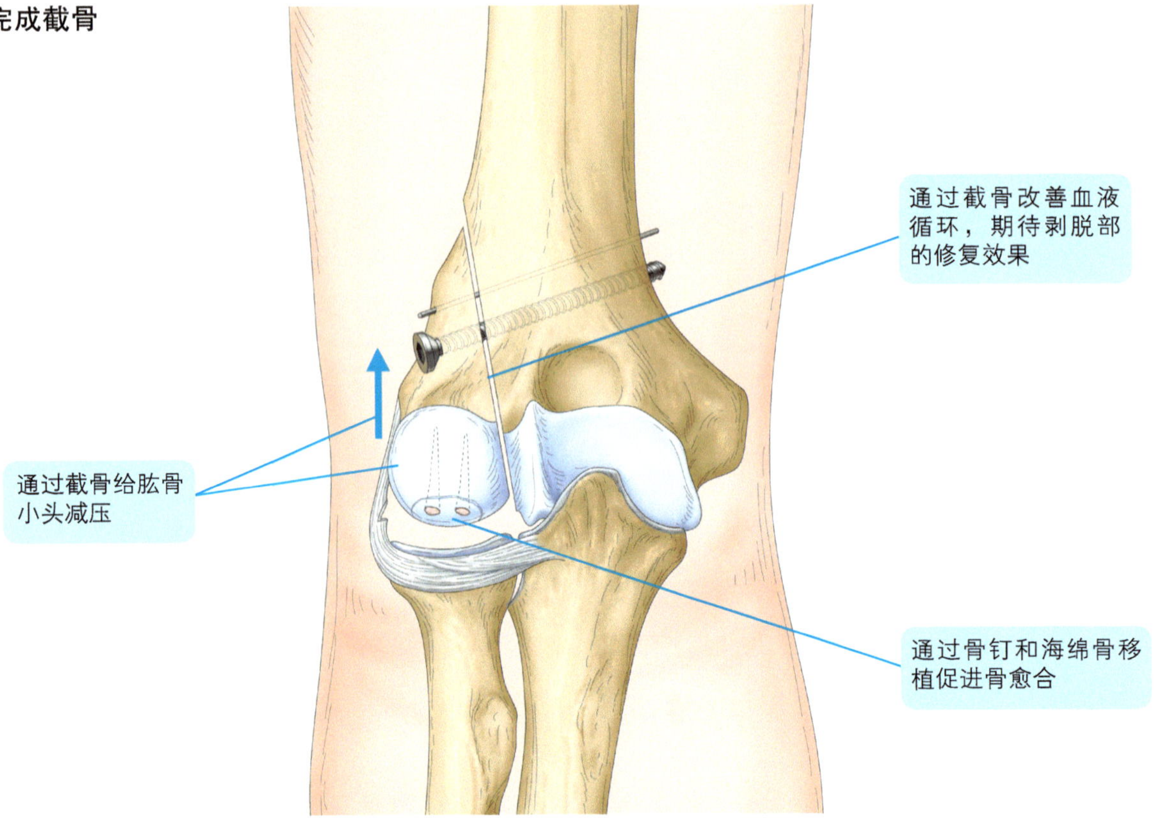



●**文献**

［1］吉津孝衛. 離断性骨軟骨炎. 整形外科, 1986, 37：101–111.

［2］吉津孝衛. 離断性骨軟骨炎の治療–上腕骨外顆楔状骨切り術およびその変法–. 関節外科, 1992, 11：79–95.

［3］吉津孝衛. 上腕骨小頭壊死–離断性骨軟骨炎. 新OS NOW No.21 スポーツ整形外科の手術, メジカルビュー社, 2004, 321–325.

［4］牧　裕, 吉津孝衛. 上腕骨小頭離断性骨軟骨炎に対する上腕骨外顆楔状骨切り術. 関節外科, 2008, 27：90–95.

# 剥脱性骨软骨炎的手术治疗——软骨镶嵌术

大连医科大学附属第一医院 吴春明 王福生 译

北海道大学研究生院医学研究科骨科学讲师 岩崎伦政

## 手术特点

骨软骨柱移植术是针对骨软骨缺损施行的通过楔状软骨和正常软骨下骨移植达到修复的手术疗法。近年来，肱骨小头剥脱性骨软骨炎的这种术式在日本逐渐盛行。采取骨软骨柱进行移植的方法大致分为两种：一种是采用一枚较大的骨软骨柱进行移植；一种是用多枚小的骨软骨柱进行移植，即所谓的软骨镶嵌术（mosaicplasty）。笔者应用的是后者，现将手术内容和方法阐述如下。

## 手术方法

### 1 肘的显露

患者取仰卧位，患侧前臂置于胸前（**图1**）。沿肘关节后方入路切开肘肌，然后切开后关节囊，过屈肘关节后，即使前方病变也能充分显露（**图2**）。

### 2 切除肘病变部

如有游离骨软骨片，须摘除。彻底切除病变的纤维组织，病变部分切除应充分，直到正常软骨的边界及软骨下骨出现充分出血为止。用直径3.5 mm的钻孔导向器测量，决定需要植骨的枚数。

### 3 从膝部采取移植骨

为方便手术，通常用患肘的对侧膝部作为供体。在髌骨旁做纵向切口，显露股骨外侧髁的髌股关节外侧面（**图3a**）。笔者原则上根据肱骨小头软骨缺损部的面积大小，采取数枚直径3.5 mm、长10~15 mm的骨软骨柱（**图3b、c**）。

**图1** 体位

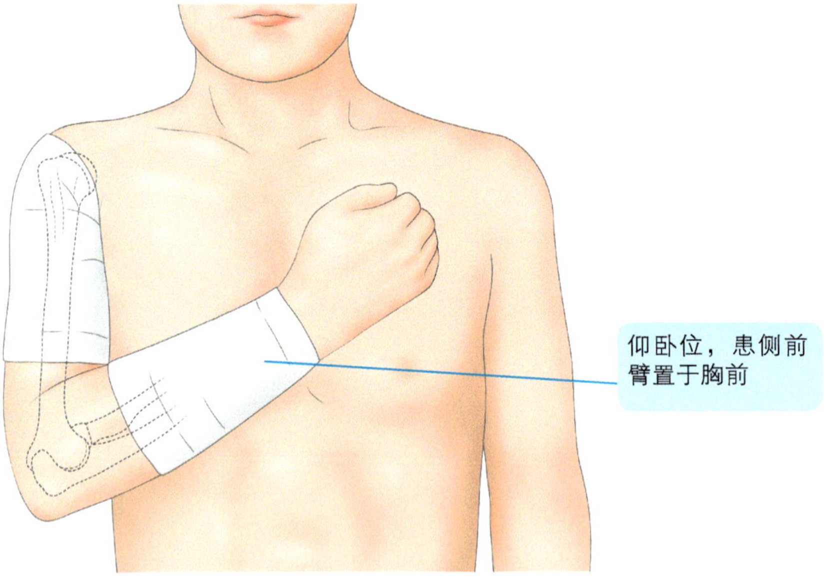


**图2** 切口与显露

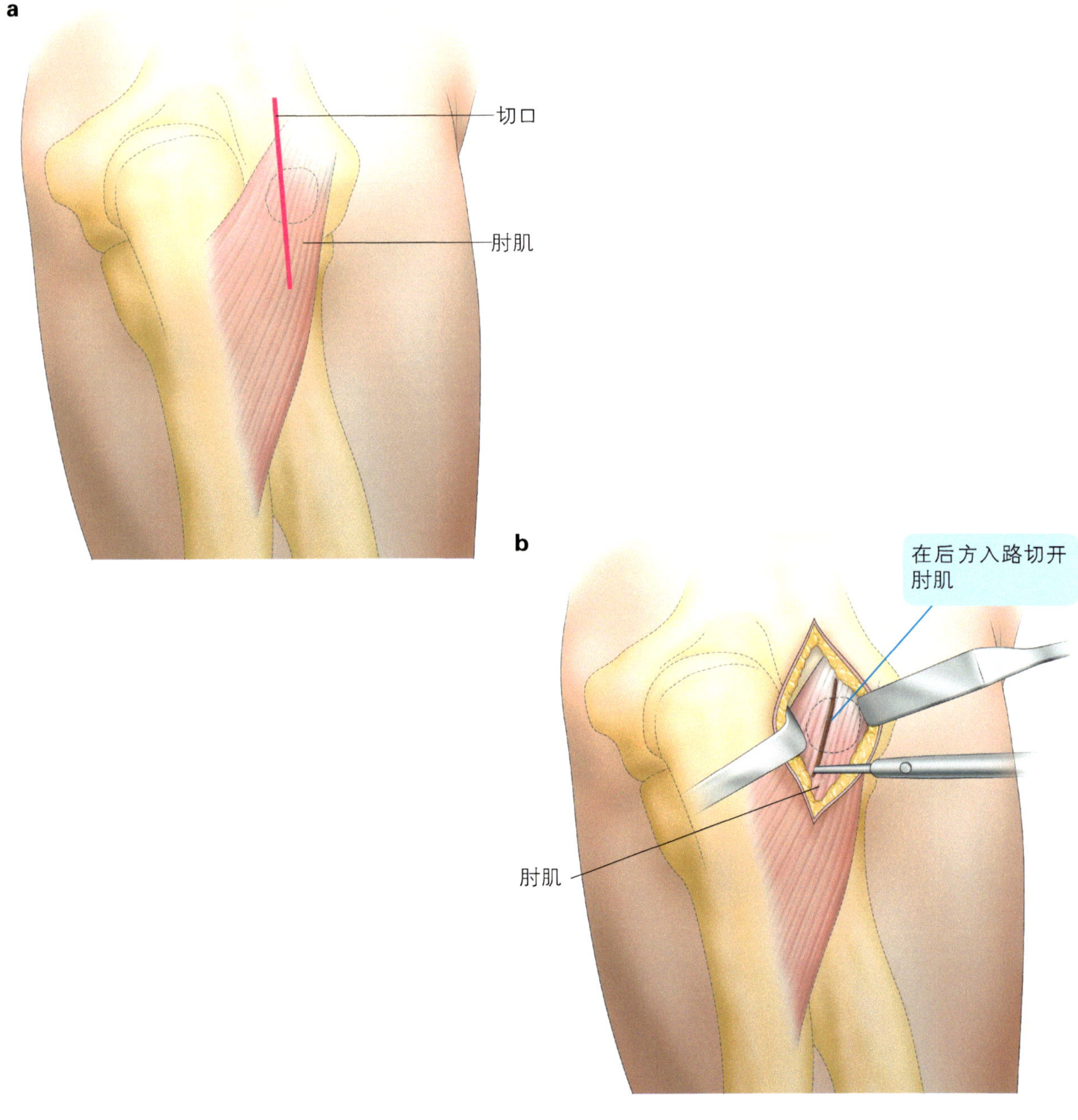

**图3 骨软骨柱的采取**

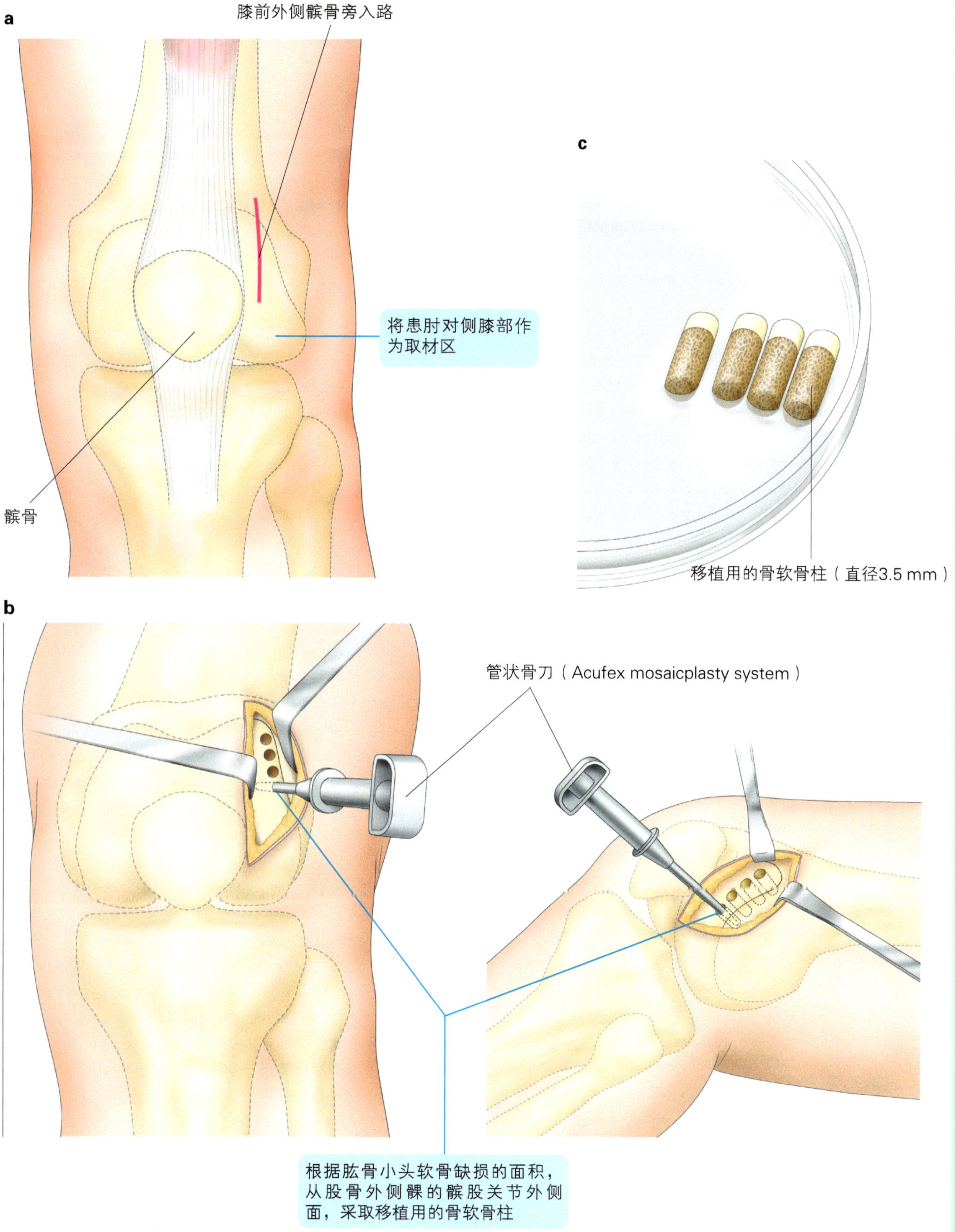


**手术技巧及注意事项**

为预防取骨部位出血，可用骨蜡填充骨软骨取骨部的缺损，由此可减少供体部位术后水肿。

图4　向肘骨软骨缺损部移植骨软骨柱

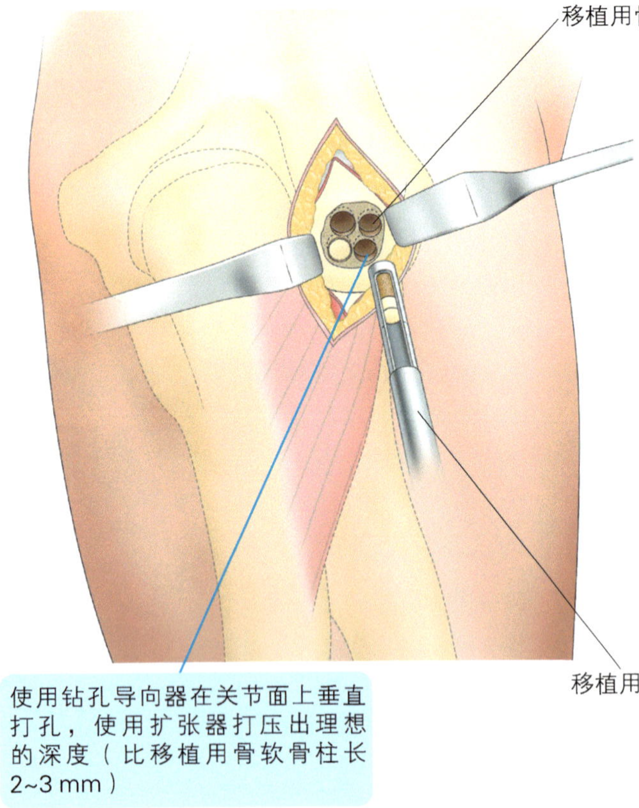


图5　移植与注意事项

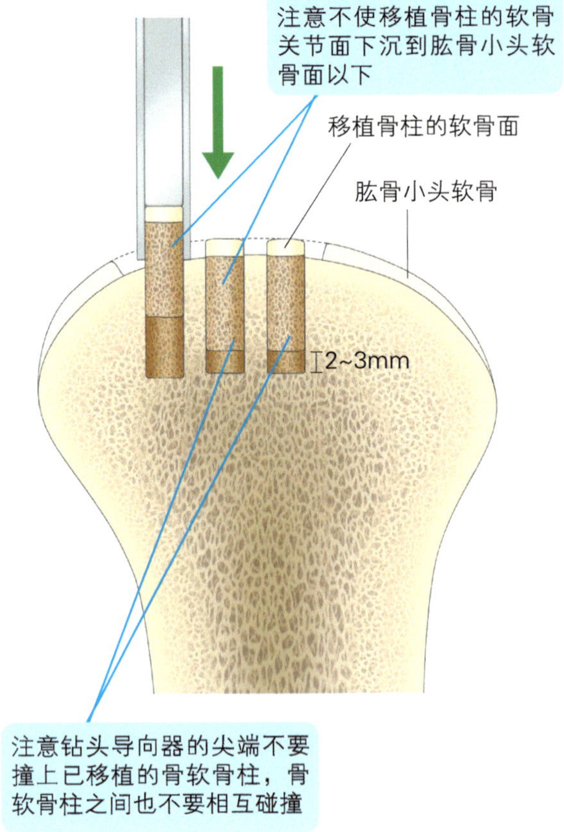


## 4 肘骨软骨缺损部的骨软骨柱移植 难点

用专用的骨软骨柱移植器械进行骨软骨缺损部的移植（**图4**）。重要的是骨软骨柱不要过于贯通，注意不使移植骨柱的软骨关节面下沉到肱骨小头软骨面以下（**图5**）。

**手术技巧及注意事项**

骨软骨柱之间要有些间隙。钻孔导向器撞上已移植的骨软骨柱可引起它们的塌陷，在软骨下骨的深层也要注意不使骨软骨柱相撞（**图5**）。

## 5 闭合切口

在肘关节和膝关节留置引流物，逐层缝合关节囊、皮下组织和皮肤。固定肘关节固定2周，引流拔出后即可部分负重行走，术后7天可全负重步行。

●**文献**

[1] Iwasaki N, Kato H, Ishikawa J, et al. Autologous osteochondral mosaicplasty for capitellar osteochondritis dissecans in teenage patients. Am J Sports Med, 2006, 34: 1233–1239.

[2] Iwasaki N, Kato H, Kamishima T, et al. Donor site evaluation after autologous osteochondral mosaicplasty for cartilaginous lesions of the elbow joint. Am J Sports Med, 2007, 35: 2096–2100.

# 剥脱性骨软骨炎的手术治疗——肋骨肋软骨移植术

大连医科大学附属第一医院 吴春明 王福生 译

庆应义塾大学医学部骨科 佐藤和毅

## 手术特点

肋骨肋软骨移植术的优点是它不侵扰其他关节，通过楔状软骨移植可使关节软骨缺损部在生物学上和解剖学上得到修复[1~4]。另外，由于可自由生成软骨组织，故可较易形成符合缺损部形状的关节。对其他骨软骨移植术难以修复的肱骨小头外侧缘缺损的病例也可达到关节修复。一根肋骨肋软骨移植在大小上有一定的限制（笔者经验最大者大约15 mm × 16 mm），但如果在两处肋骨肋软骨移行部采骨进行移植，即使对较大的肱骨小头关节面缺损，也可完成关节面的重建[4]。

## 手术方法

### 1 肘关节外侧入路（Kocher外侧入路），肱骨小头的显露

手术采用全身麻醉，患者取仰卧位，患肢应用驱血带。触知肱骨外上髁和桡骨头，确认肱桡关节的位置。以肱桡关节为中心，弧形切开约5 cm（**图1a**）。从桡侧腕长、短伸肌与肘肌之间分开纤维，到达关节囊（**图1b**）。沿长轴方向切开关节囊，显露肱骨小头关节面（**图1c**）。用骨刀在骨膜下把近位侧的伸肌群附着部从外上髁处剥离，同时将外侧副韧带一并从骨膜下剥离下来。

病灶局限在外侧的病例（外侧型），以上的切开就可确保术野的显露。骨软骨损伤靠近滑车的中央型病例及损伤较广泛的病例应将轮状韧带一起切开。经此显露，在内翻应力下连滑车部术野也清晰可见。

### 2 病灶的评价及术式的最终决定

在术前正确诊断肱骨小头剥脱性骨软骨炎的病期常常是很困难的。最终判断是否施行肋骨肋软骨移植的关节成形术，依赖于显露后的病灶所见。

**图1** Kocher外侧入路

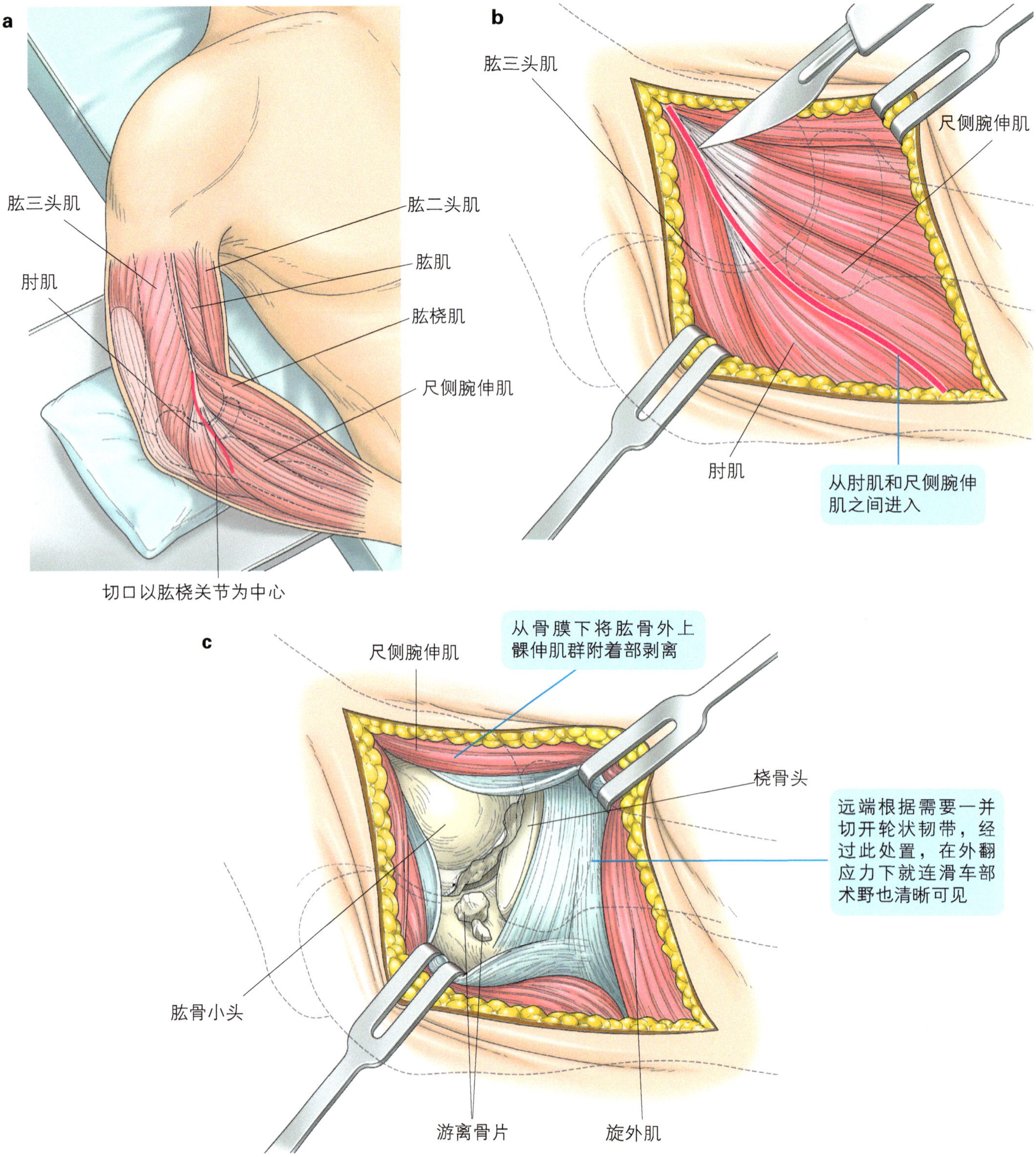


**手术技巧及注意事项**

病灶的再固定与否，需要根据表层的软骨（有无变性及变性程度）和包含软骨下层的骨性部的状态而判断。软骨下层骨性部（海绵骨）不存在的病例及已发生骨坏死的病例不能进行再固定。

肱骨小头显露后，注意认真检查骨软骨损伤的程度、范围，判断游离骨片有无再固定的可能。即使在游离期，如判断通过离断部的清创可行再固定，也可行骨钉移植（从尺骨鹰嘴采骨）等治疗。如判断游离片活力不良，可摘除骨片，制备母床，以便进行肋骨肋软骨移植。

## 3 游离体摘除、病灶清除及移植母床制作 难点

残存游离体可成为关节鼠，不能留下，必须摘除。移植母床的制作要注意保留有可能生存的关节软骨，切除已变性的骨软骨，长入缺损部的瘢痕组织也要进行搔刮。为使移植骨片能得到坚强的固定和存活，要把移植骨片尽量做大一些，同时母床也要充分加深磨削（**图2**）。

**手术技巧及注意事项**

制作母床时要时刻考虑移植骨片的形状及如何对固定有利。

可应用骨锯、气动磨钻及刮匙制作母床。

**图2 病灶搔爬及移植母床制作**

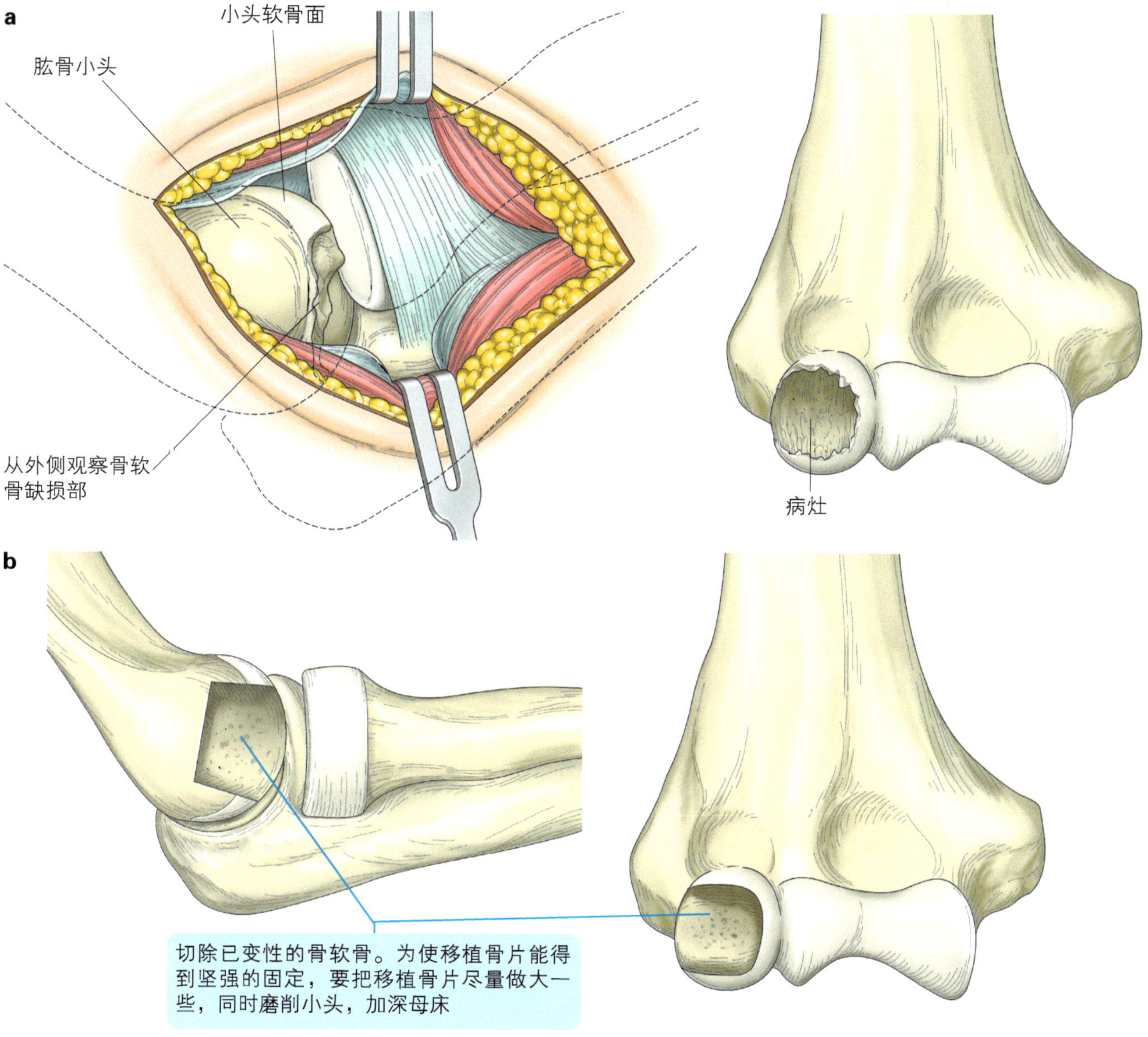

# 4 移植骨软骨片（肋骨肋软骨）的采取

通常，在第5或第6肋骨肋软骨移行部采取骨软骨片。乳头高位大致在第4、5肋间。肋骨肋软骨移行部位于第5、6肋骨高位、乳头略靠正中的部位（**图3a**）。皮下组织较薄时，可触知骨软骨移行部略隆起。在移行部正上方横切口约4 cm，切开筋膜，顺纤维方向钝性分离胸肌，到达肋骨肋软骨移行部。以肋骨肋软骨移行部为中心，用骨刀、肋骨剥离子等慎重地剥离骨膜和软骨膜全周(**图3b、c**)。采取的骨软骨片的大小取决于关节软骨缺损（母床）的大小。肱骨小头

**图3 肋骨肋软骨的采取**

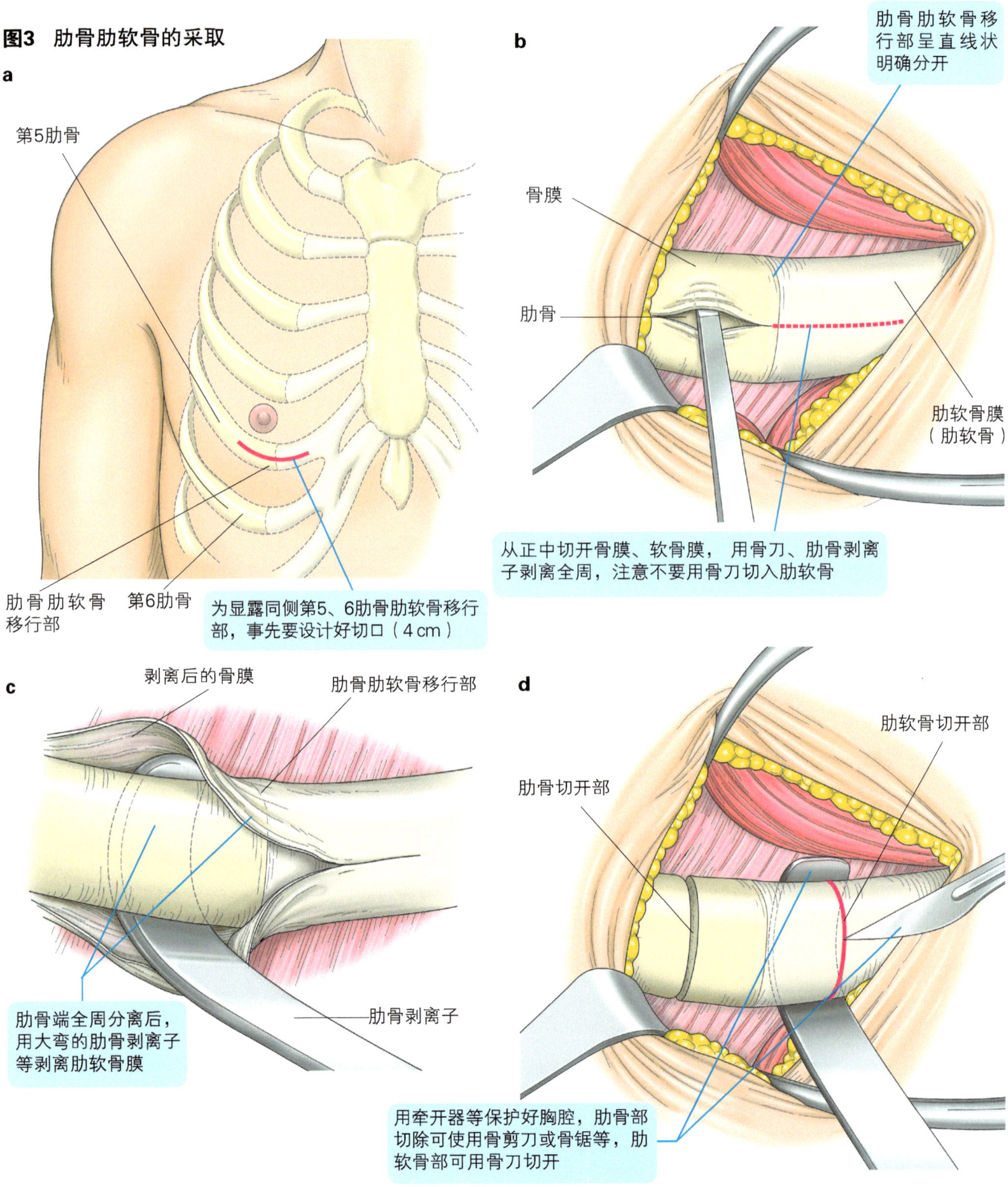

剥脱性骨软骨炎造成的骨软骨缺损一般较大，故常需要采取肋骨肋软骨的全长。根据骨软骨缺损的大小，也有的病例需采取两段肋骨肋软骨片（从第5、6肋骨肋软骨移行部采取），这时须延长切口，从同一术野进行采取。肋骨部切除可使用骨剪刀或骨锯等动力工具，肋软骨部可用骨刀切开，不管使用哪样工具都要用牵开器等保护好胸腔（**图3d**）。肋骨肋软骨片采取后要确认胸腔没有穿孔。逐层缝合骨膜、软骨膜，其次是胸肌、皮下及皮肤。

**手术技巧及注意事项**

（1）一般来讲，第5、6肋骨最粗，第7、8肋骨以下变细（横断面上逐渐呈细长椭圆形）。

（2）肋骨部的骨膜剥离较容易，但肋软骨膜剥离比较困难。先剥离骨膜侧，再从骨膜侧用肋骨剥离子和骨刀慎重地剥离软骨膜就比较容易。

## 5 移植骨软骨片的修整 难点

采取下来的肋骨肋软骨片要进行修整以适合移植母床。首先，为适合移植母床的深度和大小，要将骨性部用骨锯和Luer钳进行整形。在用2枚骨软骨片进行移植时，最初要对这2枚骨片如何组合移植做好设计（**图4a~c**）。骨性部要比肱骨小头软骨面略低一些（**图4d**）。软骨部的厚度尽量薄一些。但由于肋骨肋软骨移行部几乎是直线状（平面）的，为制作球面的肱骨小头关节面，软骨部有某种程度的厚度是不可避免的。软骨面可用骨刀仔细地修整，以适合周围关节面和对应的桡骨头关节面（**图4e**）。

**图4 移植骨软骨片的修整**

**a.**肱骨小头关节面缺损大时，可行2枚肋骨肋软骨片移植

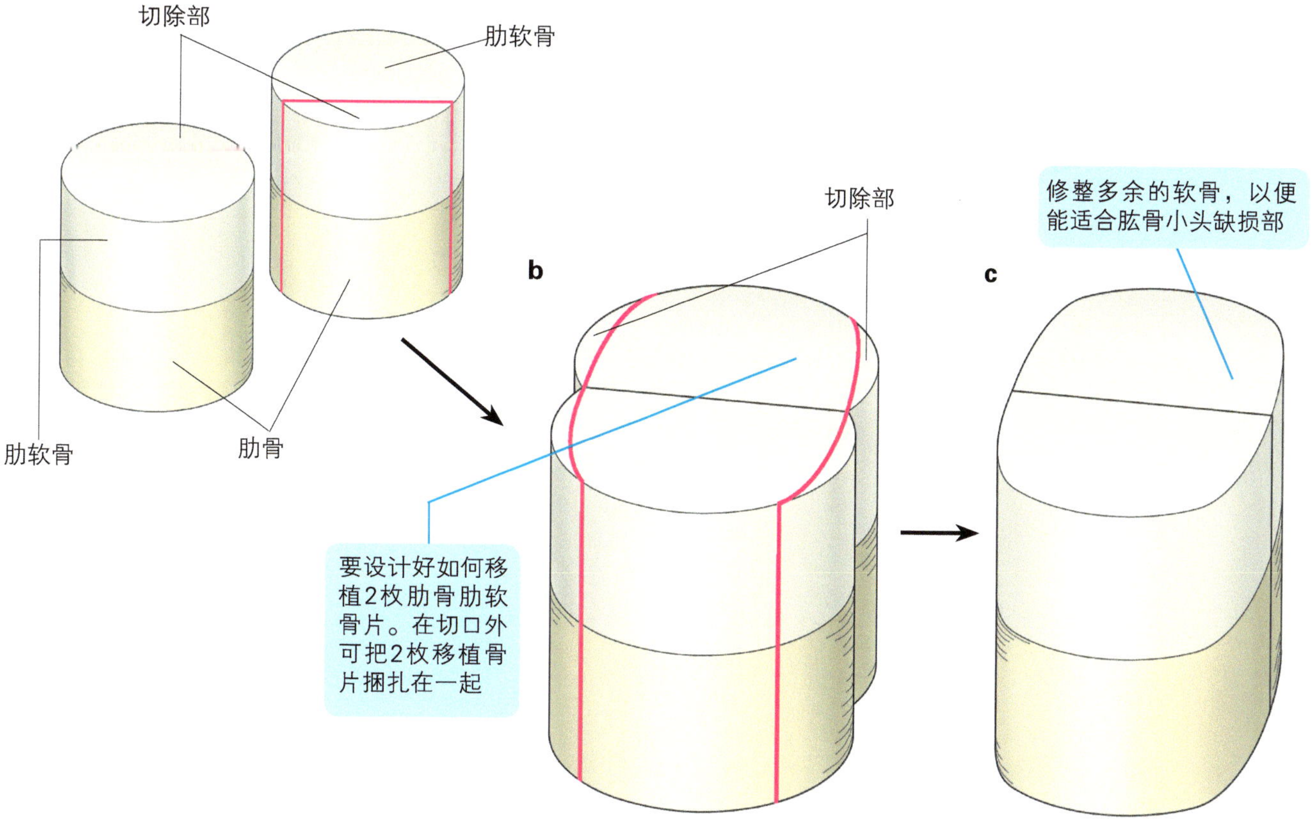

## 手术技巧及注意事项

（1）如何用移植骨片的软骨覆盖小头缺损部，这是移植的关键所在。通过斜行剪切移植骨片的软骨部，就可在一定程度上使软骨面增大。

（2）肋骨肋软骨移行部的接合没有关节软骨与软骨下骨之间那么坚强，为不使骨软骨之间分离，在修整移植骨片时，注意不要对移行部施加过大的应力。

**图4** 移植骨软骨片的修整（续）

d

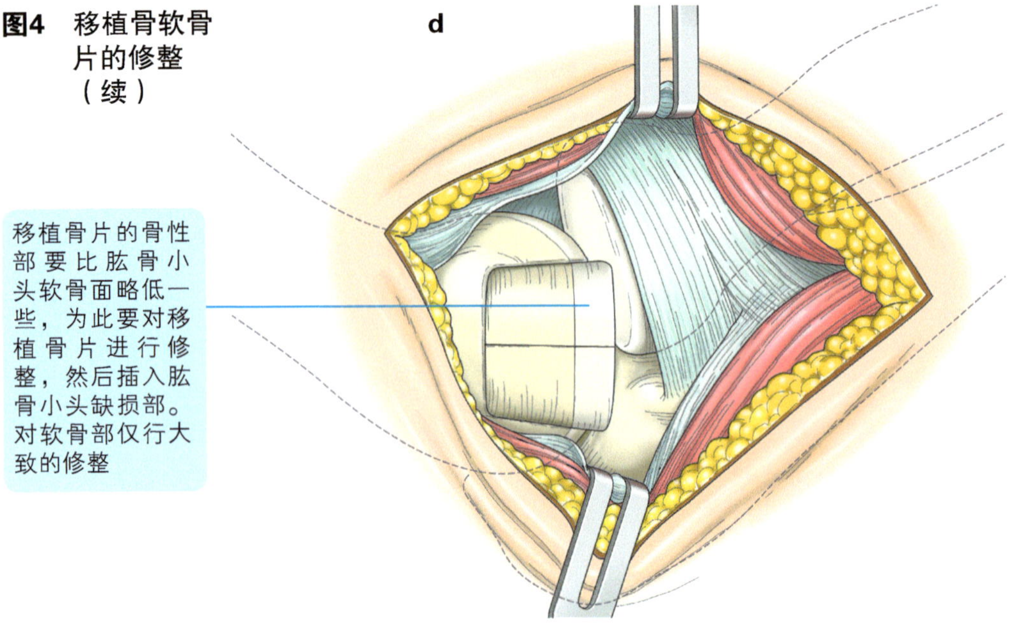


e

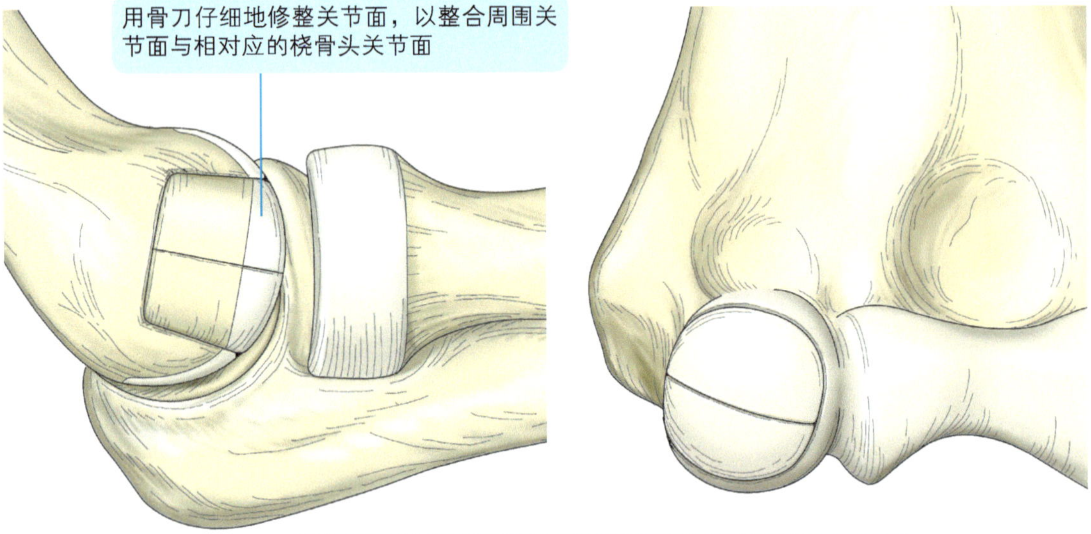


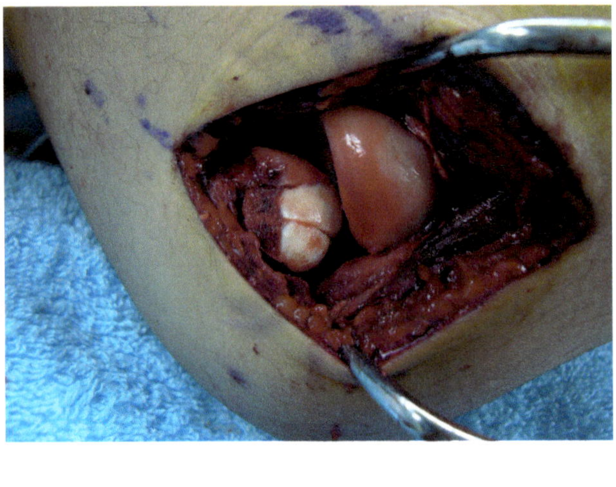

**图5　骨软骨片的移植和固定**

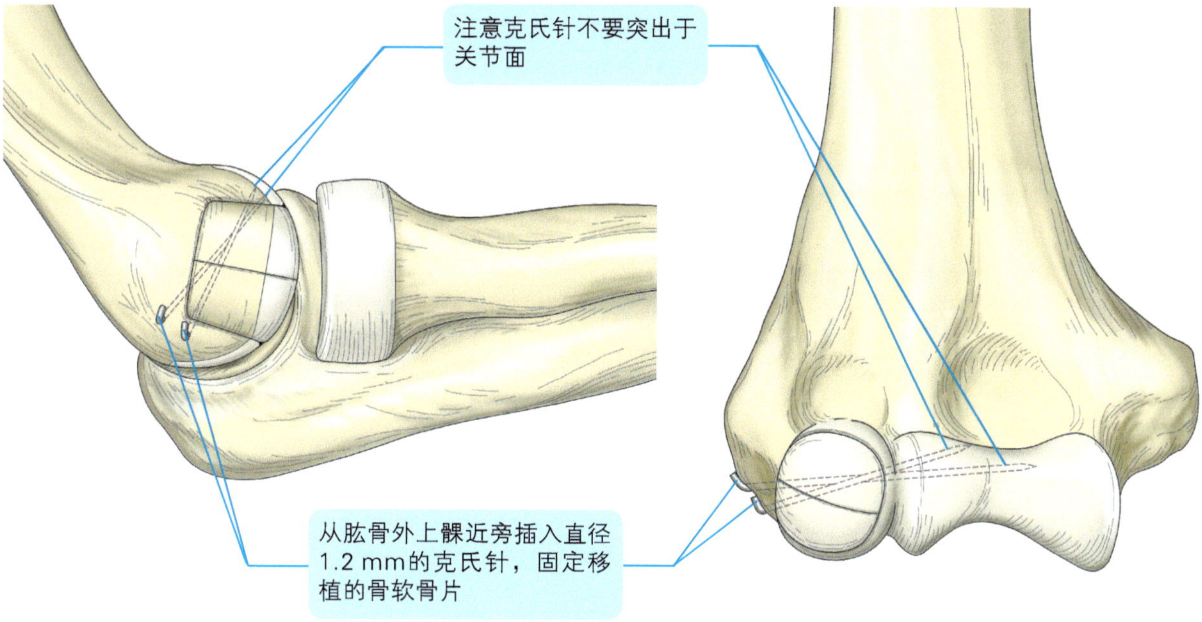


**难点解析**

**肋骨与肋软骨分离！**

笔者曾有1例在修剪中骨软骨分离的病例。这时，最好从尺骨鹰嘴取骨钉移植行骨软骨结合。

## 6 骨软骨片的移植和固定

确认肘关节屈伸时移植骨片适合良好后，从外侧插入克氏针或拧入螺钉，牢固地固定移植骨片（**图5**）。但移植骨片的加压固定方法并不局限于这一种。

## 7 冲洗、放置引流物和闭合切口

冲洗后在关节内放置引流物，闭合切口。将轮状韧带及从肱骨上剥离下来的骨膜和关节囊（包括外侧副韧带），用2.0或3.0可吸收线牢固地缝合。然后逐层缝合筋膜、皮下组织及皮肤。

## 术后并发症及处理

### ◆ 取骨部痛

术后2~3日疼痛逐渐消失，之后打棒球及进行其他运动都不会发生问题。

### ◆ 胸膜损伤（气胸）

如在肋骨肋软骨剥离时仔细小心，一般不会损伤胸膜。万一有损伤，可在正压换气下（麻醉）缝合胸膜。如胸部X线检查发现肺不张，可进行胸腔闭式引流。

### 移植骨片软骨部脱落

笔者有1例术后2个月自行开始投球出现移植骨片软骨部脱落的病例。移植骨片的营养考虑来自关节液的浸润和周围骨的血液循环。移植骨片存活及能耐受投球时的力学应力需要一定时间。

### 退行性关节炎

重建的肘关节如与术前同样过度使用，可再次发生关节损伤。而且，肘关节的过度使用及放任关节损伤的存在都与退行性关节炎有关。所以，改善投球技术及制定投球规则自不待言，对普通少年棒球选手、家庭及教练，棒球肘等疾病概念的启蒙工作也是十分重要的。

## 外固定及康复治疗

术后从上臂到手用石膏绷带固定，掌指关节除外。根据移植骨片的固定性，通常在术后1~2周解除固定，开始进行肘关节活动训练，通过肌肉锻炼提高患肢肌力。术后4个月不投球，仅做防守练习，5个月开始轻度接球练习，6个月可全力投球。


●**文献**

[ 1 ] 佐藤和毅. 肋骨肋軟骨移植術の臨床成績ならびに基礎的研究. 別冊整形外科, 2005, 47：235-244.

[ 2 ] Sato K, Mio F, Hosoya T, et al. Two cases with osteochondritis dissecans of the capitulum humeri, treated with costal osteochondral graft transplantation. J Shoulder Elbow Surg, 2003, 12：403-407.

[ 3 ] Sato K, Moy O J, Peimer C A, et al. An experimental study on costal osteochondral graft. Proceedings of 9th Congress of the International Federation of Society for surgery of the Hand. Monduzzi Editore, 2004, 161-166.

[ 4 ] Sato K, Nakamura T, Toyama Y, et al. Costal osteochondral grafts for osteochondritis dissecans of the capitulum humeri. Tech Hand Upper Extrem Surg, 2008, 12：85-91.

# 网球肘的临床表现和治疗

大连医科大学附属第一医院 吴春明 王福生 吕德成 译

札幌医科大学医学部骨科学副教授 和田卓郎

## 网球肘的临床表现和特点

有关网球肘的病理生理目前诸说不一，尚无定论。其中，伴随桡侧腕短伸肌起始部的微小断裂而出现的瘢痕与肉芽形成学说最为引人注目。本病在组织学上的特点是有血管纤维形成性狭窄但无炎性细胞浸润。另一方面，很早就有人提出，肱桡关节滑膜皱襞及轮状韧带的狭窄等关节内病变也可能与本病有关。笔者认为，桡侧腕短伸肌与肱骨小头的关节内撞击，以及伴随的继发性滑囊炎、肱骨小头软骨损伤也可能参与了本病的发生与发展。

多数网球肘病例通过日常生活指导，采用支具、类固醇类药物注射等保守治疗可获得治愈。但也有10%~20%的病例保守治疗无效，需要手术治疗。

目前，有多种手术方法。代表性的术式有肱骨外上髁切开和桡侧腕短伸肌起始部病灶切除的Nirschl法。另外，还有桡侧腕短伸肌在远端肌腱移行部的延长及关节内轮状韧带与滑膜皱襞切除的Bosworth法等。

近年来，作为新的治疗方法，肘关节镜下手术也开始崭露头角。本手术在切除关节内的桡侧腕短伸肌起始部病灶的同时可处理滑膜皱襞等关节内病变，具有创伤小同时又可详细地确认病变的优点。下面笔者就网球肘的关节镜下手术做一概述。

## 手术适应证

保守治疗无效、症状持续6个月无改善的慢性病例。

## 术前准备

### ◆ 疼痛的评价

要充分评价压痛点和诱发疼痛的体位。不仅肱骨外上髁，而且桡骨头、肱桡关节后方都可出现压痛。同时，不仅腕关节伸展试验（**图1**），而且肘关节过伸过屈试验也可诱发疼痛。这时要考虑到合并滑膜皱襞和软骨损伤的可能性。这些所见都有助于关节镜下的病情诊断。

## ◆ 手术器械准备

主要应用直径4 mm的30° 斜视镜。70° 斜视镜可用于更详细的镜视需要。还有软组织用的刨刀，Bepa™、Valcan™等射频、打孔器等器械。

## ◆ 麻醉和体位检查

手术采用全身麻醉，根据术者和麻醉师的喜好，决定是否并用臂丛神经阻滞。如并用臂丛神经阻滞麻醉，可减轻围手术期疼痛，提高患者的生活质量，但术后当时难以确认有无神经麻痹和损伤，这让术者有些挫败感。

体位是极其重要的。患者取侧卧位，患肢应用驱血带。用臂托固定上臂，肘关节屈曲90° ~100°，前臂下垂（**图2**）。消毒后用无菌弹性绷带包扎前臂，预防由于灌流液流入引起的前臂肿胀。

**图1　腕关节伸展试验**

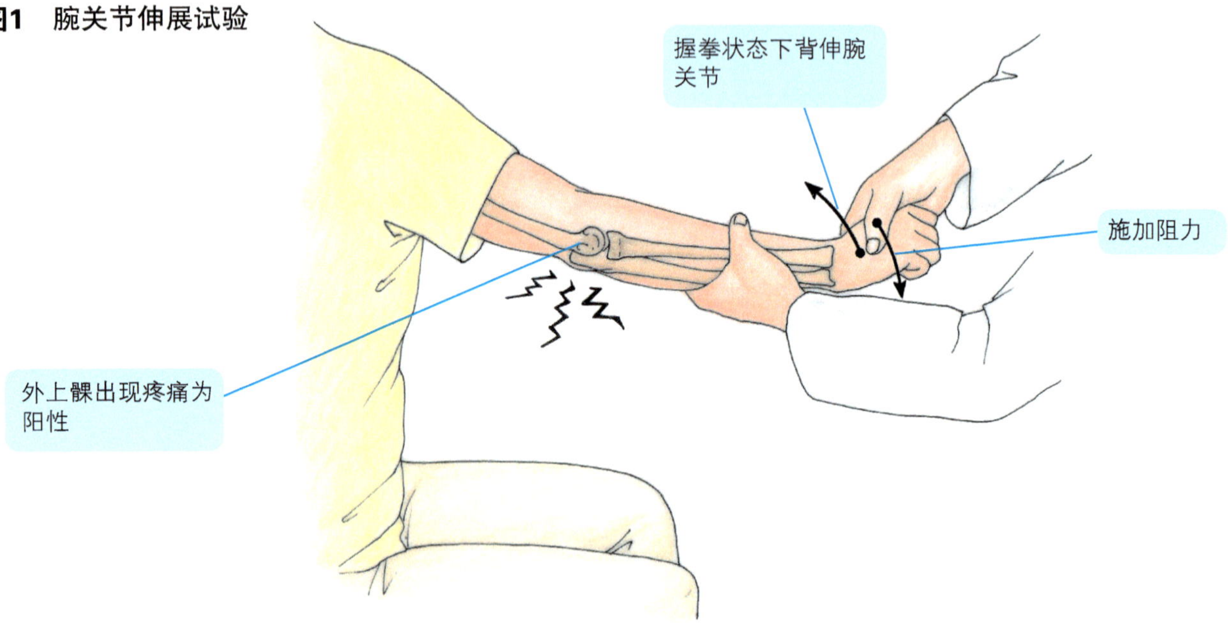


**图2　体位**

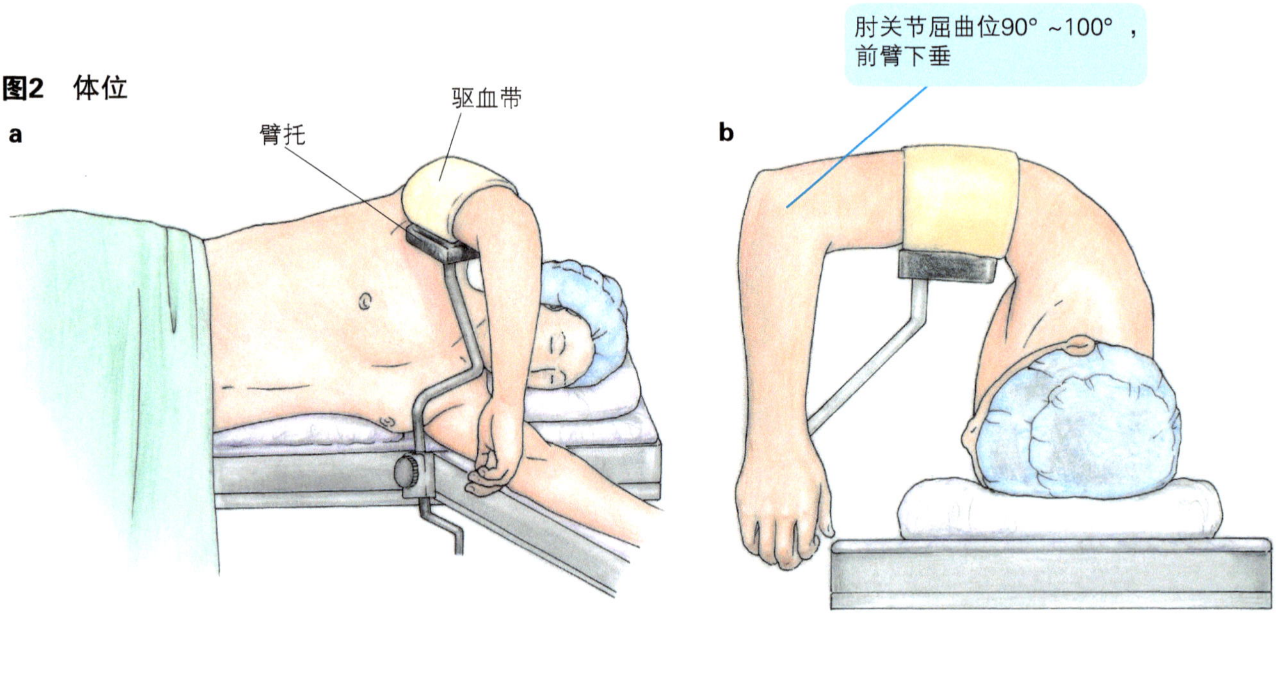

## 手术入路

消毒前，用油性笔标记出解剖学标志和手术入路（**图3、图4**）。

**内侧入路（图3）**

最初从内侧入路插入关节镜。进入点在肱骨内上髁近端1 cm、内侧肌间隔前方1 cm。做内侧入路时，要注意不要损伤尺神经。术前要确认有无肘关节屈曲时伴有的尺神经前方半移位。

**前外侧入路（图4）**

按内侧入路的内-外法制作。

**图3　内侧入路**

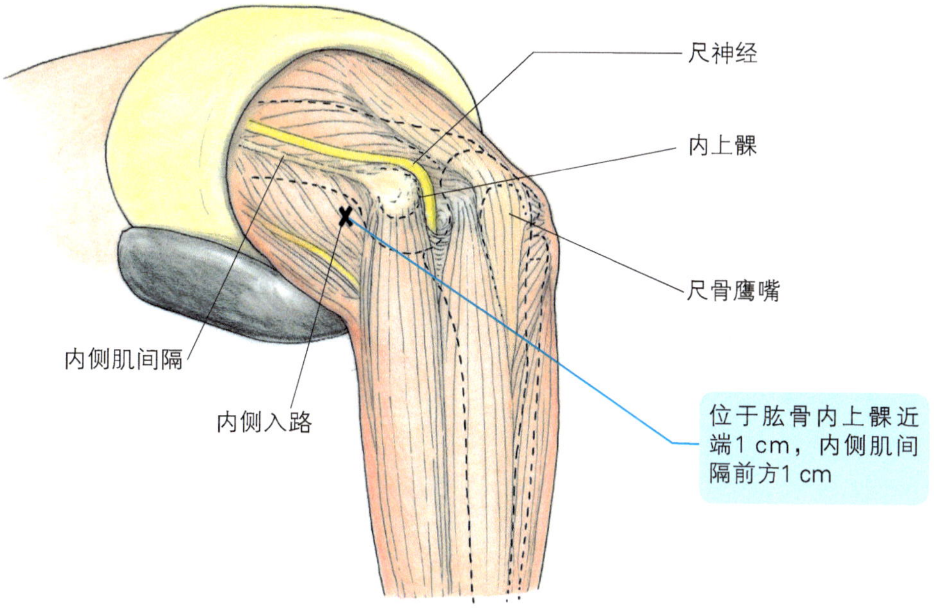


**图4　外侧入路**

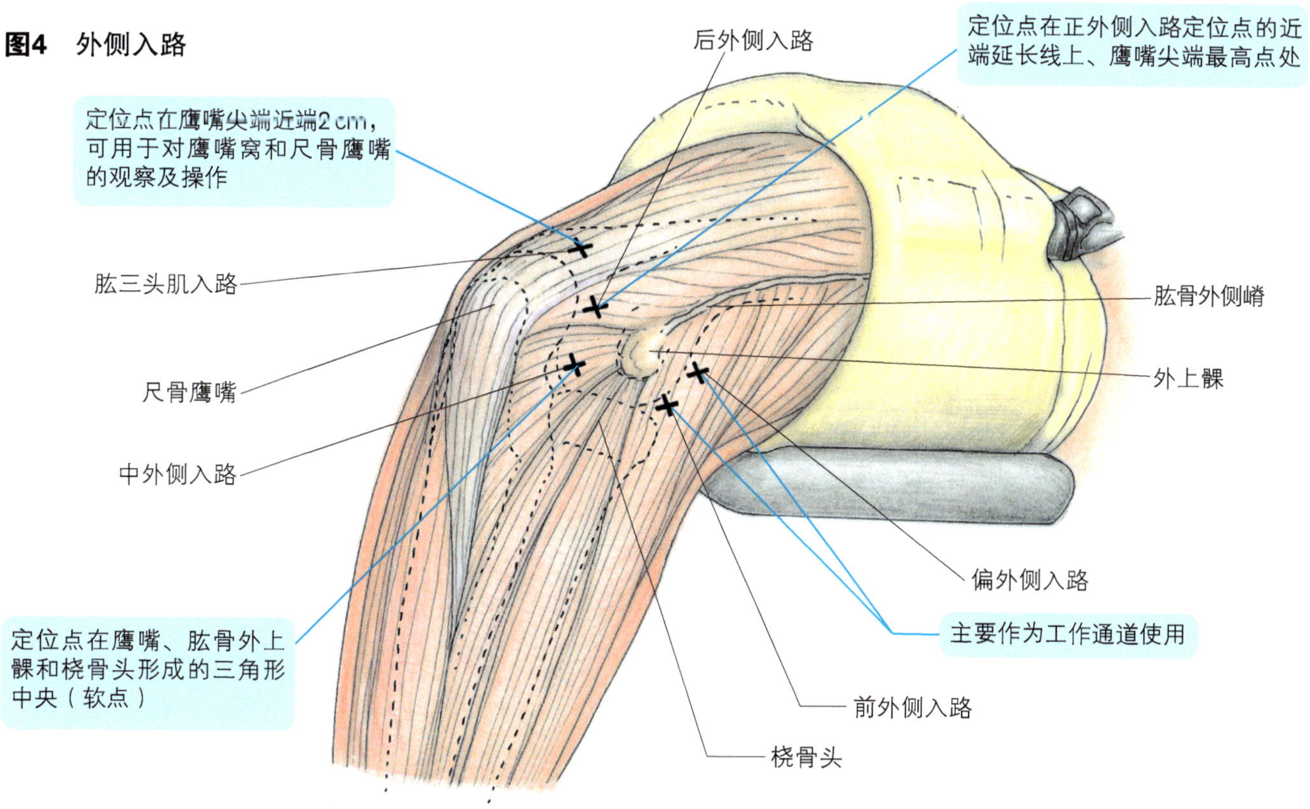

**偏外侧入路（图4）**

定位点在肱骨外上髁近端2 cm、肱骨外侧嵴前方。以外-内法制作。以上两条外侧入路是主要的工作通道。

**中外侧入路（图4）**

定位点在鹰嘴、肱骨外上髁和桡骨头形成的三角形中央（软点）。在向关节腔注入生理盐水时用。另外该入路也是肱桡关节后方的主要工作通道。

**后外侧入路（图4）**

定位点在中外侧入路定位点的近端延长线上、鹰嘴尖端最高处。该入路是网球肘手术中镜视肱桡关节后方的主要入路。

**肱三头肌入路（图4）**

定位点在鹰嘴尖端近端2 cm处。用于对鹰嘴窝和尺骨鹰嘴的观察及操作。

### ◆ 灌流压的准备

维持灌流压的方法有重力法和灌流泵法。肘关节镜手术时关节腔要充分膨胀才可行手术，这点很重要。但灌流压过高，灌流液外溢可导致软组织肿胀，也妨碍手术视野。笔者手术时使用的是持续灌流泵，灌流压维持在35 mmHg。

## 手术概要

1 将关节镜插入前关节腔观察病情

2 桡侧腕短伸肌起始部的病变组织和滑膜皱襞的切除 难点

3 将关节镜插入肱桡关节后方观察病情

4 肱桡关节后方滑膜皱襞的切除

5 闭合切口

## 典型病例图像

【病例】适合手术（术前）

前方所见。
前外侧关节囊切除前，可见关节囊完全断裂（箭头）。

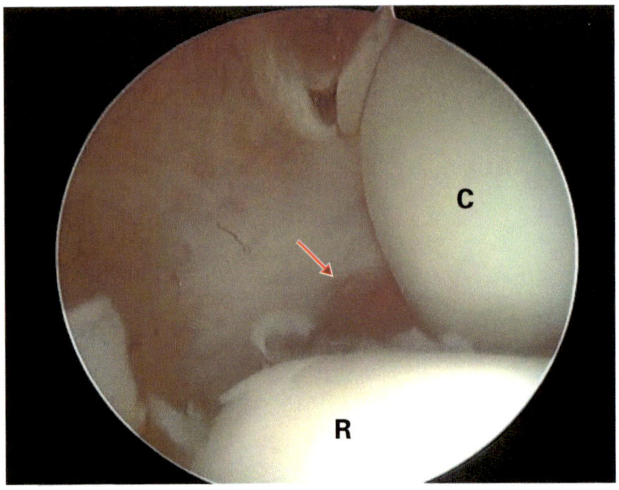


后方镜视像
肱桡关节后方切除前。充血的滑膜皱襞（P）嵌顿在肱桡关节后方。

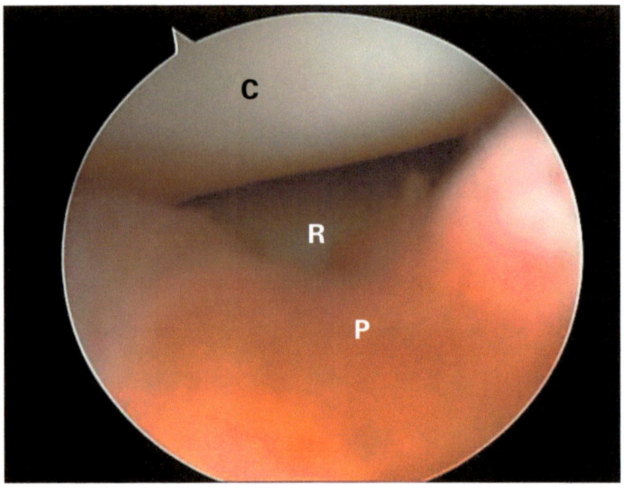


**C**：肱骨小头；**R**：桡骨头

# 手术方法

## 1 将关节镜插入前关节腔观察病情

从肱桡关节后方的软点向关节腔内注入生理盐水15~20 mL，使关节腔充分膨胀（**图5**）。从内侧入路切口进入。用蚊钳剥离软组织后插入关节镜。镜下观察覆盖桡侧腕短伸肌起始部的关节囊的状态，以及有无滑膜皱襞。也要注意观察肱骨小头和桡骨头的关节软骨的状态。

## 2 桡侧腕短伸肌起始部的病变组织和滑膜皱襞的切除 难点

从前外侧入路和偏外侧入路插入刨刀、射频和打孔器，切除病变的关节囊和桡侧腕短伸肌腱（**图6a、图7**）。在关节镜下鉴别病变组织和正常组织是困难的。正常腱组织用切削器不容易切除，如能切除就考虑为病变组织，应予切除。如果有滑膜皱襞嵌入肱桡关节，也一并切除。

**手术技巧及注意事项**

（1）术中要充分注意不要损伤关节软骨。如在肱骨外上髁前方及桡骨头前方切除病灶的话，就不会损伤作为肘关节支持结构的外侧副韧带。

（2）关节膨胀不好，镜下视野不良时，可用探针作为牵引，把关节囊拉向前方（**图6b、图7**）。

**图5　注入生理盐水**

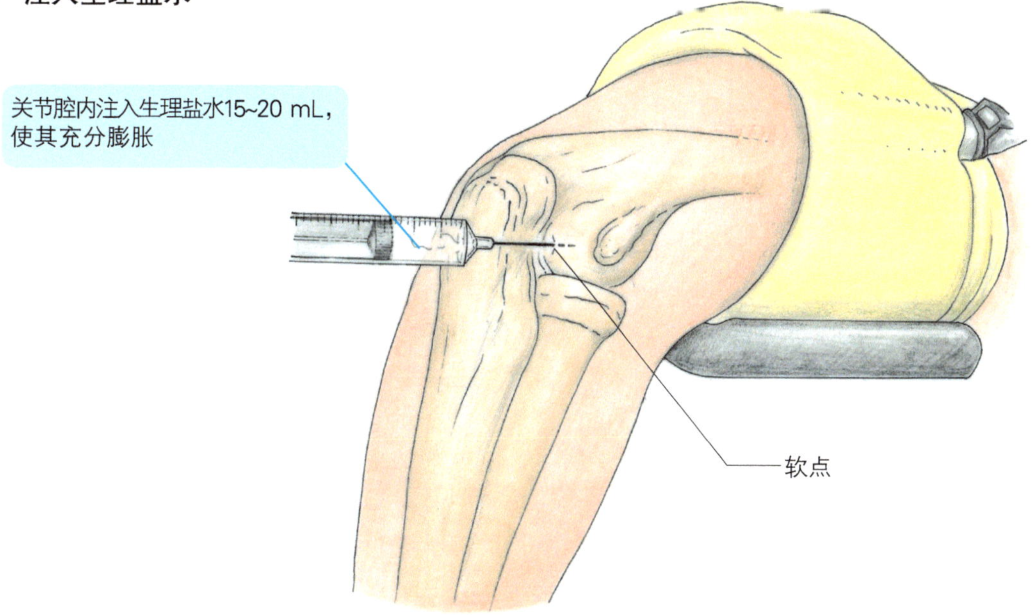

**图6　前方关节腔的手术操作**

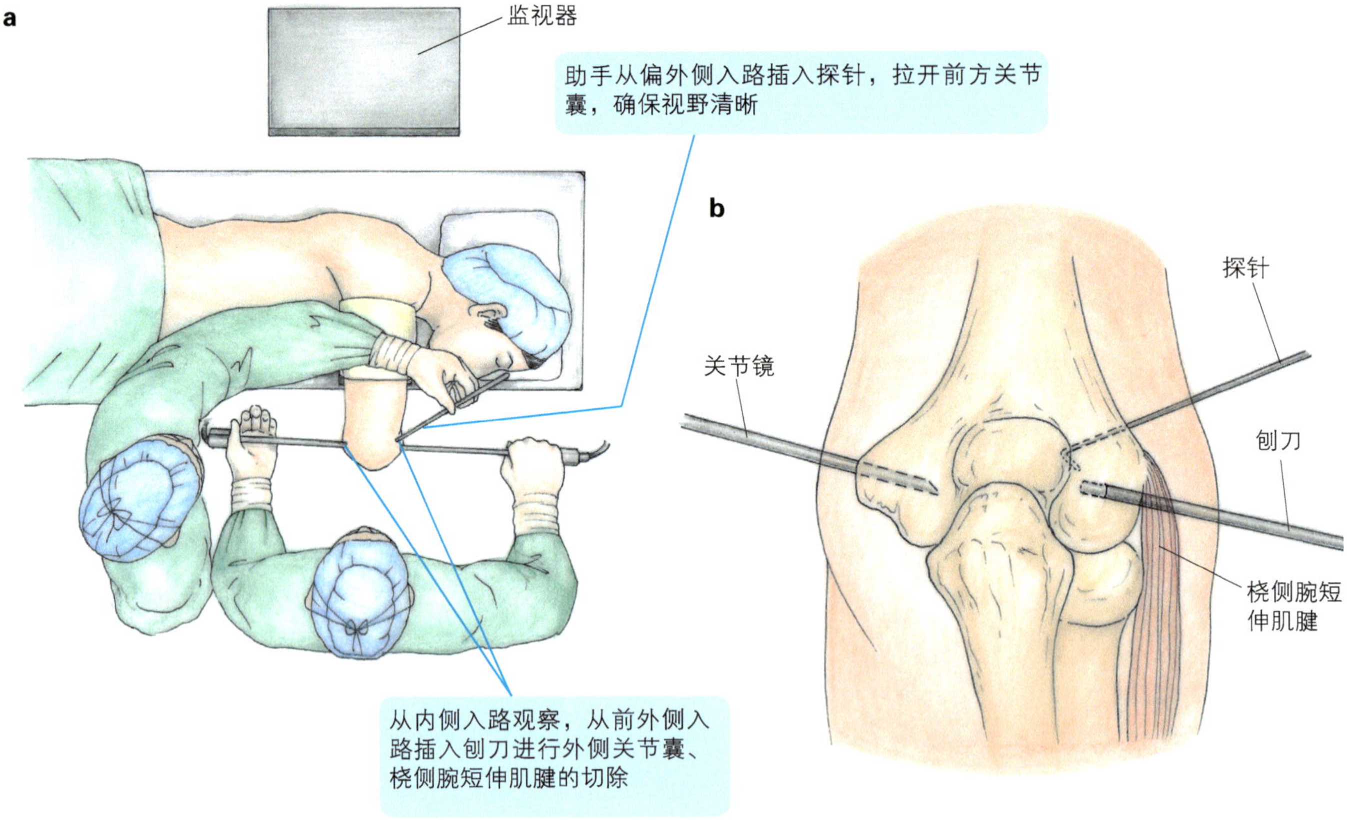


**图7　前方关节腔的手术操作**

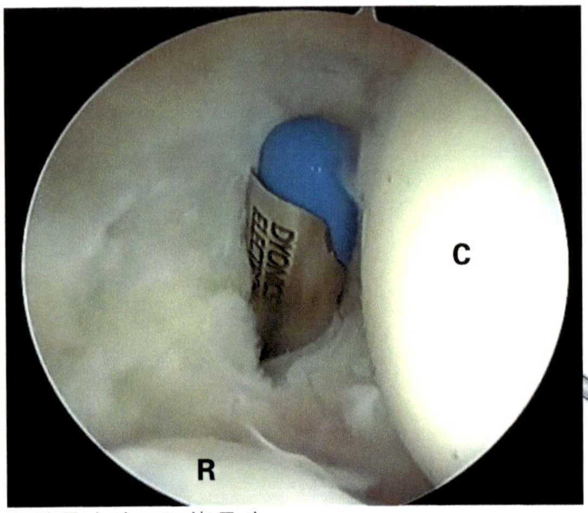


**C.**肱骨小头；**R.**桡骨头

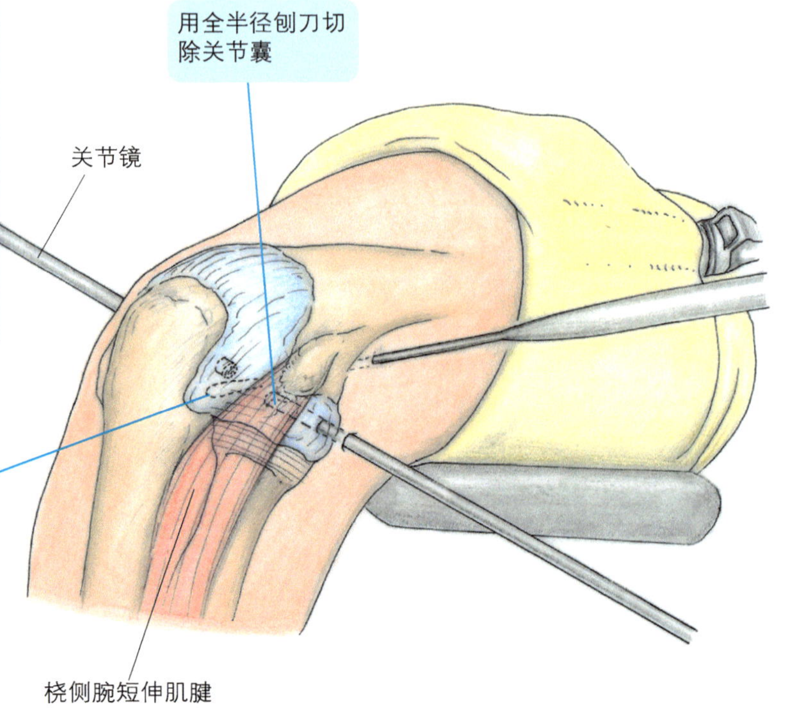

## 3 将关节镜插入肱桡关节后方观察病情

### ◆ 插入关节镜

网球肘病例，肱桡关节后方滑膜皱襞肥大，镜下观察有时困难。首先从后外侧入路向鹰嘴窝插入关节镜，再从肱桡关节插入关节镜使其滑过尺骨鹰嘴外侧缘，这样就可获得良好的视野（**图8**）。

## 4 肱桡关节后方滑膜皱襞的切除

从软点插入刨刀、打孔器和射频切除滑膜皱襞（**图9**）。嵌入肱桡关节、近侧桡尺关节的滑膜皱襞确认后充分切除。

## 5 闭合切口

不放置引流物，用尼龙线缝合入路皮肤。用弹性绷带加压包扎肘关节，不使用外固定。

**图8　肱桡关节后方的手术**

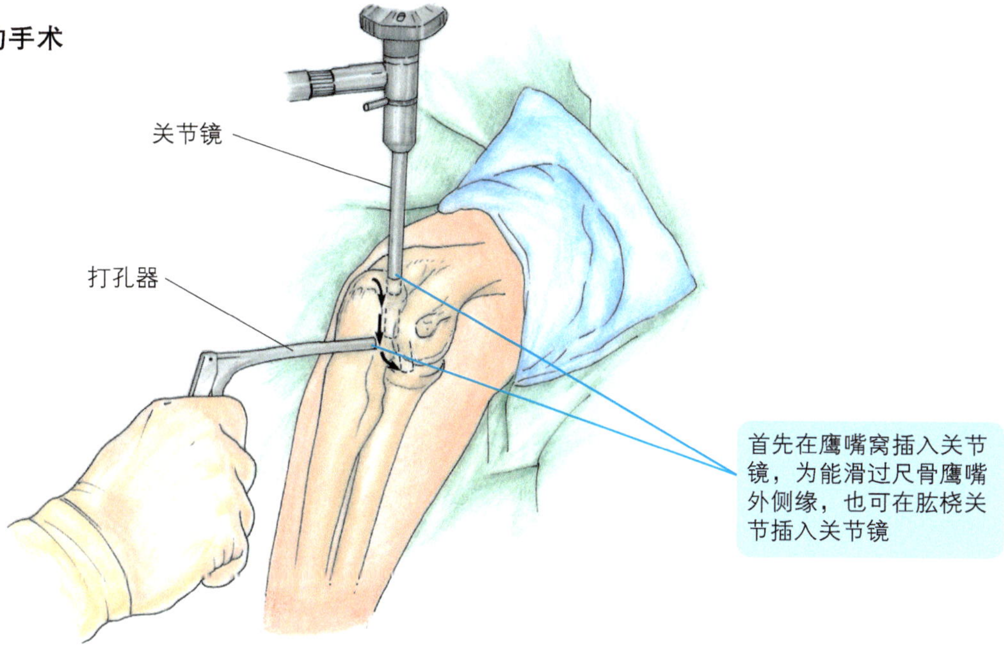


**图9　肱桡关节后方滑膜皱襞的切除**

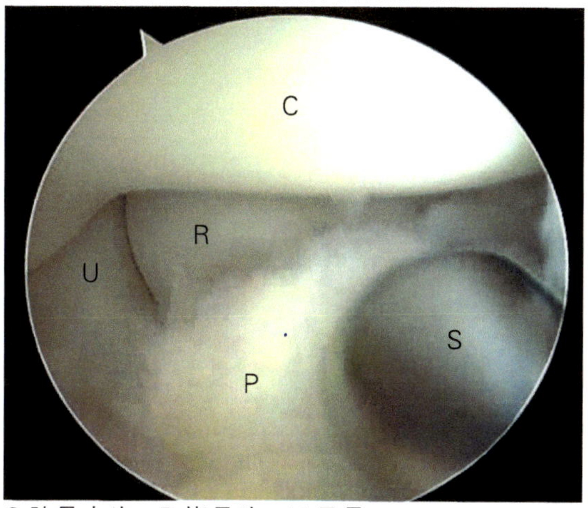


C.肱骨小头；R.桡骨头；U.尺骨；
P.滑膜皱襞；S.刨刀

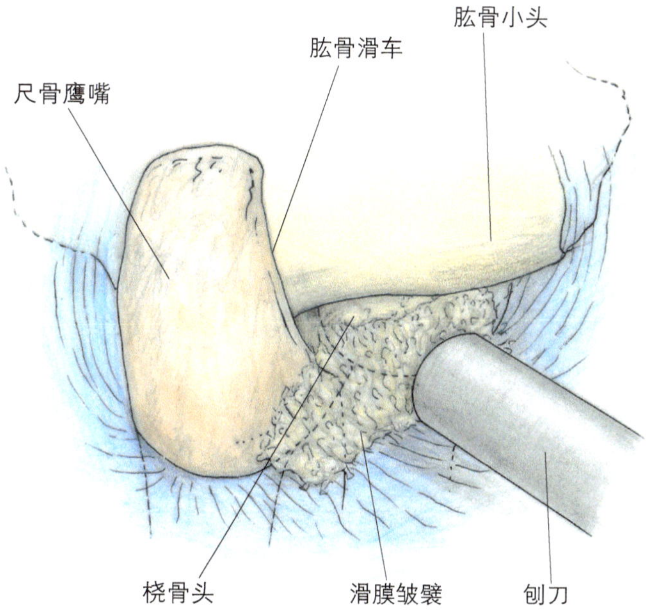

## 典型病例图像

【病例1】适合手术（术前）

前外侧关节囊、桡侧腕短伸肌腱切除后。关节囊及桡侧腕短伸肌腱切除后，桡侧腕长伸肌腱露出。

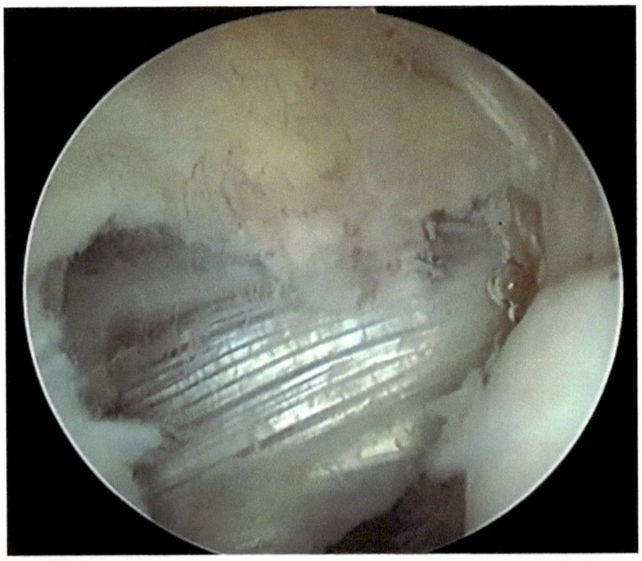

后方滑膜皱襞切除后。

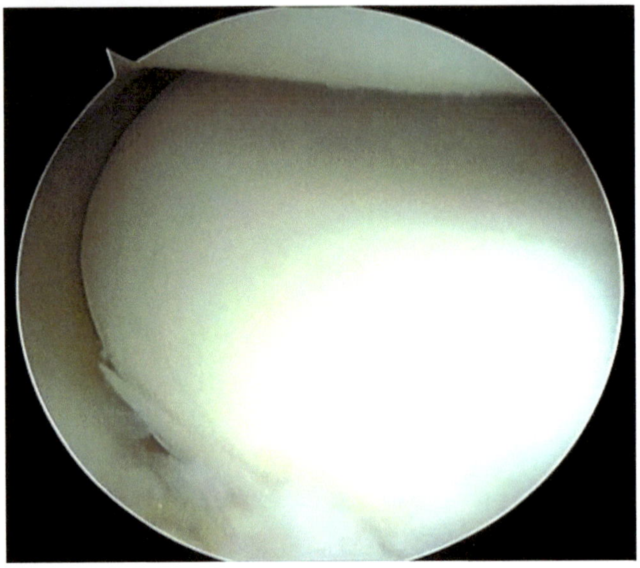

## 术后并发症及处理

最严重的并发症就是神经损伤，其预防就是注意细心操作。由于骨间后神经紧贴前外侧关节囊走行，所以手术时取肘关节屈曲位，使关节腔处于充分膨胀状态，这是十分重要的。切除病变的关节囊和滑膜皱襞时一定在镜下视野内进行。未能看到的地方绝不要操作，这是外科手术的基本原则。

## 康复治疗

术后次日就可开始小心的活动锻炼。术后2周起可进行前臂肌力强化训练。术后当时就可从事轻微工作，术后1个月可从事重体力劳动。术后3个月可复归运动。


●文献

[1] Nirschl R P, Ashman E S. Tennis elbow tendinosis (epicondylitis). Instr Course Lect, 2004, 53：587-598.

[2] Bosworth D M. Surgical treatment of tennis elbow; a follow-up study. J Bone Joint Surg, 1965, 47-A：1533-1536.